《室外排水设计标准》GB 50014—2021 解读

董志华　张福先　王宝金　编著

U0172590

中国建筑工业出版社

图书在版编目（CIP）数据

《室外排水设计标准》GB 50014—2021 解读 / 董志华，张福先，王宝金编著. — 北京：中国建筑工业出版社，2022.6

ISBN 978-7-112-27428-4

Ⅰ. ①室… Ⅱ. ①董… ②张… ③王… Ⅲ. ①室外排水—设计规范—中国 Ⅳ. ①TU992.02-65

中国版本图书馆 CIP 数据核字（2022）第 091630 号

责任编辑：于　莉　王美玲
责任校对：刘梦然

《室外排水设计标准》**GB 50014—2021 解读**

董志华　张福先　王宝金　编著

*

中国建筑工业出版社出版、发行(北京海淀三里河路 9 号)
各地新华书店、建筑书店经销
北京红光制版公司制版
北京圣夫亚美印刷有限公司印刷

*

开本：787 毫米×1092 毫米　1/16　印张：30¾　字数：761 千字
2022 年 6 月第一版　　2022 年 6 月第一次印刷
定价：120.00 元
ISBN 978-7-112-27428-4
（39112）

本书编委会

主　　编：董志华　张福先　王宝金

副 主 编：黄大周　黄麟智　唐　莹　刘玉灿　马　龙

参编人员：王志源　吴运强　冯　月　于小玲

前　　言

本书是对《室外排水设计标准》GB 50014—2021 的解读，但绝非条文和条文说明的简单堆砌。本标准解读和条文说明有本质上的区别。本书是对标准条文的引申扩展，涉及以下几点：

1. 考生对注册公用设备工程师给水排水专业考试模糊不清问题的解答。

2.《室外排水设计标准》GB 50014—2021 中公式来源、参数含义、计算原理、推导过程。

3. 本书引经据典，每个问题的解答有理有据，使读者不仅知其然，而且知其所以然。

4. 本书涵盖排水工程和污水处理厂的规划、设计、运行、管理及控制，包括水处理原理、工艺、构筑物，污泥的处理处置，智慧水务。

5. 此外，本书还给读者列出了相关参考书籍。

《室外排水设计标准》GB 50014—2021 以国家新的污水、污泥处理的政策法规为前提进行编写，不单单是一本标准的更新，而是国家政策法规在新标准中的体现，具有政策性、实用性、科学性、发展性、前瞻性等功能属性。《室外排水设计规范》GB 50014—2006，经历了 2011 年版修订、2014 年版修订、2016 年版修订，但都是个别条款的简单修订。《室外排水设计标准》GB 50014—2021 进行全新修改，与 GB 50014—2006 相比较，条文条款全新编排，内容改动大，包括旱季设计流量和雨季设计流量的增加；综合生活污水量变化系数的修改提高；工业园区污废水应优先单独收集、处理；城镇已建有污水收集和集中处理设施时，分流制排水系统不应设置化粪池；SBR 工艺水量计算的变化；删除普通生物滤池、高负荷生物滤池、塔式生物滤池；增加 MBBR 工艺，厌氧消化池校核；新增污泥好氧发酵、污泥石灰稳定、除臭、信息化、智慧排水等内容。

本书作者具有二十多年的给水排水勘察设计工作经验，并兼任全国勘察设计注册公用设备工程师（给水排水专业）考试培训排水部分主讲十年，《净水技术》青年编委、南方水中心专家库专家、烟台大学研究生课外指导老师等多项兼职。作者查阅学习了国家正实施的最新规范、标准、规程、法律法规、通知、公告、"十四五"水务规划等书籍文件，把国家方针政策、规范、标准等最新知识融入本书，对《室外排水设计标准》进行全新、详细的解读。本书作者 2017 年出版的《〈室外排水设计规范〉GB 50014—2006（2016 年版）解读》受到读者，包括设计人员、注册给水排水专业考试人员、施工人员、高校学生的一致好评。读者们的厚爱促成了本书的出版。

关于本书的几点说明：

(1)《给水排水设计手册　第 5 册：城镇排水》（第三版）简称《给水排水设计手册 5》；

(2)《排水工程》下册（第五版）指第四十五次印刷版，简称：《排水工程》；

(3) 书中下划线的内容为本书作者提醒读者注意的内容。

目　　录

1 总　　则

1.0.1 为保障城市安全，科学设计室外排水工程，落实海绵城市建设理念，防治城市内涝灾害和水污染，改善和保护环境，促进资源利用，提高人民健康水平，制定本标准。

→本条了解以下内容：

1. 排水工程：收集、输送、处理、再生污水和雨水的工程。

2. 排水工程的基本目的：保护环境免受污染，以促进工农业生产发展和保障人民身体健康与正常生活。

3. 排水工程的主要内容：（1）收集各类污（废）水，并及时输送到适当地点；（2）妥善处理收集的污（废）水至达标排放或再生利用。

4. 水污染防治参见《中华人民共和国水污染防治法》。

问：海绵城市及工作目标是什么？

答： 1. 海绵城市

海绵城市：通过城市规划、建设的管控，从"源头减排、过程控制、系统治理"着手，综合采用"渗、滞、蓄、净、用、排"等技术措施，统筹协调水量与水质、生态与安全、分布与集中、绿色与灰色、景观与功能、岸上与岸下、地上与地下等关系，有效控制城市降雨径流，最大限度地减少城市开发建设行为对原有自然水文特征和水生态环境造成的破坏，使城市能够像"海绵"一样，在适应环境变化、抵御自然灾害等方面具有良好的"弹性"，实现自然积存、自然渗透、自然净化的城市发展方式，有利于达到修复城市水生态、涵养城市水资源、改善城市水环境、保障城市水安全、复兴城市水文化的多重目标。

海绵城市建设参见《海绵城市专项规划编制暂行规定》（2016 年）、《海绵城市建设评价标准》GB/T 51345—2018 和《海绵型建筑与小区雨水控制及利用》17S705。

2. 海绵城市工作目标

海绵城市工作目标：通过海绵城市建设，综合采取"渗、滞、蓄、净、用、排"等措施，最大限度地减少城市开发建设对生态环境的影响，将 70% 的降雨就地消纳和利用。到 2020 年城市建成区 20% 以上的面积达到目标要求；到 2030 年城市建成区 80% 以上的面积达到目标要求。参见《关于推进海绵城市建设的指导意见》国办发〔2015〕75 号。

1.0.2 本标准适用于新建、扩建和改建的城镇、工业区和居住区的永久性室外排水工程设计。

→本条了解以下内容：

1. 本标准适用范围

本标准适用于新建、扩建和改建的城镇、工业区和居住区的永久性的室外排水工程设计。

工业区的排水工程是指工业区内的排水管渠、泵站，工业企业的工业废水应经处理达到纳管标准或排放标准后排放。

2. 本标准不适用范围

(1) 由于村庄、集镇排水的条件和要求具有与城镇不同的特点，而临时性排水工程的标准和要求的安全度要比永久性工程低，故不适用本标准。

(2) 由于工业废水已逐步制定了行业处理排放标准，故本标准不包括工业废水的内容。

问：城市居住区分级控制规模如何划分？

答：居住区按照居民在合理的步行距离内满足基本生活需求的原则，可分为十五分钟生活圈居住区、十分钟生活圈居住区、五分钟生活圈居住区及居住街坊四级，其分级控制规模应符合表 1.0.2 的规定。

居住区分级控制规模   表 1.0.2

距离与规模	十五分钟生活圈居住区	十分钟生活圈居住区	五分钟生活圈居住区	居住街坊
步行距离（m）	800～1000	500	300	—
居住人口（人）	50000～100000	15000～25000	5000～12000	1000～3000
住宅数量（套）	17000～32000	5000～8000	1500～4000	300～1000

注：本表摘自《城市居住区规划设计标准》GB 50180—2018。

问：GB 50014 适用于小区的室外排水工程设计吗？

答：严格讲 GB 50014 适用于城市居住区的室外排水工程设计，并不适用于小区的室外排水工程设计。小区的给水排水工程设计见《建筑给水排水设计标准》GB 50015—2019（1.0.2 本标准适用于民用建筑、工业建筑与小区的生活给水排水以及小区的雨水排水工程设计）。

《民用建筑设计统一标准》GB 50352—2019 第 2.0.1 条对"民用建筑"的定义做了明确的规定，民用建筑是供人们居住和进行公共活动的建筑的总称。"小区"是居住区、公建区和工业园区的总称。随着我国诸如会展区、金融区、高新科技开发区、大学城等的兴建，形成了以展馆、办公楼、教学楼等为主体，以及为其配套的服务行业建筑为辅的公建小区。公建小区给水排水设计属于建筑给水排水设计范畴，公建小区给水排水设计也应符合现行国家标准《建筑给水排水设计标准》GB 50015 的要求。

1.0.3 排水工程设计应以经批准的城镇总体规划、海绵城市专项规划、城镇排水与污水处理规划和城镇内涝防治专项规划为主要依据，从全局出发，综合考虑规划年限、工程规模、经济效益、社会效益和环境效益，正确处理近期与远期、集中与分散、排放与利用的关系，通过全面论证，做到安全可靠、保护环境、节约土地、经济合理、技术先进且适合当地实际情况。

→本条了解以下内容：

1. 城镇总体规划

《中华人民共和国城乡规划法》（2019 年修订）。

第十七条 城市总体规划、镇总体规划的内容应当包括：城市、镇的发展布局，功能分区，用地布局，综合交通体系，禁止、限制和适宜建设的地域范围，各类专项规划等。

规划区范围、规划区内建设用地规模、基础设施和公共服务设施用地、水源地和水系、基本农田和绿化用地、环境保护、自然与历史文化遗产保护以及防灾减灾等内容，应当作为城市总体规划、镇总体规划的强制性内容。

城市总体规划、镇总体规划的规划期限一般为二十年。城市总体规划还应当对城市更长远的发展作出预测性安排。

第三十四条　城市、县、镇人民政府应当根据城市总体规划、镇总体规划、土地利用总体规划和年度计划以及国民经济和社会发展规划，制定近期建设规划，报总体规划审批机关备案。

近期建设规划应当以重要基础设施、公共服务设施和中低收入居民住房建设以及生态环境保护为重点内容，明确近期建设的时序、发展方向和空间布局。近期建设规划的规划期限为五年。

2. 排水工程专业规划、城镇排水与污水处理规划、城镇内涝防治专项规划

（1）《城市排水工程规划规范》GB 50318—2017。

1.0.2　本规范适用于城市规划的排水工程规划和城市排水工程专项规划的编制。

1.0.2条文说明：本规范除了适用于设市城市总体规划阶段和控制性详细规划阶段的排水工程专业规划，还兼顾了各地普遍开展的相关排水工程方面的专项规划，县城、建制镇各个规划阶段的排水工程规划可参照本规范执行。

中华人民共和国国务院令第641号发布的《城镇排水与污水处理条例》要求各城镇排水主管部门会同有关部门编制本行政区域的城镇排水与污水处理规划，该规划包括污水工程规划和雨水工程规划两部分内容。同时条例规定，易发生内涝的城市、镇，还应当编制城镇内涝防治专项规划，并纳入本行政区域的城镇排水与污水处理规划。本规范也适用于城镇排水与污水处理规划的编制。

（2）《城镇排水与污水处理条例》。

第八条　城镇排水与污水处理规划的编制，应当依据国民经济和社会发展规划、城乡规划、土地利用总体规划、水污染防治规划和防洪规划，并与城镇开发建设、道路、绿地、水系等专项规划相衔接。

城镇内涝防治专项规划的编制，应当根据城镇人口与规模、降雨规律、暴雨内涝风险等因素，合理确定内涝防治目标和要求，充分利用自然生态系统，提高雨水滞渗、调蓄和排放能力。

3. 排水工程专业规划和城市总体规划间的关系

《城市排水工程规划规范》GB 50138—2017。

3.1.2　城市排水工程规划期限宜与城市总体规划期限一致。城市排水工程规划应近、远期结合，并兼顾城市远景发展的需要。

3.1.2条文说明：城市排水工程规划的规划期限与城市总体规划期限相一致的同时，应考虑雨水或污水系统的自身特点。一般城市总体规划的期限为20年，城市建设需要多个规划期才能逐步完善。而城市排水工程是系统工程，主要设施埋于地下，靠重力流排水，且排水管道的使用年限一般大于50年。因此，城市排水工程规划应具有较长的时效，以满足城市不同发展阶段的需要。本条明确规定了城市排水工程规划不仅要重视近期建设

规划，而且还应考虑城市远景发展的需要，为城市远景发展留有余地，并应注意城市排水系统的系统性。

污水工程规划要为城市污水厂的近、远期结合创造条件。雨水工程规划要考虑城市发展、变化的需要，结合城市生态安全格局构建，按远景预留行泄通道和城市防涝调蓄设施的用地。城市排水出口与受纳体的确定都不应影响下游城市或远景规划城市的建设和发展。

4. 排水工程规划设计程序

城市总体规划→排水工程专项规划→立项→可行性研究→初步设计→施工图设计→建设施工→试运行及验收→交付生产。

对于规模较小的工程项目，上述程序一般可适当合并或简化。

5. 城镇排水工程规划对水污染防治七字技术要点

（1）保——保护城市集中饮用水源；

（2）截——完善城市排水系统，达到清、污分流，为集中合理和科学排放打下基础；

（3）治——点源治理与集中治理相结合，集中治理优先，对特殊污染物和不便集中治理的企业实行分散点源治理；

（4）管——强化环境管理，建立管理制度，采取有力措施以管促治；

（5）用——污水资源化，综合利用，节省水资源，减少污水排放；

（6）引——引水冲污、加大水体流（容）量、增大环境容量、改善水质；

（7）排——污水科学排放，污水经一级处理科学排海、排江，利用环境容量，减少污水治理费用。

6. 海绵城市专项规划

《住房城乡建设部关于印发海绵城市专项规划编制暂行规定的通知》建规〔2016〕50号，制定了《海绵城市专项规划编制暂行规定》（2016年）。海绵城市建设相关标准参见《海绵城市建设评价标准》GB/T 51345—2018、《海绵城市建设国家建筑标准设计体系》（2016年）、《海绵城市系统方案编制技术导则》T/CECS 865—2021等。

7. 海绵城市建设技术与产品参见《海绵城市建设先进适用技术与产品目录》（第一批）建科评〔2016〕6号。

1.0.4 排水工程设计应与水资源、城镇给水、水污染防治、生态环境保护、环境卫生、城市防洪、交通、绿地系统、河湖水系等专项规划和设计相协调。根据城镇规划蓝线和水面率的要求，应充分利用自然蓄水排水设施，并应根据用地性质规定不同地区的高程布置，满足不同地区的排水要求。

→规划蓝线参见《城市蓝线管理办法》（2010年修正版）及当地《城市蓝线管理办法》。

1.0.5 排水工程的设计应符合下列规定：

1 包括雨水的安全排放、资源利用和污染控制，污水和再生水的处理，污泥的处理和处置；

2 与邻近区域内的雨水系统和污水系统相协调；

3 可适当改造原有排水工程设施，充分发挥其工程效能。

→本条了解以下内容：

1. 排水系统：收集、输送、处理、再生和处置污水和雨水的设施以一定的方式组合成的总体。

2. 排水系统的组成：通常由管道系统（排水管网）和污水处理系统（污水厂）组成。

(1) 管道系统：是收集和输送废水的设施，把废水从产生处收集、输送至污水厂或出水口。包括：排水设备、检查井、管渠、水泵站等。

(2) 污水处理系统：处理和处置污（废）水的设施，包括污水厂或废水处理站。

3. 排水系统设计应综合考虑以下因素

(1) 根据国内外经验，污水和污泥可作为有用资源，应考虑综合利用，但在考虑综合利用和处置污水污泥时，首先应对其卫生安全性、技术可靠性、经济合理性等情况进行全面论证和评价。

(2) 与邻近区域内的污水和污泥的处理和处置系统相协调包括：

1) 一个区域的排水系统可能影响邻近区域，特别是影响下游区域的环境质量，故在确定该区域的处理水平和处置方案时，必须在较大区域范围内综合考虑。

2) 根据排水专业规划，有几个区域同时或几乎同时建设时，应考虑合并处理和处置的可能性，因为它的经济效益可能更好，但施工时间较长，实现较困难。

(3) 如设计排水区域内尚需考虑给水和防洪问题时，污水排水工程应与给水工程协调，雨水排水工程应与防洪工程协调，以节省总造价。

(4) 根据国内外经验，工业废水只要符合条件，以集中至城镇排水系统一起处理较为经济合理。

(5) 在扩建和改建排水工程时，对原有排水工程设施利用与否应通过调查做出决定。

4. 排水工程建设的相关问题

(1) 排水区界：是指排水系统设置的边界，它决定于区域、城市和工业企业规划的建筑界线。

(2) 排水工程的基建程序：可行性研究阶段、计划任务书阶段、设计阶段、施工阶段、竣工验收交付使用阶段。

(3) 排水工程设计可分三个阶段（初步设计阶段、技术设计阶段和施工图设计阶段）或两个阶段（初步设计或扩大初步设计阶段和施工图设计阶段）。中型基建项目，一般采用两阶段设计，重大项目和特殊项目，可根据需要增加技术设计阶段。

(4) 排水工程规划设计，应处理好污染源分散治理与集中处理的关系。城市污水应按照以点源分散治理与集中处理相结合，以集中处理为主的原则加以实施。

1.0.6　排水工程的设计应在不断总结科研和生产实践经验的基础上，积极采用新技术、新工艺、新材料、新设备。

1.0.7　排水工程的设备应实现机械化、自动化，逐步实现智能化。

1.0.8　排水工程的设计除应按本标准执行外，尚应符合国家现行相关标准的规定。

→ 本条了解以下内容：

1. 为保障操作人员和仪器设备安全，根据《建筑物防雷设计规范》GB 50057—2010 的规定，监控设施等必须采取接地和防雷措施。

新建、改建、扩建以及运行中供排水系统中高压系统、电气系统、自动化仪表、工业控制、网络、通信系统机房、工艺系统及特殊场所的雷电防护要求，及其检测、维护与管理执行《供排水系统防雷技术规范》GB/T 39437—2020。

2. 排水工程的污水中可能含有易燃易爆物质，根据《建筑设计防火规范》GB 50016—2014（2018 年版）的规定，建筑物应按二级耐火等级考虑。建筑物构件的燃烧性能和耐火极限以及室内设置的消防设施均应符合《建筑设计防火规范》GB 50016—2014（2018 年版）的规定。

3. 排水工程可能会散发恶臭气体，污染周围环境，设计时应对散发的臭气进行收集和净化或建设绿化带并设有一定的防护距离，以符合《城镇污水厂污染物排放标准》GB 18918—2002 的规定。

恶臭污染物的一次最大排放限值、复合恶臭物质的臭气浓度限值及无组织排放源的厂界浓度限值参见《恶臭污染物排放标准》GB 14554—93。

4. 鼓风机尤其是罗茨鼓风机会产生超标的噪声应首先从声源上进行控制，选用低噪声的设备，同时采取隔声、消声、吸声和隔振等措施，以符合《工业企业噪声控制设计规范》GB/T 50087—2013 的规定。

问： 如何确定给水排水工程抗震设防类别？

答： 《建筑与市政工程抗震通用规范》GB 55002—2021。

2.3.1 抗震设防的各类建筑与市政工程，均应根据其遭受地震破坏后可能造成的人员伤亡、经济损失、社会影响程度及其在抗震救灾中的作用等因素划分为下列四个抗震设防类别：

1 特殊设防类应为使用上有特殊要求的设施，涉及国家公共安全的重大建筑与市政工程和地震时可能发生严重次生灾害等特别重大灾害后果，需要进行特殊设防的建筑与市政工程，简称甲类。

2 重点设防类应为地震时使用功能不能中断或需尽快恢复的生命线相关建筑与市政工程，以及地震时可能导致大量人员伤亡等重大灾害后果，需要提高设防标准的建筑与市政工程，简称乙类。

3 标准设防类应为除本条第 1 款、第 2 款、第 4 款以外按标准要求进行设防的建筑与市政工程，简称丙类。

4 适度设防类应为使用上人员稀少且震损不致产生次生灾害，允许在一定条件下适度降低设防要求的建筑与市政工程，简称丁类。

《建筑工程抗震设防分类标准》GB 50223—2008。

5.1.3 给水建筑工程中，20 万人口以上城镇：抗震设防烈度为 7 度及以上的县及县级市的主要取水设施和输水管线、水质净化处理厂的主要水处理建（构）筑物、配水井、送水泵房、中控室、化验室等，抗震设防类别应划为重点设防类。

5.1.4 排水建筑工程中，20 万人口以上城镇、抗震设防烈度为 7 度及以上的县及县级市的污水干管（含合流），主要污水厂的主要水处理建（构）筑物、进水泵房、中控室、化验室，以及城市排涝泵站、城镇主干道立交处的雨水泵房，抗震设防类别应划为重点设防类。

室外排水工程抗震设计参见《室外给水排水和燃气热力工程抗震设计规范》GB 50032—2003。6 盛水构筑物、8 泵房、9 水塔、10 管道。

问：机电工程重要机房指什么？

答： 机电工程重要机房指消防水泵房、生活水泵房、锅炉房、制冷机房、热交换站、配变电所、柴油发电机房、通信机房、消防控制室、安防监控室等。

建筑机电工程重要机房不应设置在抗震性能薄弱的部位；对于有隔振装置的设备，当发生强烈振动时不应破坏连接件，并应防止设备和建筑结构发生谐振现象。

建筑机电工程抗震设计见《建筑机电工程抗震设计规范》GB 50981—2014。

2 术　　语

术语内容已经分散到本书中,此处略去。

说明:本书未标出处的术语引自《室外排水设计标准》GB 50014—2021 和《给水排水工程基本术语标准》GB/T 50125—2010。

3 排水工程

3.1 一般规定

3.1.1 排水工程包括雨水系统和污水系统，应遵循从源头到末端的全过程管理和控制。雨水系统和污水系统应相互配合、有效衔接。

→本条了解以下内容：

污水系统：收集、输送、处理、再生和处置城镇污水的设施以一定方式组合成的总体。

雨水系统：下渗、蓄滞、收集、输送、处理和利用雨水的设施以一定方式组合成的总体，涵盖从雨水径流的产生到末端排放的全过程管理及预警和应急措施等。

雨水系统实现雨水的收集、输送及雨水径流的下渗、滞留、调蓄、净化利用和排放，解决排水内涝防治和径流污染控制的问题。从原先单纯依靠排水管渠的快速排水方式，已逐渐发展到涵盖源头减排、排水管渠和排涝除险的全过程综合管理。污水系统由污水收集、污水与再生水处理和污泥处理处置组成，主要解决水质问题。生活污水和受污染的初期雨水依靠排水管渠、泵站等排水设施，收集输送到污水厂处理后达标排放。污水处理过程中污染物迁移转化而产生的污泥，也应同时得到妥善的处理和处置，避免污染再次进入环境，并回收污泥中的能源和资源。污水处理后的尾水经过深度处理后，达到相应的回用水质标准要求，成为再生水，通过再生水管网输送至用水点，从而实现水资源的循环利用。排水工程的组成和相互关系如图3.1.1所示。合流污水、截流雨水的输送、处理等应与污水系统有效衔接。受纳水体是排水系统的边界条件。雨水系统应以受纳水体的水位和蓄排能力作为内涝防治设计边界；以受纳水体的水质作为控制径流污染的依据。而污水系统应以受纳水体的水质确定污水厂排放要求和处理工艺。

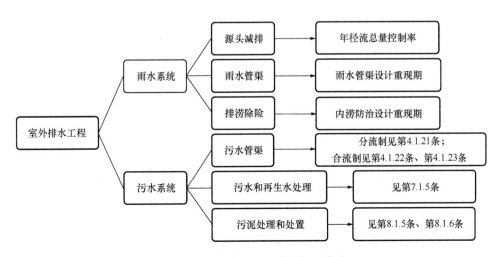

图 3.1.1 排水工程组成和相互关系

3.1.2 排水体制（分流制或合流制）的选择应根据城镇的总体规划，结合当地的气候特征、地形特点、水文条件、水体状况、原有排水设施、污水处理程度和处理后再生利用等因地制宜地确定，并应符合下列规定：

1 同一城镇的不同地区可采用不同的排水体制。

2 除降雨量少的干旱地区外，新建地区的排水系统应采用分流制。

3 分流制排水系统禁止污水接入雨水管网，并应采取截流、调蓄和处理等措施控制径流污染。

4 现有合流制排水系统应通过截流、调蓄和处理等措施，控制溢流污染，还应按城镇排水规划的要求，经方案比较后实施雨污分流改造。

→本条了解以下内容：

1. 排水体制：在一个区域内收集、输送污水和雨水的方式，有合流制和分流制两种基本方式。

2. 排水体制的选择原则：根据城镇的总体规划，结合当地的地形特点、水文条件、水体状况、气候特征、原有排水设施、污水处理程度和处理后出水利用等综合考虑后确定。同一城镇的不同地区可采用不同的排水体制。

3. 降雨量少一般指年均降雨量200mm以下的地区。我国200mm以下年等降水量线位于内蒙古自治区西部经河西走廊西部以及藏北高原一线，此线是干旱和半干旱地区分界线，也是我国沙漠和非沙漠区的分界线。降雨量与径流分区情况见表3.1.2。

降雨量与径流分区情况　　　　　　　　　　　　　　　表 3.1.2

年降雨量（mm）	降水特征	径流特征	径流系数
＞1600	多雨	丰水	＞0.5
800～1600	湿润	多水	0.3～0.5
400～800	半湿润	过渡	0.1～0.3
200～400	半干旱	少水	＜0.1
＜200	干旱	干涸	—

4. 合流制排水体制的改造。

中华人民共和国国务院令第641号《城镇排水与污水处理条例》。

第十九条　除干旱地区外，新区建设应当实行雨水、污水分流；对实行雨水、污水合流的地区，应当按照城镇排水与污水处理规划要求，进行雨水、污水分流改造。雨水、污水分流改造可以结合旧城区改建和道路建设同时进行。

在雨水、污水分流地区，新区建设和旧城区改建不得将雨水管网、污水管网相互混接。

在有条件的地区，应当逐步推进初期雨水收集与处理，合理确定截流倍数，通过设置初期雨水贮存池、建设截流干管等方式，加强对初期雨水的排放调控和污染防治。

第二十条　城镇排水设施覆盖范围内的排水单位和个人，应当按照国家有关规定将污水排入城镇排水设施。

在雨水、污水分流地区，不得将污水排入雨水管网。

三、推进设施建设

（一）补齐城镇污水管网短板，提升收集效能

1. 建设任务。新增污水集中处理设施同步配套建设服务片区内污水收集管网，确保污水有效收集。加快建设城中村、老旧城区、建制镇、城乡接合部和易地扶贫搬迁安置区生活污水收集管网，填补污水收集管网空白区。新建居住社区应同步规划、建设污水收集管网，推动支线管网和出户管的连接建设。开展老旧破损和易造成积水内涝问题的污水管网、雨污合流制管网诊断修复更新，循序推进管网错接混接漏接改造，提升污水收集效能。大力实施长江干流沿线城市、县城污水管网改造更新，地级及以上城市基本解决市政污水管网混错接问题，基本消除生活污水直排。因地制宜实施雨污分流改造，暂不具备改造条件的，采取措施减少雨季溢流污染。"十四五"期间，新增和改造污水收集管网8万公里。

2. 技术要求

关于污水管网排查。全面排查污水管网、雨污合流制管网等设施功能及运行状况、错接混接漏接和用户接入情况等，摸清污水管网家底、厘清污水收集设施问题。依托地理信息系统等建立周期性检测评估制度。城市人民政府组织居住社区、企事业单位的权属单位、物业代管单位及其主管部门（单位）等开展内部污水管网排查，并开展整治。

关于污水管网建设与改造。除干旱地区外，新建污水收集管网应采取分流制系统。分流制排水系统周期性开展错接混接漏接、易造成城市内涝问题管网的检查和改造，推进管网病害诊断与修复，强化污水收集管网外来水入渗入流、倒灌排查治理。稳步推进雨污分流改造，优先实施居住社区、企事业单位等源头排水管网改造。稳慎推进干旱、半干旱地区老旧城区雨污分流改造，不搞"一刀切"。

关于生活污水直排口治理。开展旱天生活污水直排口溯源治理。采取末端截污措施前，需考虑后续污水收集系统的输送能力和下游污水厂的处理能力。施工降水和基坑排水要确保达标排放，避免清水排入污水收集系统，挤占污水收集处理空间，增加能耗。

关于片区系统化整治。城市污水厂进水生化需氧量（BOD）浓度低于100mg/L的，要围绕服务片区管网，系统排查进水浓度偏低的原因，科学确定水质提升目标，制定并实施"一厂一策"系统化整治方案，稳步提升污水收集处理设施效能。

关于合流制溢流污染控制。合流制排水区因地制宜采取源头改造、溢流口改造、截流井改造、破损修补、管材更换、增设调蓄设施、雨污分流改造等工程措施，降低合流制管网雨季溢流污染，提高雨水排放能力，降低城市内涝风险。

（二）强化城镇污水处理设施弱项，提升处理能力

1. 建设任务。现有污水处理能力不能满足需求的城市和县城，要加快补齐处理能力缺口。新城区配合城市开发同步推进污水收集处理设施建设。大中型城市污水处理设施建设规模可适度超前。京津冀、长三角、粤港澳大湾区、南水北调工程沿线、长江经济带城市和县城，黄河干流沿线城市实现生活污水集中处理能力全覆盖。统筹规划、有序建设，稳步推进建制镇污水处理设施建设，适当预留发展空间，宜集中则集中，宜分散则分散。加快推进长江经济带重点镇污水收集处理能力建设。长江流域及以南地区，分类施策降低合流制管网溢流污染，因地制宜推进合流制溢流污水快速净化设施建设。"十四五"期间，

新增污水处理能力 2000 万立方米/日。

2. 技术要求。

关于污水处理设施布局。充分考量城镇人口规模、自然和地理条件、空间布局和产业发展，以及污水收集管网建设和污水资源化利用需求，合理规划城镇污水厂布局、规模及服务范围。人口密集、污水排放量大的地区宜以集中处理方式为主，人口少、相对分散，以及短期内集中处理设施难以覆盖的地区，合理建设分布式、小型化污水处理设施。建制镇因地制宜采取就近集中联建、城旁接管等方式建设污水处理设施，推广"生物＋生态"污水处理技术。

关于污水厂排放标准。长三角和粤港澳大湾区城市，京津冀、长江干流和南水北调工程沿线地级及以上城市，黄河流域省会城市，计划单列市可对城镇污水厂提出更严格的污染物排放管控要求。水环境敏感地区污水处理基本达到一级 A 排放标准。其他地区因地制宜科学确定排放标准，不宜盲目提标。靠近居民区和环境敏感区的污水厂应建设除臭设施并保证除臭效果。

《"十四五"城镇污水处理及资源化利用发展规划》发改环资〔2021〕827 号。关于合流制溢流污水快速净化设施。在完成片区管网排查修复改造的前提下，实施合流制溢流污水快速净化设施建设，高效去除可沉积颗粒物和漂浮物，有效削减城市水污染物总量，促进水环境质量长效保持。

问：雨污水全部处理式的应用条件是什么？

答： 在干旱少雨或对水体水质标准要求很高的地区，要修建合流制管道将全部雨污水送至污水厂，在污水厂前部设一大型调节池，有的城市在地下修建大型调节水库，全部污水经过处理后再排放水体。这类布置形式除了调节池外，均与污水管网类似。参见《排水管网理论与计算》（周玉文）。

3.2　雨　水　系　统

3.2.1　雨水系统应包括源头减排、排水管渠、排涝除险等工程性措施和应急管理的非工程性措施，并应与防洪设施相衔接。

→本条了解以下内容：

低影响开发：指在城市开发建设过程中，通过生态化措施，尽可能维持城市开发建设前后水文特征不变，有效缓解不透水面积增加造成的径流总量、径流峰值与径流污染的增加等对环境造成的不利影响，如图 3.2.1-1～图 3.2.1-4 所示。

年径流总量控制率：根据多年日降雨量统计数据分析计算，通过自然和人工强化的渗透、贮存、蒸发（腾）等方式，场地内累计全年得到控制（不外排）的雨量占全年总降雨量的百分比。

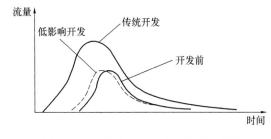

图 3.2.1-1　低影响开发水文原理示意图

雨水系统是一项系统工程，涵盖从雨水径流的产生到末端排放的全过程控制，其中包括产流、汇流、调蓄、利用、排放、预警和应急措施等，而不仅仅指传统的排水管渠设施。本标准规定的雨水系统包括源头减

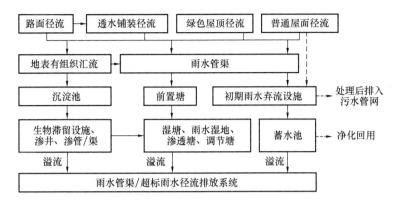

图 3.2.1-2　建筑与小区低影响开发雨水系统典型流程示例

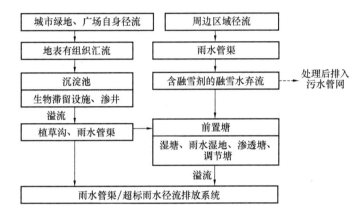

图 3.2.1-3　城市绿地与广场低影响开发雨水系统典型流程示例

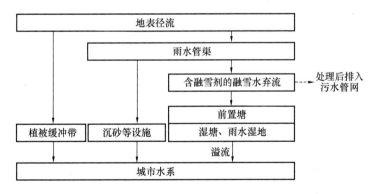

图 3.2.1-4　城市水系低影响开发雨水系统典型流程示例

排、排水管渠和排涝除险设施，分别与国际上常用的低影响开发、小排水系统和大排水系统基本对应。

源头减排工程在有些国家也称为低影响开发或分布式雨水管理，主要通过绿色屋顶、生物滞留设施、植草沟、调蓄设施和透水铺装等控制降雨期间的水量和水质，既可减轻排水管渠设施的压力，又使雨水资源从源头得到利用。

排水管渠工程主要由排水管道、沟渠、雨水调蓄设施和排水泵站等组成，主要应对短历时强降雨的大概率事件，其设计应考虑公众日常生活的便利，并满足较为频繁降雨事件的排水安全要求。

排涝除险设施主要应对长历时降雨的小概率事件，这一系统可以包括：

（1）城镇水体：天然或者人工构筑的水体，包括河流、湖泊和池塘等。

（2）调蓄设施：特别是在一些浅层排水管渠设施不能完全排除雨水的地区所设的地下大型调蓄设施。

（3）行泄通道：包括开敞的洪水通道、规划预留的雨水行泄通道、道路两侧区域和其他排水通道。

应急管理措施主要是以保障人身和财产安全为目标，既可针对设计重现期之内的暴雨，也可针对设计重现期之外的暴雨。

雨水系统的目标包括城镇内涝防治和径流污染控制。内涝防治主要是防治城镇范围内的强降雨或连续降雨超过城镇雨水排水管渠设施消纳能力后产生的地面积水，采取的措施包括源头减排（减少场地雨水排放）、排水管渠提标、构建排涝除险系统和应急管理措施等。城市防洪措施主要是防止城市以外的洪水进入城市而发生灾害，包括河道的堤防，在所在流域的河流上游修建山谷水库或水库群承担城市的蓄洪任务，在城市附近利用分滞洪区分滞洪水，建立预报警系统等。由此可见，内涝防治和城市防洪的概念和措施是不一样的，洪水源于城市之外，内涝源于城市之内。近些年虽然每年都有洪涝灾害，但仅是因为城市内部降雨导致的灾害还是基本可以控制的，受灾严重的事件一般与外洪进城、外河水位过高影响城市排涝有很大关系。

问：低影响开发雨水控制利用设施如何分类？

答：见表3.2.1。

低影响开发雨水控制利用设施名称与适用性　　　表3.2.1

设施名称	适用性
一、渗滞类设施	
透水铺装	适用于广场、停车场及各级市政道路和建筑小区内道路、公园绿地
透水砖铺装	适用于广场、停车场、人行道以及非机动车道
透水水泥（沥青）混凝土铺装	适用于广场、停车场、人行道以及非机动车道，也可用于机动车道
构造透水铺装	适用于广场、停车场、人行道以及非机动车道，建筑小区内道路，公园绿地
嵌草透水铺装	适用于广场、停车场，建筑小区内道路，公园绿地
生物滞留、雨水花园	适用于建筑小区内建筑、道路及停车场周边绿地，公园绿地以及城镇道路绿化带等城镇绿地内
生物滞留带	适用于建筑小区内建筑、道路及停车场周边绿地，以及城镇道路绿化带等城镇绿地内
生态树池	适用于街道树树池，也可用于建筑小区、公园绿地和广场内树池
高位花坛	适用于建筑周边花坛，并与建筑雨落管联合使用
下沉式绿地	适用于建筑小区、公园绿地、道路广场内绿地

续表

设施名称	适用性
绿色屋顶	适用于符合屋顶荷载、防水等条件的平屋顶建筑和坡度≤15°的坡屋顶建筑
简单式绿色屋顶	适用于屋顶结构荷载低且不上人的建筑屋顶
花园式绿色屋顶	适用于屋顶结构荷载低且作为休憩场所的建筑屋顶
渗透塘	适用于汇水面积较大且具有一定空间及下渗条件较好的区域
渗井	适用于公园绿地,建筑小区内建筑、道路及停车场的周边绿地内
二、集蓄利用类设施	
蓄水池	适用于有雨水回用需求的建筑小区、公园绿地、道路广场等
雨水罐	适用于单体建筑屋面雨水的收集利用,也可用于城市高架道路雨水径流收集回用
三、调蓄类设施	
调节塘(干塘)	适用于建筑小区、城市绿地等具有一定空间条件的区域
湿塘	适用于建筑小区、城市绿地等具有一定空间条件,且非雨季有水面要求的区域
调节池	适用于建筑小区、城市绿地、广场等具有地下空间条件的场地
合流制溢流调蓄池	适用于具有合流制溢流控制需求,且具有较好地下空间条件的地区,通常与城市合流制管渠系统联合应用
多功能调蓄	适用于具有雨水径流调节需求,且具有较好土地空间条件,可在非雨季提供休憩、运行等功能的地区
四、截污净化类设施	
人工土壤渗滤	适用于具有一定场地条件的建筑小区或城市绿地等
植被缓冲带	适用于城市道路等不透水面周边或城市水系滨水绿化带
生态驳岸	适用于河、湖等城市水系
自然土坡驳岸	适用于流速较低、边坡较小且无较高防洪要求的河道或湖滨驳岸
木桩驳岸 连锁植草砖驳岸	适用于流速较低、无较高防洪要求且有景观设计需求的驳岸
石笼驳岸	适用于无较高防洪要求且有景观设计需求的驳岸
块石驳岸	适用于流速较高的驳岸
生态砌块驳岸	适用于流速较高且有景观设计需求的驳岸
雨水湿地	适用于具有一定空间条件的建筑小区、城市道路、城市绿地
沉砂池	适用于雨水含砂量较大且需满足去除要求的地区
旋流沉砂池	适用于空间条件有限、上游来水流速较高的排水管渠系统
平流沉砂池	适用于具有较好空间条件的地区
五、转输类设施	
植草沟	适用于建筑小区内道路、广场、停车场等不透水面的周边,城市道路及城市绿地等区域;可以与雨水管渠联合应用,在场地竖向允许且不影响安全的情况下也可代替雨水管渠
转输型干式植草沟	适用于径流输送为主要需求的区域
渗透型干式植草沟	适用于土壤透水性较好,具有径流输送和径流总量控制双重需求的区域
湿式植草沟	适用于具有径流输送和径流总量控制双重需求的区域
渗管/渠	适用于建筑小区及公共绿地内转输流量较小的区域
管渠及附属构筑物	适用于雨水径流输送需求的各类场地

注:1. 本表摘自《低影响开发雨水控制利用 设施分类》GB/T 38906—2020。
2. 多雨地区低影响开发设施设计可参见《多雨地区低影响开发设施设计标准》T/CECA 20008—2021。

3.2.2 源头减排设施应有利于雨水就近入渗、调蓄或收集利用，降低雨水径流总量和峰值流量，控制径流污染。

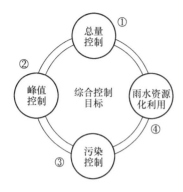

→低影响开发控制目标示意图如图 3.2.2 所示。

3.2.3 排水管渠设施应确保雨水管渠设计重现期下雨水的转输、调蓄和排放，并应考虑受纳水体水位的影响。

3.2.4 源头减排设施、排水管渠设施和排涝除险设施应作为整体系统校核，满足内涝防治设计重现期的设计要求。

→排涝除险设施承担着在暴雨期间调蓄雨水径流、为超出源头减排设施和排水管渠设施承载能力的雨水径流提供行泄通道和最终出路等重要任务，是满足城镇内涝防治设计

图 3.2.2 低影响开发控制
目标示意图

重现期标准的重要保障。排涝除险设施的建设，应充分利用自然蓄排水设施，发挥河道行洪能力和水库、洼地、湖泊、绿地等调蓄雨水的功能，合理确定排水出路。

3.2.5 雨水系统设计应采取工程性和非工程性措施加强城镇应对超过内涝防治设计重现期降雨的韧性，并应采取应急措施避免人员伤亡。灾后应迅速恢复城镇正常秩序。

→城市的韧性表现在通过规划预控的冗余性、工程防治的多元性、应急管理的适应性，实现城市在极端降雨条件下的快速退水和安全运行，避免人员伤亡和财产损失，提高城市应对内涝灾害的能力。

《国务院办公厅关于加强城市内涝治理的实施意见》国办发〔2021〕11 号。

二、系统建设城市排水防涝工程体系

（一）实施河湖水系和生态空间治理与修复。保护城市山体，修复江河、湖泊、湿地等，保留天然雨洪通道、蓄滞洪空间，构建连续完整的生态基础设施体系。恢复并增加水空间，扩展城市及周边自然调蓄空间，按照有关标准和规划开展蓄滞洪空间和安全工程建设；在蓄滞洪空间开展必要的土地利用、开发建设时，要依法依规严格论证审查，保证足够的调蓄容积和功能。在城市建设和更新中留白增绿，结合空间和竖向设计，优先利用自然洼地、坑塘沟渠、园林绿地、广场等实现雨水调蓄功能，做到一地多用。因地制宜、集散结合建设雨水调蓄设施，发挥削峰错峰作用。

（二）实施管网和泵站建设与改造。加大排水管网建设力度，逐步消除管网空白区，新建排水管网原则上应尽可能达到国家建设标准的上限要求。改造易造成积水内涝问题和混接错接的雨污水管网，修复破损和功能失效的排水防涝设施；因地制宜推进雨污分流改造，暂不具备改造条件的，通过截流、调蓄等方式，减少雨季溢流污染，提高雨水排放能力。对外水顶托导致自排不畅或抽排能力达不到标准的地区，改造或增设泵站，提高机排能力，重要泵站应设置双回路电源或备用电源。改造雨水口等收水设施，确保收水和排水能力相匹配。改造雨水排口、截流井、阀门等附属设施，确保标高衔接、过流断面满足要求。

（三）实施排涝通道建设。注重维持河湖自然形态，避免简单裁弯取直和侵占生态空

间，恢复和保持城市及周边河湖水系的自然连通和流动性。合理开展河道、湖塘、排洪沟、道路边沟等整治工程，提高行洪排涝能力，确保与城市管网系统排水能力相匹配。合理规划利用城市排涝河道，加强城市外部河湖与内河、排洪沟、桥涵、闸门、排水管网等在水位标高、排水能力等方面的衔接，确保过流顺畅、水位满足防洪排涝安全要求。因地制宜恢复因历史原因封盖、填埋的天然排水沟、河道等，利用次要道路、绿地、植草沟等构建雨洪行泄通道。

（四）实施雨水源头减排工程。在城市建设和更新中，积极落实"渗、滞、蓄、净、用、排"等措施，建设改造后的雨水径流峰值和径流量不应增大。要提高硬化地面中可渗透面积比例，因地制宜使用透水性铺装，增加下沉式绿地、植草沟、人工湿地、砂石地面和自然地面等软性透水地面，建设绿色屋顶、旱溪、干湿塘等滞水渗水设施。优先解决居住社区积水内涝、雨污水管网混接错接等问题，通过断接建筑雨落管，优化竖向设计，加强建筑、道路、绿地、景观水体等标高衔接等方式，使雨水溢流排放至排水管网、自然水体或收集后资源化利用。

（五）实施防洪提升工程。统筹干支流、上下游、左右岸防洪排涝和沿海城市防台防潮等要求，合理确定各级城市的防洪标准、设计水位和堤防等级。完善堤线布置，优化堤防工程断面设计和结构型式，因地制宜实施防洪堤、海堤和护岸等生态化改造工程，确保能够有效防御相应洪水灾害。根据河流河势、岸坡地质条件等因素，科学规划建设河流护岸工程，合理选取护岸工程结构型式，有效控制河岸坍塌。对山洪易发地区，加强水土流失治理，合理规划建设截洪沟等设施，最大限度降低山洪入城风险。

3.2.6 受有害物质污染场地的雨水径流应单独收集处理，并应达到国家现行相应标准后方可排入排水管渠。

问：受有害物质污染场地指什么？

答：加油站、垃圾压缩站、垃圾堆场、工业区内受有害物质污染的露天场地，降雨时地面径流夹带有害物质，直接排放，会对水体造成严重污染。不论受污染场地所处区域采用何种排水体制，该场地内的受污染雨水都应单独收集，并根据污染物类型和浓度采取相应的调蓄或就地处理措施，避免受污染的雨水径流排入自然水体。受污染的雨水径流应满足现行国家标准《污水排入城镇下水道水质标准》GB/T 31962 的有关规定才能排入市政污水管道。

3.2.7 雨水系统设计应采取措施防止洪水对城镇排水工程的影响。

→由于全球气候变化，特大暴雨发生频率越来越高，引发洪水灾害频繁发生，为保障城镇居民生活和工厂企业运行正常，在城镇防洪体系中应采取措施防止洪水对城镇排水工程的影响而造成内涝。措施有设泄洪通道、城镇设圩垸等。

3.3 污 水 系 统

3.3.1 污水系统应包括收集管网、污水处理、深度和再生处理与污泥处理处置设施。

问：我国各排水管道长度是多少？

答：我国各排水管道长度见表3.3.1。

排水管道长度（万 km）

表 3.3.1

城市	县城	污水管道	雨水管道	雨污合流管道	合计
74.40	21.34	42.07	38.48	15.19	95.74

注：本表数据引自《城乡水务统计年鉴（2020）》对 2019 年的统计数据。

3.3.2 城镇所有用水过程产生的污水和受污染的雨水径流应纳入污水系统。配套管网应同步建设和同步投运，实现厂网一体化建设和运行。

→径流污染控制是海绵城市建设考核的重要内容之一，和黑臭水体整治息息相关。污水系统的规划和建设应与海绵城市建设中径流污染控制的目标和要求接轨，将受污染的雨水径流，即截流雨水量的输送和处理纳入其中。此外，只有实现管网和污水厂的一体化，厂网同步建设、同步运行才能确保污染治理达到预期的目标。

《城乡排水工程项目规范》GB 55027—2022。4.1.5 工程建设施工降水不应排入市政污水管道。

3.3.3 排入城镇污水管网的污水水质必须符合国家现行标准的规定，不应影响城镇排水管渠和污水厂等的正常运行；不应对养护管理人员造成危害；不应影响处理后出水的再生利用和安全排放；不应影响污泥的处理和处置。

→城镇污水管网的纳管要求。

问：国家排放标准与国家行业排放标准的制定和实施的基本原则是什么？

答：根据我国环境标准体系和分类，国家排放标准分国家综合排放标准和国家行业排放标准两类。

国家排放标准与国家行业排放标准的制定和实施的基本原则：

1. 国家综合排放标准和国家行业排放标准都是国家标准。按照综合排放标准和行业排放标准不交叉的原则执行，即凡是已有发布的行业标准的工业污染物排放，一律执行行业排放标准，没有行业排放标准的执行综合排放标准。

2. 地方排放标准必须严于国家排放标准。有地方排放标准的执行地方排放标准，地方标准中没有的污染物和行业，执行相应的国家排放标准。

3. 国家排放标准和地方排放标准都是强制性标准，是工程建设环境影响评价、设计、建设、验收和管理的标准依据。

4. 综合排放标准和行业排放标准根据技术发展和环境保护要求适时进行修订。

3.3.4 工业园区的污、废水应优先考虑单独收集、处理，并应达标后排放。

问：如何理解第 3.3.4 条？

答：1. 政策背景

《城镇污水处理提质增效三年行动方案（2019—2021 年）》。

三、健全排水管理长效机制

（二）规范工业企业排水管理。经济技术开发区、高新技术产业开发区、出口加工区等工业集聚区应当按规定建设污水集中处理设施。地方各级人民政府或工业园区管理机构要组织对进入市政污水收集设施的工业企业进行排查，地方各级人民政府应当组织有关部门和单位开展评估，经评估认定污染物不能被城镇污水厂有效处理或可能影响城镇污水厂出水稳定达标的，要限期退出；经评估可继续接入污水管网的，工业企业应当依法取得排污许可。工业企业排污许可内容、污水接入市政管网的位置、排水方式、主要排放污染物类型等信息应当向社会公示，接受公众、污水厂运行维护单位和相关部门监督。各地要建立完善生态环境、排水（城管）等部门执法联动机制，加强对接入市政管网的工业企业以及餐饮、洗车等生产经营性单位的监管，依法处罚超排、偷排等违法行为。

《区域再生水循环利用试点实施方案》环办水体〔2021〕28号。

（六）加强监测监管。试点城市政府应当加强区域再生水循环利用全过程水质水量监测，保障再生水利用安全。组织有关部门和工业园区管理机构等单位对进入市政污水收集设施的工业企业进行排查，组织有关部门和城镇污水厂等单位进行评估，经评估认定污染物不能被城镇污水厂有效处理或可能影响城镇污水厂出水稳定达标的，应当督促其限期退出。

2. 对本条的理解

单独收集、处理：部分工业废水中含有不可降解或者有毒有害的有机物和重金属，而市政污水厂的工艺流程对这些污染物的去除能力极其有限，在普遍提高市政污水厂处理标准的背景之下，工业废水即使达到纳管标准（《污水排入城镇下水道水质标准》GB/T 31962—2015或地方标准），也会给市政污水厂的正常运行和达标排放带来困难。而且工业废水带入的有毒有害污染物富集在污水污泥中还会限制污泥处理处置的途径，使污泥无法回用于土地，不利于污泥的资源化利用，因此本标准规定，工业企业应向园区集中，园区内的污、废水单独收集、单独处理、单独排放。

达标后排放：达标后排放指达到排放地表水体的标准。

3. 规范要求：《城乡排水工程项目规范》GB 55027—2022，4.1.4 工业企业应向园区集中，工业园区的污水和废水应单独收集处理，其尾水不应纳入市政污水管道和雨水管渠。分散式工业废水处理达到环境排放标准的尾水，不应排入市政污水管道。

3.3.5 污水系统设计应有防止外来水进入的措施。

→外来水是指从管渠或检查井缝隙渗漏进管道的地下水、从排口倒灌到污水系统的河水、从雨污混接点进入污水管渠的雨水等，这是造成污水厂进水水质低、污水量大且污水处理设施效率低下的主要问题。

3.3.6 城镇已建有污水收集和集中处理设施时，分流制排水系统不应设置化粪池。

　　问：分流制排水系统不设化粪池的理由是什么？

　　答： 根据住房和城乡建设部"全国城镇污水处理管理信息系统"数据，对我国5423座污水厂进行统计。2019年各省（自治区、直辖市）城镇污水厂进水BOD浓度范围为35.93mg/L～219.2mg/L，其中进水BOD浓度小于100mg/L的省份共有13个，进水BOD浓度在100mg/L～150mg/L的省份共有12个，进水BOD浓度在150mg/L以上的省份共有7个。进水COD浓度范围为82.77mg/L～519.75mg/L，其中进水COD浓度小于150mg/L的省份共有2个，进水COD浓度在150mg/L～250mg/L的省份共有11个，进水COD浓度在250mg/L以上的省份共有18个。

污水处理设施尚未建成时，设置化粪池可减少生活污水对水体的影响。随着我国大部分地区污水处理设施的逐步建成和完善，再设置化粪池将降低污水厂进水水质（现阶段城镇污水二级处理多采用生物法，设置化粪池将降低进厂水水质碳源量，造成碳源不足），不利于提高污水厂的处理效率。

《城镇污水处理提质增效三年行动方案（2019—2021年）》建城〔2019〕52号。城市污水厂进水生化需氧量（BOD）浓度低于100mg/L的，要围绕服务片区管网制定"一厂一策"系统化整治方案，明确整治目标和措施。

3.3.7 污水处理应根据国家现行相关排放标准、污水水质特征、处理后出水用途等科学确定污水处理程度，合理选择处理工艺。

3.3.8 污水处理中排放的污水、污泥、臭气和噪声应符合国家现行标准的规定。

→污水处理过程各环节执行标准见表3.3.8。

污水处理过程各环节执行标准   表3.3.8

污水处理环节	执行国家现行标准
进厂污水水质	《污水排入城镇下水道水质标准》GB/T 31962—2015
出厂污水水质	《城镇污水厂污染物排放标准》（有修改单）GB 18918—2002
污水厂设计运行	《室外排水设计标准》GB 50014—2021 《城镇地下式污水厂技术规程》T/CECS 729—2020 《城镇污水厂运行、维护及安全技术规程》CJJ 60—2011
污水厂运营评价	《城镇污水厂运营质量评价标准》CJJ/T 228—2014
污水厂污泥的处理	《城镇污水厂污泥处理技术规程》CJJ 131—2009 《城镇污水厂污泥处理 稳定标准》CJ/T 510—2017
污泥的处置	《城镇污水厂污泥泥质》GB 24188—2009 《城镇污水厂污泥处置 分类》GB/T 23484—2009 《城镇污水厂污泥处置 混合填埋用泥质》GB/T 23485—2009 《城镇污水厂污泥处置 土地改良用泥质》GB/T 24600—2009 《城镇污水厂污泥处置 园林绿化用泥质》GB/T 23486—2009 《城镇污水厂污泥处置 制砖用泥质》GB/T 25031—2010 《城镇污水厂污泥处置 农用泥质》CJ/T 309—2009 《城镇污水厂污泥处置 林地用泥质》CJ/T 362—2011 《城镇污水厂污泥处置 水泥熟料生产用泥质》CJ/T 314—2009 《城镇污水厂污泥处置 单独焚烧用泥质》GB/T 24602—2009 《水泥窑协同处置 污泥工程设计规范》GB 50757—2012
污水厂施工	《城镇污水厂工程施工规范》GB 51221—2017
污水厂验收	《城镇污水厂工程质量验收规范》GB 50334—2017

3.3.9 再生水处理目标应根据国家现行标准和再生水规划确定。

问： 城市污水再生利用率要求是什么？

答： 1.《中共中央国务院关于进一步加强城市规划建设管理工作的若干意见》。（二十二）强化城市污水治理，加快城市污水处理设施建设与改造，全面加强配套管网建设，提高城市污水收集处理能力。整治城市黑臭水体，强化城中村、老旧城区和城乡接合部污水截流、收集，抓紧治理城区污水横流、河湖水系污染严重的现象。到 2020 年，地级以上城市建成区力争实现污水全收集、全处理，缺水城市再生水利用率达到 20% 以上。以中水洁厕为突破口，不断提高污水利用率。新建住房和单体建筑面积超过一定规模的新建公共建筑应当安装中水设施，老旧住房也应当逐步实施中水利用改造。培育以经营中水业务为主的水务公司，合理形成中水回用价格，鼓励按市场化方式经营中水。城市工业生产、道路清扫、车辆冲洗、绿化浇灌、生态景观等生产和生态用水要优先使用中水。

2.《城镇水务 2035 年行业发展规划纲要》对再生水利用率（包括间接再生利用）的要求：极度缺水城市 2025 年再生水利用率＞80%；水资源紧缺城市应在 2035 年再生水利用率＞60%。

3.《"十四五"城镇污水处理及资源化利用发展规划》发改环资〔2021〕827 号。

一、主要目标。

（1）到 2025 年，基本消除城市建成区生活污水直排口和收集处理设施空白区，全国城市生活污水集中收集率力争达到 70% 以上；城市和县城污水处理能力基本满足经济社会发展需要，县城污水处理率达到 95% 以上；水环境敏感地区污水处理基本达到一级 A 排放标准；全国地级及以上缺水城市再生水利用率达到 25% 以上，京津冀地区达到 35% 以上，黄河流域中下游地级及以上缺水城市力争达到 30%；城市和县城污泥无害化、资源化利用水平进一步提升，城市污泥无害化处置率达到 90% 以上；长江经济带、黄河流域、京津冀地区建制镇污水收集处理能力、污泥无害化处置水平明显提升。

（2）到 2035 年，城市生活污水收集管网基本全覆盖，城镇污水处理能力全覆盖，全面实现污泥无害化处置，污水污泥资源化利用水平显著提升，城镇污水得到安全高效处理，全民共享绿色、生态、安全的城镇水生态环境。

二、加强再生利用设施建设，推进污水资源化利用

（1）建设任务。结合现有污水处理设施提标升级扩能改造，系统规划城镇污水再生利用设施，合理确定再生水利用方向，推动实现分质、分对象供水，优水优用。在重点排污口下游、河流入湖口、支流入干流处，因地制宜实施区域再生水循环利用工程。缺水城市新城区要提前规划布局再生水管网，有序开展建设。以黄河流域地级及以上城市为重点，在京津冀、长江经济带、黄河流域、南水北调工程沿线、西北干旱地区、沿海缺水地区建设污水资源化利用示范城市，规划建设配套基础设施，实现再生水规模化利用。建设资源能源标杆再生水厂。鼓励从污水中提取氮磷等物质。"十四五"期间，新建、改建和扩建再生水生产能力不少于 1500 万立方米/日。

（2）技术要求。水质型缺水地区优先将达标排放水转化为可利用的水资源就近回补自然水体。资源型缺水地区推广再生水用于工业用水和市政杂用的同时，鼓励将再生水用于河湖湿地生态补水。有条件地区结合本地水资源利用、水环境提升、水生态改善需求，因地制宜通过人工湿地、深度净化工程等措施，优化城镇污水厂出水水质，提升城镇污水资源化利用水平。推进工业生产、园林绿化、道路清洗、车辆冲洗、建筑施工等领域优先使用再生水。鼓励工业园区与市政再生水生产运营单位合作，推广点对点供水。

4.《城镇再生水利用规划编制指南》SL 760—2018。

1.0.4 规划应确定现状年和规划水平年。规划水平年可根据需要分为近期和远期水平年，近期年限可采用 5 年～10 年，远期年限可采用 10 年～20 年。

5.《城乡排水工程项目规范》GB 55027—2022。4.3.12 再生水应优先作为城市水体的景观生态用水或补充水源，并应考虑排水防涝，确保城市安全。

3.3.10 城镇污水厂应同步建设污泥处理处置设施，并应进行减量化、稳定化和无害化处理，在保证安全、环保和经济的前提下，实现污泥的能源和资源利用。

3.3.11 排水工程设计应妥善处理污水与再生水处理及污泥处理过程中产生的固体废弃物，应防止对环境的二次污染。

4 设计流量和设计水质

4.1 设 计 流 量

Ⅰ 雨 水 量

4.1.1 源头减排设施的设计水量应根据年径流总量控制率确定，并应明确相应的设计降雨量，可按本标准附录 A 的规定进行计算。

4.1.2 当降雨量小于规划确定的年径流总量控制率所对应的降雨量时，源头减排设施应能保证不直接向市政雨水管渠排放未经控制的雨水。

4.1.3 雨水管渠的设计流量应根据雨水管渠设计重现期确定。雨水管渠设计重现期应根据汇水地区性质、城镇类型、地形特点和气候特征等因素，经技术经济比较后按表 4.1.3 的规定取值，并明确相应的设计降雨强度，且应符合下列规定：

雨水管渠设计重现期（年） 表 4.1.3

城镇类型	城区类型			
	中心城区	非中心城区	中心城区的重要地区	中心城区地下通道和下沉式广场等
超大城市和特大城市	3～5	2～3	5～10	30～50
大城市	2～5	2～3	5～10	20～30
中等城市和小城市	2～3	2～3	3～5	10～20

注：1. 表中所列设计重现期适用于采用年最大值法确定的暴雨强度公式。
　　2. 雨水管渠应按重力流、满管流计算。
　　3. 超大城市指城区常住人口在 1000 万人以上的城市；特大城市指城区常住人口在 500 万人以上 1000 万人以下的城市；大城市指城区常住人口在 100 万人以上 500 万人以下的城市；中等城市指城区常住人口 50 万人以上 100 万人以下的城市；小城市指城区常住人口在 50 万人以下的城市（以上包括本数，以下不包括本数）。

　1 人口密集、内涝易发且经济条件较好的城镇，应采用规定的设计重现期上限；

　2 新建地区应按规定的设计重现期执行，既有地区应结合海绵城市建设、地区改建、道路建设等校核、更新雨水系统，并按规定设计重现期执行；

　3 同一雨水系统可采用不同的设计重现期；

　4 中心城区下穿立交道路的雨水管渠设计重现期应按表 4.1.3 中"中心城区地下通道和下沉式广场等"的规定执行，非中心城区下穿立交道路的雨水管渠设计重现期不应小于 10 年，高架道路雨水管渠设计重现期不应小于 5 年。

→根据《中华人民共和国统计法》《全国人口普查条例》和《国务院关于开展第七次全国人口普查的通知》(国发〔2019〕24号)，2020年开展了第七次人口普查。《2020年第七次全国人口普查主要数据》截止到2020年11月，我国城区常住人口超过1000万人的超大城市共7座城市，分别是：上海、北京、深圳、重庆、广州、成都、天津。城区常住人口在1000万人以下500万人以上的特大城市共14座，分别是武汉、东莞、西安、杭州、佛山、南京、沈阳、青岛、济南、长沙、哈尔滨、郑州、昆明、大连。

4.1.4 排涝除险设施的设计水量应根据内涝防治设计重现期及对应的最大允许退水时间确定。内涝防治设计重现期应根据城镇类型、积水影响程度和内河水位变化等因素，经技术经济比较后按表4.1.4的规定取值，并明确相应的设计降雨量，且应符合下列规定：

    1 人口密集、内涝易发且经济条件较好的城市，应采用规定的设计重现期上限；

    2 目前不具备条件的地区可分期达到标准；

    3 当地面积水不满足表4.1.4的要求时，应采取渗透、调蓄、设置行泄通道和内河整治等措施；

    4 超过内涝设计重现期的暴雨应采取应急措施。

内涝防治设计重现期（年） 表4.1.4

城镇类型	重现期	地面积水设计标准
超大城市	100	1 居民住宅和工商业建筑物的底层不进水； 2 道路中一条车道的积水深度不超过15cm
特大城市	50～100	
大城市	30～50	
中等城市和小城市	20～30	

注：详见表4.1.3的注3。

→本条了解以下内容：

1. 城镇内涝防治的主要目的是将降雨期间的地面积水控制在可接受的范围。我国内涝防治设计重现期见表4.1.4。

2. 校核地面积水能力的方法

内涝防治系统是为应对长历时、长降雨状态下的排水安全。根据内涝防治设计重现期校核地面积水排除能力时，应根据当地历史数据合理确定用于校核的降雨历时及该时段内的降雨量分布情况，采用数学模型计算。计算中降雨历时一般采用3h～24h。采用重现期对排水系统的排除能力进行校核，校核城镇道路积水深度不超过15cm。

3. 校核结果如不符合要求可采取的措施：放大管径、增设渗透措施、建设调蓄管段或调蓄池。

4. 雨水管渠执行表4.1.4内涝防治设计重现期时，雨水管渠按压力流计算，即雨水管渠处于超载状态。

5. 表4.1.4"地面积水设计标准"中的道路积水深度是指靠近路拱处的车道上最深积水深度，见图4.1.4-1。当路面积水深度超过15cm时，车道可能因机动车熄火而完全中断，因此表4.1.4规定城镇道路不论宽窄，在内涝防治设计重现期下每条道路至少应有一条车道的积水深度不超过15cm。上海市关于市政道路积水的标准是：路边积水深度大于

15cm（即与道路侧石齐平），或道路中心积水时间大于1h，积水范围超过50m²。内涝防治校核方法参见《城镇内涝防治技术规范》GB 51222—2017附录B。

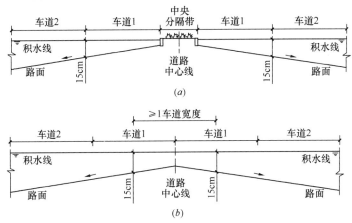

图 4.1.4-1 地面积水设计标准积水深度示意图
(a) 有中央分隔带的道路；(b) 无中央分隔带的道路

《城市排水工程规划规范》GB 50318—2017。

5.3.3 城市防涝空间规模计算应符合下列规定：

1 防涝调蓄设施（用地）的规模，应按照建设用地外排雨水设计流量不大于开发建设前或规定值的要求，根据设计降雨过程变化曲线和设计出水流量变化曲线经模拟计算确定。

2 城市防涝空间应按路面允许水深限定值进行推算。道路路面横向最低点允许水深不超过30cm，且其中一条机动车道的路面水深不超过15cm（见图4.1.4-2）。

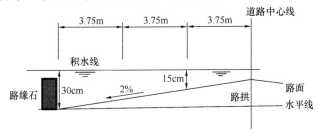

图 4.1.4-2 道路积水深度示意图

6. 各城市排水防涝标准及对应降雨量参见《住房和城乡建设部关于2021年全国城市排水防涝安全及重要易涝点整治责任人名单的通告》建城函〔2021〕25号的附件《城市排水防涝标准及对应降雨量》。

7. 排涝除险设施应以城镇总体规划和城镇内涝防治专项规划为依据，并应根据地区降雨规律和暴雨内涝风险等因素，统筹规划，合理确定建设规模。排涝除险设施宜包括城镇水体、调蓄设施和行泄通道等。

4.1.5 内涝防治设计重现期下的最大允许退水时间应符合表4.1.5的规定。人口密集、内涝易发、特别重要且经济条件较好的城区，最大允许退水时间应采用规定的下限。交通枢纽的最大允许退水时间应为0.5h。

内涝防治设计重现期下的最大允许退水时间（h） 表 4.1.5

城区类型	中心城区	非中心城区	中心城区的重要地区
最大允许退水时间	1.0～3.0	1.5～4.0	0.5～2.0

注：本标准规定的最大允许退水时间为雨停后的地面积水的最大允许排干时间。

→国务院办公厅《关于加强城市内涝治理的实施意见》国办发〔2021〕11 号。

（三）工作目标。到 2025 年，各城市因地制宜基本形成"源头减排、管网排放、蓄排并举、超标应急"的城市排水防涝工程体系，排水防涝能力显著提升，内涝治理工作取得明显成效；有效应对城市内涝防治标准内的降雨，老城区雨停后能够及时排干积水，低洼地区防洪排涝能力大幅提升，历史上严重影响生产生活秩序的易涝积水点全面消除，新城区不再出现"城市看海"现象；在超出城市内涝防治标准的降雨条件下，城市生命线工程等重要市政基础设施功能不丧失，基本保障城市安全运行；有条件的地方积极推进海绵城市建设。到 2035 年，各城市排水防涝工程体系进一步完善，排水防涝能力与建设海绵城市、韧性城市要求更加匹配，总体消除防治标准内降雨条件下的城市内涝现象。

问：如何判定是否内涝？

答：见表 4.1.5-1。

内涝的判定 表 4.1.5-1

地面积水深度和最大允许积水时间	内涝与否判定标准
同时满足表 4.1.4、表 4.1.5	不内涝
满足表 4.1.1 或表 4.1.5 之一	不内涝
同时超出表 4.1.4 和表 4.1.5	内涝

4.1.6 当地区改建时，改建后相同设计重现期的径流量不得超过原径流量。

4.1.7 当采用推理公式法时，排水管渠的雨水设计流量应按下式计算。当汇水面积大于 $2km^2$ 时，应考虑区域降雨和地面渗透性能的时空分布不均匀性和管网汇流过程等因素，采用数学模型法确定雨水设计流量。

$$Q_s = q\Psi F \qquad (4.1.7)$$

式中：Q_s ——雨水设计流量（L/s）；

q ——设计暴雨强度 $[L/(hm^2 \cdot s)]$；

Ψ ——综合径流系数；

F ——汇水面积（hm^2）。

→本条了解以下内容

1. 术语

径流系数：一定汇水面积内地面径流量与降雨量的比值。

汇水面积：雨水管渠汇集降雨的面积。

暴雨强度：单位时间内的降雨量。工程上常用单位时间单位面积内的降雨体积来计，其计量单位以 $[L/(hm^2 \cdot s)]$ 表示。

重现期：在一定长的统计期间内，等于或大于某统计对象出现一次的平均间隔时间。

降雨历时：降雨过程中任意连续时段。

地面集水时间：雨水从相应汇水面积的最远点地面流到雨水管渠入口的时间。又称集水时间。

管内流行时间：雨水在管渠中流行的时间。

2. 我国雨水量计算多采用恒定均匀流推理公式：$Q_s = q\Psi F$。

推理公式有三个假定条件：（1）径流系数是常数；（2）汇流面积不变；（3）在汇水时间内降雨强度不变。但实际上这三者都是变化的。

3. 推理公式适用范围的变化

（1）《室外排水设计规范》GB 50014—2006（2011年版）及以前版本的规范。较小规模指城镇或工厂的雨水管渠或排洪沟汇水面积较小，<u>一般小于100km²</u>，最远点集水时间不至超过60min到120min。这种小汇水面积上降雨不均匀分布的影响较小。因此，可用极限强度理论来计算。

（2）《室外排水设计规范》GB 50014—2006（2014年版）对汇水面积进行修正。当汇水面积超过2km²时，宜考虑降雨在时空分布的不均匀性和管网汇流过程，采用数学模型法计算雨水设计流量。即推理公式适用于汇水面积≤2km²的区域。

（3）《城市排水工程规划规范》GB 50318—2017。

5.2.6条文说明：当汇水面积超过2km²时，排水系统区域内往往存在地面渗透性能差异较大、降雨在时空上分布不均匀、管网汇流过程较为复杂等情况，发达国家已普遍采用数学模型模拟城市降雨及地表产流汇流过程，模拟城市排水管网系统的运行特征，分析城市排水管网的运行规律，以便对排水管网的规划、设计和运行管理做出科学的决策。

4. 数学模型法模拟降雨过程，把排水管渠作为一个系统考虑，并用数学模型对管网进行管理。数学模型法更接近实际降雨过程，更合理。数学模型法计算雨水量可参见《给水排水设计手册5》P11。

5. 极限强度理论的假设

（1）推理公式是根据极限强度理论得出来的，是个半理论半经验公式。极限强度理论作了4点假设：

1）暴雨强度随降雨历时的延长而减小的规律性。

2）汇水面积随降雨历时的延长而增长的规律性。

3）汇水面积随降雨历时的延长而增长的速度比暴雨强度随降雨历时的延长而减小的速度更快（也就是说汇水面积的增长速度大于暴雨强度的减小速度，汇水面积是决定雨水量大小的决定性因素）。

4）全流域汇水面积采用同一径流系数。如果汇水面积由不同的地面组成，整个汇水面积上的平均径流系数按加权平均公式求得。

（2）极限强度理论应用的两个重要极限

1）面积极限。当汇水面积上最远点的雨水流达集流点时，实现全面积汇流，雨水管道的设计流量最大。

2）时间极限。当降雨历时等于汇水面积最远点的雨水流达集流点的集流时间时，雨水管道需要排除的雨水量最大。

问：推理公式应用的局限性是什么？

答： 推理公式应用的局限性源于推理公式的假定条件：

1. 降雨强度在集水时间内均匀不变，即降雨为等强度降雨过程。

2. 汇水面积随时间按线性增大，即汇水面积随集水时间增大的速度为常数；事实上降雨强度随时间是变化的，汇水面积随时间的增大也是非线性的。

3. 参数的选取也比较粗糙，如径流系数取值仅考虑了地表的性质，地面集水时间的取值是凭经验，致使雨水管道的水量计算会产生较大误差。

4.1.8 综合径流系数应严格按规划确定的控制，并应符合下列规定：

1 综合径流系数高于 0.7 的地区应采用渗透、调蓄等措施。

2 综合径流系数可根据表 4.1.8-1 规定的径流系数，通过地面种类加权平均计算得到，也可按表 4.8.1-2 的规定取值，并应核实地面种类的组成和比例。

3 采用推理公式法进行内涝防治设计校核时，宜提高表 4.1.8-1 中规定的径流系数。当设计重现期为 20 年～30 年时，宜将径流系数提高 10%～15%；当设计重现期为 30 年～50 年时，宜将径流系数提高 20%～25%；当设计重现期为 50 年～100 年时，宜将径流系数提高 30%～50%；当计算的径流系数大于 1 时，应按 1 取值。

径流系数   表 4.1.8-1

地面种类	径流系数
各种屋面、混凝土或沥青路面	0.85～0.95
大块石铺砌路面或沥青表面各种的碎石路面	0.55～0.65
级配碎石路面	0.40～0.50
干砌砖石或碎石路面	0.35～0.40
非铺砌土路面	0.25～0.35
公园或绿地	0.10～0.20

综合径流系数   表 4.1.8-2

区域情况	综合径流系数
城镇建筑密集区	0.60～0.70
城镇建筑较密集区	0.45～0.60
城镇建筑稀疏区	0.20～0.45

→本条了解以下内容：

1. 汇水面积的综合径流系数应按地面种类加权平均计算。

径流系数公式：$\Psi = \dfrac{\sum F_i \cdot \Psi_i}{\sum F_i}$。

2. 综合径流系数高于 0.7 的地区应采取渗透、调蓄等措施。

3. 国内一些地区采用的综合径流系数见表 4.1.8-3，《日本下水道设计指南》推荐的综合径流系数见表 4.1.8-4。

4. 城镇建筑稀疏区：指公园、绿地等用地；城镇建筑密集区：指城市中心区等建筑密度高的区域；城镇建筑较密集区：指上述两类区域以外的城市规划建设用地。

国内一些地区采用的综合径流系数   表 4.1.8-3

城市	综合径流系数	城市		综合径流系数
北京	0.50～0.70	扬州		0.50～0.80
上海	0.50～0.80	宜昌		0.65～0.80
天津	0.45～0.60	南宁		0.50～0.75
乌兰浩特	0.50	柳州		0.40～0.80
南京	0.50～0.70	深圳	旧城区	0.70～0.80
杭州	0.60～0.80		新城区	0.60～0.70

《日本下水道设计指南》推荐的综合径流系数   表 4.1.8-4

区域情况	Ψ
空地非常少的商业区或类似的住宅区	0.80
有若干室外作业场等透水地面的工厂或有若干庭院的住宅区	0.65
房产公司住宅区之类的中等住宅区或单户住宅多的地区	0.50
庭院多的高级住宅区或夹有耕地的郊区	0.35

问：什么是径流系数、流量径流系数、雨量径流系数？

答：径流系数：一定汇水面积内地面径流量与降雨量的比值。

流量径流系数：形成高峰流量的历时内产生的径流量与降雨量之比。

雨量径流系数：设定时间内降雨产生的径流总量与总雨量之比。

《建筑与小区雨水控制及利用工程技术规范》GB 50400—2016。

3.1.4 条文说明：此处的径流系数是指日降雨。计算不同时段的降雨径流，径流系数是不同的。计算高峰流量时径流系数最大，采用流量径流系数。计算日降雨径流，采用场次降雨径流系数，即雨量径流系数。计算年降雨径流，则采用年径流系数，下垫面上所有不能形成径流的降雨量都需要扣除，所以径流系数值会更小，应经研究确定。

根据流量径流系数和雨量径流系数的定义，两个径流系数之间存在差异，后者比前者小，主要原因是降雨的初期损失对雨水量的折损相对较大。同济大学邓培德、西安空军工程学院岑国平对此都有论述。鉴于此，本规范采用两个径流系数。

径流系数同降雨强度或降雨重现期关系密切，随降雨重现期的增加（降雨频率的减小）而增大。

《室外排水设计标准》GB 50014—2021 中径流系数指雨量径流系数。

4.1.9 设计暴雨强度应按下式计算：

$$q = \frac{167A_1(1+C\lg P)}{(t+b)^n} \tag{4.1.9}$$

式中：　　q——设计暴雨强度 [L/(hm^2·s)]；

　　　　　P——设计重现期（年）；

　　　　　t——降雨历时（min）；

A_1, C, b, n——参数，根据统计方法进行计算确定。

具有 20 年以上自记雨量记录的地区，排水系统设计暴雨强度公式应采用年最大值法，并应按本标准附录 B 的规定编制。

→本条了解以下内容：

1. 公式中各字母的含义

A_1：重现期为 1 年的设计降雨的雨力。

C：雨力变动参数，反映设计降雨各历时，不同重现期下暴雨强度变化程度的参数之一。

b、n 是地方参数，这两个参数联用，共同反映同重现期的设计降雨随历时延长其强度递减变化的情况。

2. 暴雨强度与降雨深度的关系

（1）降雨深度：某一连续降雨时段内的平均降雨量，即单位时间的平均降雨深度，用 i 表示。$i=H/t$（mm/min）。

（2）暴雨强度：工程上常用单位时间内单位面积上的降雨体积计，用 q 表示，单位：L/(s·hm²)。

（3）暴雨强度与降雨深度的关系：$q=167i$。

（4）$q=167i$ 的推导：

$i=1\text{mm/min}=10^{-3}（\text{m}^3/\text{m}^2）/\text{min}=10^{-3}（10^3\ \text{L/m}^2）/\text{min}=1（\text{L/m}^2）/\text{min}=1（\text{L/min})/\text{m}^2=10000（\text{L/min})/\text{hm}^2$；

$q=(10000/60)i=167i$。

问：如何选用降雨强度 i 与降雨历时 t 的关系式？

答：1. 当 i 与 t 点绘在双对数坐标纸上不呈直线关系时，则采用：

$$i=\frac{A}{(t+b)^n} \tag{4.1.9-1}$$

2. 当 i 与 t 点绘在双对数坐标纸上呈直线关系时，则采用：

$$i=\frac{A}{t^n} \tag{4.1.9-2}$$

A、b、n 是暴雨的地方特性参数，也称 n 为暴雨衰减指数，b 为时间参数，A 为雨力或时雨率（单位为 mm/min 或 mm/h），A 随重现期 T 而变。A 与 T 的关系常用下列公式表达：

$$A=A_1(1+C\lg T) \tag{4.1.9-3}$$

公式（4.1.9-1）～公式（4.1.9-3）能够较全面地反映我国大多数地区的暴雨强度变化规律，被《室外排水设计标准》推荐为雨水量的计算公式。该公式要求将 i 换算为 q，便于绘制全国参数等值线图。参见《水文学》（第五版）（黄延林、马学尼）。

问：降雨量等级如何按时段降雨量划分？

答：见表 4.1.9。

降雨量等级的划分   表 4.1.9

降雨量等级	时段降雨量（mm）	
	12h 降雨量	24h 降雨量
微量降雨（零星小雨）	<0.1	<0.1
小雨	0.1～4.9	0.1～9.9

降雨量等级	时段降雨量（mm）	
	12h降雨量	24h降雨量
中雨	5.0～14.9	10.0～24.9
大雨	15.0～29.9	25.0～49.9
暴雨	30.0～69.9	50.0～99.9
大暴雨	70.0～139.9	100.0～249.9
特大暴雨	≥140	≥250

注：本表摘自《降水量等级》GB/T 28592—2012。

4.1.10 暴雨强度公式应根据气候变化进行修订。

问：如何选取暴雨强度公式？

答：1. 当地有暴雨强度公式的地区，采用当地暴雨强度公式。暴雨强度公式可参考《给水排水设计手册5》附录4。

2. 当地无暴雨强度公式的地区，可参考《中国气候区划图》及当地气象条件选取周边较近城市（地区）的暴雨强度公式。

4.1.11 雨水管渠的降雨历时应按下式计算：

$$t = t_1 + t_2 \tag{4.1.11}$$

式中：t ——降雨历时（min）；

t_1 ——地面集水时间（min），应根据汇水距离长短、地形坡度和地面种类计算确定，宜采用5min～15min；

t_2 ——管渠内雨水流行时间（min）。

→本条了解以下内容：

1. 雨水管渠设计假定降雨历时等于集水时间时，雨水流量最大，所以用汇水面积最远点的雨水流达设计断面的时间作为设计降雨历时。

雨水流达设计断面的时间包括地面集水时间 t_1 和管渠内雨水流行时间 t_2 两部分，当设计断面为起始断面时，仅包括地面集水时间 t_1。

2. 根据国内外资料，地面集水时间采用的数据，大多不经计算，按经验确定。在地面平坦、地面种类接近、降雨强度相差不大的情况下，地面集水距离是决定地面集水时间长短的主要因素；地面集水距离的合理范围是50m～150m，采用的地面集水时间为5min～15min。

问：雨水排放系统和防涝系统的区别是什么？

答：《城市排水工程规划规范》GB 50318—2017。

2.0.3 雨水排放系统：应对常见降雨径流的排水设施以一定方式组合成的总体，以地下管网系统为主。亦称"小排水系统"。

2.0.3条文说明：雨水排放系统即目前所说的"雨水管渠系统"。雨水排放系统是城市雨水系统的组成部分之一，主要用于收集、输送和处置该系统设计排水能力以内的降雨、融雪径流等，其设置目的是为了减少因低强度降雨事件所带来的不便，降低经常重复出现的破坏及频繁的街道维护需求。国外比较常见的术语为"Minor（Drainage）System

（小排水系统）"或"Initial（Drainage）System（基本排水系统）"。

雨水排放系统的组成部分包括道路街沟（偏沟）、边沟、雨水口、雨水管、暗渠、检查井、泵站以及相关的雨水利用设施、污染控制设施等。

2.0.4 防涝系统：应对内涝防治设计重现期以内的超出雨水排放系统应对能力的强降雨径流的排水设施以一定方式组合成的总体，亦称"大排水系统"。

2.0.4 条文说明：防涝系统是城市雨水系统中重要的组成部分，主要用于应对内涝防治设计重现期对应的强降雨径流，其设置的目的是为了提高城市排水防涝能力，减少强降雨径流可能导致的重大破坏和生命损失，国外比较常见的术语为"Major（Drainage）System（大排水系统）"。

防涝系统主要由强排设施、滞蓄设施和行泄通道组成，组成部分包括河道、明渠、隧道（存蓄和输送雨水的）、泵站以及承担防涝功能的道路、绿地、广场、开放式运动场、湿地、坑塘、生态用地和防涝调蓄设施等。其中，道路、绿地主要承担强降雨径流的汇集功能，明渠、隧道、河道等行泄通道主要承担对所汇集强降雨径流的输送和排放功能，湿地、洼地主要起蓄滞作用，防涝调蓄设施的主要作用是削减峰值流量，减轻下游的排水压力和致灾风险。

从功能上来看，防涝系统是雨水排放系统的救援系统：当雨水径流量超过了雨水排放系统的排水能力时，剩余径流将通过道路、绿地表面汇集到明渠等行泄通道进行排放，或汇集到防涝调蓄空间进行临时贮存，以避免内涝灾害的产生。因此，防涝系统与雨水排放系统既紧密联系，又相对独立。应高度重视防涝系统的布局，在城市用地规划布局时，需结合生态安全格局构建，合理设计防涝系统，预留用地空间。

Ⅱ 污 水 量

4.1.12 污水系统设计中应确定旱季设计流量和雨季设计流量。

→径流污染控制是海绵城市建设的一个重要指标。因此，污水系统的设计也应将受污染的雨水径流收集、输送至污水厂处理达标后排放，以缓解雨水径流对河道的污染。在英国、美国等国家，无论排水体制采用合流制还是分流制，污水干管和污水厂的设计中都需在处理旱季流量之外，预留部分雨季流量处理的能力，根据当地气候特点、污水系统收集范围、管网质量，雨季设计流量可以是旱季流量的 3 倍～8 倍。

问：如何理解分流制、合流制旱季设计流量和雨季设计流量？

答：1. 术语

旱流污水：晴天时的城镇污水，包括综合生活污水量、工业废水量和入渗地下水量。

旱季设计流量：晴天时最高日最高时的城镇污水量。

雨季设计流量：分流制的雨季设计流量是旱季设计流量和截流雨水量的总和。合流制的雨季设计流量就是截流后的合流污水量。

截流雨水量：排水系统中截流的雨水，这部分雨水通过污水管道送至城镇污水厂，以控制城镇地表径流污染。

2. 分流制与合流制旱季设计流量见公式（4.1.13）。

3. 分流制雨季设计流量：分流制雨季设计流量是旱季设计流量＋截流雨水量。旱季设计流量见公式（4.1.13）。截流雨水量应根据受纳水体的环境容量、初期雨水污染情况、源头减排设施规模和排水区域大小等因素确定。

合流制雨季设计流量：

（1）截流井前合流管道的设计流量：见公式（4.1.22）。

（2）截流井后合流管道的设计流量：公式（4.1.23）＋本截流管段汇入的雨水量。

截流量根据受纳水体的环境容量，由溢流污染控制目标确定，合理确定截流倍数和采用合适的截流井。

（3）雨季合流制系统输送至污水厂的混合污水量：见公式（4.1.23）。

4. 污水厂雨季设计流量的保证措施见本标准第 7.1.4 条。（7.1.4 <u>污水厂应通过扩容或增加调蓄设施，保证雨季设计流量下的达标排放。当采用雨水调蓄时，污水厂的雨季设计流量可根据调蓄规模相应降低。</u>）

《海绵城市建设国家建筑标准设计体系（2016 年）》源头径流控制设施：采用源头、分散性措施维持场地开挖前的水文特征，控制降雨期间的水量和水质，减轻城市雨水管渠系统压力的基础设施。如：生物滞留设施、植草沟、绿色屋顶、调蓄设施、可渗透路面、渗管、渗渠等基础设施。

4.1.13 分流制污水系统的旱季设计流量应按下式计算：

$$Q_{dr} = KQ_d + K'Q_m + Q_u \qquad (4.1.13)$$

式中：Q_{dr}——旱季设计流量（L/s）；

　　　K——综合生活污水量变化系数；

　　　Q_d——设计综合生活污水量（L/s）；

　　　K'——工业废水量变化系数；

　　　Q_m——设计工业废水量（L/s）；

　　　Q_u——入渗地下水量（L/s），在地下水位较高地区，应予以考虑。

→本条了解以下内容：

1. 排水体制及排水体制的基本方式

排水体制：在一个区域内收集、输送污水和雨水的方式，<u>有合流制和分流制两种基本形式</u>。

合流制：用同一管渠系统收集、输送污水和雨水的排水方式。

分流制：用不同管渠系统分别收集、输送污水和雨水的排水方式。

2. 合流制的形式

合流制：直排式、截流式、雨污全部处理式三种。

（1）直排式

最早的合流制排水系统，是将生活污水、工业废水、雨水的混合污水在同一管渠内不经处理直接就近排入水体，如图 4.1.13-1 所示。直排式对水体和环境污染非常严重，城镇已不

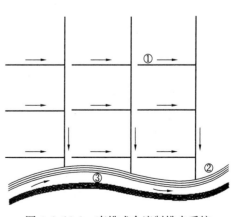

图 4.1.13-1　直排式合流制排水系统
①—合流支管；②—合流干管；③—河流

再使用此种排水方式。

直排式的特点：雨水、污水全部用一套管道收集、输送，但全部不经处理，直接排放水体。

（2）截流式：沿河岸边铺设一条截流干管，同时在合流干管与截流干管相交前或相交处设置截流井（也叫溢流井），并在截流干管下游设置污水厂。污水和截流的雨水排送至污水厂进行处理后排放（此种方式是现在最常用的合流制排水形式，如图 4.1.13-2 所示）。

截流式的特点：雨水、污水全部用一套管道收集、输送，截流部分处理后再排放，未被截流部分直接排放水体。

（3）雨污全部处理式：雨水和污水全部送到污水厂进行处理后排放，如图 4.1.13-3 所示。

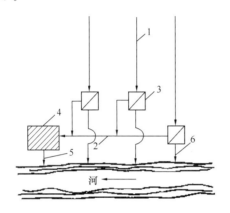

图 4.1.13-2 截流式合流制排水系统
1—合流干管；2—截流主干管；3—截流井；
4—污水厂；5—出水口；6—溢流出水口

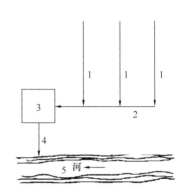

图 4.1.13-3 雨污全部处理式合流制排水系统
1—合流干管；2—合流主干管；3—污水厂；
4—出水口；5—排污河

雨污全部处理式的特点：雨水、污水全部用一套管道收集、输送，全部经处理后再排放水体。

总结：合流制中直排式、截流式、雨污全部处理式三种形式的特点：

直排式：全收全不处理；

截流式：全收部分处理；

雨污全部处理式：全收全处理。

雨污全部处理式的应用：在干旱少雨地区，降水量很少，或对水体水质标准要求很高的地区，要修建合流制管道将全部雨污水送至污水厂，在污水厂前部设一大型调节池，有的城市在地下修建大型调节水库，将全部污水经过处理后再排放水体。这类布置形式除了调节池外，均与污水管网类似。——引自《排水管网理论与计算》（周玉文）

3. 分流制的形式

分流制：完全分流式、不完全分流式、半分流式三种形式。

从分流制的术语可以看出，分流制强调的是污水和雨水的分流，也就是说生活污水和工业污水可以合排或分别单独排放而雨水必须要单独排放。即分流的核心是雨水、污水分流（何为污呢？不处理不能直接排放或污染较重不处理不允许直接排放）。

（1）完全分流式：污水排水系统和雨水排水系统完全分开，如图 4.1.13-4（a）所示。

污水→污水排水系统→污水厂→处理后排入水体；

雨水→雨水排水系统→直排水体。

（2）不完全分流式：只具有污水排水系统，未建雨水排水系统，雨水沿天然地面、街道边沟、水渠等原有渠道系统排泄，或为了补充原有渠道输水能力的不足而修建部分雨水道，待城市进一步发展再修建雨水排水系统而转变成完全分流制排水系统。如图 4.1.13-4（b）所示。

污水→污水排水系统→污水厂→处理后排入水体；

雨水→地面漫流→小河沟→较大的水体。水从地势高处向地势低处漫流。

（3）半分流式：又称截流式分流式，半分流式排水系统既有污水排水系统，又有雨水排水系统，之所以称为半分流式是因为它在完全分流式的雨水干管上设雨水跳越井，可截流初期雨水和街道地面冲洗污水进入污水管道。雨水干管流量不大时，雨水与污水一起引入污水厂进行处理；雨水干管流量超过截流量时，跳越截流管道经雨水出流干管排入水体。如图 4.1.13-5 所示。

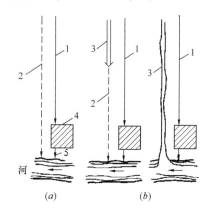

图 4.1.13-4 完全分流制及不完全
分流制排水系统

（a）完全分流制；（b）不完全分流制
1—污水管道；2—雨水管渠；3—原有渠道；
4—污水厂；5—出水口

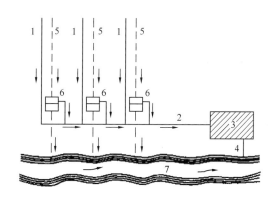

图 4.1.13-5 半分流制排水系统
1—污水管道；2—污水主干管；3—污水厂；
4—出水口；5—雨水管道；6—跳越堰式溢流井；
7—河流

初期雨水、街道地面冲洗污水→雨水跳越井→污水排水系统→污水厂→处理后排入水体；

当雨水量大于截流管流量时，雨水→雨水跳越井→雨水排水系统→直排水体；

污水排水系统→污水厂→处理后排入水体。

跳越堰式溢流井（截流井）如图 4.1.13-6 所示。

问：如何减小合流制溢流的混合污水对水体的污染？

答：1. 减少溢流的混合污水量

（1）采用透水性路面（减少雨水收集量）；

（2）停车场或公园里采用限制暴雨高峰径流量进入管道的蓄水设施（减少雨水收集量）；

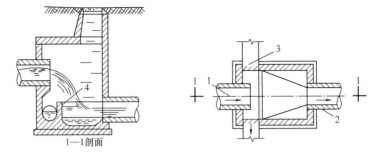

图 4.1.13-6　跳越堰式溢流井
1—雨水入流干管；2—雨水出流干管；3—初期雨水截流干管；4—堰墙

（3）增大合流制系统的截流倍数（减少溢流量）；

（4）减少合流制系统的污水收集量（减少污水量，节约用水从而减少污水排放量）。

2. 对溢流污水进行处理

（1）对溢流的混合污水进行贮存，晴天时抽至污水厂处理后排放；

（2）对溢流的混合污水进行"细筛滤、沉淀、消毒"等处理；

（3）适当提高污水厂二级处理能力，考虑对一定流量的合流水量进行二级处理。

问：如何控制合流制溢流污染？

答：《城市排水工程规划规范》GB 50318—2017。

6.5.2　合流制排水系统的溢流污水，可采用调蓄后就地处理或送至污水厂处理等方式，处理达标后利用或排放。就地处理应结合空间条件选择旋流分离、人工湿地等处理措施。

6.5.2 条文说明：合流制排水系统溢流污染（Combined Sewer Overflows, CSOs）是造成我国地表水污染的主要因素之一。合流制污水溢流是指随着降雨量的增加，雨水径流相应增加，当流量超过截流干管的输送能力时，部分雨污混合水经过溢流井或泵站排入受纳水体。

合流制溢流污水的处理方式有调蓄后就地处理和送至污水厂集中处理等方式。对溢流的合流污水就地处理可以在短时间内最大限度地去除可沉淀固体、漂浮物、细菌等污染物，经济实用且效果明显。合流制溢流污水送至污水厂集中处理，是利用非雨天污水厂的空余处理能力，不影响规划中污水厂规模的确定。

合流制调蓄池是合流制溢流污染控制的一项关键技术，目前已被多个国家采用。上海市在苏州河水环境综合整治过程中，针对合流制污水溢流污染问题，采取了提高截流倍数、建设地下调蓄池和优化运行调度管理等对策，取得了良好效果。

6.5.3　合流制排水系统调蓄设施宜结合泵站设置，在系统中段或末端布置，应根据用地条件、管网布局、污水厂位置和环境要求等因素综合确定。

6.5.3 条文说明：合流制系统调蓄设施的规划应在现有设施的基础上，充分利用现有河道、池塘、人工湖、景观水池等设施建设调蓄池，以降低建设费用，取得良好的社会、经济和环境效益。调蓄池按照在排水系统中的位置不同，可分为末端调蓄池和中间调蓄池。末端调蓄池位于排水系统的末端，主要用于城市面源污染控制，如上海市合流污水治理一期工程成都北路调蓄池。中间调蓄池位于排水系统的起端或中间位置，可用于削减洪峰流量和提高雨水利用程度。

问：如何计算合流制管道与分流制管道的污水设计流量？

答： 合流制管道与分流制管道污水设计流量不同，总结如下：

合流制管道污水量：$Q_合 = Q_{d(平均日平均时)} + Q_{m(最大班平均日平均时)} + Q_u$；

分流制管道污水量：$Q_分 = Q_{d(高日高时)} + Q_{m(最大班最大时)} + Q_u$；

在地下水位较高的地区要考虑加上地下水入渗量（Q_u）。

4.1.14 综合生活污水定额应根据当地采用的用水定额，结合建筑内部给水排水设施水平确定，可按当地相关用水定额的 90% 采用。

→本条了解以下内容：

1. 生活污水定额是个平均值，因此在用给水定额求污水定额时一定要用平均日定额，如果题目给出最高时定额要换算成平均日定额。

2. 按用水定额确定污水定额时，可按用水定额的 90% 计，建筑内部给水排水设施水平不完善的地区可适当降低。

问：如何选取城市污水分类和污水排放系数？

答：《城市排水工程规划规范》GB 50318—2017。

4.2.2 城市污水量可根据城市用水量和城市污水排放系数确定。

4.2.3 各类污水排放系数应根据城市历年供水量和污水量资料确定。当资料缺乏时，城市分类污水排放系数可根据城市居住和公共设施水平以及工业类型等，按表 4.1.14 的规定取值。

城市分类污水排放系数　　　　　　　　　　　　表 4.1.14

城市污水分类	污水排放系数
城市污水	0.70～0.85
城市综合生活污水	0.80～0.90
城市工业废水	0.60～0.80

注：城市工业废水排放系数不含石油和天然气开采业、煤炭开采和洗选业、其他采矿业以及电力、热力生产和供应业废水排放系数，其数据应按厂、矿区的气候、水文地质条件和废水利用、排放方式等因素确定。

4.2.3 条文说明：影响城市分类污水排放系数大小的主要因素有建筑室内排水设施的完善程度和各工业行业生产工艺、设备及技术水平、管理水平以及城市排水设施普及率等。

城市综合生活污水排放系数可根据总体规划对居住、公共设施等建筑物室内给水、排水设施水平的要求，城市排水设施普及程度，结合城市居民的用水习惯、生活水平以及第三产业增加值在地区生产总值中的比重和气候等因素确定，也可分区确定。城市工业废水排放系数应根据城市的工业结构和生产设备、工艺先进程度确定。在工业类型未定的情况下，可按表 4.1.14 取值，表中工业废水排放系数不含石油和天然气开采业、煤炭开采和洗选业、其他采矿业以及电力、热力生产和供应业废水排放系数。因以上三个工业行业的生产条件特殊，其工业废水排放系数与其他工业行业出入较大，应根据当地厂、矿区的气候、水文地质条件和废水利用、排放的具体条件和经验值，单独进行估算。

当地缺少实际用水定额资料时，可根据《城市居民生活用水量标准》GB/T 50331—2002 和《室外给水设计标准》GB 50013—2018 规定的居民生活用水定额（平均日定额）和综合生活用水定额（平均日定额），结合当地实际情况选用。然后根据当地建筑内部给水排水设施水平和给水排水系统完善程度确定居民生活污水定额和综合生活污水定额。

4.1.15 综合生活污水量变化系数可根据当地实际综合生活污水量变化资料确定。无测定资料时，新建项目可按表 4.1.15 的规定取值；改、扩建项目可根据实际条件，经实际流量分析后确定，也可按表 4.1.15 的规定，分期扩建。

综合生活污水量变化系数   表 4.1.15

平均日流量(L/s)	5	15	40	70	100	200	500	≥1000
变化系数	2.7	2.4	2.1	2.0	1.9	1.8	1.6	1.5

注：当污水平均日流量为中间数值时，变化系数可用内插法求得。

→本条了解以下内容：

1. 三个变化系数的关系

综合生活污水量变化系数（K_z）：最高日最高时污水量与平均日平均时污水量的比值。

日变化系数（K_d）：最高日污水量与平均日污水量的比值。

时变化系数（K_h）：最高日最高时污水量与最高日平均时污水量的比值。

$$K_z = K_d \times K_h = \frac{最高日污水量}{平均日污水量} \cdot \frac{最高日最高时污水量}{最高日平均时污水量} = \frac{最高日最高时污水量}{平均日平均时污水量}$$

$$(4.1.15-1)$$

2. 内差法应用举例

假设平均日流量 $Q=50$L/s，求综合生活污水量变化系数（K_z）：

$$K_z = 2.1 - \frac{50-40}{70-40} \times (2.1-2.0) = 2.07 \text{ 或}$$

$$K_z = 2.0 + \frac{70-50}{70-40} \times (2.1-2.0) = 2.07$$

3.《排水工程》（第二版）上册 P25。北京市市政工程设计研究总院有限公司分析了北京、长春、广州三市 27 个观测点的 2000 多个实测资料，找出了流量变化幅度与平均流量之间的关系式，即：

$$K_z = \frac{2.7}{Q^{0.11}}$$

$$(4.1.15-2)$$

式中：Q——平均日平均时污水流量（L/s）。

公式经多年应用总结认为 K_z 不宜小于 1.3。为方便应用给出了居住区生活污水量总变化系数表，即原《室外排水设计规范》GB 50014—2006（2016 年版）表 3.1.3。

4. 本次标准修订对原《室外排水设计规范》GB 50014—2006（2016 年版）表 3.1.3 的综合生活污水量总变化系数进行了调整。编制组研究了上海市 80 座污水泵站（不含节点泵站、合流污水泵站）2010 年至 2014 年的日运行数据，为了消除雨污混接、泵站预抽空和雨水倒灌等诸多因素的干扰，在分析中别除了雨天泵站运行数据。对剩余非降雨天运行数据整理和分析后，得到日流量和日变化系数对数值的线性拟合公式：

$$\lg K = 0.5052 - 0.1156 \lg Q \tag{4.1.15-3}$$

鉴于泵站数据无法统计时变化系数，因此仅以日流量变化系数的拟合公式，与《室外排水设计规范》GB 50014—2006（2016 年版）和国外发达国家的生活污水量总变化系数做了对比，如表 4.1.15-1 所示。国外大多按照人口总数确定综合生活污水量总变化系数，并设定最小值。计算时，人口 P 值按 250L/（人·d）的用水当量换算为表 4.1.15-1 中的流量。美国加利福尼亚州规定 K 值不低于 1.8；美国有 10 个州和加拿大萨斯喀彻温省采用 Harrmon 公式，加拿大萨斯喀彻温省规定 K 值不低于 2.5；日本和加拿大安大略省采用 Rabbitt 公式，且规定 K 值不低于 2.0。

由表 4.1.15-1 可见，拟合公式得到的日变化系数比原《室外排水设计规范》GB 50014—2006（2016 年版）中的生活污水总变化系数提高了约 15%；与美国加利福尼亚州采用的 K 值计算公式得到的结果十分接近。虽然在 100L/s 以下流量范围中，拟合公式计算值远低于 Harrmon 公式与 Rabbitt 公式计算得到的变化系数值，考虑到变化系数对排水管网和污水厂规模以及投资的影响，暂按此数据调整。

改建、扩建项目可根据实际条件，经实际流量分析后确定总变化系数。如果按表 4.1.15 的规定执行时，也可以结合地区整体改造，分期扩建，逐步提高。

综合生活污水量变化系数比较 表 4.1.15-1

平均日流量（L/s）	上海砂站调研拟合得到的日变化系数	《室外排水设计规范》GB 50014—2006（2016 年版）表 3.1.3 总变化系数	美国加利福尼亚州采用的计算式 $K = 5.453/P^{0.0963}$	Harrmon 公式 $K = 1 + 14/[4 + (P/1000)]^{0.5}$	Rabbitt 公式 $K = 5/(P/1000)^{0.2}$	本标准采用值
5	2.7	2.3	2.7	3.6	4.5	2.7
15	2.4	2.0	2.4	3.2	3.6	2.4
40	2.1	1.8	2.2	2.8	2.9	2.1
70	2.0	1.7	2.1	2.6	2.6	2.0
100	1.9	1.6	2.0	2.4	2.5	1.9
200	1.8	1.5	1.9	2.1	2.1	1.8
500	1.6	1.4	1.8	2.0	2.0	1.6
≥1000	1.5	1.3	1.8	2.0	2.0	1.5

根据推算得出 K_z 与平均日流量 Q 的关系式：

$$K_z = \frac{3.2}{Q^{0.11}} \tag{4.1.15-4}$$

4.1.16 设计工业废水量应根据工业企业工艺特点确定，工业企业的生活污水量应符合现行国家标准《建筑给水排水设计标准》GB 50015 的有关规定。

→本条了解以下内容：

1. 术语

城镇污水：综合生活污水、工业废水、入渗地下水的总称。

旱流污水：晴天时的城镇污水，包括综合生活污水量、工业废水量和入渗地下水量。

生活污水：居民生活产生的污水。

综合生活污水：居民生活和公共服务产生的污水。

工业废水：工业企业生产过程产生的废水。

★工业废水包括生产污水和清净废水（生产废水）。

入渗地下水：通过渠道和附属构筑物进入排水管渠的地下水。

合流污水：合流制排水系统中污水和雨水的总称。

生活废水：民用建筑中，居民日常生活排出的洗涤水。

生活排水：民用建筑中，居民在日常生活中排出的生活污水和生活废水的总称。

生产污水：被污染的工业废水。包括水温过高，排放后造成热污染的工业废水。

清净废水：未受污染或受轻微污染以及水温稍有升高的工业废水。

2. 设计流量

城镇旱流污水由综合生活污水和工业废水组成。综合生活污水由居民生活污水和公共建筑污水组成。居民生活污水指居民日常生活中洗涤、冲厕、洗澡等产生的污水。公共建筑污水指娱乐场所、宾馆、浴室、商业网点、学校和办公楼等产生的污水。

（1）综合生活污水设计流量公式：

$$Q_d = \frac{n \cdot N \cdot K_z}{24 \times 3600} \quad (4.1.16-1)$$

式中：Q_d——设计综合生活污水流量（L/s）；

n——综合生活污水定额 [L/(人·d)]；

N——设计人口数（人）；

K_z——生活污水量总变化系数。

设计人口数：是指污水排水系统设计期限终期的规划人口数。该值由城镇总体规划确定。计算污水管道服务的人口数时，常用人口密度与服务面积的乘积计算。

人口密度表示人口分布的情况，是指住在单位面积上的人口数，以人/hm²表示。

总人口密度：表示人口密度所用的地区面积包括街道、公园、运动场、水体等在内时，该人口密度称为总人口密度（把不住人的面积也算在总面积内）。

街区人口密度：表示人口密度所用的面积只是街区内的建筑面积时，该人口密度称为街区人口密度。

在进行规划或初步设计时，用总人口密度计算污水量；而在进行技术设计或施工图设计时，一般采用街区人口密度计算。

注：作相关题目时一定要注意，题目给的是总人口密度还是街区人口密度。要和相应的面积相对应。

（2）工业生活污水设计流量公式：

$$Q_{z1} = \frac{A_1 \cdot B_1 \cdot K_1 + A_2 \cdot B_2 \cdot K_2}{3600T} + \frac{C_1 \cdot D_1 + C_2 \cdot D_2}{3600T} \quad (4.1.16-2)$$

式中：Q_{z1}——工业企业生活及淋浴污水设计污水流量（L/s）；

A_1——一般车间最大班职工人数（人）；

A_2——热车间最大班职工人数（人）；

B_1——一般车间职工生活污水定额，以25L/(人·班) 计；

B_2——热车间职工生活污水定额，以35L/(人·班) 计；

K_1——一般车间生活污水量时变化系数，以 3.0 计；

K_2——热车间生活污水量时变化系数，以 2.5 计；

C_1——一般车间最大班使用淋浴的职工人数；

C_2——热车间最大班使用淋浴的职工人数；

D_1——一般车间的淋浴污水定额，以 40L/（人·班）计；

D_2——高温、污染严重热车间的淋浴污水定额，以 60L/（人·班）计；

T——每班工作时数，h/班。

淋浴时间一般以 1h 计。

总结：工业生活污水设计流量＝最大班最大时流量＋最大班的淋浴水量（注：①工厂内有淋浴时加上，没有淋浴时就不必加了，考试时题目会明确是否有淋浴水量；②淋浴时间按题目给的实际时间计。如果题目给出了有淋浴水量，但没有明确淋浴时间就按 1h 淋浴时间计）。

（3）生产废水设计流量公式：

$$Q_{z2} = \frac{m \cdot M \cdot K_z}{3600T} \tag{4.1.16-3}$$

式中：Q_{z2}——设计生产废水流量（L/s）；

m——生产过程中每单位产品的废水量（L/单位产品）；

M——产品的平均日产量；

T——每日生产时数；

K_z——总时变化系数。

总结：工业企业生产废水设计流量按最大班最大时流量。

生产废水量的变化取决于工厂的性质和生产工艺过程。生产废水的日变化一般较小，日变化系数一般可取 1，时变化系数可实测。某些工业废水量的时变化系数大致如下，可供参考：冶金工业 1.0～1.1；化学工业 1.3～1.5；纺织工业 1.5～2.0；食品工业 1.5～2.0；皮革工业 1.5～2.0；造纸工业 1.3～1.8。

4.1.17 工业废水量变化系数应根据工艺特点和工作班次确定。

4.1.18 入渗地下水量应根据地下水位情况和管渠性质经测算后研究确定。

问：入渗地下水量的相关因素有哪些？

答：首先明确，"地下水位较高"是指地下水位高于排水管（渠）的管（渠）底。

入渗地下水量相关的因素：当地土质；管道及其接口材料；施工质量；管道运行时间；地下水位高低。

4.1.18 条文说明：因当地土质、地下水位、管道和接口材料以及施工质量、管道运行时间等因素的影响，当地下水位高于排水管渠时，排水系统设计应适当考虑入渗地下水量。根据上海地区排水系统地下水渗入情况调研发现，由于降雨充沛、地势平缓、地下水位高和部分区域的流沙性土壤，刚性接口的混凝土管道很容易因为受力不均匀导致接口开裂、错位漏水。

入渗地下水量宜根据实际测定资料确定，一般按单位管长和管径的入渗地下水量计，也可按平均日综合生活污水和工业废水总量的 10%～15% 计，还可按每天每单位服务面积入渗的地下水量计。

《城市排水工程规划规范》GB 50318—2017。

4.2.4 地下水渗入量宜根据实测资料确定，当资料缺乏时，可按不低于污水量的 10% 计入。

4.2.4 条文说明：当地下水位高于排水管渠时，因当地土质、地下水位、管道和接口材料、附属设施以及施工质量等因素的影响，排水工程规划应适当考虑地下水渗入量。

影响排水管道地下水渗入的主要因素包括地下水位高于管内水位的差值、管道接口形式和附属设施以及管道的运行时间。中国市政工程中南设计研究总院有限公司在污水量及重要设计参数专题研究中，对新建管道管径 600mm～1350mm、地下水水位高于管内水位 0.3m～6.0m 的排水管道地下水渗入量进行了实测，实测范围为 4.67m³/(km·d)～1850m³/(km·d)，相当于城市污水量的 18% 左右。地下水位与排水管道管内水位的差值和管径越大、管道运行时间越长的排水管道，地下水渗入量越大。不同区域和条件下，管道渗入量差异也较大。随着技术的进步发展，排水工程规划应强调排水管道接口形式、管材和附属设施的选择，控制施工质量，降低地下水渗入量，提高整个排水系统的运行经济性。因此，本规范规定地下水渗入量宜根据实测资料确定，当资料缺乏时，可按不低于污水量的 10% 计入。对地下水位较高的地区，要加强维护管理，及时修补渗漏严重的管道，控制地下水渗入量，合理确定地下水渗入量。

《给水排水设计手册5》。在地下水位较高的地区，宜适当考虑地下水入渗量，其量宜根据测定确定，无测定资料时，一般可按设计污水量的 5%～15% 计，或按 1000m³/(km²·d) 估算。

提示：地下水入渗不分合流制与分流制，只要地下水位高于管渠内水面，则有地下水入渗的可能。地下水入渗量可分别按合流制与分流制管道的设计流量的百分数估算。

4.1.19 分流制污水系统的雨季设计流量应在旱季设计流量基础上，根据调查资料增加截流雨水量。

问：如何计算分流制污水系统的雨季设计流量？

答：分流制污水系统的雨季设计流量是在旱季设计流量上增加截流雨水量。鉴于保护水环境的要求，控制径流污染，将一部分雨水径流纳入污水系统，进入污水厂处理，雨季设计流量应根据调查资料确定。

排水体制分为合流制与分流制两种基本形式。截流式分流制（半分流制）把雨季污染严重的初期雨水进行截流，输送到污水厂进行处理，参见图 4.1.13-5。

问：如何控制雨水初期弃流量？

答：《城镇雨水调蓄工程技术规范》GB 51174—2017。

3.1.7 初期径流弃流量应按下垫面收集雨水的污染物实测浓度确定。当无资料时，屋面弃流量可为 2mm～3mm，地面弃流量可为 4mm～8mm。

3.1.7 条文说明：相关研究表明，城镇径流存在明显的初期冲刷作用，但由于降雨冲刷过程的复杂性和随机性，确定不同条件下的初期径流弃流量是一个难题。在有条件的地区，应实测服务范围内不同下垫面收集雨水的化学需氧量（COD）、悬浮物（SS）等污染物浓度，根据污染物浓度随降雨量的变化曲线确定初期径流弃流量。

根据实测数据计算分析，通常一场降雨，路面的初期径流弃流量是屋面的 3 倍以上。当屋面的弃流量为 2mm～3mm 时，即可控制整场降雨 60% 以上的径流污染负荷，当超过 3mm 时，污染控制效果无显著增加。路面情况更为复杂，数据变化幅度更大，但一般弃流量为 6mm～8mm 可控制约 60% 以上的污染量，当超过 10mm 时，污染控制效果无显著增加。因此，结合我国实际情况，地面径流深度可为 4mm～8mm，地面污染程度较严重的区域宜取上限。

《上海市污水处理系统及污泥处理处置规划（2017—2035 年)》。初期雨水截流标准为合流制排水系统 11mm，分流制排水系统 5mm。城镇污水厂和初期雨水处理厂出水水质不低于《城镇污水厂污染物排放标准》GB 18918—2002 一级 A 排放标准并满足排入水体的水环境功能要求。

4.1.20 分流制截流雨水量应根据受纳水体的环境容量、雨水受污染情况、源头减排设施规模和排水区域大小等因素确定。

问：城镇污水厂出水排放要求是什么？

答：《城市排水工程规划规范》GB 50318—2017。

4.4.6 城市污水的处理程度应根据进厂污水的水质、水量和处理后污水的出路（利用或排放）及受纳水体的水环境容量确定。<u>污水厂的出水水质应执行现行国家标准《城镇污水厂污染物排放标准》GB 18918，并满足当地水环境功能区划对受纳水体环境质量的控制要求。</u>

4.4.6 条文说明：<u>目前，我国多数城市河流污染较为严重，剩余环境容量较小，污水厂的出水水质即使满足《城镇污水厂污染物排放标准》GB 18918—2002 的一级 A 标准也不一定能满足水环境功能区划的要求。因此规定污水厂的出水水质还应满足当地水环境功能区划对受纳水体环境质量的控制要求。</u>

4.1.21 分流制污水管道应按旱季设计流量设计，并在雨季设计流量下校核。

问：如何进行分流制污水管道的设计与校核？

答：1. 分流制污水管道设计：分流制污水管道应按旱季设计流量设计。

2. 分流制污水管道校核：分流制污水管道采用雨季设计流量校核，校核可采用满管流。校核雨季混合污水是否发生外溢。

问：如何确定截流初期雨水的污水管渠断面尺寸？

答：《城市排水工程规划规范》GB 50318—2017。

3.5.5 条文说明：<u>确定截流初期雨水的污水管渠断面尺寸时，设计流量为远期最高日最高时污水量与截流雨水量之和。</u>

5.5.2 条文说明：初期雨水的收集量，目前还没有统一认识和相关科研成果的支持，不宜在国标中取定值。有条件的城市，可针对城市特点，采用模型法确定，建议在地方标准中加以规定。

4.1.22 截流井前合流管道的设计流量应按下式计算：

$$Q = Q_d + Q_m + Q_s \tag{4.1.22}$$

式中：Q——设计流量（L/s）；

Q_d——设计综合生活污水量（L/s）；

Q_m——设计工业废水量（L/s）；

Q_s——雨水设计流量（L/s）。

→设计综合生活污水量 Q_d 和设计工业废水量 Q_m 均以平均日流量计。

4.1.23 合流污水的截流量应根据受纳水体的环境容量，由溢流污染控制目标确定。截流的合流污水可输送至污水厂或调蓄设施。输送至污水厂时，设计流量应按下式计算：

$$Q' = (n_0 + 1) \times (Q_d + Q_m) \tag{4.1.23}$$

式中：Q'——截流后污水管道的设计流量（L/s）；

n_0——截流倍数。

→本条了解以下内容：

1. 截流井设置位置：截流井设置在与截流干管相交前或相交处，如图 4.1.23-1 所示。

2. 以图 4.1.23-2 说明截流井以前旱流污水量和截流井以后旱流污水量具体指哪些面积所汇流的污水。

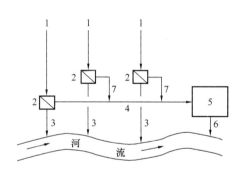

图 4.1.23-1　截流井设置在与截流干管
相交处或相交前

1—合流干管；2—截流井；3—溢流管；4—截流干管；
5—污水厂；6—污水厂排水口；7—截流管

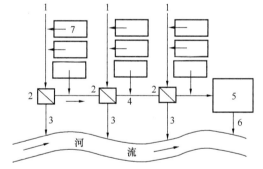

图 4.1.23-2　截流井以前和截流井以后
旱流污水的汇流面积

1—合流干管；2—截流井；3—溢流管；4—截流干管；
5—污水厂；6—污水厂排水口；7—汇流面积

问：截流井设置在与截流干管相交处或相交前对截流量是否有影响？

答：截流量＝（截流倍数＋1）×旱流污水量。如果截流井收集的汇流量不变，则截流量不变；如果截流井收集的汇流量不同，则截流量不同。也就是说截流井的截流量不因截流井位置不同而发生变化，关键看截流井收集的汇流量有无变化。

4.1.24 截流倍数应根据旱流污水的水质、水量、受纳水体的环境容量和排水区域大小等因素经计算确定，宜采用 2～5，并宜采取调蓄等措施，提高截流标准，减少合流制溢流污染对河道的影响。同一排水系统中可采用不同截流倍数。

→本条了解以下内容：

1. 截流倍数：合流制排水系统在降雨时被截流的雨水径流量与平均旱流污水量的比值。

污水截流量：被截流的旱流污水量和雨水径流量之和。

2. 截流倍数取值的影响因素

截流倍数的设置直接影响环境效益和经济效益，其取值应综合考虑受纳水体的水质要求、受纳水体的自净能力、城市类型、人口密度、降雨量和污水系统规模等因素。

截流标准和截流倍数的概念不同，截流倍数是针对某段截流管或截流泵站的设计标准，而截流标准指的是排水系统通过截流、调蓄共同作用达到的合流污水截流目标。日本控制合流制溢流污染时，采用的是 1mm/h 的截流量加上 2mm～4mm 的调蓄量；英国南方水务针对合流制排水体制规定，污水厂最大处理流量应为旱季生活污水和工业废水流量之和的 3 倍，再加上最大地下水入渗量，确保整个系统在满足污水量变化的基础上，还能处理 25mm 以下降雨产生的径流量。此外，污水厂最大处理流量（3 倍旱流污水量）和 68L/人的厂内调蓄量（或 2h 峰值流量调蓄）还可以共同实现 6.5 倍～8 倍旱流污水量的暴雨溢流控制量。

3. 截流干管和溢流井的设计与计算，要合理地确定所采用的截流倍数 n_0 值。从环境保护的要求出发，为使水体少受污染，应采用较大的截流倍数。但从经济上考虑，截流倍数过大，将会增加截流干管、提升泵站以及污水厂的设计规模和造价，同时造成进入污水厂的污水水质和水量在晴天和雨天的差别过大，带来很大的运行管理困难。调查研究表明，降雨初期的雨污混合水中的 BOD 和 SS 的浓度比晴天污水中的浓度明显增高，当截流雨水量达到最大小时污水量的 2 倍～3 倍时（若小时流量变化系数为 1.3～1.5 时，相当于平均小时污水量的 2.6 倍～4.5 倍），从溢流井中溢流出来的混合污水中的污染物浓度将急剧减小，当截流雨水量超过最大小时污水量的 2 倍～3 倍时，溢流混合污水中的污染物浓度的减少量就不再显著，因此，<u>可以认为截流倍数 n_0 值采用 2.6～4.5 是比较经济合理的</u>。见《给水排水管网系统》（第二版）（严煦世、刘遂庆）P251。

问：截流式合流制能保证旱季时高日高时污水量全部进入污水厂吗？

答：从本标准表 4.1.15 可知：综合生活污水量变化系数 K_z 为 1.5～2.7，即最高日最高时流量是平均日平均时流量的 1.5 倍～2.7 倍。截流管的截流倍数 n_0 应根据旱流污水的水质、水量、排放水体的环境容量、水文、气候、经济和排水区域大小等因素经计算确定，宜采用 2～5。

截流倍数的选择要保证旱季时高日高时污水全部进入污水厂，这也是设计截流管渠必须要保证的一点。

4.2 设 计 水 质

4.2.1 城镇污水的设计水质应根据调查资料确定，或参照邻近城镇、类似工业区和居住区的水质确定。当无调查资料时，可按下列规定采用：

1 生活污水的五日生化需氧量可按 40g/(人·d)～60g/(人·d)计算；

2 生活污水的悬浮固体量可按 40g/(人·d)～70g/(人·d)计算；

3 生活污水的总氮量可按 8g/(人·d)～12g/(人·d)计算；

4 生活污水的总磷量可按 0.9g/(人·d)～2.5g/(人·d)计算。

4.2.2 污水厂内生物处理构筑物进水的水温宜为 10℃～37℃，pH 宜为6.5～9.5，营养组合比（五日生化需氧量∶氮∶磷）可为 100∶5∶1。有工业废水进入时，应考虑有害物质的影响。

→本条了解以下内容：

1. 污水厂内生物处理构筑物进水水温宜为 10℃～37℃。微生物在生物处理过程中最适宜温度为 20℃～35℃，当水温高至 37℃或低至 10℃时，还有一定的处理效果，超出此范围时，处理效率即显著下降。

2. 我国北方寒冷地区（主要指北纬 40°以北，即东北大部、华北、西北北部等地区）城市气温与城市污水水温的关系可参照表 4.2.2-1。根据测定，我国寒冷地区城市气温与城市污水水温有一定的关系。当最冷月平均气温在-15℃～-20℃时，城市污水水温大致在 5℃～8℃；当最冷月平均气温在-10℃～-15℃时，城市污水水温大致在 8℃～10℃。

北方寒冷地区城市气温、水温对照表　　　　　　　　　　　表 4.2.2-1

城市	项目				
	纬度（北纬）	最冷月平均气温（℃）	极端最低气温（℃）	年平均气温（℃）	城市污水温度（℃）
沈阳	41°46′	-12.7	-30.5	5.0	7～9
吉林	43°47′	-17.8	-40.2	4.5	6～8
哈尔滨	45°45′	-20.0	-38.1	4.5	5～7
大庆	45°47′	-25.5	-37.4	4.3	5～6
包头	40°49′	-17.0	-30.4	6.6	6～8
乌鲁木齐	43°54′	-16.9	-41.5	6.9	7～9

注：寒冷地区污水活性污泥法处理指在我国北方地区，冬季城市污水水温在 4℃～10℃时，采用活性污泥法的污水处理。具体可参见《寒冷地区污水活性污泥法处理设计规程》CECS 111：2000。

3. 生物处理构筑物进水 pH 宜为 6.5～9.5。生物处理构筑物污水的最适宜 pH 为 7～8。pH 过大地偏离适宜的 pH 数值，微生物酶系统的催化功能就会减弱，甚至丧失；pH 过低可导致微生物菌体表面蛋白质和核酸水解而变性。所以当 pH 低于 6.5 或高于 9.5 时，微生物的活动能力下降。

4. 营养组合比 $BOD_5∶N∶P=100∶5∶1$。一般而言，生活污水中氮、磷能满足生物处理的需要；当城镇污水中某些工业废水占较大比例时，微生物营养可能不足，为保证生物处理的效果，需人工添加至足量。为保证处理效果，有害物质不宜超过表 4.2.2-2 规定的允许浓度。

生物处理构筑物进水中有害物质允许浓度　　　　　　　　表 4.2.2-2

序号	有害物质名称	允许浓度（mg/L）
1	三价铬	3
2	六价铬	0.5

序号	有害物质名称	允许浓度（mg/L）
3	铜	1
4	锌	5
5	镍	2
6	铅	0.5
7	镉	0.1
8	铁	10
9	锑	0.2
10	汞	0.01
11	砷	0.2
12	石油类	50
13	烷基苯磺酸盐	15
14	拉开酚	100
15	硫化物（以S计）	20
16	氯化钠	4000

注：表中允许浓度为持续性浓度，一般可按日平均浓度计。

5 排水管渠和附属构筑物

5.1 一 般 规 定

5.1.1 排水管渠系统应根据城镇总体规划和建设情况统一布置，分期建设。排水管渠断面尺寸应按远期规划设计流量设计，按现状水量复核，并考虑城镇远景发展的需要。

→本条了解排水管渠的设计与校核。

1. 设计：排水管渠断面尺寸应按远期规划设计流量设计。

2. 校核：排水管渠的校核应按现状水量复核最小流速，防止流速过小造成淤积。

如果流速过小可增加冲洗设施或采用带低流槽的排水管渠。

问：如何理解"排水管渠断面尺寸应按远期规划设计流量设计"？

答：本标准把原规范"排水管渠断面尺寸应按远期规划的高日高时设计流量设计"修改为"排水管渠断面尺寸应按远期规划设计流量设计"。理由如下：

1. 排水管渠（包括输送污水和雨水的管道、明渠、盖板渠、暗渠）的设计，应按城镇总体规划和分期建设情况，全面考虑，统一布置，逐步实施。有条件时，干管应优先实施，避免因建设时序安排不当造成雨污水没有出路。

2. 排水管渠一般使用年限较长，改建困难，如仅根据当前需要设计，不考虑规划，在发展过程中会造成被动和浪费；但是如按规划一次建成设计，不考虑分期建设，也会不适当地扩大建设规模，增加投资、拆迁和其他方面的困难。为减少扩建时废弃管渠的数量，排水管渠的断面尺寸应根据排水规划，并考虑城镇远景发展需要确定；同时应按近期水量复核最小流速，防止流速过小造成淤积。规划期限应与城镇总体规划期限相一致。

5.1.2 管渠平面位置和高程应根据地形、土质、地下水位、道路情况、原有的和规划的地下设施、施工条件及养护管理方便等因素综合考虑确定，并应与源头减排设施和排涝除险设施的平面和竖向设计相协调，且应符合下列规定：

1 排水干管应布置在排水区域内地势较低或便于雨污水汇集的地带；

2 排水管宜沿城镇道路敷设，并与道路中心线平行，宜设在快车道以外；

3 截流干管宜沿受纳水体岸边布置；

4 管渠高程设计除应考虑地形坡度外，尚应考虑与其他地下设施的关系及接户管的连接方便。

→本条了解以下内容：

1. 一般情况下，管渠布置应与其他地下设施综合考虑。污水管渠通常布置在道路人行道、绿化带或慢车道下，尽量避开快车道，如不可避免时，应充分考虑施工对交通和路面的影响。敷设的管道应是可巡视的，要有巡视养护通道。排水管渠在城镇道路下的埋设位置应符合《城市工程管线综合规划规范》GB 50289—2016 的规定。

2. 排水系统的布置形式

根据地形与水体的相互关系，按污水干管与水体的布置关系分为：正交式、截流式、平行式、分区式、分布式、环绕式几种。

（1）地势向水体有一定倾斜的地区

正交式：即直排式，只适用于雨水排水系统；

截流式：适用于分流制、合流制、区域式排水系统。

（2）地势向水体有较大倾斜的地区（大于1‰）

平行式：干管与等高线及河道基本平行；主干管与等高线及河道成一定倾角，适当向水体倾斜。

（3）地势高差相差很大时采用分区式布置。分别在地势较高地区和地势较低地区敷设独立的管道系统。地势较高地区的污水靠重力流直接流入污水厂，而地势较低地区的污水用泵送至地势较高地区的干管或污水厂。这种布置只能用于个别阶梯地形或起伏很大的地区，其优点是能充分利用地形排水，节省能耗。如果将地势较高地区的污水排至地势较低地区，然后再用污水泵抽送至污水厂是不经济的。

（4）分布式：地形平坦且周边有河流可采用分布式布置。上海市就采用这种布置。

（5）环绕式：大型污水厂比分散的小污水厂运行费用要省，故有分布式转向集中式的趋势。这种布置方式是沿四周布置主干管，将各干管的污水截流送往污水厂。

3. 污水管渠的定线与平面布置

（1）管道定线顺序：一般按主干管、干管、支管顺序进行。

（2）管道定线原则：应尽可能地在管线较短和埋深较小的情况下，让最大区域的污水能自流排出。

（3）定线时通常考虑的几个因素：地形和用地布局、排水制度和线路数目、污水厂和出水口的位置、水文地质条件、道路宽度、地下管线及构筑物的位置、工业企业和产生大量污水的建筑物的分布情况等。

一定条件下，地形是影响管渠定线的主要因素。

1）地形平坦地区，应避免小流量的横支管长距离平行于等高线敷设，而应让其以最小距离接入干管，通常使干管与等高线垂直，主干管与等高线平行。

2）当地形倾向河道坡度很大时，主干管与等高线垂直，干管与等高线平行，这种布置虽然主干管的坡度较大，但可设置为数不多的跌水井，使干管的水力条件得到改善。地形平坦地区，管线虽不长，埋深亦会增加很快，当埋深超过一定限值时，需设泵站提升污水，这样会增加基建投资和常年运转费用，是不利的，但不设泵站而过多地增加埋深，不但施工困难而且造价也高，因此，管道定线时，需作技术经济比较，选择适当的定线位置，使之既能尽量减小埋深，又可少建泵站。

污水支管的平面布置取决于地形及街区建筑特征，并应便于用户接管排水。当街区面积较小时街区污水管网可采用集中出水方式，街道支管敷设在服务街区较低侧面的街道下，称为低边式布置；当街区面积较大且地形平坦时，宜采用周边式布置；街区已按规划确定，街区内污水管网按各建筑的需要设计，组成一个系统，再穿过其他街区并与所穿街区的污水管网相连，称为穿坊式布置。

问：排水管渠疏通方法及适用范围是什么？

答：排水管渠疏通养护可采用射水疏通、绞车疏通、推杆疏通、转杆疏通、水力疏通和人工铲挖等方式，各种排水管渠疏通方法及适用范围宜符合表 5.1.2 的规定。

排水管渠疏通方法及适用范围　　　　　　　　　　　　　　　表 5.1.2

疏通方法	排水管渠类型						
	小型管	中型管	大型管	特大型管	倒虹管	压力管	盖板沟
射水疏通	√	√	√	—	√	√	√
绞车疏通	√	√	√	—	√	—	√
推杆疏通	√	—	—	—	—	—	—
转杆疏通	√	—	—	—	—	—	—
水力疏通	√	√	√	√	√	—	√
人工铲挖	—	—	√	√	—	—	√

注：1. 本表中"√"表示适用，"—"表示不适用。

　　2. 本表摘自《城镇排水管渠与泵站运行、维护及安全技术规程》CJJ 68—2016。

5.1.3　污水和合流污水收集输送时，不应采用明渠。

→本条了解以下内容：

1. 从安全卫生的角度考虑，目前新建的排水系统大多采用管道（包括箱涵）。污水成分复杂，有恶臭气味，含有大量病原微生物。合流制管渠输送的是雨污混合水，旱季则输送的全部是污水。污水及合流污水通过明渠收集输送会对周围环境产生影响，因此不应采用明渠的形式收集。

2. 《城乡排水工程项目规范》GB 55027—2022。4.2.6 污水收集、输送严禁采用明渠。

5.1.4　管渠材质、管渠断面、管道基础、管道接口应根据排水水质、水温、冰冻情况、断面尺寸、管内外所受压力、土质、地下水位、地下水侵蚀性、施工条件和对养护工具的适应性等因素进行选择和设计。

→本条了解以下内容：

1. 管渠采用的材料一般有混凝土、钢筋混凝土、陶土、石棉水泥、化学建材、球墨铸铁、钢以及土明渠等。管渠基础有砂石基础、混凝土基础、土弧基础等。管道接口有柔性接口和刚性接口等，应根据影响因素进行选择。图 5.1.4 所示为 3 种常用排水管渠接口形式。

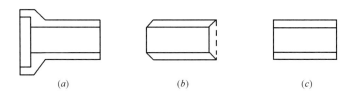

图 5.1.4　排水管渠接口形式
（*a*）承插式；（*b*）企口式；（*c*）平口式

2. 排水管材的选择

重力流：陶土管、混凝土管、钢筋混凝土管、化学建材管（玻璃钢管、HDPE 管等）。

压力流：钢筋混凝土管、预应力钢筋混凝土管、金属管（铸铁管和钢管）。

《关于发布化学建材技术与产品的公告》中华人民共和国建设部公告 2001 年第 27 号。应用于排水的新型管材主要是塑料管，其主要品种包括：聚氯乙烯管（PVC-U）、聚氯乙烯芯层发泡管（PVC-U）、聚氯乙烯双臂波纹管（PVC-U）、玻璃钢夹砂管（RPMP）、塑料螺旋缠绕管（HDPE、PVC-U）、聚氯乙烯径向加筋管（PVC-U）等。市政工程使用的主要是玻璃钢管和 HDPE 管。

《建设部推广应用和限制禁止使用技术》中华人民共和国建设部公告 2004 年第 218 号。限制平口、企口混凝土排水管≤500mm，不得用于城镇市政污水、雨水管道系统（自 2005 年 1 月 1 日起执行）。

灰口铸铁口径＞400mm 的管材及管件不允许在污水厂、排水泵站及市政排水管网中的压力管线中使用（自 2004 年 7 月 1 日起执行）。

《房屋建筑和市政基础设施工程危及生产安全施工工艺、设备和材料淘汰目录（第一批）》中华人民共和国住房和城乡建设部公告 2021 年第 214 号。要求平口混凝土排水管（含钢筋混凝土管）采用混凝土制作而成（含里面配置钢筋骨架）、接口采取平接方式的排水圆管）不得用于住宅小区、企事业单位和市政管网用的埋地排水工程，可采用承插口排水管等替代。

中国水协 2020 年 1 月第一批优良设备材料产品推荐排水管材：高密度聚乙烯（实心、波纹）管、玻璃钢夹砂管。

3. 排水管道相关标准：《排水球墨铸铁管道工程技术规程》T/CECS 823—2021；《埋地硬聚氯乙烯排水管道工程技术规程》T/CECS 122—2020；《污水用球墨铸铁管、管件和附件》GB/T 26081—2010；《混凝土和钢筋混凝土排水管》GB/T 11836—2009；《埋地塑料排水管道工程技术规程》CJJ 143—2010；《城镇排水管道非开挖修复更新工程技术规程》CJJ/T 210—2014；《城镇排水管道非开挖修复工程施工及验收规程》T/CECS 717—2020；《玻璃纤维增强塑料夹砂管》GB/T 21238—2016；《纤维增强塑料设备和管道工程技术规范》GB 51160—2016 等。

5.1.5 输送污水、合流污水的管道应采用耐腐蚀材料，其接口和附属构筑物应采取相应的防腐蚀措施。

→输送腐蚀性污水的管渠、检查井和接口应采取相应的防腐蚀措施，以保证管渠系统的使用寿命。

5.1.6 排水管渠的断面形状应符合下列规定：

1 排水管渠的断面形状应根据设计流量、埋设深度、工程环境条件，并结合当地施工、制管技术水平和经济条件、养护管理要求综合确定，宜优先选用成品管；

2 大型和特大型管渠的断面应方便维修、养护和管理。

→本条了解以下内容：

1. 排水管渠断面形式有：圆形、梯形、卵形、矩形等（见表5.1.6-1）。

圆形断面具有较好的水力特性，是最常用的一种断面形式；梯形断面多用于明渠；矩形断面可就地浇注或砌筑，并可以调节深度，以增大排水量，当受当地制管技术、施工环境条件和施工设备等限制，超出其能力时可采用现浇箱涵；卵形断面适用于流量变化大的场合。合流制排水系统可采用卵形断面和低流槽矩形断面。

成品管更经济，施工更快捷方便，所以宜优先选用成品管。

排水管渠断面形式及应用　　　　　　　　　　　　　　　表 5.1.6-1

断面名称	断面形式	应用
圆形		圆形断面具有较好的水力特性，在一定的坡度下，指定的断面面积具有最大的水力半径，因此流速大，流量也大。此外，圆形管便于预制，使用材料经济，对外压力的抵抗力较强，若挖土的形式与管道相称时，能获得较高的稳定性，在运输和施工养护方面也较方便。因此是最常用的一种断面形式。 注：成品管基本为圆形
半椭圆形		半椭圆形断面在土压力和动荷载较大时，可以更好地分配管壁压力，因而可减小管壁厚度。污水流量无大变化及管渠直径大于2m时，采用半椭圆形的断面较为合适
马蹄形		马蹄形断面的高度小于宽度。当地质条件较差或地形平坦，受受纳水体水位限制时，需要尽量减小管道埋深以降低造价，可采用此种形式的断面。又由于马蹄形断面的下部较大，对于排除流量无大变化的大流量污水，较为适宜。但马蹄形管的稳定性有赖于回填土的密实度，若回填土松软，则两侧底部的管壁易产生裂缝
蛋形		蛋形断面由于底部较小，从理论上看，在小流量时可以维持较大的流速，因而可减少淤积，适用于污水流量变化较大的情况。但实际养护经验证明，这种断面的冲洗和清通工作比较困难，加上制作和施工较复杂，现已很少使用
矩形	弧形流槽 低流槽	矩形断面可以就地浇注或砌筑，并按需要增加深度，以增大排水量。某些工业企业的污水管道、路面狭窄地区的排水管道以及排洪沟道常采用这种断面形式。不少地区在矩形断面的基础上，将渠道底部用细石混凝土或水泥砂浆做成弧形流槽，以改善水力条件。也可在矩形渠道内做低流槽。这种组合的矩形断面是为合流制管道设计的，晴天的污水在小矩形槽内流动，以保持一定的充满度和流速，使之能够免除或减轻淤积程度
梯形		梯形断面适用于明渠，它的边坡决定于土壤性质和铺砌材料

2. 排水管道制定统一的管径分类标准有利于编制养护标准和定额以及技术交流。我国排水管渠的管径划分见表5.1.6-2。

我国排水管渠的管径划分　　　　　　　　　　　　　表 5.1.6-2

类型	管径（mm）	截面积（m²）
小型管渠	＜600	＜0.283
中型管渠	≥600，≤1000	≥0.283，≤0.785
大型管渠	＞1000，≤1500	＞0.785，≤1.766
特大型管渠	＞1500	＞1.766

注：本表摘自《城镇排水管渠与泵站运行、维护及安全技术规程》CJJ 68—2016。

5.1.7 当输送易造成管渠内沉析的污水时，管道断面形式应考虑维护检修的方便。
→某些污水易造成管渠内沉析或因结垢、微生物和纤维类粘结而堵塞管道，因而管渠形式和附属构筑物的确定，必须考虑维护检修方便，必要时要考虑更换的可能。

5.1.8 雨水管渠和合流管道除应满足雨水管渠设计重现期标准外，尚应与城镇内涝防治系统中的其他设施相协调，并应满足内涝防治要求。

5.1.9 合流管道的雨水设计重现期可高于同一情况下的雨水管渠设计重现期。

5.1.10 排水管渠系统的设计应以重力流为主，不设或少设提升泵站。当无法采用重力流或重力流不经济时，可采用压力流。

5.1.11 雨水管渠系统的设计宜结合城镇总体规划，利用水体调蓄雨水，并宜根据控制径流污染、削减径流峰值流量、提高雨水利用程度的需求，设置雨水调蓄和处理设施。

5.1.12 污水、合流管道及湿陷土、膨胀土、流沙地区的雨水管道和附属构筑物应保证其严密性，并应进行严密性试验。
→本条了解以下内容：
　　1. 需进行严密性试验的管道和附属构筑物
　　（1）污水管道；（2）合流管道；（3）湿陷土、膨胀土、流沙地区的雨水管道；（4）上述三类管道的附属构筑物应保证其严密性，并应进行严密性试验。
　　污水管道、合流管道输送的是污水，其污染性大，污染物多，要防止污水外泄污染环境，并防止地下水通过管道、接口和附属构筑物入渗，增加污水管道的输送水量，增大污水厂的水量变幅，影响运行。湿陷土、膨胀土、流沙地区的雨水管道做严密性试验是为了提高严密性，减少雨水外渗对管道地基造成影响，进而影响管道的安全运行。
　　《城乡排水工程项目规范》GB 55027—2022。
　　4.1.9　输送易燃、易爆、有毒、有害物质的管道必须进行强度和严密性试验，试验合格方可投入运行。
　　4.1.10　存在易燃易爆气体泄漏风险的承压构筑物满水试验合格后，还应进行气密性试验，试验合格后方可投入运行。

4.2.12　污水管道及其附属构筑物应经严密性试验合格后方可投入运行。

2. 保证污水管道、合流管道和附属构筑物的严密性的方法

做闭水（闭气）试验保证污水管道、合流管道和附属构筑物的严密性。

（1）无压管道的闭水试验技术方法可参照《给水排水管道工程施工及验收规范》GB 50268—2008，9.3 无压管道的闭水试验。

（2）无压管道的闭气试验见《给水排水管道工程施工及验收规范》GB 50268—2008，9.4 无压管道的闭气试验。

闭气试验适用于混凝土类的无压管道在回填土前进行的严密性试验。

压力管道：指工作压力大于或等于 0.1MPa 的给水排水管道。

无压力管道：指工作压力小于 0.1MPa 的给水排水管道。

5.1.13　当排水管渠出水口受水体水位顶托时，应根据地区重要性和积水所造成的后果，设置防潮门、闸门或泵站等设施。

→本条了解以下内容：

1. 防潮门：排水管出口处设置的单向启闭的阀，以防止潮水倒灌。如图 5.1.13-1、图 5.1.13-2 所示。

图 5.1.13-1　防潮门　　　　　　图 5.1.13-2　排水管出口安装的防潮门

防潮门材质分为不锈钢、铸铁、型钢等多种材料，是安装在江河边排水管出口的一种单向阀，当江河潮位高于出水管口，且压力大于管内压力时，拍门面板自动关闭，以防江河潮水倒灌进排水管道内。

2. 为使污水与水体混合较好，污水管渠出水口一般采用<u>淹没式</u>，其位置应取得当地卫生主管部门同意。如需污水与水体充分混合，则出水口可长距离伸入水体分散出口，且应设置标志，并取得航运管理部门的同意。雨水管渠出水口可以采用<u>非淹没式</u>，其管底标高最好在水体最高水位以上，一般在常水位以上，以免水体倒灌。当出水口标高比水体水面高出太多时，应考虑设置单级或多级跌水。

3. 管渠出水口的设计水位应高于或等于排放水体的设计洪水位。当低于时，应采取适当工程措施，如设置防潮门、闸门等防倒灌措施或采取泵站提升排水的方式。可参见《城镇排水管渠与泵站运行、维护及安全技术规程》CJJ 68—2016。

5.1.14　排水管渠系统之间可设置连通管，并应符合下列规定：

1　雨水管渠系统和合流管道系统之间不得设置连通管。

2　雨水管渠系统之间或合流管道系统之间可根据需要设置连通管，在连通管处应设闸槽或闸门。连通管和附近闸门井应考虑维护管理的方便。

3　同一圩区内排入不同受纳水体的自排雨水系统之间，根据受纳水体和管道标高情况，在安全前提下可设置连通管。

→由于各个雨水管道系统或各个合流管道系统的汇水面积、集水时间均不相同，高峰流量不会同时发生，如在两个雨水管道系统或两个合流管道系统之间适当位置设置连通管，可互相调剂水量，改善地区排水情况。为了便于控制和防止管道检修时污水和雨水从连通管倒流，可设置闸槽或闸门并应考虑检修和养护的方便。

闸槽井：为检修时断水方便而设置在排水管道上的井。适用于管径 $D=300\text{mm}\sim 1000\text{mm}$ 的管道。参见图集《钢筋混凝土及砖砌排水检查井》20S515。

问：合流制与分流制的衔接原则是什么？

答：首先明确，截流式合流制截流的混合污水要排入污水厂进行处理；分流制的污水也要输送到污水厂进行处理，而分流制的雨水是直接排入水体的。合流制与分流制衔接的原则：严禁分流制的污水发生溢流。

1. 严禁雨污水管渠混接

(1)《城镇排水管渠与泵站运行、维护及安全技术规程》CJJ 68—2016。

3.1.4　分流制排水系统中，严禁雨水和污水管道混接。

(2)《城镇给水排水技术规范》GB 50788—2012。

4.1.5　城镇采用分流制排水系统时，严禁雨、污水管渠混接。

4.1.5 条文说明：在分流制排水系统中，由于擅自改变建筑物内的局部功能、室外的排水管渠人为疏忽或故意错接会造成雨污水管渠混接。如果雨、污水管渠混接，污水会通过雨水管渠排入水体，造成水体污染；雨水也会通过污水管渠进入污水厂，增加了处理费用。为发挥分流制排水的优点，故作此规定。

2. 雨水管渠与合流管渠连接方式

(1)《城市排水工程规划规范》GB 50318—2017。

3.6.4　雨水管道系统之间或合流管道系统之间可根据需要设置连通管，合流制管道不得直接接入雨水管道系统，雨水管道接入合流制管道时，应设置防止倒灌设施。

3.6.4 条文说明：由于雨水管道系统的汇水面积、集水时间均不相同，峰值流量不会同时发生。为充分发挥各系统的排水能力，本条规定可在两个系统间的关键节点设置连通管，互相调剂水量，提高地区整体雨水排除能力。为了防止合流污水进入雨水管道直排水体，合流制管道不应直接接入雨水管道系统，合流管道系统的溢流管与雨水管道系统之间可根据需要设置连通管。

(2)混接调查及治理参见《城镇排水管道混接调查及治理技术规程》T/CECS 758—2020。

5.1.15　有条件地区，污水输送干管之间应设置连通管。

→污水输送干管连通能实现污水厂之间互为备用，有利于提高污水厂的效率和运行安全性。《城乡排水工程项目规范》GB 55027—2022。4.2.5 城镇污水输送干管设计时应考虑系统之间的互连互通，保障系统运行安全，并应便利检修。

5.2 水 力 计 算

5.2.1 排水管渠的流量应按下式计算：

$$Q = Av \tag{5.2.1}$$

式中：Q——设计流量（m^3/s）；

　　　A——水流有效断面面积（m^2）；

　　　v——流速（m/s）。

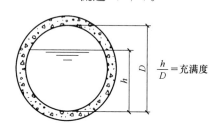

图 5.2.1-1　充满度示意图

→本条了解以下内容：

　　1. A：水流有效断面面积，即充满水流部分的面积。充满度如图 5.2.1-1 所示。

　　2. 以 h 计算出来的面积是水流有效断面面积 A。

　　3. 当 $\frac{h}{D} = 1$ 时，称为满流；当 $\frac{h}{D} < 1$ 时，称为不满流。

问：如何计算水流有效断面面积？

答： 水流有效断面面积及水力半径按公式（5.2.1-2）～公式（5.2.1-6）计算：

1. 当 $h < \frac{D}{2}$ 时

$$A = (\theta - \sin\theta\cos\theta)\, r^2 \tag{5.2.1-1}$$

式中：r——圆管半径（m）；

　　　θ——以弧度计，等于角度×0.01745。

$$R = \frac{(\theta - \sin\theta\cos\theta)}{2\theta} r^2 \tag{5.2.1-2}$$

2. 当 $h > \frac{D}{2}$ 时

$$A = (\pi - \theta + \sin\theta\cos\theta)\, r^2 \tag{5.2.1-3}$$

$$\rho = 2(\pi - \theta)r$$

式中：ρ——湿周（m）；

　　　θ——以弧度计，等于角度×0.01745。

$$R = \frac{(\pi - \theta + \sin\theta\cos\theta)}{2(\pi - \theta)} r \tag{5.2.1-4}$$

3. 当 $h = \frac{D}{2}$ 时

$$A = \frac{\pi D^2}{8} \tag{5.2.1-5}$$

$$R = \frac{D}{4}$$

$$\rho = \frac{\pi D}{2}$$

4. 当 $h = D$ 时

$$A = \frac{\pi D^2}{4}$$ (5.2.1-6)

$$R = \frac{D}{4}$$

$$\rho = \pi D$$

5. 充满度

$$充满度 = \frac{h}{D}$$ (5.2.1-7)

式中：D——圆管内径（mm）；

　　　h——管内水深，当 $h < \frac{D}{2}$ 时，见图 5.2.1-2；当 $h > \frac{D}{2}$ 时，见图 5.2.1-3。

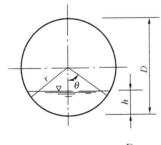 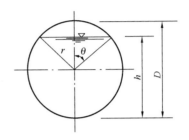

图 5.2.1-2　$h < \frac{D}{2}$　　　　　图 5.2.1-3　$h > \frac{D}{2}$

圆形管道的水力因素关系见表 5.2.1。

圆形管道的水力因素关系　　　　　　　　　　表 5.2.1

充满度	面积	水力半径		流速	流量
h/D	A'/A	R'/R	$(R'/R)^{1/6}$	v'/v	Q'/Q
1.00	1.000	1.000	1.000	1.000	1.000
0.90	0.949	1.190	1.030	1.123	1.065
0.80	0.856	1.214	1.033	1.139	0.976
0.70	0.746	1.183	1.029	1.119	0.835
0.60	0.625	1.110	1.018	1.072	0.671
0.50	0.500	1.000	1.000	1.000	0.500
0.40	0.374	0.856	0.974	0.902	0.337
0.30	0.253	0.635	0.939	0.777	0.196
0.20	0.144	0.485	0.886	0.618	0.080
0.10	0.052	0.255	0.796	0.413	0.021

6. 排水管渠管径的取值原则：随着设计流量的逐段增加，设计管径也应逐段增加，一般会增大一级或两级（50mm 为一级），但当管道坡度骤然增大时，下游管段的管径可以减小，但管径的缩小范围不得超过两级，也就是管径的减小不得超过 100mm。

5.2.2 恒定流条件下排水管渠的流速应按下式计算：

$$v = \frac{1}{n} R^{\frac{2}{3}} I^{\frac{1}{2}}$$ (5.2.2)

式中：v——流速（m/s）；

R——水力半径（m）；

I——水力坡降；

n——粗糙系数。

→本条了解以下内容：

1. 恒定流和非恒定流

流体流动时，若任一点处的流速、压力、密度等与流动有关的物理参数都不随时间而变化，就称这种流动为**恒定流**。反之，只要有一个物理参数随时间变化就是非恒定流。非恒定流条件下的排水管渠流速计算应根据数学模型确定。

2. 污水管道设计可采用恒定流的两个假设条件

（1）污水中含水率一般在99%以上，所含悬浮物极少，故可假定污水的流动遵循水流流动的规律；

（2）假定管道内水流是均匀流。

3. 排水管道设计流速的取值原则：一般情况下按照"随着设计流量的逐段增加，设计流速也逐段相应增加或保持不变"的规律设定。如果流量保持不变，流速不应减小。只有管道坡度由大骤然变小的情况下，设计流速才允许减小。

5.2.3 排水管渠粗糙系数宜按表5.2.3的规定取值。

排水管渠粗糙系数 表5.2.3

管渠类别	粗糙系数 n	管渠类别	粗糙系数 n
混凝土管、钢筋混凝土管、水泥砂浆抹面渠道	0.013~0.014	土明渠（包括带草皮）	0.025~0.030
水泥砂浆内衬球墨铸铁管	0.011~0.012	干砌块石渠道	0.020~0.025
石棉水泥管、钢管	0.012	浆砌块石渠道	0.017
PVC-U管、PE管、玻璃钢管	0.009~0.010	浆砌砖渠道	0.015

5.2.4 排水管渠的最大设计充满度和超高应符合下列规定：

1 重力流污水管道应按非满流计算，其最大设计充满度应按表5.2.4的规定取值。

排水管渠的最大设计充满度 表5.2.4

管径或渠高（mm）	最大设计充满度	管径或渠高（mm）	最大设计充满度
200~300	0.55	500~900	0.70
350~450	0.65	≥1000	0.75

注：在计算污水管道充满度时，不包括短时突然增加的污水量，但当管径小于或等于300mm时，应按满流复核。

2 雨水管道和合流管道应按满流计算。

3 明渠超高不得小于0.2m。

→本条了解以下内容：

1. 排水管渠：输送污水和雨水的管道和渠道（明渠、暗渠、盖板渠、箱涵）。

2. 设计充满度：水深和管道内径的比值。注意：管道和暗渠都有充满度。

3. 我国污水管道按不满流进行设计的原因：

（1）为未预见水量的进入留有余地，避免污水溢出而影响环境卫生。

污水流量时刻在变化，很难精确计算，而且雨水或地下水可能通过检查井盖或管道接口渗入污水管道。因此，有必要保留一部分管道断面，为未预见水量的增长留有余地，避免污水溢出妨碍环境卫生，同时使渗入的地下水顺利流泄。

（2）有利通风，排除污水管道内的有害气体。

污水管道内沉积的污泥可能分解析出一些有害气体。此外，污水中如含有汽油、苯、石油等易燃液体时，可能形成爆炸性气体。故需留出适当的空间，以利管道的通风，排除有害气体。

（3）良好的水力条件，便于管道的疏通和维护管理。

管道部分充满时，管道内水流速度在一定条件下比满流时大一些。例如，$\frac{h}{D} = 0.813$ 时，流速 v 达到最大值，而 $\frac{h}{D} = 1$ 时和 $\frac{h}{D} = 0.5$ 时的流速相等。$\frac{h}{D} = 0.95$ 时，流量 Q 达到最大值，然后降低，而 $\frac{h}{D} = 1$ 时的流量比 $\frac{h}{D} = 0.5$ 时的流量大一倍。见表5.2.1-1。

问：当复核 DN300 及以下管径不符合要求时，应采取什么措施？

答： 当管径小于或等于300mm时，应按满流复核。复核目的：保证污水不能从管道中溢流到地面。

复核方法：污水管道设计完成，设计参数 v、I、n、A 等就确定了，DN300 及以下管径的管道调蓄容量小，为防止突然增加的污水量超过小管道在设计参数下所能排出的最大排水量，发生溢流或倒灌等现象，影响环境卫生和排水安全性，需要复核 DN300 及以下管径短时突然增加的污水量能否安全排出。

复核不满足要求的处理措施：要从影响流量的设计参数 v、I、n、A 入手，采取以下措施：

（1）加大流速，需要增加坡度 I；
（2）采用小粗糙系数的管材 n；
（3）放大管径 D。

对于现有管道最有效的方法是放大管径。

5.2.5 排水管道的最大设计流速宜符合下列规定：

1 金属管道宜为 10.0m/s；

2 非金属管道宜为 5.0m/s，经试验验证可适当提高。

→本条了解以下内容：

1. 排水管道规定最大设计流速的目的：防止冲刷。

2. 非金属管道最大设计流速经过试验可适当提高的理由：非金属管种类繁多，耐冲刷等性能各异。我国幅员辽阔，各地地形差异较大，山城重庆有些管渠的埋设坡度达到10%以上，甚至达到20%，实践证明，在污水计算流速达到最大设计流速3倍或以上的情况下，部分钢筋混凝土管和硬聚氯乙烯管等非金属管道仍可正常工作。南宁市某排水系统，采用钢筋混凝土管，管径为1800mm，最高流速为7.2m/s，投入运行后无破损，管道和接口无渗水，管内基本无淤泥沉积，使用效果良好。

5.2.6 雨水明渠的最大设计流速应符合下列规定：

1 当水流深度为0.4m～1.0m时，宜按表5.2.6的规定取值。

雨水明渠的最大设计流速（m/s） 表5.2.6

明渠类别	最大设计流速	明渠类别	最大设计流速
粗砂或低塑性粉质黏土	0.8	干砌块石	2.0
粉质黏土	1.0	浆砌块石或浆砌砖	3.0
黏土	1.2	石灰岩和中砂岩	4.0
草皮护面	1.6	混凝土	4.0

2 当水流深度小于0.4m时，宜按表5.2.6所列最大设计流速乘以0.85计算；当水流深度大于1.0m且小于2.0m时，宜按表5.2.6所列最大设计流速乘以1.25计算；当水流深度不小于2.0m时，宜按表5.2.6所列最大设计流速乘以1.40计算。

→各水流深度h下明渠最大设计流速见表5.2.6-1。

明渠最大设计流速 表5.2.6-1

明渠类别	明渠水流深度 h			
	$0.4\text{m} \leqslant h \leqslant 1.0\text{m}$	$h < 0.4\text{m}$	$1.0\text{m} < h < 2.0\text{m}$	$h \geqslant 2.0\text{m}$
	最大设计流速 v（m/s）	最大设计流速（m/s）		
粗砂或低塑性粉质黏土	0.8			
粉质黏土	1.0			
黏土	1.2			
草皮护面	1.6	0.85v	1.25v	1.40v
干砌块石	2.0			
浆砌块石或浆砌砖	3.0			
石灰岩和中砂岩	4.0			
混凝土	4.0			

注：防洪执行《城市防洪规划规范》GB 51079—2016、《防洪标准》GB 50201—2014、《城市防洪工程设计规范》GB/T 50805—2012。

5.2.7 排水管渠的最小设计流速应符合下列规定：

1 污水管道在设计充满度下应为0.6m/s；

2 雨水管道和合流管道在满流时应为0.75m/s；

3 明渠应为0.4m/s；

4 设计流速不满足最小设计流速时，应增设防淤积或清淤措施。

→本条了解以下内容：

1. 设计流速：与设计流量、设计充满度相应的水流平均速度称为设计流速。

2. 最小流速是保证管渠内不致发生淤积的流速，故又称不淤流速。不淤流速可参照相应颗粒1mm～2mm的止动流速。

3. 最小流速的相关因素：最小流速与污水中所含悬浮物的成分、粒度、管道的水力半径、管壁的粗糙系数等有关，流速是防止管道中污水所含的悬浮物沉淀的重要因素，但不是唯一因素，引起污水中悬浮物沉淀的决定因素是充满度，即水深。

问： 为什么起始管段的坡度及流速可适当降低？

答： 根据泥沙运动的概念，运动水流中的泥沙由于惯性作用，其止动流速（由运动变为静止的临界流速）在 0.35m/s～0.40m/s（沙粒径 d＝1mm）左右，大于止动流速就不会沉淀，但在过小流速下所沉淀的泥沙要使其从静止变为着底运动的开始流速需要较大，要从着底运动变为不着底运动或扬动的流速则需要更大，扬动流速约为止动流速的 2.4 倍，设计中主要以止动流速考虑。

北京市市政工程设计研究总院有限公司于 1965 年对北京已建成的污水管道进行了大量观测，得到的不淤流速一般在 0.4m/s～0.5m/s，它与上述止动流速值相近似，鉴于此，在平坦地区的一些起始管段用略小的流速与管坡设计不致产生较多淤积，当流量与流速增大时已沉淀的微小泥粒也会被扬动随水下流，但因此可降低整个下游管系的埋深，在地形不利的情况下，起始管段的管坡与流速可以考虑适当降低。参见《给水排水设计手册5》P2。

问： 如果管道流速达不到最小设计流速，是否会发生淤积？

答： 下面用 2011 年的一道注册公用设备工程师（给水排水）考试真题来解释。

例：某行车道路（地面坡度为 5‰）上合流制排水管段设计流量如图 5.2.7 所示，排水管道采用钢筋混凝土管，节点 1 处管顶覆土深度 0.7m。设计管段 1-2 和管段 2-3 的管径 d 和敷设坡度 i 应为下列何项？

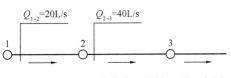

图 5.2.7 合流制排水管段设计流量示意图

(A) d_{1-2}＝200mm，i_{1-2}＝5.2‰；d_{2-3}＝250mm，i_{2-3}＝5.0‰

(B) d_{1-2}＝200mm，i_{1-2}＝4.1‰；d_{2-3}＝250mm，i_{2-3}＝4.6‰

(C) d_{1-2}＝300mm，i_{1-2}＝5.0‰；d_{2-3}＝300mm，i_{2-3}＝5.0‰

(D) d_{1-2}＝300mm，i_{1-2}＝2.9‰；d_{2-3}＝300mm，i_{2-3}＝2.9‰

主要解答过程：

解法一：

按《室外排水设计标准》GB 50014—2021 表 5.2.10，最小管径为 300mm，则排除 A、B。

按《室外排水设计标准》GB 50014—2021 第 5.3.7 条车行道下最小覆土深度宜为 0.7m，本题节点 1 刚好满足此要求，随后的管段如果敷设坡度小于现有道路坡度，则满足不了最小覆土深度要求，所以排除 B、D。只有 C 项合理。

解法二：

按《室外排水设计标准》GB 50014—2021 表 5.2.10，最小管径为 300mm，则排除 A、B；300mm 钢筋混凝土管道的最小敷设坡度是 0.003，故 D 项不正确，只有 C 项合理。

解法三：

查水力计算表或水力计算图法。

管段 1-2 为不计算管段，取 d_{1-2}＝300mm，管段 2-3 选用 d_{2-3}＝300mm，当按 D 选项时，不满足不淤流速的要求。选用 A、B 选项时不满足室外合流管道最小管径的要求。故选 C。

有人疑问：C 项 1-2 管段流速经计算小于 0.75m/s。

$$v_{1-2} = \frac{Q_{1-2}}{A_{1-2}} = \frac{20}{\frac{\pi \cdot 0.3^2}{4}} = 0.28\text{m/s} < 0.75\text{m/s}$$

很明显不满足标准最小流速的要求，解答如下：

1. 合流管道和雨水管道设计流量并不一定是指满流。

2. 第 5.2.7 条第 2 款 雨水管道和合流管道在满流时为 0.75m/s。强调的是满流条件下的不淤流速是 0.75m/s。

3. 坡度是决定流速的第一要素。此题 20L/s 达不到满流，故不能按满流设计流量来要求流速。

4. 根据第 5.2.10 条，DN300 合流管道最小坡度为 0.003（钢筋混凝土管道），而本题 C 项给的坡度是 0.005。

此题没有给出充满度，无法手算，但可以查《给水排水设计手册（第二版）第 1 册：常用资料》知：

充满度 0.35、坡度 0.005 对应的流量 Q＝16.9L/s，流速为 0.75m/s；

充满度 0.41、坡度 0.005 对应的流量 Q＝21.40L/s，流速为 0.81m/s。

提醒：决定流速的第一要素是坡度。同一坡度不同充满度对应不同流量下的流速。

问：同一直径的管道最小设计坡度是定值吗？

答：管道的坡度与流速的关系见公式（5.2.2）：$v = \frac{1}{n} R^{\frac{2}{3}} I^{\frac{1}{2}}$。与最小设计流速相对应的坡度称为最小设计坡度。根据流速公式可知，相同直径的管道，如果充满度不同，则水力半径（R）不同，可以对应不同的最小设计坡度（I）。

5.2.8 压力输泥管的最小设计流速可按表 5.2.8 的规定取值。

压力输泥管的最小设计流速（m/s） 表 5.2.8

污泥含水率（%）	最小设计流速		污泥含水率（%）	最小设计流速	
	管径（mm）			管径（mm）	
	150～250	300～400		150～250	300～400
90	1.5	1.6	95	1.0	1.1
91	1.4	1.5	96	0.9	1.0
92	1.3	1.4	97	0.8	0.9
93	1.2	1.3	98	0.7	0.8
94	1.1	1.2			

问：为什么压力输泥管道要规定不同含水率下的最小设计流速？
答：压力输泥管道的最小设计流速与管径大小和污泥含水率相关。

污泥的黏度很难测定，而标定含水率则比较方便，因此，一般可用污泥含水率来确定污泥管道的水力特性。在任何已知的含水率情况下，悬浮固体的密度越低，泥浆就越黏。

污泥黏度会因污泥浓度增高、挥发物含量增高、温度下降、流速过高或过低等因素而增高。因此污泥管道的水头损失也会增大，即水力坡度增大。所以为了输送方便及节能，要规定污泥的最小设计流速。

5.2.9 排水管道采用压力流时，压力管道的设计流速宜采用 0.7m/s～2.0m/s。

→本条了解以下内容：

1. 压力管道在排水工程泵站输水中较为适用。使用压力管道，可以减小埋深、缩小管径、便于施工。但应综合考虑管材强度、压力管道长度、水流条件等因素，确定经济流速。

2. 排水压力管道及附属构筑物与给水压力管道工程相近。同时应根据排水工程的水质、运行规律和养护管理的特点，注意以下几点：

（1）选线：尽量沿道路敷设，发生跑冒，及时修复，减小污染。

（2）管材：以预应力钢筋混凝土管为主，可以按压力衰减的规律，分段选择内压不同的管材。

（3）坡度、放气、泄水：根据排水管道水量不断变化和污水中气体较多的条件，埋设管道宜具有一定坡度，沿线高点设放气井，低点设泄水井，全线设置压力检查井，随流速的降低减小井距。

（4）防腐：根据水质采取防腐措施，特殊管件宜采用铸铁管，必须使用钢质管件时，要加强防腐。

5.2.10 排水管道的最小管径和相应最小设计坡度，宜按表 5.2.10 的规定取值。

最小管径和相应最小设计坡度 表 5.2.10

管道类别	最小管径（mm）	相应最小设计坡度
污水管、合流管	300	0.003
雨水管	300	塑料管 0.002，其他管 0.003
雨水口连接管	200	0.010
压力输泥管	150	—
重力输泥管	200	0.010

→本条了解以下内容：

1. 最小管径和最小设计坡度是在最小设计流速下提出的，主要是防止管道淤积，便于清淤。

污水管道系统的上游部分，设计污水流量很小，若根据流量计算，则管径会很小。养护经验证明，管径过小极易堵塞，例如 150mm 支管的堵塞次数，有时达到 200mm 支管堵塞次数的 2 倍，使养护费用增加。而 200mm 与 150mm 管道在同样埋深下，施工费用相差不多。此外，采用较大的管径，可选用较小的坡度，使管道埋深小，因此为了养护工作的方便，常规定一个允许的最小管径。若计算所得的管径小于最小管径，则采用规定的最小管径，而不采用计算所得的管径。雨水管与合流管无论在街坊和厂内还是在街道下，最小管径均宜为 300mm，最小设计坡度为 0.003，参见《给水排水设计手册5》P7。

2. 最小设计坡度：污水管道系统设计时，通常采用直管段埋设坡度与设计地区的地面坡度基本一致，以减小埋设深度，但管道坡度造成的流速应大于等于最小设计流速，以防止管道内产生淤积，这在地势平坦或管道走向与地面坡度相反时尤其重要，因此将相应于最小管径时的管道坡度称为最小设计坡度。根据流速公式可知，不同管径的污水管道应有不同的最小坡度。管径相同的管道，因充满度不同，其最小坡度也不同。在给定设计充满度条件下，管径越大，相应的最小设计坡度也就越小，所以只需规定最小管径的最小设计坡度即可。

3. 不计算管段：一般可根据最小管径在最小设计流速和最大充满度情况下，能通过的最大流量值进一步估算出设计管段服务的排水面积。若计算管段的服务面积小于此值，即直接采用最小管径和相应的最小坡度作为设计参数，而不进行水力计算。这种不进行水力计算而直接选取最小管径和相应最小坡度的管段称为不计算管段。在这些管段中，为了养护方便，如有适当冲洗水源时，可考虑设置冲洗井。

4. 常用管径的最小设计坡度（钢筋混凝土管非满流）见表5.2.10-1。

常用管径的最小设计坡度（钢筋混凝土管非满流）　　　　　表5.2.10-1

管径（mm）	最小设计坡度	管径（mm）	最小设计坡度
400	0.0015	1000	0.0006
500	0.0012	1200	0.0006
600	0.0010	1400	0.0005
800	0.0008	1500	0.0005

问： 相同直径的管道最小设计坡度相同吗？

答： 在均匀流情况下，水力坡度等于水面坡度，也等于管底坡度。从曼宁公式可以看出，流速和坡度间存在一定的关系。相应于最小允许流速的坡度，为最小设计坡度。最小设计坡度是保证管道不发生淤积时的坡度。——摘自《排水管网理论与计算》（周玉文）P61

最小设计坡度也与水力半径有关，而水力半径是过水断面面积与湿周的比值。所以不同管径的污水管道，由于水力半径不同应有不同的最小设计坡度；相同直径的管道因充满度不同，其水力半径不同，也应有不同的最小设计坡度。但是，通常对同一直径的管道只规定一个最小坡度，以满流或半满流时的最小坡度作为最小设计坡度。目前我国采用的街道下污水管道的最小管径为300mm，相应的最小坡度为0.0022，标准规定为0.003。若管径增大，相应于该管径的最小坡度小于0.003，如400mm最小坡度为0.0015。

5.2.11 管道在坡度变陡处，其管径可根据水力计算确定，由大变小，但不得超过2级，且不得小于相应条件下的最小管径。

→本条了解以下内容：

1. 坡度变陡：指坡度从小变大，这种情况多发生在山区，这时可采用大管接小管，采用管内底平接或跌水连接。

2. 管径由大变小不得超过2级，排水管道50mm为一级，也就是说大管接小管，管径不能差100mm以上，并不得小于最小管径的要求。

《石油化工给水排水管道设计规范》SH 3034—2012。

5.1.11 重力流管道由缓坡变为陡坡处，其管径变换可根据水力计算确定。当管径为250mm～300mm时，可减小一级；大于等于350mm时，可减小两级。

3. 要验证流速 v，保证流速 v 不超过相应管材下的最大设计流速，并保证最小设计流速，以防止冲刷或淤积。

5.3 管 道

5.3.1 不同直径的管道在检查井内的连接应采用管顶平接或水面平接。

→本条了解以下内容：

1. 管道的连接方式有：管顶平接；水面平接；管底平接；跌水连接；泵站提升等。

（1）管顶平接：指上游管段终端和下游管段起端的管外顶标高相同，如图 5.3.1（*a*）所示。采用管顶平接时，上游管段中水量（水面）变化不至于在上游管段产生回水，但下游管段的埋深将增加。这对于平坦地区或埋深较大的管道，有时是不适宜的。

管顶平接应用：多用于上游小管径与下游大管径的衔接。

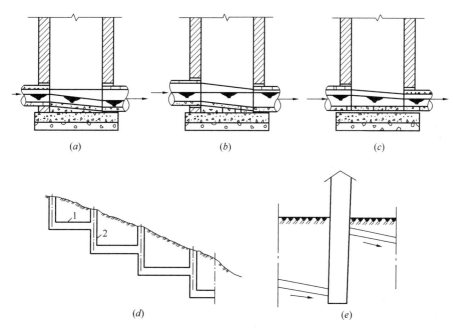

图 5.3.1 排水管道的连接方式

（*a*）管顶平接；（*b*）水面平接；（*c*）管底平接；（*d*）跌水连接（1—管段；2—跌水井）；（*e*）泵站提升

（2）水面平接：指上游管段终端与下游管段起端在相应的设计充满度下，其水面设计标高相同，如图 5.3.1（*b*）所示。当上游管段中水量变化较大，采用水面平接时，可能造成上游管段实际水面标高高于下游管段实际水面标高，因此，采用水面平接时易形成上游管段回水。

水面平接应用：多用于同径管的衔接。

（3）管底平接：山地城镇，有时上游大管径（缓坡）接下游小管径（陡坡），这时应采用管底平接，如图 5.3.1（*c*）所示。

（4）跌水连接：当地面坡度较大时，为了调整管内流速，采用的管道坡度可能会小于地面坡度，为了保证下游管段的最小覆土厚度和减少上游管段的埋深，可根据实际情况进行跌水连接，如图 5.3.1（*d*）所示。

当旁侧管道的管底标高比干管的管底标高大很多时，为保证干管的良好水力条件，最好在旁侧管道上先设跌水井再与干管相接；反之，若干管的管底标高高于旁侧管道的管底标高，为了保证旁侧管道能接入干管，干管则在交汇处设跌水井，增大干管埋深，以便旁侧管道能重力排入。但要经技术经济比较确定。

（5）泵站提升：当上游管道末端埋深已较大时，通过设置泵站提升后，与下游管道连接，以减少整个管道系统下游管道的埋深，降低工程造价，如图 5.3.1（e）所示。具体是设置泵站提升，还是加大埋深，要经过技术经济比较确定。

2. 无论哪种连接方式必须要满足以下两点：

（1）下游管道的管内底标高不得高于上游管道的管内底标高，以防止水排不出去或倒坡。

（2）下游管道的水面标高不得高于上游管道的水面标高，以防止下游向上游涌水，以至于水不能及时排出去。

3. 一般情况下排水管渠过水断面面积沿水流方向增大。异径管采用管顶平接或水面平接不易发生倒坡或下游向上游涌水问题。不同直径的管道在检查井内采用管顶平接可方便施工，但可能增加管道埋深；采用设计水面平接可减小埋深，但施工不便，易发生误差。设计时应因地制宜选用不同的连接方式。

4. 排水管渠的设计原则：

（1）不溢流。污水溢流到地面会污染环境，因此污水管渠是不允许溢流的。由于污泥流量的估计不容易准确，而且雨水或地下水可能会渗入污水管渠，为了保证管渠不溢流，水力计算时采用的设计流量是可能出现的最大流量。

（2）不淤积。当管渠中水流速度太小时，水流中的固体杂质就会下沉，淤积在管渠中，从而降低管渠的输送能力，甚至造成堵塞。因此，管渠水力计算所采用的流速要有一个最低限值。

（3）不冲刷。当管渠中水流速度过大时，就会冲刷和损坏管渠内壁。因此，管渠水力计算所采用的流速要有一个最高限值。

（4）能通风。生活污水和工业废水及其淤积物在管渠中往往会散发有毒气体和可燃气体。这些气体会伤害进入检查井养护管渠的工人，而且可燃气体可能引起爆炸。因此，污水管渠的水力设计一般不按满流计算，在管渠中的水面之上保留一部分空间，作为通风排气的通道，并为不溢流留有余地。

5.3.2 管道转弯和交接处，其水流转角不应小于 90°。当管径小于或等于 300mm 且跌水水头大于 0.3m 时，可不受此限制。

→本条了解以下内容：

1. 规定水流转角的目的：使水在管道内平稳地流动，减小水流转弯时的水头损失。对于大管道转弯时，尤其要保证本条规定的水流转角。对于管径小于或等于 300mm、跌水水头大于 0.3m 的管道，其水头损失对整个系统影响极小，可适当放宽要求。

2. 水流偏转角：水流原来的流向与其改变后的流向之间的夹角。水流转角和水流偏转角之和是 180°。如图 5.3.2 所示。

图 5.3.2　水流转角与水流偏转角

5.3.3 管道地基处理、基础形式和沟槽回填土压实度应根据管道材质、管道接口和地质条件确定，并应符合国家现行标准的规定。

→本条了解以下内容：

1. 排水管道基础的组成：排水管道基础一般由地基、基础、管座三部分组成，如图5.3.3所示。

2. 排水管道基础的形式有以下三种

（1）砂土基础（包括弧形素土基础和砂垫层基础）：

弧形素土基础是在原土上挖一弧形管槽（通常采用90°弧形），适用于无地下水、原土能挖成弧形的干燥土壤（管道直径小于600mm的混凝土管、钢筋混凝土管、陶土管；管顶覆土在0.7m～2.0m之间的街坊污水管道；不在车行道下的次要管道及临时性管道）。

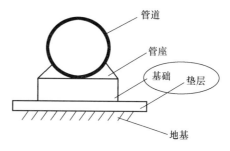

图5.3.3 排水管道基础

砂垫层基础：适用于无地下水，岩石或多石土壤，管道直径小于600mm的混凝土管、钢筋混凝土管、陶土管；管顶覆土在0.7m～2.0m之间的排水管道。

（2）混凝土枕基：是只在管道接口处才设的管道局部基础。适用于干燥土壤中的雨水管道及不太重要的污水支管，常与素土基础或砂垫层基础同时使用。

（3）混凝土带形基础：是沿着管道全长铺设的基础。按管座的形式不同分为90°、135°、180°三种管座基础。这种基础适用于各种潮湿土壤以及地基软硬不均匀的排水管道，管径为200mm～2000mm。无地下水时在槽底老土上直接浇筑混凝土基础；一般采用等级为C8的混凝土。当管顶覆土厚度为0.7m～2.5m时采用90°管座基础；覆土厚度为2.6m～4m时采用135°基础；覆土厚度为4.1m～6m时采用180°基础。在地震区，对于土质特别松软、不均匀沉陷严重地段，最好采用钢筋混凝土带形基础。对于地基松软或不均匀沉降地段，为增强管道强度，保证使用效果，可对基础或地基采取加固措施并用柔性接口。

3. 排水管道基础设计可参见《混凝土排水管道基础及接口》04S516、《埋地塑料排水管道施工》04S520。

5.3.4 管道接口应根据管道材质和地质条件确定，并应符合现行国家标准《室外给水排水和燃气热力工程抗震设计规范》GB 50032 的有关规定。当管道穿过粉砂、细砂层并在最高地下水位以下，或在地震设防烈度为 7 度及以上设防区时，应采用柔性接口。

→本条了解以下内容：

1. 管道接口：管道接口就是管道之间的连接方式。
2. 管道接口的形式及每种接口的适用条件
（1）柔性接口及适用条件
柔性接口：允许连接管道在一定范围内借转的接口。
石棉沥青卷材接口：适用于管道轴向地基不均匀沉降的地区。
橡胶圈接口：适用于土质差、地基硬度不均匀、地震多发区。
钢边止水带是以镀锌钢带和天然橡胶原料所组成的组合式止水带，橡胶主体材料为耐老化性能优良的橡塑材料，具有特强的自粘性；夏季高温不流淌，冬季低温不发脆；并具有优异的耐水、耐酸碱和耐老化性能；使用寿命长，产品本身无毒，对环境良好。由于将经过先期处理的镀锌钢带插入橡胶中间硫化成形，两者之间的粘结力的牢固性，使其有明显防渗止水方面的效果。

（2）刚性接口及适用条件

刚性接口：不允许连接管道借转的接口。

水泥砂浆抹带接口：适用于雨水管道和地下水位以上的污水支管。

钢丝网水泥砂浆抹带接口：适用于地基土质好、有带形基础的情况。

法兰接口。

（3）半柔半刚性接口及适用条件

半柔半刚性接口：介于柔性接口与刚性接口之间的接口形式。

常用预制套环石棉水泥（或沥青砂浆）接口。在预制套环与管子间的缝隙中填充石棉水泥（或沥青砂浆），石棉水泥质量比为水：石棉：水泥＝1：3：7（沥青砂浆质量比为沥青：石棉：砂＝1：0.67：0.67）。操作时，少填多打，也可用自应力水泥砂浆填充，这种接口适用于地基较弱地段，在一定程度上可防止管道沿纵向不均匀沉陷而产生的纵向弯曲或错口，一般常用于污水管。

3. 排水管道接口设计可参见《混凝土排水管道基础及接口》04S516、《埋地塑料排水管道施工》04S520。

5.3.5 当矩形钢筋混凝土箱涵敷设在软土地基或不均匀地基上时，宜采用钢带橡胶止水圈结合上下企口式接口形式。

→矩形钢筋混凝土箱涵提倡用钢带橡胶止水圈的理由：钢筋混凝土箱涵一般采用平接口的形式，其抗地基不均匀沉降性能较差，在顶部覆土和附加荷载作用下，易引起箱涵接口上下严重错位和翘曲变形，造成箱涵接口止水带的变形，形成箱涵与橡胶止水带之间的空隙，严重的使止水带拉裂，最终导致漏水。钢带橡胶止水圈采用复合型止水带（见图5.3.5），突破了原橡胶止水带单一材料结构形式，具有较好的抗渗漏性能。箱涵接口采用上下企口抗错位的新结构形式，能限制接口上下错位和翘曲变形。

图 5.3.5　钢带橡胶止水圈

5.3.6 排水管道设计时，应防止在压力流情况下使接户管发生倒灌。

→防倒灌措施：压力排水管道应设置止回阀，可参考《建筑给水排水设计标准》GB 50015—2019。4.8.9 污水泵宜设置排水管单独排至室外，排出管的横管段应有坡度坡向出口，应在每台水泵出水管上装设阀门和污水专用止回阀。排水专用止回阀参见《小型潜水排污泵选用及安装》08S305，P47。建筑和构筑物污水提升装置技术参见《污水提升装置技术条件》CJ/T 380—2011 和《污水提升装置应用技术规程》T/CECS 463—2017。

5.3.7 管顶最小覆土深度应根据管材强度、外部荷载、土壤冰冻深度和土壤性质等条件，结合当地埋管经验确定：人行道下宜为 0.6m，车行道下宜为 0.7m。管顶最大覆土深度超过相应管材承受规定值或最小覆土深度小于规定值时，应采用结构加强管材或采用结构加强措施。

→本条了解以下内容：

　　1. 覆土厚度：埋地管渠外顶至地表面的垂直距离。埋设深度：埋地管渠内底至地表面的垂直距离。如图 5.3.7 所示。

　　2. 污水管道最小覆土厚度，一般应同时满足以下三个因素的要求：

　　（1）必须防止管道内污水冰冻和因土壤冻胀而损坏管道；

　　（2）必须防止管壁因地面荷载而受到破坏；

　　（3）必须满足街区污水连接管衔接的要求。

　　3. 当管顶最小覆土深度不满足要求时，需采取加固措施。常用的加固措施有：（1）增加管材强度，如采用钢管；（2）加保护管，如加金属套管；（3）局部做成管沟的方法；（4）常用混凝土 360° 满包。

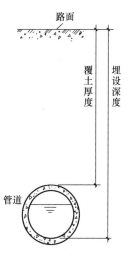

图 5.3.7　覆土厚度与
埋设深度图示

　　4. 排水管道最大埋深：污水管道最大埋深根据技术经济比较及施工方法确定。管道的埋深对整个管道系统的造价和施工影响很大。管道埋深越深，造价越高，施工期限越长。干燥土壤中，管道最大埋深一般不超过 7m～8m。

5.3.8　冰冻地区的排水管道宜埋设在冰冻线以下。当该地区或条件相似地区有浅埋经验或采取相应措施时，也可埋设在冰冻线以上，其浅埋数值应根据该地区经验确定，但应保证排水管道安全运行。

→本条了解以下内容：

　　1. 污水管道在冬季水温也不会低于 4℃，并且污水管道按一定坡度敷设，管内污水有一定的流速，经常保持一定的流量不断地流动，因此污水在污水管道内是不会冰冻的，管道周围的泥土也不会冰冻。因此污水管可以适当浅埋，但要保证排水管道安全运行。

　　2. 雨水管道敷设当不受冰冻或外部荷载的影响时管顶覆土厚度不宜小于 0.6m，当冬季地下水不会进入管道且管道内冬季不会积水时，雨水管可以埋设在冰冻层内，但硬聚氯乙烯管因为质地脆应埋设于冰冻线以下。

　　3.《城市工程管线综合规划规范》GB 50289—2016。

　　4.1.1　严寒或寒冷地区给水、排水、再生水、直埋电力及湿燃气等工程管线应根据土壤冰冻深度确定管线覆土深度；非直埋电力、通信、热力及干燃气等工程管线以及严寒或寒冷地区以外地区的工程管线应根据土壤性质和地面承受荷载的大小确定管线的覆土深度。

5.3.9　道路红线宽度超过 40m 的城镇干道宜在道路两侧布置排水管道。

→本条了解以下内容：

　　1. 道路红线宽度超过 40m 的城镇干道宜在道路两侧布置排水管道，主要是为了与本标准第 5.7.3 条雨水连接管长度不宜超过 25m 相协调。

2. 各类管线布置条数确定原则：

(1)《城市排水工程规划规范》GB 50318—2017。

3.5.3 排水管渠应布置在便于雨、污水汇集的慢车道或人行道下，不宜穿越河道、铁路、高速公路等。截流干管宜沿河流岸线走向布置。道路红线宽度大于40m时，排水管渠宜沿道路双侧布置。

(2)《城市工程管线综合规划规范》GB 50289—2016。

4.1.5 道路红线宽度超过40m的城市干道宜两侧布置配水、配气、通信、电力和排水管线。

(3)《消防给水及消火栓系统技术规范》GB 50974—2014。

7.2.3 市政消火栓宜在道路的一侧设置，并宜靠近十字路口，但市政道路宽度超过60m时，应在道路的两侧交叉错落设置市政消火栓。

5.3.10 污水管道和合流管道应根据需要设置通风设施。

→本条了解以下内容：

1. 污水管道和合流管道设置通风设施的理由：为防止发生人员中毒、爆炸起火等事故，应排除管道内产生的有毒有害气体，为此，根据管道内产生气体情况、水力条件、周围环境，可考虑设置通风设施。

2. 通风设施：污水中的有机物常在管渠中沉积而厌气发酵，发酵分解产生的甲烷、硫化氢、二氧化碳等气体，在点火条件下与空气混合会爆炸，甚至会引起火灾。为防止此类偶然事故发生，同时也为保证在检修排水管渠时工作人员能较安全地进行操作，有时在街道排水管的检查井上设置通风管，这种设有通风管的检查井称为换气井（见图5.3.10）。

3. 可设置通风设施的地点：
(1) 管道充满度较高的管段内；
(2) 实际充满度已超过设计较多的管段；(3) 大浓度污水接入的井位、跌落井等；(4) 设有沉泥槽处；(5) 管道转弯处；(6) 倒虹管进、出水处；(7) 管道高程有突变处。

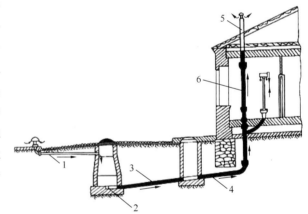

图5.3.10 换气井
1—通风管；2—街道排水管；3—庭院管；4—出户管；
5—透气管；6—排水立管

4.《建筑给水排水设计标准》GB 50015—2019。

4.7.11 当建筑物排水立管顶部设置吸气阀或排水立管为自循环通气的排水系统时，宜在其室外接户管的起始检查井上设置管径不小于100mm的通气管。当通气管延伸至建筑物外墙时，通气管口应符合本标准第4.7.12条第2款的规定；当设置在其他隐蔽部位时，应高出地面不小于2m。

5.3.11 管道的排气、排空装置应符合下列规定：

1 重力流管道系统可设排气装置，在倒虹管、长距离直线输送后变化段宜设排气装置；

2 压力管道应考虑水锤的影响，在管道的高点及每隔一定距离处，应设排气装置；

3 排气装置可采用排气井、排气阀等，排气井的建筑应与周边环境相协调；

4 在管道的低点及每隔一定距离处，应设排空装置。

→本条了解以下内容：

1. 《城市地下综合管廊管线工程技术规程》T/CECS 532—2018。

5.4.13 重力流排水管道在倒虹管、长距离直线输送后变化段应设排气装置，管道可通过排气检查井盖或通气管进行排气。通气管伸出地面的高度不宜低于2.0m。

2. 压力管道中产气来源：大型污水压力管道中存在着大量的气体，这些气体主要来自泵吸入、压力降低气体释放、污水自身产气。污水泵站发生非正常运行时，会产生水锤现象，而气体的存在则会加剧水锤危害，导致污水管破裂。所以为保证压力管道内水流稳定，防止污水中产生的气体逸出后在高点堵塞管道，需在管线高点设排气装置。

3. 压力管道排气方法：一般实际工程中采用设置透气井来解决这个问题，且多采用经验值。上海市污水治理二期工程的做法：该工程根据透气井数学模型，减少了长距离压力输送管道透气井数量，并首次运用了自动排气阀。直线压力管道约1km~2km设一座透气井，透气管面积约为管道断面的1/2~1/10。

4. 为考虑检修需在管线低点设排空装置。

5.3.12 承插式压力管道应根据管径、流速、转弯角度、试压标准和接口摩擦力等因素，通过计算确定是否在垂直或水平方向转弯处设置支墩。

→本条了解以下内容：

1. 设置支墩的理由：对于流速较大的压力管道，应保证管道在交叉或转弯处的稳定。由于液体流动方向突变所产生的冲力或离心力，可能造成管道本身在垂直或水平方向发生位移，为避免影响输水，需经过计算确定是否设置支墩及其位置和大小。

2. 柔性接口支墩参考《柔性接口给水管道支墩》10S505。

5.3.13 压力管道接入自流管渠时，应设置消能设施。

→可通过跌水的方式消能（见图5.3.13）。

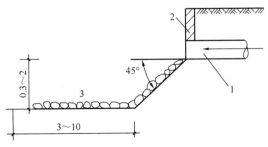

图5.3.13 压力管接入自流管渠做法示意图

1—暗管；2—挡土墙；3—明渠

5.3.14 管道的施工方法，应根据管道所处土层性质、埋深、管径、地下水位、附近地下和地上建筑物等因素，经技术经济比较，确定是否采用开槽、顶管或盾构施工等。

问：管道施工方法有哪些？

答：管道施工方法参见《给水排水管道工程施工及验收规范》GB 50268—2008。

开槽施工：从地表开挖沟槽，在沟槽内敷设管道（渠）的施工方法。

不开槽施工：在管道沿线地面下开挖成形的洞内敷设或浇筑管道（渠）的施工方法，有顶管法、盾构法、浅埋暗挖法、定向钻法、夯管法等。

顶管法：借助于顶推装置，将预制管节顶入土中的地下管道不开槽施工方法。

盾构法：采用盾构机在地层中掘进的同时，拼装预制管片或现浇混凝土构筑地下管道的不开槽施工方法。

浅埋暗挖法：利用土层在开挖过程中短时间的自稳能力，采取适当的支护措施，使围岩或土层表面形成密贴型薄壁支护结构的不开槽施工方法。

定向钻法：利用水平钻孔机钻进小口径的导向孔，然后用回扩钻头扩大钻孔，同时将管道拉入孔内的不开槽施工方法。

夯管法：利用夯管锤（气动夯锤）将管节夯入地层中的地下管道不开槽施工方法。

沉管法：将组装成一定长度的管段或钢筋混凝土密封管段沉入水底或水底开挖的沟槽内的水底管道铺设方法，又称沉埋法或预制管段沉埋法。

桥管法：以桥梁形式跨越河道、湖泊、海域、铁路、公路、山谷等天然或人工障碍专用的管道铺设方法。

5.4 检 查 井

5.4.1 检查井的位置应设在管道交汇处、转弯处、管径或坡度改变处、跌水处及直线管段上每隔一定距离处。

→本条了解以下内容：

1. 检查井：排水管中连接上下游管道并供养护工人检查、维护或进入管内的构筑物。

2. 检查井的作用：检修、疏通和衔接管道。

3. 检查井设置位置：

（1）管道方向转折处；

（2）管道坡度改变处；

（3）管道断面（尺寸、形状、材质）、基础、接口改变处；

（4）管道交汇处，包括当雨水管直径小于800mm时，雨水口接入处；

（5）直线管道上每隔一定距离处；

（6）特殊用途处（跌水、截流、溢流、连通、设闸、通风、沉泥、冲洗以及倒虹管、顶管、断面压扁的进出口等处）。

4. 常用检查井形式及适用条件见《钢筋混凝土及砖砌排水检查井》20S515、《市政排水管道工程及附属设施》06MS201、《城镇排水用塑料检查井技术要求》GB/T 41048—2021。

5. 砌体结构要求参见《砌体结构通用规范》GB 55007—2021。

5.4.2 污水管道、雨水管道和合流管道的检查井井盖应有标识。

问：检查井井盖相关标准有哪些？

答：《检查井盖》GB/T 23858—2009、《铸铁检查井盖》CJ/T 511—2017、《球墨铸铁复合树脂检查井盖》CJ/T 327—2010、《钢纤维混凝土检查井盖》GB 26537—2011、《综合管廊智能井盖》T/CECS 10020—2019、《聚合物基复合材料检查井盖》CJ/T 211—2005、《再生树脂复合材料检查井盖》CJ/T 121—2000。

《球墨铸铁复合树脂井盖、水算及踏步》15S501-3、《球墨铸铁单层井盖及踏步施工》14S501-1、《双层井盖》14S501-2。

5.4.3 检查井宜采用成品井，其位置应充分考虑成品管节的长度，避免现场切割。检查井不得使用实心黏土砖砌检查井。砖砌和钢筋混凝土检查井应采用钢筋混凝土底板。

→本条了解以下内容：

1. 为防止渗漏、提高工程质量、加快建设进度，作此规定。条件许可时，检查井宜采用钢筋混凝土成品井或塑料成品井，不应使用实心黏土砖砌检查井。污水和合流污水检查井应进行闭水试验，防止污水外渗。

2. 成品检查井参见《混凝土模块式排水检查井》12S522、《市政排水用塑料检查井》CJ/T 326—2010、《建筑小区排水用塑料检查井》CJ/T 233—2016、《排水工程混凝土模块砌体结构技术规程》CJJ/T 230—2015、《塑料排水检查井应用技术规程》CJJ/T 209—2013。

3. 《国务院办公厅关于进一步推进墙体材料革新和推广节能建筑的通知》国办发〔2005〕33 号。为保护耕地资源，到 2010 年底所有城市禁止使用实心黏土砖。

4. 《"十四五"城镇污水处理及资源化利用发展规划》发改环资〔2021〕827 号。关于管网建设质量管控。加强管网建设全过程质量管控，管材要耐用适用，管道基础要托底，管道接口要严密，沟槽回填要密实，严密性检查要规范。加快淘汰砖砌井，推广混凝土现浇或成品检查井，推广球墨铸铁管、承插橡胶圈接口钢筋混凝土管等管材。

5. 《房屋建筑和市政基础设施工程危及生产安全施工工艺、设备和材料淘汰目录（第一批）》中华人民共和国住房和城乡建设部公告 2021 年第 214 号。

污水检查井砖砌工艺禁止用于市政基础设施工程，可采用检查井钢筋混凝土现浇工艺或一体式成品检查井等替代。

九格砖（利用混凝土和工业废料，或一些材料制成的人造水泥块材料）不得用于市政道路工程，可采用陶瓷透水砖、透水方砖等替代。

防滑性能差的光面路面板（砖）（光面混凝土路面砖、光面天然石板、光面陶瓷砖、光面烧结路面砖等防滑性能差的路面板（砖））不得用于新建和维修广场、停车场、人行步道、慢行车道，可采用陶瓷透水砖、预制混凝土大方砖等替代。

6. 《城乡排水工程项目规范》GB 55027—2022。2.2.9 地下水位较高地区，禁止使用砖砌井。

5.4.4 检查井在直线管段的最大间距应根据疏通方法等具体情况确定，在不影响街坊接户管的前提下，宜按表 5.4.4 的规定取值。无法实施机械养护的区域，检查井的间距不宜大于 40m。

检查井在直线段的最大间距   表 5.4.4

管径（mm）	300～600	700～1000	1100～1500	1600～2000
最大间距（m）	75	100	150	200

→本条了解以下内容：

1. 表 5.4.4 规定了不同管径或暗渠净高的直线段上检查井的最大间距。

2. 随着城镇范围的扩大及排水设施标准的提高，有些城镇出现口径大于 2000mm 的排水管渠。此类管渠内的净高度可允许养护工人或机械进入管渠内检查养护。为此，在不影响用户接管的前提下，其检查井最大间距可不受表 5.4.4 规定的限制。大城市干道上的大直径直线管段，检查井最大间距可按养护机械的要求确定。对于养护车辆难以进入的道路（如采用透水铺装的步行街等），检查井的最大间距应按照人工养护的要求确定，一般不宜大于 40m。

3. 压力管道应根据地形地势标高设置排气阀、排泥阀等阀门井，间距约 1km。检查井最大间距大于表 5.4.4 数据的管段应设置冲洗设施。

5.4.5 检查井各部尺寸应符合下列规定：

1 井口、井筒和井室的尺寸应便于养护和检修，爬梯和脚窝的尺寸、位置应便于检修和上下安全；

2 检修室高度在管道埋深许可时宜为 1.8m，污水检查井由流槽顶起算，雨水（合流）检查井由管底起算。

→本条了解以下内容：

1. 在我国北方及中部地区，冬季检修时，因工人操作时多穿棉衣，井口、井筒小于 700mm 时，出入不便，对需要经常检修的井，井口、井筒大于 800mm 为宜；以往爬梯发生事故较多，爬梯设计应牢固、防腐蚀，便于上下操作。砖砌检查井内不宜设钢筋爬梯；井内检修室高度是根据一般工人可直立操作而规定的。

2. 踏步的设置：在主干管上下游方向，管外顶以上（砖井在砖礓以上）约 200mm 处加踏步，以放置吊灯。

脚窝的设置：污水检查井当 $D \geqslant 1000mm$ 时流槽内设脚窝，$D < 1000mm$ 时不设脚窝；脚窝从下游管道中线以下部分开始设置。雨水检查井当 $D \geqslant 1600mm$ 时流槽内设脚窝，$D < 1600mm$ 时不设脚窝。

5.4.6 检查井井底应设流槽。污水检查井流槽顶可与大管管径的 85% 处相平，雨水（合流）检查井流槽顶可与大管管径的 50% 处相平。流槽顶部宽度宜满足检修要求。

→本条了解以下内容：

1. 流槽：为保持流态稳定、避免水流因断面变化产生涡流现象而在检查井内部设置的弧形水槽。排水检查井流槽形式如图 5.4.6 所示。

2. 检查井井底设置流槽的目的：创造良好的水流条件。

3. 流槽顶部宽度应便于在井内养护操作，一般为 0.15m～0.20m，随管径、井深增加，宽度还需加大。做法可参照《钢筋混凝土及砖砌排水检查井》20S515。当上、下游

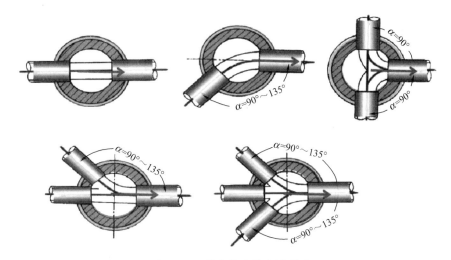

图5.4.6　排水检查井流槽形式

管道内底不在同一高度时，上、下游管道内底流槽坡度不宜大于10%。

5.4.7　在管道转弯处，检查井内流槽中心线的弯曲半径应按转角大小和管径大小确定，但不宜小于大管管径。

5.4.8　位于车行道的检查井应采用具有足够承载力和稳定性良好的井盖与井座。

　　问： 井盖的承载能力和适用场所是什么？

　　答： 见表5.4.8。

井盖的承载能力和适用场所　　　　　　　　　　表5.4.8

承载能力等级	承载能力（kN）	适用场所
A	15	园林绿化、人行道等机动车不可驶入的区域
B	125	机动车可能驶入的人行道和园林绿化区域、非机动车道、地下小型机动车停车场
C	250	住宅小区、胡同小巷、仅有轻型机动车或小车行驶或停泊的区域
D	400	大型机动车地面停车场、城市主路、公路、高等级公路、高速公路等区域
E	600	大型货运站、机场滑行道以外区域及城市高速机动车道或高速公路需要时
F	900	机场滑行道区域

　　注：本表摘自《铸铁检查井盖》CJ/T 511—2017。

5.4.9　设置在主干道上检查井的井盖基座和井体应避免不均匀沉降。

→本条了解以下内容：

　　1. 主干道上车速较快，出现不均匀沉降时，容易造成车辆颠簸，影响行车安全，可采用井盖基座和井体分离的检查井或者可调节式井盖，加以避免。

　　2.《城镇道路养护技术规范》CJJ 36—2016。

　　10.6.4条文说明：检查井的防沉降措施是指调整、安装井具时采取的预制或现浇混凝土基础，或采取防沉降井盖等有效防止井盖井座受外力作用下沉、倾斜或破损。

　　3.《铸铁检查井盖》CJ/T 511—2017。

6.1 安装在机动车道内的检查井盖应有防碾压噪声、防位移和盖座锁定装置。

6.6 安装在机动车道内的检查井盖应有盖座适配性设计，可使用缓冲橡胶圈、弹簧闭锁、斜面接触和三点接触的设计。

（1）检查井防沉降措施

湖南省地方标准《可调式防沉降检查井盖》DB43/T 1299—2017。

3.2 可调式防沉降检查井盖：可防止井盖与路面不均匀沉降，井座承台面位于顶部与路面标高平齐的防沉降结构设计，井座与检查井采用承插方式连接，上盘面为法兰盘式结构。如图5.4.9所示。

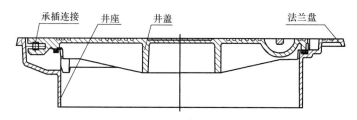

承插连接　井座　井盖　法兰盘

图 5.4.9　可调式铸铁井盖

6.3.1 当井盖在外力作用下发生沉降时，可通过井盖调试装置调至与路面平齐。

6.3.2 调试的范围为 0mm～60mm。

（2）检查井防噪声措施

《检查井盖》GB/T 23858—2009。

6.2.8.3 检查井盖的制造应当确保与井座的适配性。金属检查井盖应通过如接触表面的加工、防噪声的橡胶垫圈或三点接触的设计以确保无噪声。

5.4.10 检查井应采用具有防盗功能的井盖。位于路面上的井盖，宜与路面持平；位于绿化带内的井盖，不应低于地面。

问：井盖高出地面的设置要求是什么？

答：1.《城镇道路养护技术规范》CJJ 36—2016。

10.6.6 检查井井具与路面的安装高差，应在 5mm 以内。

10.6.6条文说明：在北方地区，为了不妨碍除雪机械作业，道路上所有检查井的安装高度，都不应高于路面。当检查井低于路面 10mm 以上时，高速行车会产生强烈的颠簸。同时，也会对检查井自身产生撞击，造成松动或安装破坏。检查井的控制安装高度宜低于路面 0mm～5mm。

2.《化学工业给水排水管道设计规范》GB 50873—2013。

4.1.6 位于车行道下的井室应采用重型井盖、井座；人行道、绿化带内的井室宜采用轻型井盖、井座。车行道上的井盖应与路面持平；人行道上的井盖宜高出地面 0.05m；绿化带内的井盖宜高出地面 0.20m。

3.《钢筋混凝土及砖砌排水检查井》20S515。检查井井盖顶面应与周围场地地坪、中面齐平，位于绿地内的检查井井盖顶面应高于绿地地坪 0.1m～0.2m。

5.4.11 检查井应安装防坠落装置。

问：有哪些检查井防坠落装置？

答：排水系统检查井防坠落保护装置一般采用防坠落井盖或防护网。

1. 防坠落井盖

《铸铁检查井盖》CJ/T 511—2017。

3.14 双层检查井盖：由主盖和子盖两层井盖组成的检查井盖。

3.15 子盖：位于双层检查井盖主盖下防坠落的附加盖。

7.2.3.1 子盖顶面与井盖底面间隙（h）应不小于15mm。

7.3.3 子盖承载能力应不小于15kN。

2. 悬挂式防坠落格板

《排水管道检查井悬挂式防坠落格板应用技术规程》T/CECS 721—2020。悬挂式防坠落格板：由格板、悬挂连接件和悬挂销钉等部件构成，具备一定强度和过水能力，安装于检查井内，用于避免人员坠落的安全设施，如图5.4.11-1所示。

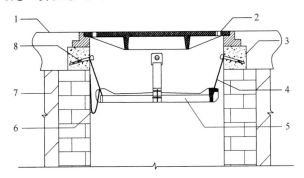

图5.4.11-1 悬挂式防坠落格板

1—路面；2—检查井盖；3—混凝土井圈；4—悬挂连接件；5—格板；6—保险索；7—井筒；8—悬挂销钉

3. 防护网

湖南省地方标准《可调式防沉降检查井盖》DB43/T 1299—2017。

6.5.1 井盖内应需设置防护网，防护网的使用寿命应与井盖寿命相同。

6.5.2 井盖内的防护网应能够承受一定的重量和冲击，宜采用球墨铸铁防护网，静态承载能力不小于15kN。

6.5.3 防护网应具备反向打开的要求。

检查井盖结构如图5.4.11-2、图5.4.11-3所示。

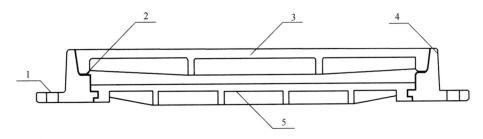

图5.4.11-2 分离式检查井盖结构示意图

1—锚固螺栓孔；2—缓冲橡胶圈；3—井盖；4—井座；5—子盖

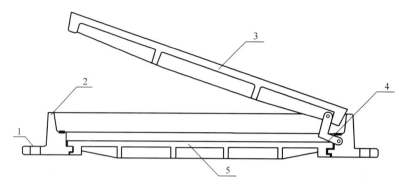

图 5.4.11-3　铰接式检查井盖结构示意图
1—锚固螺栓孔；2—井座；3—井盖；4—铰接板；5—子盖

5.4.12　在污水干管每隔适当距离的检查井内，可根据需要设置闸槽。

→当污水干管流量和流速都较大，检修管道需放空时，为了方便检修可设置闸槽。闸板材料：$D \leqslant 500$ 时，选用塑料闸板；$D > 500$ 时选用木制叠梁闸板。闸槽井参见《钢筋混凝土及砖砌排水检查井》20S515。

5.4.13　接入检查井的支管（接户管或连接管）管径大于 300mm 时，支管数不宜超过 3 条。

→检查井接入管径大于 300mm 的支管过多，维护管理工人会操作不便，故予以规定。管径小于 300mm 的支管对维护管理影响不大，在符合结构安全的条件下适当将支管集中，有利于减少检查井数量和维护工作量。

5.4.14　检查井和管道接口处应采取防止不均匀沉降的措施。

→本条了解以下内容：

1. 不均匀沉降产生的原因：在地基松软或不均匀沉降地段，检查井与管渠接口处常发生断裂。

2. 不均匀沉降的处理办法：做好检查井与管渠的地基和基础处理，防止两者产生不均匀沉降；检查井与管渠接口处采用柔性连接，消除地基不均匀沉降的影响。做法参见《钢筋混凝土及砖砌排水检查井》20S515、《混凝土排水管道基础及接口》04S516。

5.4.15　检查井和塑料管道的连接应符合现行国家标准《室外给水排水和燃气热力工程抗震设计规范》GB 50032 的有关规定。

→塑料管道与检查井的柔性连接可采用承插式、套筒式等橡胶密封圈接口，具体参考《钢筋混凝土及砖砌排水检查井》20S515、《埋地塑料排水管道施工》04S520 的做法。

　　问：为什么塑料管道和检查井应采用柔性连接？

　　答：《埋地塑料管排水管道工程技术规程》CJJ 143—2010。

　　4.7.3　当塑料排水管道与塑料检查井连接时，外径 1000mm 以上的管道宜采用柔性连接。

　　4.7.3 条文说明：塑料排水管道与检查井的连接有刚性连接与柔性连接两种方式。对于较大管径的塑料管道，当在场地土层变化较大、场地类别较差（如Ⅳ场地）或地震设防烈度为8度及8度以上的地区敷设塑料排水管道时应选用柔性连接，是为了获得管道局部较大的变形能力，对于较小直径的塑料管道自身的变形能力很强，可不受此规定限制。

从严格意义上讲，塑料排水管道与检查井井壁的连接都应是柔性连接，这是由不同材料的性质所决定的，尤其是聚乙烯塑料管道，简单的刚性连接很难保证不渗漏的要求，因此在条件具备的情况下，应尽可能采用柔性连接。

问：可不进行抗震验算的管道结构有哪些？

答： 参见《室外给水排水和燃气热力工程抗震设计规范》GB 50032—2003。

10.1.4 符合下列条件的管道结构可不进行抗震验算：

1 各种材质的埋地预制圆形管材，其连接接口均为柔性构造，且每个接口的允许轴向拉、压变位不小于10mm。

2 设防烈度6度、7度，符合7度抗震构造要求的埋地雨、污水管道。

3 设防烈度为6度、7度或8度Ⅰ、Ⅱ类场地的焊接钢管和自承式架空平管。

4 管道上的阀门井、检查井等附属构筑物。

5.4.16 在排水管道每隔适当距离的检查井内、泵站前一检查井内和每一个街坊接户井内，宜设置沉泥槽并考虑沉积淤泥的处理处置。沉泥槽深度宜为0.5m～0.7m。设沉泥槽的检查井内可不做流槽。

→本条了解以下内容：

1. 设置沉泥槽的目的：为了便于养护时将管道内的污泥从检查井中用工具清除。

2. 需设置沉泥槽的还有：水封井、倒虹管进水前一检查井、雨水口。

3. 管渠、检查井和雨水口内不得留有石块等阻碍排水的杂物，其允许积泥深度应符合表5.4.16-1的规定。

管渠、检查井和雨水口的允许积泥深度　　　　　　　　表5.4.16-1

设施类别		允许积泥深度
管渠		管内径或渠净高度的1/5
检查井	有沉泥槽	管底以下50mm
	无沉泥槽	管径的1/5
雨水口	有沉泥槽	管底以下50mm
	无沉泥槽	管底以上50mm

注：本表摘自《城镇排水管渠与泵站运行、维护及安全技术规程》CJJ 68—2016。

问：不同管径的排水管道的养护周期是多少？

答： 排水管道淤积与季节、地面环境、管道流速等诸多因素有关，只有掌握管道积泥规律，才能选择合适的养护周期，达到用较少的费用取得最佳的养护效果的目的，一般情况下：雨期的养护周期比旱季短；旧城区的养护周期比新建住宅区短；低级道路的养护周期比高级道路短；小型管的养护周期比大型管短。管渠、检查井和雨水口的养护频率见表5.4.16-2。

管渠、检查井和雨水口的养护频率　　　　　　　　表 5.4.16-2

管渠性质	管渠划分				检查井	雨水口
	小型	中型	大型	特大型		
雨水、合流管渠（次/年）	2	1	0.5	0.3	4	4
污水管渠（次/年）	2	1	0.3	0.2	4	—

注：本表摘自《城镇排水管渠与泵站运行、维护及安全技术规程》CJJ 68—2016。

5.4.17　在压力管道上应设置压力检查井。

问：污水压力检查井的做法是什么？

答：《给水排水设计手册（第三版）第 3 册：城镇给水》P48，排水管及排水井：

1. 在管道下凹处及阀门间管段的最低处，一般须设排水管和排水阀，以便排除管内沉积物或检修时放空管道。排水管应与母管底部平接并具有一定坡度。

2. 如地形高程允许，应直接排水至河道、沟谷。如地形高程不能满足直排要求，可建湿井或集水井，再用潜水泵将水排出。排水井可根据地质条件、地下水位情况用砖砌，也可采用钢筋混凝土结构。

3. 排水阀和排水管的直径应根据要求的放空时间由计算确定，一般情况下，排水管和排水阀的布置及安装可参见《市政给水管道工程及附属设施》07MS101。

砖砌圆形排气阀井做法参见《市政给水管道工程及附属设施》07MS101，P52。

砖砌圆形排泥阀井做法参见《市政给水管道工程及附属设施》07MS101，P58。

砖砌圆形排泥湿井做法参见《市政给水管道工程及附属设施》07MS101，P59。

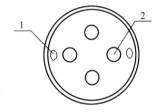

5.4.18　高流速排水管道坡度突然变化的第一座检查井宜采用高流槽排水检查井，并采取增强井筒抗冲击和冲刷能力的措施，井盖宜采用排气井盖。

问：如何绘制排气井盖结构示意图？

答：《铸铁检查井盖》CJ/T 511—2017。

4.2.5　检查井盖的开启孔和排气泄水孔结构示意图见图 6（即图 5.4.18）。

图 5.4.18　检查井盖的开启孔和排气泄水孔结构示意图
1—开启孔；2—排气泄水孔

5.5　跌　水　井

5.5.1　管道跌水水头为 1.0m～2.0m 时，宜设跌水井；跌水水头大于 2.0m 时，应设跌水井。管道转弯处不宜设跌水井。

5.5.2　跌水井的进水管管径不大于 200mm 时，一次跌水水头高度不得大于 6m；管径为 300mm～600mm 时，一次跌水水头高度不宜大于 4m，跌水方式可采用竖管或矩形竖槽；管径大于 600mm 时，其一次跌水水头高度和跌水方式应按水力计算确定。

→本条了解以下内容：

1. 跌水井：设置在管底高程有较大落差处，具有消能作用的特种检查井。

跌水高度：跌水井内连接的上、下游管道管内底的标高差是跌水高度。

2. 跌水井的形式：竖管式跌水井、竖槽式跌水井、阶梯式跌水井。跌水井的应用条件参见《钢筋混凝土及砖砌排水检查井》20S515。

3. 当管径大于600mm时，其一次跌水水头高度和跌水方式应按水力计算确定。计算方法可参照《给水排水设计手册5》P27，消力槛式跌水井。

问：如何设置跌水井的位置？

答：1. 管道中的流速过大，需要加以调节处；

2. 管道垂直于陡峭地形的等高线布置，按照设计坡度将要露出地面处；

3. 支管接入高程较低的干管处（支管跌落）或干管接纳高程较低的支管处（干管跌落，支管是建成的，干管是设计的，迁就支管）；

4. 管道遇到地下障碍物，必须跌落通过处；

5. 当淹没排放时，在水体前的最后一个检查井。

跌水井设置汇总见表5.5.2。

跌水井设置汇总 表5.5.2

跌水水头 （m）	跌水井设置	跌水井进水管管径 （mm）	跌水高度 （m）	跌水方式
1.0～2.0	宜设	≤200	≤6	竖管式
>2.0	应设	300～600	≤4	竖槽式或阶梯式
转弯处	不宜设	>600	水力计算确定	

5.5.3 污水和合流管道上的跌水井，宜设排气通风措施，并应在该跌水井和上下游各一个检查井的井室内部及这三个检查井之间的管道内壁采取防腐蚀措施。

5.6 水 封 井

5.6.1 当工业废水能产生引起爆炸或火灾的气体时，其管道系统中必须设置水封井。水封井位置应设在产生上述废水的排出口处及其干管上适当间隔距离处。

问：如何设置水封井间距？

答：水封井：装有水封装置，可防止易燃、易爆、有毒等有害气体进入排水管的检查井。

水封井的作用是一旦废水中产生的气体发生爆炸或火灾时，阻止其通过管道蔓延。国内石油化工厂、油品库和油品转运站等含有易燃易爆的工业废水的管渠系统中均设置水封井。

1. 《汽车加油加气加氢站技术标准》GB 50156—2021。

12.3.2 汽车加油加气加氢站的排水应符合下列规定：

1 站内地面雨水可散流排出站外，当加油站、LPG加气站或加油与LPG加气合建站的雨水由明沟排到站外时，应在围墙内设置水封装置；

2 加油站、LPG加气站或加油与LPG加气合建站排出建筑物或围墙的污水，在建筑物墙外或围墙内应分别设水封井，水封井的水封高度不应小于0.25m，水封井应设沉泥段，沉泥段高度不应小于0.25m；

3 清洗油罐的污水应集中收集处理，不应直接进入排水管道，LPG储罐的排污（排水）应采用活动式回收桶集中收集处理，不应直接接入排水管道；

  4 排出站外的污水应符合国家现行有关污水排放标准的规定；

  5 加油站、LPG 加气站不应采用暗沟排水。

  2.《石油化工企业设计防火标准》GB 50160—2008（2018 年版）。

  7.3.3 生产污水管道的下列部位应设水封，水封高度不得小于 250mm：

  1 工艺装置内的塔、加热炉、泵、冷换设备等区围堰的排水出口；

  2 工艺装置、罐组或其他设施及建筑物、构筑物、管沟等的排水出口；

  3 全厂性的支干管与干管交汇处的支干管上；

  4 <u>全厂性支干管、干管的管段长度超过 300m 时，应用水封井隔开。</u>

  3.《石油化工给水排水管道设计规范》SH 3034—2012 有同样的规定。

5.6.2 水封深度不应小于 0.25m，井上宜设通风设施，井底应设沉泥槽。

→本条了解以下内容：

  1. 影响水封深度的因素：管径、流量、废水含易燃易爆物质的浓度。

  2. 水封深度指水封井内上下游水封管管底至水封井水面的距离。水封深度不应小于 0.25m。上下游都要保证水封深度，但是重力排水要求上游水位高于下游水位水才能排出去，所以应以下游水封管管底至水面的高差为准。

  3. 水封井通风管可将井内有害气体及时排出，其直径不得小于 100mm。

  设置时应注意：（1）避开锅炉房或其他明火装置；（2）不得靠近操作台或通风机进口；（3）通风管有足够的高度，使有害气体在大气中充分扩散；（4）通风管处设立标志，避免工作人员靠近。

  4. 水封井底设置沉泥槽是为了养护方便，其深度一般采用 0.3m～0.5m。

  《化学工业给水排水管道设计规范》GB 50873—2013。

  4.4.3 水封井底宜设沉泥槽，<u>沉泥槽深度不宜小于 0.3m。</u>

  4.4.4 水封井的水头损失不应小于 0.05m。

  5. 水封井做法可参见《给水排水构筑物设计选用图（水池、水塔、化粪池、小型排水构筑物）》07S906，其中室内外小型专用排水井是根据《小型排水构筑物》04S519 编制的，内有《砖砌室外水封井》（07S906/Ⅳ-53）和《钢筋混凝土室外水封井》（07S906/Ⅳ-54）。

5.6.3 水封井及同一管道系统中的其他检查井，均不应设在车行道和行人众多的地段，并应适当远离产生明火的场地。

5.7 雨 水 口

5.7.1 雨水口的形式、数量和布置，应按汇水面积所产生的流量、雨水口的泄水能力和道路形式确定。立箅式雨水口的宽度和平箅式雨水口的开孔长度、开孔方向应根据设计流量、道路纵坡和横坡等参数确定。合流制系统中的雨水口应采取防止臭气外逸的措施。

→ 本条了解以下内容：

  1. 雨水口设置位置

  （1）雨水口宜设置在汇水点、集中来水点处，如道路上的汇水点、街坊中的低洼处、河道或明渠改建暗沟后原来向河渠进水的水路口、靠地面溢流的街坊或庭院的水路口、沿街建筑物雨落管附近（繁华街道上的沿街建筑物雨落管，应尽可能以暗管接入雨水口内）等。

（2）雨水口宜设置在截水点处，如道路上每隔一定距离处、沿街各单位出入路口上游及人行横道线上游处（分水点情况除外）等。

（3）雨水口在十字路口处的设置，应根据雨水径流情况布置雨水口，雨水口不宜设置在道路分水点上、地势高的地方、其他地下管道上等处。

（4）《城市道路工程设计规范》CJJ 37—2012（2016 年版）。

15.3.5 道路雨水口的形式、设置间距和泄水能力应满足道路排水要求。雨水口的布置方式应确保有效收集雨水，雨水不应流入路口范围，不应横向流过车行道，不应由路面流入桥面或隧道。一般路段应按适当间距设置雨水口，路面低洼点应设置雨水口，易积水地段的雨水口宜适当加大泄水能力。

2. 雨水口有平箅式、立箅式、偏沟式、联合式（见图 5.7.1）。平箅式水流通畅，但暴雨时易被树枝等杂物堵塞，影响收水能力。立箅式不易堵塞，边沟需保持一定水深，但有的城镇因逐年维修道路，造成路面加高，使立箅断面减小，影响收水能力。各地可根据具体情况和经验确定。

图 5.7.1　雨水口形式
（a）偏沟式雨水口；（b）立箅式雨水口

雨水口布置应根据地形及汇水面积确定，有的地区不经计算，完全按道路长度均匀布置，不仅浪费投资，且不能收到预期的效益。

3. 雨水口做法参见《雨水口》16S518。不同雨水口优缺点比较见表 5.7.1。

不同雨水口优缺点比较　　　　　　　　　　　　　　　表 5.7.1

雨水口		优点	缺点	应用情况
按雨水箅分	平向	进水较快	垃圾易进入雨水口	各城市大部分采用
	竖向	垃圾不易进入雨水口	进水较慢	部分城市小部分采用
按有无沉泥槽分	有沉泥槽	垃圾不易进入管道，清掏周期长	污泥含水量高	上海、哈尔滨等城市大部分采用
	无沉泥槽	污泥含水量低	垃圾易进入管道，清掏周期短	北京、重庆等城市大部分采用

4. 雨水口防臭做法

《城镇排水管渠与泵站运行、维护及安全技术规程》CJJ 68—2016。

3.1.8条文说明：在合流制地区，雨水口异臭是影响城镇环境的一个突出问题。国内外的解决方法是在雨水口内安装防臭挡板或水封。防臭挡板类似在三角形漏斗的出口处装了一扇薄的拍门，平时拍门靠重力自动关闭，下雨时利用水压力自动打开。安装水封也有两种做法：一是采用带水封的预制雨水口；二是给普通雨水口加装塑料水封，水封的缺点是在少雨的季节里会因缺水而失效。

5.7.2 雨水口和雨水连接管流量应为雨水管渠设计重现期计算流量的1.5倍～3.0倍。

→雨水口易被路面垃圾和杂物堵塞，平算式雨水口在设计中应考虑50%被堵塞，立算式雨水口应考虑10%被堵塞。在暴雨期间排除道路积水的过程中，雨水管道一般处于承压状态，其所能排除的水量要大于重力流情况下的设计流量，因此规定雨水口和雨水连接管流量按照雨水管渠设计重现期所计算流量的1.5倍～3.0倍计，通过提高路面进入地下排水系统的径流量，缓解道路积水。

问：不同形式的雨水口过流量是多少？

答：雨水口的过流量与道路的横坡和纵坡、雨水口的形式、算前水深等因素有关。根据对不同形式的雨水口、不同算数、不同算型的室外1∶1的水工模型的水力实验（道路纵坡0.3%～3.5%、横坡1.5%、算前水深40mm），各类雨水口的设计泄水能力见表5.7.2。

雨水口形式及其泄水能力　　　　　　　　　　　表5.7.2

雨水口形式		过流量（L/s）
平算式雨水口 偏沟式雨水口	单算	20
	双算	35
	多算	15（每算）
联合式雨水口	单算	30
	双算	50
	多算	20（每算）
立算式雨水口	单算	15
	双算	25
	多算	10（每算）

注：1. 雨水算子尺寸为750mm×450mm，开孔率34%，实际使用时，应根据所选算子实际过水面积折算过流量。
　　2. 联合式雨水口在正常路段与偏沟式雨水口收水能力相近，只有当产生积水时，立算才可能较好地发挥作用，表中过流量为算前水深60mm的实验数据。
　　3. 建立排水系统模型或进行雨水口过流量评估时可参考附录中的雨水口过流特性曲线。
　　4. 当算前水深大于40mm时，雨水口过流量亦可参考附录中的雨水口过流特性曲线确定。
　　5. 本表摘自《雨水口》16S518。

5.7.3 雨水口间距宜为25m～50m。连接管串联雨水口不宜超过3个。雨水口连接管长度不宜超过25m。

→本条了解以下内容：

1. 雨水口的连接方式：为保证路面雨水宣泄通畅，又便于维护，雨水口只宜横向串联，不应横、纵向一起串联。

2. 对于低洼和易积水地段，雨水径流面积大，径流量较一般地段为多，如有植物落叶，容易造成雨水口的堵塞。为提高收水速度，需根据实际情况适当增加雨水口或采用带侧边进水的联合式雨水口和道路横截沟。

串联雨水口连接管管径选择参考表5.7.3；雨水口接管处工程做法如图5.7.3所示。

串联雨水口连接管管径   表5.7.3

雨水口形式		串联雨水口数量		
		1个	2个	3个
		雨水口连接管管径（mm）		
平算式、偏沟式、联合式、立算式	单算	200	300	300
	双算	300	300	400
	多算	300	300	400

注：1. 位于道路内的雨水口及雨水口管施工，宜在道路基层施工完成之后，道路面层施工之前进行，宜采用反做（挖）法施工。雨水口施工应根据外轮廓尺寸开挖，尽可能减小肥槽范围，肥槽范围浇筑C15混凝土。
2. 雨水口管在雨水口侧墙外300mm范围采用满包加固。

5.7.4 道路横坡坡度不应小于1.5%，平算式雨水口的算面标高应比周围路面标高低3cm～5cm，立算式雨水口进水处路面标高应比周围路面标高低5cm。

→为就近排除道路积水，规定道路横坡坡度不应小于1.5%。平算式雨水口的算面标高应比附近路面标高低3cm～

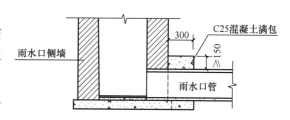

图5.7.3 雨水口接管处工程做法

5cm，立算式雨水口进水处路面标高应比周围路面标高低5cm，有助于雨水口对径流的截流。在下凹式绿地中，雨水口的做法参考平算式雨水设计，雨水口算面标高应根据雨水调蓄设计要求确定，且应高于周边绿地平面标高，以增强下凹式绿地对雨水的渗透和调蓄作用。如图5.7.4所示。

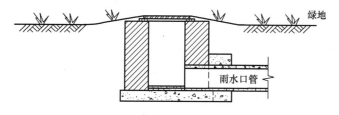

图5.7.4 绿地内雨水口示意图

问：城市道路横坡、纵坡是多少？

答：《城市道路工程设计规范》CJJ 37—2012（2016年版）。

5.4.1 道路横坡应根据路面宽度、路面类型、纵坡及气候条件确定，宜采用1.0%～2.0%。快速路及降雨量大的地区宜采用1.5%～2.0%；严寒积雪地区、透水路面宜采用1.0%～1.5%。保护性路肩横坡度可比路面横坡度加大1.0%。

5.4.2 单幅路应根据道路宽度采用单向或双向路拱横坡；多幅路应采用由路中线向两侧的双向路拱横坡、人行道宜采用单向横坡，坡向应朝向雨水设施设置位置的一侧。

6.3.1 机动车道最大纵坡应符合表 5.7.4-1 的规定，并应符合下列规定：

1 新建道路应采用小于或等于最大纵坡一般值；改建道路、受地形条件或其他特殊情况限制时，可采用最大纵坡极限值。

2 除快速路外的其他等级道路，受地形条件或其他特殊情况限制时，经技术经济论证后，最大纵坡极限值可增加 1.0%。

3 积雪或冰冻地区的快速路最大纵坡不应大于 3.5%，其他等级道路最大纵坡不应大于 6.0%。

机动车道最大纵坡　　　　　　　　　　　　　　　表 5.7.4-1

设计速度（km/h）		100	80	60	50	40	30	20
最大纵坡（%）	一般值	3	4	5	5.5	6	7	8
	极限值	4	5	6		7	8	

6.3.2 道路最小纵坡不应小于 0.3%；当遇特殊困难纵坡小于 0.3% 时，应设置锯齿形边沟或采取其他排水设施。

6.3.5 非机动车道纵坡宜小于 2.5%；当大于或等于 2.5% 时，纵坡最大坡长应符合表 5.7.4-2 的规定。

非机动车道最大坡长　　　　　　　　　　　　　　表 5.7.4-2

纵坡（%）		3.5	3.0	2.5
最大坡长（m）	自行车	150	200	300
	三轮车	—	100	150

5.7.5 当考虑道路排水的径流污染控制时，雨水口应设置在源头减排设施中。其箅面标高应根据雨水调蓄设计要求确定，且应高于周围绿地平面标高。

5.7.6 当道路纵坡大于 2% 时，雨水口的间距可大于 50m，其形式、数量和布置应根据具体情况和计算确定。坡段较短时可在最低点处集中收水，其雨水口的数量或面积应适当增加。

→根据各地经验，对丘陵地区、立交道路引道等，当道路纵坡大于 2%（《雨水口》16S518 中道路纵坡一般为 0.3%～3.5%）时，因纵坡大于横坡，雨水流入雨水口少，故沿途可少设或不设雨水口。坡段较短（一般在 300m 以内）时，往往在道路低点处集中收水，较为经济合理。

5.7.7 雨水口深度不宜大于 1m，并根据需要设置沉泥槽。遇特殊情况需要浅埋时，应采取加固措施。有冻胀影响地区的雨水口深度，可根据当地经验确定。

→ 本条了解以下内容：

1. 沉泥槽：雨水口或检查井底部加深的部分，用于沉积管道中的泥沙。

2. 雨水口深度：指雨水口井盖至雨水连接管管底的距离，不包括沉泥槽深度。雨水口不宜过深，若埋设较深会给养护带来困难，并增加投资。

　　3. 在交通繁忙行人稠密的地区，根据各地养护经验，可设置沉泥槽。

　　带沉泥槽的雨水口如图5.7.7所示；沉泥槽设置总结见表5.7.7。

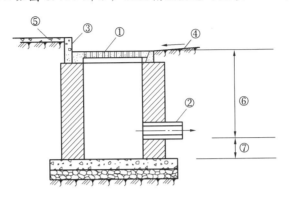

图 5.7.7　带沉泥槽的雨水口
①—偏沟雨水箅子；②—雨水连接管；③—侧石；④—道路；
⑤—人行道；⑥—雨水口深度；⑦—沉泥槽深度

沉泥槽设置总结　　　　　　　　　　　　　　　表 5.7.7

设置要求	《室外排水设计标准》GB 50014—2021 相应条款
宜设置	5.4.16　在排水管道每隔适当距离的检查井内、泵站前一检查井内和每一个街坊接户井内，宜设置沉泥槽并考虑沉积淤泥的处理处置，沉泥槽深度宜为 0.5m～0.7m。设沉泥槽的检查井内可不做流槽
根据需要设置	5.7.7　雨水口深度不宜大于1m，并根据需要设置沉泥槽
应设置	5.6.2　水封深度不应小于 0.25m，井上宜设通风设施，井底应设沉泥槽。 5.11.7　倒虹管进水井的前一检查井应设置沉泥槽

5.7.8　雨水口宜采用成品雨水口。

→模块式雨水口可参见《排水工程混凝土模块砌体结构技术规程》CJJ/T 230—2015。

5.7.9　雨水口宜设置防止垃圾进入雨水管渠的装置。

→《城镇排水管渠与泵站运行、维护及安全技术规程》CJJ 68—2016。

　　3.3.6　雨水口垃圾拦截装置中的垃圾应定期清除。

　　3.3.6条文说明：雨水网篮一般采用镀锌铁板或塑料等制成，四周开有渗水孔。雨水口网篮构造简单，操作方便，只需提出网篮将垃圾倒入污泥车中即可。

5.8　截 流 设 施

5.8.1　合流污水的截流可采用重力截流和水泵截流。

5.8.2　截流设施的位置应根据溢流污染控制要求、污水截流干管位置、合流管道位置、调蓄池布局、溢流管下游水位高程和周围环境等因素确定。

→截流设施是指截流井、截流干管、溢流管及防倒灌等附属设施组成的构筑物和设备的总称。截流井一般设置在合流管渠的入河口前，也有的设置在城区内，将旧有合流支线接入新建分流制系统。溢流管出口的下游水位包括受纳水体的水位或受纳管渠的水位。

5.8.3 截流井宜采用槽式，也可采用堰式或槽堰结合式。管渠高程允许时，应选用槽式，当选用堰式或槽堰结合式时，堰高和堰长应进行水力计算。

→截流井形式：槽式、堰式、槽堰结合式（见图 5.8.3）。可参见《合流制排水系统截流设施技术规程》T/CECS 91—2021。

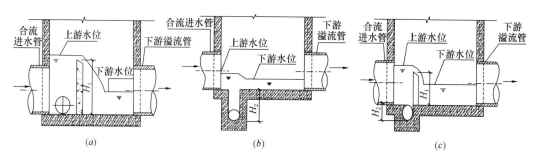

图 5.8.3　三种形式截流井溢流工况示意图
（a）堰式；（b）槽式；（c）堰槽结合式

5.8.4 截流井溢流水位应在设计洪水位或受纳管道设计水位以上，当不能满足要求时，应设置闸门等防倒灌设施，并应保证上游管渠在雨水设计流量下的排水安全。

→截流井溢流水位应在接口下游洪水位或受纳管道设计水位以上，以防止下游水倒灌，否则溢流管道上应设置闸门等防倒灌设施。

5.8.5 截流井内宜设流量控制设施。

→当截流井为无恒定截流设施时，截流管污水截流量并非恒定值。设计雨量下，因截流管内为有压流，故截流管内截流量远大于污水截流量。截流井内如无流量控制设施，则旱流时，合流管内仅有少量污水，是非满流。污水进入截流井后，被全部截入污水截流管内，溢流管内无水。雨天时，地面雨水汇流经雨水口进入合流管，管内水量逐渐增大，水深也逐渐增高，这部分雨水流经地面挟带着污物进入管内，同时又将管内泥沙沉积物冲起一齐进入截流井。由于这部分初期雨水较脏，污染物较多，故应全部截流，此时合流管内为非满流，当截流井内水位刚好和堰高或槽顶相平时，截流管内为满流，溢流管内无水。随着雨水量的增加，合流管内水量加大，截流井内水位上升，截流管水量也加大，最终从重力流开始进入有压流，此时井内一部分水溢过堰或槽，经溢流管排入水体。当合流管达到设计流量时，管内进入满流状态，截流管仍为有压流。所以在雨季时，随着雨量大小不同，经截流管进入污水厂的污水量有较大变化，给污水厂运行管理造成难度。

5.9　出　水　口

5.9.1 排水管渠出水口位置、形式和出口流速应根据受纳水体的水质要求、水体流量、水位变化幅度、水流方向、波浪状况、稀释自净能力、地形变迁和气候特征等因素确定。

→本条了解以下内容：

1. 排水管渠出水口的设计要求：（1）对航运、给水等水体原有的各种用途无不良影响；（2）能使排水迅速与水体混合，不妨碍景观和影响环境；（3）岸滩稳定，河床变化不大，结构安全，施工方便。

2. 排水管渠出水口位置、形式、流速应根据受纳水体的水质要求、水体流量、水位变化幅度、水流方向、波浪状况、稀释自净能力、地形变迁和气候特征等因素确定。

排水管渠出水口形式及适用条件见表 5.9.1 和图 5.9.1。

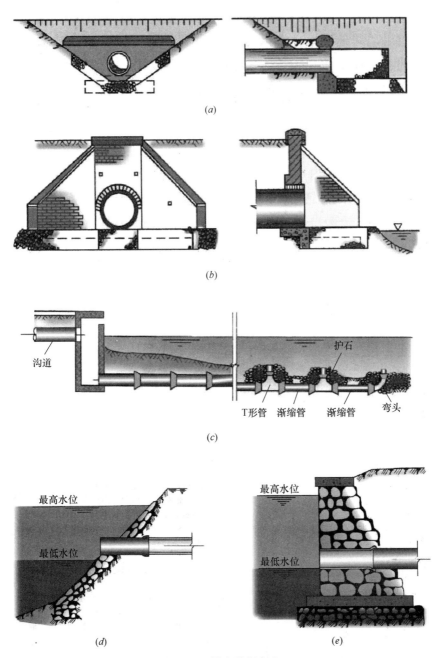

图 5.9.1 排水管渠出水口

（a）一字式出水口；（b）八字式出水口；（c）江心分布式出水口；

（d）采用护坡的出水口；（e）采用挡土墙的出水口

排水管渠出水口形式及适用条件　　　　　　　　　　　　　　表 5.9.1

出水口名称		适用条件
非淹没式出水口	一字式出水口	排水管道与河渠顺接处岸坡较陡时
	八字式出水口	排水管道排入河渠岸坡较平缓处时
	门字式出水口	排水管道排入河渠岸坡较陡处时
淹没式出水口		排水管道末端标高低于正常水位时
跌水式出水口		排水管道末端标高高出洪水位较大时

注：1. 排水管渠出水口做法参见《排水管道出水口》20S517。

　　2.《排水管道出水口》20S517 适用于一般城镇排水圆形、矩形无内压排水管道的出水口设计；对于过路涵洞、农田水利等工程也可参照使用。

5.9.2 出水口应采取防冲刷、消能、加固等措施，并设置警示标识。

→据北京、上海等地经验，一般仅设翼墙的出水口，在较大流量和无断流的河道上，易受水流冲刷，导致底部掏空，甚至底板折断损坏，并危及岸坡，为此规定应采取防冲刷、加固措施。一般在出水口底部打桩或加深齿墙。当出水口跌水水头较大时，尚应考虑消能。

5.9.3 受冻胀影响地区的出水口应考虑采用耐冻胀材料砌筑，出水口的基础应设在冰冻线以下。

问：受冻胀影响地区的出水口施工应注意什么？

答：1. 材料：严寒地区不宜采用烧结普通砖、混凝土普通砖、混凝土材质的出水口，应采用浆砌块石材质的出水口，并应采用相应的抗冻措施。

2. 抗冻处理：冰冻地区，混凝土底板下应增设级配砂石垫层。出水口周边河坡浆砌块石护砌底部应回填级配砂石或非冻胀类土质，应根据当地气候条件确定回填厚度（一般取 300mm～600mm），以防底部土体发生冻胀灾害。寒冷地区混凝土抗冻等级为 F150，严寒地区混凝土抗冻等级为 F200。

5.10　立体交叉道路排水

5.10.1 立体交叉道路排水应排除汇水区域的地面径流水和影响道路功能的地下水，其形式应根据当地规划、现场水文地质条件、立交形式等工程特点确定。

→立交泵站中雨水和地下水的集水池和所选用的水泵应分别设置。由于地下水资源的宝贵，目前不宜采用盲沟收集和降低地下水，可采用封闭式路堑结构，采取相应封闭措施，使地下水不外排。立体交叉排水泵站的最高水位，可根据下穿式立体交叉道路最低点高程下返1m安全水头，按道路最低点到泵站的实际距离，推算到泵站集水池的水位决定。地下水的最高水位必须以降水曲线低于下穿式立体交叉道路断面的水位决定。

5.10.2 立体交叉道路排水系统的设计应符合下列规定：

1 同一立体交叉道路的不同部位可采用不同的重现期；高架道路雨水管渠设计重现期不应小于地面道路雨水管渠设计重现期。

2 地面集水时间应根据道路坡长、坡度和路面粗糙度等计算确定，宜为 2min～10min。

3 综合径流系数宜为 0.9～1.0。

4 下穿立交道路的地面径流，具备自流条件的，可采用自流排除，不具备自流条件的，应设泵站排除。

5 当采用泵站排除地面径流时，应校核泵站和配电设备的安全高度，采取措施防止变配电设施受淹。

6 立体交叉道路宜采用高水高排、低水低排且互不连通的系统，并应采取措施，封闭汇水范围，避免客水汇入。

7 下穿立交道路宜设置横截沟和边沟。横截沟设置应考虑清淤和沉泥。横截沟盖和边沟盖的设置，应保证车辆和行人的安全。

8 宜采取设置调蓄池等综合措施达到规定的设计重现期。

→本条了解以下内容：

1. 防止高水进入低水系统的必要性

如果对高水拦截无效，会造成高于设计径流量的径流水进入地道，超过泵站排水能力，造成积水。

2. 防止高水进入低水系统的措施

汇水面积强调要尽量缩小汇水面积，以减小立交桥泵站的设计流量；宜采用高水高排、低水低排，互不连通的系统，并应有防止高水进入低水系统的可靠措施。因此，在进行立交排水系统布局时应充分考虑周边道路环境情况，做好排水区域划分，将能重力流排入市政排水管道（或附近水体）的路面雨水汇入一个排水系统，直排至市政雨水管道（或附近水体）。而地面较低的桥区雨水不能重力流直接排走的雨水径流应汇入一个排水系统，通过立交泵站提升后再排走，这样将减少泵站的提升流量，也避免了下游管道的集中流量。同时应将桥区挡墙顶加高，高出地面 0.3m～0.5m，以防止地面高的桥区雨水汇流至地面低的桥区雨水系统，避免泵站进水量超过设计值。

3. 雨水调蓄设施进水高度应为雨水泵站的设计最高运行水位，宜采用溢流方式进入雨水调蓄设施。

4. 鉴于道路设计千差万别，坡度、坡长均各不相同，应通过计算确定集水时间。当道路形状较为规则，边界条件较为明确时，可采用本标准公式（5.2.2）（曼宁公式）计算；当道路形状不规则或边界条件不明确时，可按照坡面汇流参照下式计算：

$$t_1 = 1.445 \left(\frac{n \cdot L}{\sqrt{i}} \right)^{0.467}$$

式中：n——管道粗糙系数；

L——坡长，m；

i——坡度。

问：立体交叉地道出水口的要求是什么？

答：《城市排水工程规划规范》GB 50318—2017。

5.1.2 立体交叉下穿道路的低洼段和路堑式路段应设独立的雨水排水分区，严禁分

区之外的雨水汇入，并应保证出水口安全可靠。（本条为强制性条文）

5.1.2 条文说明：本条是关于立体交叉下穿道路低洼段和路堑式路段等重要低洼区雨水排水分区的规定。

立体交叉下穿道路低洼段和路堑式路段的雨水一般难以重力流就近排放，往往需要设置泵站、调蓄设施等应对强降雨。为减少泵站等设施的规模，降低建设、运行及维护成本，应遵循高水高排、低水低排的原则合理进行竖向设计及排水分区划分，并采取有效措施防止分区之外的雨水径流进入这些低洼地区。

在合理划分排水分区的基础上，为提高排水的安全保障能力，立体交叉下穿道路低洼段和路堑式路段均应构建独立的排水系统。出水口应设置于适宜的受纳水体，防止排水不畅甚至是客水倒灌。

立体交叉下穿道路低洼段和路堑式路段一般都是重要的交通通道，如果不以上述设施保障这些区域的排水防御能力，不仅会频繁严重影响城市的正常运转，而且往往还会直接威胁人民的生命财产安全，因而将本条作为强制性条文。

《城乡排水工程项目规范》GB 55027—2022。3.3.4 地下通道和下穿立交道路应设置独立的雨水排水系统，封闭汇水范围，并应采取防止倒灌的措施。当没有条件独立排放时，下游排水系统应能满足地区和立交道路排水设计流量要求。当采用泵站排除地面径流时，应校核泵站和配电设备的安全高度，采取防止变配电设施被淹的措施。下穿立交道路应设置地面积水深度标尺、标尺线和提醒标语等警示标识，具备封闭道路的物理隔离措施。

问：雨水横截沟的设计要点包括哪几项？

答：雨水横截沟是多组雨水口沿道路横断面方向布置的特殊形式，在征得相关管理部门许可下，一般设置于道路纵坡大于横坡的道路上，在拦截雨水径流方向较雨水口有较大优势，截流量大、效率高。

1. 设置数量：雨水横截沟设置数量应视汇水面积的大小及横截流下雨水收集系统的过水能力确定。

2. 高程：雨水横截沟高程应与路面齐平。

3. 构造：雨水横截沟进水空隙长边方向与道路纵坡方向一致进水效果较好；应用防滑、防跳、防噪声、防沉降、防盗等措施；应满足相应等级道路的荷载要求；其余要求同雨水口。

5.10.3 下穿立交道路排水应设置独立的排水系统，并防止倒灌。当没有条件设置独立排水系统时，受纳排水系统应能满足地区和立交排水设计流量要求。

问：独立的排水系统指什么？

答：《城镇给水排水技术规范》GB 50788—2012。

4.3.2 条文说明：立体交叉地道排水的可靠程度取决于排水系统出水口的畅通无阻。当立体交叉地道出水管与城镇雨水管直接连通，如果城镇雨水管排水不畅，会导致雨水不能及时排除，形成地道积水。独立排水系统指单独收集立体交叉地道雨水并排除的系统。因此，规定立体交叉地道排水要设置独立系统，保证系统出水不受城镇雨水管影响。

5.10.4 高架道路雨水管道宜设置单独的收集管和出水口。

5.10.5 立体交叉道路排水系统宜控制径流污染。

5.10.6 高架道路雨水口的间距宜为20m～30m。每个雨水口应单独用立管引至地面排水系统。雨水口的入口应设置格网。

5.10.7 当下穿立交道路的最低点位于地下水位以下时，应采取排水或控制地下水的措施。

→本条了解以下内容：

1. 立交地下水排除的意义：当地下水水位高于地道最低点时，为保证路基经常处于干燥状态，使其具有足够的稳定性，不致发生翻浆或冻胀，必须解决好地下水排放问题。

2. 立交治理地下水的措施：据天津、上海等地设计经验，应全面详细调查工程所在地的水文、地质、气候资料，以便确定排出或控制地下水的设施，一般推荐采用盲沟收集排除地下水，或设泵站排除地下水；也可采取控制地下水进入措施。

3. 排除地下水的方法：埋设无砂滤管或不做封闭接口的水泥管，管外用倒滤层包住，以吸收、汇集地下水自流到附近的排水干管或河湖；当高程不允许自流时，设泵站抽升，地下水抽升可以与雨水抽升结合并建在一起，由各自的进水管分别接入集水池。用闸门分开，按不同流量选泵。当地下水流量较大时，可统一选泵。

4. 城市道路交叉口排水规划要求见《城市道路交叉口规划规范》GB 50647—2011。

9.3.1 交叉口排水规划应与道路网排水规划一致，并应符合现行国家标准《室外排水设计规范》GB 50014 的有关规定。

9.3.2 立体交叉范围内道路排水规划应包括汇水区域的地面径流水和影响道路功能的地下水。

9.3.3 有强降雨的地区或河道附近的立体交叉宜设置应急排水设施；当为下穿式立交时，应设置应急排水设施。

9.3.4 平面交叉口排水规划应防止路段的雨水汇入交叉口。平面交叉口处雨水口应布置在人行横道上游路面最低处。

5.10.8 下穿立交道路应设置地面积水深度标尺、标识线和提醒标语等警示标识。

5.10.9 下穿立交道路宜设置积水自动监测和报警装置。

5.11 倒 虹 管

5.11.1 通过河道的倒虹管不宜少于两条；通过谷地、旱沟或小河的倒虹管可采用一条。通过障碍物的倒虹管，尚应符合与该障碍物相交的有关规定。

→本条了解以下内容：

1. 倒虹管：遇到河道、铁路等障碍物，纵向呈 U 形从障碍物下绕过的管道敷设形式。

虹吸管：将液体经高出液面的管段重力引向低处的管道。

2. 倒虹管宜设置两条以上，以便一条发生故障时，另一条可继续使用。平时也能逐条清通。通过谷地、旱沟或小河时，因维修难度不大，可以采用一条。

3. 通过铁路、航运河道、公路等障碍物时，应符合与该障碍物相交的有关规定。

4. 倒虹管的设置规定

（1）敷设位置及要求：污水管道穿过河道、旱沟或地下构筑物等障碍物不能按原高程径直通过时，应设倒虹管。倒虹管尽可能与障碍物轴线垂直，以求缩短长度。通过河道地段的地质条件要求良好，否则要更换倒虹管位置，无选择余地时，也可以考虑相应处理措施。雨水管道一般不做倒虹管。

（2）倒虹管形式：多折型和凹字型（直管型）两种，如图5.11.1-1和图5.11.1-2所示。多折型适用于河面与河滩较宽阔，河床深度较大的情况，需大开挖施工，所需施工面较大。凹字型适用于河面与河滩较窄或障碍物面积与深度较小的情况，可用大开挖施工，有条件时还可用顶管法施工。凹字型倒虹管在日本与我国华东地区广为应用，效果良好。

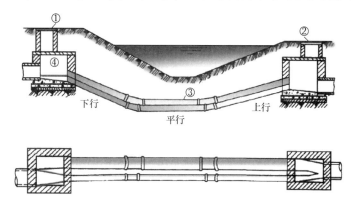

图5.11.1-1　多折型倒虹管
①—进水井；②—出水井；③—沟管；④—溢流堰

图5.11.1-2　凹字型倒虹管

（3）敷设条数：穿过河道的多折型倒虹管，一般敷设2条工作管道。但近期水量不能达到设计流速时，可使用其中的1条，暂时关闭另一条。穿过小河、旱沟和洼地的倒虹管，可敷设1条工作管道。穿过特殊重要构筑物（如地下铁道）的倒虹管，应敷设3条管道，2条工作，1条备用。凹字型倒虹管因易于清通，一般设1条工作管道。

（4）管材、管径及敷设长度、深度、斜管角度：倒虹管一般采用金属管或钢筋混凝土管，管径一般不小于 200mm。倒虹管水平管的长度应根据穿越物的现状和远景发展规划确定，水平管的外顶距规划河底一般不小于 0.5m。遇冲刷河床应考虑防冲刷措施，穿越航运河道应与当地航运管理机关协商确定。多折型倒虹管的下行斜管与水平管的交角一般不大于 30°。

（5）流速：倒虹管内设计流速应不小于 0.9m/s，也不应小于进水管内流速。当流速达不到 0.9m/s 时，应加定期冲洗措施，冲洗流速不小于 1.2m/s。

（6）进出水井：倒虹管井应布置在不受洪水淹没处，必要时可考虑设置排气设施。井内应设闸槽或闸门。进水井内应备用冲洗设施。井的工作室高度（闸台以上）一般为 2m。井室人孔中心应尽可能安排在各条管的中心线上。

（7）沉泥槽和事故排出口：位于倒虹管进水井前的检查井，应设置沉泥槽。凹字型倒虹管的进出水井中应设置沉泥槽，一般井底落底 0.5m。进水井应设置事故排出口，如因卫生要求不能设置时，则应设置备用管线。但在有 2 条以上工作管线情况下，当其中 1 条发生故障，其余管线在提高水压后并不影响上游管道正常工作，能通过设计流量时，也可不设备用管线。

5.11.2 倒虹管的设计应符合下列规定：

1 最小管径宜为 200mm。

2 管内设计流速应大于 0.9m/s，并应大于进水管内的流速；当管内设计流速不能满足上述要求时，应增加定期冲洗措施，冲洗时流速不应小于 1.2m/s。

3 倒虹管的管顶距规划河底距离不宜小于 1.0m，通过航运河道时，其位置和管顶距规划河底距离应与当地航运管理部门协商确定，并设置标识，遇冲刷河床应考虑防冲措施。

4 倒虹管宜设置事故排出口。

→本条了解以下内容：

1. 倒虹管的设计规定

排水管道遇到河流或地下障碍物时，不能按原有坡度埋设，可采用倒虹管，倒虹管是下 U 形管道，管内污泥容易在管底淤积，所以倒虹管清通比一般管道困难得多，因此必须采取各种措施来防止管内污泥淤积，可采取如下措施：

（1）倒虹管内流速应大于 0.9m/s，且不得小于上游管渠中的流速，主要是防止污泥在倒虹管入口处淤积。防止倒虹管淤积的最好方法是使倒虹管达到自清流速。倒虹管养护宜采用水力冲洗的方法，冲洗流速不宜小于 1.2m/s。在建有双排倒虹管的地方，可采用关闭其中一条，集中水量冲洗另一条的方法。

（2）沉泥槽：倒虹管进水井的前检查井应设置沉泥槽，使管道内的泥土、杂物等在进入倒虹管前沉积下来。

（3）最小管径采用 200mm，也是便于清通和防淤积。

（4）倒虹管的上行管、下行管与水平线夹角不应大于 30°。

（5）事故排出口：倒虹管进水井或靠近进水井的上游检查井应设置事故排出口，如因卫生要求不允许设置事故排出口，则应设备用管线。在有 2 条以上工作管线情况下，当其中 1 条发生故障，其余管线在提高水质线后并不影响上游管道正常工作且仍能通过设计流量时，也可不设备用管线。

2. 考虑倒虹管检修时排水，倒虹管进水端宜设置事故排出口。

问：河底敷设的工程管线标高的确定原则是什么？

答：《城市工程管线综合规划规范》GB 50289—2016。

4.1.8 河底敷设的工程管线应选择在稳定河段，管线高程应按不妨碍河道的整治和管线安全的原则确定，并应符合下列规定：

1 在Ⅰ级～Ⅴ级航道下面敷设，其顶部高程应在远期规划航道底标高 2.0m 以下；

2 在Ⅵ级、Ⅶ级航道下面敷设，其顶部高程应在远期规划航道底标高 1.0m 以下；

3 在其他河道下面敷设，其顶部高程应在河道底设计高程 0.5m 以下。

4.1.8 条文说明：本条规定要求工程管线敷设在稳定的河道段，并提出了不同河道下敷设管线的高程要求，以保证河道疏浚或整治河道时与工程管道不相互影响，保证工程管线施工及运行安全。

5.11.3 倒虹管采用开槽埋管施工时，应根据管道材质、接口形式和地质条件，对管道基础进行加固或保护。刚性管道宜采用钢筋混凝土基础，柔性管道应采用包封措施。

5.11.4 合流管道设置倒虹管时，应按旱流污水量校核流速。

→本条了解以下内容：

1. 合流管道倒虹管的设计校核

鉴于合流制中旱流污水量与设计合流污水量数值差异极大，根据天津、北京等地设计经验，合流管道的倒虹管应对旱流污水量进行流速校核，校核倒虹管在旱流时最小流速是否达到 0.9m/s。

2. 倒虹管在旱流流量时达不到 0.9m/s 的最小流速要求时，应采取相应的技术措施。

(1) 设置冲洗装置或设施定期冲洗。

(2) 为保证合流制倒虹管在旱流和合流情况下均能正常运行，设计中对合流制倒虹管可设两条，分别用于旱季旱流和雨季合流两种情况。

3. 当校核流速不满足不淤流速要求时可采取的解决措施

(1) 修改设计管段的管径和坡度。$v = \dfrac{1}{n} R^{\frac{2}{3}} I^{\frac{1}{2}}$。

(2) 使用在管渠底设低流槽的管渠，以保证旱流时的流速。

(3) 加强养护管理，利用雨天流量刷洗管渠以防淤塞。

5.11.5 倒虹管进出水井的检修室净高宜高于 2m。进出水井较深时，井内应设置检修台，其宽度应满足检修要求。当倒虹管为复线时，井盖的中心宜设在各条管道的中心线上。

5.11.6 倒虹管进出水井内应设置闸槽或闸门。

→设计闸槽或闸门时必须确保在事故发生或维修时，能顺利发挥其作用，方便检修。

5.11.7 倒虹管进水井的前一检查井应设置沉泥槽。

→倒虹管进水井的前一检查井内设置沉泥槽的作用是沉淀泥沙、杂物,使泥沙、杂物在进入倒虹管前进行沉积,保证倒虹管内水流通畅,减小倒虹管淤积的发生。

5.12 渗 透 管 渠

5.12.1 当采用渗透管渠进行雨水转输和临时储存时,应符合下列规定:

1 渗透管渠宜采用穿孔塑料、无砂混凝土等透水材料;

2 渗透管渠开孔率宜为1‰~3‰,无砂混凝土管的孔隙率应大于20%;

3 渗透管渠应设置预处理设施;

4 地面雨水进入渗透管渠处、渗透管渠交汇处、转弯处和直线管段每隔一定距离处应设置渗透检查井;

5 渗透管渠四周应填充砾石或其他多孔材料,砾石层外应包透水土工布,土工布搭接宽度不应小于200mm。

问:渗透管的设置要求是什么?

答:1. 第5.12.1条同《城镇内涝防治技术规范》GB 51222—2017第4.3.5条。

4.3.5条文说明:雨水渗透管渠可设置在绿化带、停车场和人行道下,起到避免地面积水、减少市政排水管渠排水压力和补充地下水的作用。雨水渗透管渠的设置,除应满足本规范的规定外,还应满足现行国家标准《建筑与小区雨水利用工程技术规范》GB 50400的规定。渗透管渠应设置植草沟、沉淀池或沉砂池等预处理设施。当渗透管渠承担输送排水任务时,其敷设坡度应符合排水管渠的设计要求。

2.《建筑与小区雨水控制及利用工程技术规范》GB 50400—2016。

6.2.5 渗透管沟设置应符合下列规定:

1 渗透管沟宜采用塑料模块,也可采用穿孔塑料管、无砂混凝土管或排疏管等材料,并外敷渗透层,渗透层宜采用砾石;渗透层外或塑料模块外应采用透水土工布包覆。

2 塑料管的开孔率宜取1.0%~3.0%,无砂混凝土管的孔隙率不应小于20%。渗透管沟应能疏通,疏通内径不应小于150mm,检查井之间的管沟敷设坡度宜采用0.01~0.02。

3 渗透管沟应设检查井或渗透检查井,井间距不应大于渗透管管径的150倍。井的出水管口标高应高于入水管口标高,但不应高于上游相邻井的出水管口标高。渗透检查井应设0.3m沉砂室。

4 渗透管沟不应设在行车路面下。

5 地面雨水进入渗透管前宜设泥沙分离井渗透检查井或集水渗透检查井。

6 地面雨水集水宜采用渗透雨水口。

7 在适当的位置设置测试段,长度宜为2m~3m,两端设置止水壁,测试段应设注水孔和水位观察孔。

8 渗透管沟的贮水空间应按积水深度内土工布包覆的容积计,有效贮水容积应为贮水空间容积与孔隙率的乘积。

6.2.6 渗透管排放系统设置除应符合第6.2.5条规定外,还应符合下列规定:

1 设施的末端必须设置检查井和排水管,排水管连接到雨水排水管网;

2 渗透管的管径和敷设坡度应满足地面雨水排放流量的要求,且渗透管直径不应小于 200mm；

  3 检查井出水管口的标高应高于进水管口标高，并应确保上游管沟的有效蓄水。

渗透管沟断面如图 5.12.1 所示。

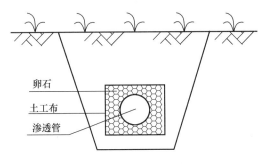

图 5.12.1 渗透管沟断面

5.12.2 当渗透管渠用于雨水转输时，其敷设坡度应符合本标准中排水管渠的设计要求。渗透检查井的设置应符合本标准第 5.4 节的有关规定。

5.13 渠 道

5.13.1 在地形平坦地区、埋设深度或出水口深度受限制的地区，可采用渠道（明渠或盖板渠）排除雨水。盖板渠宜就地取材，构造宜方便维护，渠壁可与道路侧石联合砌筑。

5.13.2 明渠和盖板渠的底宽不宜小于 0.3m。无铺砌的明渠边坡，应根据不同的地质按表 5.13.2 的规定取值；用砖石或混凝土块铺砌的明渠可采用 1：0.75～1：1 的边坡。

无铺砌的明渠边坡值

表 5.13.2

地 质	边 坡 值
粉砂	1：3～1：3.5
松散的细砂、中砂和粗砂	1：2～1：2.5
密实的细砂、中砂、粗砂或黏质粉土	1：1.5～1：2
粉质黏土或黏土砾石或卵石	1：1.25～1：1.5
半岩性土	1：0.5～1：1
风化岩石	1：0.25～1：0.5
岩石	1：0.1～1：0.25

→本条了解以下内容：

  1. 边坡角、边坡坡度、边坡系数（见图 5.13.2）

  边坡角（α）：边坡角就是坡面与水平面的夹角，常用 α 表示。

  边坡坡度（i）：边坡的高度（H）与宽度之比（B）。$i = H/B = \tan\alpha$。

  边坡系数（m）：坡面水平宽度（B）与铅直高度（H）

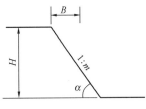

图 5.13.2 边坡和边坡系数

的比值。$m=B/H=\cot\alpha$。

2. 边坡系数与边坡互为倒数关系，即 $i=1/m$。

5.13.3 渠道和涵洞连接时，应符合下列规定：

1 渠道接入涵洞时，应考虑断面收缩、流速变化等因素造成明渠水面壅高的影响；

2 涵洞断面应按渠道水面达到设计超高时的泄水量计算；

3 涵洞两端应设置挡土墙，并护坡和护底；

4 涵洞宜采用矩形，当为圆管时，管底可适当低于渠底，其降低部分不计入过水断面。

问：第 **5.13.3** 条的设计超高指什么？

答：1. 首先明确第 5.13.3 条所指渠道是指明渠。因为只有明渠才有超高的概念，具体参见本标准表 5.2.4 中管径或渠高（注：表 5.2.4 中的渠指暗渠）。

2. 本标准第 5.2.4 条第 3 款"明渠超高不得小于 0.2m"。明渠超高与明渠的渠深无关，只要保证 0.2m 的超高就算设计合理。但是暗渠的最高设计水面与暗渠的渠高有关，暗渠的最高设计水面高度由其最大设计充满度决定，见表 5.2.4。

3. 以 1m 的渠深为例。暗渠的最大设计水面高度和明渠设计超高示意图见图 5.13.3。

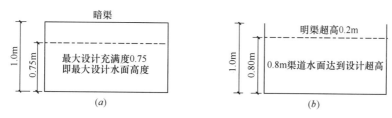

图 5.13.3 暗渠的最大设计水面高度和明渠设计超高示意图
(a) 暗渠的最大设计水面高度；(b) 明渠设计超高

5.13.4 渠道和管道连接处应设置挡土墙等衔接设施。渠道接入管道处应设置格栅。

问：渠道和管道如何连接？

答：雨水暗管和明渠衔接处需采取一定的工程措施，以保证连接处良好的水力条件。当管道接入明渠时，管道应设置挡土的端墙，连接处的土明渠应加铺砌，铺砌高度不低于设计超高，铺砌长度自管道末端算起为 3m～10m。宜适当跌水，当跌差为 0.3m～2m 时，需作 45°斜坡，斜坡应加铺砌。当跌差大于 2m 时，应按水工构筑物设计。明渠接入暗管时，除应采取上述措施外，尚应设置格栅，栅条间距采用 100mm～150mm，也可适当跌水，在跌水前 3m～5m 处即需进行铺砌。渠道和管道连接见图 5.13.4。

5.13.5 明渠转弯处，其中心线的弯曲半径不宜小于设计水面宽度的 5 倍；盖板渠和铺砌明渠的弯曲半径可采用不小于设计水面宽度的 2.5 倍。

5.13.6 植草沟的设计参数应符合下列规定：

1 浅沟断面形式宜采用倒抛物线形、三角形或梯形。

2 植草沟的边坡坡度不宜大于 1:3。

3 植草沟的纵坡不宜大于 4%；当植草沟的纵向坡度大于 4% 时，沿植草沟的横断面

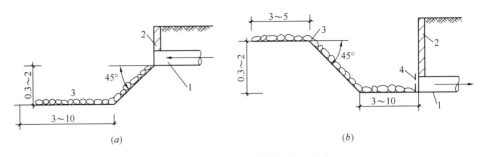

图 5.13.4　渠道和管道的衔接方式

（a）暗管接入明渠；（b）明渠接入暗管

1—暗管；2—挡土墙；3—明渠；4—格栅

注：图中尺寸单位 m

应设置节制堰。

4 植草沟最大流速应小于 0.8m/s，粗糙系数宜为 0.2～0.3。

5 植草沟内植被高度宜为 100mm～200mm。

→植草沟的设计可参照《城镇内涝防治技术规范》GB 51222—2017。

5.14　雨水调蓄设施

5.14.1 雨水调蓄设施可用于径流污染控制、径流峰值削减和雨水回用。

→本条了解以下内容：

1. 雨水调蓄：雨水调节和储蓄的统称。雨水调节是指在降雨期间暂时储存一定量的雨水，削减向下游排放的雨水峰值流量，延长排放时间实现削减峰值流量的目的。雨水储蓄是指对径流雨水进行储存、滞留、沉淀、蓄渗或过滤以控制径流总量和峰值，实现径流污染控制和回收利用的目的。

2. 雨水调蓄池的设置目的：径流污染控制、径流峰值削减和雨水回用。

3. 雨水调蓄池可参见《城镇雨水调蓄工程技术规范》GB 51174—2017、《城镇径流污染控制调蓄池技术规程》CECS 416：2015、《低影响开发雨水控制利用　设施分类》GB/T 38906—2020、《模块化雨水储水设施》CJ/T 542—2020、《模块化雨水储水设施技术标准》CJJ/T 311—2020、《雨水调蓄设施——钢筋混凝土雨水调蓄池》20S805-1 等。

城镇雨水利用概念模型如图 5.14.1 所示。

5.14.2 雨水调蓄设施的位置应根据调蓄目的、排水体制、管网布置、溢流管下游水位高程和周围环境等综合考虑后确定，有条件的地区应采用数学模型法进行方案优化。

5.14.3 用于合流制排水系统溢流污染控制的雨水调蓄设施的设计应符合下列规定：

1 应根据当地降雨特征、受纳水体环境容量、下游污水系统负荷和服务范围内源头减排设施规模等因素，合理确定年均溢流频次或年均溢流污染控制率，计算设计调蓄量，并应采用数学模型法进行复核。

2 应采用封闭结构的调蓄设施。

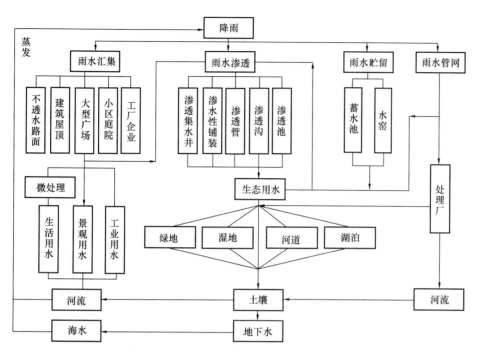

图 5.14.1 城镇雨水利用概念模型

5.14.4 用于分流制排水系统径流污染控制的雨水调蓄设施的设计应按当地相关规划确定的年径流总量控制率、年径流污染控制率等目标计算调蓄量，并应以源头减排设施为主。

5.14.5 用于削减峰值流量的雨水调蓄设施的设计应符合下列规定：

1 应根据设计标准，分析设施上下游的流量过程线，经计算确定调蓄量。

2 应优先设置于地上，当地上空间紧张时，可设置在地下；当地上建筑密集且地下浅层空间无利用条件时，可采用深层调蓄设施。

3 当作为排涝除险设施时，应优先利用地上绿地、运动场、广场和滨河空间等开放空间设置为多功能调蓄设施，并应优化竖向设计，确保设计条件下径流的排入和降雨停止后的有序排出。

→雨水调蓄池容积计算见表 5.14.5。

雨水调蓄池容积计算   表 5.14.5

调蓄池作用	调蓄池容积计算
削减洪峰流量	3.1.2 雨水设计流量的计算，应符合下列规定： 1 当汇水面积大于 2 km² 时，应考虑降雨时空分布的不均匀性和管渠汇流过程，采用数学模型法计算。 2 当暴雨强度公式编制选用的降雨历时小于雨水调蓄工程的设计降雨历时时，不应将暴雨强度公式的适用范围简单外延，应采用长历时降雨资料计算。 3.1.3 当调蓄设施用于削减峰值流量时，调蓄量的确定应符合下列规定： 1 应根据设计要求，通过比较雨水调蓄工程上下游的流量过程线，按下式计算： $$V = \int_0^T \left[Q_i(t) - Q_o(t) \right] dt \qquad (3.1.3\text{-}1)$$

调蓄池作用	调蓄池容积计算
削减洪峰流量	式中：V——调蓄量或调蓄设施有效容积（m³）； 　　　Q_i——调蓄设施上游设计流量（m³/s）； 　　　Q_o——调蓄设施下游设计流量（m³/s）； 　　　t——降雨历时（min）。 　2　当缺乏上下游流量过程线资料时，可采用脱过系数法，按下式计算： $$V = \left[-\left(\frac{0.65}{n^{1.2}} + \frac{b}{t} \cdot \frac{0.5}{n+0.2} + 1.10 \right) \cdot \log(\alpha + 0.3) + \frac{0.215}{n^{0.15}} \right] \cdot Q_i \cdot t$$ （3.1.3-2） 式中：b——暴雨强度公式参数； 　　　n——暴雨强度公式参数； 　　　α——脱过系数，取值为调蓄设施下游和上游设计流量之比。 　3　设计降雨历时，应符合下列规定： 　　1）宜采用3h～24h较长降雨历时进行试算复核，并应采用适合当地的设计雨型； 　　2）当缺乏当地雨型数据时，可采用附近地区的资料，也可采用当地具有代表性的一场暴雨的降雨历程
控制面源污染	3.1.4　当调蓄设施用于合流制排水系统径流污染控制时，调蓄量的确定可按下式计算： $$V = 3600 t_i (n_1 - n_0) Q_{dr}\beta$$ （3.1.4） 式中：t_i——调蓄设施进水时间（h），宜采用0.5h～1.0h，当合流制排水系统雨天溢流污水水质在单次降雨事件中无明显初期效应时，宜取上限；反之，可取下限； 　　　n_1——调蓄设施建成运行后的截流倍数，由要求的污染负荷目标削减率、下游排水系统运行负荷、系统原截流倍数和截流量占降雨量比例之间的关系等确定； 　　　n_0——系统原截流倍数； 　　　Q_{dr}——截流井以前的旱流污水量（m³/s）； 　　　β——安全系数，可取1.1～1.5。 　3.1.5　当调蓄设施用于源头径流总量和污染控制以及分流制排水系统径流污染控制时，调蓄量的确定可按下式计算： $$V = 10DF\psi\beta$$ （3.1.5） 式中：D——单位面积调蓄深度（mm），源头雨水调蓄工程可按年径流总量控制率对应的单位面积调蓄深度进行计算；分流制排水系统径流污染控制的雨水调蓄工程可取4mm～8mm； 　　　F——汇水面积（hm²）； 　　　ψ——径流系数。 注：系数10指1hm²汇水面积，收集1mm降雨深度的雨水量的降雨体积是10m³
弃雨量	3.1.6　当调蓄设施用于雨水综合利用时，调蓄量应根据回收利用水量经综合比较后确定。 　3.1.7　初期径流弃流量应按下垫面收集雨水的污染物实测浓度确定。当无资料时，屋面弃流量可为2mm～3mm，地面弃流量可为4mm～8mm。 　3.1.8　多功能调蓄设施的调蓄量，应综合考虑自身景观或休闲娱乐功能和调蓄目标后确定。 　3.1.9　当排水系统在不同位置设置多个调蓄设施时，应分别确定每个调蓄设施的调蓄量，并应满足调蓄工程总体设计要求

　　注：表中内容引自《城镇雨水调蓄工程技术规范》GB 51174—2017。

5.14.6 用于雨水利用的雨水调蓄设施的设计应根据降雨特征、用水需求和经济效益等确定有效容积。

5.14.7 敞开式调蓄设施的设计应符合下列规定：

1 调蓄水体近岸 2.0m 范围内的常水位水深大于 0.7m 时，应设置防止人员跌落的安全防护设施，并应有警示标识；

2 敞开式雨水调蓄设施的超高应大于 0.3m，并应设置溢流设施。

5.14.8 调蓄设施的放空方式应根据调蓄设施的类型和下游排水系统的能力综合确定，可采用渗透排空、重力放空、水泵排空或多种放空方式相结合的方式，并应符合下列规定：

1 具有渗透功能的调蓄设施，其排空时间应根据土壤稳定入渗率和当地蒸发条件，经计算确定；采用绿地调蓄的设施，排空时间不应大于绿地中植被的耐淹时间。

2 采用重力放空的调蓄设施，出水管管径应根据放空时间确定，且出水管排水能力不应超过下游管渠排水能力。

问：如何计算雨水调蓄池放空时间？

答：《城镇雨水调蓄工程技术规范》GB 51174—2017。

4.4.9 调蓄池放空可采用重力放空、水泵排空或两者相结合的方式。有条件时，应采用重力放空。放空管管径应根据放空时间确定，且放空管排水能力不应超过下游管渠排水能力。出口流量和放空时间，应符合下列规定：

1 采用管道就近重力出流的调蓄池，出口流量应按下式计算：

$$Q_1 = C_d A \sqrt{2g(\Delta H)} \tag{4.4.9-1}$$

式中：Q_1——调蓄池出口流量（m^3/s）；

C_d——出口管道流量系数，取 0.62；

A——调蓄池出口截面积（m^2）；

g——重力加速度（m^2/s）；

ΔH——调蓄池上下游的水力高差（m）。

2 采用管道就近重力出流的调蓄池，放空时间应按下式计算：

$$t_o = \frac{1}{3600} \int_{h_1}^{h_2} \frac{A_t}{C_d A \sqrt{2gh}} dh \tag{4.4.9-2}$$

式中：t_o——放空时间（h）；

h_1——放空前调蓄池水深（m）；

h_2——放空后调蓄池水深（m）；

A_t——t 时刻调蓄池表面积（m^2）；

h——调蓄池水深（m）。

3 采用水泵排空的调蓄池，放空时间可按下式计算：

$$t_o = \frac{V}{3600 Q' \eta} \tag{4.4.9-3}$$

式中：Q'——下游排水管渠或设施的受纳能力（m^3/s）；

η——排放效率，一般取 0.3～0.9。

4.4.9 条文说明：重力放空的优点是无需电力或机械驱动，符合节能环保政策，且控制简单。依靠重力排放的调蓄池，其出口流量随调蓄池上下游水位的变化而改变，出流过程线也随之改变。因此，确定调蓄池的容积时，应考虑出流过程线的变化。采用公式 (4.4.9-2) 时，还需事先确定调蓄池表面积 A_t 随水位 h 变化的关系。对于矩形或圆形调蓄设施等表面积不随水深发生变化的调蓄池，如不考虑调蓄池水深变化对出流流速的影响，调蓄池的出流可简化按恒定流计算，其放空时间可按下式估算：

$$t_o = \frac{A_t(h_1 - h_2)}{C_d A \sqrt{g(h_1 - h_2)}}$$

公式 (4.4.9-1) 和公式 (4.4.9-2) 仅考虑了调蓄设施出口处的水头损失，没有考虑出流管道引起的沿程和局部水头损失，因此仅适用于调蓄池出水就近排放的情况。当排放口离调蓄池较远时，应根据管道直径、长度和阻力情况等因素计算出流速度，并通过积分计算放空时间。

水泵排空和重力放空相比，工程造价和运行维护费用较高。当采用水泵排空时，考虑到下游管渠和相关设施的受纳能力的变化、水泵能耗、水泵启闭次数等因素，设置排放效率 η。当排放至受纳水体时，相关的影响因素较少，η 可取较大值；当排放至下游污水管渠时，其实际受纳能力可能由于地区开发状况和系统运行方式的变化而改变，η 宜取较小值。

5.14.9 封闭结构的雨水调蓄池应设置清洗、排气和除臭等附属设施和检修通道。

问：调蓄池如何冲洗、排气、除臭？

答：《城镇雨水调蓄工程技术规范》GB 51174—2017。

4.4.11 调蓄池应设置清淤冲洗、通风除臭、电气仪表等附属设施和检修通道，并应配备安全防护、检测维护设备和用品。

4.4.12 调蓄池应根据工程特点和周边条件，选择经济、可靠的冲洗水源。

4.4.13 调蓄池冲洗应根据工程特点和调蓄池池型设计，选用安全、环保、节能、操作方便的冲洗方式，宜采用水力自冲洗和设备冲洗等方式，可采用人工冲洗作为辅助手段，并应符合下列规定：

1 采用水力自冲洗时，可采用连续沟槽自冲洗等方式；采用设备冲洗时，可采用门式自冲洗、水力翻斗冲洗、移动冲洗设备冲洗、水射器冲洗和潜水搅拌器冲洗等方式；

2 矩形池宜采用门式自冲洗、水力翻斗冲洗、连续沟槽自冲洗、移动冲洗设备冲洗和水射器冲洗等方式；圆形池应结合底部结构设计，宜采用潜水搅拌器冲洗和径向门式自冲洗等方式；

3 位于泵房下部的调蓄池，宜选用设备维护量低、控制简单、无须电力或机械驱动的冲洗方式。

4.4.14 当采用封闭结构的调蓄池时，应设置送排风设施。设计通风换气次数应根据调蓄目的、进出水量、有毒有害气体爆炸极限浓度等因素合理确定。

4.4.15 合流制排水系统中用于雨水径流污染控制的调蓄池，其透气井或排风口应设置臭气收集和除臭设施；分流制排水系统中的调蓄池，位于居民区或重要地段的，其透气井或排风口宜设置臭气收集和除臭设施。

4.4.16 调蓄池臭气应经处理并符合国家现行相关标准后方可排放。

4.4.17 除臭设施的设计，应符合下列规定：

1 处理量宜按每小时处理调蓄池容积1倍～2倍的臭气体积考虑；有特殊要求时，应结合通风系统的换气次数确定；

2 除臭工艺可采用离子法、植物提取液喷淋法和活性炭吸附法等；

3 应采用耐腐蚀材料；室外露天设置的风机、电动机等，其防护等级不应低于IP65；

4 布置应紧凑，景观要求高时，应和周边景观相协调；

5 排气筒应与周边景观相协调，其位置和高度应按环境影响评价的要求执行。

4.4.21 调蓄池内易形成和聚集有毒有害气体的区域，应设置固定式有毒有害气体检测报警设备，且预留有毒有害气体监测孔。

4.4.22 调蓄池可能出现可燃气体的区域，应采取防爆措施。

雨水调蓄池各种冲洗方式优缺点见表5.14.9。

雨水调蓄池各种冲洗方式优缺点 表5.14.9

冲洗方式	优点	缺点
人工冲洗	无机械设备，无须检修维护，适用于敞开式调蓄池	危险性高，劳动强度大
移动冲洗设备冲洗	投资省，维护方便	仅适用于有敞开条件的平底调蓄池，扫地车、铲车等清洗设备需人工作业
水射器冲洗	自动冲洗，冲洗时有曝气过程，可减少异味，适应大部分池型	需建造冲洗水贮水池，并配置相关设备；运行成本较高；设备位于池底，易被污染磨损
潜水搅拌器冲洗	搅拌带动水流，自冲洗，投资省	冲洗效果差，设备位于池底，易被缠绕、污染、磨损
水力翻斗冲洗	无须电力或机械驱动，控制简单	需提供有压力的外部水源给翻斗进行冲洗，运行费用较高；翻斗容量有限，冲洗范围受限制
连续沟槽自冲洗	无须电力或机械驱动，无须外部供水	依赖晴天污水作为冲洗水源，利用其自清流速进行冲洗，难以实现彻底清洗，易产生二次沉积；连续沟槽的结构形式加大了泵站的建造深度
门式自冲洗	无须电力或机械驱动，无须外部供水，控制系统简单；单个冲洗波的冲洗距离长；调节灵活，手、电均可控制；运行成本低、使用效率高	设备初期投资较高

5.14.10 雨水调蓄池的清淤冲洗水和用于控制径流污染但不具备净化功能的雨水调蓄设施的出水应接入污水系统；当下游污水系统无接纳容量时，应对下游污水系统进行改造或设置就地处理设施。

问：接收池、通过池、联合池如何运行？

答： 1. 雨水调蓄工程设计参见《城镇雨水调蓄工程技术规范》GB 51174—2017。

雨水调蓄：雨水调节和储蓄的统称。雨水调节是指在降雨期间暂时储存一定量的雨水，削减向下游排放的雨水峰值流量，延长排放时间，实现削减峰值流量的目的。雨水储蓄是指对径流雨水进行储存、滞留、沉淀、蓄渗或过滤以控制径流总量和峰值，实现径流污染控制和回收利用的目的。

调蓄池：用于储存雨水的蓄水池，根据是否有沉淀净化功能分为接收池、通过池和联合池。

接收池：不具有沉淀净化功能的调蓄池。调蓄池充满后，后续来水不再进入调蓄池。

通过池：具有沉淀净化功能的调蓄池。调蓄池充满后，后续来水继续进入调蓄池，而沉淀净化后的雨污水溢流至水体。

联合池：由接收池和通过池组成的调蓄池。雨污水首先进入接收池，接收池充满后，后续来水再进入按照通过池建造的净化部分。

2. 《城镇径流污染控制调蓄池技术规程》CECS 416：2015。

3.1.2　用于控制城镇径流污染的调蓄池的类型有接收池、通过池和联合池。调蓄池类型的选择，应根据雨水径流的初期效应、水质特性和下游污水系统的处理能力等因素综合确定。

3.1.2条文说明：调蓄池根据是否有沉淀净化功能可分为接收池、通过池和联合池三种，分别相当于德国的雨水截流池、雨水净化池和雨水溢流池。

当进水污染初期效应明显时，可设置接收池，初期雨水储存在接收池中，而后续水量不再进入接收池，待降雨停止或下游污水管道有空余时，接收池内的水通过下游污水管道输送至泵站或污水厂；当进水污染物浓度没有明显的初期效应且悬浮物沉降性能较好时，可设置通过池，在通过池中可以进行合流污水或初期雨水的沉淀净化，在通过池末端需设置溢流装置，在通过池充满后，将沉淀后的合流污水或初期雨水溢流至水体，通过池在充满之前类似接收池，起储存作用，在充满后起沉淀净化作用；当同时出现既有水量冲击负荷，又有明显的污染持续较长时间时，应采用联合池，联合池是接收池和通过池的结合体，由一个接收部分一个净化部分组成，合流污水或初期雨水首先进入一个按接收池建造的接收部分，它充满之后，随后来的合流污水或初期雨水再进入按通过池建造的净化部分。当初期效应不明显时，一般采用通过池；当进水流量冲击负荷大，且污染持续较长时间时，一般采用联合池。

接收池、通过池和联合池分别如图 5.14.10-1～图 5.14.10-3 所示。

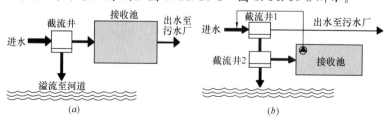

(a)　　　　　　　　　　　　　　　　*(b)*

图 5.14.10-1　接收池

（*a*）串联式；（*b*）并联式

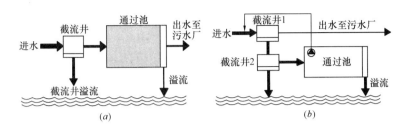

图 5.14.10-2   通过池
(a) 串联式；(b) 并联式

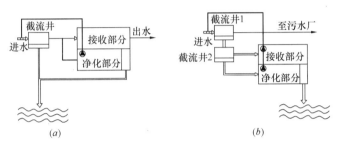

图 5.14.10-3   联合池
(a) 串联式；(b) 并联式

5.15   管　道　综　合

5.15.1   排水管道和其他地下管渠、建筑物、构筑物等相互间的位置应符合下列规定：

1   敷设和检修管道时，不应互相影响；

2   排水管道损坏时，不应影响附近建筑物、构筑物的基础，不应污染生活饮用水。

问：地下工程管线竖向位置发生矛盾时避让规则是什么？

答：新建管线让已建管线；临时管线让永久管线；小管径管线让大管径管线；压力管线让重力管线；可弯曲管线让不可弯曲管线；检修次数少的管线让检修次数多的管线；分支管线让主干管线。

问：工程管线的布置原则是什么？

答：当地下管道多时，不仅应考虑到排水管道不应与其他管道互相影响，而且要考虑经常维护方便。工程管线的规划位置及布置见表 5.15.1-1。道路地下管线的布置见图 5.15.1。

工程管线的规划位置及布置　　　　　　　　　　表 5.15.1-1

工程管线的规划位置及布置	《城市工程管线综合规划规范》GB 50289—2016
道路下面的规划位置	4.1.2 工程管线应根据道路的规划横断面布置在人行道或非机动车道下面。位置受限制时，可布置在机动车道或绿化带下面
道路下平行布置的次序	4.1.3 工程管线在道路下面的规划位置宜相对固定，分支线少、埋深大、检修周期短和损坏时对建筑物基础安全有影响的工程管线应远离建筑物。工程管线从道路红线向道路中心线方向平行布置的次序宜为：电力、通信、给水（配水）、燃气（配气）、热力、燃气（输气）、给水（输水）、再生水、污水、雨水

工程管线的规划位置及布置	《城市工程管线综合规划规范》GB 50289—2016
庭院内建筑线内的布置顺序	4.1.4 工程管线在庭院内由建筑线向外方向平行布置的顺序，应根据工程管线的性质和埋设深度确定，其布置次序宜为：电力、通信、污水、雨水、给水、燃气、热力、再生水。
自地表向下的排列顺序	4.1.12 当工程管线交叉敷设时，管线自地表面向下的排列顺序宜为：通信、电力、燃气、热力、给水、再生水、雨水、污水。给水、再生水和排水管线应按自上而下的顺序敷设。 4.1.13 工程管线交叉点高程应根据排水等重力流管线的高程确定

5.15.2 排水管道和其他地下管线（构筑物）的水平和垂直的最小净距，应根据其类型、高程、施工先后和管线损坏后果等因素，按当地城市管道综合规划确定，也可按本标准附录C的规定采用。

5.15.3 污水管道、合流管道和生活给水管道相交时，应敷设在生活给水管道的下面或采取防护措施。

→目的是防止污染生活给水管道。

5.15.4 再生水管道与生活给水管道、合流管道和污水管道相交时，应敷设在生活给水管道下面，宜敷设在合流管道和污水管道的上面。

问：再生水管道敷设在生活给水管道上面应采取什么措施？

答：《城镇污水再生利用工程设计规范》GB 50335—2016。

6.1.8 当再生水管道敷设在给水管道上面时，除应满足本规范附录B规定的最小垂直净距外，尚应符合下列规定：

1 接口不应重叠；

2 再生水管道应加设套管；

3 套管内径应大于再生水管道外径100mm；

4 套管伸出交叉管的长度每端不得小于3m；

5 套管的两端应采用防水材料封闭。

问：再水管道的安全防护措施有哪些？

答：《城乡排水工程项目规范》GB 55027—2022。4.3.13 城镇再生水储存设施的排空管道、溢流管道严禁直接和污水管道或雨水管渠连接，并应做好卫生防护工作，保障再水水质安全。

4.3.14 污水厂内的给水设施、再生水利用设施严禁直接和污水管道或雨水管渠连接，并应做好卫生防护工作，保障再生水水质安全。

5.15.5 排水管道进入综合管廊应根据综合管廊工程规划确定，应因地制宜，充分考虑排水系统规划、道路地势等因素，合理布局，保证排水安全和综合管廊技术经济的合理。

5.15.6 综合管廊内的排水管道应按管线管理单位的要求做标识区分，其设计尚应符合现行国家标准《城市综合管廊工程技术规范》GB 50838中的有关规定。

5.15.7 综合管廊内的排水管道应优先选用内壁粗糙度小的管道，管道之间、管道和检查井之间的连接必须可靠，宜采用整体性连接；采用柔性连接时，应有抗拉脱稳定设施。廊内排水管道应设置避免温度应力对管道稳定性影响的设施。

→非整体连接管道一般指承插式管道（包括整体连接管道设有伸缩节又不能承受管道轴向力的情况）。整体性连接指焊接、熔接管道。

5.15.8 利用综合管廊结构本体排除雨水时，雨水舱室不应和其他舱室连通。

5.15.9 排水管道和支户线入廊前、出廊后应就近设置检修闸门或闸槽。压力流管道进出管廊时，应在管廊外设置阀门。廊内排水管道检查井（口）设置可结合各地排水管道检修、疏通设施水平，适当增大检查井（口）最小间距。

问：综合管廊的敷设条件是什么？

答：1. 综合管廊的敷设条件

《城市工程管线综合规划规范》GB 50289—2016。

4.2.1　当遇下列情况之一时，工程管线宜采用综合管廊敷设。

1　交通流量大或地下管线密集的城市道路以及配合地铁、地下道路、城市地下综合体等工程建设地段；

2　高强度集中开发区域、重要的公共空间；

3　道路宽度难以满足直埋或架空敷设多种管线的路段；

4　道路与铁路或河流的交叉处或管线复杂的道路交叉口；

5　不宜开挖路面的地段。

2. 可入综合管廊的管线

《城市工程管线综合规划规范》GB 50289—2016。

4.2.2　综合管廊内可敷设电力、通信、给水、热力、再生水、天然气、污水、雨水管线等城市工程管线。

4.2.2条文说明：从国内外工程建设实例看，各种城市工程管线均可敷设在综合管廊内，但重力流管道是否进入综合管廊应根据经济技术比较后确定。燃气为天然气时，燃气管线可敷设在综合管廊内，但必须采取有效的安全保护措施。

3. 综合管廊的布置位置

《城市工程管线综合规划规范》GB 50289—2016。

4.2.3　干线综合管廊宜设置在机动车道、道路绿化带下，支线综合管廊宜设置在绿化带、人行道或非机动车道下。综合管廊覆土深度应根据道路施工、行车荷载、其他地下管线、绿化种植以及设计冰冻深度等因素综合确定。

4.2.3条文说明：综合管廊规划位置确定主要考虑对地下空间的集约利用及综合管廊的施工运行维护要求。设置在绿化带下利于人员出入口、吊装口和通风口等建设与使用，设置在机动车道下，可以在其他断面下敷设直埋管线。

工程管线与综合管廊最小水平净距应按现行国家标准《城市综合管廊工程技术规范》GB 50838执行。

6 泵 站

6.1 一 般 规 定

6.1.1 泵站布置应在满足城镇总体规划和城镇排水专业规划要求的前提下，合理布局，提高运行效率。

6.1.2 排水泵站可根据水环境和水安全的要求，与径流污染控制、径流峰值削减或雨水利用等调蓄设施合建，并应满足国家现行有关标准的规定。

6.1.3 排水泵站宜按远期规模设计，水泵机组可按近期规模配置。
→本条了解以下内容：

1. 泵站的规模一般根据设计流量大小确定，单位是 m^3/s、m^3/h、m^3/d，已经建成的泵站的规模也可以用装机总容量表示。

2. 泵站建设规模应能满足近期及远期发展的需要。在远期流量已经确定的情况下，泵站征地应一次完成，并根据资金和具体情况，尽量一次建成或土建一次完成，设备分期安装。

问：如何划分泵站等级？

答：见表 6.1.3-1、表 6.1.3-2。

泵站等级　　　　　　　　　　　　　　　　　　　　　　表 6.1.3-1

泵站等级	泵站规模	灌溉、排水泵站		工业、城镇供水泵站
		设计流量（m^3/s）	装机功率（MW）	
Ⅰ	大（1）型	≥200	≥30	特别重要
Ⅱ	大（2）型	50～200	10～30	重要
Ⅲ	中型	10～50	1～10	中等
Ⅳ	小（1）型	2～10	0.1～1	一般
Ⅴ	小（2）型	<2	<0.1	—

注：1. 装机功率指单站指标，包括备用机组在内。

2. 由多级或多座泵站联合组成的泵站工程的等级，可按其整个系统的分级指标确定。

3. 当泵站按分级指标分属两个不同等级时，应以其中的高等级为准。

4. 本表摘自《泵站设计规范》GB 50265—2010。

排水泵站分级　　　　　　　　　　　　　　　　　　　　表 6.1.3-2

排水泵站等级	泵站设计近期流量 F_t（m^3/s）	总输入功率 P（kW）
特大型	$F_t > 30$	$P > 4000$
大型	$18 < F_t \leqslant 30$	$1600 < P \leqslant 4000$

排水泵站等级	泵站设计近期流量 F_t（m³/s）	总输入功率 P（kW）
中型	$6 < F_t \leqslant 18$	$500 < P \leqslant 1600$
小型	$F_t \leqslant 6$	$P \leqslant 500$

注：1. 当两种算法得出的等级不同时，宜按较高等级划分。

2. 本表摘自《城镇排水系统电气与自动化工程技术标准》CJJ/T 120—2018。

问：泵站规划用地指标是多少？

答：见表 6.1.3-3。

泵站规模和规划用地指标　　　　表 6.1.3-3

泵站类型	《城市排水工程规划规范》GB 50318—2017
污水泵站	4.3.1　污水泵站规模应根据服务范围内远期最高日最高时污水量确定。 4.3.2　污水泵站应与周边居住区、公共建筑保持必要的卫生防护距离。防护距离应根据卫生、环保、消防和安全等因素综合确定。 4.3.3　污水泵站规划用地面积应根据泵站的建设规模确定，规划用地指标宜按表4.3.3的规定取值。 表 4.3.3　污水泵站规划用地指标 {{TABLE433}} 注：1. 用地指标是指生产必需的土地面积。不包括有污水调蓄池及特殊用地要求的面积。 　　2. 本指标未包括站区周围防护绿地
雨水泵站	5.4.1　当雨水无法通过重力流方式排除时，应设置雨水泵站。 5.4.2　雨水泵站宜独立设置，规模应按进水总管设计流量和泵站调蓄能力综合确定，规划用地指标宜按表5.4.2的规定取值。 表 5.4.2　雨水泵站规划用地指标 {{TABLE542}} 注：有调蓄功能的泵站，用地宜适当扩大
合流泵站	6.3.1　合流泵站的规模应按规划远期的合流水量确定。 6.3.2　合流泵站的规划用地指标可按表5.4.2的规定取值

表 4.3.3　污水泵站规划用地指标

建设规模（万 m³/d）	>20	10~20	1~10
用地指标（m²）	3500~7500	2500~3500	800~2500

表 5.4.2　雨水泵站规划用地指标

建设规模（L/s）	>20000	10000~20000	5000~10000	1000~5000
用地指标（m²·s/L）	0.28~0.35	0.35~0.42	0.42~0.56	0.56~0.77

6.1.4　排水泵站宜为单独的建筑物。

→由于排水泵站抽送污水时会产生臭气和噪声，对周围环境造成影响，故宜设计为单独的建筑物。

6.1.5　会产生易燃易爆和有毒有害气体的污水泵站应为单独的建筑物，并应配置相应的检测设备、报警设备和防护措施。

→排水泵站的防护措施：应有良好的通风设备；采用防火防爆的照明、电机和电气设备；有毒气体监测和报警设施；与其他建筑物有一定的防护距离。

6.1.6 排水泵站的建筑物和附属设施宜采取防腐蚀措施。抽送腐蚀性污水的泵站，必须采用耐腐蚀的水泵、管配件和有关设备。

→排水泵站的特征是潮湿和散发各种气体，极易腐蚀周围物体，因此其建筑物和附属设施必须采取防腐蚀措施。其措施一般为设备和配件采用耐腐蚀材料或涂防腐涂料，栏杆和扶梯等采用玻璃钢、不锈钢等耐腐蚀材料。

6.1.7 单独设置的泵站与居住房屋和公共建筑物的距离应满足规划、消防和环保部门的要求。泵站的地面建筑物应与周围环境协调，做到适用、经济、美观，泵站内应绿化。

6.1.8 泵站室外地坪标高应满足防洪要求，并应符合规划部门规定；泵房室内地坪应比室外地坪高 0.2m～0.3m；易受洪水淹没地区的泵站和地下式泵站，其入口处地面标高应比设计洪水位高 0.5m 以上；当不能满足上述要求时，应设置防洪措施。

问：泵站的防洪措施有哪些？

答： 易受洪水淹没地区的泵站应保证洪水期间水泵能正常运转，一般采取的防洪措施为：

1. 泵站地面标高填高。这需要大量土方，并可能造成与周围地面高差较大，影响交通运输。

2. 泵房室内地坪标高抬高。可减少填土土方量，但可能造成泵房室内地坪与泵站地面高差较大，影响日常管理维修工作。

3. 泵站或泵房入口处筑高或设闸槽等。仅在入口处筑高可适当降低泵房室内地坪标高，但可能影响交通运输和日常管理维修工作。通常采用在入口处设闸槽、在防洪期间加闸板等，作为临时防洪措施。

6.1.9 泵站场地雨水排放应充分体现海绵城市建设理念，利用绿色屋顶、透水铺装、生物滞留设施等进行源头减排，并应结合道路和建筑物布置雨水口和雨水管道，接入附近城镇雨水系统或雨水泵站的格栅前端。地形允许散水排水时，可采用植草沟和道路边沟排水。

6.1.10 雨水泵站应采用自灌式泵站。污水泵站和合流污水泵站宜采用自灌式泵站。

→本条了解以下内容：

1. 水泵的启动方式（见图 6.1.10）

自灌式：最低水位高于叶轮淹没水位时为自灌式。

半自灌式：叶轮淹没水位在最高与最低水位之间为半自灌式。

非自灌式：最高水位低于叶轮淹没水位时为非自灌式。

2. 由于雨水泵的特征是流量大、扬程低、吸水能力小，根据多年来的实践经验，应采用自灌式泵站。污水泵站和合流污水泵站宜采用自灌式，若采用非自灌式，保养较困难。

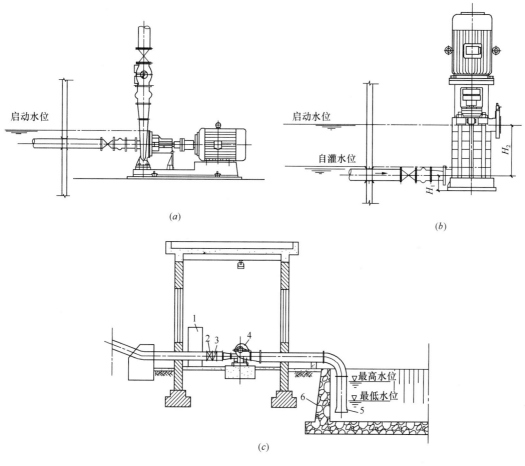

图 6.1.10　水泵启动方式示意图

(a) 卧式泵自灌吸水示意图；(b) 立式泵自灌吸水示意图；(c) 非自灌式

1—电机软启动柜；2—闸阀；3—止回阀；4—水泵；5—进水喇叭口；6—进水池后墙

6.1.11　泵房宜设两个出入口，其中一个应能满足最大设备或部件的进出。

6.1.12　排水泵站供电应按二级负荷设计。特别重要地区的泵站应按一级负荷设计。

问：供电一级负荷、二级负荷的条件是什么？

答：参见《供配电系统设计规范》GB 50052—2009。

(1) 一级负荷供电应由两个电源供电且应满足下述条件：

1) 当一个电源发生故障时，另一个电源不应同时受到破坏；

2) 一级负荷中特别重要的负荷，除由两个电源供电外，尚应增设应急电源，并严禁将其他负荷接入应急供电系统。应急电源可以是独立于正常电源的发电机组、供电网中独立于正常电源的专用馈电线路、蓄电池或干电池。

3) 具备下列条件之一的供电，可视为一级负荷：

① 电源来自两个不同发电厂；

② 电源来自两个区域变电站（电压一般在 35kV 及以上）；

③ 电源来自一个区域变电站，另一个设置自备发电设备。

建筑的电源分正常电源和备用电源两种。正常电源一般直接取自城市低压输电网，电压等级为 380V/220V。当城市有两路高压（10kV 级）供电时，其中一路可作为备用电源；当城市只有一路供电时，可采用自备柴油发电机作为备用电源。国外一般使用自备发电机设备和蓄电池等作为备用电源。

（2）二级负荷的供电系统，要尽可能采用两回线路供电。当负荷较小或地区供电条件困难时，二级负荷可以采用一回 6kV 及以上专用的架空线路或电缆供电。当采用架空线时，可为一回架空线供电；当采用电缆线路时，应采用两根电缆组成的线路供电，其每根电缆应能承受 100% 的二级负荷。

6.1.13 位于居民区和重要地段的污水泵站、合流污水泵站和地下式泵站，应设置除臭装置，除臭效果应符合国家现行标准的有关规定。

→泵站除臭理由：污水泵站、合流污水泵站的格栅井及污水敞开部分，有臭气逸出，影响周围环境。对位于居民区和重要地段的泵站应设置除臭装置。泵站除臭参见《城镇污水厂臭气处理技术规程》CJJ/T 243—2016。

问：城镇污水厂不同处理区域臭气浓度是多少？

答：污水中产生臭气的化合物种类较多，可划分为硫化物、低级脂肪胶、芳烃、羟基化合物、醇类、酚类、低级脂肪酸、吲哚八大类，目前经常提到的主要有：H_2S、NH_3、$(CH_3)_3N$、CH_3SH、CH_3SCH_3、DMS、CH_3SSCH_3、DMDS（二甲基二硫）、乙醛、苯乙烯等。根据《城镇污水厂污染物排放标准》GB 18918—2002，污水厂臭气中含有的污染物以 H_2S、NH_3 最为常见。故城镇污水厂臭气可采用硫化氢、氨等常规污染因子和臭气浓度表示。

城镇污水厂臭气污染物浓度应根据实测数据确定。当无实测数据时，可采用经验数据或按表 6.1.13-1 的规定取值。

污水厂臭气污染物浓度 　　　　　　　　　　　　　　　　　表 6.1.13-1

处理区域	硫化氢（mg/m³）	氨（mg/m³）	臭气浓度（无量纲）
污水预处理和污水处理区域	1～10	0.5～5.0	1000～5000
污泥处理区域	5～30	1～10	5000～100000

臭气处理装置对硫化氢、臭气浓度等指标的处理效率不宜小于 95%。当污水厂厂界或环境敏感区域的环境空气质量不能达到环境影响评价所要求的排放标准时，应增加臭源收集率（面）或提高臭气处理装置效率。

问：污水中各类臭气物质的嗅阈值和特征气味是多少？

答：见表 6.1.13-2。

污水中各类臭气物质的嗅阈值和特征气味 　　　　　　　　表 6.1.13-2

化合物	分子式	分子量	25℃挥发性 mL/m³（V/V）	感觉阈值 mL/m³（V/V）	认知阈值 mL/m³（V/V）	臭味特点
乙醛	CH_3CHO	44	气态	0.0670	0.2100	刺激性，水果味

化合物	分子式	分子量	25℃挥发性 mL/m³（V/V）	感觉阈值 mL/m³（V/V）	认知阈值 mL/m³（V/V）	臭味特点
烯丙基硫醇	CH_2CHCH_2SH	74		0.0001	0.0015	不愉快,蒜味
氨气	NH_3	17	气态	17	37	尖锐的刺激性
戊基硫醇	$CH_3(CH_2)_4SH$	104		0.0003	—	不愉快,腐烂味
苯甲基硫醇	$C_6H_5CH_2SH$	124		0.0002	0.0026	不愉快,浓烈
n-丁胺	$CH_3(CH_2)NH_2$	73	93000	0.080	1.800	酸腐的,氨味
氯气	Cl_2	71	气态	0.080	0.310	刺激性,令人窒息
二丁基胺	$(C_4H_9)_2NH$	129	8000	0.016	—	鱼腥味
二异丙基胺	$(C_3H_7)_2NH$	101		0.13	0.38	鱼腥味
二甲基胺	$(CH_3)_2NH$	45	气态	0.34	—	腐烂的,鱼腥味
二甲基硫	$(CH_3)_2S$	62	830000	0.001	0.001	烂菜味
联苯硫	$(C_6H_5)_2S$	186	100	0.0001	0.0021	不愉快的
乙基胺	$C_2H_5NH_2$	45	气态	0.27	1.7	类氨气味
乙基硫醇	C_2H_5SH	62	710000	0.0003	0.001	烂菜味
硫化氢	H_2S	34	气态	0.0005	0.0047	臭鸡蛋味
吲哚	$C_6H_4(CH)_2NH$	117	360	0.001		排泄物的,令人恶心
甲基胺	CH_3NH_2	31	气态	4.7		腐烂的,鱼腥味
甲基硫醇	CH_3SH	48	气态	0.0005	0.0010	腐烂的菜味
臭氧	O_3	48	气态	0.5		尖锐的刺激性
苯基硫醇	C_6H_5SH	110	2000	0.0003	0.0015	腐烂的蒜味
丙基硫醇	C_3H_7SH	76	220000	0.0005	0.0200	不愉快的
嘧啶	C_5H_5N	79	27000	0.66	0.74	尖锐的刺激性
粪臭素	C_9H_9N	131	200	0.001	0.050	排泄物的,令人恶心
二氧化硫	SO_2	64	气态	2.7	4.4	尖锐的刺激性
硫甲酚	$CH_3C_6H_4SH$	124		0.0001	—	刺激性
三甲胺	$(CH_3)_3N$	59	气态	0.0004		刺激性鱼腥味

问：臭气强度与污染物浓度关系是什么？

答：见表 6.1.13-3。

臭气强度与污染物浓度关系

表 6.1.13-3

臭气强度	臭气污染物						
	1	2	臭气排放标准值的范围（mL/m³）			4	5
			2.5	3	3.5		
硫化氢（H_2S）	0.0005	0.006	0.02	0.06	0.2	0.7	8
氨（NH_3）	0.1	0.6	1	2	5	10	40
甲硫醇（CH_3SH）	0.0001	0.0007	0.002	0.004	0.01	0.03	0.2
三甲胺［$(CH_3)_3N$］	0.0001	0.001	0.005	0.02	0.07	0.2	3
硫化醇［$(CH_3)_2S$］	0.0001	0.002	0.01	0.05	0.2	0.8	2

注：本表摘自《城镇污水厂臭气处理技术规程》CJJ/T 243—2016。

问：城镇污水厂需除臭的构筑物、设施及设备有哪些？

答：1. 构筑物和设施：需除臭构筑物和臭气处理设施应根据污水污泥处理过程中可能产生的臭气情况确定，一般污水厂的进水格栅井、进水泵房、调节池、沉砂池、初沉池、配水井、厌氧或缺氧池、污泥泵房、污泥浓缩池、贮泥池、脱水机房、污泥堆棚、污泥消化池、污泥堆场、污泥处理处置车间及污泥贮仓等构筑物宜考虑除臭。除臭要求较高时，曝气池可考虑除臭，二沉池和二沉池出水后的深度处理可按不产生臭气考虑。

2. 设备：格栅、螺旋输送机、脱水机、皮带输送机等与污水、污泥敞开接触的设备应考虑除臭，水泵等封闭的污水或污泥设备可按不产生臭气考虑。

臭气风量应通过试验确定或参见《城镇污水厂臭气处理技术规程》CJJ/T 243—2016。

问：污水厂除臭常用方法有哪些？

答：目前污水厂常用的除臭方法有：天然植物液喷洒；生物滤池过滤；高能离子处理。

（1）天然植物液喷洒：可与各种气体反应，全天然、无毒、无挥发、无污染，可迅速除臭；使用安全、操作简单；投资少；但运行费用较高；用于敞口构筑物较多。

（2）生物滤池过滤：构造简单，管理简单；运行稳定，效果好；不产生二次污染；但投资较大；不适宜高浓度臭气处理。

（3）高能离子处理：体积小，质量轻；形式安装灵活；操作管理简单，维护方便；能耗小，投资适中。

三种除臭方法比较见表 6.1.13-4。

三种除臭方法比较 表 6.1.13-4

比较项目	天然植物液喷洒	生物滤池过滤	高能离子处理
投资	小	大	较小
运行费用	高	较高	低
系统噪声		高	低
处理臭气浓度	低	低-中	低-高
二次污染	无	少	少
占地面积	小	大	小
检修率	高	较高	低
安装调试		复杂	简单
操作	简单	较简单	简单

6.1.14 自然通风条件差的地下式水泵间应设置机械送排风系统。

→本条了解以下内容：

1. 水泵间有顶板结构的地下式泵房：其自然通风条件差，应设置机械送排风系统排除可能产生的有害气体以及泵房内的余热、余湿，以保障操作人员的生命安全和健康。通风换气次数一般为 5 次/h～10 次/h，通风换气体积以地面为界。当地下式泵房的水泵间为无顶板结构，或为地面层泵房时，则可视通风条件和要求，确定通风方式。送排风口应合理布置，防止气流短路。

2. 自然通风条件较好的地下式水泵间或地面层泵房，宜采用自然通风。当自然通风不能满足要求时，可采用自然进风、机械排风方式进行通风。

3. 自然通风条件一般的地下式泵房或潜水泵房的集水池，可不设通风装置。但在检修时，应设临时送排风设施。通风换气次数不小于 5 次/h。换气量按泵站容积计算，即：

换气量（m³/h）＝泵站容积（m³）×通风换气次数（次/h）。

问：泵房自然通风的使用条件是什么？

答：一般窗户总面积与泵房内地面面积之比控制在 1/7～1/5 即可满足自然通风的要求。在南方湿热地区，夏天气温较高，且多阴雨天气，还需采取机械通风措施。如泵房窗户开得过大，在夏季，由于太阳辐射热影响，会使泵房内温度升高，不利于机组的正常运行和运行值班人员的身体健康；在冬季，对泵房内供暖保温也不利。因此，泵房设计时要全面考虑。为了冬季保温和夏季防止阳光直射，严寒地区的泵房窗户应采用双层玻璃窗。向阳面窗户宜有遮阳设施。

6.1.15 有人值守的泵站内，应设隔声值班室并设有通信设施。远离居民点的泵站，应根据需要适当设置工作人员的生活设施。

→隔声值班室是指在泵房内单独隔开一间，供值班人员工作、休息等使用，备有通信设施，便于与外界的联络。对远离居民点的泵站，应适当设置管理人员的生活设施，一般可在泵站内设置供居住用的建筑。

问：泵站噪声控制限值是多少？

答：1.《泵站设计规范》GB 50265—2010。

6.1.23　主泵房电动机层值班地点允许噪声标准不得大于 85dB（A），中控室和通信室在机组段内的允许噪声标准不得大于 70dB（A），中控室和通信室在机组段外的允许噪声标准不得大于 60dB（A）。若超过上述允许噪声标准时，应采取必要的降声、消声或隔声措施。

2.《污水处理设备安全技术规范》GB/T 28742—2012。

4.26　设备运行时产生的噪声应不大于 85dB（A）。

6.1.16 排水泵站内部和四围道路应满足设备装卸、垃圾清运、操作人员进出方便和消防通道的要求。

6.1.17 规模较小、用地紧张、不允许存在地面建筑的情况下，可采用一体化预制泵站。

→一体化预制泵站可参见《一体化预制泵站工程技术标准》CJJ/T 285—2018、《一体化预制泵站选用与安装（一）》20CS03-1、《一体化预制泵站选用与安装（二）》19CS03-2、《一体化预制泵站选用与安装（三）》21CS03-3。

6.2　设计流量和设计扬程

6.2.1 污水泵站的设计流量应按泵站进水总管的旱季设计流量确定；污水泵站的总装机流量应按泵站进水总管的雨季设计流量确定。

问：污水泵站的设计流量为什么按进水总管的旱季设计流量确定？

答：1.《城市排水工程规划规范》GB 50318—2017。

4.3.1　污水泵站规模应根据服务范围内远期最高日最高时污水量确定。

4.3.1 条文说明：未处理的污水溢流会对环境造成极大污染，因此污水提升泵站的规模，应按最不利水量计算，即采用最高日最高时流量作为污水泵站的设计流量。

2. 根据本标准第 4.1.12 条：污水系统设计中应确定旱季设计流量和雨季设计流量。所以污水泵站总装机流量应按泵站进水总管的雨季设计流量确定，以保证能在雨季及时排走进入泵站的全部雨污水量。

3. 污水泵站的设计应考虑雨季设计流量下污水和截流雨水的提升，故总装机流量指工作和备用泵合在一起的总流量。

6.2.2　雨水泵站的设计流量应按泵站进水总管的设计流量确定。雨污分流不彻底、短时间难以改建或考虑径流污染控制的地区，雨水泵站中宜设置污水截流设施，输送至污水系统进行处理达标后排放。当立交道路设有盲沟时，其渗流水量应单独计算。

→本条了解以下内容：

1. 雨水泵站设计流量：雨水管渠系统流量设计是按极限强度理论推导出来的推理公式 $Q = \varphi Fq$ 来设计计算。由于 q 与重现期 P 和积水时间相关，雨水管渠设计在选定的设计重现期 P 下计算雨水量，所以雨水的设计流量没有最高日最高时的说法，只有在设计重现期下的雨水设计流量。

2. 雨水泵站按进水总管的设计流量确定的理由：在一个地区，雨水管渠有多条，雨水管渠的布置原则之一就是尽量利用自然地形坡度以最短距离靠重力流排入附近的池塘、河流、湖泊等水体中。所以雨水的排放原则就是：能重力自排的尽量重力自排，当无法重力自排时，才设雨水泵站提升来排放水体。因此雨水泵站需要排放的雨水并不是本地区所有的雨水，而是进入雨水泵站部分需要提升排放的雨水，所以雨水泵站的设计流量应按进水总管的设计流量确定。

3. 立交道路设有盲沟时，其渗流水量应单独计算的理由：

(1) 当地下水位高于设计路基时，为保证路基经常处于干燥状态，使其具有足够的稳定性，避免地下水造成路基翻浆和冻胀，需要同时考虑地下水的排除。

(2) 地下水的排除方法：设置盲沟收集地下水。由于公路立交和铁路立交，特别是下穿式立交的修建，立交范围内的雨水汇流到立交桥下的最低点，在无自流排水的情况下，需设置排水泵站来解决排水问题，以免造成积水。当地下水位高于立交地面时，地下水位的降低应一并考虑，需要布置盲沟系统收集地下水，通过立交泵站降水。立交泵站中雨水和地下水的集水池和所选用水泵可分开设置也可以合用一套，具体是分用还是合用，依据地下水和雨水量的多少确定。

4. 对雨污混接的理解：目前我国一些地区雨污分流不彻底，短期内又难以完成改建。市政排水管网雨污水管道混接，一方面降低了现有污水系统设施的收集处理率，另一方面又造成了对周围水体环境的污染。雨污混接方式主要有建筑物内部洗涤水接入雨水管、建筑物内污水出户管接入雨水管、化粪池出水管接入雨水管、市政污水管接入雨水管等。雨污混接的多个分流制排水系统中，旱流污水往往通过分流制排水系统的雨水泵站排入河道。为减少雨污混接对河道的污染，可在分流制排水系统的雨水泵站内增设截流设施，旱季将混接的旱流污水全部截流，纳入污水系统处理后排放，远期这些设施可用于分流制排水系统截流雨水。在雨水泵站中设置的截流设施，包括截流泵房和管道，主要是为了对雨水管道中污染较为严重的水（包括通过路面无组织排放进入的道路冲洗水、管道混接水、受污染雨水等）进行截流，接入污水系统进行处理达标排放，从而减少对水体的污染。截流量可根据排水系统实际情况确定，上海市规定，一般不低于系统服务范围内旱流污水量的20%。

6.2.3 合流污水泵站的设计流量，应按下列公式计算：

1 泵站后设污水截流装置时应按本标准公式（4.1.22）计算。

2 泵站前设污水截流装置时，雨水部分和污水部分应分别按下列公式计算。

1）雨水部分：

$$Q_p = Q_s - n_0(Q_d + Q_m) \tag{6.2.3-1}$$

2）污水部分：

$$Q_p = (n_0 + 1)(Q_d + Q_m) \tag{6.2.3-2}$$

式中：Q_p —— 泵站设计流量（m^3/s）；

Q_s —— 雨水设计流量（m^3/s）；

n_0 —— 截流倍数；

Q_d —— 设计综合生活污水量（m^3/s）；

Q_m —— 设计工业废水量（m^3/s）。

→本条了解以下内容：

合流泵站分为提升合流泵站和终点合流泵站，如图 6.2.3-1 和图 6.2.3-2 所示。

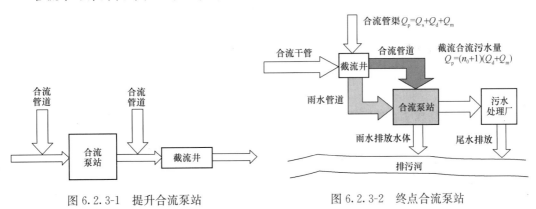

图 6.2.3-1　提升合流泵站　　　　　图 6.2.3-2　终点合流泵站

注意：此条的意思是雨水和污水都不能自流排出要靠水泵提升排出，雨水直接排放水体，雨污混合污水要用泵提升排到污水厂处理后，尾水排放水体。此处的泵站相当于终点合流泵站。

6.2.4 污水泵和合流污水泵的设计扬程应根据设计流量时的集水池水位与出水管渠水位差、水泵管路系统的水头损失及安全水头确定。

→本条了解以下内容：

1. 污水泵和合流污水泵的设计扬程、最低扬程和最高扬程

根据出水管渠水位以及集水池水位的不同组合，可组成不同的扬程（见图 6.2.4-1）：

设计扬程：设计平均流量（平均日流量）时，出水管渠水位与集水池常水位之差＋管路损失＋安全水头。

《给水排水设计手册 5》指出，集水池经常水位也就是常水位，是集水池运行中经常保持的水位，在最高水位与最低水位之间，由泵站管理单位根据具体情况决定，一般可采用平均水位。

最低扬程：设计最小流量（一般为平均日流量的 1/4～1/2）时，出水管渠水位与集水池最高水位之差＋管路损失＋安全水头。

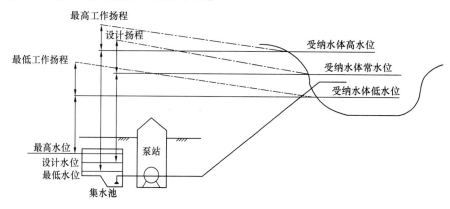

图 6.2.4-1　扬程示意图

最高扬程：设计最大流量（高日高时）时，出水管渠水位与集水池最低水位之差＋管路损失＋安全水头。安全水头：一般取 0.3m～0.5m。

2. 加安全水头的理由

污水泵在使用过程中因效率下降和管道中阻力增加而增加的能量损失，在确定扬程时，可增加一个安全扬程。估算扬程时可按 0.5m～1.0m 计；详细计算时应慎用，以免工况点偏移。

注：水泵的扬程宜在满足设计扬程时在高效区运行，在最高扬程和最低扬程的整个工作范围内应能安全平稳运行。

水泵全扬程 H 计算公式：

$$H \geqslant H_1 + H_2 + h_1 + h_2 + h_3 \qquad (6.2.4-1)$$

式中　H_1——吸水地形高度（m），为集水池经常水位与水泵轴线标高之差；其中经常水位是集水池运行中经常保持的水位，在最高水位与最低水位之间，由泵站管理单位根据具体情况决定，一般可采用平均水位；

　　　　H_2——压水地形高度（m），为水泵轴线标高与经常提升水位之差；其中经常提升水位一般采用出水正常高水位；

　　　　h_1——吸水管水头损失（m），一般包括吸水喇叭口、90°弯头、直线段、闸门、渐缩管等；

　　　　h_3——安全水头（m），估算扬程时可按 0.5m～1.0m 计，详细计算时应慎用，以免工况点偏移，见图 6.2.4-2。

$$h_1 = \xi_1 \frac{v_1^2}{2g} \tag{6.2.4-2}$$

式中：h_2——出水管水头损失（m），一般包括渐扩管、止回阀、短管、90°弯头（或三通）、直线段等；

$$h_2 = \xi_2 \frac{v_2^2}{2g} \tag{6.2.4-3}$$

式中：ξ_1、ξ_2——局部阻力系数（见《给水排水设计手册（第二版）第 1 册：常用资料》）；

$\qquad v_1$——吸水管流速（m/s）；

$\qquad v_2$——出水管流速（m/s）；

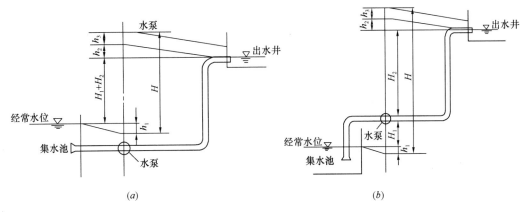

图 6.2.4-2　水泵扬程示意图

（a）自灌式；（b）非自灌式

3. 污水泵的设计扬程要用集水池常水位，而雨水泵的设计扬程要用集水池设计水位的理由：首先明确，无论是污水泵还是雨水泵都是按设计流量下集水池水位选择设计扬程。污水泵站因最高水位出现的机率小，所以多按常水位选泵。雨水泵提升雨水是按设计重现期下设计流量选泵的，必须要保证达到设计重现期时的雨水量能及时排出，所以要按设计流量下集水池水位，也就是最高水位选泵。

问：交流电动机不同工作电压对应的功率是多少？

答：《城镇排水系统电气与自动化工程技术标准》CJJ/T 120—2018。

4.8.4　交流电动机的工作电压应根据其额定功率和所在系统的配电电压经技术经济比较后确定，宜符合表 4.8.4（见表 6.2.4）的规定。

交流电动机的工作电压　　　　　　　　　　　　　表 6.2.4

工作电压（V）	功率范围（kW）	
	最小	最大
380	—	355
660	220	1500
6000	315	2500
10000	315	2500

注：1. 电动机额定电压和容量范围可随工程需要变化。
　　2. 当供电电压为 6kV 时，中等容量的电动机宜采用 6kV 电动机。
　　3. 对于 220kW～355kW 额定容量的电动机，其额定电压应经技术经济比较后确定采用低压或高压。
　　4. 超过 315kW 的低压大功率潜水泵电动机其额定电压宜采用 660V。

问：水泵配套电动机功率备用系数如何取值？

答：《泵站更新改造技术规范》GB/T 50510—2009。

5.2.8 水泵配套电动机功率，应按主水泵在运行期间出现的最大轴功率核配。当泵站为抽清水时，对其功率备用系数 k 宜采用 1.05～1.10；当泵站为抽含沙水或污水时，对其功率备用系数 k 宜采用 1.2～1.4。主电动机额定功率大的，k 取小值；反之，k 取大值。

6.2.5 雨水泵的设计扬程应根据设计流量时的集水池水位与受纳水体平均水位差和水泵管路系统的水头损失确定。

→雨水泵的三个扬程：根据受纳水体水位与集水池水位的高差再加上管路的水头损失组合来确定雨水泵的三个扬程。

1. 设计扬程：受纳水体常水位或平均潮位与设计流量下集水池设计水位之差＋管路损失。

2. 最低扬程：受纳水体低水位或平均低潮位与集水池设计最高水位之差＋管路损失。

3. 最高扬程：受纳水体高水位或防汛潮位与集水池设计最低水位之差＋管路损失。

6.3 集 水 池

6.3.1 集水池的容积应根据设计流量、水泵能力和水泵工作情况等因素确定，并应符合下列规定：

1 污水泵站集水池的容积不应小于最大一台水泵 5min 的出水量，水泵机组为自动控制时，每小时开动水泵不宜超过 6 次。

2 雨水泵站集水池的容积不应小于最大一台水泵 30s 的出水量，地道雨水泵站集水池的容积不应小于最大一台水泵 60s 的出水量。

3 合流污水泵站集水池的容积不应小于最大一台水泵 30s 的出水量。

4 污泥泵房集水池的容积应按一次排入的污泥量和污泥泵抽送能力计算确定。活性污泥泵房集水池的容积，应按排入的回流污泥量、剩余污泥量和污泥泵抽送能力计算确定。

5 一体化预制泵站的集水池容积应按最大一台水泵的设计流量和每小时最大启停次数确定。

→本条了解以下内容：

1. 集水池容积：一般指有效容积和死水容积两部分；有效容积是指集水池设计最高水位与设计最低水位之间的容积；死水容积是最低水位以下的容积，主要由水泵吸水管的安装条件决定，死水容积不能作为集水的有效容积。

2. 如何校核污水泵站集水池容积？

污水泵站集水池容积要同时满足如下两点：不小于最大一台水泵 5min 的出水量，同时自动控制时，每小时启泵次数不超过 6 次。取两者所求容积较大的一个作为集水池容积。

$$V = T \cdot Q$$

式中：V——集水池最小有效容积（m³）；

T——最大一台水泵抽水时间（300s）；

Q——最大一台水泵的抽水量（m^3/s）。

自动控制污水泵站，集水池容积按下式计算（按控制出水量分一、二级）：

泵站一级工作时：$V = \dfrac{Q_0}{4n}$

泵站分二级工作时：$V = \dfrac{Q_2 - Q_1}{4n}$

式中：V——集水池容积（m^3）；

Q_0——泵站一级工作时泵的出水量（m^3/s）；

Q_1、Q_2——泵站分级工作时，一级与二级工作泵的出水量（m^3/s）；

n——泵每小时的启动次数，$n=6$。

此处分级指泵站所配水泵型号不一样，两级指有两种不同型号的水泵。

Q_1：一台水泵在集水池最高水位与最低水位之间工作的平均抽水量（m^3/s）；

Q_2：两台水泵在集水池最高水位与最低水位之间并联工作的平均抽水量（m^3/s）。

问：集水池容积公式的推导过程如何？

答：集水池容积公式的推导过程如下：

1. 设集水池容积为 V，进水流量为 Q_1，水泵出水流量为 Q_2，$Q_1 > Q_2$ 不在讨论的范围内，讨论 $Q_1 \leq Q_2$ 的情况。

2. 假设初始状态下集水池内的水处于满水状态，即水泵开始工作。水泵工作时间为 T_1（直到水池内水被抽干），则有如下关系式：

$$T_1 \times Q_1 + V = T_1 \times Q_2$$
$$T_1 = \frac{V}{Q_2 - Q_1}$$

3. 集水池进水时间为 T_2，从开始进水至充满，$T_2 = \dfrac{V}{Q_1}$，集水池充满水后水泵启动开始工作，进入下一个工作周期。

4. 水泵两次启动时间间隔为：$T = T_1 + T_2 = \dfrac{V}{Q_2 - Q_1} + \dfrac{V}{Q_1} = \dfrac{V \times Q_2}{(Q_2 - Q_1) Q_1}$。

如果想要集水池容积最小，则需每小时水泵启动次数最多，也就是频繁启泵（但是为了保护水泵和电机，不能频繁启泵，自动启动时要不超过6次），则 T 要尽可能小。Q_2 为已知量，Q_1 为变量（$0 < Q_1 < Q_2$），很显然当 $Q_1 = \dfrac{Q_2}{2}$（即 $Q_2 = 2Q_1$）时 T 最小，则：

$$T = T_1 + T_2 = \frac{V}{Q_2 - Q_1} + \frac{V}{Q_1} = \frac{V \times Q_2}{(Q_2 - Q_1) Q_1} = \frac{2V}{Q_1} = \frac{4V}{2Q_1} = \frac{4V}{Q_2}$$

故集水池最小容积 $V_{min} = \dfrac{TQ_2}{4}$（$T$ 为水泵两次启动时间间隔，即 $1h/n$）。

6.3.2 大型合流污水输送泵站集水池的面积应按管网系统中调压塔原理复核。

6.3.3 流入集水池的污水和雨水均应通过格栅。

6.3.4 雨水泵站和合流污水泵站集水池的设计最高水位宜与进水管管顶相平。当设计进水管道为压力管时，集水池的设计最高水位可高于进水管管顶，但不得使管道上游地面冒水。

→我国的雨水泵站运行时，部分受压情况较多，其进水水位高于管顶。考虑此因素，设计时最高水位可高于进水管管顶，但应复核控制最高水位不得使管道上游的地面冒水。<u>地道泵站集水池最高水位应低于地道最低点路面高程以下 1m，同时低于所设盲沟管最低点的管内底高程。</u>

雨水（合流）泵站集水池有效容积示意图见图 6.3.4。

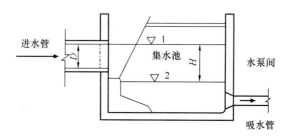

图 6.3.4　雨水（合流）泵站集水池有效容积示意图
1—最高水位（开动水泵时出现的最高水位）；2—最低水位（停泵时之最低水位）；
H—有效水深

6.3.5 污水泵站集水池的设计最高水位应按进水管充满度计算。

→污水泵站集水池有效容积示意图见图 6.3.5。

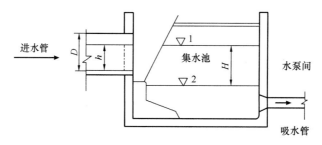

图 6.3.5　污水泵站集水池有效容积示意图
1—最高水位（开动水泵时出现的最高水位）；2—最低水位（停泵时之最低水位）；
H—有效水深

6.3.6 集水池的设计最低水位应满足所选水泵吸水水头的要求。自灌式泵房尚应满足水泵叶轮浸没深度的要求。

→本条了解以下内容：

1. 集水池最低水位取决于不同类型水泵的吸水喇叭口的安装条件及叶轮的淹没深度。

确定最低水位时，应同时满足不高于按照集水池最高水位和集水池有效容积推算的最低水位，以及根据管道、泵站养护管理需要的最低水位。一般雨水按相当于最小一台水泵流量进水干管充满度的水位，污水按管底或低于管底确定最低水位。

2. 卧式离心泵和立式轴流泵的集水池最低水位见图 6.3.6。

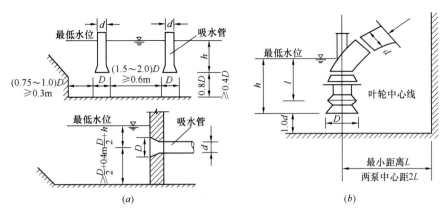

图 6.3.6 集水池最低水位示意图

(a) 卧式离心泵；(b) 立式轴流泵

问：集水池容积计算方法是什么？

答：见表 6.3.6。

集水池容积计算方法
表 6.3.6

集水池容积计算方法	《室外排水设计标准》GB 50014—2021 相应条款
集水时间法	6.3.1 集水池的容积应根据设计流量、水泵能力和水泵工作情况等因素确定，并应符合下列规定： 1 污水泵站集水池的容积不应小于最大一台水泵 5min 的出水量，水泵机组为自动控制时，每小时开动水泵不宜超过 6 次。 2 雨水泵站集水池的容积不应小于最大一台水泵 30s 的出水量，地道雨水泵站集水池的容积不应小于最大一台水泵 60s 的出水量。 3 合流污水泵站集水池的容积不应小于最大一台水泵 30s 的出水量。 4 污泥泵房集水池的容积应按一次排入的污泥量和污泥泵抽送能力计算确定。活性污泥泵房集水池的容积，应按排入的回流污泥量、剩余污泥量和污泥泵抽送能力计算。 5 一体化预制泵站的集水池容积应按最大一台水泵的设计流量和每小时最大启停次数确定
设计水位法	6.3.4 雨水泵站和合流污水泵站集水池的设计最高水位宜与进水管管顶相平。当设计进水管道为压力管时，集水池的设计最高水位可高于进水管管顶，但不得使管道上游地面冒水。 6.3.5 污水泵站集水池的设计最高水位应按进水管充满度计算。 6.3.6 集水池的设计最低水位应满足所选水泵吸水水头的要求。自灌式泵房尚应满足水泵叶轮浸没深度的要求

6.3.7 泵房宜采用正向进水，应考虑改善水泵吸水管的水力条件，减少滞流或涡流，规模较大的泵房宜通过数学模型或水力模型试验确定进水布置方式。

→本条了解以下内容：

1. 泵房正向进水的理由

泵房正向进水是使水流顺畅、流速均匀的主要条件。侧向进水易形成集水池下游端的水泵吸水管处水流不稳、流量不均，对水泵运行不利，故应避免。由于进水条件对泵房运行极为重要，必要时 15m³/s 以上泵站宜通过水力模型试验确定进水布置方式；5m³/s～15m³/s 的泵站宜通过数学模型计算确定进水布置方式。

2. 集水池水泵吸水管的布置和进水条件的重要作用

集水池的布置会直接影响水泵吸水的水流条件。水流条件差，会出现滞流或涡流，不利于水泵运行；会引起汽蚀作用，导致水泵特性改变，效率下降，出水量减少，电动机超载运行；会造成运行不稳定，产生噪声和振动，增加能耗。

3. 集水池设计的注意点

（1）水泵吸水管或叶轮应有足够的淹没深度，防止吸入空气，或形成涡流时吸入空气。

（2）水泵的吸入喇叭口与池底保持所要求的距离。参见图 6.3.6。

（3）水流应均匀顺畅无旋涡地流进水泵吸水管，每台水泵的进水水流条件基本相同，水流不要突然扩大或改变方向。

（4）集水池进水口流速和水泵吸入口处的流速尽可能缓慢。

6.3.8 泵站集水池前，应设置闸门或闸槽；泵站宜设置事故排出口，污水泵站和合流污水泵站设置事故排出口应报有关部门批准。

问：什么情况下泵站宜设置事故排出口？

答：当污水泵站不可能具有两个独立电源，也没有备用内燃机时，应设置事故排出口。在泵站前第一个检查井处设置自流溢出口即事故排出口，在排水干管和事故排出管上分别设置闸阀。但事故排出口的设置，应取得当地环境保护和卫生部门的同意。有条件时应尽量设置事故排出的管道及闸门，平时闸门关闭，排放要取得当地卫生监督部门同意。

《给水排水设计手册 5》。有溢流条件时，合建泵站前应设置事故排出口，在事故、停电时经相关部门许可后由事故排出口排出；雨水泵站也可考虑设置溢流管，在河湖水位低时，由溢流管直接排入附近河渠（溢流管应设闸门）。

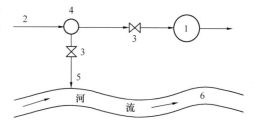

图 6.3.8 事故排出口的设置
1—泵站；2—排水干管；3—闸阀；
4—事故检查井；5—事故排出口；
6—河流

事故排出口的设置见图 6.3.8。

问：事故溢流井设置要求是什么？

答：设置溢流井是为了当停电或抽升水泵（压力管）发生故障时，要求关闭进水闸门，或出现雨水、合流泵站超频率、污水超设计流量等情况时，来水管的流量不能及时抽升，就要通过溢流井中的溢流管道临时流入天然水体（或污水排入雨水沟渠），以免淹没集水池和影响排水。

1. 溢流井位置：应设置在来水干管进水闸阀之前，在较长的来水管上，可在上游一定距离加设溢流井。

2. 溢流口高度：应根据排入水体的洪水位确定，必须高于洪水位，不允许河水倒灌。

3. 溢流口断面尺寸：溢流口过水能力可按来水设计流量计算，但在与有关方面（规划、环保、市政管理）协商后，也可适当减小。溢流口的形式，可采用溢流堰的做法。

4. 无溢流条件的重要地区的泵站要设双电源，或设备用泵抽升。

6.3.9 雨水进水管沉砂量较多地区宜在雨水泵站集水池前设置沉砂设施和清砂设备。

→有些地区雨水管道内常有大量砂粒流入，为保护水泵，减少对水泵叶轮的磨损，在雨水进水管砂粒量较多的地区宜在集水池前设置沉砂设施和清砂设备。

6.3.10 集水池池底应设置集水坑，坑深宜为 500mm～700mm。

6.3.11 集水池应设置冲洗装置，宜设置清泥设施。

→污水中所含的杂质，往往部分沉积在集水坑内，时间长了会腐化发臭，甚至堵塞集水坑，影响水泵正常吸水。为了松动集水坑内的沉渣，应在集水坑内设置压力冲洗管。一般从水泵压水管上接出一根直径 50mm～100mm 的支管伸入集水坑中，定期将沉渣冲起，由水泵抽走。也可以在集水间设一自来水龙头，作为冲洗水源。

　　问：污水处理各构筑物清洗周期多长？

　　答：集水池、水池（箱）的冲洗周期见表 6.3.11。

集水池、水池（箱）的冲洗周期

表 6.3.11

清洗部位	《城镇污水厂运行、维护及安全技术规程》CJJ 60—2011
泵房	3.2.8　对泵房的集水池应每年至少清洗一次，应检修集水池液位计及其转换装置。并按检测周期校验泵房内的硫化氢监测仪表及报警装置
沉砂池	3.3.7　对沉砂池应定期进行清池处理，并检修除砂设备
初沉池	3.4.9　初沉池宜每年排空 1 次，清理配水渠、管道和池体底部积泥并检修刮泥机及水下部件等
二沉池	3.7.6　池内污水宜每年排空 1 次，并进行池底清理以及刮吸泥机水下部件的检查、维护
清水池	4.1.3-3　应至少每 2 年排空清刷 1 次池体
换热器	5.3.1-17　螺旋板式热交换器宜每 6 个月清洗 1 次，套管式热交换器宜每年清洗 1 次
消化池	5.3.1-18　连续运行的消化池，宜 3～5 年彻底清池、检修 1 次

6.4　泵　房　设　计

Ⅰ　水　泵　配　置

6.4.1 水泵的选择应根据设计流量和所需扬程等因素确定，并应符合下列规定：

　　1 水泵台数不应少于 2 台，且不宜大于 8 台。当水量变化很大时，可配置不同规格的水泵，但不宜超过两种，也可采用变频调速装置或采用叶片可调式水泵。

　　2 污水泵房和合流污水泵房应设备用泵，当工作泵台数小于或等于 4 台时，应设 1 台备用泵。工作泵台数大于或等于 5 台时，应设 2 台备用泵；潜水泵房备用泵为 2 台时，可现场备用 1 台，库存备用 1 台。雨水泵房可不设备用泵。下穿立交道路的雨水泵房可视泵房重要性设置备用泵。

→本条了解以下内容：

　　1. 一座泵房内的水泵，如型号规格相同，则运行管理、维修养护均较方便。其水泵的配置宜为 2 台~8 台。台数少于 2 台,如遇故障,影响太大;台数大于 8 台,则进、出水条件可能不良,影响运行管理。当流量变化大时,可配置不同规格的水泵,大小搭配,但不宜超过两种;也可采用变频调速装置或叶片可调式水泵。

提示:第 6.4.1 条第 1 款中"水泵台数不应少于 2 台"包括 1 备 1 用。

2. 选用工作泵的原则:工作泵要满足最大排水量的条件下,投资低、电耗省、运行安全可靠、维护管理方便。在可能的条件下,每台泵的流量最好相当于 1/2~1/3 的设计流量,并且以采用相同型号的泵为好。这样对设备的购置、设备与配件的备用、安装施工、维护检修都有利。但从适应流量的变化和节约电耗考虑,采用大小搭配较为合适。如果选用不同型号的两台泵时,则小泵的出水量应不小于大泵出水量的 1/2;如设一大两小三台泵时,则小泵的出水量不小于大泵出水量的 1/3。

3. 污水泵房和合流污水泵房备用泵台数应考虑的因素

(1) 地区的重要性:不允许间断排水的重要政治、经济、文化和重要的工业企业等地区的泵房,应有较高的水泵备用率。

(2) 泵房的特殊性:是指泵房在排水系统中的特殊地位。如多级串联排水的泵房,其中一座泵房因故不能工作时,会影响整个排水区域的排水,故应适当提高备用率。

(3) 工作泵的型号:当采用橡胶轴承的轴流泵抽送污水时,因橡胶轴承等容易磨损,造成检修工作繁重,也需要适当提高水泵备用率。

(4) 工作泵台数:台数较多的泵房,相应的损坏次数也较多,故备用台数应有所增加。

(5) 水泵制造质量:水泵制造质量提高,检修率下降,可减少备用率。

4. 污水泵备用的理由及备用台数

(1) 备用的理由:污水泵一般连续不间断运行,运行时间长,所以应备用。

(2) 备用台数:当工作泵台数≤4 台时,应备用 1 台。当工作泵台数≥5 台时,应备用 2 台。由于潜水泵调换方便,当备用泵为 2 台时,可现场备用 1 台,库存备用 1 台,以减小土建规模。

(3) 备用泵增多,会增加投资和维护工作,综合考虑后作此规定。

5. 雨水泵房可不设备用泵的理由

雨水泵房和污水泵房相比,雨水泵房都是大型泵房。在暴雨时,泵在短时间内要排出大量雨水,如果完全用集水池来调节,往往需要很大的容积。由于雨水管道的断面一般都很大,其敷设的坡度较小,故可以将管道本身作为备用调节池来利用。雨水泵的年利用小时数很低,只有雨季才使用,可以在旱季进行检修,故雨水泵一般可不设备用泵,但应在非雨季做好维护保养工作。雨水泵房在排水要求高的地方应设备用泵。

6. 下穿立交道路的雨水泵房可视泵房重要性设备用泵,但必须保证道路不积水,以免影响交通。

《城镇给水排水技术规范》GB 50788—2012。

4.4.6 污水泵站和合流污水泵站应设置备用泵。道路立体交叉地道雨水泵站和为大型公共地下设施设置的雨水泵站应设置备用泵。(强制性条文)

4.4.6 条文说明:在部分水泵损坏或检修时,为使污水泵站和合流污水泵站还能正常运行,规定此类泵站应设置备用泵。由于道路立体交叉地道在交通运输中的重要性,一旦立体交叉地道被淹，会造成整条交通线路瘫痪的严重后果；为大型公共地下设施设置的雨水泵站，如果水泵发生故障，会造成地下设施被淹，进而影响使用功能，所以，作出道路立体交叉地道和大型公共地下设施雨水泵站应设备用泵的规定。

7. 泵房工作泵及备用泵要求见表6.4.1。

泵房工作泵及备用泵要求   表 6.4.1

泵房类型	水泵台数		备注
	工作泵台数	备用泵台数	水泵台数（包括工作泵和备用泵）不应少于2台，且不宜大于8台
污水泵房、合流污水泵房	≤4	1	潜水泵备用泵为2台时，可现场备用1台，库存备用1台
	≥5	2	
雨水泵房		可不设备用	下穿立交道路的雨水泵房可视泵房重要性设置备用泵

6.4.2 选用的水泵在设计扬程时宜在高效区运行。在最高工作扬程和最低工作扬程的整个工作范围内应能安全稳定运行。2台以上水泵并联运行合用一根出水管时，应根据水泵特性曲线和管路工作特性曲线验算单台水泵工况。

→本条了解以下内容：

1. 水泵并联运行的降效：排水泵站中的排水泵多为并联运行。并联运行的水泵扬程相同，流量增加，但流量并不是按水泵台数成倍的增长，而是有所降低。2台水泵并联运行运行合用一根出水管不必考虑并联降效；但3台及以上水泵并联运行合用一根出水管要考虑并联降效。

2. 两台相同的水泵并联运行特性曲线见图6.4.2-1。

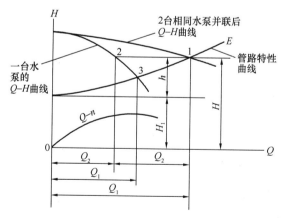

图 6.4.2-1　两台相同的水泵并联运行特性曲线
H—水泵总扬程（m）；H_1—总几何高差（m）；
h—总水头损失（m）；点 1—两台水泵并联时的工作点；
点 2—并联时每台水泵的工作点；点 3—单台水泵工作时的工作点

2 台相同的水泵并联运行时流量为 Q_1，而 $Q_1 = 2Q_2 < 2Q_3$（约小于15%～20%）。说明因管道阻力的存在，即使两台相同的水泵并联运行，流量也不满足两倍的关系。并联运行时流量增加的比例，随着水泵管路阻力曲线的变陡而减小。

3. 两台不同的水泵并联运行特性曲线见图 6.4.2-2。

2 台不同的水泵并联工作时，只有在第 1 台水泵产生的水头由于输水量增加而减小到相当于 A 点的数量之后，第 2 台水泵才会启动协同第 1 台水泵并联工作。合成的特性曲线应从点 A 开始，再按通常的方法绘制，把两条特性曲线上相当于同一水头点的横坐标加起来连成曲线。

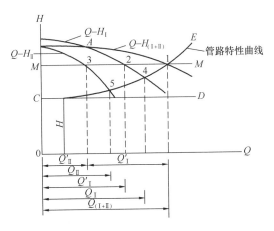

图 6.4.2-2　两台不同的水泵并联运行特性曲线

点 1—两台并联水泵的极限工作点，给出水泵的合成输水量；

点 2 与点 3—并联时每台水泵的工作点；

点 4—第 Ⅰ 台水泵单独工作时的工作点；

点 5—第 Ⅱ 台水泵单独工作时的工作点

问：如何绘制多台同型号水泵并联工作流量增加图？

答： 1. 多台同型号水泵并联工作的特性曲线可以用横加法求得。水泵并联工作时，每增加一台水泵所增加的水量 ΔQ 就越少。当两台水泵并联时，流量比单台水泵工作流量增加 90%，三台水泵并联工作比两台水泵并联工作流量增加 61%，四台水泵并联工作比三台水泵并联工作流量增加 33%，五台水泵并联工作比四台水泵并联工作流量仅增加 16%，如图 6.4.2-3 所示。所以，是否通过增加并联工作的水泵台数来增加水量，要通过工况分析和计算决定，不能简单地理解成水泵台数增加，水量就成倍增加。

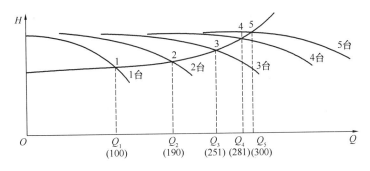

图 6.4.2-3　五台同型号水泵并联工作流量增加图示法

2. 《泵站设计规范》GB 50265—2010。

9.1.8　并联运行的水泵，其设计扬程应接近，并联运行台数不宜超过 4 台。当流量或扬程变幅较大时，可采用大、小泵搭配或变速调节等方式满足要求。抽送多泥沙水源时，宜适当减少并联台数。串联运行的水泵，其设计流量应接近，串联运行台数不宜超过2台，并应对第二级泵的泵壳进行强度校核。

问：解决并联水泵输水量减小的方法是什么？

答： 解决并联水泵输水量小于并联之前水泵各自流量之和的方法是：加大输水管管径，减小摩擦阻力。排水泵站中可采用每台水泵单独设出水管，以免增加阻力损失减小流量。所以2台以上水泵并联运行合用一根出水管时，应根据水泵特性曲线和管路工作特性曲线验算单台水泵工况，使之符合设计要求。

6.4.3　多级串联的污水泵站和合流污水泵站，应考虑级间调整的影响。

6.4.4　水泵吸水管设计流速宜为0.7m/s～1.5m/s，出水管流速宜为0.8m/s～2.5m/s。

→水泵吸水管和出水管流速不宜过大，以减小水头损失和保证水泵正常运行。如水泵的进出口管管径较小，则应配置渐扩管进行过渡，使流速在规定的范围内。

注：水泵吸水管和出水管区别于水泵的吸水口和出水口。

6.4.5　非自灌式水泵应设置引水设备，并均宜设置备用。小型水泵可设置底阀或真空引水设备。

问：水泵设置底阀的条件是什么？

答： 底阀是安装在水泵进口端，保证水泵进口端充满液体的一种止回阀。

对于离心泵，当泵的安装位置高于吸入液面、泵的入口直径小于350mm时，应设置底阀；当泵的入口直径大于或等于350mm时，应设置真空引水装置。

Ⅱ　泵　　房

6.4.6　水泵布置宜采用单行排列。

→水泵采用单行排列对运行、维护有利，且进出水方便。

6.4.7　主要机组的布置和通道宽度，应满足机电设备安装、运行和操作的要求，并应符合下列规定：

1　水泵机组基础间的净距不宜小于1.0m。

2　机组突出部分与墙壁的净距不宜小于1.2m。

3　主要通道宽度不宜小于1.5m。

4　配电箱前面通道宽度，低压配电时不宜小于1.5m，高压配电时不宜小于2.0m。当采用在配电箱后面检修时，后面距墙的净距不宜小于1.0m。

5　有电动起重机的泵房内，应有吊运设备的通道。

问：如何划分泵站主机组分等指标？

答： 泵站主机组规模宜根据水泵口径或进口直径与配套功率分等，其分等指标见表6.4.7。

泵站主机组分等指标 　　　表 6.4.7

主机组规模		大型	中型	小型
轴流泵或导叶式	水泵口径（mm）	≥1600	900～1600	<900
混流泵机组	配套功率（kW）	≥800	300～800	<300
离心泵或蜗壳式	水泵进口直径（mm）	≥800	500～800	<500
混流泵机组	配套功率（kW）	≥1000	380～1000	<380
潜水电泵 潜水轴流泵或潜 水导叶式混流泵	水泵口径（mm）	≥1600	500～1600	<500
	配套功率（kW）	≥800	300～800	<300
潜水离心泵或潜 水蜗壳式混流泵	水泵进口直径（mm）	≥800	500～800	<500
	配套功率（kW）	≥1000	380～1000	<380

注：1. 当主机组按分等指标分属两个不同等别时，应以其中的高等别为准。

　　2. 中型机组数字范围包含左边的数字，小于右边的数字。

　　3. 本表摘自《泵站技术管理规程》GB/T 30948—2021。

6.4.8 泵房各层层高，应根据水泵机组、电气设备、起吊装置尺寸及安装、运行和检修等因素确定。

6.4.9 泵房起重设备应根据需吊运的最重部件确定。起重量不大于 3t 时宜选用手动或电动葫芦；起重量大于 3t 时应选用电动单梁或双梁起重机。

→可参考标准《手拉葫芦》JB/T 7334—2016、《钢丝绳手扳葫芦》JB/T 12983—2016、《环链电动葫芦》JB/T 5317—2016、《环链手扳葫芦》JB/T 7335—2016、《电动葫芦桥式起重机》JB/T 3695—2008、《电动葫芦门式起重机》JB/T 5663—2008、《电动单梁起重机》JB/T 1306—2008、《电动悬挂起重机》JB/T 2603—2008。

6.4.10 水泵机组基座应按水泵要求配置，并应高出地坪 0.1m 以上。

→基座尺寸随水泵形式和规格而不同，应按水泵的要求配置。基座高出地坪 0.1m 以上是为了在机房少量淹水时，不影响机组正常工作。

6.4.11 水泵间和电动机间的层高差超过水泵技术性能中规定的轴长时，应设置中间轴承和轴承支架，水泵油箱和填料函处应设置操作平台等设施。操作平台工作宽度不应小于 0.6m，并应设置栏杆。平台的设置应满足管理人员通行和不妨碍水泵装拆。

→当泵房较深，选用立式泵时，水泵间地坪与电动机间地坪的高差超过水泵允许的最大轴长值时，一种方法是将电动机间建成半地下式；另一种方法是设置中间轴承和轴承支架以及人工操作平台等辅助设施。从电动机及水泵运转稳定性出发，轴长不宜太长（水泵传动轴长度大于 1.8m 时，必须设置中间轴承），采用前一种方法较好，但从电动机散热方面考虑，后一种方法较好。立式长轴泵参见《立式长轴泵》CJ/T 235—2017。

6.4.12 泵房内应有排除积水的设施。

→水泵间地坪应设集水沟排除地面积水，其地坪宜以 1‰坡度坡向集水沟，并在集水沟内设抽吸积水的水泵。

6.4.13 泵房内地面敷设管道时，应根据需要设置跨越设施。若架空敷设时，不得跨越电气设备和阻碍通道，通行处的管底距地面不宜小于 2.0m。

→泵房内管道敷设在地面上时，为方便操作人员巡回工作，可采用活动踏梯或活络平台作为跨越设施。

当泵房内管道为架空敷设时，为不妨碍电气设备的检修和阻碍通道，规定不得跨越电气设备，通行处的管底距地面不宜小于 2.0m。

6.4.14 当泵房为多层时，楼板应设吊物孔，其位置应在起吊设备的工作范围内。吊物孔尺寸应按需起吊最大部件外形尺寸每边放大 0.2m 以上。

→吊装孔做法参见《常用设备用房锅炉房、冷（热）源机房、柴油发电机房、水泵房》12J912-2，P40。

6.4.15 潜水泵上方吊装孔盖板可视环境需要采取密封措施。

6.4.16 水泵因冷却、润滑和密封等需要的冷却用水可接自泵站供水系统，其水量、水压、管路等应按设备要求设置。当冷却水量较大时，应考虑循环利用。

→冷却水是相对洁净的水，水量较大时从节水节能角度应考虑循环利用。

6.5 出 水 设 施

6.5.1 当 2 台或 2 台以上水泵合用一根出水管时，每台水泵的出水管上均应设置闸阀，并在闸阀和水泵之间设置止回阀。当污水泵出水管和压力管或压力井相连时，出水管上必须安装止回阀和闸阀等防倒流装置。雨水泵的出水管末端宜设置防倒流装置，其上方宜考虑设置起吊设施。

→污水泵出水管上应设置止回阀和闸阀。雨水泵出水管末端设置防倒流装置的目的是在水泵突然停运时，防止出水管中的水流倒灌或水泵发生故障时检修方便，我国目前使用的防倒流装置有拍门、堰门、鸭嘴止回阀等。轴流泵的进出水管上一般不设置阀门，仅在出水管上安装拍门。卧式混流泵和离心泵的进水管上应设置阀门，出水管上应安装拍门或止回阀。离心泵出水口宜安装微阻缓闭止回阀。

拍门：装设在水泵出水流（管）道出口处，防止停机时水流倒灌的单向活门（见图 6.5.1-1 和图 6.5.1-2）。参见《泵站拍门技术导则》SL 656—2014。

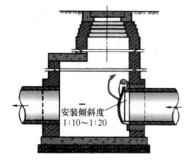

图 6.5.1-1 装有拍门的检查井

图 6.5.1-2 节能侧开式拍门

堰门：设置在堰口用以调节堰的高度的闸门。

鸭嘴式橡胶止回阀：一种橡胶制成的外形像鸭嘴的柔性止回阀，当阀内压力大于阀外压力一定程度时，阀内压力迫使鸭嘴开启，允许水流通过；当阀外压力超过阀内压力一定值时，鸭嘴阀关闭，防止倒灌，如图 6.5.1-3 所示。参见《鸭嘴式橡胶止回阀》CJ/T 396—2012。

(a)　　　　　　　　　　(b)

图 6.5.1-3　鸭嘴阀启闭示意图

(a) 内部压力大于外部压力时，鸭嘴阀自动打开；
(b) 外部压力大于内部压力时，鸭嘴阀自动关闭

6.5.2　出水压力井的盖板必须密封，所受压力由计算确定。水泵出水压力井必须设透气筒，筒高和断面应根据计算确定。

→出水压力井的井压，按水泵的流量和扬程计算确定。出水压力井上设透气筒可释放水锤能量，防止水锤损坏管道和压力井。透气筒高度和断面根据计算确定，且透气筒不宜设在室内。压力井的井座、井盖及螺栓应采用防锈材料，以利装拆。

6.5.3　敞开式出水井的井口高度，应满足水体最高水位时开泵形成的高水位，或水泵骤停时水位上升的高度。敞开部分应有安全防护措施。

→敞开式出水井的井口高度，应根据河道最高水位加上开泵时的水流壅高，或停泵时壅高水位确定。

6.5.4　合流污水泵站和雨水泵站应设置试车水回流管，出水井通向河道一侧应安装出水闸门，防止试车时污水和受污染雨水排入河道。

→合流泵站试车水要回流，主要是因为合流泵站内的污染物浓度高，而合流泵站一般 10d 左右要试车一次。所以，从保护环境的角度，尽量将试车水回流，而不是排放。合流污水泵站试车时，关闭出水井内通向河道一侧的出水闸门或临时封堵出水井，可把泵出的水通过管道回流至集水池。回流管管径宜按最大一台水泵的流量确定。

6.5.5　雨水泵站出水口位址选择，应避让桥梁等水中构筑物，出水口和护坡结构不得影响航道，水流不得冲刷河道和影响航运安全，出口流速宜小于 0.5m/s，并应取得航运、水利等部门的同意。泵站出水口处应设置警示标识。

→雨水泵站出水口流量较大，应避让桥梁等水中构筑物，出水口和护坡结构不得影响航行，出水口流速宜控制在 0.5m/s 以下。出水口的位置、流速控制、消能设施、警示标识等，应事先征求当地航运、水利、港务和市政等有关部门的同意，并按要求设置有关设施。排水管道出水口参见《排水管道出水口》20S517。

7 污水和再生水处理

7.1 一般规定

7.1.1 城镇污水和再生水处理程度、方法应根据国家现行有关排放标准、污染物的来源及性质和处理目标确定。

→本条了解以下内容：

1. 污水的处理程度决定了污水处理工艺流程的复杂程度。一般需要二级处理，在一定条件下可采用一级或强化一级处理；若排入封闭水体，一般需采用三级处理；若处理水回用，则无论回用的用途如何，在进行深度处理之前，城镇污水必须经过完整的二级处理后再进行深度处理。

封闭与半封闭水体指的是自然或者人工建造的湖泊、溪流等有一定景观功能的水体，具有封闭性较强、水体交换速度慢、水体停留时间长、自净功能差的特点。由于封闭与半封闭水体的流动性较差并且与外部水资源交换速度慢，进入水体的外源污染物和水体内产生的内源污染物仅能依靠水体的自净实现污染物的降解，一旦污染物的总量超出水体的自净能力，将会造成水质恶化，导致水华的产生，严重影响水体的使用功能。

(1) 污水排入城镇下水道执行《污水排入城镇下水道水质标准》GB/T 31962—2015和地方水污染物排放标准（参见《中华人民共和国水污染防治法》第五十条 向城镇污水集中处理设施排放水污染物，应当符合国家或者地方规定的水污染物排放标准）。

(2) 污水排入地表水体执行《污水综合排放标准》GB 8978—1996和地方水污染物排放标准（参见《中华人民共和国水污染防治法》第十四条 向已有地方水污染物排放标准的水体排放污染物的，应当执行地方水污染物排放标准）。

(3) 污水厂出水排放执行《城镇污水厂污染物排放标准》GB 18918—2002和《地表水环境质量标准》GB 3838—2002。

2. 城镇污水处理方法和功能见图7.1.1。

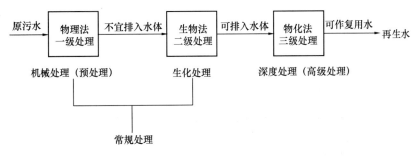

图7.1.1 城镇污水处理方法和功能

7.1.2 污水厂的处理效率可按表7.1.2的规定取值。

污水厂的处理效率 表 7.1.2

处理级别	处理方法	主要工艺	处理效率（%）			
			SS	BOD₅	TN	TP
一级	沉淀法	沉淀（自然沉淀）	40～55	20～30	—	5～10
二级	生物膜法	初次沉淀、生物膜反应、二次沉淀	60～90	65～90	60～85	—
	活性污泥法	初次沉淀、活性污泥反应、二次沉淀	70～90	65～95	60～85	75～85
深度处理	混凝沉淀过滤	—	90～99	80～96	65～90	80～95

注：1. SS 表示悬浮固体量，BOD₅ 表示五日生化需氧量，TN 表示总氮量，TP 表示总磷量。

2. 活性污泥法根据水质、工艺流程等情况，可不设置初次沉淀池。

→本条了解以下内容：

1. 表 7.1.2 的处理效率：一级处理的处理效率主要是沉淀池的处理效率，未计入格栅和沉砂池的处理效率；二级处理的处理效率包括一级处理；深度处理的处理效率包括一级和二级处理。

2. 污水处理工艺的划分：

预处理：污水一级处理前的处理，一般包括格栅、沉砂等。

常规处理：污水处理中预处理、一级处理、二级处理、消毒的总称。

深度处理：常规处理后设置的处理。

一级处理：污水通过沉淀去除悬浮物的过程。

一级强化处理：投加混凝剂或生物污泥，提高一级处理污染物去除率的过程。

二级处理：污水经一级处理后，再用生物方法进一步去除污水中胶体和溶解性有机物的过程。

三级处理：污水经二级处理后，再进一步去除污染物的过程。

问：什么是城市污水处理典型流程？

答：对于污废水中的有机物处理方法，并非只有生化处理，物化处理同样可以取得良好的处理效果。但是，目前大型污水厂都会采用生化处理，特别是活性污泥法，主要从经济成本方面考虑的。城市污水处理典型流程见图 7.1.2-1、图 7.1.2-2。

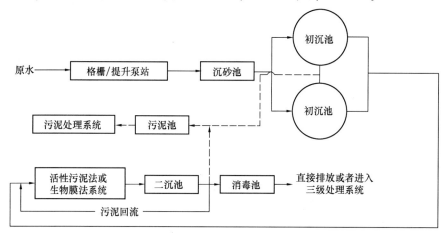

图 7.1.2-1 城市污水处理典型二级处理流程图

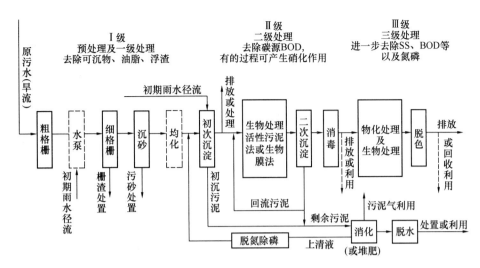

图 7.1.2-2 城市污水处理典型三级处理流程图

7.1.3 污水厂的规模应按平均日流量确定。

→《上海市污水处理系统及污泥处理处置规划（2017—2035 年）》。城镇污水厂规划规模为 1.5 倍日均污水量（含初期雨水处理规模）。污泥处理厂规划规模为 1.2 倍日均污泥量。

问：如何划分污水厂？

答：见表 7.1.3-1、表 7.1.3-2。

污水厂等级   表 7.1.3-1

污水厂等级	污水厂的处理能力 Q（$\times 10^4 m^3/d$）	总输入功率 P（kW）
特大型	$Q>100$	$P>20000$
大型	$30<Q\leqslant100$	$8000<P\leqslant20000$
中型	$10<Q\leqslant30$	$3000<P\leqslant8000$
小型	$Q\leqslant10$	$P\leqslant3000$

注：1. 当两种算法得出的等级不同时，宜按较高等级划分。

2. 大型及以上等级的污水厂和地下设施配置的排水泵房均应视为特别重要的排水设施，应保障其安全有效运行。

3. 本表摘自《城镇排水系统电气与自动化工程技术标准》CJJ/T 120—2018。

污水厂按类别划分   表 7.1.3-2

污水厂的类别	建设规模（以污水处理量计）（$\times 10^4 m^3/d$）
Ⅰ类	50～100
Ⅱ类	20～50
Ⅲ类	10～20
Ⅳ类	5～10
Ⅴ类	1～5

注：以上规模分类含下限值，不含上限值。

7.1.4 污水厂应通过扩容或增加调蓄设施，保证雨季设计流量下的达标排放。当采用雨水调蓄时，污水厂的雨季设计流量可根据调蓄规模相应降低。

7.1.5 污水处理构筑物的设计应符合下列规定：

    1 旱季设计流量应按分期建设的情况分别计算。

    2 当污水为自流进入时，应满足雨季设计流量下运行要求；当污水为提升进入时，应按每期工作水泵的最大组合流量校核管渠配水能力。

    3 提升泵站、格栅和沉砂池应按雨季设计流量计算。

    4 初次沉淀池应按旱季设计流量设计，雨季设计流量校核，校核的沉淀时间不宜小于 30min。

    5 二级处理构筑物应按旱季设计流量设计，雨季设计流量校核。

    6 管渠应按雨季设计流量计算。

→污水处理构筑物的设计校核见表 7.1.5。

污水处理构筑物的设计校核   表 7.1.5

污水处理构筑物	《室外排水设计标准》GB 50014—2021 相应条文及内容	备注
提升泵站、格栅和沉砂池	7.1.5 3 提升泵站、格栅和沉砂池应按雨季设计流量计算	雨季设计流量计算
初沉池	7.1.5 4 初次沉淀池应按旱季设计流量设计，雨季设计流量校核，校核的沉淀时间不宜小于 30min。	旱季设计流量设计 雨季设计流量校核
二级处理构筑物	7.1.5 5 二级处理构筑物应按旱季设计流量设计，雨季设计流量校核	旱季设计流量设计 雨季设计流量校核 二级处理构筑物用雨季设计流量校核无法满足出水水质要求时，应调整设计流量，保障出水水质
管渠	7.1.5 6 管渠应按雨季设计流量计算	雨季设计流量计算 雨季设计流量的保证措施：7.1.4 污水厂应通过扩容或增加调蓄设施，保证雨季设计流量下的达标排放。当采用雨水调蓄时，污水厂的雨季设计流量可根据调蓄规模相应降低

7.1.6 水质和（或）水量变化大的污水厂宜设置调节水质和（或）水量的设施。

→如果污水厂昼夜处理流量差别较大或雨季流量较大，使污水厂进水水质、水量变化很大，无法保证生物处理效果，则宜设置调节水质和（或）水量的设施。

7.1.7 处理构筑物的个（格）数不应少于 2 个（格），并应按并联设计。

→处理构筑物的个（格）数不应少于 2 个（格），利于检修维护；同时按并联设计，可使污水处理构筑物的运行更为可靠、灵活和合理。

问：注册考试时如何选取构筑物个数？

答：如果题目中给出了构筑物个（格）数，则按题目给出的构筑物个（格）数来计算；如果题目中没有给出构筑物的个（格）数，则一定要记住构筑物个（格）数至少取两个。如果题目是求总的水量或总的容积就不用考虑分格数，直接计算出总水量或总容积即可。

7.1.8 并联运行的处理构筑物间应设置均匀配水装置，各处理构筑物系统间应设置可切换的连通管渠。

→并联运行的处理构筑物间的配水是否均匀，直接影响构筑物能否达到设计水量和处理效果，所以设计时应重视配水装置。配水装置一般采用堰或配水井等。

构筑物系统之间设可切换的连通管渠，可灵活组合各组运行系列，同时，便于操作人员观察、调节和维护。

7.1.9 处理构筑物中污水的出入口处应采取整流措施。

→本条了解以下内容：

1. 处理构筑物出入口采取整流措施的目的是使整个断面布水均匀，并能保持稳定的池水面，保证处理效率。

2. 整流措施：配水装置一般采用堰或配水井。

7.1.10 污水厂和再生水厂应设置出水消毒设施。

7.1.11 污水厂的供电系统应按二级负荷设计。重要的污水厂内的重要部位应按一级负荷设计。

问：重要污水厂及污水厂的重要部位有哪些？

答：重要污水厂是指中断供电对该地区的政治、经济、生活和周围环境等造成重大影响的污水厂。污水厂的重要部位包括进水泵房、污泥焚烧系统的安全保障设施以及地下或半地下污水厂的安全保障用通风、消防设施等。

7.1.12 位于寒冷地区的污水和污泥处理构筑物，应有保温防冻措施。

→本条了解以下内容：

1. 保温防冻措施：建室内生物反应池；尽量减小室外生物反应池地面外露部分的高程，并采取外壁保温措施；增温（可以通过在鼓风机房内加设空气预热装置来实现）。

2. 寒冷和严寒地区的划分参见《民用建筑热工设计规范》GB 50176—2016。

3. 代表城市建筑热工设计分区参见《公共建筑节能设计标准》GB 50189—2015。

问：寒冷地区城市污水处理曝气池采用鼓风曝气的理由是什么？

答：寒冷地区城市污水处理工艺流程中，各处理构筑物的形式可以有多种选择，但唯有生物处理的好氧曝气池必须选择鼓风曝气。实测资料表明，当冬季室外气温在－20℃时，鼓风机出口空气温度在10℃左右，可减少曝气池水温的降低。参见《寒冷地区污水活性污泥法处理设计规程》CECS 111：2000

问：如何选择寒冷地区城市污水水质设计方法？

答：污水浓度日变化幅度大，冬季水质浓度比夏季高且水质较稳定，故寒冷地区城市污水水质应按冬季水质设计。冬季水质应采用11月至次年4月的水质平均值。

7.1.13 厂区的给水管道和再生水管道严禁与处理装置直接连接。

→ 本条了解以下内容：

1. 再生水水质低于生活饮用水水质，为防止再生水污染给水系统，严禁再生水系统和给水系统直接连接，设置倒流防止器也不行。

2. 防止污染措施：一般为通过空气间隙和设中间贮存池，然后再与处理装置衔接。间接排水口最小空气间隙应按表7.1.13确定。

间接排水口最小空气间隙   表7.1.13

间接排水管管径（mm）	排水口最小空气间隙（mm）
≤25	50
32～50	100
＞50	150
饮料用贮水箱排水口	≥150

注：本表摘自《建筑给水排水设计标准》GB 50015—2019。

7.2 厂址选择和总体布置

7.2.1 污水厂、污泥处理厂位置的选择应符合城镇总体规划和排水工程专业规划的要求，并应根据下列因素综合确定：

1 便于污水收集和处理再生后回用和安全排放；

2 便于污泥集中处理和处置；

3 在城镇夏季主导风向的下风侧；

4 有良好的工程地质条件；

5 少拆迁、少占地，根据环境影响评价要求，有一定的卫生防护距离；

6 有扩建的可能；

7 厂区地形不应受洪涝灾害影响，防洪标准不应低于城镇防洪标准，有良好的排水条件；

8 有方便的交通、运输和水电条件；

9 独立设置的污泥处理厂，还应有满足生产需要的燃气、热力、污水处理及其排放系统等设施条件。

问：如何选择城镇污水厂厂址？

答：《城市排水工程规划规范》GB 50318—2017。

4.4.2 城市污水厂选址，宜根据下列因素综合确定：

1 便于污水再生利用，并符合供水水源防护要求。

2 城市夏季最小频率风向的上风侧。

3 与城市居住及公共服务设施用地保持必要的卫生防护距离。

4 工程地质及防洪排涝条件良好的地区。

5 有扩建的可能。

问：城镇污水厂卫生防护距离是多少？

答： 1. 卫生防护距离的范围

《工业企业设计卫生标准》GBZ 1—2010。

3.7 卫生防护距离：从产生职业性有害因素的生产单元（生产区、车间或工段）的边界至居住区边界的最小距离。即在正常生产条件下，无组织排放的有害气体（大气污染物）自生产单元边界到居住区的范围内，能够满足国家居住区容许浓度限值相关标准规定的所需的最小距离。

2.《城市排水工程规划规范》GB 50318—2017。

4.4.4 污水厂应设置卫生防护用地，新建污水厂卫生防护距离，在没有进行建设项目环境影响评价前，根据污水厂的规模，可按表7.2.1-1控制。卫生防护距离内宜种植高大乔木，不得安排住宅、学校、医院等敏感性用途的建设用地。

城市污水厂卫生防护距离 表 7.2.1-1

污水厂规模（万 m³/d）	≤5	5～10	≥10
卫生防护距离（m）	150	200	300

注：卫生防护距离为污水厂厂界至防护区外线的最小距离。

4.4.4 条文说明：按照《工业企业设计卫生标准》GBZ 1—2010 的规定，在工业企业的活动中，只要产生有害物质就必须设置卫生防护距离。污水厂虽然与传统意义上的工业企业有所区别，属于公共工程，但它是将污水作为原料，通过处理（生产活动）获得达到排放标准的处理水（产品），而且在处理过程中由于自然逸散、曝气、搅拌等各个环节均可能产生有害物质（氨、硫化氢、臭气、甲烷以及带有致病微生物的飞沫等）。因此，污水厂必须设置卫生防护距离。

城市污水厂的卫生防护距离与工艺、地域等无明显的相关关系，与污水厂的规模存在概率相关性，即规模越大，卫生防护距离也越大。按所收集的110个案例分析，80%以上的污水厂的卫生防护距离在100m～300m的范围。

采用《环境影响评价技术导则大气环境》进行卫生防护距离、大气环境防护距离以及按照最高容许浓度衰减三种方法进行计算，在可预知的规模和环境条件下的极限卫生防护距离均小于300m。

研究表明，高大树木对嗅味、灰尘等隔离效果良好，污水厂周边的用地宜种植高大乔木，外围宜设置一定宽度（不小于10m）的防护绿带。出于健康和安全的考虑，污水厂的卫生防护距离内，不得安排住宅、学校、医院等敏感性用途的建设用地。

3.《城镇污水厂防毒技术规范》WS 702—2010。

5.1.2 厂址应与规划居住区或公共建筑群保持一定的卫生防护距离。卫生防护距离的大小应根据当地具体情况确定，一般不小于300m。

问：如何计算城市污染系数？

答： 为避免或减轻工业废气对城市居民的毒害，应将工业企业布置在下风向。这样，就必须了解城市的风向频率和风速大小，以确定其对城市污染的程度。一般可用污染系数表示。其计算如下：

$$污染系数 = \frac{风向频率}{平均风速}$$

举例说明见表 7.2.1-2。

污染系数

表 7.2.1-2

项目	风向								
	北	东北	东	东南	南	西南	西	西北	总计
次数	10	9	10	11	9	13	8	20	90
频率（%）	11.1	10.0	11.1	12.2	10.0	14.4	9.0	22.2	100
平均风速（m/s）	2.7	2.8	3.4	2.8	2.5	3.1	1.9	3.1	
污染系数	4.1	3.6	3.3	4.4	4.0	4.6	4.7	7.2	

由表 7.2.1-2 可知，西北方位的污染系数最大，其次为西和西南两个方位，而东和东北方位的污染系数最小，可见，这个城市若新建排放有害气体的工业区时，工业区应放在该城市的东部和东北部，即城市的下风地带；而居住区则以西北为最好，使居民区位于城市的上风地带。此城市的污染系数玫瑰图见图 7.2.1。

问：如何看风向玫瑰图？

答：风向玫瑰图按其风向资料的内容可分为风向玫瑰图、风向频率玫瑰图和平均风速玫瑰图等。如按其气象观测记载的日期，又可分为月平均、季平均、年平均等各种玫瑰图。风向玫瑰图的类型及表示方法见表 7.2.1-3。

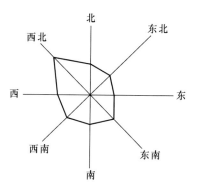

图 7.2.1 污染系数玫瑰图

风向玫瑰图类型及表示方法

表 7.2.1-3

风向玫瑰图类型	风向玫瑰图表示方法
风向玫瑰图	用风向次数计算出来的
风向频率玫瑰图	将风向发生的次数用百分数来表示
平均风速玫瑰图	用来表示各个风向风力的大小，就是把风向相同的各次风速加在一起，然后用其次数相除所得的数值

注：1. 玫瑰图上所表示的风的吹向，是指从外面吹向地区（玫瑰）中心的。

2. 风向玫瑰图与风向频率玫瑰图的图形形状是相同的。

7.2.2 污水厂的建设用地应按项目总规模控制；近期和远期用地布置应按规划内容和本期建设规模，统一规划，分期建设；公用设施宜一次建设，并尽量集中预留地。

问：城镇污水厂规划用地指标是多少？

答：《城市排水工程规划规范》GB 50318—2017。

4.4.3 城市污水厂规划用地指标应根据建设规模、污水水质、处理深度等因素确定，可按表 7.2.2-1 的规定取值。设有污泥处理、初期雨水处理设施的污水厂，应另行增加相应的用地面积。

城市污水厂规划用地指标　　　　表 7.2.2-1

建设规模（万 m³/d）	规划用地指标（m²·d/m³）	
	二级处理	深度处理
>50	0.30～0.65	0.10～0.20
20～50	0.65～0.80	0.16～0.30
10～20	0.80～1.00	0.25～0.30
5～10	1.00～1.20	0.30～0.50
1～5	1.20～1.50	0.50～0.65

注：1. 表中规划用地面积为污水厂围墙内所有处理设施、附属设施、绿化、道路及配套设施的用地面积。

　　2. 污水深度处理设施的占地面积是在二级处理污水厂规划用地面积基础上新增的面积指标。

　　3. 表中规划用地面积不含卫生防护距离面积。

4.4.3 条文说明：资料显示，最近十年的新建污水厂已无仅含一级处理的案例。因此，本次修编取消了一级处理标准的污水厂用地指标。

二级处理污水的规划用地指标所适用的城市污水厂出水水质按国家《城镇污水厂污染物排放标准》GB 18918—2002 中的一级 A 标准考虑。该规划用地指标根据工艺特点及建设模式的变化，对各种污水处理工艺的用地进行综合比较后，按已建成的污水厂主流技术确定，能满足目前国内污水厂除磷脱氮工艺的用地需求。

污水深度处理的规划用地指标按混凝、沉淀（或澄清）、过滤、膜技术、曝气、消毒等目前主流处理技术路线考虑。规划时可根据区域特征及再生水回用目标酌情调整。

根据从为数不多的项目中总结提取的经验值，结合国家有关城镇污水厂污泥处理处置的技术指南与技术导则，以及若干城市相关的地方规定，初步提出初期雨水处理及污泥深度脱水的具有前瞻性的规划用地面积建议值，详见表 7.2.2-2。

初期雨水处理、污泥深度脱水的规划用地面积建议值　　表 7.2.2-2

建设规模（万 m³/d）	污水厂（hm²）	
	初期雨水处理	污泥深度脱水
20～50	1.50～2.00	6.00～8.00
10～20	1.20～1.50	3.00～6.00
5～10	0.90～1.20	2.50～3.00
1～5	0.30～0.90	0.60～2.50

注：1. 污泥深度脱水为脱水后的污泥含水率达到 55%～65%。

　　2. 本表数据不含初期雨水调蓄池等的用地面积。

问： 不同处理工艺处理单位水量用地多少？

答： 见表 7.2.2-3。

不同处理工艺与单位处理水量用地关系　　　　　　　表 7.2.2-3

处理工艺吨水占地 [m²/ (m³·d⁻¹)]	处理规模（万 m³/d）			
	<5	5~10	10~20	20~50
A/A/O 工艺	1.30	0.88	0.71	0.53
SBR 工艺	1.27	0.81	0.68	0.41
氧化沟工艺	1.48	0.94	0.76	0.54

注：本表摘自《城镇污水厂节地技术导则》T/CECS 511—2018。

问：不同类型的污水厂对应的执行排放标准是什么？

答：根据污水厂的污染物处理处置要求及其硬件配置等，污水厂划分为基本配置型、技术改进型、环境友好型和生态环保型 4 大类，各类出水执行的排放标准见表 7.2.2-4。污水厂要达到相应等级，其污水、污泥、臭气和环境指标应达到相应等级的要求。污水厂要达到相应等级，其噪声、自动化和管理硬件三项指标中至少两项应达到相应等级的要求，另外一项应至少达到下一级的等级要求。

城镇污水厂类型及其执行的排放标准　　　　　　　表 7.2.2-4

污水厂类型	出水执行的排放标准
基本配置型	《城镇污水厂污染物排放标准》GB 18918 二级排放标准
技术改进型	《城镇污水厂污染物排放标准》GB 18918 一级 B 或一级 A 排放标准
环境友好型	《城镇污水厂污染物排放标准》GB 18918 一级 A 排放标准，满足受纳水体的水环境容量要求，且不应对受纳水体水质产生影响
生态环保型	除了全部或部分包括环境友好型污水厂的污水处理单元外，生态环保型污水厂还应包括污水处理后回用工艺，将一定比例的出水作为厂内或厂外的生产或生活用水。 出水应达到或优于《城镇污水厂污染物排放标准》GB 18918 一级 A 排放标准，满足受纳水体的水环境容量要求，且不应对受纳水体水质产生影响。 生态环保型污水厂回用的再生水水质应根据回用目的，符合国家有关的水质标准

注：本表摘自上海市地方标准《城镇污水厂分类技术规范》DG/TJ 08-2140—2014。

问：污水厂不同水质指标对应的进出水水质及去除率是多少？

答：见表 7.2.2-5。

污水厂进出水水质及去除率　　　　　　　表 7.2.2-5

水质指标	进水（mg/L）	出水（mg/L）	去除率（%）
COD	25.429	19.54	92.3
BOD	108.10	4.43	95.9
SS	179.17	6.18	96.6
NH₃-N	25.01	1.07	95.7
TN	33.73	9.30	72.4
TP	3.85	0.25	93.5

注：1. 本表数据引用住房和城乡建设部"全国城镇污水处理管理信息系统"对 5423 座污水厂 2019 年进出水水质的统计。

2. 2019 年平均吨水电耗 0.328kWh/m³，相比于 2018 年的 0.31kWh/m³ 有所提升。

3. 2019 年削减单位 COD 所需电耗平均为 1.4kWh/kg，相比于 2018 年的 1.32kWh/kg 有所提升。

4. 2019 年平均出水达标率为 99.39%，相比于 2018 年的 99.33% 有所提升。

5. 从区域分布来看，西部地区和东北地区的出水达标率相对偏低、吨水用电量相对偏高。

问：污水厂不同污染物排放标准占比是多少？

答：见表 7.2.2-6。

污水厂污染物排放标准执行情况　　　　　　　　表 7.2.2-6

《城镇污水厂污染物排放标准》GB 18918—2002					
执行一级 A 及以上标准			执行一级 A 以下标准		
污水厂数量	处理规模	平均电耗 （kWh/m³）	污水厂数量	处理规模	平均电耗 （kWh/m³）
77.00%	87.63%	0.4047	23.00%	12.37%	0.0293

注：《城镇水务统计年鉴（2020）》对我国 1522 座污水厂（含县城）排放标准进行统计。

7.2.3　污水厂的总体布置应根据厂内各建筑物和构筑物的功能和流程要求，结合厂址地形、气候和地质条件，综合考虑运行成本和施工、维护、管理的便利性等因素，经技术经济比较后确定。

7.2.4　污水和污泥处理构筑物宜根据情况分别集中布置。处理构筑物的间距应紧凑、合理，符合国家现行防火标准的有关规定，并应满足各构筑物的施工、设备安装和埋设各种管道及养护、维修和管理的要求。

7.2.5　生产管理建筑物和生活设施宜集中布置，其位置和朝向应力求合理，并应和处理构筑物保持一定距离。

→本条了解以下内容：

1. 城镇污水包括生活污水和一部分工业废水，往往散发臭味和对人体健康有害的气体。另外，在生物处理构筑物附近的空气中，细菌芽孢数量也较多。所以，处理构筑物附近的空气质量相对较差。为此，生产管理建筑物和生活设施应与处理构筑物保持一定距离，并尽可能集中布置，便于以绿化等措施隔离开来，保证管理人员有良好的工作环境，避免影响正常工作。办公室、化验室和食堂等的位置，应处于夏季主导风向的上风侧，朝向东南。

2. 《城镇污水厂防毒技术规范》WS 702—2010。

5.2.1　厂区应合理进行布局，产生毒物危害的工艺宜集中布置在厂区全年最小频率风向的上风侧，且地势开阔、通风条件良好的地段。

5.2.2　生产区内部布置应避免毒物的交叉污染。

5.2.3　输送污水、污泥、沼气等的管道宜集中布置，且不宜设置在人员集中区域周边，不应穿越办公室、休息室等建筑物。

7.2.6　污水厂厂区内各建筑物造型应简洁美观、节省材料、选材适当，并应使建筑物和构筑物群体的美观效果与周围环境协调。

→污水和污泥处理构筑物分别集中布置的理由：污水和污泥处理构筑物各有不同的处理功能和操作、维护、管理要求，分别集中布置有利于管理。合理的布置可保证施工安装、操作运行管理维护安全方便，并减少占地面积。

7.2.7 厂区布置应尽量节约用地。当污水厂位于用地非常紧张、环境要求高的地区，可采用地下或半地下污水厂的建设方式，但应进行充分的必要性和可行性论证。
→地下式污水厂可参见《城镇地下式污水厂技术规程》T/CECS 729—2020、《城镇地下污水处理设施通风与臭气处理技术标准》DBJ/T 15-202—2020。

7.2.8 地下或半地下污水厂设计应综合考虑规模、用地、环境、投资等各方面因素，确定处理工艺、建筑结构、通风、除臭、交通、消防、供配电及自动控制、照明、给水排水、监控等系统的配置。各系统之间应相互协调。

7.2.9 地下或半地下污水厂应充分利用污水厂的上部空间，有效利用土地资源、提高土地利用率。

7.2.10 污水厂的工艺流程、竖向设计宜充分利用地形，符合排水通畅、降低能耗、平衡土方的要求。

7.2.11 厂区的消防设计和消化池、储气罐、污泥气压缩机房、污泥气发电机房、污泥气燃烧装置、污泥气管道、污泥好氧发酵工程辅料存储区、污泥干化装置、污泥焚烧装置及其他危险品仓库等的设计，应符合国家现行有关防火标准的有关规定。

7.2.12 污水厂内可根据需要，在适当地点设置堆放材料、备件、燃料和废渣等物料及停车的场地。

7.2.13 污水厂应设置通向各构筑物和附属建筑物的必要通道，并应符合下列规定：
　　1 主要车行道的宽度：单车道宜为 4.0m，双车道宜为 6.0m～7.0m；
　　2 车行道的转弯半径宜为 6.0m～10.0m；
　　3 人行道的宽度宜为 1.5m～2.0m；
　　4 通向高架构筑物的扶梯倾角宜采用 30°，不宜大于 45°；
　　5 天桥宽度不宜小于 1.0m；
　　6 车道、通道的布置应符合国家现行防火标准的有关规定，并应符合当地有关部门的规定；
　　7 地下或半地下污水厂箱体宜设置车行道进出通道，通道坡度不宜大于 8%，通道敞开部分宜采用透光材料进行封闭；
　　8 进入地下污水厂箱体的通道前应设置驼峰，驼峰高度不应小于 0.5m，驼峰后在通道的中部和末端均应设置横截沟，并应配套设置雨水泵房。

7.2.14 污水厂周围根据现场条件应设置围墙，其高度不宜小于 2.0m。

7.2.15 污水厂的大门尺寸应能允许运输最大设备或部件的车辆出入，并应另设运输废渣的侧门。

7.2.16 污水厂内各种管渠应全面安排，避免相互干扰。处理构筑物间输水、输泥和输气管线的布置应使管渠长度短、损失小、流行通畅、不易堵塞和便于清通。各污水处理构筑物间的管渠连通，在条件适宜时，宜采用明渠。

7.2.17 管道复杂时宜设置管廊，并应符合下列规定：

　　1 管廊内宜敷设仪表电缆、电信电缆、电力电缆、给水管、污水管、污泥管、再生水管、压缩空气管等，并设置色标；

　　2 管廊内应设通风、照明、广播、电话、火警及可燃气体报警系统、独立的排水系统、吊物孔、人行通道出入口和维护需要的设施等，并应符合国家现行防火标准的有关规定。

→污水厂内管渠较多，设计时应全面安排，可防止错、漏、碰、缺。当管道复杂时宜设置管廊，以利于检查维修。管渠尺寸应按可能通过的最高时流量计算确定，并按最低时流量复核，防止发生沉积。明渠的水头损失小，不易堵塞，便于清理，一般情况下应尽量采用明渠。合理的管渠设计和布置可保障污水厂运行的安全、可靠、稳定，节省经常费用。本条增加管廊内设置的内容。管道色标参见《城市污水厂管道和设备色标》CJ/T 158—2002。

7.2.18 污水厂内应充分体现海绵城市建设理念，利用绿色屋顶、透水铺装、生物滞留设施等进行源头减排，并结合道路和建筑物布置雨水口和雨水管道，地形允许散水排水时，可采用植草沟和道路边沟排水。

7.2.19 污水厂应合理布置处理构筑物的超越管渠。

→本条了解以下内容：

　　1. 超越管道：超越部分或全部构筑物，使污水进入下一级构筑物或事故溢流的管道。

　　2. 超越管的作用：超越管的合理布置能保证构筑物维修和紧急修理以及发生特殊情况时，对出水水质影响小，并能迅速恢复正常运行。

7.2.20 处理构筑物应设排空设施，排出水应回流处理。

→本条了解以下内容：

　　1. 设置排空设施的目的：方便处理构筑物的维护检修。

　　2. 排空水回流的目的：为了保护环境，排空水应回流处理，不应直接排入水体，并应有防止倒灌的措施，确保其他构筑物的安全运行。

　　3. 排空设施：有构筑物底部预埋排水管道和临时设泵抽水两种。

7.2.21 污水厂附属建筑物的组成和面积，应根据污水厂的规模、工艺流程、计算机监控系统的水平和管理体制等，结合当地实际情况确定，并应符合国家现行标准的有关规定。

7.2.22 根据维护管理的需要，宜在厂区适当地点设置配电箱、照明、联络电话、冲洗水栓、浴室、厕所等设施。

7.2.23 处理构筑物应设置栏杆、防滑梯等安全措施，高架处理构筑物还应设置避雷设施。

→防雷可参见《供排水系统防雷技术规范》GB/T 39437—2020。

7.2.24 地下或半地下污水厂的综合办公楼、总变电室、中心控制室等运行和管理人员集中的建筑物宜设置于地面上；有爆炸危险或火灾危险性大的设施或处理单元应设置于地面上。

7.2.25 地下或半地下污水厂污水进口应至少设置一道速闭闸门。

→设置速闭闸门的目的是防止停电导致污水厂受淹。

7.2.26 地下或半地下污水厂产生臭气的主要构筑物应封闭除臭，箱体内应设置强制通风设施。

7.2.27 地下或半地下污水厂箱体顶部覆土厚度应根据上部种植绿化形式选择确定，并宜为 0.5m～2.0m。

→景观设计是地下或半地下污水厂的亮点，要结合地下箱体顶部的承重能力合理配置景观、灌木、树木等。种植草坪，覆土厚度宜为 0.5m 及以上；种植灌木，覆土厚度宜为 1.0m 及以上；种植乔木，覆土厚度宜为 1.5m 及以上。

7.2.28 地下或半地下污水厂箱体内人员操作层的净空不应小于 4.0m，并宜选用便于拆卸、重量较轻和便于运输的设备。

→箱体净空高度的要求是为确保人员通行和设备安装检修的空间。考虑到地下箱体内净空有限，宜选用便于拆卸、重量较轻和便于运输的设备。

7.3 格　　栅

7.3.1 污水处理系统或水泵前应设置格栅。

→本条了解以下内容：

1. 格栅：拦截水中较大尺寸漂浮物或其他杂物的装置。

2. 格栅的作用：拦截污水中的纤维、木材、塑料制品和纸张等大小不同的杂物，以防止水泵和处理构筑物的机械设备和管道被磨损或堵塞，使后续处理流程能顺利进行。

3. 螺旋泵可不设格栅，格栅可设在泵后。

4. 格栅除污机参见《给水排水用格栅除污机通用技术条件》GB/T 37565—2019。

7.3.2 格栅栅条间隙宽度应符合下列规定：

1 粗格栅：机械清除时宜为 16mm～25mm，人工清除时宜为 25mm～40mm。特殊情况下，最大间隙可为100mm。

　　2　细格栅：宜为1.5mm～10mm。

　　3　超细格栅：不宜大于1mm。

　　4　水泵前，应根据水泵要求确定。

→本条了解以下内容：

　　1. 格栅分类

　　（1）格栅按栅条净距分类见表7.3.2-1。

格栅按栅条净距分类　　　　　　表7.3.2-1

项目	粗格栅	中格栅	细格栅	
			普通型	超细型
栅条净距 d（mm）	$50<d≤100$	$10<d≤50$	$2<d≤10$	$0.5<d≤2$
栅条净距系列（mm）	60、70、80、90、100	12、14、……、48、50以2递增	3、4、……、9、10以1递增	0.5、0.6、……、1.9、2以0.1递增

注：本表摘自《给水排水用格栅除污机通用技术条件》GB/T 37565—2019。

　　（2）格栅按形状分：平面格栅（筛网呈平面）和曲面格栅（筛网呈弧状）。

　　（3）格栅按清渣方式分：人工清渣格栅和机械清渣格栅。

　　（4）格栅按格栅活动方式分：固定格栅（机械耙式）和活动格栅（转鼓格栅）。

　　2. 格栅的设置位置：水泵前、后。水泵前格栅的间隙应根据水泵的进水口口径选择，见表7.3.2-2。

水泵口径与栅条间隙的关系　　　　　　表7.3.2-2

水泵口径（mm）	<200	250～450	500～900	1000～3500
栅条间隙（mm）	15～20	30～40	40～80	80～100

　　《给水排水设计手册5》P171，按照水泵类型及口径 D，栅条间隙应小于水泵叶片间隙。一般轴流泵$<D/20$，混流泵和离心泵$<D/30$。

　　3. 格栅的设置及应用

　　（1）中途提升污水泵站宜采用粗格栅，在污水厂的进水泵房中，泵前设一道中格栅，泵后设一道细格栅，以利于污水的后续处理。

　　（2）雨水泵站：一般采用粗格栅。机械格栅不宜少于2台，如为1台应设人工清除格栅备用。

　　4. 如泵站较深，泵前格栅机械清除或人工清除比较复杂，可在泵前设置仅为保护水泵正常运转的、间隙宽度较大的粗格栅（宽度根据水泵要求确定，国外资料认为可大到100mm）以减少栅渣量，并在处理构筑物前设置间隙宽度较小的细格栅，保证后续工序的顺利进行。这样既便于维修养护，投资也不会增加。

　　5. 格栅间隙总面积应根据计算确定，当采用人工清渣时，应不小于进水管渠有效面积的2倍；当采用格栅除污机清渣时，应不小于进水管渠有效面积的1.2倍。

问：如何绘制平面格栅和曲面格栅示意图？

答：见图 7.3.2-1～图 7.3.2-3。

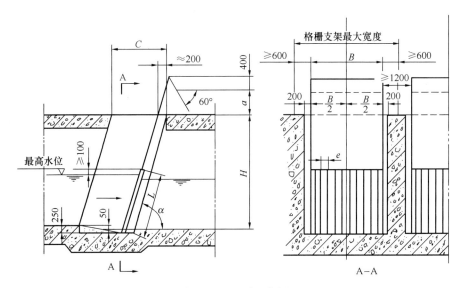

图 7.3.2-1　平面格栅

a—清除高度；α—格栅倾角；e—栅条间隙宽度；

H—池深；B—格栅宽度；L—格栅长度；C—开口尺寸

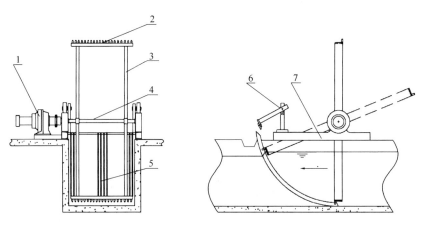

图 7.3.2-2　弧形格栅除污机结构形式示意图

1—驱动装置；2—齿耙板；3—齿耙臂；4—齿耙轴；

5—弧形栅条；6—刮渣装置；7—除污机机座

7.3.3 污水过栅流速宜采用 0.6m/s～1.0m/s。除转鼓式格栅除污机外，机械清除格栅的安装角度宜为 60°～90°。人工清除格栅的安装角度宜为 30°～60°。

→本条了解以下内容：

1. 规定过栅流速理由：一方面保证泥沙不至于沉积在沟渠底部；另一方面截留的污染物不至于冲过格栅。

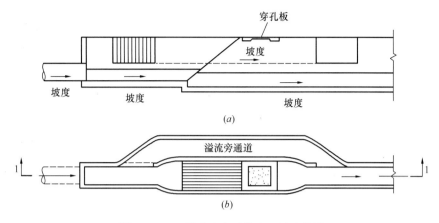

图 7.3.2-3 带溢流旁通的人工清渣格栅

(*a*) 1-1 剖面图；(*b*) 平面图

2. 控制过栅流速的方法

《城镇污水厂运行、维护及安全技术规程》CJJ 60—2011。

3.1.12 污水通过格栅的前后水位差宜小于 0.3m。

3.1.12 条文说明：格栅前后的液位差过高，会造成过栅流速增加，容易把需要截留的污物冲走，影响下步工艺的运行，根据城镇污水厂的运行管理经验，污水通过格栅的前后水位差小于 0.3m 时，既不影响工艺的运行，又便于管理，所以污水通过格栅前后的液位差宜小于 0.3m。同时还应该用时间控制除污机的动作，实现以水位和时间双向控制的方法，一般多以水位控制为主。此外，还可设置过扭矩保护，防止因木棒等杂物损毁栅条。

3. 格栅安装角度

(1) 人工清渣格栅宜为 30°～60°，主要是为了方便工人清渣作业，避免清渣过程中栅渣掉回污水中。

(2) 机械清渣格栅宜为 60°～90°，当栅渣量大于 0.2m³/d 时，为了改善工人劳动与卫生条件，应采用机械清渣。

格栅除污机的性能参数应符合表 7.3.3 的规定；转鼓式格栅除污机构造见图 7.3.3。

格栅除污机性能参数　　　　表 7.3.3

序号	产品名称	格栅除污机宽度ª（mm）	回转半径（mm）	安装角度（°）	运行速度（m/min）	栅条间距（mm）	网孔净尺寸（mm）
1	钢丝绳牵引式格栅除污机	500～4000	—	60～85	1.0～3.5	10～100	—
2	回转式链条传动格栅除污机	300～3000	—	60～85	1.5～3.5	10～100	—
3	回转式齿耙链条格栅除污机	300～3000	—	60～85	1.5～3.5	2～100	—
4	高链式格栅除污机	300～2000	—	60～80	≤4.5	8～60	—
5	阶梯式格栅除污机	300～2000	—	45	6～15（r/min）	2～10	—
6	弧形格栅除污机	300～2000	300～2000	—	5～6	5～80	—
7	转鼓式格栅除污机	—	500～3000（栅筒直径）	35	5～15	0.2～12	—

序号	产品名称	格栅除污机宽度^a（mm）	回转半径（mm）	安装角度（°）	运行速度（m/min）	栅条间距（mm）	网孔净尺寸（mm）
8	移动式格栅除污机	500～1500（齿耙或抓斗宽度）	—	60～85	≤4.5	10～100	—
9	回转滤网式格栅除污机	500～4000	—	90	1.5～4.5	—	(0.5×0.5)～(50×50)

^a300mm≤格栅除污机宽度≤1000mm 时，格栅除污机宽度系列的间隔为 50mm；1000mm＜格栅除污机宽度≤4000mm 时，格栅除污机宽度系列的间隔为 100mm。

注：本表摘自《给水排水用格栅除污机通用技术条件》CJ/T 443—2014。

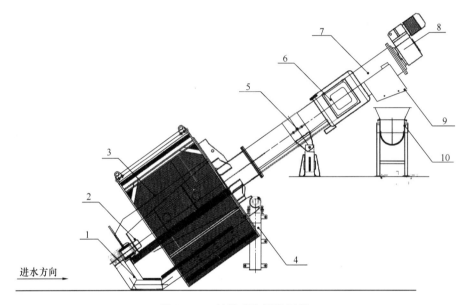

图 7.3.3　转鼓式格栅除污机

1—刮渣转臂；2—引渣螺杆；3—转鼓；4—渠内支架；5—渠上支架；
6—压榨筒；7—输渣螺管；8—驱动装置；9—卸渣口；10—接渣斗

问：如何选择格栅除污机？

答：格栅宽度不大于 3m 时，采用固定式除污机；格栅宽度大于 3m 时，宜采用移动式或多台固定式除污机；格栅深度不大于 2m 时，宜采用弧形格栅除污机；格栅深度大于 7m 时，宜采用钢丝绳除污机。为了保证来水全部经过栅条，栅条的高度应比正常高水位高出 1.0m。在使用机械清污的同时，要尽量考虑人工除污的可能性，以便在除污机械故障时，维持泵站运行。

格栅除污机应配有自动控制和保护装置。控制水泵同步运行、定时或由格栅前后水位差控制开停；并应具备符合电气安全要求及超载时自动保护功能。参见《给水排水设计手册·材料设备》（续册3）的表3-2。

7.3.4 格栅除污机底部前端距井壁尺寸，钢丝绳牵引除污机或移动悬吊葫芦抓斗式除污机应大于1.5m；链动刮板除污机或回转式固液分离机应大于1.0m。

7.3.5 格栅上部必须设置工作平台，其高度应高出格栅前最高设计水位0.5m，工作平台上应有安全和冲洗设施。

7.3.6 格栅工作平台两侧边道宽度宜采用0.7m～1.0m。工作平台正面过道宽度，采用机械清除时不应小于1.5m，采用人工清除时不应小于1.2m。

7.3.7 粗格栅栅渣宜采用带式输送机输送；细格栅栅渣宜采用螺旋输送机输送，输送过程宜进行密封处理。

→栅渣输送方式见表7.3.7。

栅渣输送方式 表7.3.7

栅渣类型	输送方式
粗格栅栅渣	粗格栅栅渣宜采用带式输送机； 输送距离大于8.0m宜采用带式输送机； 当污水中有较大的杂质时，不管输送距离长短均以采用皮带输送机为宜
细格栅栅渣	细格栅栅渣宜采用螺旋输送机； 输送距离较短的宜采用螺旋输送机

注：由于格栅栅渣的输送过程会散发臭味，因此输送机宜采用密封结构，进出料口处宜进行密封处理，防止臭味逸出，并便于臭气收集和处理。

7.3.8 格栅间应设置通风设施和硫化氢等有毒有害气体的检测与报警装置。

问：格栅间应检测哪些有毒有害气体？

答：《城镇污水厂运行、维护及安全技术规程》CJJ 60—2011。

3.1.9条文说明：检修格栅时，应切断电源，悬挂检修牌，并在有效监护下进行检修，防止误操作导致设备损坏及人身伤害；由于井下空间狭小，且污水在管网中处于厌氧状态，极易产生硫化氢、甲硫醇、甲烷气体等恶臭有毒气体，当这些气体达到一定浓度时会对人体造成伤害甚至导致人身伤亡，因此对于需要下到格栅井做检修时，要严格执行安全操作制度，事先做好通风措施并检测有毒气体浓度，操作人员应佩戴齐全防护用品，系好安全带，操作过程中要有专人监护。

问：城镇下水道和污水厂检测哪些气体？

答： 1.《下水道及化粪池气体监测技术要求》GB/T 28888—2012。

监测气体种类为：甲烷、一氧化碳、硫化氢、氧气、氯气、二氧化硫等气体。

目前，市政行业井下作业采用的气体检测仪一般有复合式（四合一，即：硫化氢、一氧化碳、氧气、可燃性气体）和单一式的（即：硫化氢、氧气、一氧化碳、可燃性气体等）。

常见有毒有害、易燃易爆气体的浓度和爆炸范围见表7.3.8-1。

常见有毒有害、易燃易爆气体的浓度和爆炸范围　　　　表 7.3.8-1

气体名称	相对密度(取空气相对密度为1)	最高容许浓度 (mg/m³)	时间加权平均容许浓度 (mg/m³)	短时间接触容许浓度 (mg/m³)	爆炸范围 (容积百分比%)	说明
硫化氢	1.19	10	—	—	4.3～45.5	
一氧化碳	0.97	—	20	30	12.5～74.2	非高原
		20				海拔 2000m～3000m
		15				海拔高于 3000m
氰化氢	0.94	1			5.6～12.8	—
溶剂汽油	3.00～4.00		300		1.4～7.6	—
一氧化氮	1.03		15		不燃	—
甲烷	0.55				5.0～15.0	—
苯	2.71		6	10	1.45～8.0	—

注：1. 最高容许浓度指工作地点、在一个工作日内、任何时间有毒化学物质均不应超过的浓度。时间加权平均容许浓度指以时间为权数规定的8h工作日、40h工作周的平均容许接触浓度。短时间接触容许浓度指在遵守时间加权平均容许浓度前提下容许短时间（15min）接触的浓度。

2. 本表摘自《城镇排水管道维护安全技术规程》CJJ 6—2009。

2.《城镇污水厂运行、维护及安全技术规程》CJJ 60—2011。

2.2.25　对可能含有有毒有害气体或可燃性气体的深井、管道、构筑物等设施、设备进行维护、维修操作前，必须在现场对有毒有害气体进行检测，不得在超标的环境下操作。所有参与操作的人员必须佩戴防护装置，直接操作者必须在可靠的监护下进行，并应符合现行行业标准《城镇排水管道维护安全技术规程》CJJ 6的有关规定。

上海市排水监测站在实践中总结出一套在下井等相关作业时，需检测有毒有害气体的项目及要求的经验数据，可供参考。经验数据见表 7.3.8-2。

空气中的氧浓度和有毒有害气体检测项目及检测周期表　　　　表 7.3.8-2

检测周期	检测项目	警告性报警限	危险性报警限
下井等相关作业时连续测定	氧气（O₂）	≤19.5%（缺氧报警限）	≥23.5%（富氧报警限）
	可燃气体爆炸下限（LEL）	≥10% LEL	≥20% LEL
	一氧化碳（CO）	≥35mL/m³	≥200mL/m³
	硫化氢（H₂S）	≥10mL/m³	≥20mL/m³
	挥发性有机化合物（VOC）	≥50mL/m³	≥100mL/m³
	恶臭（臭气浓度）	参见《空气质量恶臭的测定　三点比较式臭袋法》GB/T 14675	

注：1. 表中项目的确定主要依据城镇污水厂中一些特殊作业，该作业有可能产生对作业人员造成生理危害直至威胁作业人员生命的有毒有害气体。为此在作业前和作业中进行连续测定。

2. 采用连续测定主要原因是基于空气质量测定应当具有一定的连续性，这是因为有毒气体的冒逸容易受到气压、温度等变化的影响，而且其溶解释放受搅动后具有突发性。因而在下井前采用简单的一次测定并不能从根本上保障作业人员的安全，而应当在作业开始之前和作业的过程中进行连续测定。

3. 警告性报警限的定义为超过或低于该数值可能会影响作业人员的身体健康，超过危险性报警限对作业人员健康或者设施会造成一定程度的伤害或危害，以至产生事故，应停止作业。

4. 挥发性有机化合物（VOC）报警限因采用电极法测得，故按惯例使用%浓度或mL/m³浓度表示。需要时可换算成国际单位。

5. 一般富氧情况对人体无害，但会引起其他可燃性气体的爆炸限下移，应予以控制。

问：如何划分缺氧、富氧作业场所？

答：1.《缺氧危险作业安全规程》GB 8958—2006。

缺氧：作业场所空气中的氧含量低于19.5％的状态。

缺氧危险作业：具有潜在的和明显的缺氧条件下的各种作业，主要包括一般缺氧危险作业和特殊缺氧危险作业。

一般缺氧危险作业：在作业场所中的单纯缺氧危险作业。

特殊缺氧危险作业：在作业场所中同时存在或可能产生其他有害气体的缺氧危险作业。

缺氧危险作业场所分类：（1）密闭设备：包括船舱、贮罐、塔（釜）、烟道、沉箱及锅炉等。（2）地下有限空间：包括地下管道、地下室、地下仓库、地下工程、暗沟、隧道、涵洞、地坑、矿井、废井、地窖、污水池（井）、沼气池及化粪池等。（3）地上有限空间：包括酒糟池、发酵池、垃圾站、温室、冷库、粮仓、料仓等封闭空间。

在已确定为缺氧作业环境的作业场所，必须采取充分的通风换气措施，使该环境空气中氧含量在作业过程中始终保持在19.5％以上。严禁用纯氧进行通风换气。

2.《密闭空间作业职业危害防护规范》GBZ/T 205—2007。

缺氧环境：空气中氧的体积百分比低于18％。

富氧环境：空气中氧的体积百分比高于22％。

7.4 沉 砂 池

7.4.1 污水厂应设置沉砂池。沉砂池应按去除相对密度2.65、粒径0.2mm以上的砂粒进行设计。

→本条了解以下内容：

1. 沉砂池：去除污水中自重较大、能自然沉降的较大粒径砂粒或颗粒的构筑物。

2. 沉砂池类型

平流沉砂池：污水沿水平方向流动分离砂粒的沉砂池。

曝气沉砂池：空气沿池一侧进入、使水呈螺旋形流动分离砂粒的沉砂池。

旋流沉砂池：靠进水形成旋流离心力分离砂粒的沉砂池。

水力旋流沉砂池：以压力代替空气、沿池一侧进入、使水呈螺旋形流动分离砂粒的沉砂池。

3. 沉砂池的设置位置：一般设在污废水处理厂前端，泵站和沉淀池之前。

4. 沉砂池的作用：沉砂池主要去除废水中粒径大于0.2mm、相对密度大于2.65的泥沙。工作原理以重力分离为基础，应将进水流速控制在只能使密度大的无机颗粒下沉，而有机悬浮颗粒则随废水流过。

如果砂子进入初沉池，会引起水泵和其他设备故障。粗糙的砂粒会磨损污泥收集器、水泵叶轮和刮泥链条。此外，当初沉池中出现砂子堆积时，会减小初沉池内污泥贮存区的有效容积，进而缩短池子水力停留时间。设置沉砂池可以避免后续处理构筑物和机械设备的磨损，减少管渠和处理构筑物内的沉积，避免重力排泥困难，防止对生物处理系统和污泥处理系统运行的干扰。

砂粒直径d与沉速u_0的关系见表7.4.1。

砂粒直径 d 与沉速 u_0 的关系

表 7.4.1

砂粒平均粒径（mm）	沉速 u_0（mm/s）	砂粒平均粒径（mm）	沉速 u_0（mm/s）
0.20	18.7	0.35	35.1
0.25	24.2	0.40	40.7
0.30	29.7	0.50	51.6

注：表中所列为水温在 15℃时，砂粒在静水中的沉速与砂粒平均粒径的关系。

7.4.2 平流沉砂池的设计应符合下列规定：

1 最大流速应为 0.30m/s，最小流速应为 0.15m/s；

2 停留时间不应小于 45s；

3 有效水深不应大于 1.5m，每格宽度不宜小于 0.6m。

→本条了解以下内容：

1. 规定最大流速是避免已沉淀的砂粒再次翻起，规定最小流速是避免污水中的有机物大量沉淀，能有效地去除相对密度 2.65、粒径 0.2mm 以上的砂粒。

2. 为了保证砂粒的沉淀，最高流量时的停留时间至少应为 45s。

3. 从养护方便考虑，每格宽度不宜小于 0.6m。有效水深在理论上与沉砂效率无关，规定不应大于 1.5m。

4. 平流沉砂池采用分散性颗粒的沉淀理论设计，只有当废水在沉砂中的运行时间等于或大于设计的砂粒沉降时间，才能实现砂粒的截留。实际运行中进水水量和含砂量不断变化，甚至变化幅度很大（如旱季和雨季）。因此，当进水波动较大时，平流沉砂池的去除效果很难保证。并且平流沉砂池沉砂中的有机物含量在 15% 左右，平流沉砂池本身不具备分离砂粒上有机物的能力，所以排出的砂粒必须进行专门的洗砂。

7.4.3 曝气沉砂池的设计应符合下列规定：

1 水平流速不宜大于 0.1m/s；

2 停留时间宜大于 5min；

3 有效水深宜为 2.0m～3.0m，宽深比宜为 1.0～1.5；

4 曝气量宜为 5.0L/（m·s）～12.0L/（m·s）空气；

5 进水方向应和池中旋流方向一致，出水方向应和进水方向垂直，并宜设置挡板；

6 宜设置除砂和撇油除渣两个功能区，并配套设置除渣和撇油设备。

→由于沉砂池停留时间增加，曝气量采用原标准规定的 0.1m³/m³～0.2m³/m³ 计算偏小，因此，根据国内污水厂的运行数据，参照国外有关资料，曝气量按曝气沉砂池池长进行计算。为避免污水中的油类物质对生物反应系统的影响，保证油类物质的去除效果，宜将除砂和撇油除渣功能区分隔，并配套设置除渣和撇油设备。

曝气沉砂池通过进水量调节曝气量，通过调节曝气量控制废水的旋流速度，除砂效率稳定，受进水流量变化影响小，对废水有预曝气作用。曝气沉砂池中，空气沿矩形一侧引入，形成与通过池子的水流垂直的螺旋流。具有较快沉降速度的较重砂粒沉降到池底。较轻的颗粒（主要是有机颗粒）呈悬浮状态流过池子，通过旋转和搅拌速度控制欲去除的给定相对密度的颗粒尺寸。如果速度过大，砂粒将被带出沉砂池，如果速度太小，有机物质将与砂粒一道去除。通过控制曝气量，控制旋转和搅拌速度。旋流速度控制在 0.25m/s～0.4m/s。

曝气沉砂池断面及水流运行示意图如图 7.4.3 所示。

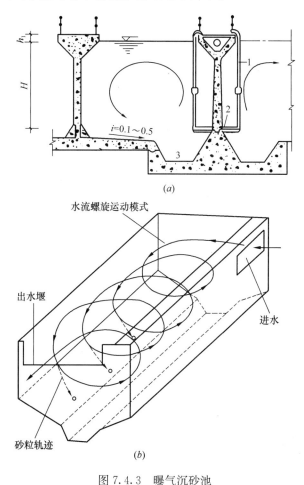

图 7.4.3　曝气沉砂池
(a) 曝气沉砂池断面示意图；(b) 曝气沉砂池水流运行示意图
1—压缩空气管；2—空气扩散板；3—集砂槽

7.4.4　旋流沉砂池的设计应符合下列规定：
1　停留时间不应小于 30s；
2　表面水力负荷宜为 150m³/（m²·h）～200m³/（m²·h）；
3　有效水深宜为 1.0m～2.0m，池径和池深比宜为 2.0～2.5；
4　池中应设立式桨叶分离机。
→旋流沉砂池如图 7.4.4 所示。

7.4.5　污水的沉砂量可按 0.03L/m³ 计算，合流制污水的沉砂量应根据实际情况确定。
→污水沉砂量的含水率为 60%，密度为 1500kg/m³。

7.4.6　砂斗容积不应大于 2d 的沉砂量；当采用重力排砂时，砂斗斗壁和水平面的倾角不

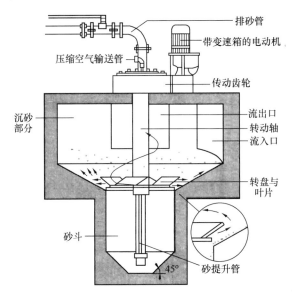

图 7.4.4　旋流沉砂池

应小于 55°。

7.4.7 沉砂池除砂宜采用机械方法，并经砂水分离后储存或外运。当采用人工排砂时，排砂管直径不应小于 200mm。排砂管应考虑防堵塞措施。

→沉砂池除砂一般采用砂泵或空气提升泵等机械方法，沉砂经砂水分离后，砂在贮砂池或晒砂场贮存或直接装车外运。由于排砂的不连续性，重力或机械排砂方法均会发生排砂管堵塞现象，在设计中应考虑水力冲洗等防堵塞措施。考虑到排砂管易堵塞，规定人工排砂时，排砂管直径不应小于 200mm。

　　问：沉砂池吸砂机有哪些类型？

　　答：《污水处理用沉砂池行车式吸砂机》CJ/T 522—2018。

　　4.1.1　吸砂机主要由行车、吸砂装置、驱动装置、刮渣装置、轨道、集电装置等组成。

　　4.1.2　吸砂机按吸砂方式分为泵吸式和气提式，按池型分为单格和双格。

　　4.1.3　单格泵吸式吸砂机结构形式示意图见图 7.4.7-1。

　　4.1.4　双检泵吸式砂机结构形式示意图见图 7.4.7-2。

　　4.1.5　单格气提式吸砂机结构形式示意图见图 7.4.7-3。

　　4.1.6　双格气提式吸砂机结构形式示意图见图 7.4.7-4。

　　问：平流沉砂池刮渣刮砂机有哪些？

　　答：《行车式提板刮渣刮砂机》JB/T 7257—2018。

本标准适用于水处理工程中平流沉砂池用刮除池底沉砂（泥）和表面漂浮物的行车式提板刮渣刮砂机。

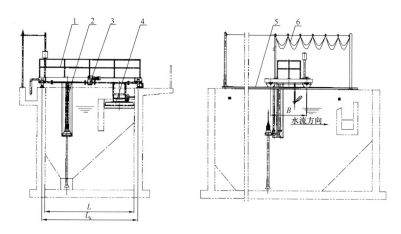

图 7.4.7-1 单格泵吸式吸砂机结构形式示意图

1—行车；2—吸砂装置；3—驱动装置；4—刮渣装置；5—轨道；6—集电装置；
L—沉砂池池宽；L_k—行车跨度；B—端梁轮距

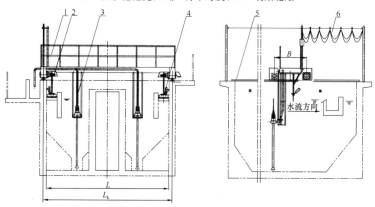

图 7.4.7-2 双格泵吸式吸砂机结构形式示意图

1—行车；2—驱动装置；3—吸砂装置；4—刮渣装置；5—轨道；6—集电装置；
L—沉砂池池宽；L_k—行车跨度；B—端梁轮距

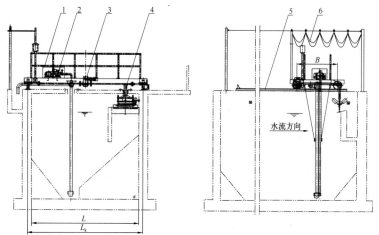

图 7.4.7-3 单格气提式吸砂机结构形式示意图

1—行车；2—气提装置；3—驱动装置；4—刮渣装置；5—轨道；6—集电装置；
L—沉砂池池宽；L_k—行车跨度；B—端梁轮距

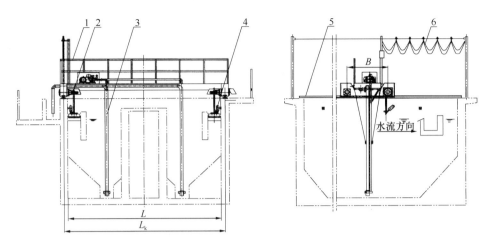

图 7.4.7-4 双格气提式吸砂机结构形式示意图

1—行车；2—驱动装置；3—气提装置；4—刮渣装置；5—轨道；6—集电装置；

L—沉砂池池宽；L_k—行车跨度；B—端梁轮距

行车式提板刮渣刮砂机由桁架、电控箱、行走机构、刮渣机构、刮砂机构、电控系统、限位装置等部件组成。外形示意图见图 7.4.7-5。

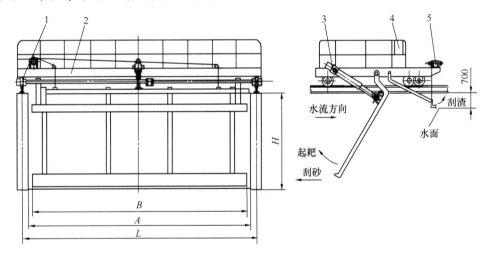

图 7.4.7-5 沉砂池提刮机外形示意图

1—行走机构；2—桁架；3—刮砂机构；4—电控箱；5—刮渣机构；

A—轮距；B—刮板长度；L—沉砂池宽度

问：污水厂旋流除砂装置有哪些？

答： 旋流除砂装置：利用水力和机械助力控制水流的流态与流速，并利用密度差和向心力原理，将含砂污水中砂粒沉淀、分离的污水预处理装置（以下简称除砂装置）。除砂装置主要由传动机构、搅拌轴、叶轮、吸砂头或砂泵等部件组成（见图 7.4.7-6）。气提排砂形式的搅拌轴采用空心轴，泵吸排砂形式的搅拌轴可采用空心轴或实心轴。参见《环境保护产品技术要求 旋流除砂装置》HJ 2538—2014。

砂水分离器示意图见图 7.4.7-7；螺旋洗砂机示意图见图 7.4.7-8、图 7.4.7-9。

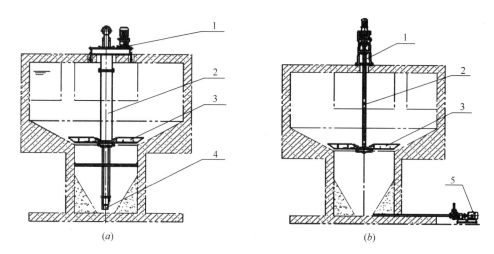

图 7.4.7-6 旋流除砂装置结构示意图

(a) 气提排砂旋流除砂装置结构示意图；(b) 泵吸排砂旋流除砂装置结构示意图
1—传动机构；2—搅拌轴；3—叶轮；4—吸砂组件；5—排砂管至砂泵

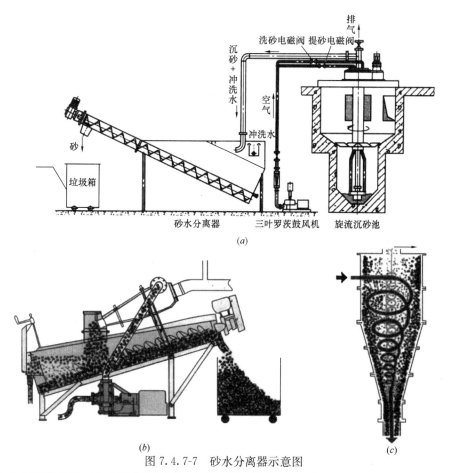

图 7.4.7-7 砂水分离器示意图

(a) 水力旋流洗砂器；(b) 螺旋砂水分离器（由威尔特种泵提供）；(c) 旋流沉砂器（由威尔特种泵提供）
注：砂水分离器可以有效地使砂砾上粘附的有机物与砂砾分离。

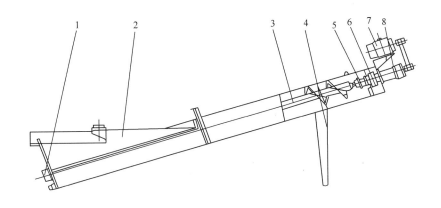

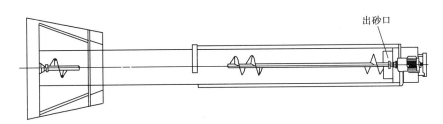

图 7.4.7-8 单螺旋洗砂机示意图

1—下轴承组件；2—水槽；3—螺旋轴；4—支腿；

5—上轴承组件；6—联轴器；7—电动机；8—减速器

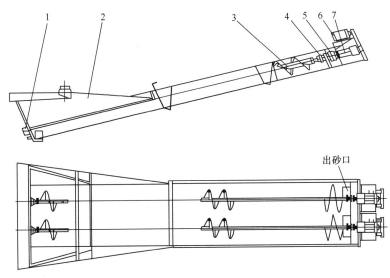

图 7.4.7-9 双螺旋洗砂机示意图

1—下轴承组件；2—水槽；3—螺旋轴；4—上轴承组件；

5—联轴器；6—电动机；7—减速器

问：什么类型的沉砂池排出的砂是清洁砂？

答：清洁砂指有机物含量低于 10% 的砂。平流沉砂池的主要缺点是沉砂中约夹杂有 15% 的有机物，使沉砂的后续处理难度增加，故常配洗砂机；曝气沉砂池、钟式沉砂池、多尔池沉砂中有机物含量低于 10%，能达到清洁砂的标准。

问：污水厂对沉砂颗粒的有机物含量的要求是什么？

答：沉砂池所沉颗粒应为较纯净的无机颗粒，特别是曝气沉砂池沉砂颗粒的有机物含量应很低。沉砂中有机物含量大于 30% 时极易腐败发臭。污水厂沉砂颗粒的有机物含量宜小于 30%。理由有两个：一是沉砂池的作用是去除粗大的无机砂粒，砂粒上有机物含量高需洗砂处理；二是砂粒上有机物含量高，会降低二级生物处理的有机物含量，不利用于二级处理。

问：如何比较平流沉砂池与曝气沉砂池？

答：1. 排砂清洁度不同

平流沉砂池排出的砂不是清洁砂。平流沉砂池本身不具备分离砂粒上有机物的能力，所以排出的砂粒必须进行专门的洗砂。

曝气沉砂池排出的砂是清洁砂。曝气沉砂池通过曝气形成水的旋流产生洗砂作用，提高除砂效率及有机物分离效率，故曝气沉砂池排出的砂有机物含量低，是清洁砂，不需配备洗砂机。

2. 除砂效率不同

当砂粒粒径大于 0.6mm 时，平流沉砂池的除砂效率远大于曝气沉砂池。

当砂粒粒径在 0.2mm～0.4mm 时，平流沉砂池仅能截留 34% 的砂粒，曝气沉砂池则能截留 66% 的砂粒。

3. 排砂方法不同

不同类型沉砂池排砂方法见表 7.4.7。

排砂方法 　　　　　　　　　　表 7.4.7

沉砂池类型	排砂方法	
	重力排砂法	机械排砂法
平流沉砂池	砂斗、贮砂罐	单口泵吸式排砂、链板排砂、抓斗排砂
曝气沉砂池、旋流沉砂池		机械刮砂、空气提升器排砂、泵吸排砂

注：大、中型污水厂应采用机械排砂法。

4. 洗砂设备需求不同

平流沉砂池排砂需清洗，曝气沉砂池排砂不需清洗。

问：如何选择污水厂沉砂池？

答：污水厂应设置沉砂设施。根据污水水质、工艺流程特点可选用平流沉砂池、旋流沉砂池、曝气沉砂池。当沉砂中含有较多有机物时，宜采用曝气沉砂池；当采用生物脱氮除磷工艺时，一般不宜采用曝气沉砂池（曝气沉砂池对污水有预曝气作用，影响除磷效果），宜采用机械除砂。

旋流沉砂池利用机械力控制水的流态与流速，加速砂粒的沉淀，有机物则被截留在污水中，具有沉砂效果好、占地省的优点，得到了广泛的应用。

7.5 沉 淀 池

Ⅰ 一 般 规 定

7.5.1 沉淀池的设计数据宜按表 7.5.1 的规定取值。合建式完全混合生物反应池沉淀区的表面水力负荷宜按本标准第7.6.15条的规定取值。

沉淀池的设计数据

表 7.5.1

沉淀池类型		沉淀时间（h）	表面水力负荷 [m³/(m²·h)]	每人每日污泥量 [g/(人·d)]	污泥含水率(%)	固体负荷 [kg/(m²·d)]
初次沉淀池		0.5～2.0	1.5～4.5	16～36	95.0～97.0	—
二次沉淀池	生物膜法后	1.5～4.0	1.0～2.0	10～26	96.0～98.0	≤150
	活性污泥法后	1.5～4.0	0.6～1.5	12～32	99.2～99.6	≤150

注：当二次沉淀池采用周边进水周边出水辐流沉淀池时，固体负荷不宜超过200kg/(m²·d)。

→本条了解以下内容：

1. 术语

沉淀：利用重力沉降作用去除水中悬浮物过程。

初次沉淀池：设在生物处理构筑物前的沉淀池。

二次沉淀池：设在生物处理构筑物后用于生物污泥与水分离的沉淀池。

自然沉淀：不投加混凝剂的沉淀过程。

混凝沉淀：投加混凝剂的沉淀过程。

平流沉淀池：污水沿水平方向流动，完成沉淀过程的构筑物。

竖流沉淀池：水流向上、颗粒向下沉降完成沉淀过程的构筑物。

辐流沉淀池：污水沿径向减速流动，使污水中的固体物沉降的水池。

斜管（板）沉淀池：水池中加斜管（板），使污水中的固体物高效沉降的沉淀池。

上向流斜管沉淀池：水流自下而上通过斜管完成沉淀过程的构筑物。

侧向流斜板沉淀池：水流由侧向通过斜板完成沉淀过程的构筑物。

2. 沉淀池的分类

（1）按位置和工艺要求不同分为：初次沉淀池和二次沉淀池。

（2）按沉淀池的运行方式分为：间歇式和连续式。

间歇式工作过程：进水、静止、沉淀、排水。污水中可沉淀的悬浮物在静止时完成沉淀过程，由设置在沉淀池池壁不同高度的排水管排出。

连续式工作过程：污水连续不断地流入与排出。污水中可沉颗粒的沉淀在流过水池时完成，这时可沉颗粒受到重力所造成的沉速与水流流动的速度两方面的作用。

（3）按池内水流方向不同分为：平流沉淀池、辐流沉淀池、竖流沉淀池。如图7.5.1-1所示。

（4）按去除原理分类

1）从物理化学角度分为：容积沉淀和表面沉淀两大类。

容积沉淀：指悬浮物在构筑物中从水体中逐渐沉到池底的过程，悬浮颗粒被去除的效率主要取决于它在水体中所处的位置，相同粒径的悬浮颗粒，处在水体表面和水体中部，被去除的概率是不同的，沉淀池和沉砂池就属于容积沉淀。

表面沉淀：指悬浮物从水体附着于构筑物中填料的表面而被去除的现象，悬浮颗粒被去除的效率不取决于颗粒在水中的位置，而主要取决于构筑物中填料的表面积，污水处理中的滤池过滤就属于表面沉淀。

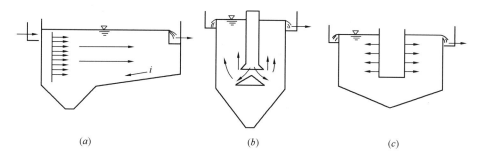

图 7.5.1-1　不同沉淀池池内水流方向示意图

(a) 平流沉淀池示意图；(b) 竖流沉淀池示意图；(c) 辐流沉淀池示意图

2) 容积沉淀按沉淀过程中悬浮颗粒间的相互关系，将悬浮颗粒在水中的沉淀分四大类：

自由沉淀（第一类）：平流沉砂池属于自由沉淀、初沉池沉淀初期是自由沉淀；

絮凝沉淀（第二类）：初沉池经短暂的自由沉淀后马上进入絮凝沉淀、活性污泥在二沉池的沉淀初期属于絮凝沉淀；

成层沉淀（第三类）：活性污泥在二沉池的沉淀中期、污泥浓缩池开始沉淀阶段属于成层沉淀；

压缩沉淀（第四类）：活性污泥在二沉池的沉淀后期和污泥在污泥浓缩池的重力浓缩都属于压缩沉淀。

问：初沉池与二沉池如何设计与校核？

答：1. 初沉池的设计与校核

7.1.5　4　初次沉淀池应按旱季设计流量设计，雨季设计流量校核，校核的沉淀时间不宜小于30min。

初沉池的设计：按表面水力负荷设计；校核：初沉池校核沉淀时间≥30min。

2. 二沉池的设计与校核

7.1.5　5　二级处理构筑物应按旱季设计流量设计，雨季设计流量校核。

二沉池的设计：按表面水力负荷设计。

二沉池的校核：按固体表面负荷校核。

提示：二沉池的两项负荷的意义

(1) 表面水力负荷[$m^3/(m^2 \cdot h)$]：水处理构筑物单位时间内单位面积所通过的水量，又称液面负荷。用表面水力负荷保证出水水质良好。

(2) 固体负荷[$kg/(m^2 \cdot d)$]：用固体负荷保证污泥在二次沉淀池中得到足够的浓缩，以便供给生物反应池所需回流污泥来维持生物反应池微生物量的稳定，保证良好的运行效果。

二沉池中污泥沉淀过程示意图见图7.5.1-2。

7.5.2　沉淀池的超高不应小于0.3m。

→沉淀池设置超高是为未预见水量留出空间。

7.5.3　沉淀池的有效水深宜采用2.0m～4.0m。

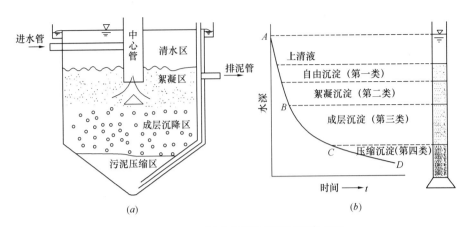

图 7.5.1-2　二沉池中污泥沉淀过程示意图

（a）二沉池中污泥分区；（b）活性污泥在二沉池中的沉淀过程

→沉淀池规定池深的原因：沉淀池的沉淀效率由沉淀池的表面积决定，与池深无多大关系，因此宁可采用浅池。但实际上若水池过浅，则因水流会引起污泥的扰动，使污泥上浮。另外，温度、风等外界影响也会使沉淀效率降低。若水池过深，会造成投资增加。有效水深一般以 2.0m～4.0m 为宜。辐流沉淀池有效水深指池边水深。

有效水深（h）＝表面水力负荷（q）×沉淀时间（t），即 $h = q \cdot t$。

7.5.4　当采用污泥斗排泥时，每个污泥斗均应设单独的阀门（或闸门）和排泥管。污泥斗斜壁和水平面的倾角，方斗宜为 60°，圆斗宜为 55°。

→泥斗规定角度主要是为了排泥顺畅；每个泥斗分别设闸阀和排泥管，目的是便于控制排泥。

7.5.5　初次沉淀池的污泥区容积，除设机械排泥的宜按 4h 的污泥量计算外，其余宜按不大于 2d 的污泥量计算。活性污泥法处理后的二次沉淀池污泥区容积，宜按不大于 2h 的污泥量计算，并应有连续排泥措施；生物膜法处理后的二次沉淀池污泥区容积，宜按 4h 的污泥量计算。

→污泥区容积包括污泥斗和池底贮泥部分的容积。

7.5.6　排泥管的直径不应小于 200mm。

7.5.7　当采用静水压力排泥时，初次沉淀池的静水头不应小于 1.5m；二次沉淀池的静水头，生物膜法处理后不应小于 1.2m，活性污泥法处理池后不应小于 0.9m。

问：为什么初沉池和二沉池排泥的静水压力不同？

答：根据本标准表 7.5.1 可知，初沉池污泥含水率 95%～97%，生物膜法污泥含水率 96%～98%，活性污泥法污泥含水率 99.2%～99.6%。因为初沉污泥和二沉污泥的含水率不同，污泥含水率越高，排泥越容易，所以静水压力大小由排泥的难易度而定。

沉淀池排泥方式见表7.5.7。

沉淀池排泥方式 表 7.5.7

排泥方式	沉淀池污泥区容积		
	初沉池	二沉池	
		活性污泥法	生物膜法
机械排泥	4h	≤2h	4h
重力排泥、静水压力排泥	≤2d	≤2h	4h

7.5.8 初次沉淀池的出口堰最大负荷不宜大于 2.9L/(s·m)；二次沉淀池的出水堰最大负荷不宜大于 1.7L/(s·m)，当二次沉淀池采用周边进水周边出水辐流沉淀池时，出水堰最大负荷可适当放大。

问：如何控制沉淀池出口堰负荷？

答： 出水堰负荷指单位出水堰长度单位时间内通过的水量，单位为 L/(s·m)。

周边进水周边出水辐流沉淀池由于表面水力负荷较高，出水槽一般采用单侧集水的形式，因此出水堰负荷较高。《给水排水设计手册5》P287：周进周出辐流式沉淀池，与中心进水周边出水的辐流式沉淀池相比，其设计表面负荷和出水堰负荷均可提高 1 倍左右。

当沉淀池的出水堰负荷超过规定的出水堰最大负荷时，可增加出水堰长度或出水堰可采用多槽沿程布置。平流沉淀池出口堰布置形式见图7.5.8。

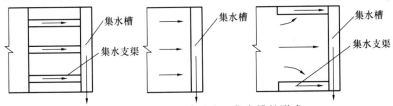

图 7.5.8 平流沉淀池出口集水槽的形式

7.5.9 沉淀池应设置浮渣的撇除、输送和处置设施。

→初次沉淀池和二次沉淀池出流处会有浮渣积聚，为防止浮渣随出水溢出，影响出水水质，应设撇除、输送和处置设施。挡渣板应高出水面 0.15m～0.2m，浸没在水面下 0.3m～0.4m，距出水口处 0.25m～0.5m。挡渣板、堰口和潜水出水孔示意图见图7.5.9。

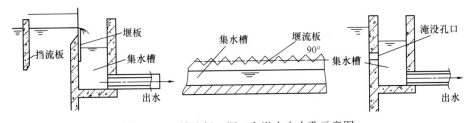

图 7.5.9 挡渣板、堰口和潜水出水孔示意图

Ⅱ 沉 淀 池

7.5.10 平流沉淀池的设计应符合下列规定：

1 每格长度和宽度之比不宜小于 4，长度和有效水深之比不宜小于 8，池长不宜大于 60m。

2 宜采用机械排泥，排泥机械的行进速度宜为 0.3m/min～1.2m/min。

3 非机械排泥时，缓冲层高度宜为 0.5m；机械排泥时，缓冲层高度应根据刮泥板高度确定，且缓冲层上缘宜高出刮泥板 0.3m。

4 池底纵坡不宜小于 0.01。

→本条了解以下内容：

1. 长宽比和长深比：平流沉淀池长宽比过小，水流不易均匀平稳，过大会增加池中水平流速，二者都影响沉淀效率。长宽比不宜小于 4，以 4～5 为宜；长深比不宜小于 8，以 8～12 为宜；池长不宜大于 60m。

提示：长宽比指每格长度与宽度之比，长深比指长度与有效水深的比值。

2. 排泥装置与方法

（1）静水压力法：利用池内静水位，将污泥排出池外。排泥管直径 200mm，下端插入污泥斗，上端伸出水面，方便清通排泥管。为了减小沉淀池深度，可采用多斗排泥。当采用多斗排泥时，污泥斗平面呈正方形或近似正方形的矩形，排数一般不宜多于两排。如图 7.5.10-1 所示。

（2）机械刮泥排泥：链带式刮泥机或行走小车刮泥机。链带刮板式的行进速度一般为 0.3m/min～1.2m/min，通常为 0.6m/min。机械排泥主要用于初沉池。平流式二沉池可采用静水压力法和单口扫描泵吸排。采用机械排泥平流沉淀池可做成平底，使池深大大减小，降低工程造价。如图 7.5.10-2～图 7.5.10-4 所示。

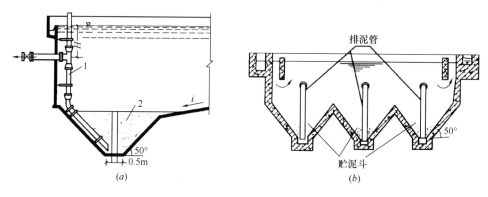

图 7.5.10-1　平流沉淀池静水压力排泥

（a）单斗；（b）多斗

1—排泥管；2—贮泥斗

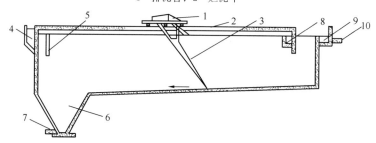

图 7.5.10-2　平流沉淀池行车刮泥机重力排泥

1—刮泥行车；2—刮渣板；3—刮泥板；4—进水槽；5—挡流墙

6—泥斗；7—排泥管；8—浮渣槽；9—出水槽；10—出水管

3. 缓冲层的作用是避免已沉淀污泥被水流搅起，并缓解冲击负荷。非机械排泥时，缓冲层高度宜为 0.5m；机械排泥时，缓冲层高度应根据刮泥板高度确定，且缓冲层上缘

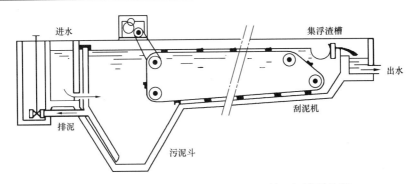

图 7.5.10-3 平流沉淀池链式刮泥机（单口扫描泵吸排）

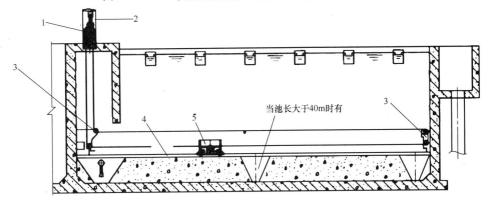

图 7.5.10-4 水下单轨刮泥机结构形式

1—钢丝绳驱动机构；2—户外控制柜；3—钢丝绳过渡轮；4—轨道；5—台车式刮泥器

注：《水下单轨刮泥机》JB/T 12913—2016。适用于各类给水排水系统中矩形
沉淀池池底刮泥用钢丝绳牵引式水下单轨刮泥机。

宜高出刮泥板 0.3m。

4. 池底纵坡的要求：设刮泥机时池底纵坡不宜小于 0.01。《日本下水道指南》规定为 0.01～0.02。

5. 平流沉淀池进水整流措施：为了使污水均匀、稳定地进入沉淀池，进水区应有消能和整流措施（见图 7.5.10-5）。入流处的挡板，一般高出池水水面 0.15m～0.2m，挡板

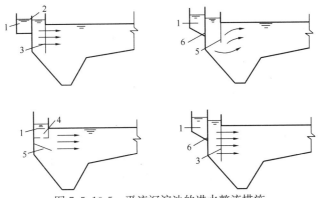

图 7.5.10-5 平流沉淀池的进水整流措施

1—进水槽；2—溢流堰；3—穿孔整流板；4—底孔；5—挡流板；6—潜孔

的浸没深度应不小于 0.25m，一般采用 0.5m～1.0m，挡板距流入槽 0.5m～1.0m。

6. 平流沉淀池的设计与校核：按表面水力负荷设计平流沉淀池时，可按水平流速进行校核。平流沉淀池的最大水平流速：初次沉淀池为 7mm/s，二次沉淀池为 5mm/s。

7.5.11 竖流沉淀池的设计应符合下列规定：

1 水池直径（或正方形的一边）和有效水深之比不宜大于 3；

2 中心管内流速不宜大于 30mm/s；

3 中心管下口应设有喇叭口和反射板，板底面距泥面不宜小于 0.3m。

→本条了解以下内容：

1. 池型与池径：可用圆形或正方形。为了使池内水流分布均匀，池径不宜太大，一般采用 4m～7m，不大于 10m。当池子直径（或正方形一边）小于 7m 时，澄清废水沿池周边流出；当池子直径大于 7m 时，应增设辐射式集水支渠。如图 7.5.11 所示。

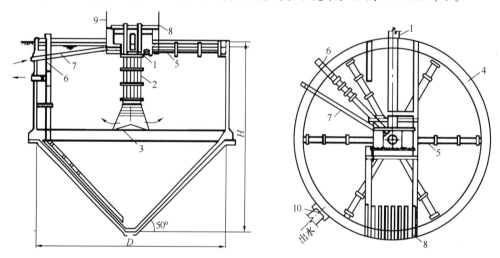

图 7.5.11　设有辐射式集水支渠的竖流沉淀池
1—进水槽；2—中心进水管；3—反射板；4—集水槽；5—集水支渠；
6—排泥管；7—浮渣管；8—盖板；9—栏杆；10—闸门

2. 径深比：指竖流沉淀池直径（或正方形的一边）与有效水深之比。为了使水流在竖流沉淀池内分布均匀，竖流沉淀池直径（或正方形的一边）与有效水深之比不宜大于 3。

3. 中心管内流速不宜大于 30mm/s，以防止水流冲击影响沉淀区的沉淀作用。

4. 中心管下口设喇叭口和反射板，以消除进入沉淀区的水流能量，保证沉淀效果。

7.5.12 辐流沉淀池的设计应符合下列规定：

1 水池直径(或正方形的一边)和有效水深之比宜为 6～12，水池直径不宜大于 50m。

2 宜采用机械排泥，排泥机械旋转速度宜为 1r/h～3r/h，刮泥板的外缘线速度不宜大于 3m/min。当水池直径（或正方形的一边）较小时也可采用多斗排泥。

3 缓冲层高度，非机械排泥时宜为 0.5m；机械排泥时，应根据刮泥板高度确定，且缓冲层上缘宜高出刮泥板 0.3m。

4 坡向泥斗的底坡不宜小于 0.05。

5 周边进水周边出水辐流沉淀池应保证进水渠的均匀配水。

→本条了解以下内容：

1. 池型：采用圆形或正方形。

2. 径深比：池子直径（或正方形的一边）与有效水深的比值，宜为6～12；池子直径不宜小于16m。为减少风对沉淀效果的影响，池径宜小于50m。

3. 排泥方式：可采用静水压力或污泥泵排泥。一般采用机械刮泥，当池子直径小于20m时，一般采用中心传动的刮泥机，当池子直径大于20m时，一般采用周边传动的刮泥机。二沉池也可采用刮吸泥机。二沉池污泥含水率高，可采用静水压力法排泥。当池子直径较小，且无配套的排泥机械时，可考虑多斗排泥，但管理较麻烦。排泥机械旋转速度为1r/h～3r/h，刮泥板的外缘线速度不大于3m/min，一般采用1.5m/min。

4. 辐流式沉淀池取半径$\frac{1}{2}$处水流断面作为计算断面

问：普通辐流沉淀池和向心辐流沉淀池沉淀效率是多少？

答：1. 普通辐流沉淀池呈圆形或正方形，直径（或边长）为6m～60m，最大可达100m，池周水深1.5m～3.0m，用机械排泥，池底坡度不小于0.05。普通辐流沉淀池中心进水周边出水，中心传动装置排泥（见图7.5.12-1）。池的容积利用系数较小，约为48%。

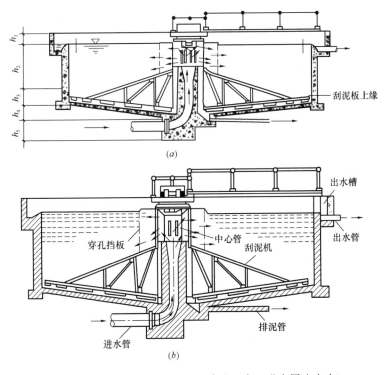

图 7.5.12-1 普通辐流沉淀池（中心进水周边出水）

(a) 普通辐流沉淀池高度组成示意图；(b) 普通辐流沉淀池结构示意图

普通辐流沉淀池又称中心进水周边出水辐流沉淀池。中心导流筒内流速较大，可达100mm/s，当作为二沉池时，活性污泥在中心导流筒内难以絮凝，并且这股水流向下流动时的动能较大，易冲击池底沉泥。

　　向心辐流沉淀池流入区设在池周边，流出槽设在池中心部位 $R/4$、$R/3$、$R/2$、R 处，也称为周边进水周边出水向心辐流沉淀池或周边进水周边出水向心辐流沉淀池（见图7.5.12-2、图7.5.12-3）。

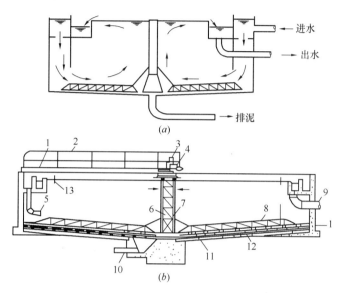

图 7.5.12-2　向心辐流沉淀池（一）（周边进水周边出水）
(*a*) 形式一；(*b*) 形式二
1—工作桥；2—栏杆；3—传动装置；4—转盘；5—布水管；6—中心支架；7—传动器罩；
8—桁架式耙架；9—出水管；10—排泥管；11—刮泥板；12—可调节的橡皮刮板；13—浮渣挡板

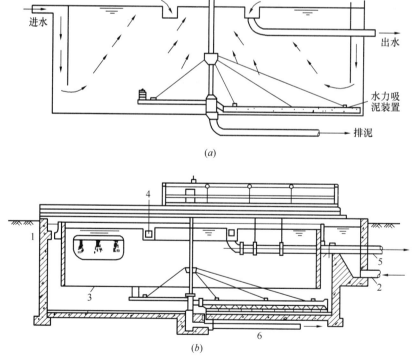

图 7.5.12-3　向心辐流沉淀池（二）（周边进水周边出水）
(*a*) 形式一；(*b*) 形式二
1—进水槽；2—进水管；3—挡板；4—出水槽；5—出水管；6—排泥管

2. 向心辐流沉淀池周边进水周边出水。按出水流出槽距池中心的距离（R、$R/2$、$R/3$、$R/4$），其沉淀效率即容积利用系数见表 7.5.12-1、沉淀池高度组成见表 7.5.12-2。

向心辐流沉淀池流出槽位置不同的容积利用系数　　　　表 7.5.12-1

流出槽位置	容积利用系数（%）	流出槽位置	容积利用系数（%）
R	93.6	$R/3$	87.5
$R/2$	79.7	$R/4$	85.7

沉淀池高度组成　　　　表 7.5.12-2

沉淀池高度 h 组成	高度规定
超高 h_1	7.5.2 沉淀池的超高不应小于 0.3m
有效水深 h_2	7.5.3 沉淀池的有效水深宜采用 2.0m～4.0m
缓冲层高度 h_3	7.5.10/12 缓冲层高度，非机械排泥时宜为 0.5m；机械排泥时，应根据刮泥板高度确定，且缓冲层上缘宜高出刮泥板 0.3m
池底坡落差 h_4	7.5.10　4　池底纵坡不宜小于 0.01； 7.5.12　4　坡向泥斗的底坡不宜小于 0.05
泥斗高 h_5	7.5.4　当采用污泥斗排泥时，每个污泥斗均应设单独的闸阀（或闸门）和排泥管。污泥斗斜壁和水平面的倾角，方斗宜为 60°，圆斗宜为 55°

问：如何按结构形式划分辐流沉淀池周边传动刮泥机？

答：《水处理用辐流沉淀池周边传动刮泥机》CJ/T 523—2018。

刮泥机由桥架、中心旋转支座、集电装置、导流筒、刮板、旋转桁架、撇渣装置、驱动装置等组成。刮泥机按结构形式分为全桥式、半桥式和 3/4 桥式，如图 7.5.12-4 所示。

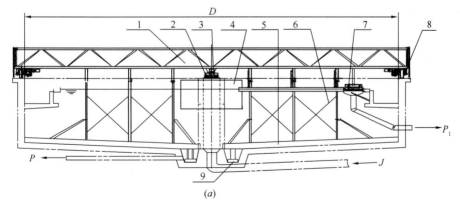

(a)

图 7.5.12-4　辐流沉淀池周边传动刮泥机示意图（一）

(a) 全桥式刮泥机结构示意图；

1—桥架；2—中心旋转支座；3—集电装置；4—导流筒；5—刮板；6—旋转桁架；

7—撇渣装置；8—驱动装置；9—泥斗刮板；

D—沉淀池直径；J—进水；P—排泥；P_1—排渣

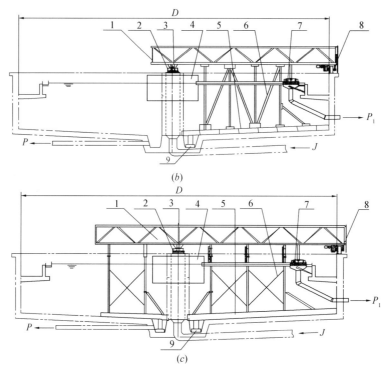

图 7.5.12-4　辐流沉淀池周边传动刮泥机示意图（二）
（b）半桥式刮泥机结构示意图；（c）3/4 桥式刮泥机结构示意图
1—桥架；2—中心旋转支座；3—集电装置；4—导流筒；5—刮板；6—旋转桁架；
7—撇渣装置；8—驱动装置；9—泥斗刮板；
D—沉淀池直径；J—进水；P—排泥；P_1—排渣

问：沉淀池吸泥机示意图是什么？

答：吸泥机指利用虹吸、泵吸或水位差原理通过吸管排除池底沉淀污泥的机械设备（见图 7.5.12-5～图 7.5.12-8）。沉淀池吸泥机设计参见《吸泥机 技术条件》JB/T 8696—

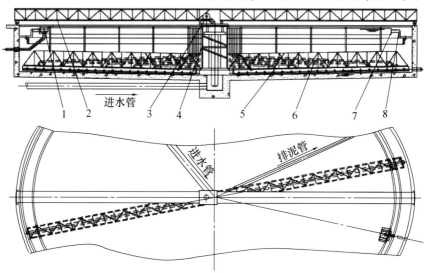

图 7.5.12-5　中心传动式吸泥机结构示意图
1—排渣斗；2—工作桥；3—驱动装置；4—中心泥缸；5—吸泥嘴；6—吸泥管；7—浮渣挡板；8—堰板

2013。沉淀池排泥机械分类见表7.5.12-3。

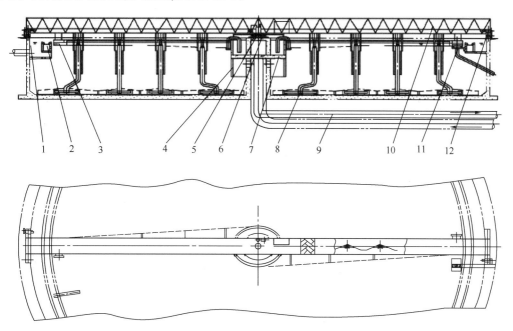

图 7.5.12-6　周边传动式吸泥机结构示意图

1、12—驱动装置；2—堰槽；3—浮渣刮板；4—稳流筒；5—中心支座；

6—流量调节阀；7—中心泥缸；8—吸泥管；9—排泥管；10—工作桥；11—排渣斗

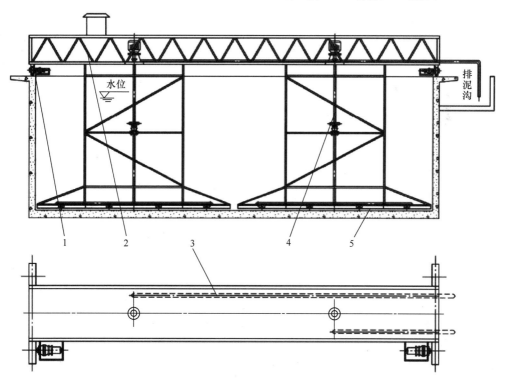

图 7.5.12-7　桁架式吸泥机结构示意图

1—驱动装置；2—工作桥；3—吸泥管系统；4—吸泥系统；5—吸泥板

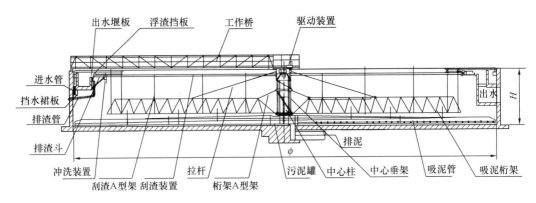

图 7.5.12-8 中心传动单管吸泥机结构示意图

注：中心传动单管吸泥机适用于池径较大的给水排水工程中的周边进水周边出水辐流沉淀池的排泥。

沉淀池排泥机械分类　　　　　　　　　　　　表 7.5.12-3

沉淀池类型	排泥机械分类			
平流式	行车式	吸泥机	泵吸式	单管扫描式
				多管并列式
			虹吸式	
			虹吸泵吸式	
		刮泥机	翻板式	
			提板式	
	链板式		单列链式	
			双列链式	
	螺旋输送式			
	往复式刮泥机			
辐流式	中心传动式	垂架式	刮泥机	双刮臂式
				四刮臂式
			吸泥机	水位差自吸式
				虹吸式
				空气提升式
		悬挂式		
	周边传动式	刮泥机		
		吸泥机		

Ⅲ　斜管（板）沉淀池

7.5.13 当需要挖掘原有沉淀池潜力或建造沉淀池面积受限制时，通过技术经济比较，可采用斜管（板）沉淀池。

→斜板（管）沉淀池具有去除效率高、停留时间短、占地面积小等优点，在给水工程中广泛应用。在污水处理中常用于以下两个方面：

1. 原有污水厂的挖潜或扩大处理能力改造时采用；

2. 污水厂的占地受到限制时，可考虑作为初沉池使用，但不宜作为二沉池使用。

斜板沉淀池结构形式见图 7.5.13。

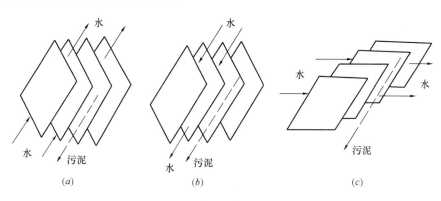

图 7.5.13　斜板沉淀池结构形式
(a) 异向流；(b) 同向流；(c) 横向流

7.5.14　升流式异向流斜管（板）沉淀池的表面水力负荷，可按普通沉淀池表面水力负荷的 2 倍计；但对于斜管（板）二次沉淀池，尚应以固体负荷核算。

→根据理论计算，升流式异向流斜管（板）沉淀池的表面水力负荷可比普通沉淀池大几倍，但国内污水厂多年生产运行实践表明，升流式异向流斜管（板）沉淀池的设计表面水力负荷不宜过大，否则沉淀效果不稳定，宜按普通沉淀池设计表面水力负荷的 2 倍计。斜管（板）二次沉淀池的沉淀效果不太稳定，为防止泛泥，对于斜管（板）二次沉淀池，应以固体负荷核算（一般在平均水力负荷及平均混合液浓度时，不大于 190kg/(m² · d)）。

升流式斜板沉淀池如图 7.5.14-1 所示；升流式异向流斜板沉淀池的两种形式如图 7.5.14 -2 所示。

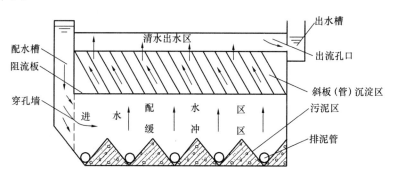

图 7.5.14-1　升流式斜板沉淀池

7.5.15　升流式异向流斜管（板）沉淀池的设计应符合下列规定：

1　斜管孔径（或斜板净距）宜为 80mm～100mm；

2　斜管（板）斜长宜为 1.0m～1.2m；

3　斜管（板）水平倾角宜为 60°；

4　斜管（板）区上部水深宜为 0.7m～1.0m；

5　斜管（板）区底部缓冲层高度宜为 1.0m。

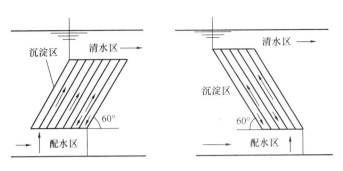

图 7.5.14-2　升流式异向流斜板沉淀池的两种形式

7.5.16　斜管（板）沉淀池应设置冲洗设施。

→斜管内和斜板上有积泥现象，为保证斜管（板）沉淀池的正常稳定运行，应设冲洗设施。

　　问：不同池型初次沉淀池有哪些优缺点？

　　答：按照初次沉淀池的形状和水流特点，国内通常将初次沉淀池分为平流式、竖流式、辐流式及斜板（管）式四种（四种初次沉淀池的优缺点和适用条件比较见表7.5.16）。每种沉淀池均包含进水区、沉淀区、缓冲区、污泥区和出水区五个区。如图7.5.16-1所示。

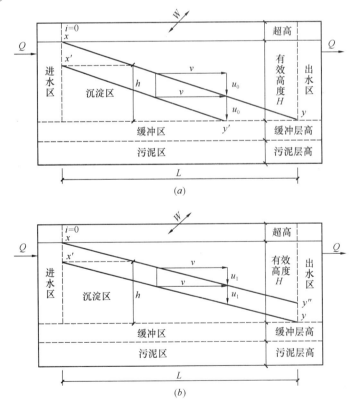

图 7.5.16-1　理想平流沉淀池示意图

（a）颗粒沉速 $u_i \geqslant u_0$；（b）颗粒沉速 $u_i < u_0$

进水区、出水区的功能是使水流的进入与流出保持平稳，以提高沉淀效率。

沉淀区是进行沉淀的主要场所。

污泥区是贮存、浓缩与排放污泥的场所（斜管（板）沉淀池吸泥机结构示意图见图7.5.16-2）。

缓冲区的作用是避免水流带走沉在池底的污泥。

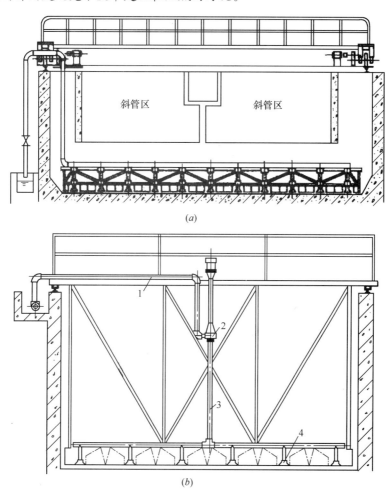

(a)

(b)

图7.5.16-2 斜管（板）沉淀池吸泥机结构示意图

（a）斜管（板）沉淀池虹吸吸泥机总体结构示意图；（b）泵吸式吸泥管路布置

1—出水管；2—吸泥泵；3—进水管；4—吸口

四种初次沉淀池的优缺点和适用条件比较　　　　　　　　表 7.5.16

池型	优点	缺点	适用条件
平流式	1. 沉淀效果好； 2. 对冲击负荷和温度变化的适应能力较强； 3. 施工方便； 4. 多个池子易于组合为一体，可节省占地面积	1. 池子配水不易均匀； 2. 采用多斗排泥，每个斗需单独设排泥管各自排泥，操作工作量大；采用链带式刮泥机排泥时，链带的支承件和驱动件都浸于水中，易锈蚀	1. 适用于地下水位高及地质条件差的地区； 2. 适用于大、中、小型污水厂

续表

池型	优点	缺点	适用条件
竖流式	1. 无机械刮泥设备，排泥方便，管理简单； 2. 占地面积较小	1. 池子深度大，施工困难； 2. 对冲击负荷和温度变化的适应能力较差； 3. 造价较高； 4. 池径不宜过大，否则布水不匀	适用于处理水量不大的小型污水厂（单池容积小于 1000m³）
辐流式	1. 多为机械排泥，运行较好，管理方便； 2. 机械刮排泥设备有定型产品； 3. 结构受力条件好	1. 占地面积大； 2. 机械排泥设备复杂，对施工质量要求高	1. 适用于地下水位较高及工程地质条件较差的地区； 2. 适用于大、中型污水厂
斜管（板）式	1. 沉淀效率高、停留时间短； 2. 占地面积较小	1. 斜管（板）设备在一定条件下有滋生藻类的问题，维护管理不便； 2. 排泥有一定困难	适用于城市污水厂的初沉池

问：提高沉淀池沉淀效果的有效途径是什么？

答：提高沉淀池沉淀效果的有效途径：

1. 在沉淀区增设斜管（板）提高沉淀池的分离效果和处理能力。

2. 对污水进行曝气搅动，并回流部分活性污泥。

曝气搅动是利用气泡的搅动促使污水中的悬浮颗粒相互作用，产生自然絮凝。采用这种预曝气方法，可使沉淀效率提高 5%～8%，每立方米污水的曝气量约 0.5m³。预曝气方法一般应在专设的构筑物（预曝气池或生物絮凝池）内进行。

将剩余活性污泥投加到入流污水中，利用污泥的活性，产生吸附与絮凝作用，这一过程称为生物絮凝。采用这种方法，可以使沉淀效率比原来提高 10%～15%，BOD_5 的去除率也能提高 15% 以上，活性污泥的投加量一般在 100mg/L～400mg/L 之间。

在工业废水处理中，由于水质水量的不均匀性，一般均须设置废水调节池，在调节池中布置一些曝气设备，可以有效提高废水的处理程度，而且还可以防止污泥在调节池中沉积。

Ⅳ 高效沉淀池

7.5.17 高效沉淀池表面水力负荷宜为 $6m^3/(m^2 \cdot h)$～$13m^3/(m^2 \cdot h)$。混合时间宜为 0.5min～2.0min，絮凝时间宜为 8min～15min。污泥回流量宜占进水量的 3%～6%。

→高效沉淀池：通过污水与回流污泥混合、絮凝增大悬浮物尺寸或添加砂、磁粉等重介质提高絮凝体密度，以加速沉降的水池。

沉淀污泥有一定的凝聚性能，回流污泥颗粒能够增加絮凝体的沉降速度，同时污泥中生物絮体的絮凝吸附作用能够较大程度地提高污染物的去除率，同时可以避免过量投加药剂。污泥循环一般采用污泥泵从泥斗中抽取污泥回流至絮凝池的方式。

　　根据国内生产实践经验，通过废水与回流污泥混合、絮凝增大悬浮物尺寸的高效沉淀池，用于深度处理工艺时，表面水力负荷宜为 $6m^3/(m^2 \cdot h) \sim 13m^3/(m^2 \cdot h)$；用于一级强化处理工艺时，表面水力负荷可以适当提高。当高效沉淀池通过添加砂、磁粉等重介质增强絮凝效果时，表面水力负荷也可适当提高，见图7.5.17。

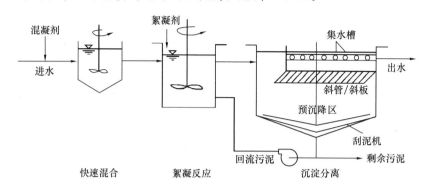

图 7.5.17　高效沉淀池工艺流程图

7.6 活 性 污 泥 法

7.6-1　术语

　　活性污泥：生物反应池中繁殖的含有各种微生物群体的絮状体。

　　活性污泥法：污水生物处理的一种方法。该方法是在人工条件下，对污水中微生物群体进行连续混合和培养，形成悬浮状态的活性污泥，分解去除污水中的有机污染物，并使污泥与水分离，部分污泥回流至生物反应池，多余部分作为剩余污泥排出活性污泥系统。

7.6-2　活性污泥形态

　　活性污泥法是以活性污泥微生物为主体的污水处理技术，就是通过活性污泥中的微生物吃掉污水中的有机物来处理污水。发育良好的活性污泥在外观上是一种黄褐色的絮凝体，活性污泥絮凝体是以丝状菌为骨架，由千万个细菌为主体结合而形成的菌胶团颗粒。只有在菌胶团发育正常的条件下，活性污泥絮凝体才能很好的形成，其对周围的有机污染物的吸附功能以及絮凝、沉降性能才能够得到正常的发挥。

　　活性污泥含水率在99%以上，其相对密度则因含水率不同而异，介于1.002~1.006。活性污泥的固体物质仅占1%以下，由无机成分+有机成分组成。

　　有机成分：微生物群体+入流污水带入的有机固体物质。

　　无机成分：全部由入流污水带入，至于微生物体内存在的无机盐类由于数量极少可不计。

7.6-3　活性污泥四大组成物质

　　1. 有代谢功能的微生物群体（M_a），属于有机物。

　　2. 微生物（主要是细菌）内源代谢、自身氧化的残留物（M_e），属于难降解有机物质。

　　3. 污水带入的难以降解的惰性有机物（M_i），属于难降解有机物质。

　　4. 污水带入的无机物质（M_{ii}）。

　　活性污泥的四大组成物质见表7.6-1。

活性污泥的四大组成物质　　　　　　　　　　表 7.6-1

活性污泥四大组成物质	ΔX_V	ΔX
M_a	MLVSS	MLSS
M_e		
M_i		
M_{ii}		

注：SS 可能是有机物、无机物或既含有机物也含无机物；而 M_{ii} 是污水带入的无机物。

7.6-4　活性污泥微生物组成

1. 细菌：以异养型的原核生物为主，是活性污泥降解有机物的主要微生物。

2. 真菌：与活性污泥相关的真菌是微小腐生或寄生的丝状菌，真菌具有分解碳水化合物、脂肪、蛋白质及其他含氮化合物的功能，但大量增殖会引发污泥膨胀，丝状菌的异常增殖是活性污泥膨胀的主要诱因之一。真菌也能大量降解有机物，但在活性污泥法中要控制丝状菌以防污泥膨胀的发生。

3. 原生动物：称为活性污泥系统的指示性生物。能判断处理水质的优与劣。肉足类（根足纲、辐足纲）、鞭毛类（植物性、动物性）纤毛类（游泳型、固着型）。

4. 后生动物：（主要指轮虫）仅在处理水质优异的完全氧化型活性污泥系统（如延时曝气系统）中出现，轮虫是水质非常稳定的标志。

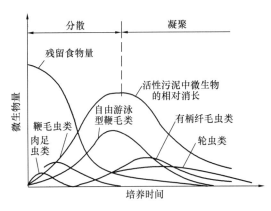

图 7.6-1　原生动物在活性污泥反应过程中数量与种类的增长与递变

在活性污泥启动初期，活性污泥未得到良好的培育，混合液中游离细菌居多，处理水质欠佳，此时出现的原生动物，最初为肉足虫类（如变形虫）占优势，继之出现的则是游泳型纤毛虫，如豆形虫、肾形虫、草履虫等。当活性污泥培养成熟时，结构良好，活性较强，混合液中的细菌聚居在活性污泥上，处理水水质良好，此时出现的原生动物以带柄固着型的纤毛虫（钟虫、等枝虫、独缩虫、聚缩虫和盖纤虫等）为主，是活性污泥培养成熟的标志。如图 7.6-1 所示。——《排水工程》下册（第五版）。

问：为什么原生动物可以作为活性污泥系统的指示性生物？

答：原生动物个体比细菌大，生态特点也容易在显微镜下观察，而且不同种类的原生动物都有各自所需的生存条件，所以哪一类原生动物占优势，也就反映出相应的水质状况。国内外都用原生动物作为污水处理的指示性生物，并利用原生动物的变化来了解污水处理效果及污水处理运转是否正常。这是由于原生动物的生存条件比细菌更苛刻，当水质或工艺参数发生变化时，原生动物的种类和数量也要发生变化；原生动物对环境条件的变化较敏感，因此，可借助原生动物变化情况来衡量污水处理情况。

1. 数量多。原生动物在污水中的数量常占微型动物的 95％以上，捕食游离细菌，原生动物可作为指示生物反映污水处理的净化程度。

2. 对环境变化敏感。由于不同种类的原生动物对环境条件的要求不同，对环境变化的敏感程度也不同，所以可以利用原生动物种群的生长情况，判断生物处理构筑物的运转情况及污水净化的效果。

3. 形体大易于观察。原生动物的形体比细菌大得多，用低倍显微镜即可观察，因此以原生动物作为指示生物是方便的。

4. 与细菌生长条件相近。原生动物生长适宜的 pH 范围与细菌和藻类相仿，但很多原生动物对于毒物的影响比细菌敏感，所以在污水生物处理中根据原生动物的变化情况，常可在细菌受到影响之前采取适当的措施。

一般情况下，原生动物的种类和数量在活性污泥培养中按一定的顺序进行，在运行期间，曝气池中常出现鞭毛虫和肉足虫，若钟虫出现且数量较多，则说明活性污泥已成熟，充氧正常。在正常运行的曝气池中，如果固着型纤毛虫减少，游泳型纤毛虫突然增多，表明处理效果将变坏。但要注意原生动物只能起辅助分析的作用。

7.6-5 微生物的生长规律

微生物的增殖规律一般用增殖曲线来表示。活性污泥增殖曲线表示某些关键性的环境因素，如温度一定、溶解氧含量充足等情况下，营养物质一次充分投加时，活性污泥微生物总量随时间的变化规律。活性污泥处理过程中存在多种属微生物群体，其增殖规律复杂，但其增殖规律的总趋势仍与纯种微生物相同，故纯种微生物的增殖曲线可作为活性污泥多种属微生物增殖规律的范例。

微生物生长可分为 4 个生长期（见图 7.6-2）。

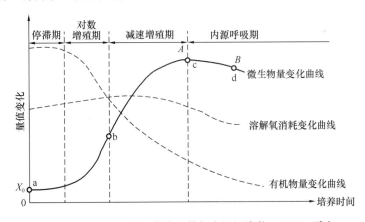

图 7.6-2　活性污泥增长曲线及其与有机污染物（BOD）降解、
氧利用速率的关系

1. 适应期（调整期或停滞期）。

如果活性污泥被接种到与原来生长条件不同的废水中（营养类型发生变化，污泥培养驯化阶段），或污水厂因故障中断运行后再运行，则可能出现停滞期。这种情况下，污泥需经过若干时间的停滞后才能适应新的废水，或从衰老状态恢复到正常状态。停滞期是否存在或停滞期的长短，与接种活性污泥的数量、废水性质、生长条件等因素有关。接种量适中，群体菌龄小，营养和环境条件均适宜，则停滞期就短；世代时间短的细菌，其停滞期也短。注意：适应期不是必不可少的。一般情况下适应期是存在的，特别是对新投入运行的曝气池。

2. 对数增殖期（增殖旺盛期、等速增殖期）。

当废水中有机物浓度高，且培养条件适宜时，则活性污泥可能处于对数增殖期。处于对数增殖期的污泥絮凝性较差，呈分散状态，镜检能看到较多的游离细菌，混合液沉淀后其上层液浑浊，含有机物浓度较高，活性强不易沉淀，用滤纸过滤时，滤速很慢。对数增殖期活性污泥絮凝体处于壮龄阶段，动能大于范德华引力，菌体不能结合，活性污泥絮凝体不能很好的形成。

3. 减速增殖期（稳定期、静止期、平衡期）。

当污水中有机物浓度较低、污泥浓度较高时，污泥有可能处于静止期，处于静止期的活性污泥絮凝性好，混合液沉淀后上层液清澈，用滤纸过滤时，滤速快。处理效果好的活性污泥法构筑物中，污泥处于静止期。静止期微生物开始为自身贮存物质，如肝糖、脂肪粒、异染颗粒等。

4. 内源呼吸期（衰亡期）。

当污水中有机物浓度较低，营养物质明显不足时，则可能出现衰亡期。处于衰亡期的污泥松散，沉降性能好，混合液沉淀后上清液清澈，但有细小泥花，用滤纸过滤时，滤速快。

内源呼吸期和减速增殖期后期，污泥处于老龄阶段，运动性能微弱，动能不能与范德华引力抗衡，活性污泥絮凝体形成，絮凝体之间相互粘接，凝聚速度加快，最终形成颗粒较大的活性污泥絮凝体。通过控制 F/M 值在较低水平，如在内源呼吸阶段，可以获得比较好的沉淀效果，因为此时微生物代谢不活跃，能量水平较低，表面电荷下降，容易形成大块的絮状体，通过沉淀去除。

7.6-6 构成活性污泥法的三个要素

1. 微生物：活性污泥的主要组成部分，起吸附和氧化分解作用。
2. 食料：废水中的有机物，是活性污泥法的处理对象。
3. 溶解氧：活性污泥微生物是好氧微生物，生长需要充足的溶解氧。

7.6-7 活性污泥净化污水的反应过程

活性污泥对污水的 2 个净化过程：初期吸附和微生物的代谢。

活性污泥净化反应过程：由物理、化学、物理化学以及生物化学等反应过程所组成。

1. 初期吸附

活性污泥系统内污水与活性污泥接触的 30min 内，污水中 BOD 的去除率可高达 70%，这种初期高速吸附是由物理吸附和生物吸附共同作用产生的。初期吸附主要吸附的是悬浮和胶体状态的有机污染物。除吸附外，还进行了吸收和氧化作用，但吸附是主要作用。

注意：吸附是表面吸附，只有经过数小时的曝气后，大分子有机物被分解成小分子后才能被微生物降解。

2. 微生物的代谢

主要是吸附到活性污泥上的有机物被微生物降解利用。微生物的代谢继续分解氧化前阶段被吸附和吸收的有机物，同时也继续吸附前阶段未被吸附和吸收的残余物质，主要是溶解物质。

（1）氧化阶段的速度：这个阶段进行得相当缓慢，比第一阶段所需时间长得多。实际上，曝气池的大部分容积都用在进行有机物的氧化和微生物细胞质的合成。氧化作用在污泥同有机物开始接触时进行得最快，之后随着有机物逐渐被吃掉，氧化速率也逐渐降低。

（2）污泥的活性吸附达到饱和后，污泥就失去吸附活性，不再具有吸附能力。但通过氧化阶段，除去了所吸附和吸收的大量有机物后，污泥又将重新呈现活性，恢复它的吸附和氧化能力。

问：为什么活性污泥具有强大的吸附能力？

答：活性污泥具有很大的表面积 $2000m^2/m^3 \sim 10000m^2/m^3$ 混合液；组成活性污泥的菌胶团细菌使活性污泥絮体具有多糖类黏质层；活性污泥所处的增殖期也起着决定性的作用，处于内源呼吸期的微生物活性最强。

影响活性污泥吸附能力的因素：1. 微生物的活性程度。处于良好状态的微生物具有强大的吸附能力。2. 反应器内水力扩散程度与水动力学流态（活性污泥混合液的混合程度、推流式还是完全混合式流态）。

问：活性污泥处理系统成功运行的基本条件是什么？

答：活性污泥处理系统成功运行的基本条件：

1. 废水中含有微生物所需的 C、N、P 等营养物质及微量元素。
2. 混合液中含有足够的溶解氧。
3. 活性污泥与废水应充分接触。
4. 活性污泥需回流并及时排放剩余污泥，使混合液保持适量的活性污泥。
5. 废水中有毒污染物质的含量应足够低，对微生物不构成抑制作用。

7.6-8 活性污泥微生物对有机物的分解代谢及合成代谢过程模式图

微生物对有机物的代谢过程分为三种：

1. 有机物的分解反应：

$$C_xH_yO_z + \left(x+\frac{y}{4}-\frac{z}{2}\right)O_2 \xrightarrow{酶} xCO_2 + \frac{y}{2}H_2O + \Delta H$$

2. 有机物合成微生物细胞的反应：

$$nC_xH_yO_z + nNH_3 + n\left(x+\frac{y}{4}-\frac{z}{2}-5\right)O_2 \xrightarrow{酶} (C_5H_7NO_2)_n + n(x-5)CO_2$$
$$+ \frac{n}{2}(y-4)H_2O + \Delta H$$

3. 当有机物匮乏时，微生物进入内源呼吸期，进行自身物质的分解代谢反应：

$$(C_5H_7NO_2)_n + 5nO_2 \xrightarrow{酶} 5nCO_2 + 2nH_2O + nNH_3 + \Delta H$$

假如只考虑废水中有机碳的氧化作用，则总 BOD 就是完成上述三个反应所需的氧。该需氧量称为碳的最终 BOD 或一级 BOD，用 UBOD 表示。

无论是分解代谢还是合成代谢，都能够去除污水中的有机污染物，但代谢产物却有所不同，分解代谢的产物是 CO_2 和 H_2O，可排入自然环境。合成代谢的产物是新生的微生物细胞，并以剩余污泥的方式排出活性污泥处理系统，需对污泥进行无害化再处理。

7.6-9 各种微生物的化学表达式以及细菌细胞的组分及质量百分数

一般来讲，微生物所需的营养物质应包括组成细胞的各种元素和产生能量的物质。根据对微生物细胞化学组成的分析结果，微生物细胞主要由碳、氢、氧、氮、磷和硫所组成，还含有钠、钙、镁、钾、铁以及锰、铜、钴、镍和钼等。尽管各种微生物细胞的化学组成各不相同，但在正常情况下，其化学组成较稳定，一般可用下列实验式表示细胞内各主要元素的含量，即细菌为 $C_5H_7NO_2$ 或 $C_{60}H_{87}O_{23}N_{12}P$，真菌为 $C_{10}H_{17}NO_6$，藻类为 $C_5H_8NO_2$，原生动物为 $C_7H_{14}NO_3$。表 7.6-2 给出了细菌细胞的组分及质量百分数。

细菌细胞的组分及质量百分数（秦麟源，1989）　　　　　　　表 7.6-2

水分（80%）	干物质（约20%）		
	有机物（90%）		无机物（10%）
	碳（53.1%）、氧（28.3%）、氮（12.4%）、氢（6.2%）		磷（50%）、硫（15%）、钠（11%）、钙（9%）、镁（8%）、铁（1%）

7.6-10 有机物降解过程中能量转换关系

有机物降解过程中能量转换关系见图 7.6-3；活性污泥曝气过程中污水中有机物的变化见表 7.6-3。

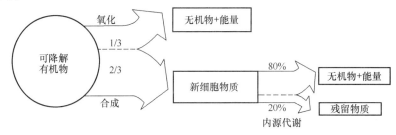

图 7.6-3　有机物降解过程中能量转换关系图

活性污泥曝气过程中污水中有机物的变化　　　　　　　表 7.6-3

污水中的有机物	残留在污水中的有机物	微生物不能利用的有机物		
		微生物能利用的有机物		
	从污水中去除的有机物	微生物能利用尚未利用的有机物		吸附量
		微生物不能利用的有机物		
		微生物已利用的有机物	合成微生物体	氧化合成量
			氧化产物	

7.6-11 混合液在曝气过程中的有机物变化规律

图 7.6-4 中三条曲线表明在一般活性污泥法的曝气过程中：

1. 污水中有机物的去除在较短时间（图中是 5h）内基本完成了（见曲线 1）；
2. 污水中的有机物先是转移（吸附作用）到污泥上（见曲线 3），然后逐渐被微生物利用（见曲线 2）；

3. 吸附作用在相当短的时间（图中是 45min 左右）内基本完成（见曲线 3）；

4. 微生物利用有机物的过程比较缓慢（见曲线 2）。

活性污泥法曝气过程中，污水中有机物的变化包括两个阶段：吸附阶段和稳定阶段。在吸附阶段，主要是污水中的有机物转移到生污泥上；在稳定阶段，主要是转移到活性污泥上的有机物被微生物利用。吸附量的大小主要取决于有机物的形态，若污水中的有机物处于悬浮和胶体状态的量相对较多，则吸附量也较大。

图中没有考虑微生物内源呼吸。微生物内源呼吸也消耗氧，特别是微生物的浓度比较高时，这部分耗氧量也比较大，不能忽略。

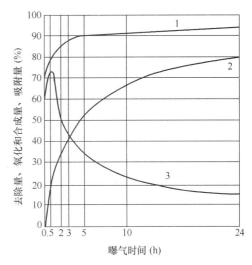

图 7.6-4 混合液在曝气过程中的
有机物变化规律
1—有机物去除量；2—微生物氧化和合成量；
3—活性污泥吸附量

Ⅰ 一 般 规 定

7.6.1 应根据去除碳源污染物、脱氮、除磷、污泥减量、好氧污泥稳定等不同要求和外部环境条件，选择适宜的活性污泥处理工艺。

→外部环境条件：一般指操作管理要求，包括水量、水质、占地、供电、地质、水文、设备供应等。

去除不同污染物对应活性污泥工艺见表 7.6.1。

去除不同污染物对应活性污泥工艺　　　　　　　　　　　　　表 7.6.1

去除污染物	活性污泥工艺
去除碳源污染物	传统活性污泥工艺 （普通曝气、阶段曝气、吸附再生曝气、合建式完全混合曝气） 氧化沟、序批式活性污泥法（SBR） 膜生物反应器（MBR） 生物膜工艺 （生物接触氧化法、曝气生物滤池、生物转盘、移动床生物膜反应器）等
脱氮	氧化沟、序批式活性污泥法（SBR）、膜生物反应器（MBR） 缺氧/好氧法（A_NO）、AAO 等
除磷	厌氧/好氧法（A_PO）、AAO、7.10 化学除磷等

7.6.2 当采用鼓风曝气时，生物反应池的设备操作平台宜高出设计水面 0.5m～1.0m；当采用机械曝气时，生物反应池的设备操作平台宜高出设计水面 0.8m～1.2m。

7.6.3 污水中含有大量产生泡沫的表面活性剂时，应有除泡沫措施。

问：生物反应池除泡沫措施有哪些？

答：1. 曝气生物反应池泡沫分三类：

（1）启动泡沫：曝气生物反应池启动运行初期，由于废水中含有一些表面活性物质，引起表面泡沫，但随着表面活性物质的降解，泡沫可以消失。

（2）反硝化泡沫：二次沉淀池或曝气生物反应池内曝气不足的地方发生反硝化作用，产生的氮气气泡会带动部分污泥上浮，出现泡沫现象。

（3）生物泡沫：由于曝气生物反应池中丝状微生物的异常生长，丝状微生物与气泡、颗粒混合而形成稳定、持续性泡沫，较难消除。

2. 除泡沫措施：

（1）喷洒水：不能从根本上消除生物泡沫。

（2）投加消泡剂：消泡剂就是氯、臭氧和过氧化物等强氧化剂，药剂只能控制泡沫的增长，不能消除泡沫的生成。普遍有副作用，投加位置或投加量不对，会大大降低曝气池中絮状菌的数量及生物总量。

（3）降低污泥龄：污泥龄在 5d～6d 可以有效控制诺卡氏菌的生长，可避免由其产生的泡沫问题。

（4）回流厌氧消化池上清液：厌氧消化池上清液的主要作用是抑制红球菌属和诺卡氏菌属的生长，但由于厌氧消化池上清液中含有高浓度需氧有机物和氨氮，它们都会影响最后的出水水质，因此要慎用。

7.6.4 在生物反应池有效水深一半处宜设置放水管。

→在生物反应池投产初期采用间歇曝气培养活性污泥时，静沉后放水管用作排除上清液。

7.6.5 廊道式生物反应池的池宽和有效水深之比宜采用 1：1～2：1。有效水深应结合流程设计、地质条件、供氧设施类型和选用风机压力等因素确定，可采用 4.0m～6.0m。在条件许可时，水深尚可加大。

→本条了解以下内容：

1. 廊道式生物反应池的池宽与有效水深之比宜采用 1：1～2：1。指在宽深比条件下，曝气装置沿一侧布置时，生物反应池混合液旋流前进的水力状态较好。有效水深 4.0m～6.0m 是根据国内鼓风机的风压能力，并考虑尽量减少生物反应池占地面积而确定的。当条件许可时也可采用较大水深，目前国内一些大型污水厂采用的水深为 6.0m，也有一些污水厂采用的水深超过 6.0m。

2. 推流曝气法：曝气池中的液体沿池纵长方向从水池进口端顺序地流向出口端。

3. 曝气池水深超过 6.0m 时，曝气装置的曝气量不能满足水流推流前进的要求，这时要在池子底部设置水下推进器。一般曝气设备的型号和数量只是通过需氧量的计算确定并未对混合进行校核，然而混合的满足又会导致溶解氧的增高，造成不必要的能量浪费。这时就需要设置水下推进器来满足搅拌和推动水流的作用。

7.6.6 生物反应池中的好氧区（池），采用鼓风曝气器时，处理每立方米污水的供气量不宜小于 $3m^3$。当好氧区采用机械曝气器时，混合全池污水所需功率不宜小于 $25W/m^3$；氧化沟所需功率不宜小于 $15W/m^3$。缺氧区（池）、厌氧区（池）应采用机械搅拌，混合功率宜采用 $2W/m^3$～$8W/m^3$。机械搅拌器布置的间距、位置，应根据试验资料确定。

→本条了解以下内容：

1. 好氧区：生物反应池的充氧区。微生物在好氧区降解有机物和进行硝化反应。

缺氧区：生物反应池的非充氧区，且有硝酸盐或亚硝酸盐存在的区域。生物反应池中含有大量硝酸盐、亚硝酸盐，得到充足的有机物时，可在该区内进行脱氮反应。

厌氧区：生物反应池的非充氧区，且无硝酸盐或亚硝酸盐存在的区域。聚磷微生物在厌氧区吸收有机物和释放磷。

2. 活性污泥法生物反应池曝气的作用

（1）供氧：将空气中的氧或纯氧转移到混合液中的活性污泥絮凝体上，以供微生物呼吸。

（2）搅拌混合：使曝气池内的混合液处于剧烈混合状态，使活性污泥、溶解氧、污水中的有机物充分接触，同时也起到防止活性污泥在曝气池内沉淀的作用。

（3）氧化沟工艺曝气的作用有3个：供氧、搅拌混合、推动水流。

3. 曝气量计算依据：一般曝气设备的型号和数量只是通过需氧量的计算确定并未对混合进行校核，然而混合的满足又会导致溶解氧的增高，造成不必要的能量浪费。这时就需要设置水下推进器来满足搅拌和推动水流的作用。所以曝气的需氧量要根据供氧、混合中较大的需氧量来设计。

问：为什么氧化沟混合全池污水的功率反而小？

答：氧化沟的整体体积功率密度较低。氧化沟中的混合液一旦被推动即可使液体在沟内循环流动，一定的流速可以防止混合液中悬浮固体的沉淀，同时充入混合液中的溶解氧随水流流动也加强了传递。水流在循环中仅需要克服氧化沟的沿程水头损失和局部水头损失，而这两部分水头损失通常很小。另外，氧化沟中的曝气设备不是沿沟长均匀分布，而是集中布置在几处，所以，氧化沟可在比其他系统低得多的整体体积功率密度下保持液体流动、固体悬浮和充氧，能量的消耗自然降低。当污泥固体在非曝气区逐步下沉到沟底部时，随着水流输送到曝气区，在曝气区高功率密度的作用下，又可被重新搅拌悬浮起来，这样的过程对于污泥吸附进水中的非溶解性物质很有益处。当氧化沟被设计为具有脱氮除磷功能时，节能效果是很明显的，据一些研究报道，<u>氧化沟比常规活性污泥法能耗降低20％～30％</u>。

在传统的活性污泥法中，曝气的功率密度一般为 $20(W \cdot h)/m^3 \sim 30(W \cdot h)/m^3$，而氧化沟曝气区的功率密度通常可达 $100(W \cdot h)/m^3 \sim 210(W \cdot h)/m^3$，平均速率梯度 $G > 100s^{-1}$。这样高强度的功率密度可加速液面的更新，促进氧的传递，同时提高混合液中泥水混合程度，有利于充分切割絮凝的污泥，也有利于污泥的再絮凝。

氧化沟动力供应见图 7.6.6。

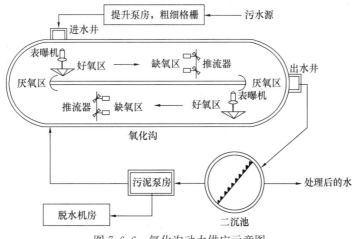

图 7.6.6 氧化沟动力供应示意图

7.6.7 生物反应池的设计应充分考虑冬季低水温对去除碳源污染物、脱氮和除磷的影响，必要时可采取降低负荷、增长泥龄、调整厌氧区（池）、缺氧区（池）、好氧区（池）水力停留时间和保温或增温等措施。

问： 为什么冬季水温低要采取保温措施？

答： 污水处理厂生物处理正常水温见本标准第4.2.2条"污水厂内生物处理构筑物进水的水温宜为10℃～37℃。"冬季低水温指水温低于10℃，可参考《寒冷地区污水活性污泥法处理设计规程》CECS 111：2000。

活性污泥微生物绝大多数都是嗜温菌。冬季水温低时，微生物的活性受限，对有机物的降解动力不足，微生物增殖慢。根据曝气理论可知，温度低时更有利于氧的传递，所以低温曝气不是问题，问题在于低温时活性污泥的活性受限。通常温度低于最适温度时，对细菌生长的影响比温度高于最适温度时影响大，观察中发现，在到达最适温度前，大约每升高10℃，生长速度就提高一倍，如图7.6.7所示。

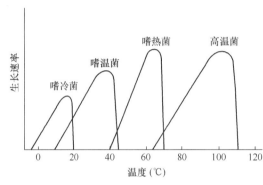

图 7.6.7 温度对微生物生长速率的影响
（摘自 Rittmann 和 McCarty，2001）

问： 保证冬季低温水处理效果的措施是什么？

答： 降低负荷；增长泥龄（减少排泥量）；调整厌氧区（池）及缺氧区（池）、水力停留时间；保温或增温等措施。

1. 保温可以采取建室内生物反应池或尽量减小室外生物反应池地面外露部分的高程，并采取外壁保温措施。

2. 增温可以通过在鼓风机房内加设空气预热装置来实现。具体可参见《寒冷地区污水活性污泥法处理设计规程》CECS 111：2000：

3.0.1 寒冷地区选择城市污水活性污泥法流程时，应充分考虑温度的影响，宜采用鼓风曝气供氧，不宜选用散热量大的表面曝气器供氧。处理工艺流程的选择应通过技术经济比较确定。

3.0.2 沉砂池、沉淀池、曝气池等污水处理构筑物，可建在室外，不加盖。位于永冻地区的城镇，应根据实际情况确定是否加盖。格栅除渣机、沉砂池排砂设备等易冻设施，宜建在室内。

3.0.3 污水厂高程设计时，应尽量减少地面以上部分的高度。外露地面部分的池壁，应根据实际情况采取保温围护设施。

3.0.4 位于永冻地区的污水厂，鼓风机房内宜建空气预热装置。

3.0.5 室外污水管道、污泥管道、空气管道、闸门、计量堰等易出现冰冻的设备，设计中应考虑检修需要，或发生事故时能放空或蒸汽扫线等措施。

3.0.6 培训活性污泥宜在气温高的季节进行。

3. 《城镇污水厂运行、维护及安全技术规程》CJJ 60—2011。

3.6.7 当生物反应池水温较低时，应采取适当延长曝气时间、提高污泥浓度、增加泥龄或其他方法，保证污水的处理效果。

3.6.7条文说明：用活性污泥法处理污水，水温在20℃～30℃时，最适宜微生物的生存条件，其净化效果最好，但在35℃以上10℃以下时，净化效果相应降低。如水温能维持在6℃～7℃时，可采取提高污泥浓度和降低污泥负荷等措施保证二级出水水质。除磷脱氮的工艺系统，可以用延长曝气时间或其他提高水温的措施来弥补水温低所造成的影响。

问：污水管道保温措施有哪些?

答：《城镇污水厂工程施工规范》GB 51221—2017。

9.2.10 明装污水管、再生水管、污泥管、沼气管等的保温和隔热措施应符合设计要求。

9.2.10条文说明：城镇污水厂一般采用生物处理工艺，其中发挥降解有机质作用的微生物适应温度在15℃～30℃左右，进入构筑物污水温度的变化将会影响污水处理的效果和系统运行的稳定；夏季太阳的暴晒将会使沼气管内气体膨胀，存在安全隐患。而在北方寒冷地区，冬季的低温将会使污水管、污泥管等液体介质和固体介质管道中的介质受冷凝固，影响污水处理系统的正常运行。因此，要对明装的污水管、污泥管、沼气管等进行保温处理。

7.6.8 污水、回流污泥进入生物反应池的厌氧区（池）、缺氧区（池）时，宜采用淹没入流方式。

→污水进入厌氧区（池）、缺氧区（池）采用淹没入流方式的目的是避免引起复氧。

Ⅱ 传统活性污泥法

7.6.9 去除碳源污染物的生物反应池的主要设计参数可按表7.6.9的规定取值。

去除碳源污染物的生物反应池的主要设计参数 表7.6.9

类别	BOD$_5$污泥负荷 L_s [kgBOD$_5$/(kgMLSS·d)]	污泥浓度 (MLSS) X (g/L)	容积负荷 L_v [kgBOD$_5$/(m³·d)]	污泥回流比 R (%)	总处理效率 η (%)
普通曝气	0.2～0.4	1.5～2.5	0.4～0.9	25～75	90～95
阶段曝气	0.2～0.4	1.5～3.0	0.4～1.2	25～75	85～95
吸附再生曝气	0.2～0.4	2.5～6.0	0.9～1.8	50～100	80～90
合建式完全混合曝气	0.25～0.50	2.0～4.0	0.5～1.8	100～400	80～90

→本条了解以下内容：

1. 术语

完全混合曝气法：活性污泥法的一种运行形式。污水和回流污泥进入曝气池后，立即与整个池内的混合液均匀混合。

推流式曝气法：活性污泥法的一种运行形式。曝气池中的液体沿池纵长方向从水池进口端顺序地流向出口端。

普通曝气法：推流式曝气法的一种标准形式。污水和回流污泥全部从曝气池进口端进入，沿池长方向流向出口端。

阶段曝气法：普通曝气法的一种改进形式。回流污泥从曝气池进口端进入，污水沿池纵长方向分多点进入流向出口端（阶段曝气法又称多点进水法）。

吸附再生曝气法：普通曝气法的一种改进形式。回流污泥在曝气池上游再生区经再生曝气，与污水在曝气池下游吸附区作较短时间混合接触流向出口端。

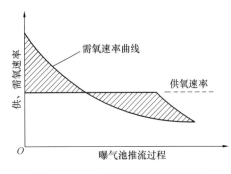

图 7.6.9-1　传统曝气池中供氧和需氧速率曲线

高负荷曝气法：活性污泥法的一种形式。特点是污泥负荷高、污水停留时间短、有机物去除率低。

延时曝气法：活性污泥法的一种形式。特点是污泥负荷低、污水停留时间短、有机物去除率高、剩余污泥量少。

以下是几种曝气法的工艺图示及各自的优缺点：

（1）普通曝气法图示（见图 7.6.9-1）

优点：始端进水 F/M 浓度高，沿池长方向 F/M 逐渐降低，有机物在整个反应过程中经历了对数增长期、减速增长期到池末端的内源呼吸期完整生长周期。故对有机物的降解处理效果好，BOD 去除率可达到 90% 以上，适宜处理净化和稳定程度要求较高的污水。

缺点：

1）由于有机物浓度沿池长方向逐渐降低需氧量也是逐渐降低的，但是供氧量沿池长方向没有变化，所以始端和前段混合液中溶解氧浓度较低，甚至不足，但池末端溶解氧含量充足，所以氧不能得到充分利用。所以进水有机物浓度不宜过高，若曝气池容积大，则占地较多、基建费用高。

2）单点进水对水质、水量的适应性较差，运行效果易受水质、水量变化的影响。

（2）阶段曝气法图示（见图 7.6.9-2、图 7.6.9-3）

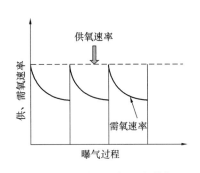

图 7.6.9-2　阶段曝气池中供氧和需氧速率曲线

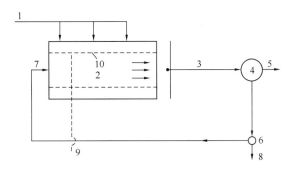

图 7.6.9-3　阶段曝气法工艺流程示意图
1—经预处理后的污水；2—活性污泥曝气池；3—从曝气池进入二沉池的混合液；4—二次沉淀池；5—处理后的污水；6—污泥泵站；7—回流污泥系统；8—剩余污泥；9—来自空压机站的空气；10—曝气系统与空气扩散装置

优点：

1）污水沿反应池长度方向多点进水，便于污水均衡地进入反应池，缩小了供氧与耗氧之间的差距，活性污泥微生物的降解功能得以正常发挥。

2）污水分散均衡进入，提高了反应池对水质水量冲击负荷的适应能力。

3）相同容积下，与传统推流式相比，阶段曝气活性污泥法系统可以拥有更高的污泥总量，从而使污泥龄可以更高。

4）阶段曝气法也可以只向后面的廊道进水，使系统按照吸附再生法运行。在雨季高流量时，可以将进水超越到后面的廊道，从而减少进入二沉池的固体负荷，避免曝气池混合液悬浮固体的流失。

（3）渐减曝气法图示（见图7.6.9-4）

优点：为了改变传统推流式活性污泥法供氧和需氧的差距，可以采用渐减曝气方式。充氧设备的布置沿池长方向与需氧量匹配，使布气沿程逐步递减，使其接近需氧速率，而总的空气用量有所减少，从而可以节省能耗，提高处理效率。

（4）吸附再生曝气法图示（见图7.6.9-5）

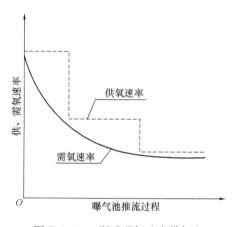

图 7.6.9-4　渐减曝气池中供氧和
需氧速率曲线

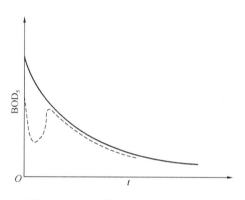

图 7.6.9-5　吸附再生曝气池中供氧和
需氧率曲线

优点：

1）总池容小。污水与活性污泥微生物在吸附池内短时接触 30min～60min，水力停留时间短，因此，吸附池的容积一般较小。而再生池接纳的是已排放剩余污泥的回流污泥，因此，再生池容积也较小。总体上吸附池与再生池的容积之和仍低于普通活性污泥法曝气池容积。BOD_5 去除率可达 90%，略低于常规曝气池，但容积可增加较多。有些超负荷运行的常规曝气池在不增加池容的情况下，经简单改造，采用吸附再生法可以提高现有系统的处理能力。

2）此工艺对水质水量的冲击负荷有一定的承受能力。当吸附池内的污泥遭到破坏时，可由再生池内的污泥补救再生。

缺点：由于吸附再生法主要利用的是吸附池的吸附功能，故处理效果低于普通活性污泥法，且不宜处理溶解性有机污染物含量较高的污水，处理效率低于普通活性污泥法，此工艺对水质水量有一定的缓冲能力。

（5）阶段曝气法、渐减曝气法与传统曝气法比较（见图7.6.9-6）

2. 关于本标准表 7.6.9 的说明

有关设计数据是根据我国污水厂回流污泥浓度一般为 4g/L～8g/L 的情况确定的。如回流污泥浓度不在上述范围时，可适当修正。当处理效率可以降低时，负荷可适当增大。当进水五日生化需氧量低于一般城镇污水时，负荷尚应适当减小。

生物反应池主要设计数据中，容积负荷 L_v 与污泥负荷 L_s 和污泥浓度 X 相关；同时又

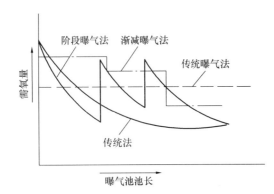

图 7.6.9-6　阶段曝气法、渐减曝气法与
传统曝气法比较的图示

必须按生物反应池实际运行规律来确定数据，即不可无依据地将本标准规定的 L_s 和 X 取端值相乘以确定最大的容积负荷 L_V。

Q 为生物反应池设计流量，不包括污泥回流量。

X 为生物反应池内混合液悬浮固体 MLSS 的平均浓度，它适用于推流式、完全混合式生物反应池。吸附再生反应池的 X 是根据吸附区的混合液悬浮固体和再生区的混合液悬浮固体，按这两个区的容积进行加权平均得出的理论数据。阶段曝气是通过算术平均计算得出的。

吸附再生工艺混合液浓度 X 的计算公式为：$X = \dfrac{X_{吸} \cdot V_{吸} + X_{再} \cdot V_{再}}{V_{吸} + V_{再}}$。

3. 活性污泥法基本工艺流程图见图 7.6.9-7。

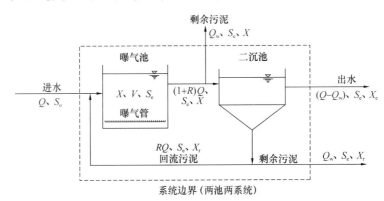

图 7.6.9-7　分建式曝气生物反应系统（两池两系统）示意图

4. 主要的活性污泥法工艺

（1）传统活性污泥法及其改进型 A^2O 工艺；

（2）氧化沟法及其改进型工艺；

（3）SBR 法及其改进型工艺；

（4）AB 法及其改进型工艺；

（5）其他类型，如水解酸化-好氧法等。

5. 传统活性污泥工艺的改进措施

为了克服传统活性污泥工艺抵抗冲击负荷能力差、供氧量沿程分布不合理、容易出现污泥膨胀、脱氮除磷效率低等缺点，或者为了提高处理效率、简化工艺流程、减少投资和占地、降低能耗等目的，开发了许多活性污泥法的革新工艺，如 AB 法、氧化沟法、SBR 法等。对传统活性污泥工艺的改进主要体现在改变池型、运行方式、曝气方式、生物学性能等方面。

（1）改变池型

由传统活性污泥法向氧化沟法转变。氧化沟为环流流态，介于完全混合与推流之间，兼具二者的优点，最显著的特点是运行管理简便、出水稳定。

（2）改变运行方式

传统活性污泥法采用连续流运行方式，并且从曝气池前端进水。运行方式改变成沿池长多点进水的阶段曝气工艺或沿池底渐减布气的渐减曝气工艺，之后出现了 SBR、CASS、UNITANK 等间歇运行工艺，间歇运行工艺的主要优点是省掉了二沉池。

（3）改变曝气方式

改进曝气方式主要是为了提高充氧性能，并方便运行维护。在传统鼓风曝气和机械曝气的基础上，开发了纯氧曝气、深层曝气、转碟曝气等新型曝气方式，在曝气设备方面各种新产品层出不穷。

（4）改变生物学性能

传统活性污泥工艺采用中等污泥负荷、改进的高负荷工艺（又称高速曝气工艺），主要是利用活性污泥强大的吸附性能在较短的时间内去除大部分有机物，吸附再生工艺和 AB 工艺的 A 段严格上均属于高速曝气工艺。改进的低负荷工艺（又称延时曝气工艺）除能去除有机物以外，还能实现污泥好氧稳定。此外，传统活性污泥工艺的最大改进之一是各种脱氮除磷工艺的出现。

（5）改变泥水分离方式

传统工艺采用沉淀的方式实现活性污泥和水的分离，近年来采用膜技术来实现泥水分离是活性污泥工艺一次革命性的突破，此类反应器称为膜生物反应器（MBR）。

（6）改变污泥的性质

向活性污泥曝气池中投加一些具有吸附性能的活性材料以提高污泥浓度，显著改善污泥的沉降性能。投加的载体有粉末活性炭、滑石、聚乙烯塑料、聚氨酯材料等。

6. 各工艺适用条件

大规模污水处理宜选用传统活性污泥法及其改进型 A^2O 工艺。工艺流程中设有初沉池、A^2O 生物反应池、二沉池；该工艺具有去除有机物和氮磷效率高、出水水质稳定的特点，且规模越大，优势越明显。

中小规模污水厂，特别是当规模≤$10×10^4 m^3/d$ 时，宜选用氧化沟法、SBR 法及其改进型工艺。氧化沟法及其改进型工艺流程中设有氧化沟及其改进型生物反应池和二沉池，不设初沉池；SBR 法及其改进型工艺流程中设有 SBR 及其改进型生物反应池，不设初沉池及二沉池；规模越小，基建投资低的优势越明显。

中小城镇具有水量、水质变化大，经济水平有限，技术力量相对薄弱，管理水平相对较低等特点，采用 SBR 法、氧化沟法及其改进型工艺以及生物滤池（特别是曝气生物滤池）是适宜的。

问：我国城镇污水厂各类处理工艺应用情况如何？
答：见表 7.6.9-1。

我国城镇污水厂各类处理工艺应用情况　　　　表 7.6.9-1

处理工艺	工艺占比（%）	排放标准		处理规模（万 m³/d）			
		一级 A 及以上（%）	一级 A 以下（%）	<5	5~10	10~20	>20
AAO	38.04	42.83	21.57	32.34	38.06	48.21	66.06

续表

处理工艺	工艺占比（%）	排放标准		处理规模（万 m³/d）			
		一级 A 及以上（%）	一级 A 以下（%）	<5	5～10	10～20	>20
氧化沟	25.83	24.50	30.39	30.30	27.53	14.88	4.59
SBR	13.25	9.12	27.45	16.17	12.15	6.55	3.67
AO	3.24	3.23	3.27	3.71	3.24	2.38	0.92
其他	19.65	20.32	17.32	17.48	19.02	27.98	24.76

注：1. AAO工艺包括改良 AAO工艺、多级 AO工艺等。

2. 氧化沟工艺包括相关变形工艺；SBR工艺包括各类改良工艺，如 CAST、CASS、ICEAS。

3. 排放标准指《城镇污水厂污染物排放标准》GB 18918—2002。

4. 本表数据引自《城镇水务统计年鉴（2020）》对2019年的统计。

问：活性污泥法按污泥负荷和容积负荷如何分类？

答：负荷、污泥负荷、容积负荷三者关系见表 7.6.9-2。

负荷、污泥负荷、容积负荷三者关系
表 7.6.9-2

负荷	污泥负荷 L_s [kgBOD$_5$/(kgMLSS·d)]	容积负荷 L_V [kgBOD$_5$/(m³·d)]
高负荷	$L_s>0.5$	$L_V>1.5$
中负荷	$0.2<L_s\leqslant0.5$	$0.6<L_V\leqslant1.5$
低负荷	$0.07<L_s\leqslant0.2$	$0.35<L_V\leqslant0.6$
超低负荷	$L_s\leqslant0.07$	$L_V\leqslant0.35$

问：如何根据生物固体停留时间（污泥龄 θ_C）对活性污泥法分类？

答：生物固体停留时间（污泥龄 θ_C）与污泥负荷 L_s 大致成反比关系：

高生物固体停留时间：$\theta_C=0.5d～3d$；

中生物固体停留时间：$\theta_C=3d～7d$；

低生物固体停留时间：$\theta_C=7d～15d$；

超低生物固体停留时间：$\theta_C>15d$。

问：相同处理效率下推流式反应器容积小于完全混合式反应器的理由是什么？

答：推流式反应器理论。假设在推流式和完全混合式反应器中，有机物降解服从一级反应，推流式反应器与完全混合式反应器在相同的污泥浓度下，达到相同去除效率所需反应器容积比如下：

$$\frac{V_{完全混合}}{V_{推流}}=\frac{1-\left(\dfrac{1}{1-\eta}\right)}{\ln(1-\eta)}$$

式中 η 为去除率。从数学上可证明当去除率趋近于零时 $\dfrac{V_{完全混合}}{V_{推流}}=1$，其他情况下 $\dfrac{V_{完全混合}}{V_{推流}}>1$，也就是说达到相同的去除率，推流式反应器比完全混合式反应器所需要的体积小，推流式的处理效果要比完全混合式好。

问：水力停留时间 HRT 与反应时间 t_r 的关系有哪几种？

答： 水力停留时间：$HRT = \dfrac{V}{Q}$。

1. $t_r = HRT$，且出水呈阶梯式均匀分布，反应器近似于理想推流式。

2. $t_r = HRT$，但出水遵循高斯分布，反应器近似于完全混合式。

3. $t_r < HRT$，且反应器中有明显的死区（混合不均匀），将会有滞后性。

4. $t_r > HRT$，但有明显峰值，则有一个或多个短流区导致水流比预期更快的到达出水口。

7.6.10 当以去除碳源污染物为主时，生物反应池的容积可按下列公式计算：

1 按污泥负荷计算：

$$V = \frac{Q(S_o - S_e)}{1000 L_s X} \tag{7.6.10-1}$$

2 按污泥龄计算：

$$V = \frac{QY\theta_C(S_o - S_e)}{1000 X_V(1 + K_d \theta_C)} \tag{7.6.10-2}$$

式中 V——生物反应池的容积（m^3）；

     Q——生物反应池的设计流量（m^3/d）；

     S_o——生物反应池进水五日生化需氧量浓度（mg/L）；

     S_e——生物反应池出水五日生化需氧量浓度（mg/L）（当去除率大于 90％时可不计入）；

     L_s——生物反应池的五日生化需氧量污泥负荷 [kgBOD$_5$/（kgMLSS·d）]；

     X——生物反应池内混合液悬浮固体平均浓度（gMLSS/L）；

     Y——污泥产率系数（kgVSS/kgBOD$_5$），宜根据试验资料确定，无试验资料时，可取 $0.4\sim0.8$；

     θ_C——设计污泥龄（d），其数值为 $3\sim15$；

     X_V——生物反应池内混合液挥发性悬浮固体平均浓度（gMLVSS/L）；

     K_d——衰减系数（d^{-1}），20℃的数值为 $0.040\sim0.075$。

→本条了解以下内容：

1. 生物反应池容积计算的基本方法：负荷法（污泥负荷法和容积负荷法）和泥龄法、水力停留时间法。根据国内外的工程实际应用情况，当生物反应池仅用于去除碳源污染物时，污泥龄取值一般为 3d～6d；当生物反应池兼顾硝化时污泥龄取值宜为 3d～15d。

2. 生物反应池设计流量 Q 不包括回流污泥量。

3. 对公式（7.6.10-1）的变形理解：

$$V = \frac{Q(S_o - S_e)}{1000 L_s X} \Rightarrow L_s = \frac{Q(S_o - S_e)}{1000 V X} \Rightarrow L_s = \frac{S_o - S_e}{1000 X \cdot t}。$$

L_s 表示单位时间单位微生物对有机物的降解量。

$$L_{vs} = \frac{S_o - S_e}{1000 X_v \cdot t}$$ 含义同 $q = \dfrac{\left(\dfrac{ds}{dt}\right)_u}{X_a}$。

4. 公式（7.6.10-2）的推导过程：

生物反应池内活性污泥浓度 X_v 与 θ_C 的关系：

$$\left(\frac{ds}{dt}\right)_u = \frac{S_o - S_e}{t}; \quad \frac{\left(\dfrac{ds}{dt}\right)_u}{X_v} = q = \frac{\dfrac{S_o - S_e}{t}}{X_v}$$

$$\frac{1}{\theta_C} = Yq - K_d; \quad Y \cdot q = \frac{1}{\theta_C} + K_d$$

由以上两个公式推导出：$X_v = \dfrac{Y \cdot \theta_C \cdot (S_o - S_e)}{t(1 + K_d \theta_C)}$。

根据 $V = Q \cdot t$，可以推导出：$V = \dfrac{QY\theta_C(S_o - S_e)}{1000 X_v(1 + K_d \theta_C)}$。

5. 公式（7.6.10-2）的变形：

$$V = \frac{QY\theta_C(S_o - S_e)}{1000 X_v(1 + K_d \theta_C)} = \frac{Q\theta_C(S_o - S_e)Y_{obs}}{1000 X_v}$$。

问：什么是劳麦第一方程和劳麦第二方程？

答： 1. 劳麦第一方程：$\dfrac{1}{\theta_C} = Yq - K_d$，表示生物固体平均停留时间（$\theta_C$）与产率（$Y$）、单位底物利用率（$q$）以及微生物的衰减系数（$K_d$）之间的关系。

2. 劳麦第二方程：$\left(\dfrac{ds}{dt}\right)_u = \dfrac{KX_a S}{K_s + S}$，表示有机底物利用率（降解率）与反应器（曝气池）内微生物浓度及微生物周围有机底物浓度之间的关系。

问：计算生物反应池容积的方法有哪几种？

答： 计算生物反应池容积的方法有：污泥负荷法（污泥负荷和容积负荷）、污泥龄法、数学模型法及水力停留时间法四种。

污泥负荷法属于经验参数设计方法，污泥龄法属于经验参数与动力参数相结合的设计方法。近年国际污染研究与控制协会（IAWPRC）推荐的活性污泥数学模型法开始在我国应用。活性污泥数学模型包括13种水质指标，20个动力学参数，8个生物方程组。可用于活性污泥系统的数值模拟，以指导实际运行管理。用于工程设计则可使设计更科学合理，最大程度地接近工程实际。

以下参见《活性污泥工艺简明原理及设计计算》（周苴）P12～14。

1. 污泥负荷法

（1）污泥负荷法是以污泥负荷 L_s 和容积负荷 L_V 为基本设计参数，它们的取值主要是根据经验确定，由于水质千差万别和处理要求不同，L_s 和 L_V 的取值范围很大，就以普通活性污泥法来说，我国规范推荐的取值范围是：

污泥负荷：$L_s = 0.2\,\text{kgBOD}/(\text{kgMLSS} \cdot \text{d}) \sim 0.4\,\text{kgBOD}/(\text{kgMLSS} \cdot \text{d})$；

容积负荷：$L_V = 0.4\,\text{kgBOD}/(\text{m}^3 \cdot \text{d}) \sim 0.9\,\text{kgBOD}/(\text{m}^3 \cdot \text{d})$。

可以看出，最大值比最小值大一倍以上，如果其他条件不变，算出的曝气池容积将相差一倍，这对经验较少的设计人来说很难操作。

（2）污泥负荷有两种单位：一种是 kgBOD/(kgMLSS·d)，另一种是 kgBOD/(kgMVLSS·d)，这两种单位容易混淆。对于生活污水，一般 MLVSS/MLSS=0.75，如果单位用错，算出的曝气池容积将差 30%。这两种单位目前都在应用，我国规范中用的是 kgBOD/(kgMLSS·d)，而手册中则是用的 kgBOD/(kgMVLSS·d)，推荐的数值竟完全一样。

（3）污泥负荷法的针对性不强，当要求硝化和反硝化时，就缺乏推荐数值，经验少的设计人员不好选用。

从理论上讲，污泥负荷法中基本参数 L_s 和 L_V 没有考虑到水质的差异，它们以 MLSS 为基础，但在生化过程中起作用的是 MLVSS，由于城市污水通常都包含一部分工业废水，MLVSS/MLSS 比值差异很大，用负荷作为基本设计参数就难免出现较大的偏差，直接影响设计计算的精确性。

综上所述，污泥负荷法有待改进。

2. 泥龄法

（1）泥龄法是经验和理论相结合的设计计算方法，泥龄 θ_C 和污泥产率系数 Y 值的确定都有充分的理论依据，并且有经验的积累，因而更加准确可靠。

（2）泥龄法很直观，根据泥龄大小，对所用工艺能否实现硝化、反硝化和污泥稳定一目了然。

（3）泥龄法的计算中只使用 MLVSS，不使用 MLSS，污泥中无机物所占比重的不同在参数 Y 值中体现，计算式中没有 MLSS，因而不会引起两者的混淆。

（4）泥龄法中最基本的参数泥龄 θ_C 和污泥产率系数 Y 都有变化幅度很小的推荐值和计算值，操作起来比选定污泥负荷值更方便、更容易。

（5）泥龄法不像数学模型法那样需要确定很多参数，使操作大大简化。

3. 水力停留时间法：$V = Q \cdot t$。

问：剩余污泥排放点有几个？

答： 为保持给定的泥龄，每天必须排掉剩余污泥，最常用的方法是从回流污泥管线排泥，也就是从二沉池排放剩余污泥，由于 RAS（回流污泥）浓度较高，因此所需剩余污泥泵较小，剩余污泥可排入初沉池共同浓缩，也可排入浓缩池或其他污泥浓缩设施。有时采用的另一个排泥方法是从曝气池直接排混合液，或从曝气池出水管排放，该处固体浓度较为均匀。排放的混合液可排入污泥浓缩池，也可排入初沉池与未处理的初沉污泥混合沉降。实际上，为控制过程必须抽升的液体数量取决于所用方法以及排泥地点，此外，由于污泥加工设施的固体收获率不是 100%，一些固体再回流，所以实际排泥率比理论排泥率大一些。

1. 当从二沉池回流污泥管线排放剩余污泥时：泥龄 $\theta_C = \dfrac{VX}{Q_w \cdot X_r}$。

2. 当从曝气池排泥时：泥龄 $\theta_C = \dfrac{V}{Q_w}$。

因此，可通过控制剩余污泥的排放量来控制泥龄。回流污泥控制的悬浮固体物料平衡说明简图见图 7.6.10-1。

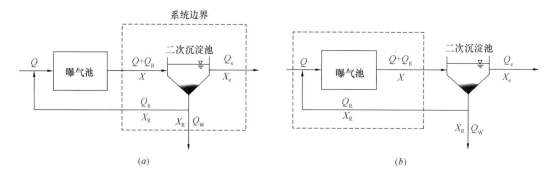

图 7.6.10-1　回流污泥控制的悬浮固体物料平衡说明简图
(a) 二次沉淀池物料平衡；(b) 曝气池物料平衡

《城镇污水厂运行、维护及安全技术规程》CJJ 60—2011。

3.6.2　污泥负荷、泥龄或污泥浓度可通过剩余污泥排放量进行调整。

3.6.2 条文说明：剩余污泥量排放是工艺控制中最重要的一项操作内容。通过排泥量的调节，可以改变活性污泥中微生物种类和增长速度，可以改变需氧量，可以改善污泥的沉淀性能。当入流水质水量及环境因素发生波动，活性污泥的工艺状态也将随之变化，因此处理效果不稳定。通过排泥量调节，可以克服以上的波动或变化，保证处理效果的稳定。

调整污泥负荷，应尽量避开 0.5kgBOD$_5$/(kgMLSS·d)～1.5kgBOD$_5$/(kgMLSS·d)污泥沉淀性能差，且易产生污泥膨胀的负荷区域。

由于污泥泥龄是新增污泥在曝气池中平均停留的天数，并说明活性污泥中微生物的组成，世代时间长于污泥泥龄的微生物不能在系统中繁殖，所以污水在除磷脱氮处理时，必须考虑硝化菌在一定温度下，污泥增长率所决定的泥龄。用污泥泥龄直接控制剩余污泥排放量，从而达到较好的效果。

污泥浓度的高低在某种意义上决定着活性污泥法运行工艺的安全性。污泥浓度高，耐冲击负荷能力强，但需氧量大，另外，非常高的污泥浓度会使氧的吸收率下降，还由于回流污泥量的增高，加上水质的特性合成的污泥指数较高，容易发生污泥膨胀。因此，应依据不同工艺及生产实际运行需要，将污泥浓度控制在合理的范围内。

问：如何选择污泥负荷？

答：确定污泥负荷，首先必须结合要求处理后的出水水质的 BOD$_5$ 值 S_e 来考虑，日本专家桥本奖教授根据哈兹尔坦（Haseltine）对美国 46 个城市污水厂的调研资料进行归纳分析，得出适用于推流式曝气生物反应池的 BOD 污泥负荷 L_s 与处理后出水 BOD 值 S_e 之间关系的经验计算式，可供参考：

$$L_s = 0.01295 S_e^{1.1918}$$

另外，确定污泥负荷还必须考虑污泥的凝聚、沉淀性能。即根据处理后出水 BOD 值确定 L_s 值后，应进一步复核相应的污泥指数 SVI 值是否在正常运行的允许范围内。对城市污水可按图 7.6.10-2 复核。

确定污泥负荷的方法如下：

1. 一般城市污水的 BOD 污泥负荷取值多为 $0.2 kgBOD_5/(kgMLSS \cdot d) \sim 0.4 kgBOD_5/(kgMLSS \cdot d)$。这一范围内 BOD_5 去除率可达 90% 左右，污泥的吸附性能和沉淀性能都较好，SVI 值在 $80 \sim 150$。

2. 剩余污泥不便处理的污水厂，应采用较低的 BOD 污泥负荷，一般不宜高于 $0.1 kgBOD_5/(kgMLSS \cdot d)$，能使污泥进入减速增殖期后期或内源呼吸期，加强污泥的自身氧化过程，减少排泥量。

3. 寒冷地区修建的活性污泥法系统，其曝气生物反应池应当采用较低的 BOD 污泥负荷，这样能够在一定程度上补偿水温低对生物降解反应带来的不利影响。可参照《寒冷地区污水活性污泥法处理设计规程》CECS 111：2000。

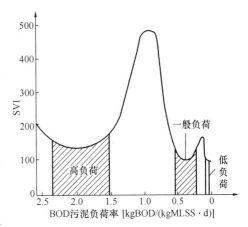

图 7.6.10-2　BOD 污泥负荷与 SVI 值之间的关系

问：**MLSS、SVI、R 三者的关系是什么？**

答：当 MLSS 一定时，MLSS、SVI、R 三者的关系见图 7.6.10-3。

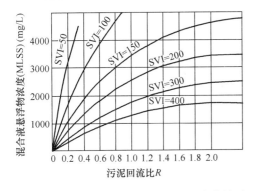

图 7.6.10-3　MLSS、SVI、R 三者的关系

如活性污泥的 SVI 值增高，则它在二次沉淀池内的浓缩极限浓度就会降低。为了使在曝气池内混合液的活性污泥浓度保持一定，就需要增加污泥的回流量。从图 7.6.10-3 可见，在 MLSS 一定的条件下，SVI 值越高，所应采用的污泥回流比也越大。

问：**为什么 SVI 值越高污泥沉降性能越不好？**

答：比如：把两份各 1g 的不同干污泥 A 和 B，分别稀释成 100mL 混合液，经 30min 沉降后，A 泥的沉降比 SV=30%，也就是污泥界面在 30mL 处；B 泥的沉降比 SV=25%，也就是污泥界面在 25mL 处。

则请问 A 和 B 哪种污泥的沉降性能好，你肯定会说 B 的沉降性能好。

理由是：SVI=SV/X，如果分母相同，则分子越大 SVI 越大，而 SV 大的污泥沉降性能则不好。图 7.6.10-4 引自《当代给水与废水处理原理》（许保玖、龙腾锐）。

7.6.11 衰减系数 K_d 值应以当地冬季和夏季的污水温度进行修正，并应按下式计算：

$$K_{dT} = K_{d20} \cdot (\theta_T)^{T-20} \qquad (7.6.11)$$

式中　K_{dT} ——$T℃$时的衰减系数（d^{-1}）；

　　　K_{d20} ——20℃时的衰减系数（d^{-1}）；

　　　θ_T ——温度系数，采用 $1.02 \sim 1.06$；

　　　T ——设计温度（℃）。

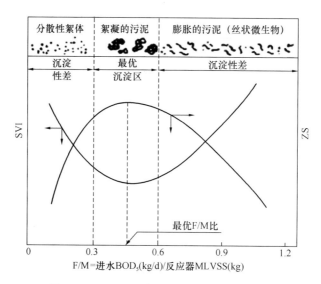

图 7.6.10-4　F/M 与 SVI 及 SV 的相关关系

问：为什么把衰减系数的基准水温定为 20℃？

答：本标准第 4.2.2 条"污水厂内生物处理构筑物进水的水温宜为 10℃～37℃。"控制污水进水水温就是为了保证生物反应的顺利进行，保证处理效果。因为活性污泥微生物绝大多数是嗜温菌，水温太高或太低都不利于微生物发挥其对有机物的最大降解功能。活性污泥生物处理工艺标准条件：1 个大气压、20℃水温。当温度不是 20℃时，要进行污水温度修正。

自活性污泥法问世以来，温度对生物净化过程的影响受到普遍重视。国外一些专家和学者在 20 世纪 40 年代开展了大量的试验研究工作，到 20 世纪 60 年代从理论和实践上都取得可喜的结果。我国研究温度对活性污泥法生物处理的影响始于 20 世纪 70 年代初。

国外主要研究成果有：

1. 1994 年索耶通过实验研究证实，温度对有机物的降解有一定影响。BOD 去除率和硝化程度从 10℃开始明显降低；20℃时，BOD 去除率和硝化程度均较高。

2. 1961 年路德扎克通过试验证实，COD 去除率 5℃时最低；氧化分解率 30℃时最高；污泥增长率 5℃时增长 40%，30℃时增长 10%。

3. 桥本奖的试验研究证明，温度对有机物降解有很大影响。COD 去除率：5℃时最低，15℃时最高，30℃时稍低。

4. 北极环境研究室的试验表明：常温条件下，随污泥负荷的增加，BOD 去除率的降低并不明显；而在低温条件下，随污泥负荷的增加，BOD 去除率迅速降低。

5. 费莱德曼等人的研究认为 20℃时污泥增长率最大。

7.6.12　生物反应池的始端可设缺氧或厌氧选择区（池），水力停留时间宜采用 0.5h～1.0h。

→本条了解以下内容：

1. 选择池：污水生物处理的一种构筑物。通过回流污泥与污水短时间接触，可抑制丝状菌的生长。

2. 生物选择池的作用：抑制丝状菌生长，控制污泥膨胀的发生。

为避免活性污泥出现膨胀现象，破坏二次沉淀池出水水质，近年国内外相继出现生物预处理设施，如酸化池（亦称水解池）、选择池等。生物选择区（池）的作用不同于生物区（池）。选择池是一种特殊生物反应池，有利于絮凝体细菌的生长，而不利于丝状菌的生长，以提供沉降性能和浓缩性能较好的活性污泥。选择池的高基质浓度有利于非丝状菌的生长，见图7.6.12-1。

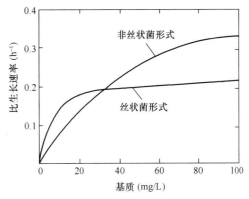

图 7.6.12-1　以基质浓度为函数的丝状菌和非丝状菌的典型生长曲线

3. 选择池为小型池（0.5h～1.0h）或串联的一组池子，入流的废水与回流污泥在好氧、厌氧和缺氧条件下混合。生物选择池池容计算：

$$V = Q \cdot t$$

式中：V——生物选择池的池容积（m³）；

Q——污水设计流量（m³/h）；

t——生物选择池内污水的水力停留时间（h），一般取0.5h～1.0h。

问：厌氧和缺氧选择池与厌氧池、缺氧池的区别是什么？

答：1. 缺氧选择池与活性污泥法脱氮系统所设计的缺氧池的重大区别在于两者的目的不同。设置缺氧选择池的目的在于控制系统的污泥膨胀，改善污泥的沉降性能，而脱氮系统的缺氧池是为了实现反硝化，降低出水中的硝酸盐氮浓度。

反硝化菌是絮状菌。在缺氧选择池中，反硝化菌利用废水中易降解有机物作为电子供体，利用硝酸盐作为电子受体，获得迅速增长。大多数丝状菌能有效地利用易降解有机物，但不能利用硝酸盐作为电子受体，所以如果废水中所含有的易降解有机物在缺氧段被絮状菌（反硝化菌）去除，则丝状菌的生长将被抑制。由于微生物的选择代谢作用，缺氧选择池可以控制污泥膨胀的发生。

缺氧选择池的作用是去除大量易降解有机物，从而使得进入好氧段的该类物质减少。在其他环境条件一定时，其选择效果与进入选择池的硝酸盐浓度有关：硝酸盐浓度越高进入好氧段的易降解有机物越少，也就是说，希望此时硝酸盐过剩。另外，由于易降解有机物的去除非常迅速，因此，缺氧选择池的容积较小。

在生物脱氮工艺中对于以反硝化为目的的缺氧池来说，情况正好相反，其希望有机物过剩，因为此时反硝化效果好，出水硝酸盐浓度低。但由于大多数城市污水受有机物限制，因此反硝化除了利用水中易降解有机物外，还需利用水中慢速降解有机物。慢速降解有机物被反硝化菌利用之前，尚需经过水解反应，而缺氧条件下的水解反应速度较慢，因此，相对于缺氧选择池，生物脱氮工艺中的缺氧池通常需要较大的池容。

2. 厌氧选择池的目的：通过吸收有效去除易降解有机物，达到控制污泥膨胀的目的。有机废水与活性污泥接触初期，既发生吸附作用，也发生吸收作用。吸附作用指废水与污泥接触的初期，废水中的颗粒和胶体状态的不溶解性有机物被活性较强的污泥吸附在表面，从而使混合液中的 BOD 迅速下降，在胞外水解酶的作用下吸附在污泥絮体表面的不溶解性有机物被水解成可溶性小分子而回到混合液中，从而使水中的 BOD 又开始上升，即存在释放现象。而吸收作用是指混合液中的溶解性小分子有机物穿过细胞膜进入细胞内，一般认为由吸收作用引起的初期去除不存在释放现象。

<u>一般认为絮状菌比丝状菌对溶解性底物的吸收能力强。</u>

在厌氧选择池中，聚磷菌 PAO 释放体内的聚磷作为能源，迅速吸收进水中的易降解有机物，特别是挥发性脂肪酸 VFA，以胞间聚合物如糖原和 PHB 的形式贮存起来。丝状菌和其他异养菌则没有这项功能。在后面的好氧环境下，有机物浓度降低，在同其他细菌的竞争中，聚磷菌吸收了大量的有机物，利用贮存的底物进行生长，从而处于绝对优势，而丝状菌则受到抑制。由于聚磷菌也属于絮状菌，因此厌氧选择池具有控制污泥膨胀的作用。

同缺氧选择池一样，厌氧选择池也是代谢型选择器，所不同的是聚磷菌在厌氧选择池内只是对底物进行了吸收，其增殖过程在后面的主反应区（好氧区）完成。

生物选择池是使选择池内的生态环境有利于选择性地发展絮状菌，应用生物竞争机制抑制丝状菌的过度生长和繁殖，从而控制污泥膨胀的发生和发展。<u>丝状菌和絮状菌争夺的对象是水中的易降解有机物。</u>

选择器是活性污泥系统的一部分（见图 7.6.12-2），设置在主反应器之前，接受进水和回流污泥。选择器通常只是主反器体积的一小部分，并且还分为数级，选择器可以分开建造，也可以仅是反应器的一部分，通过隔板维持高的污泥负荷。选择器水流既可以是推流式，也可以是完全混合式，但推流式性能要好。

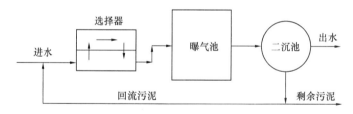

图 7.6.12-2　选择器活性污泥法工艺流程

图 7.6.12-3 描述了典型的絮状菌和丝状菌相对生长动力学关系。从图中可以看出，对于某种给定的底物，絮状菌比丝状菌有更高的比生长速率和饱和常数，换言之，当底物浓度高时絮状菌生长得比较快，但是由于丝状菌具有更高的底物亲和性，所以当底物浓度低时，丝状菌生长得更快。

如图 7.6.12-3 所示：底物浓度为 S_2 时，丝状菌的生长速度大于絮状菌而在竞争中占优势，这表明，对丝状菌生长有利的环境是以比较低的浓度连续供应底物。只有连续供应底物才能使其持续生长，浓度保持得比较低使丝状菌竞争占优势。简单地说，丝状菌是低浓度型微生物，能够比絮状菌更有效地利用底物。因此，丝状菌容易

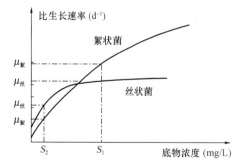

图 7.6.12-3　絮状菌和丝状菌
生长动力学比较

在有利于低浓度型微生物的条件下生长，这里所说的底物指有机物、氮、磷等营养物和溶解氧，也就是丝状菌更耐饥饿抵抗力。正是基于以上原理开发出好氧生物选择池，引入浓度梯度的概念，使得选择池进水端具有较高的污泥负荷即底物浓度处于 S_1 附近。

7.6.13 阶段曝气生物反应池宜采取在生物反应池始端 1/2～3/4 的总长度内设置多个进水口。

→本条了解以下内容：

1. 阶段曝气生物反应池就是采用阶段曝气法进行曝气的生物反应池，其实质是多点进水生物反应池。

2. 阶段曝气的特点是污水沿池的始端 1/2～3/4 长度内分数点进入（即进水口分布在两廊道生物反应池的第一条廊道内，三廊道生物反应池的前两条廊道内，四廊道生物反应池的前三条廊道内），尽量使反应池混合液的氧利用率接近均匀，所以容积负荷比普通生物反应池大。

3. 控制污水进水点在生物反应池始端 1/2～3/4 长度内是防止污水从生物反应池末端进水，因为反应时间不够，影响出水水质。

7.6.14 吸附再生生物反应池的吸附区和再生区可在一个反应池内，也可分别由两个反应池组成，并应符合下列规定：

1　吸附区的容积不应小于生物反应池总容积的 1/4，吸附区的停留时间不应小于 0.5h；

2　当吸附区和再生区在一个反应池内时，沿生物反应池长度方向应设置多个进水口；进水口的位置应适应吸附区和再生区不同容积比例的需要；进水口的尺寸应按通过全部流量计算。

→本条了解以下内容：

1. 吸附再生生物反应池就是采用吸附再生曝气法进行曝气的生物反应池。

吸附再生生物反应池的特点是回流污泥先在再生区作较长时间的曝气，然后与污水在吸附区充分混合，作较短时间接触，但一般不小于 0.5h。

2. 吸附池和再生池可分建也可合建，如图 7.6.14-1 所示。

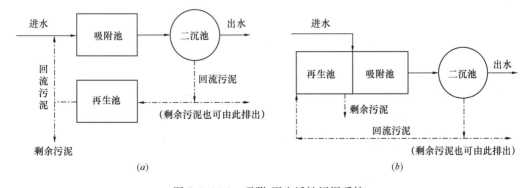

图 7.6.14-1　吸附-再生活性污泥系统

（a）分建式吸附-再生活性污泥系统；（b）合建式吸附-再生活性污泥系统

3. 当吸附区和再生区在一个反应池内时，沿生物反应池长度方向应设置多个进水口；进水口的位置应适应吸附区和再生区不同容积比例的需要；进水口的尺寸应按通过全部流量计算。

我国近年常将普通曝气、阶段曝气与吸附再生三种方法进行接合，在曝气池前部多点进水，当第一进水点不进水时，第二进水点以前的曝气池段即作为再生池使用。这样，系统的灵活性得以提高，可任选常规法、阶段法和吸附再生法运行。但此时风管布置及阀门设计应有足够的灵活性，以保证多种运行时具有足够的供氧。

实践证明，吸附时间 1h～3h 的吸附再生法，出水 BOD_5 去除率可达 90%，略低于常规法，但容积负荷可提高较多。已建的超负荷常规曝气池，在不增加池容的情况下，经简单改造，采用吸附再生法可使产水量增加很多。

4. 吸附再生法的优缺点：

（1）优点：

1）总池容小。污水与活性污泥微生物在吸附池内短时接触 30min～60min，水力停留时间短，因此，吸附池的容积一般较小。而再生池接纳的是已排放剩余污泥的回流污泥，因此，再生池容积也较小。总体上吸附池与再生池的容积之和仍低于普通活性污泥法曝气池容积。BOD_5 去除率可达 90%，略低于常规曝气池，但容积可提高较多。有些超负荷运行的常规曝气池在不增加池容的情况下，经简单改造，采用吸附再生法可以提高现有系统的处理能力。

2）此工艺对水质水量的冲击负荷有一定的承受能力。当吸附池内的污泥遭到破坏时，可由再生池内的污泥补救再生。

（2）缺点：

由于吸附再生法主要利用的是吸附池的吸附功能，故处理效果低于普通活性污泥法，且不宜处理溶解性有机污染物含量较高的污水，处理效率低于普通活性污泥法，此工艺对水质水量有一定的缓冲能力。

问：吸附再生法和 AB 法的区别是什么？

答： 1. 吸附再生曝气法：普通曝气法的一种改进形式。回流污泥在曝气池上游再生区经再生曝气，与污水在曝气池下游吸附区作较短时间混合接触流向出口端。

吸附氧化活性污泥法：串联的两阶段活性污泥法。两段各有沉淀池，分别向各自的曝气池回流处于不同生长阶段的活性污泥。又称 AB 法。

2. 工艺流程不同：

（1）吸附再生法工艺流程见图 7.6.14-1。

（2）AB 法工艺流程见图 7.6.14-2。

3. 去除机理不同：

（1）吸附再生法的机理：吸附、二次沉淀、氧化，不宜采用过长的曝气时间，否则其机理可能转变为合成、二次沉淀、好氧硝化。

（2）AB 法指两个活性污泥系统串联，两者各有其独立的二次沉淀池，分别向各自的曝气池回流处于不同生长阶段的活性污泥。第一段多为短时曝气，第二段多为中时曝气，最终出水水质往往能达到延时曝气的水平，出水 BOD_5 在 20mg/L 以下。

采用两段法时，在 B 段中设置厌氧段或（和）缺氧段，也能达到除磷或（和）脱氮的目的。

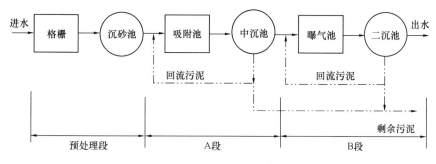

图 7.6.14-2 AB法工艺流程图

7.6.15 完全混合生物反应池可分为合建式和分建式。合建式生物反应池的设计，应符合下列规定：

  1 生物反应池宜采用圆形，曝气区的有效容积应包括导流区部分；

  2 沉淀区的表面水力负荷宜为 $0.5m^3/(m^2 \cdot h) \sim 1.0m^3/(m^2 \cdot h)$。

→本条了解以下内容：

  1. 表面水力负荷：水处理构筑物单位时间内单位表面积所通过的水量。其计量单位通常采用 $m^3/(m^2 \cdot h)$。

  合建式完全混合曝气生物反应池（又称曝气沉淀池）是指曝气反应与固液分离在同一处理构筑物内完成。

  2. 合建式完全混合曝气生物反应池由曝气区、导流区、沉淀区三部分组成。

  3. 合建式完全混合生物反应池有多种结构形式，表面多为圆形（见图 7.6.15-1），偶

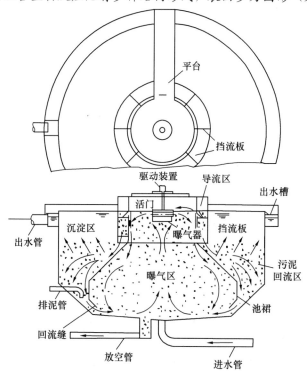

图 7.6.15-1 圆形曝气沉淀池剖面示意图

207

见方形或多边形（见图 7.6.15-2）。圆形生物反应池搅拌的更均匀，可减小死角、短流的影响。

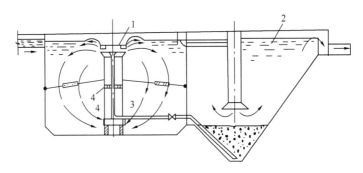

图 7.6.15-2　方形曝气沉淀池示意图

1—曝气区；2—沉淀区；3—抽吸回流污泥管；4—污水进水窗

4. 对本条数据的解读：

(1) 据资料介绍，一般生物反应池的平均耗氧速率为 30mg/(L·h)～40mg/(L·h)。根据对上海某污水厂和湖北某印染厂污水站的生物反应池回流缝处测定的实际溶解氧，表明污泥室的溶解氧浓度不一定能满足生物反应池所需的耗氧速率，<u>为安全计，合建式完全混合反应池曝气部分的容积包括导流区容积，但不包括污泥室容积。</u>

(2) 根据国内运行经验，沉淀区的沉淀效果易受曝气区的影响。为了保证出水水质，沉淀区的表面水力负荷宜为 0.5m³/(m²·h)～1.0m³/(m²·h)。

问：如何界定推流式与完全混合式？

答：理论上一个给定容积的反应器，若反应从零开始，推流式的反应速率会比完全混合式要快，或者给定相同的反应速率，推流式所需的反应器容积更小。

理论上要通过液龄分布函数来判定；工程实践中，采用测定池中各点的运行参数，如 DO、MLSS、COD 浓度等来判定：推流式各点完全不同，完全混合式理论上各点完全一样，但实际上各点运行参数相差不超过 10% 便认为处于完全混合式流态。实际上，不可能具有完全混合式或推流式的反应条件。通常用纵向扩散系数对这种接近理想条件的趋势进行定量表征。当纵向扩散系数为零时，为理想推流式；当纵向扩散系统为无限大时，为理想完全混合式。

Ⅲ　厌氧/缺氧/好氧法（AAO 或 A²O 法）

7.6.16 当以脱氮除磷为主时，应采用厌氧/缺氧/好氧法（AAO 或 A²O 法）的水处理工艺，并应符合下列规定：

　　1 脱氮时，污水中的五日生化需氧量和总凯氏氮之比宜大于 4；

　　2 除磷时，污水中的五日生化需氧量和总磷之比宜大于 17；

　　3 同时脱氮、除磷时，宜同时满足前两款的要求；

　　4 好氧区（池）剩余总碱度宜大于 70mg/L（以 $CaCO_3$ 计），当进水碱度不能满足上述要求时，应采取增加碱度的措施。

→本条了解以下内容：

　　1. 生物硝化：污水生物处理中好氧状态下硝化细菌将氨氮氧化成硝态氮的过程。

生物反硝化：污水生物处理中缺氧状态下反硝化菌将硝态氮还原成氮气，去除污水中氮的过程。

2. 生物脱氮除磷的具体要求

（1）污水的五日生化需氧量与总凯氏氮之比是影响脱氮效果的重要因素之一。异养性反硝化菌在呼吸时，以有机基质作为电子供体，以硝态氮作为电子受体，即反硝化时需消耗有机物。1）当污水中五日生化需氧量与总凯氏氮之比大于 4 时，可达到理想的脱氮效果；2）五日生化需氧量与总凯氏氮之比小于 4 时，脱氮效果不好；3）五日生化需氧量与总凯氏氮之比过小时，需外加碳源才能达到理想的脱氮效果。外加碳源可采用甲醇，它被分解后产生二氧化碳和水，不会留下任何难以分解的中间产物。由于城镇污水水量大，外加甲醇的费用较高，有些污水厂将淀粉厂、制糖厂、酿造厂等排出的高浓度有机废水作为外加碳源，取得了良好效果。当五日生化需氧量与总凯氏氮之比为 4 或略小于 4 时，可不设初次沉淀池或缩短污水在初次沉淀池中的停留时间，以增大进生物反应池污水中五日生化需氧量与氮的比值。不同 C/N 比的脱氮效果见表 7.6.16-1。

不同 C/N 比的脱氮效果　　　　　　　　表 7.6.16-1

脱氮效果	COD/TKN	BOD₅/NH₃-N	BOD₅/TKN
差	<5	<4	<2.5
一般	5～7	4～6	2.5～3.5
好	7～9	6～8	3.5～5
优	>9	>8	>5

注：本表摘自《当代给水与废水处理原理》（许保玖、龙腾锐）。

（2）生物除磷由吸磷和放磷两个过程组成，积磷菌在厌氧放磷时，伴随着溶解性可快速生物降解的有机物在菌体内贮存。若放磷时无溶解性可快速生物降解的有机物在菌体内贮存，则积磷菌进入好氧环境中并不吸磷，此类放磷为无效放磷。生物脱氮和除磷都需要有机碳，在有机碳不足，尤其是溶解性可快速生物降解的有机碳不足时，反硝化菌与积磷菌争夺碳源，会竞争性地抑制放磷。

污水的五日生化需氧量与总磷之比是影响除磷效果的重要因素之一。若比值过低，积磷菌在厌氧池放磷时释放的能量不能很好地被用来吸收和贮存溶解性有机物，影响该类细菌在好氧池的吸磷，从而使出水磷浓度升高。广州地区的一些污水厂，在五日生化需氧量与总磷之比为 17 及以上时，取得了良好的除磷效果。

（3）若五日生化需氧量与总凯氏氮之比小于 4，则难以完全脱氮而导致系统中存在一定的硝态氮的残余量，这样即使污水中五日生化需氧量与总磷之比大于 17，其生物除磷的效果也将受到影响。

（4）一般积磷菌、反硝化菌和硝化细菌生长的最佳 pH 在中性或弱碱性范围，当 pH 偏离最佳值时，反应速度逐渐下降，碱度起着缓冲作用。污水厂生产实践表明，为使好氧池的 pH 维持在中性附近，池中剩余总碱度宜大于 70mg/L。每克氨氮氧化成硝态氮需消耗 7.14g 碱度，大大消耗了混合液的碱度。反硝化时，还原 1g 硝态氮成氮气，理论上可回收 3.57g 碱度，此外，去除 1g 五日生化需氧量可以产生 0.3g 碱度。出水剩余总碱度可按下式计算：

$$A_e = A_o + 0.3 \times (S_o - S_e) + 3 \times \Delta N_{de} - 7.14 \times \Delta N_o \quad (7.6.16\text{-}1)$$

式中：A_e——出水剩余总碱度（mg/L，以 $CaCO_3$ 计）；

A_o——进水总碱度（mg/L，以 $CaCO_3$ 计）；

S_o——生物反应池进水五日生化需氧量浓度（mg/L）；

S_e——生物反应池出水五日生化需氧量浓度（mg/L）；

ΔN_{de}——反硝化脱氮量（$mgNO_3\text{-}N/L$）；

ΔN_o——硝化氮量（$mgNH_3\text{-}N/L$）。

注：式中 3 为美国环境保护署推荐的还原 1g 硝态氮可回收 3g 碱度。

当进水碱度较小时，硝化消耗碱度后，好氧池剩余碱度小于 70mg/L，可增加缺氧池容积，以增加回收碱度量。在要求硝化的氨氮量较多时，可布置成多段缺氧/好氧形式。在该形式下，第一个好氧池仅氧化部分氨氮，消耗部分碱度，经第二个缺氧池回收碱度后再进入第二个好氧池消耗部分碱度，这样可减少对进水碱度的需要量。国外水处理界常用"以 $CaCO_3$ 计"的 mg/L 单位来表示碱度、钙镁及其他离子的含量。即将这些离子折合为与 $CaCO_3$ 等当量的含量，以便于作平衡比较。

生物处理过程中氮的转化见图 7.6.16。

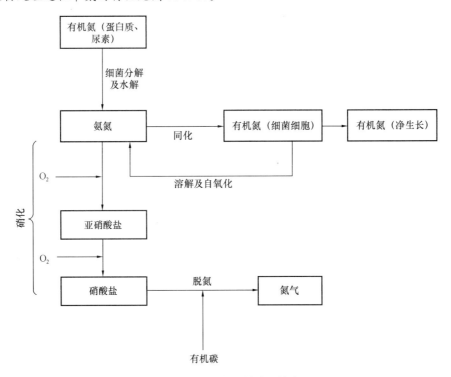

图 7.6.16　生物处理过程中氮的转化（摘自 Sedlak，1991）

问：每克氨氮氧化成硝态氮需消耗多少碱度？

答：氨氮氧化成硝态氮的总反应式：

$$NH_4^+ + 2O_2 \rightarrow NO_3^- + 2H^+ + H_2O$$

$$14 \qquad 2 \times 32$$

$(2 \times 32)/14 = 4.57 gO/gN$ 　（溶解氧含量不能低于 1mg/L）

当细胞组织忽略不计时，为了完成上式的反应，需要的碱度可由以下化学反应式估算：

$$NH_4^+ + 2HCO_3^- + 2O_2 \rightarrow NO_3^- + 2CO_2 + 3H_2O$$

在上面的反应中，转化每克氨氮（以 N 计），需要 7.14g 碱度（以 $CaCO_3$ 计），即：

$$[2 \times (50gCaCO_3)/14] = 7.14g \text{ 碱度（以 } CaCO_3 \text{ 计）}$$

问：还原 1g 硝态氮理论上可回收多少碱度？

答：生物脱氮的化学计算参见《废水工程处理及回用》（第四版）P450。

在废水处理过程中，生物脱氮包括以硝酸盐或亚硝酸盐代替氧作为电子受体对很多有机物进行生物氧化反应。在缺少 DO 或 DO 浓度很低时，呼吸作用电子传递链上的硝酸盐还原酶被激活，促使氢和电子转移至作为最终电子受体的硝酸盐。并按以下步骤进行：

$$NO_3^- \xrightarrow{\text{硝酸盐还原酶}} NO_2^- \xrightarrow{\text{亚硝酸盐还原酶}} NO \xrightarrow{\text{氧化氮还原酶}} N_2O \xrightarrow{\text{氧化亚氮还原酶}} N_2 \uparrow$$

生物脱氮过程中电子供体通常来源于：

1. 废水中的 bsCOD；

2. 内源代谢过程中产生的 bsCOD；

3. 外源物质如甲醇或醋酸盐（欧美国家投加乙醇，可避免残留未利用的甲醇对人体的毒性作用，但费用比甲醇高）。

一般可用 $C_{10}H_{19}O_3N$ 表示废水中可生物降解的有机物（U.S.EPA，1993）。

废水：

$$C_{10}H_{19}O_3N + 10NO_3^- \rightarrow 5N_2 + 10CO_2 + 3H_2O + NH_3 + 10OH^-$$

甲醇：

$$5CH_3OH + 6NO_3^- \rightarrow 3N_2 + 5CO_2 + 7H_2O + 6OH^-$$

醋酸盐：

$$5CH_3COOH + 8NO_3^- \rightarrow 4N_2 + 10CO_2 + 6H_2O + 8OH^-$$

细胞合成的经典反应式：

$$NO_3^- + 1.08CH_3OH + 0.24H_2CO_3 \rightarrow 0.06C_5H_7NO_2 + 0.47N_2 \uparrow + 1.68H_2O + 1.02HCO_3^-$$

$$50/14 = 3.57g \text{ } (CaCO_3)$$

从上述所有异养脱氮反应式可以看出：每还原 1 当量 NO_3^--N 产生 1 当量碱度，相当于还原每克硝酸盐氮产生 3.57g 碱度（以 $CaCO_3$ 计）。硝化反应中，氧化每克 NH_4^+-N 需消耗 7.14g 碱度（以 $CaCO_3$ 计），所以在硝化反应中被消耗的碱度可在脱氮反应中恢复一半。

Verhoeven 的研究表明，当废水中碳源不足，NO_3^- 的浓度远超过被利用的氢供体时，反硝化过程中所生成的 N_2 量将减少并导致反应生成大量的 N_2O，N_2O 是重要的温室气体之一。

问：典型非 CO_2 温室气体折算 CO_2 的当量系数是多少？

答：温室气体释放量指处理单位水量或去除单位质量污染物所释放的温室气体量。污水再生处理过程释放的温室气体主要包括二氧化碳（CO_2）、甲烷（CH_4）、氧化亚氮（N_2O）、氢氟碳化合物（HFCs）、全氟碳化合物（PFCs）和六氟化硫（SF_6）等。典型非 CO_2 温室气体折算 CO_2 的当量系数，参见表 7.6.16-2。

典型非 CO_2 温室气体折算 CO_2 的当量系数　　　表 7.6.16-2

温室气体		折算 CO_2 的当量系数
CH_4（甲烷）		21
N_2O（氧化亚氮）		310
SF_6（六氟化硫）		23900
PFCs（全氟碳化合物）	CF_4（四氟化碳，又称为四氟甲烷）	6500
	C_2F_6（六氟乙烷）	9200
HFCs（氢氟碳化合物）	HFC-23（三氟甲烷）	11700
	HFC-32（二氟甲烷）	650
	HFC-125（五氟乙烷）	2800
	HFC-134a（2-四氟乙烷）	1300

问：如何调整酸碱度？

答：调整 pH 的碱性药剂可以采用氢氧化钠（烧碱）、石灰或碳酸钠（纯碱）。调整 pH 的酸性药剂可以采用硫酸或盐酸。如果是饮用水处理，必须采用饮用水处理级或食品级的酸碱药剂。碱性药剂中，氢氧化钠可采用液体药剂，便于投加和精确控制，劳动强度小，价格适中，因此推荐在应急处理中采用。石灰虽然便宜，但沉渣多，投加劳动强度大，不便自动控制。纯碱的价格较高，除特殊情况外，一般不采用。与盐酸相比，硫酸的有效浓度高，价格便宜，腐蚀性低，为首选的酸性药剂。参见《城市供水系统应急指导技术手册》。

问：如何换算碱度？

答：以 70mg/L 的 $CaCO_3$ 碱度如何换算成 $NaHCO_3$ 碱度为例。

采用当量换算法：$70:50=x:84 \Rightarrow x=70 \times 84/50=117.6$mg/L。

问：湖库营养状态评价标准及评价方法是什么？

答：采用线性插值法将水质项目浓度值转换为赋分值。

计算营养状态指数：

$$EI = \sum_{n=1}^{N} E_n / N \tag{7.6.16-2}$$

式中：EI ——营养状态指数；

E_n ——评价项目赋分值；

N ——评价项目个数。

根据 EI 按表 7.6.16-3 进行营养状态评价。

湖泊（水库）营养状态评价标准及分级方法　　　表 7.6.16-3

营养状态分级（EI＝营养状态指数）	评价项目赋分值 E_n	总磷（mg/L）	总氮（mg/L）	叶绿素 α（mg/L）	高锰酸盐指数（mg/L）	透明度（m）
贫营养 $0<EI\leqslant20$	10	0.001	0.020	0.0005	0.15	10
	20	0.004	0.050	0.0010	0.40	5.0
中营养 $20<EI\leqslant50$	30	0.010	0.10	0.0020	1.0	3.0
	40	0.025	0.30	0.0040	2.0	1.5
	50	0.050	0.50	0.010	4.0	1.0

营养状态分级 (EI＝营养状态指数)	评价项目赋分值 E_n	总磷 (mg/L)	总氮 (mg/L)	叶绿素 α (mg/L)	高锰酸盐指数 (mg/L)	透明度 (m)
轻度富营养 50＜EI≤60	60	0.10	1.0	0.026	8.0	0.5
中度富营养 60＜EI≤80	70	0.20	2.0	0.064	10	0.4
	80	0.60	6.0	0.16	25	0.3
重度富营养 80＜EI≤100	90	0.90	9.0	0.40	40	0.2
	100	1.3	16.0	1.0	60	0.12

注：1. 湖库营养状态评价项目应包括总磷、总氮、叶绿素 α、高锰酸盐指数和透明度，其中叶绿素 α 为必评项目。
2. 本表摘自《地表水资源质量评价技术规程》SL 395—2007。

问：如何根据叶绿素 α 含量划分富营养化？

答：国际公认的叶绿素 α 含量分级将水库营养物控制标准分为六级，见表 7.6.16-4。

基于叶绿素 α 的富营养化分级标准   表 7.6.16-4

营养分级	标准分级	叶绿素 α 浓度（mg/m³）
贫营养	I	＜1.6
中营养	II	1.6～10
轻度富营养	III	10～26
中度富营养	IV	26～64
重度富营养	V	64～160
极端富营养	VI	＞160

7.6.17 当仅需脱氮时，宜采用缺氧/好氧法（A_NO 法），并应符合下列规定：

1 生物反应池中好氧区（池）的容积，采用污泥负荷或污泥龄计算时，可按本标准第 7.6.10 条所列公式计算，其中反应池中缺氧区（池）的水力停留时间宜为 2h～10h；

2 生物反应池的容积，采用硝化、反硝化动力学计算时，可按下列公式计算：

1）缺氧区（池）容积可按下列公式计算：

$$V_n = \frac{0.001Q(N_k - N_{te}) - 0.12\Delta X_v}{K_{de}X} \qquad (7.6.17\text{-}1)$$

$$K_{de(T)} = K_{de(20)}1.08^{(T-20)} \qquad (7.6.17\text{-}2)$$

$$\Delta X_v = Y\frac{Q(S_o - S_e)}{1000} \qquad (7.6.17\text{-}3)$$

式中： V_n——缺氧区（池）容积（m³）；

     Q——生物反应池的设计流量（m³/d）；

     N_k——生物反应池进水总凯氏氮浓度（mg/L）；

     N_{te}——生物反应池出水总氮浓度（mg/L）；

     ΔX_v——排出生物反应池系统的微生物量（kgMLVSS/d）；

     K_{de}——脱氮速率[$kgNO_3\text{-}N/(kgMLSS \cdot d)$]，宜根据试验资料确定；当无试验资料时，20℃ 的 K_{de} 值可采用（0.03～0.06）[$kgNO_3\text{-}N/(kgMLSS \cdot d)$]，并按本标准公式（7.6.17-2）进行温度修正；

$K_{de(T)}$、$K_{de(20)}$——分别为 T℃和 20℃时的脱氮速率；

$\qquad X$——生物反应池内混合液悬浮固体平均浓度（gMLSS/L）；

$\qquad T$——设计温度（℃）；

$\qquad Y$——污泥产率系数（kgVSS/kgBOD$_5$），宜根据试验资料确定；无试验资料时，可取 0.3～0.6；

$\qquad S_o$——生物反应池进水五日生化需氧量浓度（mg/L）；

$\qquad S_e$——生物反应池出水五日生化需氧量浓度（mg/L）。

2）好氧区（池）容积可按下列公式计算：

$$V_o = \frac{Q(S_o - S_e)\theta_{co}Y_t}{1000X} \qquad (7.6.17\text{-}4)$$

$$\theta_{co} = F\frac{1}{\mu} \qquad (7.6.17\text{-}5)$$

$$\mu = 0.47\frac{N_a}{K_n + N_a}e^{0.098(T-15)} \qquad (7.6.17\text{-}6)$$

式中：V_o——好氧区（池）容积（m^3）；

$\quad Q$——生物反应池的设计流量（m^3/d）；

$\quad S_o$——生物反应池进水五日生化需氧量浓度（mg/L）；

$\quad S_e$——生物反应池出水五日生化需氧量浓度（mg/L）；

$\quad \theta_{co}$——好氧区（池）设计污泥龄（d）；

$\quad Y_t$——污泥总产率系数（kgMLSS/kgBOD$_5$），宜根据试验资料确定；无试验资料时，系统有初次沉淀池时宜取 0.3～0.6，无初次沉淀池时宜取 0.8～1.2；

$\quad X$——生物反应池内混合液悬浮固体平均浓度（gMLSS/L）；

$\quad F$——安全系数，宜为 1.5～3.0；

$\quad \mu$——硝化细菌比生长速率（d^{-1}）；

$\quad N_a$——生物反应池中氨氮浓度（mg/L）；

$\quad K_n$——硝化作用中氮的半速率常数（mg/L）；

$\quad T$——设计温度（℃）；

0.47——15℃时，硝化细菌最大比生长速率（d^{-1}）。

3）混合液回流量可按下式计算：

$$Q_{Ri} = \frac{1000V_n K_{de}X}{N_{te} - N_{ke}} - Q_R \qquad (7.6.17\text{-}7)$$

式中：Q_{Ri}——混合液回流量（m^3/d），混合液回流比不宜大于 400%；

$\quad V_n$——缺氧区（池）容积（m^3）；

$\quad K_{de}$——脱氮速率［kgNO$_3$-N/（kgMLSS·d）］，宜根据试验资料确定；无试验资料时，20℃的 K_{de} 值可采用 0.03～0.06kgNO$_3$-N/（kgMLSS·d），并按本标准公式（7.6.17-2）进行温度修正；

$\quad X$——生物反应池内混合液悬浮固体平均浓度（gMLSS/L）；

$\quad N_{te}$——生物反应池出水总氮浓度（mg/L）；

$\quad N_{ke}$——生物反应池出水总凯氏氮浓度（mg/L）；

$\quad Q_R$——回流污泥量（m^3/d）。

问：公式（7.6.17-1）与公式（7.6.17-7）的推导关系是什么？

答：1. 公式（7.6.17-1）

$$V_n = \frac{0.001Q(N_k - N_{te}) - 0.12\Delta X_v}{K_{de}X} \Rightarrow \overset{\text{缺氧池脱氮量}}{\overline{V_n K_{de} X}} = \overset{\text{污水中去除的氮量}}{\overline{0.001Q(N_k - N_{te})}} - \overset{\text{剩余污泥中氮的量}}{\overline{0.12\Delta X_v}}$$

2. 公式（7.6.17-7）

$$Q_{Ri} = \frac{1000V_n K_{de} X}{N_{te} - N_{ke}} - Q_R \Rightarrow \overset{\text{总回流量}}{\overline{(Q_{Ri} + Q_R)}} \overset{\text{出水硝态氮浓度}}{\overline{(N_{te} - N_{ke})}} = \overset{\text{缺氧池脱氮量}}{\overline{1000V_n K_{de} X}}$$

所以公式（7.6.17-1）和公式（7.6.17-7）是整个 A_NO 工艺关于氮的平衡的公式，两个公式的本质含义都是缺氧池反硝化脱氮量＝污水中去除的总氮量－出水氮的量。

公式推导时假定：好氧区（池）硝化作用完全，回流污泥中硝态氮浓度和好氧区（池）相同，回流污泥中硝态氮进入厌氧区（池）后全部被反硝化，缺氧区（池）相同有足够碳源，则系统最大脱氮率是总回流比（混合液回流量加上回流污泥量与进水量之比）的函数。

3 缺氧/好氧法（A_NO 法）生物脱氮的主要设计参数，宜根据试验资料确定；当无试验资料时，可采用经验数据或按表 7.6.17 的规定取值。

缺氧/好氧法（A_NO 法）生物脱氮的主要设计参数 　　　　表 7.6.17

项目		单位	参数值
BOD 污泥负荷 L_s		kgBOD$_5$/(kgMLSS·d)	0.05~0.10
总氮负荷率		kgTN/(kgMLSS·d)	≤0.05
污泥浓度（MLSS）X		g/L	2.5~4.5
污泥龄 θ_C		d	11~23
污泥产率 Y		kgVSS/kgBOD$_5$	0.3~0.6
需氧量 O$_2$		kgO$_2$/kgBOD$_5$	1.1~2.0
水力停留时间（HRT）		h	9~22
			其中缺氧段 2~10
污泥回流比 R		%	50~100
混合液回流比 R_i		%	100~400
总处理效率 η	BOD$_5$	%	90~95
	TN	%	60~85

→本条了解以下内容：

1. 三个回流比

污泥回流比（R）：回流到生物反应池的污泥量与进入生物反应池的污水量之比。

混合液回流比（R_i）：反硝化时将好氧区混合液回流至缺氧池，混合液回流量与进水量的比值。

总回流比（r）：污泥回流比（R）和混合液回流比（R_i）之和，即：$r = R + R_i$。

2. 氮的转移方式及过程见图 7.6.17-1。

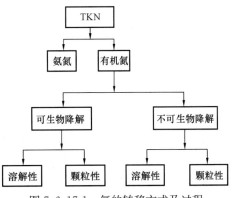

图 7.6.17-1　氮的转移方式及过程

颗粒性不可生物降解有机氮经生物絮凝作用成为活性污泥的组分。

颗粒性可生物降解有机氮水解成溶解性有机氮。

溶解性不可生物降解有机氮随出水排出。

溶解性可生物降解有机氮在缺氧、好氧条件下转化成氮气从污水中逸出。

3. 生物脱氮过程示意图见图 7.6.17-2。

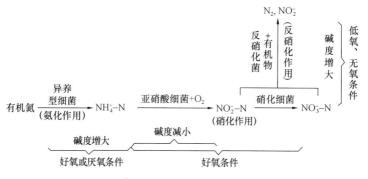

图 7.6.17-2 生物脱氮过程示意图

（1）氨化：含氮有机物经微生物降解释放出氨的过程，称为氨化作用。

脱氨基作用既可以在有氧条件下进行，也能在缺氧厌氧条件下进行。

有氧条件下：$RCHNH_2COOH + O_2 \rightarrow RCOOH + CO_2 + NH_3$（氧化脱氨基）

厌氧条件下：$RCHNH_2COOH + H_2O \rightarrow RCH_2OCOOH + NH_3$（水解脱氨基）

$\qquad\qquad RCHNH_2COOH + 2H^+ + 2e \rightarrow RCH_2COOH + NH_3$（还原脱氨基）

无论有氧条件还是缺氧条件，氨基酸的分解结果都产生氨和一种含氮有机化合物。

（2）硝化：污水生物处理中好氧状态下硝化细菌将氨氮氧化成硝态氮的过程。

生物硝化反应是亚硝化细菌、硝化细菌将氨氮氧化成亚硝酸盐氮、硝酸盐氮。

亚硝化细菌将氨氮氧化成亚硝酸盐的反应如下：

$$NH_4^+ + 1.5O_2 \rightarrow NO_2^- + 2H^+ + H_2O + （240\sim350kJ/mol）$$
$$1gN \quad 3.43gO$$

硝化细菌将亚硝酸盐氧化成硝酸盐的反应如下：

$$NO_2^- + 0.5O_2 \rightarrow NO_3^- + （65\sim90kJ/mol）$$
$$1gN \quad 1.14gO$$

硝化的总反应：$NH_4^+ + 2O_2 \rightarrow NO_3^- + 2H^+ + H_2O$

$$1gN \quad 4.57gO（溶解氧含量不能低于1mg/L）$$

（3）反硝化：污水生物处理中缺氧状态下反硝化菌将硝态氮还原成氮气从而去除污水中氮的过程。

在缺氧条件下，反硝化菌将 NO_3^- 转化为 N_2（异化反硝化占 96%）或有机体（同化反硝化占 4%）。污水处理关注的是异化反硝化。硝化过程有酸产生，而硝化细菌对 pH 变化非常敏感，所以要保持足够的碱度。

$$NO_3^- \rightarrow NO_2^- \rightarrow NH_2OH \rightarrow 有机体（同化反硝化）$$
$$NO_3^- \rightarrow NO_2^- \rightarrow N_2O \rightarrow N_2（异化反硝化）$$

经研究，目前为大家所公认的从 NO_3^- 还原为 N_2 的过程，由连续四步反应完成：

$$NO_3^- \xrightarrow[①]{+2e^-} NO_2^- \xrightarrow[②]{+e^-} NO \xrightarrow[③]{+e^-} N_2O \xrightarrow[④]{+e^-} N_2$$

其中：①代表硝酸盐还原酶；②代表亚硝酸盐还原酶；③代表氧化氮还原酶；④代表氧化亚氮还原酶。

4. 生物脱氮原理

生物脱氮由硝化和反硝化两个生物化学过程组成。氨氮在好氧池中通过硝化细菌作用被氧化成硝态氮，硝态氮在缺氧池中通过反硝化菌作用被还原成氮气逸出。硝化细菌是化能自养菌，需在好氧环境中氧化氨氮获得生长所需能量；反硝化菌是兼性异养菌，它们利用有机物作为电子供体，硝态氮作为电子最终受体，将硝态氮还原成气态氮。由此可见，为了发生反硝化作用，必须具备下列条件：有硝态氮和有机碳，基本无溶解氧（溶解氧会消耗有机物）。为了有硝态氮，处理系统应采用较长泥龄和较低负荷。缺氧/好氧法可满足上述要求，适于脱氮。

（1）缺氧/好氧生物反应池的容积计算，可采用本标准第7.6.10条生物去除碳源污染物的计算方法。

（2）公式（7.6.17-1）是缺氧池容积的计算方法，式中0.12为微生物中氮的分数。反硝化速率 K_{de} 与混合液回流比、进水水质、温度和污泥中反硝化菌的比例等因素有关。混合液回流量大，带入缺氧池的溶解氧多，K_{de} 取低值；进水有机物浓度高且较易生物降解时，K_{de} 取高值。

温度变化可用公式（7.6.17-2）修正，式中1.08为温度修正系数。

由于原污水总悬浮固体中的一部分沉积到污泥中，结果产生的污泥量将大于由有机物降解产生的污泥量，在许多不设初次沉淀池的处理工艺中更甚。因此，在确定污泥总产率系数（Y_t）时，必须考虑原污水中总悬浮固体（TSS）量，否则，计算所得的剩余污泥量往往偏小。污泥总产率系数随温度、泥龄（θ_C）和内源衰减系数（K_d）的变化而变化，不是一个常数。对于某种生活污水，有初次沉淀池和无初次沉淀池时，泥龄-污泥总产率系数曲线分别示于图7.6.17-3和图7.6.17-4。

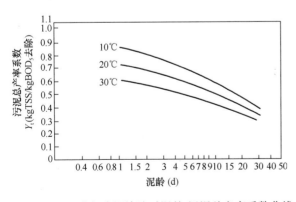

图 7.6.17-3 有初次沉淀池时泥龄-污泥总产率系数曲线
注：有初次沉淀池，总悬浮固体（TSS）去除60%，初次沉淀池出流中有30%的惰性物质，污水的COD/BOD₅为1.2～2.0，TSS/BOD₅为0.8～1.2。

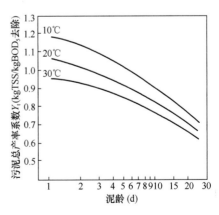

图 7.6.17-4 无初次沉淀池时泥龄-污泥总产率系数曲线
注：无初次沉淀池，TSS/BOD₅=1，TSS中惰性固体占50%。

TSS/BOD$_5$ 反映了原污水中总悬浮固体与五日生化需氧量之比，比值大，剩余污泥量大，即 Y_t 值大。泥龄 θ_C 影响污泥的衰减，泥龄长，污泥衰减多，即 Y_t 值小。温度影响污泥总产率系数，温度高，Y_t 值小。

公式（7.6.17-4）为好氧区（池）容积的计算公式。公式（7.6.17-6）为计算硝化细菌比生长速率的公式，式中 0.47 为 15℃ 时硝化细菌最大比生长速率；硝化作用中氮的半速率常数 K_n 是硝化细菌比生长速率等于硝化细菌最大比生长速率一半时氮的浓度，K_n 的典型值为 1.0mg/L；$e^{0.098(T-15)}$ 是温度校正项。假定好氧区（池）混合液进入二次沉淀池后不发生硝化反应，则好氧区（池）氨氮浓度与二次沉淀池出水氨氮浓度相等，公式（7.6.17-6）中好氧区（池）氨氮浓度 N_a 可根据排放要求确定。自养硝化细菌比异养菌的比生长速率小得多，如果没有足够长的泥龄，硝化细菌就会从系统中流失。为了保证硝化发生，泥龄须大于 $1/\mu$。在需要硝化的场合，以泥龄作为基本设计参数是十分有利的。公式（7.6.17-6）是从纯种培养试验中得出的硝化细菌比生长速率。为了在环境条件变得不利于硝化细菌生长时，系统中仍有硝化细菌，在公式（7.6.17-5）中引入安全系数 F，城镇污水可生化性好，F 可取 1.5～3.0。

公式（7.6.17-7）是混合液回流量的计算公式。如果好氧区（池）硝化作用完全，回流污泥中硝态氮浓度和好氧区（池）相同，回流污泥中硝态氮进缺氧区（池）后全部被反硝化，缺氧区（池）有足够的碳源，则系统最大脱氮率是总回流比（混合液回流量加上回流污泥量与进水流量之比）r 的函数，$r=(Q_{Ri}+Q_R)/Q$，最大脱氮率 $=r/(1+r)$。由公式（7.6.17-7）可知，增大总回流比可提高脱氮效果，但是总回流比为 4 时，再增加回流比，对脱氮效果的提高不大。总回流比过大，会使系统由推流式趋于完全混合式，导致污泥性状变差；在进水浓度较低时，会使缺氧区（池）氧化还原电位（ORP）升高，导致反硝化速率降低。上海市政工程设计研究总院（集团）有限公司观察到总回流比从 1.5 上升到 2.5，ORP 从 −218mV 上升到 −192mV，反硝化速率从 0.08kgNO$_3^-$/（kgVSS·d）下降到 0.038NO$_3^-$/（kgVSS·d）。回流污泥量的确定，除计算外，还应综合考虑提供硝酸盐和反硝化速率等方面的因素。

（3）在设计中虽然可以从相关参考文献中获得一些动力学数据，但由于污水的情况千差万别，因此只有试验数据才最符合实际情况，有条件时应通过试验获取数据。若无试验条件时，可通过相似水质、相似工艺的污水厂，获取数据。生物脱氮时，由于硝化细菌世代时间较长，要取得较好的脱氮效果，需较长泥龄。以脱氮为主要目标时，泥龄可取 11d ～23d。相应的五日生化需氧量污泥负荷较低、污泥产率较低、需氧量较大，水力停留时间也较长。表 7.6.17 所列设计参数为经验数据。

问：如何推导脱氮工艺的总氮去除率与总回流比的关系？

答：假设反应器为理想反应器（A$_N$O 工艺），有机氮和氨氮在好氧反应器内可以完全氧化为 NO$_3^-$；回流到缺氧反应器的 NO$_3^-$ 可以完全被反硝化为 N$_2$，则好氧反应器末端出水硝酸盐氮的总量是浓度 N_{te} 与流量的积：

即：$(R_i+R+1)\cdot Q\cdot N_{te}$

与原进水总 N 量相等：$Q\cdot N_{to}$

$$(R_i+R+1)\cdot Q\cdot N_{te}=Q\cdot N_{to}$$
$$(R_i+R+1)\cdot N_{te}=N_{to}$$

$$r = R_i + R$$

$$r + 1 = \frac{N_{to}}{N_{te}}$$

$$r = \frac{N_{to}}{N_{te}} - 1 = \frac{N_{to} - N_{te}}{N_{te}}$$

$$\frac{r}{1} = \frac{N_{to} - N_{te}}{N_{te}}$$

$$\frac{r}{r+1} = \frac{N_{to} - N_{te}}{N_{te} + (N_{to} - N_{te})} = \frac{N_{to} - N_{te}}{N_{to}}$$

氮的去除率 $\eta = \dfrac{r}{r+1}$，所以 $r = \dfrac{\eta}{1-\eta}$。

由公式可知，增大总回流比可提高脱氮效果，但是总回流比为 4 时，再增加回流比，对脱氮效果的提高不大。总回流比过大，会使系统由推流式趋于完全混合式，导致污泥性状变差；在进水浓度较低时，会使缺氧区（池）氧化还原电位（ORP）升高，导致反硝化速率降低。

内回流比对缺氧/好氧过程出水硝酸盐浓度的影响（RAS＝0.5）见图 7.6.17-5。

5. 生物脱氮工艺

（1）传统生物脱氮工艺

传统生物脱氮在工程上最初采用多级活性污泥法（见图 7.6.17-6），它的硝化过程和反

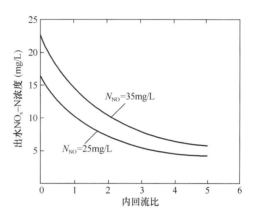

图 7.6.17-5　内回流比对缺氧/好氧过程出水硝酸盐浓度的影响（RAS＝0.5）

硝化过程分别单独进行，设有中间沉淀池，反硝化所需的碳源物质由外加化学药剂提供。这种工艺构筑物多，基建投资大，运行费用高，目前已很少采用。

（2）后置缺氧反硝化脱氮工艺（见图 7.6.17-7）

工艺特点：后置缺氧反硝化脱氮可以补充外来碳源，也可以在没有外加碳源情况下利用活性污泥的内源呼吸提供电子供体还原硝酸盐，反硝化速率一般认为是前置反硝化速率的 1/3～1/8，但需要较长的停留时间才能达到一定的反硝化效率。必要时应在后置缺氧区投加碳源，碳源可以采用甲醇、乙酸等普通化学品，也可以采用污水厂的原污水及含有有机碳的工业废水，但要控制好投加量，否则会增加出水有机物浓度。甲醇是最理想的外加碳源，不仅反硝化速率快，而且反应后无任何副产物。

（3）前置缺氧反硝化脱氮工艺（$A_N O$）

分建式 $A_N O$ 工艺（曝气池与反硝化池分建）流程见图 7.6.17-8；合建式 $A_N O$ 工艺（曝气池与反硝化池合建）流程见图 7.6.17-9。

工艺特点：反硝化产生的碱度可补充硝化反应对碱度的需求，大约补充硝化反应所消耗碱度的 50%；利用原污水中的有机物作碳源，无需外加碳源；利用硝酸盐作为电子受体处理进水中有机污染物，这不仅可以节省后续曝气量，而且反硝化菌对碳源的利用更加广泛，甚至包括难降解有机物；前置缺氧池可以有效控制污泥膨胀。本工艺基建费用低，

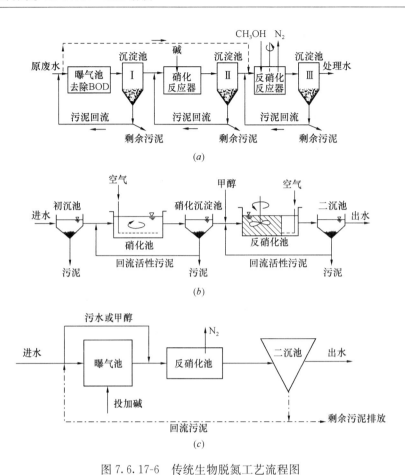

图 7.6.17-6 传统生物脱氮工艺流程图

(a) 三级活性污泥法脱氮；(b) 两级活性污泥法脱氮；(c) 单级活性污泥法脱氮

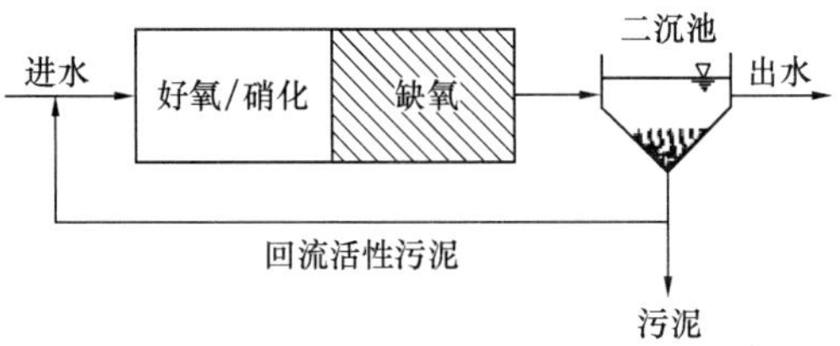

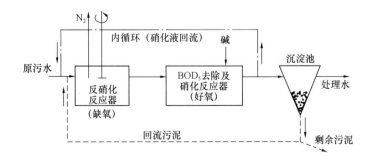

图 7.6.17-7 后置缺氧反硝化脱氮工艺流程图

图 7.6.17-8 分建式前置缺氧反硝化脱氮工艺流程图

对现有设施改造比较容易，脱氮效率一般在 70% 左右，但出水中仍含有一定浓度的硝酸盐，在二沉池中，可能进行反硝化反应，造成污泥上浮，影响出水水质。

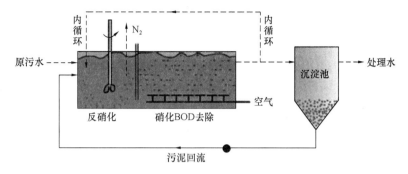

图 7.6.17-9　合建式前置缺氧反硝化脱氮工艺流程图

（4）四段法生物脱氮（Bardenpho/A$_N$O＋A$_N$O 串联）工艺

单一脱氮工艺不能稳定实现 TN＜8mg/L，而在不需要外加碳源的情况下，采用双缺氧区脱氮可稳定实现 TN＜6mg/L 的目标。由 Barnard 提出的 Bardenpho 工艺采用了后置回流反硝化缺氧区。Bardenpho 工艺分四段工艺和五段工艺两种，前者仅用于脱氮（见图 7.6.17-10），后者则用于脱氮除磷（见图 7.6.17-11）。

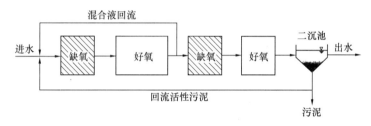

图 7.6.17-10　四段 Bardenpho 工艺流程图

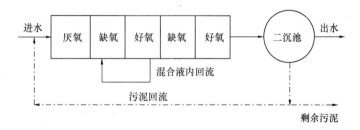

图 7.6.17-11　五段 Bardenpho 工艺流程图

四段 Bardenpho 工艺设置了两个缺氧段，第一段利用原污水中的有机物作碳源，利用第一好氧段中回流的含有硝态氮的混合液进行反硝化。经过第一阶段的处理过程，脱氮大部分完成，为进一步提高脱氮效率，废水进入第二段反硝化反应段，利用内源呼吸碳源进行反硝化。最后的好氧段曝气池用于净化残留的有机物，吹脱污水中的氮气，提高污泥的沉降性能，防止在二沉池发生污泥上浮现象。

（5）MUCT 工艺

在 UCT 工艺的基础上，增加一个缺氧区和一个内回流后，就变成了改进型 UCT 工

221

艺，称为 MUCT 工艺。MUCT 工艺可以独立地调控污泥回流和硝酸盐回流，同时可以减少 NO₃-N 对厌氧区的影响。虽然 MUCT 采用了两个缺氧区，但第二个缺氧区并不是内源反硝化区，这一点与 Bardenpho 工艺不同。MUCT 中的第二个缺氧区用于反硝化一级缺氧区的残留硝态氮和好氧区回流来的硝态氮，而第一个缺氧区仅用于反硝化回流污泥中的硝态氮。工艺流程如图 7.6.17-12 所示。

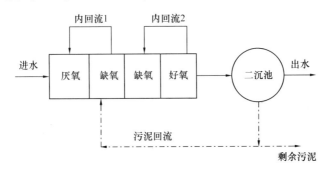

图 7.6.17-12　MUCT 工艺流程图

（6）阶段进水（BNR）生物脱氮工艺

阶段进水（BNR）生物脱氮工艺是一种将四级好氧-缺氧串联和多点进水提供碳源相结合的新型组合工艺（见图 7.6.17-13）。好氧/缺氧的串联组合，相当于构成了一个内循环，从而减少了工艺运行费用，但相对而言，由于池容需求增大，导致基建费用投资增加。

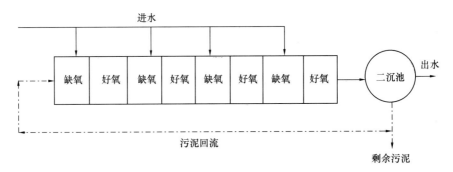

图 7.6.17-13　阶段进水（BNR）生物脱氮工艺流程图

阶段进水 BNR 法中也可应用前缺氧区。因阶段进水 BNR 法通常适用于现有生产性的多通道池子，一般采用对称的缺氧/好氧阶段。但当采用不对称设计而有较小的起始缺氧/好氧段时，由于较小的 RAS（回流污泥）稀释作用，能更好地利用前面阶段 MLSS 较高的优点，取得较大的处理能力。对于四通道系统，进水流量分配百分比可能为 15：35：30：20。进入最后的缺氧/好氧区的最终流量部分是关键的，因为这部分流量在好氧区产生的硝酸盐不会被还原，因而决定了最终出水 NO₃-N 浓度小于 8mg/L 是可能的。

（7）氧化沟脱氮工艺（见图 7.6.17-14）

根据曝气设计和氧化沟的渠道长度，缺氧反硝化区能在氧化沟内设立，以便在单池内实现生物脱氮。在曝气机之后为好氧区，当混合液离开曝气机沿渠道下流时，由于生物体对氧的吸收，DO 浓度逐渐降低。在 DO 耗尽的一点，即在沟内形成缺氧区，硝酸盐即被

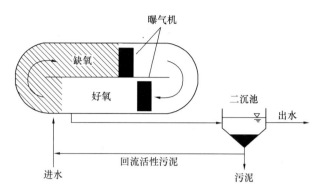

图 7.6.17-14　氧化沟脱氮工艺流程图

混合液作为内源呼吸之用。大部分易降解 BOD 已在前面的好氧区中耗用。由于氧化沟池体容积大，SRT 长，有足够能力容纳硝化和反硝化区。但为保持足够的缺氧区池体容积确保除氮，DO 控制还是必要的。

（8）SBR 脱氮工艺

SBR 脱氮工序流程示意图见图 7.6.35（a）。SBR 的脱氮能力远高于传统活性污泥法工艺。

（9）新型脱氮工艺

新型脱氮技术与传统脱氮理论相悖，包括：有氧条件下的反硝化现象（同时硝化反硝化，SND），硝化过程可以有异养菌参与；NH_4^+ 可在厌氧条件下转变成 N_2（厌氧氨氧化，ANAMMOX）等。

1）厌氧氨氧化（ANAMMOX）工艺

ANAMMOX 工艺，是 1990 年由荷兰 Delft 大学提出的一种新型脱氮工艺。该工艺的特点是在厌氧条件下，以硝酸盐或亚硝酸盐作为电子受体，将氨氮氧化生成氮气。SHARON 工艺只是将传统的硝化反硝化工艺通过运行控制缩短了生物脱氮的途径。而 ANAMMOX 工艺则是一种全新的生物脱氮工艺，完全突破了传统生物脱氮工艺中的基本概念，是在厌氧条件下利用 NH_4^+ 作为电子供体将 NO_2^--N 转化为 N_2（见图 7.6.17-15）。

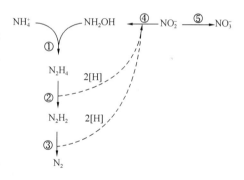

图 7.6.17-15　氨被微生物氧化反应时的可能途径示意图

Graaf 的研究表明，ANAMMOX 工艺中关键的电子受体是 NO_2^-，而不是 NO_3^-，其反应式如下：

$$NH_4^+ + NO_2^- \rightarrow N_2 + 2H_2O$$

① ANAMMOX 工艺的反应机理

Jetten 等人的研究表明，羟氨和联氨是 ANAMMOX 工艺的重要中间产物。Schalk 等人研究了联氨的厌氧氧化，提出 ANAMMOX 工艺的反应机理，如图 7.6.17-16 所示。

Graaf 的研究表明，参与厌氧氨氧化的细菌是一种自养菌，在厌氧氨氧化过程中不需

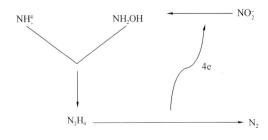

图 7.6.17-16 ANAMMOX 工艺的反应机理

要添加有机物。厌氧氨氧化菌最大氨氧化速率可达 5nmol/(min·mg 蛋白质)。但是这种厌氧氨氧化菌的生长速率非常低，仅为 $0.003h^{-1}$，即其倍增时间为 11d。当厌氧氨氧化菌从好氧或微氧条件下恢复到厌氧条件下，很快就能恢复活性；而好氧氨氧化菌在 ANAMMOX 工艺中并不起重要作用。

② ANAMMOX 工艺的优点

ANAMMOX 理论完全突破了传统生物脱氮的基本概念。与传统的脱氮理论相比，ANAMMOX 反应具有很大优势：(a) 该反应是一个产生能量的反应，参与反应的微生物为无机化能自养菌，极大地节省了能源及物质消耗；(b) 反应以 NH_4^+ 为电子供体，不需外加碳源作氢供体；(c) 反应在无分子氧的条件下进行，无需供氧，大大节省了因曝气带来的动力消耗，基建投资、运行费用均大大减小；(d) 反应基质为氨和亚硝酸盐，理论上反应比例为 1∶1，若将硝化部分控制在只有 50% 的 NH_4^+ 被转化为 NO_2^-，生成的 NO_2^- 与剩余 50% 的 NH_4^+ 继续反应，可以节省 60% 的能耗及 30% 的运行费用及工程投资。

理论上，亚硝化与厌氧氨氧化反应相结合是目前最为简捷的生物脱氮过程，与传统硝化-反硝化相比，可节省 62.5% 的 O_2、50% 的碱度及 100% 的反硝化碳源（绿色生物脱氮工艺）。

$$NH_4^+ + 1.5O_2 \rightarrow NO_2^- + H_2O + 2H^+$$
$$NH_4^+ + NO_2^- \rightarrow N_2 + 2H_2O$$

ANAMMOX 工艺的污泥活性及其反应器能力都远远高于活性污泥法中的硝化/反硝化，从而充分表明 ANAMMOX 工艺可以有效脱氮。ANAMMOX 工艺与活性污泥脱氮工艺对比见表 7.6.17-1。

ANAMMOX 工艺与活性污泥脱氮工艺对比 表 7.6.17-1

对比项目	ANAMMOX 工艺	活性污泥法中的硝化/反硝化工艺
污泥活性 [kgTN/(kgVSS·d)]	0.15 (34℃)	0.012
反应器能力 [kgTN/(m³·d)]	1.5 (34℃)	0.005~0.05

由于厌氧氨氧化菌生长缓慢，因此，通常选用具有较长污泥龄的反应器来进行研究，如厌氧流化床反应器。此外，固定床和 UASB、SBR 等反应器也可用于 ANAMMOX 工艺。

③ ANAMMOX 工艺的影响因素

(a) 基质抑制

厌氧氨氧化过程的基质是氨和亚硝酸盐，如果二者的浓度过高，也会对厌氧氨氧化过程产生抑制作用。我国学者郑平通过研究测得氨的抑制常数为 38.0mmol/L~98.5mmol/L，NO_2^- 的抑制常数为 5.4mmol/L~98.5mmol/L。Jetten 等人认为，在 NO_2^- 浓度高于 20mmol/L 时，ANAMMOX 工艺受到 NO_2^--N 的抑制长期 (2h) 处于高 NO_2^- 浓度下，ANAMMOX 的活性完全消失，但在较低的浓度（10mmol/L 左右）下，其活性仍会很高。

（b）pH 值

由于氨和 NO_2^- 在水溶液中会发生离解，因此，pH 值对厌氧氨氧化具有影响。研究表明，ANAMMOX 反应适宜的 pH 值为 7.5～8。

（c）温度

研究表明，当温度从 15℃升高到 30℃时，厌氧氨氧化速率随之增大，但继续升高至 35℃时，反应速率下降，最适宜温度为 30℃左右。

2）同时硝化/反硝化（SND）工艺

有氧条件下的反硝化：SND、生物转盘、SBR、氧化沟、CAST 工艺。

3）短程硝化/反硝化（SHARON）工艺

将硝化过程控制在亚硝酸盐阶段终止，随后进行反硝化，也称为不完全硝化反硝化。与传统的生物脱氮过程相比，短程硝化需氧量和所需电子供体量将分别减少 25％和 40％。

$$NH_4^+ + 1.5O_2 \rightarrow NO_2^- + 2H^+ + H_2O$$
$$NH_4^+ + 2O_2 \rightarrow NO_3^- + 2H^+ + H_2O$$

硝化阶段：节省 25％的氧量

$$6NO_2^- + 3CH_3OH + 3CO_2 \rightarrow 3N_2 + 6HCO_3^- + 3H_2O$$
$$6NO_3^- + 5CH_3OH + CO_2 \rightarrow 3N_2 + 6HCO_3^- + 7H_2O$$

反硝化阶段：节省 40％的 CH_3OH

SHARON 法为旁流处理过程，由荷兰 Delft 工业技术大学开发，用于由厌氧消化固体脱水所得回流液的生物除氮（Helinga 等，1998）。回流液的特点是温度和 pH 相对较高。该工艺利用高温对硝化动力学反应的影响，有利于氨氧化菌的快速生长，采用较短停留时间（1d～2d）以有利于亚硝酸盐的生长。其原理是曝气的开/关提供缺氧运行期使亚硝酸盐还原，在缺氧期投加甲醇，为亚硝酸盐提供电子供体，作为比较措施，亚硝酸盐液也可回流到头部工程，为除臭提供电子受体。如图 7.6.17-17 所示。

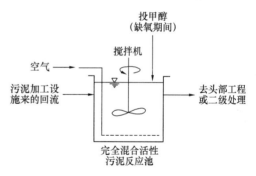

图 7.6.17-17　SHARON 脱氮工艺

4）SHARON-ANAMMOX 组合脱氮除磷新工艺

SHARON 工艺可以通过控制温度、水力停留时间、pH 等条件，使氨氧化控制在亚硝化阶段。目前尽管 SHARON 工艺以好氧/厌氧的间歇运行方式处理富氨废水取得了较好的效果，但由于在反硝化时需要消耗有机碳源，并且存在出水浓度相对较高的缺点，如果以 SHARON 工艺作为硝化反应器，以 ANAMMOX 工艺作为反硝化反应器进行工艺组合，通常情况下 SHARON 工艺可以控制部分硝化，使出水中 NH_4^+、NO_2^- 比例为 1∶1，从而可以作为 ANAMMOX 工艺的进水，组成一个新型生物脱氮工艺，其反应式如下所示：

硝化反应：$0.5NH_4^+ + 0.75O_2 \rightarrow 0.5NO_2^- + H^+ + 0.5H_2O$

$$0.5NH_4^+ + O_2 \rightarrow 0.5NO_2^- + H_2O$$

厌氧氨氧化反应：$5NH_4^+ + 3NO_3^- \rightarrow 4N_2 + 2H^+ + 9H_2O$

$$NH_4^+ + NO_2^- \rightarrow N_2 + 2H_2O$$

SHARON—ANAMMOX 工艺具有耗氧量少、污泥产量少、不需外加碳源等优点，它是迄今为止最简捷的生物脱氮工艺，具有很好的应用前景，成为当前生物脱氮领域内的一个研究重点。表 7.6.17-2 比较了 SHARON-ANAMMOX 组合工艺与传统生物脱氮工艺的耗氧量等参数。

SHARON-ANAMMOX 组合工艺与传统生物脱氮工艺的比较　　　　表 7.6.17-2

对比参数	SHARON-ANAMMOX 组合工艺	传统生物脱氮工艺
耗氧量（kgO_2/$kgNH_3$-N）	1.9	3.4~5
反硝化 BOD 消耗量（kgO_2/$kgNH_3$-N）	0	>1.7
污泥产量（kgVSS/$kgNH_3$-N）	0.08	1

5）氧限制自养硝化反硝化（OLAND）工艺

NH_4^+ 为电子供体、NO_2^- 为电子受体进行厌氧氨氧化脱氮。

OLAND 工艺与 SHARON 工艺同属亚硝酸型生物脱氮工艺。

新型脱氮工艺与传统硝化反硝化工艺的比较见表 7.6.17-3。

新型脱氮工艺与传统硝化反硝化工艺的比较　　　　表 7.6.17-3

对比项目	传统硝化反硝化	SHARON 工艺	ANAMMOX 工艺
反应器	2	1	1
原水	废水	废水	铵盐、亚硝酸盐
出水	NO_2^-、NO_3^-	NH_4^+、NO_2^-	NO_3^-、N_2
操作条件	好氧、缺氧	好氧	缺氧
需氧量	高	低	无
pH 控制	需要	不需要	不需要
生物停留	无	无	有
COD 需求	有	无	无
产泥量	高	低	低
细菌	硝化细菌＋各种异养菌	好氧氨氧化菌	浮霉状菌

问：传统生物脱氮技术和新型生物脱氮技术如何区别？

答：传统生物脱氮工艺，氮的去除通过硝化与反硝化两个独立的过程实现，如传统一级、二级、三级生物脱氮工艺和前置缺氧反硝化脱氮工艺。传统理论认为进行硝化与反硝化的细菌种类和生长环境不同，硝化细菌以自养菌为主，需要环境中有较高的溶解氧；而反硝化菌与之相反，以异养菌为主，适宜生长于缺氧环境。所以很难设想硝化反应和反硝化反应能在同一反应器中同时实现硝化与反硝化两个过程。

新型脱氮理论研究和实践证明，在各种不同的生物处理系统中存在有氧条件下的反硝化现象。研究还发现一些与传统脱氮理论有悖的现象，如硝化过程可以有异养菌参与、反硝化过程可以好氧条件下进行、NH_4^+ 可在厌氧条件下转变成 N_2 等。这些研究结果导致出现了不少新型脱氮工艺，如厌氧氨氧化（ANAMMOX）工艺、同时硝化/反硝化（SND）工艺、短程硝化/反硝化（SHARON）工艺、氧限制自养硝化反硝化（OLAND）

工艺。

问：脱氮的途径有哪些？

答： 脱氮的途径有三种。

1. 全程硝化-反硝化生物脱氮

$$NH_4^+ \rightarrow NO_2^- \rightarrow NO_3^- \rightarrow NO_2^- \rightarrow N_2$$

$$\underset{\text{硝化反应}}{\longleftrightarrow} \quad \underset{\text{反硝化}}{\longleftrightarrow}$$

2. 短程硝化-反硝化生物脱氮

$$NH_4^+ \rightarrow NO_2^- \rightarrow N_2$$

$$\underset{\text{亚硝化反应}}{\longleftrightarrow} \underset{\text{反硝化}}{\longleftrightarrow}$$

3. 厌氧氨氧化生物脱氮

$$NH_4^+ \xrightarrow{\text{厌氧氨氧化}} N_2$$

问：为什么凯氏氮可作为污水氮营养是否充足的依据？

答： 1. 废水中的氮主要以氨氮和有机氮形式存在，一般情况下只含少量或没有亚硝酸盐氮和硝酸盐氮，在未经处理的污水中，有机氮占总氮量的 $40\% \sim 60\%$、氨氮占 $50\% \sim 60\%$，亚硝酸盐氮和硝酸盐氮只占 $0 \sim 5\%$。生活污水中含有机氮和氨氮，来自于人体食物中蛋白质代谢的废弃产物。新鲜生活污水中有机氮约占 60%、氨氮约占 40%，而硝态氮仅微量或无。陈旧的生活污水或在输往污水厂的管道中滞留时间过长，废水中的细菌可将蛋白质分解和将尿素水解，使有机氮转化成氨氮从而使氨氮比例上升。参见《废水中氮磷的处理》（徐亚同）。

2. 只要不特别说明是硝酸盐废水，城镇污水进水中总氮以氨氮和有机氮为主，硝态氮极少或没有。所以城镇污水处理可用总凯氏氮表示进水中的总氮。可参见孔令勇的论文《城镇污水中氮的形态及相互关系》。

问：影响脱氮的重要因素是什么？

答： 影响脱氮的重要因素是污泥负荷和 C/N。

1. 污泥负荷：研究发现，污泥负荷是影响生物脱氮系统脱氮效果的重要因子。当污泥负荷过高时，系统硝化作用不全，出水硝态氮浓度及硝态氮在总氮中所占比例不断下降，从而影响到反硝化作用，并最终影响到总氮的去除效果。

2. 废水脱氮理论 C/N

$$5C + 2H_2O + 4NO_3^- \rightarrow 2N_2 + 4OH^- + 5CO_2$$

废水的 C/N 是影响生物脱氮系统脱氮效果的另一个重要因子。从反硝化作用的反应式中可知，欲去除 4 份 NO_3^--N 需提供 5 份有机碳。又因为 1 份有机碳氧化成 CO_2 需 2 份氧，5 份碳折算成 BOD 值为（5×32），因此，理论上在生物脱氮系统中，废水的 BOD_5/TN 必须大于（5×32）/（4×14），即废水的 C/N$\geqslant$2.86 才能充分满足反硝化菌对碳源的需要。当废水的 C/N$<$2.86 时，废水 C/N 愈低，通过反硝化脱去的氮愈少，总氮去除率也相应减少。

3. 本标准第 7.6.16 条要求脱氮时污水中 $BOD_5/TKN>4$。

问：如何补充反硝化碳源？

答： 反硝化反应碳源不足可投加甲醇（常用）、乙醇（比甲醇贵，但无任何残留影响）、淀粉厂废水、糖厂废水等高碳源废水或引入原污水。如果投加甲醇过量，出水中BOD含量增多，需在脱氮池后、沉淀池前加设曝气池（停留时间 50min），使 BOD 去除。每投加 1kg 甲醇，约产泥 0.2kg。由于甲醇价格上涨多考虑投加原污水。

问：如何计算甲醇作为碳源投加量？

答： 反硝化碳源不足会造成内源反硝化。内源反硝化的反应式如下：

$$C_5H_7NO_2 + 4NO_3^- \rightarrow 5CO_2 + NH_3 + 2N_2 \uparrow + 4OH^-$$

内源反硝化将导致细胞物质的减少，同时还生成 NH_3，因此，不能让内源反硝化占主导地位。而应向污水中提供必需的有机碳源，使用最普遍的是较为廉价的甲醇，因为其分解产物为 CO_2 和 H_2O，没有难分解的中间产物，其反应式为：

$$6NO_3^- + 5CH_3OH \rightarrow 5CO_2 + 3N_2 \uparrow + 7H_2O + 6OH^-$$

1. 反硝化过程中所需碳源的计算

反硝化滤池中的生物反硝化过程可用下面两式表示：

$$NO_2^- + 3H^+ \rightarrow \frac{1}{2}N_2 + H_2O + OH^-$$

$$NO_3^- + 5H^+ \rightarrow \frac{1}{2}N_2 + 2H_2O + OH^-$$

由上述反应方程式可以看出，将 1mg 的 NO_2^--N 或 NO_3^--N 还原为 N_2，分别需要有机物 1.71mg 和 2.86mg，同时产生 3.57mg 碱（以 $CaCO_3$ 计）。如果进水中含有溶解氧（DO），它会使部分有机碳源用于好氧分解，此时完成反硝化所需的有机物总量（碳源）可按下式计算，即：

$$C_m = 2.86[NO_3^- \text{-N}] + 1.71[NO_2^- \text{-N}] + DO$$

式中：C_m——反硝化所需的有机物量（碳源）（mg/L）；

$[NO_3^- \text{-N}]$——污水中硝态氮浓度（mg/L）；

$[NO_2^- \text{-N}]$——污水中亚硝态氮浓度（mg/L）；

DO——污水中溶解氧浓度（mg/L）。

2. 如果污水中有机物不足投加甲醇时，反硝化反应为：

$$NO_3^- + \frac{5}{6}CH_3OH \rightarrow \frac{1}{2}N_2 + \frac{5}{6}CO_2 + \frac{7}{6}H_2O + OH^-$$

$$NO_2^- + \frac{1}{2}CH_3OH \rightarrow \frac{1}{2}N_2 + \frac{1}{2}CO_2 + \frac{1}{2}H_2O + OH^-$$

$$O_2 + \frac{2}{3}CH_3OH \rightarrow \frac{2}{3}CO_2 + \frac{4}{3}H_2O$$

其甲醇投加量计算公式为：

$$C_m = 2.47[NO_3^- \text{-N}] + 1.53[NO_2^- \text{-N}] + 0.87DO$$

式中：C_m——需投加的甲醇量（mg/L）；

$[NO_3^- \text{-N}]$——初始 NO_3^--N 浓度（mg/L）；

$[NO_2^- \text{-N}]$——初始 NO_2^--N 浓度（mg/L）；

DO——初始溶解氧浓度（mg/L）。

3. 甲醇投加量计算公式中各系数的来源

从甲醇作为碳源进行反硝化的反应式可知，甲醇用于反硝化的碳源时，1分子 NO_3^--

N 被还原成 N_2 需消耗 5/6 分子 CH_3OH，即 $1gNO_3^- -N$ 需耗用 $1.9gCH_3OH$。当同时考虑到细胞合成的碳耗 30%，则 $1gNO_3^- -N$ 反硝化需 $2.47gCH_3OH$。

即 $1mgO_2/L$ 需耗甲醇 $0.67mg/L$，考虑到附加 30% 的量用于细菌生长，故 $0.67 \times (1 + 30\%) = 0.87$，设计上甲醇/$NO_3^- -N$ 常取 3.0。

问：为什么反硝化要在缺氧条件下进行？

答：影响反硝化的因素有很多，对于一般的城市污水，主要是提供缺氧环境，发挥反硝化菌的作用。反硝化菌是异养兼性厌氧菌，既可进行有氧呼吸，也可进行无氧呼吸。有氧呼吸可产生较多的能量，当污水中同时存在溶解氧时，它将优先以溶解氧为电子供体，进行有氧呼吸，这必将影响反硝化的进行。当为缺氧环境时以有机物中的 H 为电子供体，以 NO_3^- 为电子受体，进行脱氮，因此确保缺氧环境中 $DO \leqslant 0.5mg/L$ 是保证反硝化顺利进行的必要条件。

反硝化反应式为：

$$6NO_3^- + 5CH_3OH \rightarrow 5CO_2 + 3N_2\uparrow + 7H_2O + 6OH^-$$

<u>溶解氧的存在会抑制异化硝酸盐还原。</u>因此，任何生物反硝化系统都须设置一个不充氧的缺氧池或缺氧区段，以便使硝酸盐通过反硝化途径转化成气态氮。

<u>氧抑制硝酸盐还原的机理之一是阻抑硝酸盐还原酶的形成</u>，有些反硝化菌必须在厌氧和有硝酸盐存在的条件下才能诱导合成硝酸盐还原酶；另一个机理是氧可作为电子受体，从而竞争性地阻碍硝酸盐还原。

问：为什么反硝化处理是为了去除电子受体？

答：脱氮过程不需要分子氧，但需要供给反应过程所需要的氢，反硝化过程是外加有机物以提供氢的缺氧反应。反硝化过程反应器的运行机理与通常废水处理系统正好相反，在通常的废水处理中，废水中需要去除的有机物（包括硝化系统去除的氨）是电子供体，电子受体是外加的分子氧（需氧系统）或反应过程中产生的二氧化碳（厌氧系统）；<u>在反硝化废水处理中，需要去除的硝酸盐氮是电子受体，电子供体是外加的有机物。所以通常的废水处理系统是为了去除电子供体，而反硝化废水处理系统是为了去除电子受体。</u>

底物浓度对硝化细菌的影响：硝化细菌是化能自养型好氧菌，底物浓度不是其生产的必要因素，相反，底物浓度过高会导致其他异氧型细菌的繁殖，而硝化细菌产率低。也就是说自养型细菌繁殖能力低于异养型细菌。如此，硝化细菌将无法优势生长（主要表现在异养型细菌占优势后，对溶解氧争夺会不利于硝化细菌），最终影响硝化反应的彻底进行。为此，要将 F/M 控制在 0.15 以下。

问：公式 (7.6.17-5) 为什么取一个安全系数 F？

答：公式 (7.6.17-5)：$\theta_{c0} = F\dfrac{1}{\mu}$。

因为 μ 是根据纯种培养试验得出的硝化细菌的比生长速率，为了在环境不利于硝化细菌生长时系统中仍有硝化细菌存在，故引入一个安全系数 F。城镇污水可生化性好，故 F 可取 1.5～3.0。

问：公式 (7.6.17-1) 为什么用 MLSS 而不用 MLVSS？

答：理由如下：

1. 生物膜形成及结构

微生物细胞在水环境中，能在适宜的载体表面牢固附着，生长繁殖，细胞胞外多聚物使微生物细胞形成纤维状的缠结结构，称之为生物膜。

污水处理的生物膜法中，生物膜是指：以附着在惰性载体表面生长的，以微生物为主，包含微生物及其产生的胞外多聚物和吸附在微生物表面的无机物及有机物等组成，并具有较强的吸附和生物降解性能的结构。供微生物生长的惰性载体称为滤料或填料。生物膜在载体表面分布的均匀性以及生物膜的厚度随着污水中营养底物浓度、时间和空间的改变而发生变化。

2. 生物膜的测定方法

生物膜干重的测定方法有：

(1) 机械剥落法：适用于形状规则、表面光滑的载体。

(2) 超声波剥落法：适用于形状不规则的载体，将生物载体置于水中然后利用超声波冲击剥落生物膜。一般超声波发生器的功率可调节，可根据具体情况选择合适的功率。

(3) 超声波＋化学剥落法：生物膜与载体之间通常由体外多聚物所胶联。在这种情况下，若使用单纯的超声波进行生物剥落，一般需要超声波的功率较高，作用时间较长。考虑到生物膜体外多聚物的特性，将生物载体置于1mol/L的碱液中，并在60℃～80℃保持30min。经过处理后生物膜与载体表面的胶联程度大大降低，这时再经过超声波处理，可在较低的功率及较短的作用时间下得到非常好的剥落效果。

3. 生物膜测定方法测的是 MLSS 还是 MLVSS？

由于生物膜的干重反映的是生物膜总重量的概念，实际上起生物活性的物质只与活性生物膜量相关。为获得较准确的活性生物膜量信息，在生物膜的研究中，常常选用可挥发性生物膜重。在测量了生物膜干重后，将样品再置于550℃的马福炉内灼烧到恒重，一般15min 即可。经灼烧后总干重的失重即为可挥发性生物膜部分，与干重相比，挥发性生物膜量反映了生物膜中有机组分的含量。

对于硝化生物膜等增长缓慢的微生物，其生物膜量一般较少，不便直接用干重法测量，采用生物膜 TOC（总有机碳）分析更准确。

剥落后的生物膜样品经酸化处理后，可直接注入 TOC 分析仪进行热解，有机物全部转化为二氧化碳，最终得到样品的总有机碳含量。

生物膜 COD 测定法采用超声波加碱液剥落的生物膜效果更好。剥落后的生物膜样品可由传统法测 COD，也可应用半自动法测定。

7.6.18 当仅需除磷时，宜采用厌氧/好氧法（A_PO 法），并应符合下列规定：

1 生物反应池中好氧区（池）的容积，采用污泥负荷或污泥龄计算时，可按本标准第 7.6.10 条所列公式计算。

2 生物反应池中厌氧区（池）的容积，可按下式计算：

$$V_P = \frac{t_P Q}{24} \tag{7.6.18}$$

式中：V_P——厌氧区（池）容积（m^3）；

t_P——厌氧区（池）停留时间（h），宜为 1～2；

Q——生物反应池的设计流量（m^3/d）。

3 厌氧/好氧法（A_PO法）生物除磷的主要设计参数，宜根据试验资料确定；无试验资料时，可采用经验数据或按表 7.6.18 的规定取值。

厌氧/好氧法（A_PO法）生物除磷的主要设计参数　　　　表 7.6.18

项　目		单　位	参数值
BOD污泥负荷 L_s		kg BOD$_5$/(kgMLSS·d)	0.4～0.7
污泥浓度（MLSS）X		g/L	2.0～4.0
污泥龄 θ_C		d	3.5～7.0
污泥产率 Y		kgVSS/kg BOD$_5$	0.4～0.8
污泥含磷率		kgTP/kgVSS	0.03～0.07
需氧量 O$_2$		kgO$_2$/kg BOD$_5$	0.7～1.1
水力停留时间（HRT）		h	5～8
			其中厌氧段1～2
污泥回流比 R		%	40～100
总处理效率 η	BOD$_5$	%	80～90
	TP	%	75～85

4 采用生物除磷处理污水时，剩余污泥宜采用机械浓缩。

5 生物除磷的剩余污泥，采用厌氧消化处理时，输送厌氧消化污泥或污泥脱水滤液的管道，应有除垢措施。含磷高的液体，宜先回收磷或除磷后再返回污水处理系统。

→本条了解以下内容：

1. 生物除磷：活性污泥法处理污水时，通过排放聚磷菌较多的剩余污泥，去除污水中磷的过程。

2. 磷酸盐按物理特性分为：溶解态和颗粒态；按化学特性分为：正磷酸盐、聚合磷酸盐、有机磷酸盐。

3. 除磷方法：

（1）生物法

生物除磷是利用聚磷菌厌氧放磷、好氧吸磷的生理特性来除磷的，除磷方式是通过排放高富磷污泥来除磷。

废水中的磷必须以溶解性正磷酸盐的形式才能被微生物利用，所以含磷无机物和有机物必须先被微生物水解为正磷酸盐。

（2）化学法

化学除磷见第 7.10 节。

4. 生物除磷机理：

在好氧、厌氧交替的条件下，在活性污泥中可产生所谓的"聚磷菌"，聚磷菌在好氧条件下可超出其生理需要而从废水中过量摄取磷，形成多聚磷酸盐作为贮藏物质。聚磷菌的这种过量摄磷能力不仅与厌氧条件下磷的释放量有关，而且与被处理废水中有机物的类型及数量有关。聚磷菌释放和吸收磷的代谢过程如图 7.6.18-1 所示。

（1）厌氧条件下：聚磷菌 PAO 分解体内的聚磷酸盐同时产生三磷酸腺苷 ATP，ATP 水解产生二磷酸腺苷 ADP 和 PO$_4^{3-}$，利用一部分能量将胞外有机物 BOD$_5$ 吸入体内以聚 β-

羟基丁酸 PHB 及糖原等有机物形式贮存在细胞内（总结：厌氧分解聚磷颗粒放能，吸收有机物贮能）。

（2）好氧条件下：贮存有机物的聚磷菌 PAO 在存在溶解氧和氧化态氮的条件下，分解体内贮存的有机物 PHB 同时产生大量能量 ADP，ADP 利用这些能量又合成 ATP，产生的 ATP 大部分用于合成细胞和维持生命活动，一部分用于合成磷酸盐贮存在体内（总结：好氧产能吸收有机物合成聚磷颗粒并贮存在体内）。

反应器中可溶性 BOD 及磷的去除过程见图 7.6.18-2。

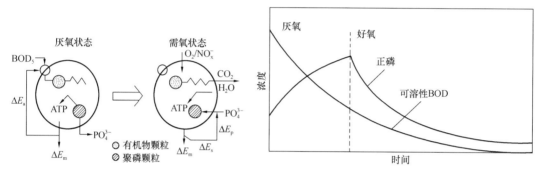

图 7.6.18-1 聚磷菌释放和吸收磷的代谢过程　图 7.6.18-2 反应器中可溶性 BOD 及磷的去除过程

5. 生物除磷物料平衡图：

生物除磷法由于磷不会以气态挥发，因此，从二沉池排出的剩余污泥的含磷量等于污水中磷的去除量。图 7.6.18-3 为活性污泥法除磷物料平衡图。活性污泥法除磷物料平衡可用下式表示（摘自《废水处理理论与设计》（张自杰））：

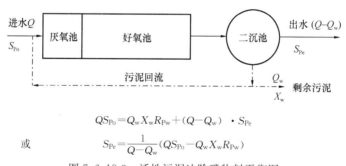

$$QS_{Po}=Q_wX_wR_{Pw}+(Q-Q_w)\cdot S_{Pe}$$

或

$$S_{Pe}=\frac{1}{Q-Q_w}(QS_{Po}-Q_wX_wR_{Pw})$$

图 7.6.18-3 活性污泥法除磷物料平衡图

6. 生物除磷必须具备下列条件：厌氧（既无溶解氧也无硝态氮）；有机碳充足；厌氧、好氧交替运行环境条件。

7. 厌氧/好氧生物反应池的容积计算，根据经验可采用本标准第 7.6.10 条生物去除碳源污染物的计算方法，并根据经验确定厌氧和好氧各段的容积比。

8. 在厌氧区（池）中先发生脱氮反应消耗硝态氮，然后聚磷菌释放磷，释磷过程中释放的能量可用于其吸收和贮藏溶解性有机物。若厌氧区（池）停留时间小于 1h，磷释放不完，会影响磷的去除率，综合考虑除磷效率和经济性，规定厌氧区（池）停留时间为 1h～2h。在只除磷的厌氧/好氧系统中，由于无硝态氮和聚磷菌争夺有机物，因此厌氧池停留时间可取下限。

9. 活性污泥中的聚磷菌在厌氧环境中会释放磷，在好氧环境中会吸收超过其正常生长所需的磷。通过排放富磷剩余污泥，可比普通活性污泥法从污水中去除更多的磷。由此可见，缩短泥龄，即增加排泥量可提高磷的去除率。以除磷为主要目的时，泥龄可取 3.5d～7.0d。表 7.6.18 所列设计参数为经验数据。

10. 除磷工艺的剩余污泥在污泥浓缩池中浓缩时会因厌氧放出大量磷酸盐，用机械法浓缩污泥可缩短浓缩时间，减少磷酸盐析出量。

11. 生物除磷工艺的剩余活性污泥厌氧消化时会产生大量灰白色的磷酸盐沉积物，这种沉积物极易堵塞管道。青岛某污水厂采用 AAO（又称 A²O）工艺处理污水，该厂在消化池出泥管、后浓缩池进泥管、后浓缩池上清液管道和污泥脱水后滤液管道中均发现了灰白色沉积物，弯管处尤甚，严重影响了正常运行。这种灰白色沉积物质地坚硬，不溶于水；经盐酸浸泡，无法去除。该厂在这些管道的转弯处增加了法兰，还拟对消化池出泥管进行改造，将原有的内置式管道改为外部管道，便于经常冲洗保养。污泥脱水滤液和第二级消化池上清液中磷浓度十分高，如不除磷，直接回到集水池，则磷从水中转移到泥中，再从泥中转移到水中，只是在处理系统中循环，严重影响了磷的去除率。这类磷酸盐宜采用化学法去除。

问： 有哪些污水生物除磷工艺？

答： 生物除磷工艺形式多种多样，一般均含有依次排列的"厌氧—缺氧—好氧"除磷单元。不同的工艺在除磷单元的数量、回流性质和回流点、运行方式等方面有所不同。但每种工艺均是从标准的活性污泥法为达到某一特定目的演变而来的。

1. 弗斯特利普工艺（Phostrip）/侧流除磷工艺

Phostrip 工艺一般用于非硝化的废水厂除磷。其工艺流程如图 7.6.18-4 所示。该工艺包含生物除磷与化学除磷两种方法。该工艺的主线（水线）基本上是常规活性污泥工艺，由曝气池和二沉池组成。除磷线通过释磷池接纳侧流的部分回流污泥，进入释磷池的侧流污泥流量一般为进水流量的 10%～30%。释磷池维持厌氧状态，促进回流污泥微生物释放溶解磷。由于厌氧池设在污泥回流线上，而不是设在主线上，故 Phostrip 工艺还被称为侧流除磷工艺。在释磷池中，磷的释放来自除磷菌吸收发酵产物的过程，来自细菌

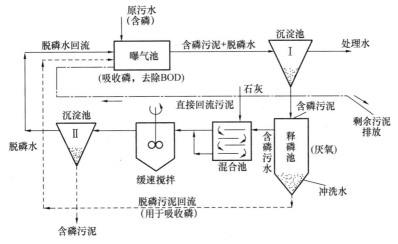

图 7.6.18-4 弗斯特利普工艺（Phostrip）/侧流除磷工艺流程图

的死亡分解。释磷池的平均固体停留时间为 8h～12h。通过向释磷池连续投加淘洗水，溶解磷从回流污泥中"洗出"。释磷后的回流污泥与其他回流污泥一起回流到活性污泥法处理系统。另一方面，淘洗水一般流入反应澄清池，通过投加石灰沉淀淘洗水中的磷。上清液回流到二级处理系统，产生的污泥采用合适的方法处理处置。作为替代反应澄清池的方案，释磷池的富磷上清液有时可直接送到初沉池与初沉污泥一起沉淀。

除了磷的释放和沉淀之外，Phostrip 工艺还可通过剩余污泥排放将磷除去。Phostrip 工艺的除磷量可提高 50%～100%。

与其他生物除磷工艺比，Phostrip 工艺的主要优点是工艺性能基本上不受进水水质的影响。在大多数情况下，Phostrip 工艺均能达到出水 TP 为 1mg/L 的处理效果。与化学除磷工艺相比，Phostrip 工艺投药量小，这是因为需要加药处理的流量明显小于主流化学除磷工艺，仅为进水流量的 10% 左右。石灰化学除磷所需的石灰量与除磷量无关，而是与能形成羟基钙石的 pH 有关。

2. 厌氧好氧生物除磷（A_pO）工艺

厌氧好氧生物除磷（A_pO）工艺流程见图 7.6.18-5，优缺点见表 7.6.18-1。

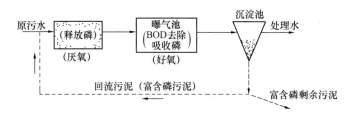

图 7.6.18-5　厌氧好氧生物除磷（A_pO）工艺流程图

厌氧好氧生物除磷（A_pO）工艺优缺点　　　　　　表 7.6.18-1

项目	A_pO 除磷工艺	应用
优点	1. 去除有机物的同时可生物除磷； 2. 污泥沉降性能好； 3. 用于大型污水厂费用较低； 4. 污泥经厌氧消化达到稳定； 5. 沼气可回收利用	要求除磷但不要求硝化脱氮的大型和较大型污水厂
缺点	1. 生物脱氮效果差； 2. 用于中小型污水厂费用偏高； 3. 污泥渗出液需化学除磷	

3. 反硝化除磷（Dephanox）工艺

在厌氧、缺氧、好氧交替的环境条件下，活性污泥中除了以氧为电子受体的聚磷菌 PAO 外，还存在一种反硝化聚磷菌（Denitri-fying Phosphorus Removing Bacteria，简称 DPB）。DPB 能在缺氧条件下以硝酸盐为电子受体，在进行反硝化脱氮反应的同时过量摄取磷，从而使摄磷和反硝化脱氮两个传统观念认为互相矛盾的过程能在同一反应池内一并完成。其结果不仅减少了脱氮对碳源 COD 的需要量，而且摄磷在缺氧区内完成可减小曝气生物反应池的体积，节省曝气的能源消耗。此外，产生的剩余污泥量亦有望降低。反硝化除磷（Dephanox）工艺采用固定膜硝化及交替厌氧和缺氧流程（见图 7.6.18-6）。世代时间长的硝化细菌固定在生物膜上,不随回流污泥暴露在缺氧条件下。交替厌氧和缺氧则为缺氧摄磷提供了条件,实测结果表明,DPB的除磷效果相当于总除磷量的50%。用于处理生活污水时,与A_PO法相比,可节省30%的COD。

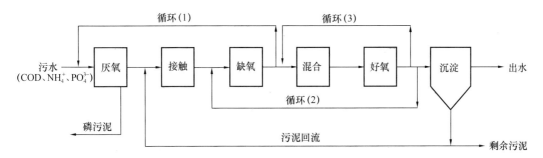

图7.6.18-6 反硝化除磷(Dephanox)工艺流程图

应用总结:适合COD/TN低的水质工艺,如ANAMMOX、SHARON、OLAND、反硝化除磷。

问:生物除磷的影响因素有哪些?

答:1. 废水处理的功能要求

(1) 如果既不要求除氨氮也不要求除总氮,就没有必要采用具有脱氮功能的生物除磷工艺。这种情况宜采用A_PO工艺或Phostrip工艺。Phostrip工艺可产生1mg/L的出水磷浓度,A_PO工艺则不能保证始终达到这样的除磷效果。Phostrip工艺增加了释磷池出流投加石灰沉淀磷酸步骤,污泥产率大,其运行费用高于A_PO工艺。这两类工艺一般来说不能获得明显的脱氮效果。有硝化要求时,由于回流污泥中所含的硝态氮对生物除磷有十分不利的影响,该情况下不建议使用这两类工艺。

仅除磷的生物除磷工艺基本上采用中高负荷,泥龄3d~7d,厌氧/好氧交替状态的实现可以因地制宜地采用多种方式,池型和设备选择也是如此,没有必要受已有流程的限制。

(2) 除磷脱氮工艺

许多废水处理厂都有同时脱氮除磷要求,实际上,将除磷和脱氮结合到标准活性污泥法二级处理系统中并不是一件难事。而且正是这些因素促进了几种除磷与脱氮相结合的处理工艺的开发。所有的脱氮除磷工艺都包含厌氧/缺氧/好氧三种基本状态的交替,这些工艺之间的主要差异是这三种状态的组合方式和数量分布的时空变化,以及回流的数量、方式和位置不同,所有这些脱氮除磷工艺都属于主流工艺。

影响生物除磷工艺选择的关键因素是工艺过程的硝化和反硝化要求,如果没有硝化和脱氮要求,一般可选用厌氧-好氧或Phostrip工艺。这两类工艺之间做出选择需要做详细的技术经济分析,包括投资和运行费用、操作性能、可实施性等,往往因地而异。

如果仅要求硝化或部分反硝化(出水TN为6mg/L~12mg/L),可采用泥龄取值不太大(5d~15d)包含一个缺氧区的除磷脱氮工艺(包括A^2O、UCT、VIP等处理工艺或类似工艺)。具体采用哪一种工艺及其实施方式则要根据进水BOD_5/TP比值来确定,如果该值低(<20),则除磷率将下降。UCT和VIP类工艺的污泥回流到缺氧区,经过反硝化再回流到厌氧区。如果运行管理得当,缺氧区至厌氧区的回流液中硝态氮浓度可维持

在 0 左右，其结果是除磷效果有可能不受进水BOD$_5$/TP 比值的影响。

如果脱氮要求很高时（出水 TN＜3mg/L）宜采用长泥龄（15d～25d）的五段 Bardenpho 工艺或类似工艺，由缺氧/好氧/缺氧/好氧串联组成 Bardenpho 工艺可保持出水氮浓度低于 3mg/L，与 A^{2}O 工艺一样，该工艺的除磷效果也受进水BOD$_5$/TP 比值的影响。

废水中快速生物降解有机物浓度较低时，可采用初沉污泥发酵的方法增加 VFAs 的供给，以改善除磷性能。

根据进入厌氧区的硝态氮量的不同，在A^{2}O、UCT、VIP 等工艺之间做出选择的最重要因素是进水BOD$_5$/TP 比值。如果该比值大于 20，污泥回流所携带的硝态氮可能不会影响除磷效果。由于不需增设一套回流系统，A^{2}O 工艺或 A/A/O 改良工艺更具吸引力。如果进入生物除磷系统的进水BOD$_5$/TP 比值低于 20，就有必要考虑采用 UCT 和 VIP 类工艺。

2. 废水水质特性

影响生物除磷的关键性水质参数是：进入生物除磷系统的进水 BOD$_5$/TP 比值和快速生物降解有机物含量。试验研究表明，进水BOD$_5$/TP＜20 时，如果采用主流生物除磷工艺，出水 TP 很难达到 1mg/L～2mg/L。与此相反，理论上讲 Phostrip 工艺的除磷性能不受废水水质影响，因此 Phostrip 工艺更适合低浓度废水除磷，如果有脱氮要求则不宜采用 Phostrip 工艺。如果氨浓度比较高，BOD$_5$浓度又较低，则进一步降低主流除磷工艺出水磷浓度的途径包括投加化学药剂和降低出水 SS 浓度，出水 SS 的进一步去除可采用过滤法和降低沉淀池的表面负荷。

废水中快速生物降解有机物含量，尤其是 VFAs 含量，对生物除磷系统的处理效果的影响非常明显。快速生物降解有机物含量越高，除磷效果越好。快速生物降解有机物浓度的测定方法已经开发出来，废水可生物降解性的初步判断有时可由经验丰富的专业人员做出。由于发酵作用有可能在废水收集管网中发生，所以腐化废水的快速生物降解有机物含量要高于相对新鲜的污水。

VFAs 是聚磷菌能直接利用的基质。将初沉池污泥酸化成 VFAs，并将 VFAs 投加到厌氧区，可为生物除磷系统中的聚磷菌提供更多的基质，从而提高主流生物除磷工艺的性能。VFAs 可以投加到所有主流生物除磷系统的厌氧区。

问：为什么生物除磷工艺要控制厌氧池中硝态氮的浓度？

答：1. 厌氧指既无分子氧也无硝态氮。反硝化菌是异氧型兼性厌氧菌，而聚磷菌是异氧型好氧菌。当硝酸盐在厌氧阶段存在时，在厌氧条件下，反硝化菌更具竞争优势，所以反硝化菌会在厌氧池与聚菌磷争夺水中低分子的碳源，使聚磷菌处于劣势，从而抑制聚磷菌的释磷。只有当污水中聚磷菌有足够的低分子脂肪酸时，硝酸盐的存在才不会影响除磷的效果。所以进入厌氧池的硝酸盐越少越好。

2. 聚磷菌是真正的"投资高手"，属于微生物界的"巴菲特"。生物除磷由厌氧放磷和好氧吸磷两个过程组成。聚磷菌在厌氧放磷时，伴随着溶解性易生物降解有机物在菌体内贮存。若放磷时无溶解性易生物降解有机物在菌体内贮存，则聚磷菌进入好氧环境中并不吸磷，此类放磷为无效放磷。实际中发现，厌氧条件下微生物多释放 1mg 磷，进入好氧状态后微生物就可以多吸收 2.0mg/L～2.4mg/L 的磷。

问：什么是无效放磷和二次放磷？

答： 1. 无效放磷

生物除磷由厌氧放磷和好氧吸磷两个过程组成。聚磷菌在厌氧放磷时，伴随着溶解性易生物降解有机物在菌体内贮存。若放磷时无溶解性易生物降解有机物在菌体内贮存，则聚磷菌进入好氧环境中并不吸磷，此类放磷为无效放磷。实际中发现，厌氧条件下微生物多释放 1mg 磷，进入好氧状态后微生物就可以多吸收 2.0mg/L～2.4mg/L 的磷。

2. 二次放磷

生物除磷工艺中聚磷菌贮存的聚磷酸盐如果不稳定，通常会发生二次磷释放。聚磷酸盐二次释放主要与细胞裂解有关，二次释放的磷也不会在好氧区被吸收。如果大量地发生了二次磷释放，出水磷浓度便会升高。二次放磷的位置及可能原因见表 7.6.18-2。

二次放磷的位置及可能原因　　　　　　　　　表 7.6.18-2

二次放磷的位置	二次放磷的可能原因
初次沉淀池	进水和生物除磷污泥一起沉淀，污泥浓缩和脱水环节中如果固体回收效果不好的话，可能会将富磷的固体返回到初次沉淀池中，从而导致二次磷释放发生
厌氧区	厌氧区体积过大，导致 VFA 耗尽
缺氧区	缺氧区体积过大，导致硝酸盐耗尽
好氧区	太长的 SRT 导致细胞裂解
二次沉淀池	污泥层太厚，产生腐化
污泥重力浓缩池	污泥层太厚，产生腐化
污泥贮存	污泥贮存厚度不住或未曝气导致腐化；曝气太久的贮存导致细胞裂解
厌氧消化	厌氧条件和细胞裂解
好氧消化	大多数由于细胞裂解
脱水	无显著释放，然而，上向流处理中释放的磷存在于滤液和浓缩液中，如果固体回收效果不好的话，可能会将富磷的固体返回到初次沉淀池中，从而导致二次磷释放发生

问：聚磷菌能利用的有机物有哪些？

答： 碳源是影响生物除磷效果的一个重要因素。有机物浓度越高，污泥放磷越早、越快。这是由于有机物浓度提高后诱发了反硝化作用，并迅速耗去了硝酸盐。另外可为发酵产酸菌提供足够的养料，从而为聚磷菌放磷提供所需的溶解性有机物。要使生物除磷工艺出水浓度小于 1mg/L，通常进水 BOD_5/TP 在 23～30。对于生物除磷工艺，一般要求污水中的 $BOD_5/TP>17$。

碳源的性质对磷的吸收也有重要影响。污水中有机物对厌氧放磷的影响情况比较复杂，存在大量不能被直接利用的大分子有机物。大分子有机物必须在发酵产酸菌的作用下转化为小分子的发酵产物后，才能被聚磷菌吸收利用并诱导放磷，而诱导放磷的速率取决于非聚磷菌对大分子有机物转化为易被聚磷菌利用小分子有机物的效率。甲酸、乙酸、丙酸、甲醇、乙醇、柠檬酸、葡萄糖、丁酸、乳酸和琥珀酸等是易被聚磷菌利用的有机物。

7.6.19 当需要同时脱氮除磷时，宜采用厌氧/缺氧/好氧法（AAO 或 A²O 法），并应符合下列规定：

1 生物反应池的容积，宜按本标准第 7.6.10 条、第 7.6.17 条和第 7.6.18 条的规定计算；

2 厌氧/缺氧/好氧法（AAO 或 A²O 法）生物脱氮除磷的主要设计参数，宜根据试验资料确定；无试验资料时，可采用经验数据或按表 7.6.19 的规定取值；

厌氧/缺氧/好氧法（AAO 或 A²O 法）生物脱氮除磷的主要设计参数　表 7.6.19

项　目		单　位	参数值
BOD 污泥负荷 L_s		kgBOD₅/(kgMLSS·d)	0.05~0.10
污泥浓度（MLSS）X		g/L	2.5~4.5
污泥龄 θ_C		d	10~22
污泥产率 Y		kgVSS/kg BOD₅	0.3~0.6
需氧量 O_2		kgO₂/kg BOD₅	1.1~1.8
水力停留时间（HRT）		h	10~23
			其中厌氧段 1~2
			缺氧段 2~10
污泥回流比 R		%	20~100
混合液回流比 R_i		%	≥200
总处理效率 η	BOD₅	%	85~95
	TP	%	60~85
	TN	%	60~85

3 根据需要，厌氧/缺氧/好氧法（AAO 或 A²O 法）的工艺流程中，可改变进水和回流污泥的布置形式，调整为前置缺氧区（池）或串联增加缺氧区（池）和好氧区（池）等变形工艺。

→本条了解以下内容：

1. 除磷以化学法最为有效；除氮的方法较多，但物理化学法较贵，仍以生物法较为现实。生物法可用活性污泥法，也可用生物膜法。

2. 同时脱氮除磷的矛盾点：

（1）脱氮除磷对污泥龄的要求不同

脱氮过程中硝化细菌在反应器中存活并维持一定的数量，微生物在反应器中的停留时间必须大于硝化细菌的最小世代时间。通常要有 10d~25d，脱氮率才不受污泥龄的影响。

有人考察了污泥龄与除磷效果的关系，当污泥龄从 30d 降到 5d 时，脱磷率从 40% 上升到 87%，这是因为污泥龄过长，聚磷菌已吸收的磷又重新进入液相的缘故。一般建议以除磷为主要目的的系统的污泥龄宜控制在 3.5d~7d。

同时脱氮和除磷是相互影响的。脱氮要求较低负荷和较长泥龄，除磷却要求较高负荷和较短泥龄。脱氮要求有较多硝酸盐供反硝化，而硝酸盐不利于除磷。设计生物反应池各区（池）容积时，应根据氮、磷的排放标准等要求，寻找合适的平衡点。脱氮和除磷对泥龄、污泥负荷和好氧停留时间的要求是相反的。在需同时脱氮除磷时，综合考虑泥龄的影响后，可取 10d~22d。本标准表 7.6.19 所列设计参数为经验数据。

（2）废水中有机底物的组成成分，特别是生物可降解性的成分，对生物除磷系统的性能影响很大。在除磷系统的厌氧区，聚磷菌传输短链挥发性脂肪酸，如甲酸、乙酸、丙酸等，进入细胞并贮存它们合成乙酸盐。供给厌氧区聚磷菌的挥发性脂肪酸的来源有两个：一是入流废水中原有的，二是其他可生物迅速降解底物的发酵产生的。聚磷菌对挥发性脂肪酸的吸收是一个很快的过程，而可迅速降解底物的发酵过程相对较慢。因此，要提高除磷系统的除磷效率，就要提高原水中挥发性脂肪酸在总有机底物中的比例，至少应提高可迅速降解有机底物的含量。有资料介绍，废水中每增加 7mg/L 的挥发性脂肪酸可增加 1mg/L 磷的去除量。资料介绍，为保证脱磷系统的除磷功能，原废水中至少应含有 25mg/L（以 COD 计）的可迅速生物降解底物量。

（3）由于聚磷菌中的气单胞菌属具有将复杂高分子有机底物转化为挥发性脂肪酸的能力，所以在除磷系统中存在气单胞菌属→发酵产酸→聚磷的连锁关系。但气单胞菌属能否充分发挥这种发酵产酸的能力，取决于废水的水质情况。气单胞菌也是一类能利用 NO_3^--N 作为最终电力受体的兼性反硝化菌，只要存在硝态氮，气单胞菌属对有机底物的发酵产酸作用就会受到抑制，从而影响聚磷菌的释菌和 PHB 的合成，使除磷系统的除磷效果下降甚至遭到破坏。因此，必须控制厌氧区硝态氮的含量，有资料认为应控制在 0.2mg/L 以下。

总结同时脱氮除磷的矛盾点：脱氮除磷对污泥龄的要求不同（一长一短）；脱氮除磷对负荷的要求不同（一低一高）；必须控制厌氧区硝态氮的含量在 0.2mg/L 以下（一强一弱）。

问：同时脱氮除磷的影响因素是什么？

答：同时脱氮除磷的六大影响因素：

1. 污水中可生物降解有机物的影响

生物反应池混合液中能被生物降解的溶解有机物对脱氮除磷的影响最大。

厌氧段中吸收该类有机物而使有机物浓度下降，同时使聚磷菌释放出磷，使在好氧段更多地吸收磷，从而达到除磷的目的。如果污水中能快速生物降解的有机物很少，则聚磷菌无法正常进行磷的释放，导致好氧段也不能更多地吸收磷。经实验研究，厌氧段进水溶解性磷与溶解性 BOD_5 之比应小于 0.06 才会有较好的除磷效果。

在缺氧段，当污水中的 BOD_5 浓度较高，又有充分的快速生物降解的溶解性有机物时，即污水中 C/N 比较高时，NO_3^--N 的反硝化速率最大，缺氧段的水力停留时间（HRT）为 0.5h～1.0h 即可；如果 C/N 比低，缺氧段 HRT 需达到 2h～3h。由此可见，污水中的 C/N 比对脱氮除磷的效果影响很大，对于低 BOD_5 浓度的城市污水，当 C/N 比较低时，脱氮率不高，一般来说，污水 COD/TKN 大于 8 时，氮的总去除率可达 80%。

2. 污泥龄 θ_C 的影响

A^2O 工艺系统的污泥龄受两方面影响，一方面是受硝化细菌世代时间的影响，即 θ_C 比普通活性污泥法的污泥龄长一些；另一方面，由于除磷主要是通过剩余污泥排出系统，要求 A^2O 工艺中 θ_C 又不宜过长。权衡这两个方面，A^2O 工艺中的 θ_C 一般为 15d～20d，与法国研究得出的 θ_C 公式相符，该公式为（引自《污水处理新工艺设计与计算》（孙力平））：

$$\theta_C = \frac{KN_{te} + 1.5}{KN_{te}} + \frac{1 + 1.094^{(45-T)}}{0.126} \quad (d)$$

式中　KN_{te}——出水中凯氏氮（KN）浓度（mg/L）；

　　　　T——污水温度（℃）。

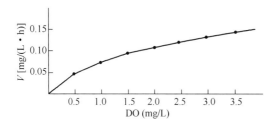

图 7.6.19-1　DO 浓度对 NH_4^+-N 氧化速率的影响

3. 溶解氧的影响

在 A^2O 工艺系统中，好氧段 DO 升高，NH_4^+-N 的硝化速度会随之加快，但 DO 大于 2mg/L 后其增长趋势减缓，如图 7.6.19-1 所示。因此，DO 并非越高越好，因为好氧段 DO 过高，则溶解氧会随污泥回流和混合液回流带至厌氧段与缺氧段，造成厌氧段厌氧不完全，从而影响聚磷菌的释放和缺氧段 NO_3^--N 的反硝化。英国学者查列在《不同温度下活性污泥硝化动力学与溶解氧浓度研究报告》中指出，高浓度溶解氧也会抑制硝化细菌。所以好氧段的 DO 为 2mg/L 左右，太高太低都不利。对于厌氧段和缺氧段则 DO 越低越好，但由于回流和进水的影响，应保证厌氧段 DO 小于 0.2mg/L，缺氧段 DO 小于 0.5mg/L。

4. 污泥负荷率 L_S 的影响

在好氧池，L_S 应在 0.18kgBOD$_5$/（kgMLSS·d）之下，否则异养菌数会大大超过硝化细菌（硝化细菌是化能自氧菌），使硝化反应受到抑制。而在厌氧池，L_S 应大于 0.10kgBOD$_5$/（kgMLSS·d），否则除磷效果将急剧下降。所以，在 A^2O 工艺中其污泥负荷率 L_S 的范围为 0.1kgBOD$_5$/（kgMLSS·d）~0.2kgBOD$_5$/（kgMLSS·d）。

5. TN/MLSS 负荷率的影响

过高浓度的 NH_4^+-N 会对硝化细菌产生抑制作用，所以 TN/MLSS 负荷率应小于 0.05kgTN/（kgMLSS·d），否则会影响 NH_4^+-N 的硝化。

6. 污泥回流和混合液回流比的影响

脱氮效果与混合液回流比有很大关系，混合液回流比高，则脱氮效果好，但动力费用增大，反之亦然，A^2O 工艺适宜的混合液回流比一般为 200%。一般地，污泥回流比为 25%~100%，污泥回流比太高，污泥将带入厌氧池太多 DO 和硝态氮氧，影响其厌氧状态（要求 DO<0.2mg/L），对释磷不利；污泥回流比太低，则维持不了正常的反应内污泥浓度，影响生化反应速率。

问：A^2O 工艺中各物质的变化曲线是什么？

答：A^2O 工艺中主要污染物去除变化曲线如图 7.6.19-2 所示。

1. 在首段厌氧池主要进行磷的释放，使污水中的 P 浓度升高，溶解性有机物被细胞吸收而使污水中的 BOD 浓度下降；另外，NH_4^+-N 也会因细胞的合成和厌氧氨氧化而被去除一部分，使污水中的 NH_4^+-N 浓度下降，但 NO_3^--N 含量不变。

2. 在缺氧池中，污水中的有机物被反硝化菌利用作为碳源，将混合液中带入的大量 NO_3^--N 和 NO_2^--N 还原为 N_2 释放至空气中，因此，BOD 会继续减少。NH_4^+-N 变化较小，NO_3^--N 会大幅度下降，被还原成 N_2 释放至大气，P 的变化则很小。

缺氧池首端 NH_4^+-N 大幅度下降是因为回流混合液的稀释。随后因细胞合成而继续下降。缺氧池首端因混合液回流带入的硝态氮使 NO_3^--N 的浓度大幅度增加。

3. 在好氧池中，有机物被微生物生化降解后浓度继续下降，即 BOD 继续减少。有机

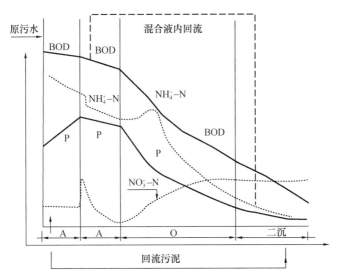

图 7.6.19-2　AAO 工艺中主要污染物去除变化曲线图

氨被氨化使 NH_4^+-N 浓度持续上升，随后被 NH_4^+-N 硝化，使 NH_4^+-N 浓度显著下降，但随着硝化的进行，NO_3^--N 的浓度增加，P 将随着聚磷菌的过量摄取以较快的速率下降。

所以，A^2O 工艺可以同时完成有机物的去除、硝化脱氮、磷的过量摄取而被去除等功能，脱氮的前提是 NH_4^+-N 应完全硝化，好氧池能完成这一功能；缺氧池则完成脱氮功能。

问：A^2O 工艺的发展历程如何？

答：1. 1932 年开发的 Wuhrmann 工艺是最早的脱氮工艺（见图 7.6.19-3），流程遵循硝化、反硝化的顺序而设置。由于反硝化过程需要碳源，而这种后置反硝化工艺是以微生物的内源代谢物质作为碳源，能量释放速率很低，因而脱氮速率也很低。此外，污水进入系统的第一级就进行好氧反应，能耗太高；如果原污水中含氮量较高，会导致好氧池容积太大，致使实际上不能满足硝化作用的条件，尤其是温度在 15℃ 以下时更是如此；在缺氧段，由于微生物死亡释放出有机氮和氨，其中一些随水流出，从而减少了系统中总氮的去除。因此该工艺在工程上不实用，但它为以后除磷脱氮工艺的发展奠定了基础。

图 7.6.19-3　Wuhrmann 脱氮工艺流程图

2. 1962 年 Ludzack 和 Ettinger 首次提出利用进水中可生物降解物质作为脱氮能源的前置反硝化工艺，解决了碳源不足的问题。

1973 年 Barnard 在开发 Bardenpho 工艺时提出改良型 Ludzack-Ettinger 脱氮工艺，即广泛应用的 A/O 工艺（见图 7.6.19-4）。A/O 工艺中，回流混合液中的大量硝酸盐到缺氧池后，可以从原污水得到充足的有机物，使反硝化脱氮得以充分进行。A/O 工艺不能达到完全脱氮，因为好氧池总流量的一部分没有回流到缺氧池而是直接随出水排放了。

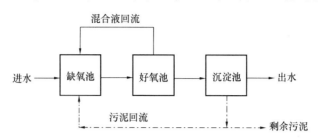

图 7.6.19-4　改良型 Ludzack-Ettinger 脱氮工艺流程图

3. 为克服 A/O 工艺不完全脱氮的不足，1973 年 Barnard 提出把此工艺与 Wuhrmann 工艺联合，并称之为 Bardenpho 工艺（见图 7.6.19-5）。

Barnard 认为一级好氧反应器出水的低浓度硝酸盐排入二级缺氧反应器会被脱氮，从而产生相对来说无硝酸盐的出水。为了除去二级缺氧反应器中产生的、附着于污泥絮体上的微细气泡和污泥停留期间释放出来的氨，在二级缺氧反应器和最终沉淀池之间引入了快速好氧反应器。Bardenpho 工艺在概念上具有完全去除硝酸盐的潜力，但实际上是不可能的。

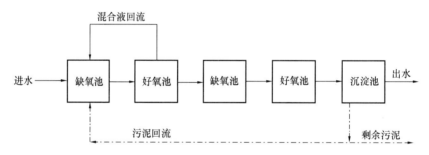

图 7.6.19-5　Bardenpho 脱氮工艺流程图（四段 Bardenpho 脱氮工艺）

4. 1976 年 Barnard 通过对 Bardenpho 工艺进行中试研究后提出：在 Bardenpho 工艺的初级缺氧反应器前加一厌氧反应器就能有效除磷（见图 7.6.19-6）。该工艺在南非称为五阶段 Phoredox 工艺或简称 Phoredox 工艺，在美国称为改良型 Bardenpho 工艺。

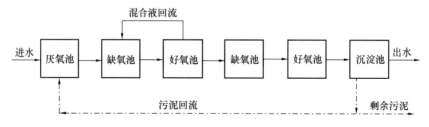

图 7.6.19-6　Phoredox 工艺流程图（五段 Bardenpho 脱氮除磷工艺）

5. 1980 年 Rabinowitz 和 Marais 对 Phoredox 工艺的研究中，选择三阶段 Phoredox 工艺，即所谓的传统 A²O 工艺（见图 7.6.19-7）。AAO 工艺是最简单的同步脱氮除磷工艺，总的水力停留时间少于其他同类工艺。

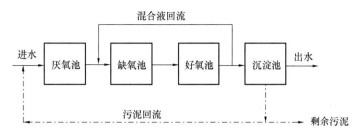

图 7.6.19-7　AAO 工艺生物脱氮除磷工艺流程图

问：提高同时脱氮除磷效果的措施及变形工艺有哪些?

答：AAO（又称 A²O）工艺中，当脱氮效果好时，除磷效果较差。反之亦然，不能同时取得较好的脱氮除磷效果。针对这些问题，可对工艺流程进行变形改进，调整泥龄、水力停留时间等设计参数，改变进水和回流污泥等布置形式，从而进一步提高脱氮除磷效果。图 7.6.19-8～图 7.6.19-10 为 AAO 工艺的变形工艺。

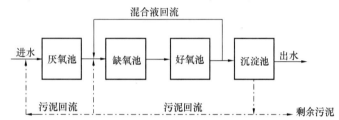

图 7.6.19-8　增加缺氧池的回流污泥

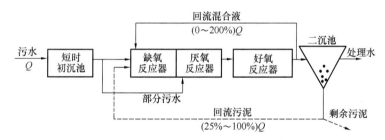

图 7.6.19-9　倒置 AAO 工艺

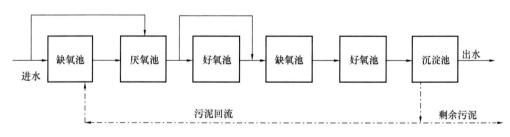

图 7.6.19-10　倒置 AAO 工艺＋A_NO 工艺

工艺特点：采用较短的初沉时间，使进水中相当一部分细小有机悬浮固体进入生物反应器，以满足缺氧反应器和厌氧反应器对碳源的需求，并使生物反应器中的污泥能达到较高的浓度。整个系统中活性污泥都完整地经历过厌氧、好氧反应过程，因此排放的剩余污泥中都能充分地吸收磷；避免了回流污泥中的硝酸盐对厌氧释磷的影响。同时反应器中活性污泥浓度较高，从而促进了好氧反应器中的同步硝化反硝化，因此可以用较少的总回流量（污泥回流和混合液回流）达到较好的总氮去除效果。

问： 同时脱氮除磷工艺有哪些？

答： 1. UCT工艺（见图7.6.19-11）

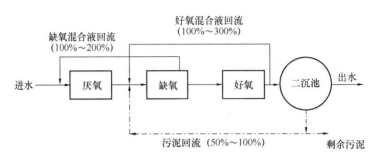

图7.6.19-11　UCT工艺流程图

在UCT工艺中，沉淀污泥是回流到缺氧池而不是回流到厌氧池，同时增加了从缺氧池到厌氧池的混合液回流，这样可以防止好氧池出水中的硝酸盐氮进入到厌氧池，破坏厌氧池的厌氧状态而影响在厌氧过程中磷的充分释放。由缺氧池向厌氧池回流的混合液中BOD浓度较高，而硝酸盐很少，为厌氧段内所进行的发酵提供了最优条件。在实际运行过程中，当进水中TKN/COD的质量比较高时，需要通过调整操作方式来降低混合液的回流比以防止硝酸盐进入厌氧池，但是如果回流比太小，会增加缺氧池的实际停留时间，试验表明，如果缺氧池的实际停留时间超过1h，在某些单元中污泥的沉降性能会恶化。

工艺特点：脱氮潜力得不到充分发挥，UCT工艺中TKN/COD的上限为0.12～0.14，超过此值除磷效果受影响。避免（AAO工艺）厌氧池由于污泥回流带入的少量NO_3^-对磷释放的影响；厌氧池的污泥减少由缺氧池回流补充（但是回流污泥浓度不高，造成厌氧池MLSS低）。

2. 改良型UCT工艺（见图7.6.19-12）

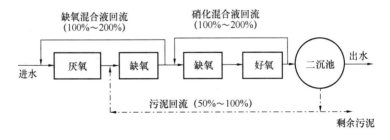

图7.6.19-12　改良型UCT工艺流程图

改良型UCT工艺在UCT工艺的基础上，增设一个缺氧池，回流污泥直接进入前面的缺氧池，由于这个缺氧池不接纳内循环回流液，因此池中的硝酸盐浓度很低，其混合液回流到厌氧池补充污泥且对除磷影响较小。好氧池回流的含有大量硝酸盐的混合液全部进入第二个缺氧池，进行反硝化作用。这样将脱氮和除磷分开，尽量减少相互影响，一方面厌氧池的磷释放比较充分，提高了除磷效果，另一方面可以通过提高硝化液回流比来提高系统的脱氮率，因而脱氮和除磷效果均较好。

改良型 UCT 工艺基本解决了 UCT 工艺所存在的问题，除了向厌氧池回流液中硝酸盐量对摄磷产生的不利影响，还由于增加了缺氧池向厌氧池的回流，其运行费用较高。

3. 改良型 UCT 工艺（Johannesburg 工艺/JHB 工艺，见图 7.6.19-13）

此变形工艺源于南非约翰内斯堡的 Johannesburg 工艺，其目的是减少流入厌氧区的硝酸盐含量，使低浓度污水的生物除磷效率达到最大。

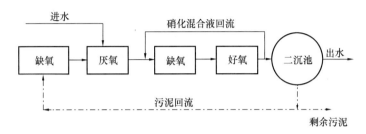

图 7.6.19-13　改良型 UCT 工艺（Johannesburg 工艺/JHB 工艺）流程图

此工艺中，回流活性污泥直接进入缺氧区，这样混合液进入厌氧区前有足够的停留时间减少其中的硝酸盐浓度。硝酸盐的减少是依靠混合液的内源呼吸作用实现的，在缺氧区内的停留时间取决于混合液浓度、温度以及回流污泥中的硝酸盐浓度。与 UCT 工艺相比，在厌氧区内可以维持较高的 MLSS 浓度，停留时间约 1h。

4. 改进型 JHB 工艺（见图 7.6.19-14）

改进型 JHB 工艺增加了从厌氧区至预缺氧区的回流，为预缺氧区提供足够的微生物和 BOD，使反硝化反应更易于进行。

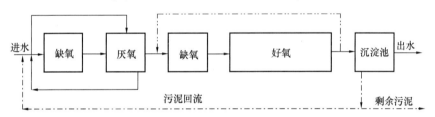

图 7.6.19-14　改进型 JHB 工艺流程图

5. Westbank 工艺（见图 7.6.19-15）

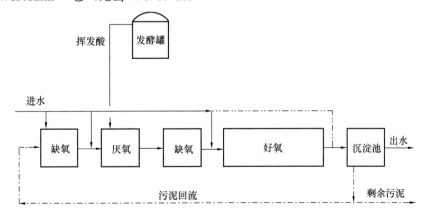

图 7.6.19-15　Westbank 工艺流程图

Westbank 工艺与 JHB 工艺相似，但区别在于缺氧区、厌氧区和好氧区增加了进水点。部分初沉池出水进入头部缺氧区，促进缺氧区的反硝化进行。余下部分进入厌氧区，供聚磷菌利用。在雨季时，过量部分的进水直接进入主缺氧区（第二缺氧区）。从厌氧发酵获得的 VFAs 送至厌氧区为聚磷菌提供充足的易利用的碳源。

6. OWASA 工艺

OWASA 工艺（orange water and sewer authority）是滴滤池和生物脱氮工艺的结合。进水中的有机物在经过生物滤池充分净化后，其低 BOD 出水送至生物除磷工艺中的好氧区。初沉污泥消化过程中产生的高浓度 VFAs 和回流污泥一起，被送至厌氧区。污泥混合液随后依次从厌氧区流至缺氧区和好氧区。在生物除磷（供聚磷菌厌氧释磷利用）的同时发生硝化反硝化。如图 7.6.19-16 所示。

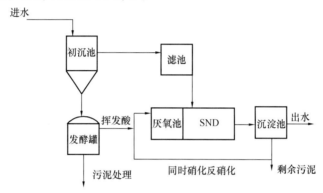

图 7.6.19-16　OWASA 工艺流程图

南方许多城市的城市污水 BOD_5 浓度往往较低，造成城市污水中的 BOD_5/TP 和 BOD_5/TN 太低，使 A^2O 工艺脱氮除磷效果显著下降。为改进 A^2O 工艺这一缺点，OWASA 工艺将 A^2O 工艺中初沉池的污泥排至污泥发酵池，初沉污泥经发酵后的上清液含大量挥发性脂肪酸，将此上清液投加至缺氧区和厌氧区，使入流污水中的可溶解性 BOD_5 增加，提高了 BOD_5/TP 和 BOD_5/TN 的比值，促进磷的释放与 NO_3-N 反硝化，从而使脱氮除磷效果得到提高。如图 7.6.19-17 所示。

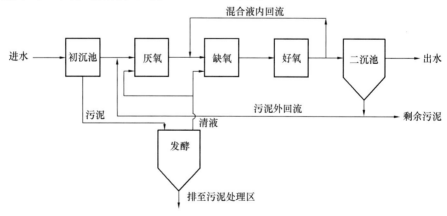

图 7.6.19-17　OWASA 工艺流程图（南方地区）

7. 改良型 A^2O 工艺

为避免改良型 UCT 工艺增加一套回流系统引起厌氧池污泥浓度较低，以及 A^2O 回流硝酸盐影响能力不够强的弱点，通过综合 A^2O 工艺和改良型 UCT 工艺的优点，中国市政工程华北设计研究总院有限公司开发了改良型 A^2O 工艺，如图 7.6.19-18 所示，即在厌氧池之前增设厌氧/缺氧调节池，来自二沉池的回流污泥和 10% 左右的进水进入该池，停留时间为 20min～30min，微生物利用约 10% 进水中的有机物去除所有的回流硝态氮，消除硝态氮对厌氧池的不利影响，从而保证厌氧池的稳定性。测试结果表明，该工艺的处理效果优于改良型 UCT 工艺，并节省了一个回流系统，在工程设计和建设中得到了应用。

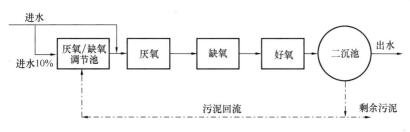

图 7.6.19-18 改良型 A^2O 工艺流程图

8. VIP 工艺（见图 7.6.19-19）

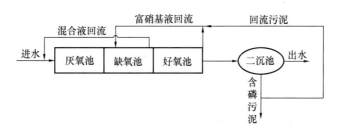

图 7.6.19-19 VIP 工艺流程图

9. Phoredox 工艺（又称五段 Bardenpho 工艺或改良型 Bardenpho 工艺）

此工艺常按低污泥负荷运行，目的是提高脱氮率。如图 7.6.19-20 所示。

图 7.6.19-20 Phoredox 工艺流程图

四段 Bardenpho 工艺脱氮率高，但除磷效果差，为了提高除磷率，Phoredox 工艺在 Bardenpho 工艺的基础上，在第一个缺氧池前增加了一个厌氧段，保证了磷的释放，从而保证了在好氧条件下有更强的吸收磷的能力，提高了除磷率。最终，第二个好氧段为混合液提供短暂的曝气时间，也会降低二沉池出现厌氧状态和释放磷的可能性。

Phoredox 工艺泥龄较长，设计值一般取 10d～20d，为达到污泥稳定，泥龄值还可取得更长，从而提高碳的氧化能力。Phoredox 工艺的缺点是污泥回流携带硝酸盐回到厌氧池会对除磷有明显的不利影响，且受水质影响较大，对于不同的污水，除磷效果不稳定。

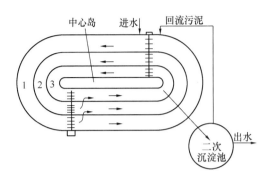

图 7.6.19-21　Orbal 氧化沟

10. 氧化沟工艺

有很多氧化沟具有除磷功能，它们通常在氧化沟之前带有一个厌氧区，而在氧化沟内有缺氧区和好氧区，同时完成硝化、反硝化。氧化沟类型很多，如 Carrousel 氧化沟、Pasveer 氧化沟、Orbal 氧化沟（见图7.6.19-21）。

Orbal 是在氧化沟内设置成厌氧区、缺氧区、好氧区，使之具有脱氮除磷功能的氧化沟。如生物除磷要求较高，也可在氧化沟前设单独的厌氧池，厌氧池计算与 A²O 工艺的厌氧池计算相同。Orbal 由第一沟道（外沟道）进水，第三沟道（内沟道）出水。三个沟道的 DO 从外到内控制在 0mg/L、1mg/L、2mg/L。大多数 BOD 在外沟道去除，并同时进行硝化反硝化，反硝化几乎全部在此进行。Orbal 氧化沟三条沟道的功能，特别是外沟道的功能由供氧决定，当系统只要求脱氮不要求除磷时，相当于 A/O 脱氮工艺；当系统要求同时脱氮除磷时，相当于 A²O 工艺。A²O 与氧化沟结合工艺的流程如图 7.6.19-22 所示。

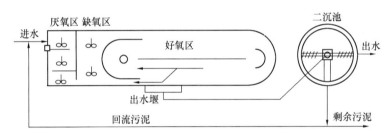

图 7.6.19-22　A²O 与氧化沟结合工艺流程图

11. SBR 工艺

SBR 工艺脱氮除磷的运行工序见图 7.6.19-23。

（1）进水厌氧段（进水期）。为使微生物与底物有充分的接触，可以只搅拌（潜水搅

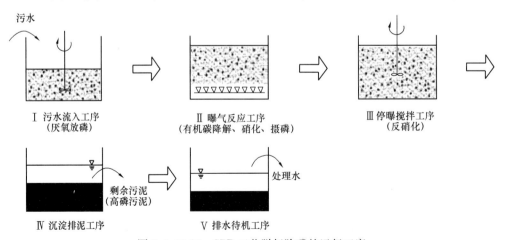

Ⅰ 污水流入工序　　　　Ⅱ 曝气反应工序　　　　Ⅲ 停曝搅拌工序
（厌氧放磷）　　　（有机碳降解、硝化、摄磷）　　　（反硝化）

Ⅳ 沉淀排泥工序　　　　Ⅴ 排水待机工序

图 7.6.19-23　SBR 工艺脱氮除磷的运行工序

拌设备）混合而不曝气，保证混合液处于厌氧状态。

（2）曝气-好氧段（好氧反应期）。进水结束后进行充氧曝气（一般曝气时间应大于4h），该阶段在反应池内进行碳氧化、硝化和磷的吸收，好氧反应期的历时一般由要求处理的程度决定。

（3）停止曝气-缺氧段（缺氧反应期）。此阶段停止曝气，用潜水搅拌设备进行混合搅拌，主要是在缺氧条件下进行反硝化，达到脱氮的目的。缺氧反应期不宜过长，以防止聚磷菌过量吸收的磷发生释放。该阶段一般在2h以上。

（4）沉淀排泥段。此阶段反应池进行泥水分离，由于是静置沉淀，所以沉淀效率较高，沉淀历时一般为1.0h。

（5）排水阶段。排水期的长短由一个周期的处理水量和排水设备决定。

12. 生物转盘工艺（见图7.6.19-24）

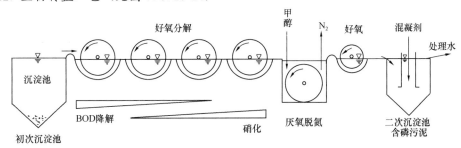

图 7.6.19-24　具有脱氮除磷功能的生物转盘工艺流程图

生物转盘具有脱氮除磷功能。为此，须在其处理系统中增建某些补充设备。预处理后的污水，在经两级生物转盘处理后，BOD已得到一定的降解，在后两级的转盘中，硝化反应逐渐强化，并形成亚硝酸氮和硝酸氮。其后增设淹没式转盘，使其形成厌氧状态，在这里产生反硝化反应，使氮气以气态形式逸出，以达到脱氮的目的。为了补充厌氧反应所需的碳源，向淹没式转盘设备中投加甲醇，过剩的甲醇使BOD值有所上升，为了去除这部分BOD值，在其后补设一座生物转盘。为了截留处理水中脱落的生物膜，其后设二次沉淀池。在二次沉淀池的中央部位设混合反应室，投加的混凝剂在其中进行反应，产生除磷效果，从二次沉淀池排放含磷污泥。

13. BCFS（biological chemical phosphorus nitrogen removal）工艺

BCFS工艺是生物化学联合脱氮除磷工艺。主流程与UCT工艺相似。如图7.6.19-25所示。进水（COD、NH_4^+、PO_4^{3+}）

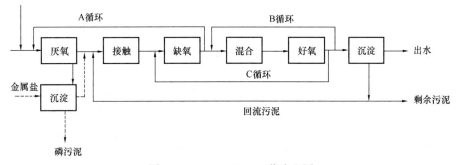

图 7.6.19-25　BCFS工艺流程图

14. AB 法脱氮除磷工艺（见图 7.6.19-26～图 7.6.19-29）

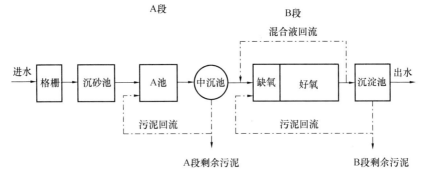

图 7.6.19-26　AB 法脱氮工艺流程图（A＋A_NO）

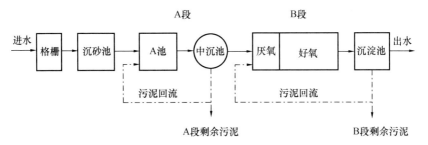

图 7.6.19-27　AB 法除磷工艺流程图（A＋A_PO）

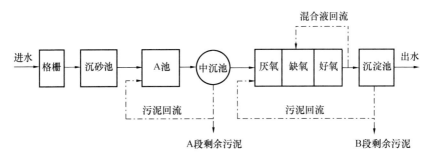

图 7.6.19-28　AB 法同时脱氮除磷工艺流程图（A＋A^2O）

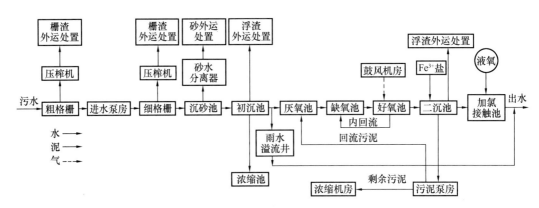

图 7.6.19-29　典型 AAO 污水处理工艺流程图

Ⅳ　氧　化　沟

7.6.20　氧化沟前可不设初次沉淀池。

→本条了解以下内容：

1. 氧化沟

活性污泥法的一种形式。其构筑物呈封闭无终端渠形布置，降解去除污水中的有机污染物、氮和磷等营养物质。

2. 氧化沟前可不设初沉池的理由

由于氧化沟多用于长泥龄的工艺，悬浮状有机物可在氧化沟内得到部分稳定，故可不设初沉池。氧化沟之前是否设置沉砂池去除粗砂，要依情况而定。去除砂质的目的是防止设备磨损、管道堵塞以及因粗砂而堵塞厌氧消化器，而氧化沟很少采用厌氧消化器，所以也可不设沉砂池。用氧化沟处理城市污水时，氧化沟前设置初沉池不经济，由于延时曝气法产生的污泥较稳定，省掉初沉池，具有很大经济效益。参见《废水处理工程技术手册》P353。

3. 氧化沟前设置初沉池的条件

《氧化沟活性污泥法污水处理工程技术规范》HJ 578—2010。

6.2.2　悬浮物（SS）高于BOD_5设计值1.5倍时，生物反应池前宜设置初沉池。

7.6.21　氧化沟前可设置厌氧池。

→本条了解如下内容：

1. 厌氧池：非充氧的生物反应池，池内无硝酸盐或亚硝酸盐存在的区域。聚磷微生物在厌氧池吸收有机物和释放磷。

2. 氧化沟前设置厌氧池可提高系统的除磷功能。

7.6.22　氧化沟可按两组或多组系列布置，并设置进水配水井。

→本条了解以下内容：

1. 在交替式运行的氧化沟中，需设置进水配水井，井内设闸或溢流堰，按设计程序变换进出水水流方向；当有两组及以上平行的系列时，也需设置进水配水井，以保证均匀配水。

2. 氧化沟出水采用溢流堰，堰高一般应制成可调节的形式。通过调节堰高来改变曝气设备的淹没深度，以适应各种需氧量的要求。

7.6.23　氧化沟可与二次沉淀池分建或合建。

→本条了解以下内容：

1. 氧化沟按构造特征和运行方式的不同可分为多种类型，其中有连续运行与二次沉淀池分建的氧化沟，如 Carrousel 多沟串联系统氧化沟、Orbal 同心圆或椭圆形氧化沟、DE 型交替式氧化沟等；也有集曝气、沉淀于一体的氧化沟，又称合建氧化沟，如船式一体化氧化沟、T 型交替式氧化沟等。

（1）Carrousel 氧化沟，如图 7.6.23-1 所示。

（2）Orbal 氧化沟，如图 7.6.23-2 所示。

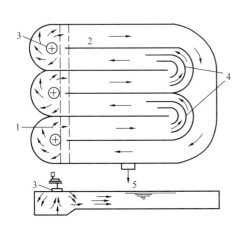

图 7.6.23-1　Carrousel 氧化沟系统

1—入流污水；2—氧化沟；3—表面机械曝气器；

4—导向隔墙；5—处理水排往二次沉淀池

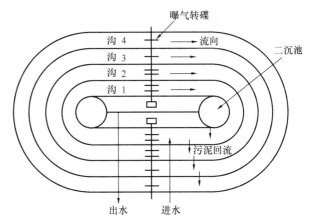

图 7.6.23-2　Orbal 氧化沟系统

（3）DE 型氧化沟：DE 型氧化沟是指两个相同容积的氧化沟组成的处理系统。DE 型氧化沟为双沟交替工作式氧化沟，具有良好的脱氮功能，二沉池与氧化沟分开，并有独立的污泥回流系统。DE 型氧化沟内两个沟相互连通，串联运行，交替进水。沟内设调速曝气转刷，高速工作时曝气充氧，低速工作时只推动水流，基本不充氧，使两沟交替处于缺氧和好氧状态，从而达到脱氮目的。若在 DE 型氧化沟前增设一个厌氧池，可实现除磷。如图 7.6.23-3 所示。

（4）交替运行氧化沟（不单设二沉池，无需污泥回流）

1）两池交替运行氧化沟：两个侧沟池交替作为曝气池和沉淀池。如图 7.6.23-4 所示。

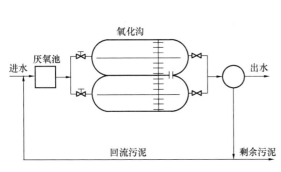

图 7.6.23-3　DE 型氧化沟

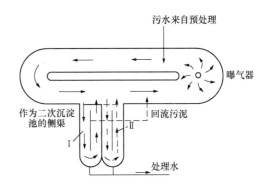

图 7.6.23-4　两池交替运行氧化沟

2）三池交替运行氧化沟：两个侧沟交替作为曝气池和沉淀池，中沟一直作为曝气池。如图 7.6.23-5 所示。

（5）一体化氧化沟，如图 7.6.23-6 所示。

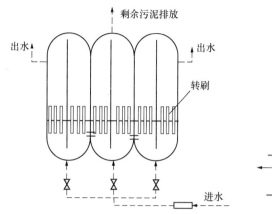

图 7.6.23-5　三池交替运行氧化沟

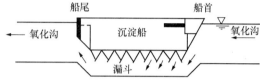

图 7.6.23-6　一体化氧化沟沉淀船结构示意图

问：合建式氧化沟的主要工艺类型有哪些?

答：合建式氧化沟：氧化沟的一种形式。将沉淀池和氧化沟合建在一个构筑物内，污泥通过沉淀区和氧化沟之间的夹区循环回流。

1. 船式一体化氧化沟

船式一体化氧化沟是将沉淀区设置在氧化沟内，用于进行泥水分离，出水由上部排出，污泥则由沉淀区底部的排泥管直接排入合建式氧化沟内。船式一体化氧化沟不设污泥回流系统，污泥自动回流。如图 7.6.23-7 所示。

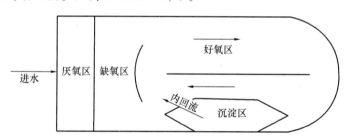

图 7.6.23-7　船式一体化氧化沟平面示意图

2. 单槽合建式氧化沟

单槽合建式氧化沟由一座氧化沟和沉淀区合建而成。沉淀污泥一部分通过回流污泥提升设施提升至氧化沟进水处与污水混合，剩余污泥通过提升设施提升至剩余污泥处理系统处理。如图 7.6.23-8 所示。单槽合建式氧化沟适用于以去除碳源污染物为主，对脱氮、除磷要求不高的小型污水处理系统。

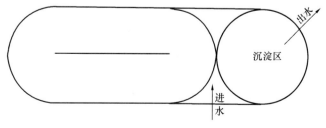

图 7.6.23-8　单槽合建式氧化沟平面示意图

3. 双槽合建式氧化沟

（1）双槽合建式氧化沟由厌氧区、两座串联的氧化沟和沉淀区合建而成。沉淀污泥一部分通过回流污泥提升设施提升至厌氧区进水处与污水混合，剩余污泥通过提升设施提升至剩余污泥处理系统处理。如图 7.6.23-9 所示。

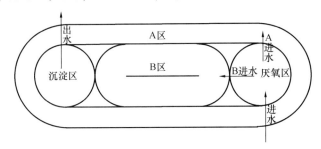

图 7.6.23-9　双槽合建式氧化沟平面示意图

（2）双槽合建式氧化沟可实现生物脱氮除磷，当除磷要求不高时，可不设厌氧区。

（3）污水和回流污泥混合液进入氧化沟之前应设切换设备，氧化沟出水井处应设可调堰门（《可调式堰门》CJ/T 536—2019）。

（4）双槽合建式氧化沟一个周期的运行过程可分为三个阶段：

第一阶段：A 区进水、缺氧运行，B 区好氧运行、出水；

第二阶段：进水井切换进水，出水井延时切换出水堰门；

第三阶段：B 区进水、缺氧运行，A 区好氧运行、出水。

4. 三槽合建式氧化沟

（1）三槽合建式氧化沟由厌氧区、浓缩区和三组串联的氧化沟合建而成。沉淀污泥一部分通过回流污泥提升设施提升至厌氧区进水处与污水混合，剩余污泥通过提升设施提升至剩余污泥处理系统处理。如图 7.6.23-10 所示。

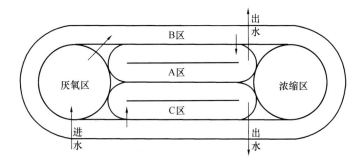

图 7.6.23-10　三槽合建式氧化沟平面示意图

（2）当系统不设厌氧区时，可不设污泥回流系统。

（3）三槽合建式氧化沟可实现生物脱氮除磷，当除磷要求不高时，可不设厌氧区和污泥回流系统。

（4）污水或污水和回流污泥混合液进入三槽合建式氧化沟之前应设切换设备，A 区和 C 区出水处理应设可调堰门。

（5）三槽合建式氧化沟一个周期的运行过程包括六个阶段，每个周期可设为 8h。

第一阶段（1.5h）：A区进水、缺氧运行，B区好氧运行，C区沉淀出水；

第二阶段（1.5h）：A区好氧运行，B区进水、好氧运行，C区沉淀出水；

第三阶段（1.0h）：A区静沉，B区进水、好氧运行，C区沉淀出水；

第四阶段（1.5h）：A区沉淀出水，B区好氧运行，C区进水、缺氧运行；

第五阶段（1.5h）：A区沉淀出水，B区进水、好氧运行，C区好氧运行；

第六阶段（1.0h）：A区沉淀出水，B区进水、好氧运行，C区静沉。

（6）三槽合建式氧化沟宜采用曝气转刷充氧。仅采用转盘的合建式氧化沟工作水深宜为 3.0m～3.5m。

（7）三槽合建式氧化沟容积计算应考虑沉淀所需容积。

5. 竖轴式机械表面曝气装置合建式氧化沟

（1）竖轴式机械表面曝气装置合建式氧化沟由厌氧区、缺氧区和多沟串联的氧化沟（即好氧区）及沉淀区合建而成。好氧区混合液宜通过内回流系统回流至缺氧区。沉淀污泥一部分通过回流污泥提升设施提升至厌氧区进水处与污水混合，剩余污泥通过提升设施提升至剩余污泥处理系统处理。如图 7.6.23-11 所示。

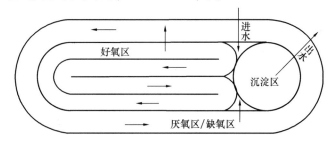

图 7.6.23-11　竖轴式机械表面曝气装置合建式氧化沟平面示意图

（2）竖轴式机械表面曝气装置合建式氧化沟可实现生物脱氮除磷。

（3）竖轴式机械表面曝气装置合建式氧化沟可根据去除碳源污染物、脱氮、除磷等不同要求选择不同组合：主要去除碳源污染物时可只设好氧区；生物脱氮时可采用缺氧区＋好氧区；生物除磷时可采用厌氧区＋好氧区。

（4）采用竖轴式机械表面曝气装置合建式氧化沟工作水深宜为 3.5m～5.0m。

6. 同心圆向心流合建式氧化沟

（1）同心圆向心流合建式氧化沟由多个同心圆形或椭圆形沟渠和沉淀区合建而成。污水和回流污泥先进入外沟，在与沟内混合液不断混合、循环的过程中，依次进入相邻的内沟，最后由沉淀区排出。沉淀污泥一部分通过回流污泥提升设施提升至厌氧区进水处与污水混合，剩余污泥通过提升设施提升至剩余污泥处理系统处理。如图 7.6.23-12 所示。

（2）同心圆向心流合建式氧化沟可实现生物脱氮除磷。

（3）外沟宜设为厌氧状态，中沟宜设为缺氧状态，内沟宜设为好氧状态。

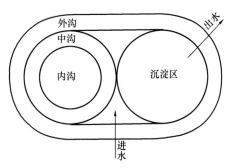

图 7.6.23-12　同心圆向心流合建式氧化沟平面示意图

（4）同心圆向心流合建式氧化沟宜采用曝气转盘充氧。

7. 一体化合建式氧化沟

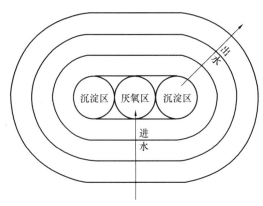

图 7.6.23-13　一体化合建式氧化沟平面示意图

一体化合建式氧化沟由若干个椭圆形的氧化沟与氧化沟中央岛位置处设置的两个或两个以上的沉淀区合建而成，沉淀区用于进行泥水分离，出水由上部排出，污泥则由沉淀区底部的排泥管直接排入合建式氧化沟内。如图 7.6.23-13 所示。

8. 高脱氮合建式氧化沟沟型一

（1）高脱氮合建式氧化沟由氧化沟与沉淀区合建而成，将沉淀区置于氧化沟的外沟内壁与中沟外壁之间，并利用沉淀区与氧化沟的夹区作为污泥回流区及硝化液回流区。如图 7.6.23-14 所示。

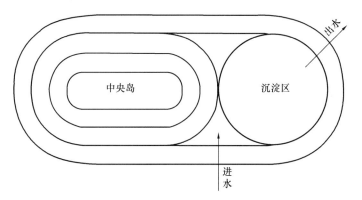

图 7.6.23-14　高脱氮合建式氧化沟沟型一平面示意图

（2）将厌氧区、沉淀区、硝化液回流、污泥回流系统与 Orbal 氧化沟合建为一体。

（3）利用空余区域构建传统的内、外回流，将污泥外回流变成内回流。

（4）通过简单切换，可实现三沟的串并联运行组合，在传统串联运行方式下，系统高效去除碳（C）、氮（N）、磷（P）污染物，其并联运行方式特别适合于雨季的大水量，系统可最大限度地保持混合液悬浮固体（污水）浓度（MLSS），易于系统恢复使用，抗暴雨冲击。

9. 高脱氮合建式氧化沟沟型二

（1）高脱氮合建式氧化沟沟型二，是高脱氮合建式氧化沟沟型一的变形，同时兼具了 Orbal 氧化沟与倒置 A^2O 工艺的优点，与其他普通活性污泥法相比，解决了反硝化过程碳源不足的问题。同时，外沟好氧池内可以通过转碟、曝气器、转碟及曝气器布置，实现同步硝化反硝化运行。如图 7.6.23-15 所示。

（2）充分利用氧化沟的剩余空间，在中心岛设置一处理区，这个处理区可以为厌氧区、调节区、水解酸化区、初沉区等，以厌氧区最佳。在中心岛设置厌氧区帮助脱氮，内回流使内沟活性混合液循环延长氧化沟的水力停留时间，增加了混合液在沟内的回转次

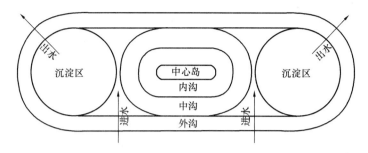

图 7.6.23-15 高脱氮合建式氧化沟沟型二平面示意图

数，进一步起硝化与反硝化作用，从而进一步帮助脱氮，保证了整个工艺具有很高的脱氮效率。

（3）合建式氧化沟将进水配水区、氧化沟、二沉池、硝化液回流区、污泥回流区合建为一体，充分利用外沟内壁与中沟外壁及二沉池间自然形成的两个夹区空间，将其分别设计为硝化液回流区和污泥回流区。通过在池底布置连通内沟与硝化液回流区的管道，以及在外沟内壁上开设连通回流区的孔洞，使内沟好氧区污水进入该回流区域。

（4）采用两点进水的方式，分段进水系统能够根据不同进水水质、不同季节情况下，生物脱氮和生物除磷所需碳源变化，调节分配至缺氧区和厌氧区的进水比例。

（5）各池间采用水下推进器进行水流推进，好氧池中局部增加微孔曝气机或表面曝气机供氧。

10. 微孔曝气合建式氧化沟

微孔曝气合建式氧化沟由采用微孔曝气的氧化沟和沉淀区合建而成。采用水下推流方式，供氧设备宜为鼓风机。如图 7.6.23-16 所示。

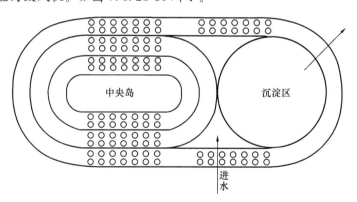

图 7.6.23-16 微孔曝气合建式氧化沟平面示意图

11. 改良 A²O 型合建式氧化沟

（1）改良 A²O 型合建式氧化沟是一种类 Orbal 氧化沟型除磷脱氮一体化 A²O 工艺，污水依次流经 Orbal 氧化沟的内池、中沟和外沟，内池设计为厌氧池，中沟设计为缺氧池，外沟设计为好氧池。两个沉淀池分别置于类 Orbal 氧化沟两端处的外沟和中沟之间，外沟内壁、中沟外壁、二沉池外壁间的区域设置为分隔开的硝化液回流区和污泥回流区。如图 7.6.23-17 所示。

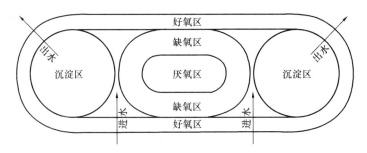

图 7.6.23-17　改良 A^2O 型合建式氧化沟平面示意图

（2）污水由进水管接入污泥回流区，污泥回流区内的混合泥水通过中沟壁孔流入内沟厌氧池，再由管道接入外沟好氧池，外沟好氧池的水流由壁孔一路进入硝化液回流区后由壁孔流入中沟缺氧区，另一路由壁孔流入沉淀区后排出。沉淀区内的污泥由壁孔进入污泥回流区，部分污泥回流至外沟好氧区，其余污泥排出。

（3）内沟厌氧池和中沟缺氧池内设置水下推进器，外沟好氧池局部增加微孔曝气机或表面曝气机供氧。

12. 倒置 A^2O 型合建式氧化沟

（1）倒置 A^2O 型合建式氧化沟将改良倒置 A^2O 池和硝化液回流、污泥回流以及沉淀整合到一个池体内。采用新的碳源分配方式，将缺氧区置于厌氧区前，来自沉淀区的回流污泥、30%～50%的进水和 50%～150%的混合液回流均进入缺氧区，停留时间 1h～3h。回流污泥和混合液在缺氧区内进行反硝化，去除硝态氮，再进入厌氧区，保证了厌氧区的厌氧状态，强化除磷效果。如图 7.6.23-18 所示。

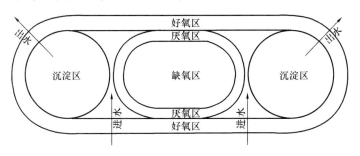

图 7.6.23-18　倒置 A^2O 型合建式氧化沟平面示意图

（2）污泥回流至缺氧区并采用了两点进水方式，使得缺氧区污泥浓度可较好氧区高出近 50%，分段进水系统比常规法具有较多的污泥贮量和较长的污泥龄，从而提高了处理能力。

（3）污水依次流经内沟/内池缺氧区、中沟厌氧区、外沟好氧区。缺氧区位于厌氧区之前，硝酸盐在这里消耗殆尽，厌氧区氧化还原电位（ORP）较低，有利于微生物形成更强的吸磷动力；微生物厌氧释磷后直接进入生化效率较高的好氧环境。其在厌氧条件下形成吸磷动力可以得到更充分的利用。

（4）采用矩形生物池，设缺氧区、厌氧区和好氧区，用隔墙分开，水流为推流式。缺氧区、厌氧区设置水下搅拌器，好氧区设转碟或底部曝气。

合建式氧化沟的应用：当进水量大于 0.5 万 m³/d 时，宜设置两组及以上合建式氧化沟；当进水量小于或等于 0.5 万 m³/d 时，可设置一组合建式氧化沟。参见《合建式氧化沟技术规程》CECS 367：2014。

7.6.24　延时曝气氧化沟的主要设计参数，宜根据试验资料确定；当无试验资料时，可采用经验数据或按表 7.6.24 的规定取值。

延时曝气氧化沟的主要设计参数　　　　　　　表 7.6.24

项　目		单　位	参数值
污泥浓度（MLSS）X		g/L	2.5～4.5
污泥负荷 L_s		kgBOD₅/(kgMLSS·d)	0.03～0.08
污泥龄 θ_C		d	>15
污泥产率 Y		kgVSS/kgBOD₅	0.3～0.6
需氧量 O_2		kgO₂/kg BOD₅	1.5～2.0
水力停留时间（HRT）		h	≥16
污泥回流比 R		%	75～150
总处理效率 η	BOD₅	%	>95

→本条了解以下内容：

1. 延时曝气法：活性污泥法的一种形式。特点是污泥负荷低、污水停留时间长、有机物去除率高和剩余污泥量少。

延时曝气氧化沟：指采用延时曝气法的氧化沟。

2. 延时曝气氧化沟不适用本标准公式（7.6.10-2），因为公式（7.6.10-2）适用于泥龄 3d～15d，而延时曝气氧化沟要求泥龄>15d。

问：如何界定曝气时间的长短？

答：曝气（反应）时间的长短，对于城市污水，常规曝气的曝气（反应）时间一般在 4h～8h，以此为中值，短时间曝气的曝气时间可短达 0.5h，如改良曝气、高速曝气；长时间曝气的统称为延时曝气，其曝气时间可长达 1d，对于某些工业废水可达数日，如氧化沟工艺多采用延时曝气。

7.6.25　当采用氧化沟进行脱氮除磷时，宜符合本标准第 7.6.16 条～第 7.6.19 条的有关规定。

7.6.26　氧化沟的进水和回流污泥点宜设在缺氧区首端，出水点宜设在充氧器后的好氧区。氧化沟的超高与选用的曝气设备的类型有关，当采用转刷、转碟时，宜为 0.5m；当采用竖轴表曝机时，宜为 0.6m～0.8m。氧化沟的设备平台宜高出设计水面0.8m～1.2m。

→进水和回流污泥从缺氧区首端进入，有利于反硝化脱氮，因为回流污泥中有大量硝态氮，而进水先进入缺氧区能充分利用进水中的碳源脱氮。出水宜在充氧器后的好氧区，是为了防止二次沉淀池中出现厌氧状态。如图 7.6.26-1～图 7.6.26-3 所示。

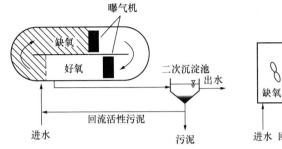

图 7.6.26-1 氧化沟进出水及回流污泥示意图

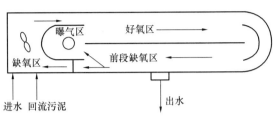

图 7.6.26-2 Carrousel 2000 型氧化沟脱氮工艺

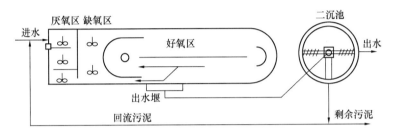

图 7.6.26-3 Carrousel 2000 型氧化沟同步脱氮除磷工艺

7.6.27 氧化沟有效水深的确定应考虑曝气、混合、推流的设备性能，宜采用 3.5m～4.5m。

→随着曝气设备不断改进，氧化沟的有效水深也在变化。当采用转刷时，不宜大于 3.5m；当采用转碟、竖轴表曝机时，不宜大于 4.5m。曝气设备和混合设备常为一体，如转刷曝气机，高速转动时完成充氧和水流推动的功能；低速转动时仅进行水流推动。水下推进器目前也在复合曝气装置氧化沟中使用。

问：氧化沟有哪些主要类型？

答：1. 单槽氧化沟（见图 7.6.27-1）

单槽氧化沟适用于以去除碳源污染物为主，对脱氮、除磷要求不高的小规模污水处理系统。

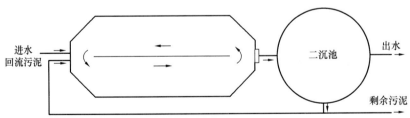

图 7.6.27-1 单槽氧化沟

2. 双槽氧化沟（见图 7.6.27-2）

（1）双槽氧化沟可实现生物脱氮除磷，当除磷要求不高时，可不设厌氧池。

（2）污水和回流污泥混合液进入氧化沟之前应设切换设备，氧化沟出水井处应设可调堰门。

（3）双槽氧化沟一个周期的运行过程可分为三个阶段：

1）第一阶段：A池进水、缺氧运行，B池好氧运行、出水；

2）第二阶段：进水井切换进水，出水井延时切换出水堰门；

3）第三阶段：B池进水、缺氧运行，A池好氧运行、出水。

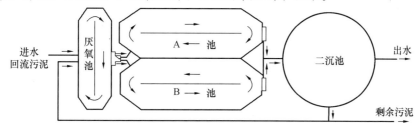

图 7.6.27-2 双槽氧化沟

3. 三槽氧化沟（见图 7.6.27-3）

（1）当系统不设厌氧池时，可不设污泥回流系统。

（2）三槽氧化沟可实现生物脱氮除磷，当除磷要求不高时，可不设厌氧池和污泥回流系统。

（3）污水或回流污泥进入氧化沟之前应设切换设备，A池和C池出水应设可调堰门。

（4）三槽氧化沟一个周期的运行过程包括六个阶段，每个周期可设为 8h。

1）第一阶段（1.5h）：A池进水、缺氧运行，B池好氧运行，C池沉淀出水；

2）第二阶段（1.5h）：A池好氧运行，B池进水、好氧运行，C池沉淀出水；

3）第三阶段（1.0h）：A池静沉，B池进水、好氧运行，C池沉淀出水；

4）第四阶段（1.5h）：A池沉淀出水，B池好氧运行，C池进水、缺氧运行；

5）第五阶段（1.5h）：A池沉淀出水，B池进水、好氧运行，C池好氧运行；

6）第六阶段（1.0h）：A池沉淀出水，B池进水、好氧运行，C池静沉。

提示：A池和C池（两个侧沟）交替进水出水作为沉淀池，而B池一直好氧运行。

（5）三槽氧化沟宜采用曝气转刷充氧。仅采用转盘的氧化沟工作水深宜为 3.0m～3.5m。

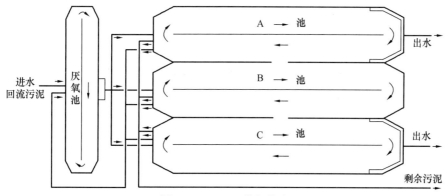

图 7.6.27-3 三槽氧化沟

4. 竖轴表曝机氧化沟（见图 7.6.27-4）

竖轴表曝机氧化沟宜采用竖轴表曝机充氧。仅采用竖轴表曝机的氧化沟工作水深宜为 3.5m～5.0m。

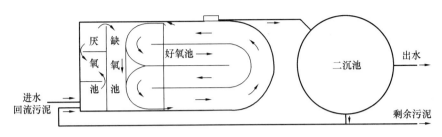

图 7.6.27-4　竖轴表曝机氧化沟

5. 同心圆氧化沟（见图 7.6.27-5）

（1）同心圆氧化沟可实现脱氮除磷。

（2）外沟宜设为厌氧状态，中沟宜设为缺氧状态，内沟宜设为好氧状态。

（3）同心圆氧化沟宜采用曝气转盘充氧。仅采用转盘的氧化沟工作水深不宜超过 4.0m。

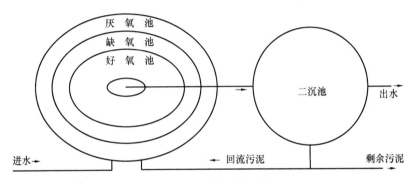

图 7.6.27-5　同心圆氧化沟

6. 一体化氧化沟（见图 7.6.27-6）

一体化氧化沟指将二沉池设置在氧化沟内，用于进行泥水分离，出水由上部排水，污泥则由沉淀区底部的排泥管直接排入氧化沟。一体化氧化沟不设污泥回流系统。

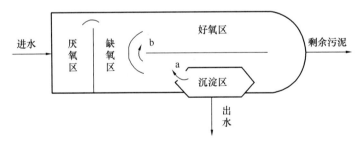

图 7.6.27-6　一体化氧化沟
a—无泵污泥自动回流；b—水力内回流

7. 微孔曝气氧化沟（见图 7.6.27-7）

微孔曝气氧化沟由采用微孔曝气的氧化沟和分建的沉淀池组成。氧化沟内采用水下推流的方式，水深宜为 6m。供氧设备宜为鼓风机。

"十二五"水体污染控制与治理科技重大专项课题"污水厂典型工艺（氧化沟）优化

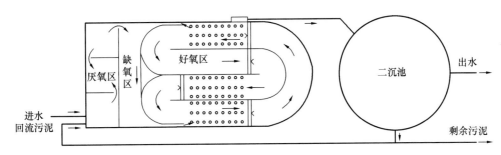

图 7.6.27-7 微孔曝气氧化沟

运行与节能降耗技术研究"中的相关成果表明，在传统氧化沟改造中，设置独立循环缺氧区后，反硝化菌群的占比从 0.73% 升高至 1.12%，当把点状分布的倒伞形表曝机改为微孔底部连续曝气后，反硝化菌群的占比从 1.12% 升高至 1.5%。变速氧化沟参见《变速氧化沟工艺技术规程》T/CECS 861—2021。

7.6.28 根据氧化沟渠宽度，弯道处可设置一道或多道导流墙；导流墙宜高出设计水位 0.2m～0.3m。

问：氧化沟导流墙设置条件是什么？

答：氧化沟内宜设置导流墙与挡流板。导流墙与挡流板的设置应符合以下规定：

1. 导流墙宜设置成偏心导流墙，导流墙的圆心一般设在水流进弯道一侧。导流墙（一道）的设置参考数据见表 7.6.28。

导流墙（一道）的设置参考数据　　　　　　　　　　表 7.6.28

转刷长度（直径1m）（m）	氧化沟沟宽（m）	导流墙偏心距（m）	导流墙半径（m）
3.0	4.15	0.35	2.25
4.5	5.56	0.50	3.00
6.0	7.15	0.65	3.75
7.5	8.65	0.80	4.50
9.0	10.15	0.95	5.25

注：本表摘自《氧化沟活性污泥法污水处理工程技术规范》HJ 578—2010。

2. 导流墙的数量一般根据沟宽确定，沟宽小于 7.0m 时，可只设一道导流墙，沟宽大于 7.0m 时，宜设两道或多道导流墙，设两道导流墙时外侧渠道宽为沟宽的 1/2。

3. 导流墙在下游方向宜延伸一个沟宽的长度。

4. 导流墙宜高出设计水位 0.3m。

5. 曝气转刷上游和下游宜设置挡流板，挡流板宜设在水面下。上游挡流板高 1.0m～2.0m，垂直安装于曝气转刷上游 2m～5m 处。下游挡流板通常设置于曝气转刷下游 2.0m～3.0m 处，与水平面成 60°角倾斜放置，顶部在水下面 150mm，挡流板下部宜超过 1.8m 水深。

6. 竖轴式机械表曝机设在氧化沟转弯处时，该转弯处不应设导流墙。

7. 椭圆形氧化沟不宜设置挡流板。

7.6.29 曝气转刷、转碟宜安装在沟渠直线段的适当位置，曝气转碟也可安装在沟渠的弯道上，竖轴表曝机应安装在沟渠的端部。

→曝气设备通常安装在沟体的适当位置上，通过改变曝气机的转速或淹没深度来调节曝气机的充氧能力，以适应运行的要求。

问：转刷曝气机结构是什么？

答：1.《转刷曝气机》CJ/T 3071—1998。

转刷曝气机结构形式见图 7.6.29-1。

（1）减速机常用结构形式：立式电动机与减速器采用弹性柱销联轴器直联传动，减速器采用螺旋伞齿轮和圆柱齿轮传动。

（2）双载联轴器常用结构形式：采用球面橡胶与外壳内表面及鼓轮外表面挤压接触，同时传递扭矩、承受弯矩；采用其他形式时，必须具有调心及缓冲功能，调心幅度不得小于 0.5°。

（3）转刷轴尾部支承结构形式：应随转刷轴因热胀冷缩出现长度变化时，能自动调节。

（4）转刷结构形式：叶片沿主轴呈螺旋状排列，靠箍紧力传递动力。

（5）旋转方向：从转刷轴往减速机方向看，为顺时针旋转；用户需要时，亦可制成逆时针旋转。

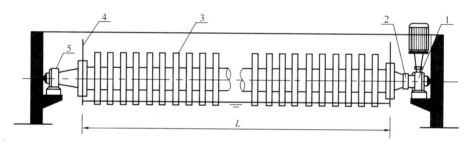

图 7.6.29-1　转刷曝气机

1—减速机；2—双载联轴器；3—转刷轴（主轴、轴头、叶片等组成）；4—挡水板；5—尾轴承支座

2.《氧化沟水平轴转刷曝气机技术条件》JB/T 8700—2014。

曝气机由电动机、减速装置、柔性联轴器和转刷主体等组成，其基本结构形式如图 7.6.29-2 所示。

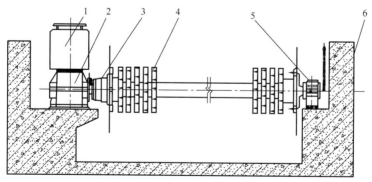

图 7.6.29-2　YHG 型水平轴转刷曝气机示意图

1—电动机；2—减速装置；3—柔性联轴器；4—转刷主体；
5—尾部轴承座组件；6—氧化沟池壁

问：转碟曝气机按结构形式如何划分？

答：《转碟曝气机》CJ/T 294—2018。

4.1.2 曝气机按结构形式分为单向单轴、单向双轴和双向双轴。

转碟曝气机结构形式示意图见图 7.6.29-3。

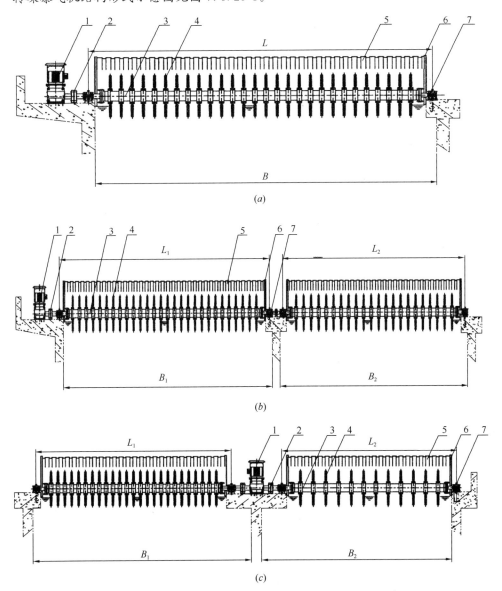

图 7.6.29-3 转碟曝气结构形式示意图

（a）单向单轴曝气机结构形式示意图；（b）单向双轴曝气机结构形式示意图；（c）双向双轴曝气机
结构形式示意图

1—驱动装置；2—联轴器；3—转轴；4—碟片；5—防护罩；6—防溅板；7—轴承座；
B、B_1、B_2—氧化沟宽度；L、L_1、L_2—支承距离

问：氧化沟直线长度是多少？

答：氧化沟的直线长度不宜小于 12m 或水面宽度的 2 倍（不包括同心圆向心流氧化

沟）。氧化沟的宽度应根据场地要求、曝气设备种类和规格确定。

问：氧化沟曝气装置及设置位置有哪几处？

答：《氧化沟活性污泥法污水处理工程技术规范》HJ 578—2010。

机械表面曝气装置：指利用设在曝气池水面的叶轮或转刷（盘）进行曝气的装置，包括竖轴式机械表面曝气装置、转盘表面曝气装置、转刷表面曝气装置等。

搅拌机：指螺旋桨叶片小于 1m，转速为中高转速（一般大于 300r/min），使介质搅拌均匀的装置。

推流器：指螺旋桨叶片大于 1m，转速为低转速（一般小于 100r/min），产生层面推流作用的装置。

7.1.5 转刷应布置在进弯道前一定长度（氧化沟的沟宽加 1.6m）的直线段上。出弯道时，转刷应位于弯道下游直线段 5.0m 处。在直线段上的曝气转刷最小间距不宜小于 15m。转刷的淹没深度一般为 0.15m～0.30m。转刷或转盘应在整个沟宽上满布，并有足够安装轴承的位置。曝气转碟也可安装在沟渠的弯道上；转盘的浸深一般为 0.40m～ 0.55m。

7.1.6 竖轴式机械表面曝气机应设在弯道处，安装时设备应向出水端偏移。叶轮升降行程为 ±100mm，叶轮线速度采用 3.5m/s～5m/s。

7.1.8 氧化沟宜有调节叶轮、转刷或转盘速度的控制设备。

7.2.1 氧化沟的进水和回流污泥进入点一般宜设在曝气器的下游。有脱氮要求时，进水和回流污泥宜设在氧化沟的缺氧区（池），与曝气设备保持一定的距离。氧化沟的出水点应设在进水点的另一侧，并与进水点和回流污泥进入点足够远，以避免短流。有除磷要求时，从二沉池引出的回流污泥可通至厌氧区（池）或缺氧区（池），并可根据运行情况调整污泥回流量。

转刷、竖轴表面曝气器安装位置示意图见图 7.6.29-4。

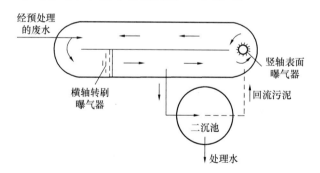

图 7.6.29-4 转刷、竖轴表面曝气器安装位置示意图

问：表曝机类型有哪几种？

答：表曝机的主机结构分为立式（立式电动机与减速箱匹配）和卧式（卧式电动机与减速箱匹配）。表曝机的叶轮形式可分为倒伞型和泵型。表曝机基本形式分为立式倒伞型、卧式倒伞型、立式泵型、卧式泵型，如图 7.6.29-5 所示。

表面曝气机：工作于水体与大气交界面的一种基本器具或设备，具有向水体充氧的基本功能以及推动水体定向流动和（或）强制搅拌的辅助功能。

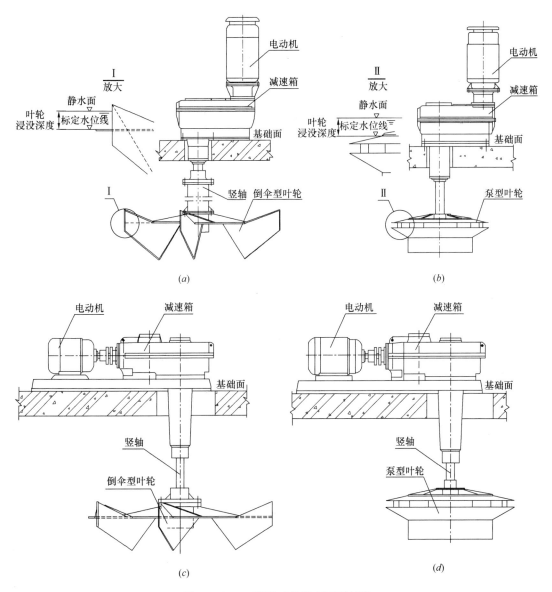

图 7.6.29-5 竖轴式机械表面曝气机

(a) 立式倒伞型表曝机;(b) 立式泵型表曝机;(c) 卧式倒伞型表曝机;(d) 卧式泵型表曝机

倒伞型表面曝气机:由倒伞叶轮、竖轴、连接装置、减速箱和电动机等构成的表面曝气机。

倒伞叶轮:曝气工作部件,其形似于倒立的伞状,叶片呈规则分布,工作时叶轮在水中绕轴旋转。

叶轮浸没深度:倒伞叶轮处于静态时,由静水面到倒伞叶轮标定水位线的垂直距离。以叶轮标定水位线为 0 基准,"+"表示标定水位线处于静水面下,"—"表示标定水位线处于静水面上。

充氧量:在标准状态(水温 20℃、1 个标准大气压)下,曝气机在单位时间内向水中传递的氧量,单位为 kg/h。

动力效率：在标准状态（水温 20℃、1 个标准大气压）下，曝气机每消耗 1kW·h 电能（按电动机输入功率计）所传递到水中的氧量，单位为 kg/kWh。

问：竖轴式表面曝气器充氧原理是什么？

答：竖轴式表面曝气器的传动轴与液面垂直，装有叶轮（叶轮形式见图 7.6.29-6），充氧途径如下（见图 7.6.29-7）：

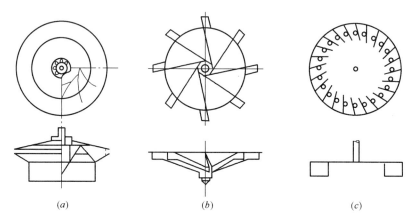

图 7.6.29-6　竖轴式表面曝气器叶轮形式

(*a*) 泵型；(*b*) 倒伞型；(*c*) 平板型

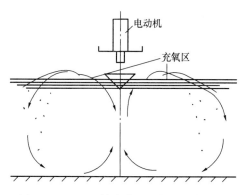

图 7.6.29-7　竖轴式表面曝气器充氧原理

1. 当叶轮快速转动时，把大量的混合液以液幕、液滴抛向空中，在空中与大气接触进行氧的转移，然后挟带空气形成水气混合物回到曝气池中，由于气液接触面大，因此空气中的氧很快深入水中。

2. 随着曝气器叶轮转动，在曝气器叶轮的后侧形成负压区，卷吸部分空气。

3. 曝气器叶轮的转动具有提升、输送液体的作用，使混合液连续上下循环流动，气、液接触界面不断更新，不断使空气中的氧向液体中转移，同时池底含氧量小的混合液向上环流与表面充氧区发生交换，从而提高了整个曝气池混合液的溶解氧含量。曝气效率不仅取决于曝气器的性能，还与曝气池的池形密切相关。

问：搅拌机和推流器的区别是什么？

答：搅拌机：指螺旋桨叶片小于 1m，转速为中高转速（一般大于 300r/min），使介质搅拌均匀的装置。

推流器：指螺旋桨叶片大于 1m，转速为低转速（一般小于 100r/min），产生层面推流作用的装置。如图 7.6.29-8 所示。

图 7.6.29-8　水下推流器

问：潜水推流式搅拌机如何分类？

答：1.《潜水推流式搅拌机》GB/T 33566—2017。

本标准适用于市政污水、工业废水净化处理厂（站）、给水处理厂（站），对泥水混合液进行搅拌、混合及推流用潜水推流式搅拌机；也适用于水体面源治理，对水体人工造流、助流用潜水推流式搅拌机。

潜水推流式搅拌机：一种潜于水体中工作的设备，叶轮在驱动装置作用下，以不同转速对泥水混合液等水体进行搅拌、混合，形成不沉积且连续流动的流场、流态。

潜水推流式搅拌机主要由电动机、电控设备、减速机构、叶轮和起吊机构组成。

叶轮：具有搅拌、混合及推流功能的水力构件。叶片一般为 2 片或 3 片。

比功率：在附录 A 规定的试验条件下，实现每立方米水体造流流速不小于 0.3m/s 时所消耗的总功率，单位为 W/m^3。

潜水推流式搅拌机按叶轮转速及主要功能，分为低速、中速、高速三种类型。

低速潜水推流式搅拌机：叶轮转速低于 120r/min，主要侧重远距离推流，提高流体流速，防止沉淀。

中速潜水推流式搅拌机：叶轮转速范围为 120r/min～350r/min，主要侧重介于远、近距离间推流，提高流体流速，防止沉积。

高速潜水推流式搅拌机：叶轮转速范围高于 350r/min，主要侧重近距离推流，提高流体混合效果，防止沉积。外加单壳也可用于污泥回流。

2.《污水处理用潜水推流式搅拌机能效限定值及能效等级》GB 37485—2019。

潜水推流式搅拌机能效等级分为 3 级，其中 1 级能效最高。各等级潜水推流式搅拌机的比功率应不高于表 1（见表 7.6.29）的规定。

潜水推流式搅拌机能效等级　　　　　　　　　　　　表 7.6.29

能效等级	比功率（W/m³）		
	低速潜水推流式搅拌机	中速潜水推流式搅拌机	高速潜水推流式搅拌机
1 级	1.50	2.00	2.50
2 级	2.00	4.00	4.50
3 级	3.00	6.00	6.00

潜水推流式搅拌机选用的电动机不应低于 GB 18613 规定的 2 级能效。

潜水推流式搅拌机选用的减速机应是传动效率不低于 95% 的星轮减速、环齿减速、少齿差减带或平行轴齿轮传动减速装置。

潜水推流式搅拌机的水力件应具有搅拌、混合、推流功能，且应有防缠绕功能。

问：氧化沟曝气机如何备用？

答：竖轴式机械表面曝气机可按不小于需氧量的 20% 备用，并不少于 1 台采用变频调速控制。转刷和转盘曝气机宜备用 1 台～2 台。鼓风机房应设置备用鼓风机，工作鼓风机台数在 4 台及以下时，应设 1 台备用鼓风机；工作鼓风机台数在 5 台及以上时，应设 2 台备用鼓风机。备用鼓风机应按设计配置的最大机组考虑。

7.6.30 氧化沟的走道和工作平台，应安全、防溅和便于设备维修。

7.6.31 氧化沟内的平均流速宜大于 0.25m/s。

→为了保证活性污泥处于悬浮状态，国内外普遍采用沟内平均流速 0.25m/s～0.35m/s。《日本下水道设计指南》规定，沟内平均流速为 0.25m/s，本标准规定宜大于 0.25m/s。为改善沟内流速分布，可在曝气设备上、下游设置导流墙。

7.6.32 氧化沟系统宜采用自动控制。

→本条了解以下内容：

1. 溶解氧：溶解于曝气生物反应池的氧量。

氧化还原电位（ORP）：溶液和标准氢电极之间的电动势，通常以 mV 计量。

2. 氧化沟的自动控制：一般有溶解氧控制系统、进水分配井、闸门、出水堰的控制等。

3. 氧化沟自动控制方式：氧化沟自动控制系统可采用时间过程控制，也可采用溶解氧或氧化还原电位（ORP）控制。在特定位置设置溶解氧探头，可根据池中溶解氧浓度控制曝气设备的开关，有利于满足运行要求，且可最大限度地节约动力。

对于交替运行的氧化沟宜设置溶解氧控制系统，控制曝气转刷的连续、间歇或变速转动，以满足不同阶段的溶解氧浓度要求或根据设定的模式进行运行。

V 序批式活性污泥法（SBR）

7.6.33 SBR 反应池的数量不宜少于 2 个。

→SBR 工艺构造简单，只有一个池子，按时序周期运行，一天分为几个周期，每个周期的不同时段依次进水、反应、沉淀、排水周而复始。由于进水不连续，而总的来水是连续不断的，所以通常设 2 个或 2 个以上的池子以保证进水的连续性，再者考虑到清洗和检修等情况，SBR 反应池的数量不宜少于 2 个。但水量较小（小于 500m³/d）时，设 2 个反应池不经济或当投产初期污水量较小、采用低负荷连续进水方式时，可建 1 个反应池。

由于进水、排水不连续，SBR 反应池呈变水位运行，其不同运行水位见图 7.6.33-1。

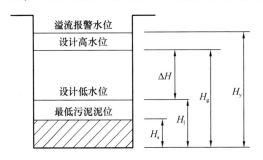

图 7.6.33-1 SBR 反应池运行水位示意图

问：推流式与间歇式处理系统运行方面的区别是什么？

答：间歇式活性污泥法（又称序批式活性污泥法）：在同一个反应器中，按时间顺序进行进水、反应、沉淀和排水等工序的污水处理方法。

推流式：进水、曝气、沉淀、出水各工序在时间上连续进行，<u>空间上在不同池子里推流进行</u>（时间连续，空间推流），见图7.6.33-2。

间歇式：进水、曝气、沉淀、出水在同一个反应池里进行，各工序在时间上是按顺序间歇进行，<u>空间上连续进行</u>（时间间歇，空间连续），见图7.6.33-3。推流式与间歇式的区别见表7.6.33-1。

推流式与间歇式的运行区别   表7.6.33-1

区别点	推流式	间歇式
时间上	不同工序连续进行	不同工序间歇进行
空间上	不同工序在不同池子内，按顺序推流进行	不同工序在同一池子内，按工序连续进行

图7.6.33-2 推流式活性污泥工艺运行示意图

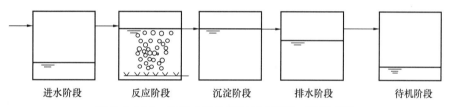

图7.6.33-3 间歇式活性污泥工艺运行工序示意图
★同一池子的五个工序（进水、反应、沉淀、排水、待机）

7.6.34 SBR反应池容积可按下式计算：

$$V = \frac{24QS_o}{1000XL_s t_R} \tag{7.6.34}$$

式中 V——生物反应池容积（m^3）；

     Q——每个周期进水量（m^3）；

     S_o——生物反应池进水五日生化需氧量浓度（mg/L）；

     X——生物反应池内混合液悬浮固体平均浓度（gMLSS/L）；

     L_s——生物反应池的五日生化需氧量污泥负荷 [$kgBOD_5/(kgMLSS \cdot d)$]；

     t_R——每个周期反应时间（h）。

→本条了解以下内容：

1. 公式（7.6.34）中容积为SBR反应池的有效容积。

SBR反应池总容积＝有效容积＋死水容积＋超高容积。

SBR反应池超高一般取0.5m～1.0m。

有效容积：SBR反应池最高水位和最低水位之间的容积。

死水容积：排水最低水位以下部分，保留一部分微生物量的容积。

SBR的设计可参见《序批式活性污泥法污水处理工程技术规范》HJ 577—2010。

2. 公式（7.6.34）的推导过程参见《序批式活性污泥法原理及应用》（杨庆、彭永臻）。

对 SBR 污泥负荷的定义目前还不统一。由于 SBR 法每天的曝气时间受到限制，把曝气时间作为反应时间来定义污泥负荷，则污泥负荷 L_s 按下式计算：

$$L_s = \frac{Q \cdot S_o}{eXV} \tag{7.6.34-1}$$

式中：L_s——以曝气时间定义的污泥负荷 [kgBOD/(kgSS·d)]；

  Q——设计处理水量（m^3/d）；

  S_o——进水 BOD 浓度（mg/L）；

  X——混合液 MLSS 的浓度（mg/L）；

  V——曝气反应器容积（m^3）；

  e——曝气时间比（$0<e<1$），一个周期中曝气时间与一个周期所需时间的比值。

$$e = \frac{NT_A}{24} \tag{7.6.34-2}$$

式中：N——每日运行周期数；

  T_A——一个周期的曝气时间（h）。

把公式（7.6.34-2）代入公式（7.6.34-1）得：

$$L_s = \frac{Q \cdot S_o}{eXV} = \frac{24Q \cdot S_o}{NT_A XV}$$

24 的含义：生活污水随用随排，污水 24h 不间断地流来，要保证流来的污水随时都能进入池子进行处理或贮存。

所以 SBR 反应池总的进水时间：$t=$池子的分组数×每个池子每周期进水时间×每天的运行周期数$=24$h。

确定周期进水量：$Q = \dfrac{Q_d \cdot t_周}{24 \cdot n}$

式中：Q_d——平均日污水量（m^3/d）；

  $t_周$——工作周期（h）；

  n——反应池池数，应不少于 2 个。

如果把反应时间 $t_R = \dfrac{24S_o m}{1000L_s X}$ 代入容积公式 $V = \dfrac{24Q \cdot S_o}{1000XL_s t_R}$，则容积 $V = \dfrac{Q}{m}$。

7.6.35 污泥负荷的取值，以脱氮为主要目标时，宜按本标准表 7.6.17 的规定取值；以除磷为主要目标时，宜按本标准表 7.6.18 的规定取值；同时脱氮除磷时，宜按本标准表 7.6.19的规定取值。

问：SBR 工艺如何实现碳、氮、磷的去除？

答：进水阶段和反应阶段所建立的环境条件决定着发生反应的性质。

1. 如果进水阶段和反应阶段都是好氧的，则只发生碳氧化、硝化反应，此时 SBR 法的性能介于传统活性污泥法和完全混合活性污泥法之间，取决于进水时间的长短。

2. 如果只进行混合而不曝气，在硝态氮存在的条件下就会发生反硝化反应，如果反应阶段发生硝化，产生硝酸盐，并且在周期结束时仍留在反应器中，那么在进水阶段和反应阶段初期增加一个只混合而不曝气的间隙，就可以使 SBR 法类似于连续流 A/O 工艺；

如果在反应阶段后期再增加一个只混合而不曝气的间隙，SBR 法就变得与 Bardenpho 工艺类似。

3. 如果 SBR 法在比较短的 SRT（污水停留时间）下运行，则没有硝酸盐产生，在进水阶段和反应阶段只搅拌不曝气，就可以筛选出聚磷菌，SBR 法就变得与 Phrodox 或 A/O 连续系统类似。

常用的 SBR 脱氮工艺有前置反硝化、分段进水、交替缺氧/好氧三种运行方式。根据污水的进水水质和出水要求，在保证出水水质的前提下，选择合适的运行方式，从而使污水厂运行简单、能耗较少。三种 SBR 的运行过程如图 7.6.35 所示。注：图 7.6.35 摘自《生物脱氮除磷原理与应用》（娄金生、谢水波、何少华等）。

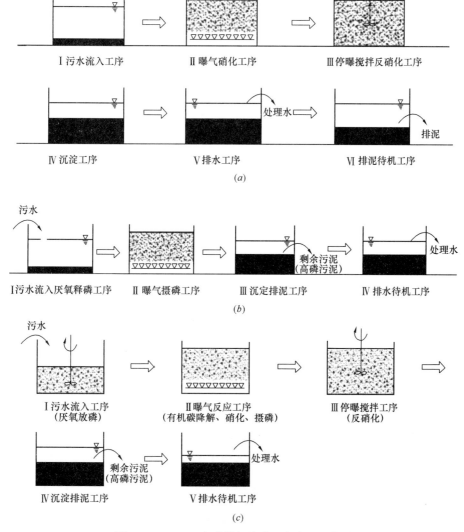

图 7.6.35 SBR 去碳脱氮除磷工序流程示意图

(a) SBR 脱氮工序流程示意图；(b) SBR 除磷工序流程示意图；(c) SBR 脱氮除磷工序流程示意图

7.6.36 SBR 工艺各工序的时间宜按下列公式计算:

1 进水时间可按下式计算:

$$t_F = \frac{t}{n} \tag{7.6.36-1}$$

式中: t_F ——每池每个周期所需要的进水时间（h）；

  t——一个运行周期所需要的时间（h）；

  n——每个系列反应池个数。

2 反应时间可按下式计算:

$$t_R = \frac{24 S_o m}{1000 L_s X} \tag{7.6.36-2}$$

式中: S_o ——生物反应池进水五日生化需氧量浓度（mg/L）；

  m——充水比，仅需除磷时宜为 0.25~0.50，需脱氮时宜为 0.15~0.30；

  L_s——生物反应池的五日生化需氧量污泥负荷 $[\mathrm{kg\ BOD_5/(kgMLSS \cdot d)}]$；

  X——生物反应池内混合液悬浮固体平均浓度（gMLSS/L）。

3 沉淀时间 t_s 宜为 1.0h。

4 排水时间 t_D 宜为 1.0h~1.5h。

5 一个周期所需时间可按下式计算:

$$t = t_R + t_s + t_D + t_b \tag{7.6.36-3}$$

式中: t_R ——每个周期反应时间（h）；

  t_s——沉淀时间（h）；

  t_D——排水时间（h）；

  t_b——闲置时间（h）。

→本条了解以下内容:

1. SBR 工艺是按周期运行的，每个周期包括进水、反应（厌氧、缺氧、好氧）、沉淀、排水和闲置五个工序（见图 7.6.36-1），前四个工序是必需工序，闲置工序根据时间周期可有可无。

公式（7.6.36-1）中进水时间指开始向反应池进水至进水完成的一段时间。在此期间可根据具体情况进行曝气（好氧反应）、搅拌（厌氧、缺氧反应）、沉淀、排水或闲置。若一个处理系统有 n 个反应池，连续地将污水流入各个池内，依次对各池污水进行处理，假设在进水工序不进行沉淀和排水，一个周期的时间为 t，则进水时间应为 t/n。

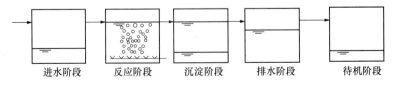

进水阶段   反应阶段   沉淀阶段   排水阶段   待机阶段

图 7.6.36-1 SBR 工艺基本流程示意图

2. 公式 (7.6.36-2) 的推导：

由公式 (7.6.34) $V = \dfrac{24QS_o}{1000XL_s t_R} \Rightarrow t_R = \dfrac{24S_o}{1000XL_s} \cdot \dfrac{Q}{V}$；

$$m = \frac{Q}{V} = \frac{每周期进水量}{SBR\ 反应池总有效容积}；$$

所以，$t_R = \dfrac{24S_o m}{1000XL_s}$。

$$\frac{1}{m} = \frac{V}{Q} = \frac{SBR\ 反应池总有效容积}{每周期进水量} = SBR\ 池的周期数。$$

充水比 m 的含义是：每周期进水量与 SBR 反应池总有效容积之比。

充水比的倒数减 1，可理解为回流比，即 $r_回 = \dfrac{1}{m} - 1$；充水比小，相当于回流比大。要取得较好的脱氮效果，充水比要小；但充水比过小，反而不利。

3. 闲置不是一个必需的工序，可以省略。在闲置期间，根据处理要求，可以进水、好氧反应、非好氧反应以及排除剩余污泥等。闲置时间的长短由进水流量和各工序的时间安排等因素决定。

4. 对公式 (7.6.36-3) 的理解：

参见《序批式活性污泥法污水处理工程技术规范》HJ 577—2010。

运行周期：指一个反应池按顺序完成一次进水、曝气、沉淀、排水、待机工作程序的周期。一个运行周期所经历的时间称为周期时间。

反应时间：指一个运行周期内进水工序和曝气工序中曝气停止所经历的时间。

生活污水 24h 不间断地流进，几组 SBR 池轮流进水，进水时也可以曝气，一个池子的进水可以在其他池子反应时间内进行，也就是说对于 2 组以上运行的 SBR 池，进水不是一个必须独立的周期时间，进水时可以边进水边曝气或边进水边搅拌。

5. SBR 曝气方式：

限制曝气：进水阶段不曝气，多用于处理易降解的有机污水，如生活污水，限制曝气的反应时间较短。如图 7.6.36-2(a) 所示。

非限制曝气：进水的同时进行曝气，多用于处理较难降解的有机废水，非限制曝气的反应时间较长。如图 7.6.36-2(b) 所示。

半限制曝气：进水一定时间后开始曝气，多用于处理城市污水。

问：SBR 工艺各工序如何运行？

答：1. 进水阶段

运行周期从废水进入反应器开始。进水时间由设计人员确定，取决于多种因素，包括设备特点和处理目标等。进水阶段的主要作用在于确定反应器的水力特征。如果进水阶段短，其特征就像瞬时工艺的负荷，系统类似于多级串联构型的连续流处理工艺。在这种情况下，微生物一开始接触高浓度的有机物以及其他组分，但是各组分的浓度随着时间逐渐降低。反之，如果进水阶段长，瞬时负荷就小，系统性能类似于完全混合式连续流处理工艺。这意味着微生物接触到的是浓度比较低且相对稳定的废水。

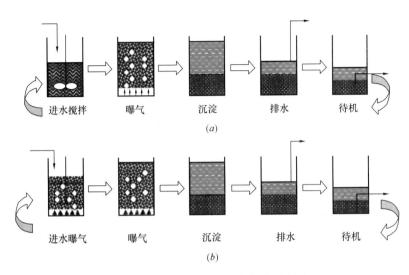

图 7.6.36-2 SBR 工艺运行方式示意图

(a) SBR 限制曝气;(b) SBR 非限制曝气

在一个运行周期中,各个阶段的运行时间、反应器内混合液体积的变化以及运行状态等都可以根据具体污水性质、出水质量与运行功能等要求灵活掌握。例如,在进水阶段,可以按只进水不曝气(搅拌或不搅拌)方式运行,也可以按边进水边曝气方式运行,前者称限制性曝气,后者称非限制性曝气。在反应阶段,可以始终曝气;为了生物脱氮也可以只曝气不搅拌;或者曝气搅拌交替进行。其剩余污泥量可以在闲置阶段排放,也可以在排水阶段或反应阶段后期排放。由此可见,对于某一单一 SBR 来说,不存在空间上控制的障碍,只在时间上进行有效的控制与交换即能达到多种功能要求,是非常灵活的。

2. 反应阶段

进水阶段之后是反应阶段。微生物在这一阶段与废水组分进行反应。实际上,这些反应也就是微生物在生长和对基质的利用,在进水阶段也在进行。所以进水阶段应该被看作"进水+反应"阶段,反应在进水阶段结束后继续进行。完成一定程度的处理需要一定长度的反应阶段。如果进水阶段短,单独的反应阶段就长;反之,如果进水阶段长,要求相应的单独反应阶段就短,甚至没有。这两个阶段对系统性能影响不同,所以需要单独解释。

在进水阶段和反应阶段所建立的环境条件决定着发生反应的性质。例如,如果进水阶段和反应阶段都是好氧的,则只能发生碳氧化和硝化反应。此时 SBR 法的性能介于传统活性污泥法和完全混合活性污泥法之间,取决于进水阶段的长短。如果只进水混合而不曝气,在硝态氮存在条件下就会发生反硝化反应。如果反应阶段发生硝化,产生硝酸盐,并且在周期结束时仍留在反应器中,那么在进水阶段和反应阶段初期增加一个只混合而不曝气的间隙,就可以使 SBR 法类似于连续流 A/O 系统。如果在反应阶段后期再增加一个只混合而不曝气的间隙,SBR 法就变得与 Bardenpho 工艺类似。此外,如果 SBR 法在比较短的 SRT(污水停留时间)下运行,则没有硝酸盐产生,在进水阶段和反应阶段只搅拌而不曝气,就可以筛选出聚磷菌,SBR 法就与 Phoredox 或 A/O 连续系统类似。这几个例子清楚地表明，SBR 法可以通过调整设计和运行方式来模拟多种不同的连续处理工艺。

3. 沉淀阶段

反应阶段完成后，停止混合和曝气，使生物污泥沉淀下来。与连续处理工艺相同，沉淀有两个作用：澄清出水达到排放要求和保留微生物以控制 SRT。剩余污泥也可以在沉淀阶段结束时排出，类似于传统的连续处理工艺；剩余污泥也可以在反应阶段结束时排出，类似于 Garrett 工艺。

4. 排水阶段

不管剩余污泥在什么阶段排出，经过有效沉淀后的上清液作为出水在排水阶段被排出，留在反应器中的液体和微生物用于一个循环。如果为了向开始时的反硝化提供硝酸盐而保留了相对于进水硝酸盐和微生物大得多的液体和微生物，那么所保留的这部分就类似于连续流处理中的污泥回流和内物质循环工艺。

5. 闲置阶段

最后，保留一个闲置阶段，以提高每个运行周期的灵活性，闲置阶段对于多池 SBR 系统尤其重要，它可以协同进行几个操作以达到最佳处理效果。闲置阶段是否进行混合和曝气取决于整个工艺的目的。闲置阶段的长度也可以根据系统的需要而变化。闲置阶段之后就是新的进水阶段，新一轮物质循环就启动了。

问：SBR 工艺的适用条件是什么？

答： SBR 工艺主要适用于中小型污水厂，处理规模一般在 $10 \times 10^4 m^3/d$ 以下。根据 SBR 工艺的特点，主要应用于以下几种情况：

1. 中小城镇生活污水和厂矿企业的工业废水，尤其是间歇排放和流量变化较大的地方。

2. 出水水质要求较高的地方。例如，风景游览区，湖泊和港湾等周边的污水，不但要去除有机物，还要求对出水进行脱氮除磷，以防止河湖富营养化。

3. 水资源紧缺的地方。SBR 系统便于在生物处理后进行物化处理，以利于污水的回收利用。

4. 用地紧张的地方。

5. 对已建连续流污水厂的改造等。

6. 非常适合处理小水量、间歇排放的工业废水与分散点源污染的处理。

SBR 工艺优点汇总和分析见表 7.6.36-1，各种 SBR 工艺的基本情况和性能对比见表 7.6.36-2。

SBR 工艺优点汇总和分析　　　　　　　　　　　表 7.6.36-1

优点	机理
沉淀性能好	理想沉淀理论
有机物去除率高	整体理想推流状态
提高难降解废水的处理效率	多样性的生态环境（出现厌氧、缺氧和好氧多种状态）
抑制丝状菌膨胀	选择性准则
可以除磷脱氮，不需要新增反应器	生态的多样性（出现厌氧、缺氧和好氧多种状态）
不需二沉池和污泥回流，工艺简单	结构本身特点

各种 SBR 工艺的基本情况和性能对比 表 7.6.36-2

项目	SBR 工艺类型				
	常规 SBR	ICEAS	DATIAT	CAST	UNITANK
池型	矩形池	预反应区＋主反应区	DAT 和 IAT 串联	选择区＋主反应区	三池组合
进水	间歇	连续	连续	间歇	连续
曝气	间歇	间歇	DAT 连续,IAT 间歇	间歇	间歇
沉淀	静态	半静态	半静态	静态	半静态
排水	间歇	间歇	间歇	间歇	连续
周期（h）	4～8	4～6	3	4	8
容积利用率（%）	50～70	50～58	66.7	50	50
污泥回流	无	无	200%～400%	20%～30%	无
运行水位变化	1m～2m	1m～1.5m	<1m	1m～2m	固定水位
常用曝气设备	机械/鼓风	鼓风	鼓风	鼓风	鼓风/机械
常用排水设备	滗水器	滗水器	滗水器	滗水器	固定堰
脱氮功能	尚可	尚可	一般	好	一般
除磷功能	一般	一般	较差	好	较差
防止污泥膨胀	一般	尚可	一般	好	一般

注：本表摘自《SBR 及其变法污水处理与回用技术》。

7.6.37 每天的周期数宜为正整数。

7.6.38 连续进水时，反应池的进水处应设置导流装置。
→由于污水的进入会搅动活性污泥，此外，若进水发生短流会造成出水水质恶化，因此应设置导流装置。

7.6.39 反应池宜采用矩形池，水深宜为 4.0m～6.0m；反应池长度与宽度之比：间歇进水时宜为 1：1～2：1，连续进水时宜为 2.5：1～4：1。
→矩形反应池可布置紧凑，占地少。水深应根据鼓风机出风压力确定。如果反应池水深过大，排出水的深度相应增大，则固液分离所需时间就长。同时，受滗水器结构限制，滗水不能过多；如果反应池水深过小，由于受活性污泥界面以上最小水深（保护高度）限制，排出比小，不经济。综合以上考虑，规定完全混合型反应池水深宜为 4.0m～6.0m。连续进水时，如果反应池长宽比过大，流速大，会带出污泥；长宽比过小，会因短流而造成出水水质下降，故长宽比宜为 2.5：1～4：1。

7.6.40 反应池应设置固定式事故排水装置，可设在滗水结束时的水位处。
→滗水器故障时可用事故排水装置应急。固定式排水装置结构简单，十分适合作事故排水装置。

7.6.41 反应池应采用有防止浮渣流出设施的滗水器；同时，宜有清除浮渣的装置。

→由于 SBR 工艺一般不设初次沉淀池，所以浮渣和污染物会流入反应池。为了不使反应池水面上的浮渣随处理水一起流出，首先应设沉砂池、除渣池（或极细格栅）等预处理设施，其次应采用有挡板的滗水器。反应池应有撇渣机等浮渣清除装置，否则反应池表面会积累浮渣，影响环境和处理效果。

问：滗水器按结构形式如何分类？

答：滗水器可参见《给水排水用滗水器通用技术条件》CJ/T 388—2012。

滗水器基本结构形式见图 7.6.41-1～图 7.6.41-5。

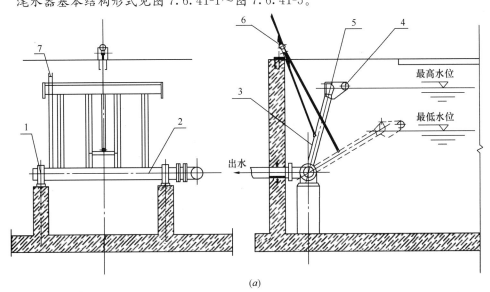

(a)

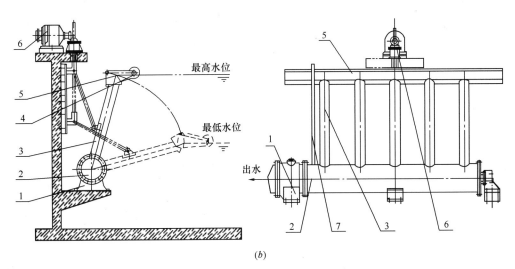

(b)

图 7.6.41-1 机械旋转式滗水器结构示意图

(a) 机械旋转式滗水器结构形式一；(b) 机械旋转式滗水器结构形式二

1—回转支承；2—排水主管；3—排水支管；4—挡渣浮筒；5—堰口；6—电动装置；7—排气管

279

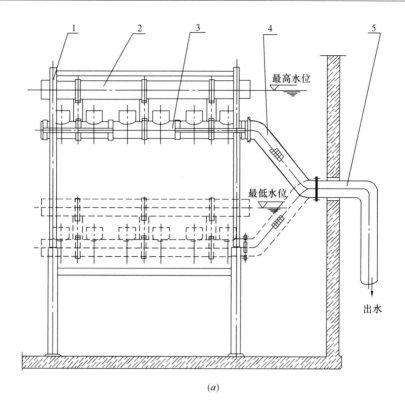

(a)

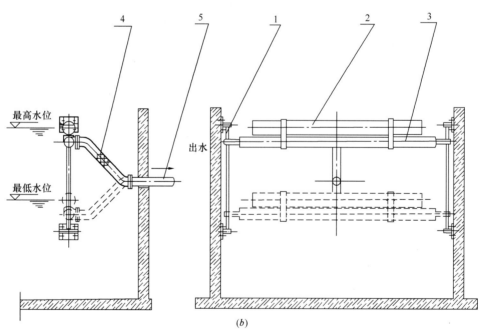

(b)

图 7.6.41-2　浮筒式滗水器结构示意图

（a）浮筒式滗水器结构形式一；（b）浮筒式滗水器结构形式二

1—导向支架；2—浮筒；3—滗水装置；4—柔性出水管；5—出水管

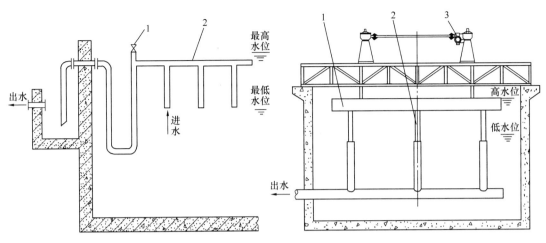

图 7.6.41-3 虹吸式滗水器结构示意图   7.6.41-4 垂直升降式滗水器结构示意图

1—虹吸管；2—电磁阀   1—滗水堰槽；2—套筒式排水管；3—驱动升降机构

Ⅵ 膜生物反应器（MBR）

7.6.42 膜生物反应器工艺的主要设计参数宜根据试验资料确定。当无试验资料时，可采用经验数据或按表 7.6.42 的规定取值。

膜生物反应器工艺的主要设计参数   表 7.6.42

名称	单位	典型值或范围
膜池内污泥浓度（MLSS*）X	g/L	6～15（中空纤维膜） 10～20（平板膜）
生物反应池的五日生化需氧量污泥负荷 L_s	kg BOD$_5$/(kgMLSS·d)	0.03～0.10
总污泥龄 θ_C	d	15～30
缺氧区（池）至厌氧区（池）混合液回流比 R_1	%	100～200
好氧区（池）至缺氧区（池）混合液回流比 R_2	%	300～500
膜池至好氧区（池）混合液回流比 R_3	%	400～600

* 其他反应区（池）的设计 MLSS 可根据回流比计算得到。

→中空纤维膜参见《中空纤维超滤膜和微滤膜组件完整性检验方法》GB/T 36137—2018、《中空纤维微滤膜组件》HY/T 061—2017、 《中空纤维膜使用寿命评价方法》GB/T 38511—2020；平板膜参见《平板膜生物反应器法污水处理工程技术规范》DG/TJ 08—2190—2015。

7.6.43 膜生物反应器工程中膜系统运行通量的取值应小于临界通量。临界通量的选取应考虑膜材料类型、膜组件和膜组器形式、污泥混合液性质、水温等因素，可实测或采用经验数据。同时，应根据生物反应池设计流量校核膜的峰值通量和强制通量。

→膜生物反应器可参见《膜生物反应器通用技术规范》GB/T 33898—2017 和《膜生物反应器城镇污水处理工艺设计规程》T/CECS 152—2017。

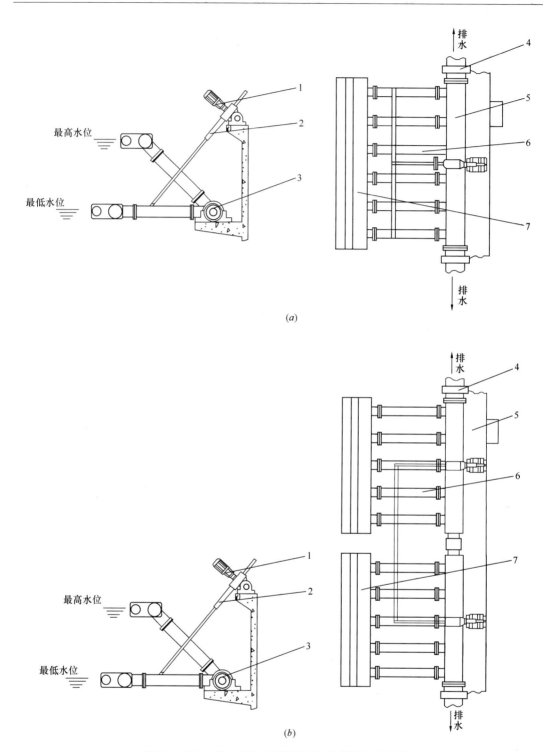

图 7.6.41-5　单口/双口堰推杆式滗水器结构示意图
（a）单口堰推杆式滗水器；（b）双口堰推杆式滗水器
1—驱动装置；2—推杆机构；3—支座；4—旋转接头；
5—排水管；6—引水管；7—滗水堰槽

问：通量如何计算与取值？

答：《膜生物反应器城镇污水处理工艺设计规程》T/CECS 152—2017。

膜通量：单位时间单位膜面积通过的水量。

平均通量：一个过滤周期的平均膜通量。

运行通量：在一个过滤周期中，过滤期内的膜通量。

临界通量：使污泥颗粒开始在膜表面大量沉积的膜通量。当运行膜通量低于该临界值时，膜过滤阻力不随运行时间明显升高；而当运行膜通量高于该临界值时，膜过滤阻力随运行时间的延长而迅速升高。

峰值通量：当产水量为峰值流量时，对应的膜通量。

强制通量：一组或几组膜组器由于膜污染进行清洗或由于事故进行检修时，剩余膜组器的运行通量。

恒通量运行：在过滤过程中，维持膜通量相对恒定，跨膜压差可随过滤阻力增加逐渐升高的一种膜过滤运行模式。

根据膜组件的设置位置，膜生物反应器构型包括外置式和浸没式。由于膜生物反应器工艺一般为间歇运行，因此，设计流量按照平均通量来计算。膜系统的实际运行通量，可按下式换算成平均通量：

$$J_{\mathrm{m}} = \frac{J_{\mathrm{o}} \cdot t_{\mathrm{o}}}{t_{\mathrm{o}} + t_{\mathrm{p}}}$$

式中：J_{m}——平均通量 $[\mathrm{L}/(\mathrm{m}^2 \cdot \mathrm{h})]$；

$\quad\quad J_{\mathrm{o}}$——运行通量 $[\mathrm{L}/(\mathrm{m}^2 \cdot \mathrm{h})]$；

$\quad\quad t_{\mathrm{o}}$——一个过滤周期内产水泵运行时间（min）；

$\quad\quad t_{\mathrm{p}}$——一个过滤周期内产水泵暂停时间（min）。

6.3.2　运行通量的取值应小于临界通量。临界通量的选取宜根据膜材料类型、膜组件和膜组器形式、污泥混合液性质、水温等因素确定，也可实测或参考膜产品厂家提供数据确定。

6.3.3　浸没式膜生物反应器平均通量的取值范围宜为 $15\mathrm{L}/(\mathrm{m}^2 \cdot \mathrm{h}) \sim 25\mathrm{L}/(\mathrm{m}^2 \cdot \mathrm{h})$，外置式膜生物反应器平均通量的取值范围宜为 $30\mathrm{L}/(\mathrm{m}^2 \cdot \mathrm{h}) \sim 45\mathrm{L}/(\mathrm{m}^2 \cdot \mathrm{h})$。

6.3.4　峰值通量和强制通量宜按临界通量的 $80\% \sim 90\%$ 选取，并应满足污水厂的总变化系数需求，设计过程中还应根据峰值进水流量校核膜峰值通量和强制通量。以峰值通量或强制通量运行的时间，每天累计不宜超过 4h，单次不宜超过 2h。

问：膜生物反应器工程建设规模等级如何划分？

答：《膜生物反应器城镇污水处理工艺设计规程》T/CECS 152—2017。

3.1.1　根据膜组件的设置位置，膜生物反应器构型应包括外置式、浸没一体式和浸没分体式。见图 7.6.43。

3.1.2　膜生物反应器构型应根据污水的性质、处理规模等选择，宜采用浸没式膜生物反应器。当处理规模小于 0.1 万 m^3/d 时，也可采用外置式膜生物反应器。

3.1.3　膜生物反应器工程建设规模等级的划分宜符合下列规定：

1　大型膜生物反应器污水处理量宜大于 1 万 m^3/d；

2　中型膜生物反应器污水处理量宜为 0.1 万 $\mathrm{m}^3/\mathrm{d} \sim 1$ 万 m^3/d；

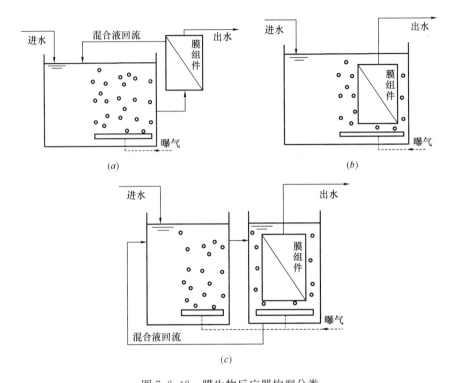

图 7.6.43　膜生物反应器构型分类

（a）外置式膜生物反应器；（b）浸没一体式膜生物反应器；（c）浸没分体式膜生物反应器

3　小型膜生物反应器污水处理量宜小于 0.1m³/d。

7.6.44　浸没式膜生物反应器平均通量的取值范围宜为 15L/(m² · h) ～25L/(m² · h)，外置式膜生物反应器平均通量的取值范围宜为 30L/(m² · h) ～45L/(m² · h)。

7.6.45　布设膜组器时，应留 10%～20%的富余膜组器空位作为备用。

　　问：膜组器面积如何计算？

　　答：《膜生物反应器城镇污水处理工艺设计规程》T/CECS 152—2017。

　　6.6.1　膜组器的总膜面积应按下式计算：

$$A_M = \frac{Q}{0.024 J_m} \cdot F_M$$

式中：A_M——膜组器的总膜面积（m²）；

　　　　Q——生物反应池设计流量（m³/d）；

　　　　F_M——膜组器总膜面积的安全系数，宜为 1.1～1.2。

　　6.6.2　根据膜面积对膜组器进行选型。膜组器数量可按下式计算：

$$N_M = \frac{A_M}{A_p}$$

式中：N_M——膜组器数量；

　　　　A_p——单个膜组器的膜面积（m²）。

膜生物反应器长期运行时，膜污染会导致膜的实际通量永久性地降低，为满足污水厂处理规模的要求，应预留 10%～20% 的富余膜组器空位作为备用。

7.6.46　膜生物反应器工艺应设置化学清洗设施。

问：膜生物反应器如何进行化学清洗？

答：《膜生物反应器城镇污水处理工艺设计规程》T/CECS 152—2017。

6.10　膜化学清洗系统

6.10.1　膜化学清洗系统的设计应包括在线化学清洗系统和离线化学清洗系统。

6.10.2　膜在线化学清洗系统应包括化学清洗泵、化学药剂投加与计量系统、贮药罐和管道混合装置等，其设计应符合下列规定：

1　药剂应包括酸、碱两类，且药剂浓度应可调节；

2　应根据每次清洗的膜面积确定药剂用量；

3　当采用中空纤维膜时，储药罐应能储存不小于1周清洗所需的药剂量；

4　管路、阀门、仪表的材质，应能耐受酸、碱药剂腐蚀；

5　采用固体粉末药剂时应配备溶解装置。

6.10.3　膜离线化学清洗系统应包括清洗池、吊装装置和配药管道系统等，其设计应符合下列规定：

1　清洗池应包括碱洗池、酸洗池和清水池；

2　清洗池内壁应采取防腐措施；

3　加药、储药单元应与设备间、膜池隔离设置，并应采取通风措施；

4　膜化学清洗的工艺用水，宜采用膜系统出水；

5　当在原膜池中直接对膜组器进行离线清洗时，不需设置专门的清洗池和吊装装置。

6.10.4　膜碱洗和酸洗管路系统必须严格分开，不能混用。

7.3　膜的在线化学清洗

7.3.1　膜的在线化学清洗分为维护性化学清洗和强化化学清洗，宜采用将化学清洗药剂从与膜组器集水管连接的化学清洗口注入膜组件内的方式进行。

7.3.2　在线化学清洗药剂包括碱洗药剂和酸洗药剂，碱洗药剂可采用次氯酸钠、氢氧化钠等，酸洗药剂可采用柠檬酸、草酸、盐酸等。

7.3.3　在线化学清洗的药剂种类以及浓度、注药量、注药方式、浸泡时间、空曝气时间等参数应根据污染类型与程度进行调整。

7.3.4　中空纤维膜组器的在线清洗可按照膜产品生产厂家的要求进行。

1　维护性化学清洗宜每周进行一次，每次宜采用 0.5g/L～1g/L 有效氯的次氯酸钠清洗120min，包括进药时间30min、浸泡时间60min和曝气时间30min；

2　当跨膜压差上升到30kPa时应进行强化化学清洗，宜采用 2g/L～3g/L 有效氯的次氯酸钠清洗120min；

3　强化化学清洗的周期不宜大于30d；

4　单位膜面积的在线化学清洗药剂消耗量可按 3L/m²～5L/m² 设计。

7.3.5　平板膜组器的在线化学清洗可按照膜产品生产厂家的要求进行。可不实施维护性化学清洗。

1 当跨膜压差上升到 30kPa 时应进行强化化学清洗，宜采用 3g/L～5g/L 有效氯的次氯酸钠进行清洗，在 8min～15min 内注入膜组器并静置 1h～2h；

2 强化化学清洗的周期宜为 3 个～6 个月；

3 单位膜面积的在线化学清洗药剂消耗量可按 4L/m² ～6L/m² 设计。

7.3.6 当污水中的无机成分较多时，在维护性化学清洗和强化化学清洗过程中，应结合使用酸洗药剂进行交替清洗。酸洗药剂可采用 3g/L～5g/L 的柠檬酸或草酸，单位膜面积的酸洗药剂用量可按 3L/m² ～5L/m² 设计。

7.3.7 在线碱洗、酸洗不可连续交替进行。在线化学清洗进药和浸泡时应停止膜池的曝气。

7.3.8 冬季宜提高膜清洗的频率和药剂强度，延长清洗时间，必要时还应提高清洗液的温度。

7.4 膜的离线化学清洗

7.4.1 膜的离线化学清洗宜每年定期实施一次。当跨膜压差上升到 50kPa 时，或当实施在线化学清洗后跨膜压差仍大于 30kPa 时，应立即实施离线化学清洗。

7.4.2 膜的离线化学清洗可在专门设置的化学清洗池中实施，也可在原膜池内进行。

7.4.3 在膜组器进行化学药剂浸泡之前，应将膜组器内部和膜组件表面淤积的污泥、毛发纤维物质等清除干净。在原膜池内实施膜的离线化学清洗时，该膜池应能够完全隔离，并需要将膜池的活性污泥输送到其他膜池廊道的曝气池中。

7.4.4 离线化学清洗可采用 3g/L～5g/L 有效氯的次氯酸钠溶液，或可结合使用 10g/L～20g/L 的柠檬酸或草酸进行酸碱交替清洗。

7.4.5 如进行酸、碱交替离线化学清洗，一种药剂清洗后，宜用清水淋洗或浸泡后，再改变药剂类型。

7.4.6 酸洗、碱洗药剂浸泡时间宜为 12h～24h，药剂浓度、温度等可根据膜污染的类型和程度进行调整。

7.4.7 清洗池内的药剂应及时补充，维持浓度恒定。

7.6.47 膜离线清洗的废液宜采用中和等措施处理，处理后的废液应返回污水处理构筑物进行处理。

7.7 回流污泥和剩余污泥

7.7.1 回流污泥设施宜采用离心泵、混流泵、潜水泵、螺旋泵或空气提升器。当生物处理系统中带有厌氧区（池）、缺氧区（池）时，应选用不易复氧的回流污泥设施。

→螺旋泵和空气提升器容易复氧，利于保持污泥活性。

7.7.2 回流污泥设施宜分别按生物处理系统中的最大污泥回流比和最大混合液回流比计算确定。回流污泥设备台数不应少于 2 台，并应有备用设备，空气提升器可不设备用。回流污泥设备，宜有调节流量的措施。

问：如何确定回流比和回流设备台数？

答：1. 实际运行的曝气生物反应池内，SVI 值在一定范围内变化且混合液浓度 X 也需根据进水负荷进行调整，因此，在进行污泥回流和混合液回流系统设计时，应按最大回流比设计，使回流量可以在一定幅度内进行变化。

2. "回流污泥设备台数不应少于 2 台，并应有备用设备"含义是：回流污泥设备至少应设 2 台（1 用 1 备）；也可以 2 用 1 备或多用多备。

7.7.3 剩余污泥量可按下列公式计算：

1 按污泥龄计算：

$$\Delta X = \frac{V \cdot X}{\theta_{\mathrm{C}}} \tag{7.7.3-1}$$

式中：ΔX——剩余污泥量（kgSS/d）；

V——生物反应池的容积（m^3）；

X——生物反应池内混合液悬浮固体平均浓度（gMLSS/L）；

θ_{C}——污泥龄（d）。

2 按污泥产率系数、衰减系数及不可生物降解和惰性悬浮物计算：

$$\Delta X = YQ(S_{\mathrm{o}} - S_{\mathrm{e}}) - K_{\mathrm{d}}VX_{\mathrm{V}} + fQ(SS_{\mathrm{o}} - SS_{\mathrm{e}}) \tag{7.7.3-2}$$

式中：Y——污泥产率系数（kgVSS/kg BOD_5），20℃时宜为 0.3~0.8；

Q——设计平均日污水量（m^3/d）；

S_{o}——生物反应池进水五日生化需氧量（kg/m^3）；

S_{e}——生物反应池出水五日生化需氧量（kg/m^3）；

K_{d}——衰减系数（d^{-1}）；

X_{V}——生物反应池内混合液挥发性悬浮固体平均浓度（gMLVSS/L）；

f——SS 的污泥转换率，宜根据试验资料确定，无试验资料时可取（0.5~0.7）（gMLSS/gSS）；

SS_{o}——生物反应池进水悬浮物浓度（kg/m^3）；

SS_{e}——生物反应池出水悬浮物浓度（kg/m^3）。

→本条了解以下内容：

1. 公式（7.7.3-1）$\Delta X = \dfrac{V \cdot X}{\theta_{\mathrm{C}}}$ 表示剩余污泥量与污泥龄成反比，即生物反应池内微生物量（VX）保持一定的条件下，污泥龄越长产生的剩余污泥量越少。

2. 公式（7.7.3-2）$\Delta X = YQ(S_{\mathrm{o}} - S_{\mathrm{e}}) - K_{\mathrm{d}}VX_{\mathrm{V}} + fQ(SS_{\mathrm{o}} - SS_{\mathrm{e}})$ 各项含义

$YQ(S_{\mathrm{o}} - S_{\mathrm{e}})$：被微生物降解的有机物合成微生物的量；

$K_{\mathrm{d}}VX_{\mathrm{V}}$：微生物内源呼吸减少的量；

$YQ(S_{\mathrm{o}} - S_{\mathrm{e}}) - K_{\mathrm{d}}VX_{\mathrm{V}} = Y_{\mathrm{obs}}Q(S_{\mathrm{o}} - S_{\mathrm{e}})$：剩余污泥中 MLVSS 的净增量；

$fQ(SS_{\mathrm{o}} - SS_{\mathrm{e}})$：原污水中不可生物降解和惰性悬浮固体转移到污泥中的量。

3. 公式（7.7.3-2）中的 Y 为污泥产率系数。理论上污泥产率系数是指单位五日生化需氧量降解后产生的微生物量。

由于微生物在内源呼吸时自我分解一部分，因此其值随内源衰减系数（污泥龄、温度等因素的函数）和污泥龄的变化而变化，不是一个常数。

污泥产率系数 Y：采用活性污泥法去除碳源污染物时为 0.4~0.8；采用 $A_{\mathrm{N}}O$ 法时为 0.3~0.6；采用 $A_{\mathrm{P}}O$ 法时为 0.4~0.8；采用 AAO 法时为 0.3~0.6；总体范围为 0.3~0.8。

由于原污水中有相当量的惰性悬浮固体，它们原封不动地沉积到污泥中，在许多不设初次沉淀池的处理工艺中其值更甚。计算剩余污泥量必须考虑原水中惰性悬浮固体的含量，否则计算所得的剩余污泥量往往偏小。由于水质差异很大，因此悬浮固体的污泥转换率相差也很大。德国废水工程协会（DWA）推荐取0.6。《日本下水道设计指南》推荐取0.9~1.0。

悬浮固体的污泥转换率，有条件时可根据试验确定，或参照相似水质污水厂的实测数据。当无试验条件时可取0.5gMLSS/gSS~0.7gMLSS/gSS。

活性污泥中自养菌所占比例极小，故可忽略不计。出水中的悬浮物，没有单独计入。若出水中的悬浮物含量过高时，可自斟计入。

问：三个污泥产率系数的含义及关系是什么？

答： 1. 三个污泥产率系数

污泥总产率系数（Y_t）：生物处理系统内去除单位有机物产生的污泥总量，含内源呼吸衰减的量和污水中悬浮固体量。

污泥产率系数（Y）：生物处理系统内去除单位有机物产生的污泥量，又称合成产率系数。

污泥表观产率系数（Y_{obs}）：生物处理系统内去除单位有机物产生的污泥量，不包含内源呼吸衰减的量。表观产率系数实际运行中可测，故又称为观测产率或净产率系数。

2. 污泥产率系数（Y）的推导公式：

$$Y = \frac{\dfrac{dX}{dt}}{\dfrac{dS}{dt}} = \frac{dX}{dS} \qquad (7.7.3\text{-}3)$$

3. 表观产率系数（Y_{obs}）的推导公式：

$$Y_{obs} = \frac{\dfrac{dX'}{dt}}{\dfrac{dS}{dt}} = \frac{dX'}{dS} \qquad (7.7.3\text{-}4)$$

4. 污泥产率系数 Y 与表观产率系数 Y_{obs} 的关系

$$\left(\frac{dX}{dt}\right)_g = -Y\left(\frac{dS}{dt}\right)_u - K_d X \qquad (7.7.3\text{-}5)$$

$$Y_{obs}\left(\frac{dS}{dt}\right)_u = Y\left(\frac{dS}{dt}\right)_u - K_d X \Rightarrow Y_{obs} = Y - K_d\frac{dt}{dS}X \qquad (7.7.3\text{-}6)$$

代入式：$q = \dfrac{1}{X}\dfrac{dS}{dt}$；$Y_{obs} = Y - K_d\dfrac{1}{q}$；$q = \dfrac{1}{Y}\left(\dfrac{1}{\theta_C} + K_d\right)$

$$Y_{obs} = \frac{Y}{1 + K_d \cdot \theta_C} \qquad (7.7.3\text{-}7)$$

$$Y_{obs} = \frac{Y}{1 + K_d \cdot \theta_C} \Rightarrow Y = Y_{obs}(1 + K_d \cdot \theta_C) \qquad (7.7.3\text{-}8)$$

$$\theta_C = \frac{VX}{\Delta X} = \frac{VX_V}{\Delta X_V} \qquad (7.7.3\text{-}9)$$

$$\Delta X_V = YQ(S_o - S_e) - K_d V X_V \Rightarrow \frac{\Delta X_V}{Q(S_o - S_e)} = Y - \frac{K_d V X_V}{Q(S_o - S_e)} \quad (7.7.3\text{-}10)$$

问：如何计算微生物净增量、活性污泥系统排泥量、剩余污泥量、二次沉淀池排泥体积？

答：1. 活性污泥系统每日排出系统外的活性污泥量 ΔX(kg/d)，即新增污泥量。

$$\Delta X = Q_w X_r + (Q - Q_w) X_e \quad (7.7.3\text{-}11)$$

式中：Q_w——作为剩余污泥排放的污泥量（m^3/d）；

X_r——剩余污泥浓度（kg/m^3）；

Q——污水流量（m^3/d）；

X_e——出水的悬浮固体浓度（kg/m^3）。

2. 活性污泥微生物净增量 ΔX_V，即 MLVSS 的干重

活性污泥微生物每日在生物反应池内的净增殖量为：

$$\Delta X_V = YQ(S_o - S_e) - K_d V X_V \quad (7.7.3\text{-}12)$$

$$X_V = Y_{obs} Q(S_o - S_e) \quad (7.7.3\text{-}13)$$

式中：ΔX_V——每日增长（排放）的挥发性污泥量（VSS）（kg/d）；

$Q(S_o - S_e)$——每日有机污染物降解量（kg/d）；

V——生物反应池有效容积（m^3）。

3. 活性污泥剩余污泥量 MLSS

（1）按污泥龄计算：

$$\Delta X = \frac{VX}{\theta_C}$$

（2）按污泥产率系数、衰减系数及不可生物降解和惰性悬浮物计算：

$$\Delta X = YQ(S_o - S_e) - K_d V X_V + fQ(SS_o - SS_e)$$

4. 二次沉淀池排放的湿污泥量，即 MLSS 的湿重。

$$Q_s = \frac{\Delta X}{f \cdot X_r} \quad (7.7.3\text{-}14)$$

式中：Q_s——每日从系统中排除的剩余污泥量（m^3/d）；

X_r——剩余污泥浓度（kg/m^3）；

ΔX——挥发性剩余污泥量（干重）（kg/d）；

$f = \dfrac{MLVSS}{MLSS}$——生活污水约为 0.75，城市污水也可同此。

问：公式（7.7.3-11）与公式（7.7.3-12）的区别是什么？

答：1. 两公式表达的含义不同

公式（7.7.3-11）：$\Delta X = Q_w X_r + (Q - Q_w) X_e$，指排出系统外的活性污泥量，包括两部分：一是以剩余污泥形式排放的污泥量；二是随出水带出的污泥量。

公式（7.7.3-12）：$\Delta X = YQ(S_o - S_e) - K_d V X_V + fQ(SS_o - SS_e)$，仅指剩余污泥的排放量，即公式 $\Delta X = Q_w X_r + (Q - Q_w) X_e$ 中的第一部分即 $Q_w X_r$ 部分。

2. 公式中的 X_e 和 SS_o、SS_e 是有区别的

X_e：出水的悬浮固体浓度（kg/m^3）（它既包括有机物也包括无机物，指的是 MLSS）；

SS_o、SS_e：进、出污水中惰性悬浮固体浓度（kg/m^3）。

可以看出，X_e 指出水悬浮物的量 MLSS，而 SS_o、SS_e 指进、出污水中惰性悬浮固体浓度，包括有机物和无机物，只是无法被生物降解而沉到剩余污泥中的量。

问：有哪几个剩余污泥计算公式？

答：见表 7.7.3-1。

剩余污泥计算公式汇总

表 7.7.3-1

剩余污泥	剩余污泥计算公式
MLSS＝M_a＋M_e＋M_i＋M_{ii}	$\Delta X = \dfrac{VX}{\theta_C}$
	$\Delta X = Q_w X_r + (Q - Q_w) X_e$
	$\Delta X = YQ(S_o - S_e) - K_d V X_V + fQ(SS_o - SS_e)$
	$\Delta X = Y_t Q(S_o - S_e)$
MLVSS＝M_a＋M_e	$\Delta X_V = YQ(S_o - S_e) - K_d V X_V$
MLVSS＝M_a	$\Delta X_V = Y_{obs} Q(S_o - S_e)$

问：活性污泥法工艺污泥产量与哪些因素有关？

答：活性污泥的含固率一般都小于 1%，因而其流动性能及混合性能与污水基本一致，但不易沉降。活性污泥产量取决于污水处理所采用的生化工艺类型、曝气时间长短、污泥龄长短。

几种不同工艺路线技术性比较见表 7.7.3-2。

几种不同工艺路线技术性比较

表 7.7.3-2

比较项目	工艺					
	A^2O	SBR	AB 法	Carrousel 氧化沟	Orbal 氧化沟	一体化 氧化沟
处理效果	良好、稳定	良好但常波动	较好、稳定	良好、稳定	良好、稳定	良好、稳定
抗冲击负荷能力	一般	较好	较好	较好	很好	很好
对自控依赖程度	较高	必须依赖自控	一般	一般	较高	较低
设备闲置率	低	较高	较低	较低	较低	低
剩余污泥量	较高	低	较高	低	低	低
工艺流程	长	短	较长	较短	较短	短
工程投资	较高	高	较高	较高	一般	低
运行成本	较高	较低	较高	较低	较低	低
占地面积	大	较小	较大	较小	较大	小
运行管理	较复杂	复杂	较简单	较简单	较复杂	简单

问：如何计算剩余活性污泥中氮、磷的含量？

答：一般认为活性污泥微生物的分子式为 $C_{60}H_{87}O_{23}N_{12}P$，其分子量为 1374。其中氮所占比例为 $168/1374＝0.122$，磷所占比例为 $31/1374＝0.023$（质量比），因此可利用下列公式计算氮、磷的含量。

$$氮的含量 = 0.122 \Delta X = 0.122 \frac{YQ}{1 + K_d \theta_C}(S_o - S_e) \qquad (7.7.3\text{-}15)$$

$$磷的含量＝0.023 \Delta X＝0.023 \frac{YQ}{1＋K_d \theta_C}(S_o－S_e) \tag{7.7.3-16}$$

7.8 生 物 膜 法

I 一 般 规 定

7.8.1 生物膜法处理污水可单独应用，也可和其他污水处理工艺组合应用。

问：生物膜法如何分类？

答：见表 7.8.1-1。

生物膜法的分类　　　　　　　　　　　　　　　　表 7.8.1-1

分类方法		生物膜工艺
按载体浸没状态	浸没式生物膜法	生物接触氧化池、曝气生物滤池、生物流化床、移动床生物膜反应器（MBBR）
	半浸没式生物膜法	生物转盘
	非浸没式生物膜法	低负荷生物滤池、高负荷生物滤池、塔式生物滤池
按供氧方式	自然供氧	普通生物滤池、高负荷生物滤池、塔式生物滤池、生物转盘
	人工供氧	曝气生物滤池、生物接触氧化池、生物流化床、移动床生物膜反应器（MBBR）
按是否需要氧	好氧生物膜法	除厌氧生物膜法外的工艺
	厌氧生物膜法	厌氧生物流化床、厌氧生物转盘
按载体的状态	固定床	除流化床外的工艺
	流化床	好氧生物流化床（液流动力流化床或两相流化床；气流动力流化床或三相流化床；机械搅拌流化床或称悬浮粒子生物膜处理工艺）、厌氧生物流化床（可视为三相流化床）、移动床生物膜反应器（MBBR）

注：《城市污水处理工程项目建设标准》第二十八条：Ⅳ类及以下规模的二级污水厂，污水处理可采用生物膜法。
　　生物膜法处理前应经除渣、沉砂、沉淀处理。

问：固定床与流化床如何分类？

答：见表 7.8.1-2。

固定床与流化床的分类　　　　　　　　　　　　　表 7.8.1-2

固定床	生物滤池	好氧	自然供氧	低负荷生物滤池、高负荷生物滤池、塔式生物滤池
			人工供氧	曝气生物滤池
		厌氧		厌氧生物滤池
	生物转盘	好氧		好氧生物转盘
		厌氧		厌氧生物转盘
	生物接触氧化池	好氧		生物接触氧化池
		厌氧		厌氧接触法（悬浮型）生物反应器
	微孔膜生物反应器	好氧		

续表

流化床	好氧流化床	两相流化床（液流动力流化床）
		三相流化床（气流动力流化床）
		机械搅拌流化床（悬浮粒子生物膜处理工艺）
		移动床生物膜反应器（好氧、厌氧）
		气提式生物膜反应器
	厌氧流化床	机械搅拌流化床、厌氧生物膜膨胀床、移动床生物膜反应器

问：为什么生物膜法不污泥膨胀？

答：生物膜法和活性污泥法工艺中都有真菌存在，但生物膜法不污泥膨胀，而活性污泥法易污泥膨胀，理由是：

1. 活性污泥法和生物膜法的微生物组成中都有真菌，真菌大多数具有丝状形态，包括单细胞的酵母菌（在一定条件下也形成菌丝）和多细胞的霉菌。真菌可利用的有机物范围广，特别是多碳类有机物，故真菌可降解木质素等难降解有机物。

2. 活性污泥法中的活性污泥在污水中碳水化合物较多，缺乏 N、P、Fe 等养料时，因真菌可利用的有机物范围广，特别是多碳类有机物、溶解氧不足或 pH 较低等都容易引起丝状菌大量繁殖，丝状菌的比表面积大且具有单向生长的特性，引起污泥体积变大，发生污泥膨胀，影响处理效果。

3. 生物膜法中丝状菌长长的菌丝更利于生物膜在载体上的附着，不但不会引起污泥膨胀，而且丝状菌的大量繁殖可提高处理效能。

问：活性污泥法和生物膜法如何实现微生物量的稳定？

答：活性污泥法通过排放剩余污泥保持微生物量的稳定。当生物膜中厌氧层不厚时，它与好氧层保持着一定的平衡与稳定关系，好氧层能够维持正常的净化功能；但当厌氧层厚度达到一定程度后，其代谢产物也逐渐增多，这些产物向外逸出，必然透过好氧层，使好氧生态系统的稳定状态被破坏，从而失去这两种膜层之间的平衡关系，老化的生物膜最终脱落，重新生成新的生物膜。

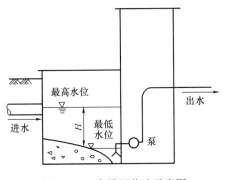

图 7.8.2　水量调节池示意图

7.8.2 污水进行生物膜法处理前，宜进行预处理。当进水水质或水量波动大时，应设置调节池。

→污水进入生物膜处理构筑物前，宜进行沉淀处理，以尽量减少进水中的悬浮物质，从而防止填料堵塞，保证处理构筑物的正常运行。当进水水质或水量波动大时，应设调节池，停留时间根据一天中水量或水质波动情况确定。水量调节池如图 7.8.2 所示。

7.8.3 生物膜法的处理构筑物应根据当地气温和环境等条件，采取防冻、防臭和灭蝇等措施。

→在冬季较寒冷的地区应采取防冻措施，如将生物转盘设在室内。

Ⅱ 生物接触氧化池

7.8.4 生物接触氧化池应根据进水水质和处理程度确定采用一段式或二段式。生物接触氧化池平面形状宜为矩形，有效水深宜为 3m～6m。生物接触氧化池不宜少于 2 个，每池可分为两室。

→本条了解以下内容：

1. 生物接触氧化池：生物膜法的一种构筑物。主要由浸没在水中的填料和曝气系统构成，在有氧条件下，水与填料表面的生物膜接触，使水得到净化。

2. 生物接触氧化池有效水深不同于水深。有效水深指填充填料部分的水深，而水深包括有效水深和稳水层。

3. 污水经初次沉淀池处理后可进一段生物接触氧化池，也可进两段或两段以上串联的生物接触氧化池，以获得较高质量的处理水。

7.8.5 生物接触氧化池中的填料可采用全池布置（底部进水、进气）、两侧布置（中心进气、底部进水）或单侧布置（侧部进气、上部进水），填料应分层安装。

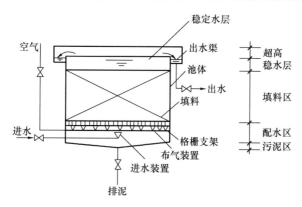

图 7.8.5 生物接触氧化池池体高度示意图

→本条了解以下内容：

1. 填料布置见图 7.8.7。

2. 生物接触氧化池的总高度组成（见图 7.8.5）：超高（一般取 0.5m～1.0m）；填料层上部的稳水层深（一般取 0.4m～0.5m）；填料层高度（一般取 3m～6m），填料每层厚度应结合填料种类、流程布置等因素确定，一般不宜超过 1.5m；配水区高度（当考虑入内检修时取 1.5m，当不需要入内检修时取 0.5m）。

7.8.6 生物接触氧化池应采用对微生物无毒害、易挂膜、质轻、高强度、抗老化、比表面积大和空隙率高的填料。

问：生物接触氧化池填料分类及填料技术性能是什么？

答：生物接触氧化池填料分类：

1. 按安装条件分：整体型、悬浮型和悬挂型；

2. 按填料形状分：蜂窝状、束状、筒状、列管状、波纹状、板状、网状、盾状、圆环辐射状、不规则粒状以及球状等；

3. 按性状分：硬性、半软性、软性；

4. 按材质分：塑料、玻璃钢、纤维。

常用填料技术性能见表7.8.6-1；生物膜填料类型及应用见表7.8.6-2。

常用填料技术性能　　　　　　　　　　　　表7.8.6-1

项目		整体型		悬浮型		悬挂型	
		立体网状	蜂窝直管	$\phi \times 50mm$ 柱状	内置式悬浮填料	半软性填料	弹性立体填料
比表面积（m²/m³）		50～110	74～100	278	650～700	80～120	116～133
空隙率（%）		95～99	99～98	90～97	＞96		—
成品重量					内置纤维束数12束/个；≥40g/个；纤维束重量1.6g/个～2.0g/个	3.6kg/m～6.7kg/m	2.7kg/m～4.99kg/m
挂膜重量		190kg/m³～316kg/m³	—			4.8g/片～5.2g/片	
填充率（%）		30～40	50～70	60～80	堆积数量1000个/m³；产品直径ϕ100	100	100
填料容积负荷〔kgCOD/(m³·d)〕	正常负荷	4.4	—	3～4.5	1.5～2	2～3	2～2.5
	冲击负荷	5.7	—	4～6	3	58	
安装条件		整体	整体	悬浮	悬浮	吊装	吊装
支架形式		平格栅	平格栅	绳网	绳网	框架或上下固定	框架或上下固定

注：可参见《水处理用高密度聚乙烯悬浮载体填料》CJ/T 461—2014。

生物膜填料类型及应用　　　　　　　　　　　　表7.8.6-2

填料类型		特点及应用
悬挂式		软性填料易结团，且易发生断丝、中心绳断裂等情况，其寿命一般为1年～2年
		半软性填料具有较强的气泡切割性能和再行布水布气的能力，挂膜脱膜效果较好，不堵塞，使用寿命较软性填料长，但其理论比表面积较小且造价偏高
		弹性填料比半软性填料更富刚柔并兼，该填料具有更大的空隙率、更高的气泡切割能力，可提高氧利用率，是一种节能型的弹性立体填料
		组合填料是鉴于软性、半软性填料存在的上述缺点并吸取软性填料比表面积大、易挂膜和半软性填料不结团、气泡切割性能好而设计的新型填料，其污水处理能力优于软性、半软性填料
浮挂式		浮挂式填料又称自由摆动填料，其结构是填料的顶部装有浮体，中间为悬挂式填料，池底预埋钩或用膨胀螺栓方式固定，随水流和曝气的推动可以自由摆动。应用：适用于大型污水处理工程，特别是拟选用悬浮填料又怕堆积的水处理工程；更适用于大型水域的河流、湖泊等不宜采用钢支架悬挂又不宜悬浮散装的典型工程

填料类型	特点及应用
悬浮	悬浮填料有球形、圆柱形、方粒形等，大小不一、密度不一、空隙率也不一，具有不同水质、不同容器结构、装不同形状填料的灵活性、优化性。填料具有充氧性能好、挂膜快、挂膜量多、生物膜更新性能好、使用寿命长、更换简单等优点，已被广泛应用

注：可参见《生物接触氧化法污水处理工程技术规范》HJ 2009—2011。

7.8.7 曝气装置应根据生物接触氧化池填料的布置形式布置。采用池底均布曝气方式时，气水比宜为 6 : 1～9 : 1。

→本条了解以下内容：

1. 气水比：指单位时间通入气体量与单位时间进水量的体积比值，通常是经验值。

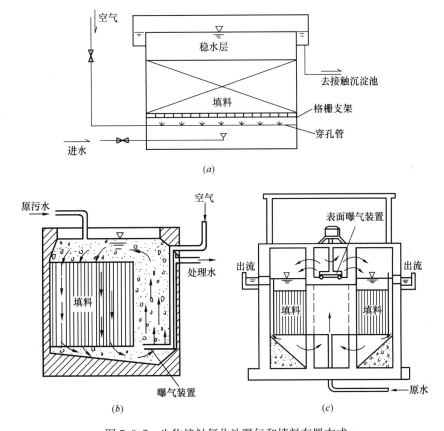

图 7.8.7　生物接触氧化池曝气和填料布置方式
（a）池底均布曝气生物接触氧化池（填料满池布置）；（b）侧面曝气生物接触氧化池（填料单侧布置）；
（c）表面曝气生物接触氧化池（填料两侧布置）

2. 生物接触氧化池布气方式：生物接触氧化池有池底均布曝气方式、侧部进气方式、池上面安装表面曝气器充氧方式（池中心为曝气区）、射流曝气充氧方式等，如图 7.8.7 所示。一般常采用池底均布曝气方式，该方式曝气均匀，氧转移率高，对生物膜搅动充分，生物膜更新快。常用的曝气器有中微孔曝气软管、穿孔管、微孔曝气等，其安装要求见《鼓风曝气系统设计规程》CECS 97：1997。

7.8.8 生物接触氧化池进水应防止短流，出水宜采用堰式出水。

7.8.9 生物接触氧化池底部应设置排泥和放空设施。

→生物接触氧化池底部设置排泥斗和放空设施，以利于排除池底积泥和方便维护。

7.8.10 生物接触氧化池的五日生化需氧量容积负荷，宜根据试验资料确定，无试验资料时，碳氧化宜为 $2.0kg\ BOD_5/(m^3 \cdot d) \sim 5.0kg\ BOD_5/(m^3 \cdot d)$，碳氧化/硝化宜为 $0.2kg\ BOD_5/(m^3 \cdot d) \sim 2.0kg\ BOD_5/(m^3 \cdot d)$。

→生物接触氧化池的典型负荷见表 7.8.10。

生物接触氧化池的典型负荷   表 7.8.10

处理要求	工艺要求	容积负荷	
		kg $BOD_5/(m^3 \cdot d)$	$kgNH_3$-$N/(m^3 \cdot d)$
碳氧化	高负荷	2.0～5.0	—
碳氧化/硝化	高负荷	0.5～2.0	0.1～0.4
深度处理中的硝化	高负荷	<20mgBOD/L*	0.2～1.0

注：* 指污水厂进水浓度。

Ⅲ 曝气生物滤池

7.8.11 曝气生物滤池的池型可采用上向流或下向流进水方式。

→曝气生物滤池（BAF）：生物膜法的一种构筑物。由接触氧化和过滤相结合，在有氧条件下，完成水中有机物氧化、过滤、反冲洗过程，使水得到净化。又称颗粒填料生物滤池。

曝气生物滤池由池体、布水系统、布气系统、承托层、填料层和反冲洗系统等组成。曝气生物滤池的池型有上向流曝气生物滤池（池底进水，水流与空气同向运行）和下向流曝气生物滤池（滤池上部进水，水流与空气逆向运行）两种。目前，常用上向流，即进水与进气共同向上流动，优点是利于气水充分接触从而提高氧的转移速率和底物的降解率。

7.8.12 曝气生物滤池前应设沉砂池、初次沉淀池或混凝沉淀池、除油池、超细格栅等预处理设施，也可设水解调节池，进水悬浮固体浓度不宜大于 60mg/L。

→本条了解以下内容：

1. 酸化水解池：污水生物处理的一种构筑物。经过该池处理，污水中部分非溶解性有机物可转变为溶解性有机物，部分难生物降解有机物可转变为易生物降解有机物。

2. 污水经预处理后使悬浮固体浓度降低，再进入曝气生物滤池，有利于减少反冲洗次数和保证滤池的运行。如进水有机物浓度较高，污水经沉淀后可进入水解调节池进行水质水量的调节，同时也提高了污水的可生化性。

问：曝气生物滤池后可不设二沉池的理由是什么？

答：《曝气生物滤池工程技术规程》CECS 265：2009。

3.1.9 当曝气生物滤池出水悬浮固体含量满足后续处理或排放标准要求时，可不设过滤设施。

3.1.9 条文说明：因曝气生物滤池具有集生物吸附、降解和物理过滤于一体的功能，使滤池出水悬浮物较低，一般生物滤池出水悬浮物浓度小于10mg/L，如果出水悬浮物浓度能够满足后续处理或排放标准要求时，滤池后可不再设过滤设施。若出水对悬浮物要求高于一级 A 类排放标准或更高要求时，宜在曝气生物滤池后增加相应的后处理，例如设置砂滤池、纤维滤料滤池、圆盘过滤或膜过滤等设施。

填料的粒径越小，其孔隙越小，对过滤介质的截流作用越强，故此，曝气生物滤池后可不设二沉池，而其他三种生物滤池（普通/高负荷/塔式生物滤池）后要设二沉池。

7.8.13 曝气生物滤池根据处理程度不同可分为碳氧化、硝化、后置反硝化或前置反硝化等。碳氧化、硝化和反硝化可在单级曝气生物滤池内完成，也可在多级曝气生物滤池内完成。

→多级曝气生物滤池中，第一级曝气生物滤池以碳氧化为主；第二级曝气生物滤池主要对污水中的氨氮进行硝化；第三级曝气生物滤池主要为反硝化脱氮，也可在第二级滤池出水中投加碳源和铁盐或铝盐同时进行反硝化脱氮除磷。

7.8.14 曝气生物滤池的池体高度宜为5m～9m。

→下向流曝气生物滤池池体高度组成见图 7.8.14，计算公式如下：

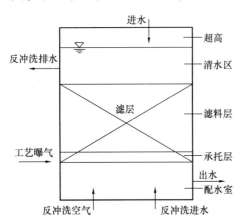

图 7.8.14 下向流曝气生物滤池池体
高度组成示意图

$$H = h_1 + h_2 + h_3 + h_4 + h_5 \tag{7.8.14}$$

式中：H ——滤池总高度（m）；

h_1 ——滤池超高（m），一般取 0.5m；

h_2 ——清水区高度（m），一般取 0.9m；

h_3 ——滤料层高度（m），一般取 2.0m～4.5m；

h_4——承托层高度（m），一般每层取 $0.25m\sim0.3m$；

h_5——配水室高度（m），一般取 $1.5m$。

注：曝气生物滤池的滤料层高度是指有效高度。

7.8.15 曝气生物滤池宜采用滤头布水布气系统。

→曝气生物滤池的布水布气系统有滤头布水布气系统、栅型承托板布水布气系统和穿孔管布水布气系统。城镇污水处理宜采用滤头布水布气系统。滤头如图7.8.15所示。

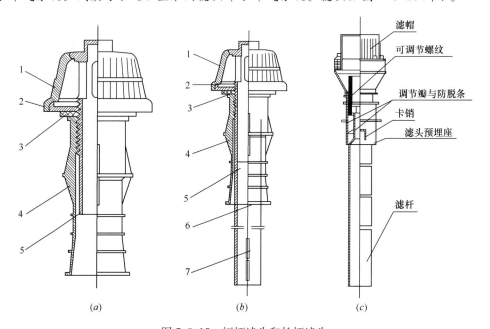

图 7.8.15 短柄滤头和长柄滤头

（*a*）短柄滤头；（*b*）长柄滤头；（*c*）可调式长柄滤头

1—滤帽；2—滤帽座；3—密封圈；4—预埋套管；5—滤杆；6—排气孔；7—进气长条缝

7.8.16 曝气生物滤池宜分别设置曝气充氧和反冲洗供气系统。曝气装置可采用单孔膜空气扩散器和穿孔管等曝气器。曝气器可设在承托层或滤料层中。

问：为什么曝气生物滤池宜分别设置反冲洗供气和曝气充氧系统？

答：曝气生物滤池的布气系统包括曝气充氧系统和进行气水联合反冲洗时的供气系统。曝气充氧量由计算得出，一般比活性污泥法低 $30\%\sim40\%$。曝气管的位置往往在承托层之上 $3cm\sim5cm$ 的填料中，这样做的优点是在曝气管之下的滤池填料层可起到截留污水中悬浮物的作用，在有滤头的情况下，可以避免曝气对于填料截留层的干扰；同时另设一套反冲洗用布气管，以满足反冲洗供气要求。上向流曝气生物滤池布水布气系统示意图参见图7.8.21-3。

7.8.17 曝气生物滤池宜选用机械强度和化学稳定性好的卵石作承托层，并按一定级配布置。

→曝气生物滤池承托层采用的材质应具有良好的机械强度和化学稳定性，一般选用卵石作承托层。用卵石作承托层其级配自上而下为：卵石直径 2mm～4mm、4mm～8mm、8mm～16mm，卵石层高度 50mm、100mm、100mm。

7.8.18 曝气生物滤池的滤料应具有强度大、不易磨损、孔隙率高、比表面积大、化学物理稳定性好、易挂膜、生物附着性强、比重小、耐冲洗和不易堵塞的性质。

→曝气生物滤池的滤料应选择比表面积大、孔隙率高、吸附性强、密度合适、质轻且有足够机械强度的材料。根据资料和工程运行经验，宜选用粒径 5mm 左右的均质陶粒及塑料球形颗粒。

人工陶粒滤料指以黏土、页岩、粉煤灰、火山岩等原料加工而成的陶质粒状滤料。人工陶粒滤料的粒径范围一般为 0.5mm～9mm。

常用滤料的物理特性见表 7.8.18。

常用滤料的物理特性　　　　　　　表 7.8.18

名称	物理特性							
	比表面积 (m^2/g)	总孔体积 (cm^3/g)	松散密度 (kg/m^3)	磨损率 (%)	堆积密度 (g/cm^3)	堆积空隙率 (%)	粒内孔隙率 (%)	粒径 (mm)
黏土陶粒	4.89	0.39	875	≤3	0.7～1.0	＞42	＞30	3～5
页岩陶粒	3.99	0.103	976					
沸石	0.46	0.0269	830					
膨胀球形黏土	3.98	—	1550	1.5	—			3.5～6.2

注：滤料可参见《陶粒滤料》QB/T 4383—2012；《水处理用人工陶粒滤料》CJ/T 299—2008；《水处理用滤料》CJ/T 43—2005；《水处理用高密度聚乙烯悬浮载体填料》CJ/T 461—2014。

7.8.19 曝气生物滤池宜采用气水联合反冲洗。反冲洗空气强度宜为 10L/(m^2·s)～15L/(m^2·s)，反冲洗水强度不应超过 8L/(m^2·s)。

→曝气生物滤池反冲洗通过滤板和固定在其上的长柄滤头来实现，由单独气冲洗、气水联合反冲洗、单独水洗三个过程组成。反冲洗周期，根据水质参数和滤料层阻力加以控制，一般 24h 为一周期，反冲洗水量为进水水量的 8% 左右。反冲洗出水平均悬浮固体浓度可达 600mg/L。

7.8.20 曝气生物滤池用于二级处理时，污泥产率系数可为 0.3kgVSS/kg BOD$_5$ ～ 0.5kgVSS/kg BOD$_5$。

7.8.21 曝气生物滤池设计参数宜根据试验资料确定；当无试验资料时，可采用经验数据或按表 7.8.21 取值。

曝气生物滤池设计参数　　　　　　　　　　表 7.8.21

类型	功能	参数	单位	取值
碳氧化曝气生物滤池	降解污水中含碳有机物	滤池表面水力负荷（滤速）	$m^3/[m^2 \cdot h\ (m/h)]$	3.0～6.0
		BOD_5 负荷	$kg\ BOD_5/(m^3 \cdot d)$	2.5～6.0
碳氧化/硝化曝气生物滤池	降解污水中含碳有机物并对氨氮进行部分硝化	滤池表面水力负荷（滤速）	$m^3/[m^2 \cdot h\ (m/h)]$	2.5～4.0
		BOD_5 负荷	$kg\ BOD_5/(m^3 \cdot d)$	1.2～2.0
		硝化负荷	$kgNH_3\text{-}N/(m^3 \cdot d)$	0.4～0.6
硝化曝气生物滤池	对污水中氨氮进行硝化	滤池表面水力负荷（滤速）	$m^3/[m^2 \cdot h\ (m/h)]$	3.0～12.0
		硝化负荷	$kgNH_3\text{-}N/(m^3 \cdot d)$	0.6～1.0
前置反硝化生物滤池	利用污水中的碳源对硝态氮进行反硝化	滤池表面水力负荷（滤速）	$m^3/[m^2 \cdot h\ (m/h)]$	8.0～10.0（含回流）
		反硝化负荷	$kgNO_3\text{-}N/(m^3 \cdot d)$	0.8～1.2
后置反硝化生物滤池	利用外加碳源对硝态氮进行反硝化	滤池表面水力负荷（滤速）	$m^3/[m^2 \cdot h\ (m/h)]$	8.0～12.0
		反硝化负荷	$kgNO_3\text{-}N/(m^3 \cdot d)$	1.5～3.0

问：生物接触氧化法和曝气生物滤池的异同点是什么？

答：生物接触氧化法和曝气生物滤池既有共性也有区别。

1. 相同点

（1）都需要曝气。

（2）都需要填料。

（3）都属于淹没式好氧生物膜法。

2. 不同点

（1）填料不同。

（2）进水方式不同。曝气生物滤池配水采用小阻力配水系统，生物接触氧化法采用管道进水。

（3）对反冲洗需求不同。曝气生物滤池需要反冲洗，因为它的滤料孔隙小易堵塞；生物接触氧化法不需要反冲洗，因为它是直接在滤料底部曝气，在填料上产生上向流，生物膜受到气流的冲击、搅动、加速脱落、更新，能避免堵塞。

（4）对二次沉淀池的需求不同。曝气生物滤池可不设二次沉淀池，而生物接触氧化法需要二次沉淀池。

3. 曝气生物滤池

（1）进水需要布水布气系统，反冲洗也需要布水布气系统。配水采用小阻力配水系统；布气多采用穿孔管，穿孔管属于大、中气泡型，氧利用率低，但优点是不易堵塞、造价低。宜将曝气反冲洗供气系统独立设置，因为曝气需气量比反冲洗需气量小，因此会造成配气不均匀。

（2）曝气生物滤池需要反冲洗。反冲洗采用空气扩散装置供气。常用的单孔膜空气扩散器一般都安装在滤料承托层里，优点是不易堵塞，即使堵塞也可用水进行冲洗。

（3）生物降解时滤料是固定的。

反冲洗流程：气冲—气水联合反冲洗—水洗。

（4）曝气生物滤池后可不设沉淀池，但对进水SS要求高，不宜大于60mg/L。

4. 生物接触氧化法

生物接触氧化法也称为"淹没式生物滤池"或"接触曝气"，实质上是介于活性污泥法与生物滤池两者之间的生物处理技术。

（1）布水一般直接用管道进水。

（2）出水装置形式一般为顶部四周（或一侧）布置孔口、溢流堰等。

（3）国内一般采用池底布曝气方式的接触氧化池。增加了气泡的接触面积，提高了氧的转移率。

问：如何绘制上（下）向流反硝化生物滤池、硝化生物滤池结构示意图？

答：见图7.8.21-1～图7.8.21-3。

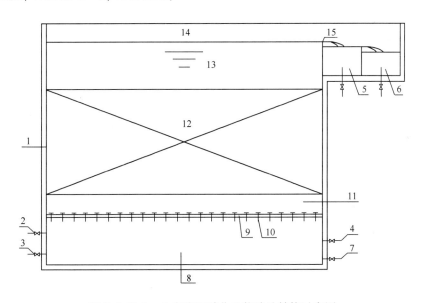

图7.8.21-1　上向流反硝化生物滤池结构示意图

1—滤池池体；2—反冲洗进气管；3—进水管；4—反冲洗进水管；5—反冲洗排水渠；
6—出水槽（渠）；7—放空管；8—进水渠；9、10—布水布气系统；11—承托层；12—滤料层；
13—集水渠；14—超高区；15—出水堰

反硝化生物滤池反冲洗宜采用气洗、水洗或气水联合反冲洗（气洗、气水联合洗、水洗）进行。

问：脱氮生物滤池工艺流程是什么？

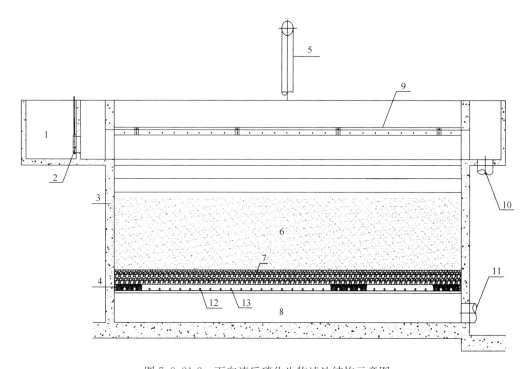

图 7.8.21-2　下向流反硝化生物滤池结构示意图

1—进水总渠；2—进口闸门；3—滤池池体；4—布水布气系统；5—反冲洗进气管；
6—滤料层；7—承托层；8—集水渠；9—进水渠；10—反冲洗排水渠；
11—过滤出水及反冲洗进水管；12—空气支管；13—集水渠盖板

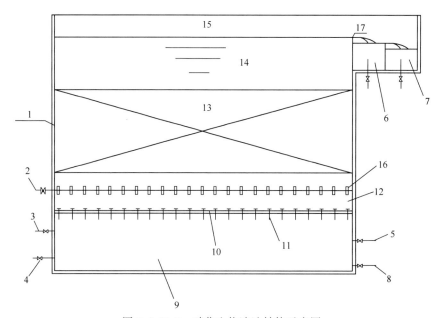

图 7.8.21-3　硝化生物滤池结构示意图

1—滤池池体；2—工艺曝气管；3—反冲洗进气管；4—进水管；5—反冲洗进水管；6—反冲洗排水（槽）渠；
7—出水槽（渠）；8—放空管；9—进水渠；10、11—布水布气系统；12—承托层；13—滤料层；14—集水渠；
15—超高区；16—曝气器；17—出水堰

答：《脱氮生物滤池通用技术规范》GB/T 37528—2019。

本标准适用于生活污水、工业废水、地表水及地下水等处理中主要以脱除总氮（以下简称 TN）为目的的生物滤池系统。

3.1 总氮（TN）：有机氮、氨氮、亚硝酸盐氮和硝酸盐氮的总和。

3.2 脱氮生物滤池：以脱除 TN 为目的的污水生物处理构筑物，构筑物内填装滤料作为载体，微生物附着于滤料表面形成生物膜，污水通过滤料层，依靠滤料表面生物膜对污染物的吸附和分解，以及滤料的物理截留过滤作用，使污水得以净化。

4.2.1 脱氮生物滤池的工艺，应满足设计进水要求与出水排放标准，综合考虑各工艺流程的特点及优势，通过技术经济比较后确定。

注：脱氮生物滤池按功能可分为反硝化生物滤池和硝化生物滤池，按流向可分为上向流生物滤池和下向流生物滤池。

4.2.2 无氨氮去除要求时，宜采用反硝化生物滤池工艺，工艺流程见图 4.2.2（即图 7.8.21-4）。

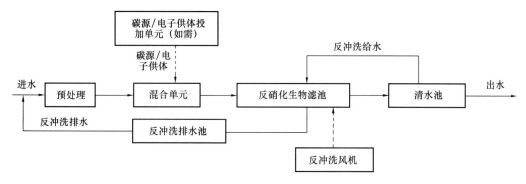

图 7.8.21-4 反硝化生物滤池工艺流程图

4.2.3 有氨氮去除要求时，宜采用反硝化生物滤池-硝化生物滤池组合工艺或硝化生物滤池-反硝化生物滤池组合工艺，工艺流程见图 4.2.3-1（即图 7.8.21-5）、图 4.2.3-2（即图 7.8.21-6）。

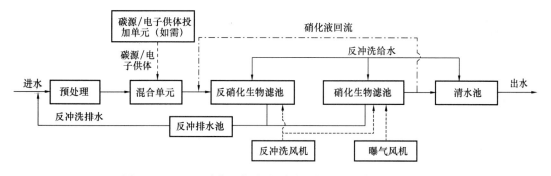

图 7.8.21-5 反硝化生物滤池-硝化生物滤池组合工艺流程图

4.2.4 当进水碳源充足（BOD_5/TN>4）时，宜采用反硝化生物滤池-硝化生物滤池组合工艺。

4.2.5 当脱氮生物滤池 TN 不满足出水要求时，可根据进水水质设置两级或多级生物滤池。

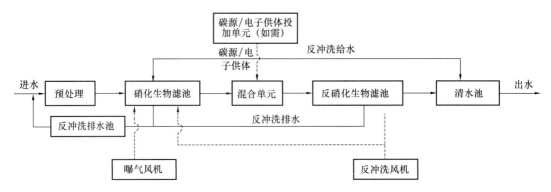

图7.8.21-6　硝化生物滤池-反硝化生物滤池组合工艺流程图

问：曝气生物滤池脱氮不同碳源投加量是多少？

答：碳源投加单元适用于异养反硝化。碳源可为甲醇、乙酸、乙酸钠等，碳源投加量应根据滤池需去除氮的量计算，碳源性质及投加量参考表7.8.21-1。

脱氮生物滤池碳源一览表　　　　　　　　　　　　　　表7.8.21-1

碳源	别名	结构简式	摩尔质量 (g/mol)	理论投加量（g/g）		实际投加量（g/g）	
				$NO_3^- $-N	$NO_2^- $-N	$NO_3^- $-N	$NO_2^- $-N
甲醇	木酒精	CH_3OH	32	2.47	1.53	3	2
乙酸	醋酸	CH_3COOH	60	2.68	1.71	5	3
乙酸钠	醋酸钠	CH_3COONa	136	4.93	2.96	6	4

问：脱氮生物滤池自养或混合营养反硝化电子供体投加量是多少？

答：脱氮生物滤池进行自养或混合营养反硝化时应外加电子供体。自养反硝化或混合营养反硝化电子供体可为铁粉、单质硫、硫化钠、硫代硫酸钠等，电子供体投加量应根据滤池需去除氮的量计算，电子供体性质及投加量参考表7.8.21-2。

脱氮生物滤池电子供体一览表　　　　　　　　　　　　表7.8.21-2

电子供体	结构简式	摩尔质量（g/mol）	理论投加量（g/gNO_x^--N）	实际投加量（g/gNO_x^--N）
铁粉	Fe	56	16	30
单质硫	S	32	2.51	5
硫化钠	Na_2S	78	3.48	6
硫代硫酸钠	$Na_2S_2O_3$	158	7.05	10

Ⅳ　生　物　转　盘

7.8.22　生物转盘处理工艺流程宜为初次沉淀池，生物转盘，二次沉淀池。根据污水水量、水质和处理程度等，生物转盘可采用单轴单级式、单轴多级式或多轴多级式布置形式。

问：生物转盘类型有哪些？

答： 生物转盘由盘片、转轴、驱动装置、反应槽等组成。生物转盘可分为单轴单级式、单轴多级式和多轴多级式。对于单轴转盘，可在槽内设隔板分段；对于多轴转盘，可以轴或槽分段。生物转盘图示见图 7.8.22。

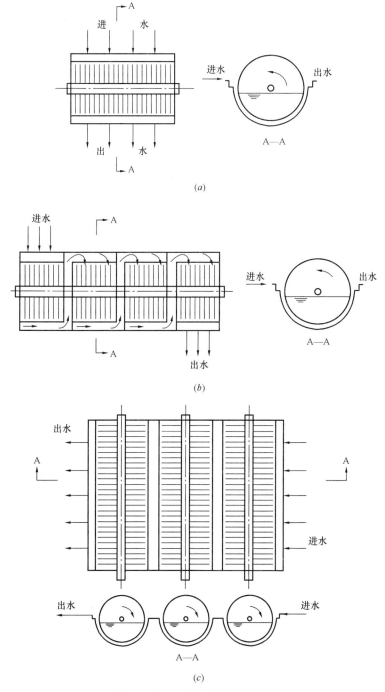

图 7.8.22 生物转盘类型示意图

(a) 单轴单级生物转盘；(b) 单轴多级（四级）生物转盘；(c) 多轴多级生物转盘

问：生物转盘的转向与水流方向的关系是什么？

答：1. 进水方向与生物转盘的旋转方向一致，污水在槽中混合均匀，水头损失小，但剥落的膜不易随水流出。

2. 进水方向与生物转盘的旋转方向相反，混合较差，水头损失大，但剥落的生物膜易随水流出。

3. 进水方向与生物转盘的旋转方向垂直，平行于转轴起到一轴多级的作用，前端生物膜厚，轴负荷不均匀。

生物转盘的流态每级呈完全混合式，多级呈推流式。

7.8.23 生物转盘的盘体材料应质轻、强度高、耐腐蚀、抗老化、易挂膜、比表面积大及方便安装、养护和运输。

→盘体材料应质轻、强度高、比表面积大、易挂膜、使用寿命长和便于安装运输。盘体宜由高密度聚乙烯、聚氯乙烯或聚酯玻璃钢等制成。

7.8.24 生物转盘反应槽的设计应符合下列规定：

1 反应槽断面形状应呈半圆形。

2 盘片外缘和槽壁的净距不宜小于150mm；进水端盘片净距宜为25mm～35mm，出水端盘片净距宜为10mm～20mm。

3 盘片在槽内的浸没深度不应小于盘片直径的35%，转轴中心应高出水位150mm以上。

→本条了解以下内容：

1. 反应槽的断面形状呈半圆形，可与盘体外形基本吻合。

2. 盘体外缘与槽壁净距的要求是为了保证盘体外缘的通风。盘片净距取决于盘片直径和生物膜厚度，一般为10mm～35mm，污水浓度高，取上限值，以免生物膜造成堵塞。如采用多级转盘，则前数级的盘片间距为25mm～35mm，后数级的盘片间距为10mm～20mm。

3. 为确保处理效率，盘片在槽内的浸没深度不应小于盘片直径的35%。水槽容积与盘片总面积的比值，影响着水在槽中的平均停留时间，一般采用$5L/m^2$～$9L/m^2$。

4. 淹没式生物转盘盘片约75%～100%浸没于水槽内。

问：生物转盘首级转盘负荷过大处理措施有哪些？

答：解决第一级生物转盘负荷过大的方法：

1. 去掉每级间的隔板，以增加第一级生物转盘的载体面积；

2. 提高生物转盘的转速，以增加氧的传递和加快载体上生物膜的脱落；

3. 对机械驱动系统曝气；

4. 采用多点进水，将部分流量和负荷绕过第一级生物转盘；

5. 原水中投加化学药剂，强化一级处理中BOD_5的去除。

7.8.25 生物转盘转速宜为2.0r/min～4.0r/min，盘体外缘线速度宜为15m/min～19m/min。

→生物转盘转速宜为 2.0r/min～4.0r/min，转速过高有损于设备的机械强度，同时在盘片上易产生较大的剪切力，易使生物膜过早剥离。一般对于小直径转盘线速度采用 15m/min；中、大直径转盘线速度采用 19m/min。

《环境工程手册水污染防治卷》（张自杰）P641，技术上驱动装置需满足转盘盘体外缘线速度 15m/min～19m/min，要求机械驱动能耗约为 $0.5W/m^2～0.8W/m^2$。转速也可参考厂家样本。

7.8.26　生物转盘的转轴强度和挠度必须满足盘体自重和运行过程中附加荷重的要求。

→生物转盘的转轴强度和挠度必须满足盘体自重、生物膜和附着水重量形成的挠度及启动时扭矩的要求。机械驱动旋转的生物转盘如图 7.8.26 所示。

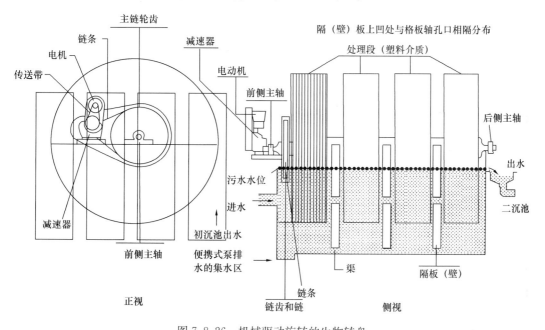

图 7.8.26　机械驱动旋转的生物转盘

注：本图摘自《城镇污水厂运行管理手册 第2卷：水处理工艺》（WEF）。

7.8.27　生物转盘的设计负荷宜根据试验资料确定；当无试验资料时，五日生化需氧量表面有机负荷，以盘片面积计，宜为 $0.005kgBOD_5/(m^2 \cdot d)～0.020kgBOD_5/(m^2 \cdot d)$，首级转盘不宜超过 $0.030kgBOD_5/(m^2 \cdot d)$；表面水力负荷以盘片面积计，宜为 $0.04m^3/(m^2 \cdot d)～0.20m^3/(m^2 \cdot d)$。

问：生物转盘如何分类？

答：1. 按有无氧气参与分为好氧生物转盘和厌氧生物转盘。

2. 按生物转盘的发展分为传统生物转盘和新型生物转盘。

（1）传统生物转盘：好氧生物转盘、厌氧生物转盘（主要用于城市污水、小区生活污水等低浓度废水的处理）。

（2）新型生物转盘：空气驱动式生物转盘（城市污水二级处理）、与沉淀池合建的生物转盘（生物转盘与初沉池合建可起生物处理作用，与二次沉淀池合建可进一步改善出水水质）、与曝气池合建的生物转盘（空气驱动节能，提高处理效率和处理能力）、藻类生物转盘（出水溶解氧含量高，可达到近饱和程度，具有脱 NH_3 的功能，可达到深度处理要求）。

生物转盘示意图见图 7.8.27。

问：气动驱动转盘的优点是什么？

答：生物转盘的驱动装置包括动力设备、减速装置及传动链条等。转盘的转速一般控制在 0.8r/min～3.0r/min，线速度以 10m/min～20m/min 为宜，转速过高将有损于设备的机械强度，消耗电能，还由于在盘片上产生较大的剪切力易使生物膜过早剥离。近年来，国外在简化或减少驱动装置方面引入了空气驱动生物转盘，即在转盘的外周设有空气罩，在转盘下侧设有曝气管，在管上均等地安装扩散器，空气从扩散器均匀地吹向空气罩，产生浮力，使转盘转动，此技术具有槽内污水溶解氧浓度高、生物膜活性增强、气量调节转盘转数及易于维护管理等优点。

问：厌氧生物转盘与好氧生物转盘不同点有哪些？

答：厌氧生物转盘与好氧生物转盘在构造上相似，亦由盘片、接触反应槽、转轴及驱动装置组成。与好氧生物转盘不同的是，厌氧生物转盘的盘片大部分或全部浸没于水中；接触反应槽密封，以利于厌氧反应的进行和沼气的收集。盘片可分为固定盘片和转动盘片，相间排列，以防生物膜粘连堵塞，固定盘片一般设在生物转盘的起端。

Ⅴ 移动床生物膜反应器

7.8.28 移动床生物膜反应器应采用悬浮填料的表面负荷进行设计。表面负荷宜根据试验资料确定；当无试验资料时，在 20℃的水温条件下，五日生化需氧量表面有机负荷宜为 5gBOD_5/(m²·d) ～15gBOD_5/(m²·d)，表面硝化负荷宜为 0.5gNH_3-N/(m²·d) ～ 2.0gNH_3-N/(m²·d)。

→悬浮填料生物膜工艺设计时应根据水质、水温、表面负荷等参数，计算出所需悬浮填料的有效填料表面积，再根据不同填料的有效比表面积，转换成该类型填料的体积。

7.8.29 悬浮填料应满足易于流化、微生物附着性好、有效比表面积大、耐腐蚀、抗机械磨损的要求。悬浮填料的填充率不应超过反应池容积的 2/3。

→悬浮填料密度与水接近时，易于流化。亲水性能好，带正电等性能易于挂膜。此外，填料还应具有良好的化学和物理稳定性，刚性弹性兼备。纯高密度聚乙烯的悬浮载体填料还应满足现行行业标准《水处理用高密度聚乙烯悬浮载体填料》CJ/T 461 的有关规定。有效比表面积是指单位体积悬浮载体填料可供微生物生长，且保证良好传质和保护微生物不被冲刷的表面积。悬浮填料的填充率可采用 20%～60%，一般要求≤67%。

问：典型好氧和厌（缺）氧移动床生物膜反应器（MBBR）的原理是什么？

答：污水连续经过 MBBR 内的活性生物填料并逐渐在填料内外表面形成生物膜（外表面由于碰撞，膜易脱落，一般生物膜在内表面形成），通过生长在填料上的微生物的降解作用，使污水得到净化。填料在反应器内混合液的翻动作用下自由移动、流化，对于好氧反应器，通过曝气作用使填料流化；对于缺氧、厌氧反应器，则是依靠机械搅拌作用使

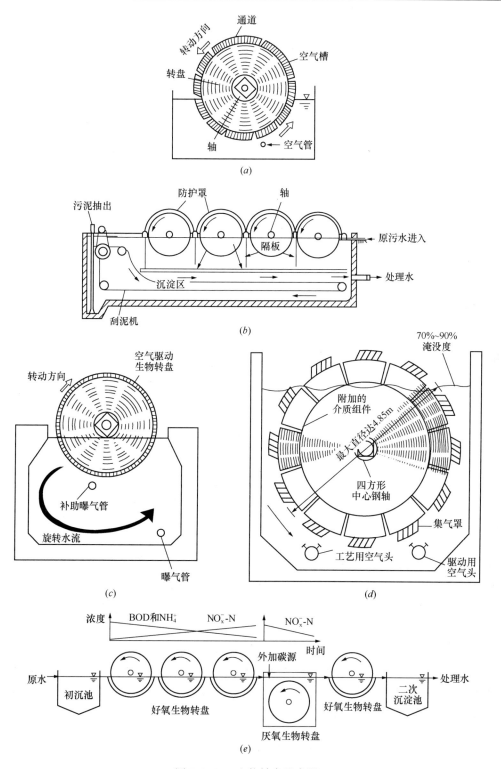

图 7.8.27 生物转盘示意图

(a) 空气驱动式生物转盘；(b) 与沉淀池合建的生物转盘；(c) 与曝气池合建的
生物转盘；(d) 淹没式生物转盘；(e) 生物转盘同时脱氮除磷工艺流程图

填料流化。如图 7.8.29-1、图 7.8.29-2 所示。参见《污（废）水生物处理 移动床生物膜反应器系统工程技术规范》T/CAQI 59—2018、美国水环境联合会编著的《生物膜反应器设计与运行手册》。

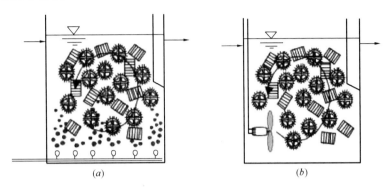

图 7.8.29-1 MBBR 反应器示意图

(*a*) 好氧 MBBR；(*b*) 厌（缺）氧 MBBR

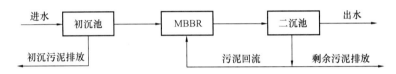

图 7.8.29-2 典型 MBBR 工艺流程图

7.8.30 悬浮填料投加区域应设拦截筛网。

→为防止填料随水流外泄，悬浮填料投加区域与非投加区域之间应设拦截筛网。同时，为避免填料在拦截筛网处的堆积堵塞，保证填料的充分流化和出水区过水断面的畅通，应在末端填料拦截筛网外增加穿孔管曝气的管路布置。

7.8.31 移动床生物膜反应器池内水平流速不应大于 35m/h，长宽比宜为 2∶1～4∶1；当不满足此条件时，应增设导流隔墙和弧形导流隔墙，强化悬浮填料的循环流动。

→移动床生物膜反应器反应池的工艺设计，宜采用循环流态的构筑物形式，不宜采用完全推流式。

由于移动床生物膜反应器工艺中悬浮填料会随着水流方向流往下游方向，因此宜控制水平流速和长宽比，促进填料的循环流态，保证悬浮填料分布的均匀性，避免填料在出口处堆积。已建工程提标需要改造原有的完全推流式反应池时，应采取措施强化悬浮填料的循环流动。

7.9 供 氧 设 施

7.9.1 生物反应池中好氧区的供氧应满足污水需氧量、混合和处理效率等要求，宜采用鼓风曝气或表面曝气等方式。

→本条了解以下内容：

1. 供氧的作用：供氧设施的功能应同时满足废水需氧量、活性污泥与污水的混合和相应的处理效率等要求。

2. 生物反应池的供氧方式：

（1）鼓风曝气

1）非搅拌鼓风曝气；

2）带搅拌鼓风曝气。

（2）机械曝气

1）表面曝气器：包括一个安装在水面附近的搅拌叶轮，由叶轮的旋转而吸入空气。当叶轮周边速度为 4m/s～6m/s 时，称为低速表面曝气器；当叶轮周边速度高达 23m/s 时，称为高速表面曝气器。高速曝气设备由于溶气能力低，容易打碎絮体，未在曝气池中采用。表面虹吸器工作原理参见《当代给水与废水处理原理》（许保玖、龙腾锐）。

2）淹没式叶轮曝气器：主要从曝气池底部的空气分布系统引入的空气中吸取氧气。一般在产生气泡的同时，对气泡进行搅拌，是搅拌型鼓泡系统。搅拌使气泡的传质效率提高。

3. 曝气装置技术性能指标：

（1）动力效率 E_p：每消耗 1kWh 电能转移到混合液中的氧量，以 kgO_2/kWh 计。

（2）氧的利用效率 E_A：通过鼓风曝气转移到混合液中的氧量占总供氧量的百分比（％）。

（3）氧的转移效率 E_L：也称充氧能力，即通过机械曝气装置的转在单位时间内转移到混合液中的氧量，以 kgO_2/kWh 计。

鼓风曝气系统按（1）、（2）两项指标评定，机械曝气装置按（1）、（3）两项指标评定。

4. 鼓风曝气系统指由风机、管路、曝气器、除尘器为主组成的系统。

5. 微孔曝气带、抽换式无骨曝气管可在线更换，不需要停产。

6. 曝气设备总结见表7.9.1。

曝气设备总结　　　　　　　　　　　　　　　　　　　表 7.9.1

曝设备类型		特点
常用	鼓风曝气设备	鼓风曝气设备由空气加压设备、管路系统与空气扩散装置组成。空气加压设备一般选用鼓风机。空气扩散装置有扩散板、竖管、穿孔管、微孔曝气头等多种形式
	表面曝气机	主要作用是把空气中的氧溶入水中。曝气器在水体表面旋转时产生水跃，把大量水滴和片状水幕抛向空中，水与空气的充分接触，使氧很快溶入水体。充氧的同时，在曝气器转动的推流作用下，将池底层含氧量少的水体提升向上环流，不断充氧。 　　与鼓风曝气相比，不需要修建鼓风机房及设置大量布气管道和曝气头，设施简单、集中。一般不适用于曝气过程产生大量泡沫的污水，因为产生的泡沫会阻碍曝气池液面吸氧，使溶氧效果急剧下降，处理效率降低。 　　应用：目前，多用于中小规模的污水厂。当污水处理量较大时，采用多台表面曝气机会导致基建费用和运行费用增加，同时维护管理工作比较繁重。因此当处理水量较大时应采用鼓风曝气

曝设备类型	特点
水下曝气设备	水下曝气设备在水体底层或中层充入空气,与水体充分均匀混合,完成氧从气相到液相转移
氧气曝气设备	氧气曝气法应用不多。氧气曝气设备由制氧、输氧和充氧装置等组成。与空气曝气法相比较,其主要特点在于能提高曝气的氧分压。空气曝气法的氧分压为 0.21 个大气压,而氧气曝气法的氧分压可达 1 个大气压。因而水中氧的饱和浓度可提高 5 倍;氧吸收率高达 80%~95%;氧传递速率快,在活性污泥法中维持高达 6mg/L~10m/L 的浓度。因此,同一污泥负荷条件下,要取得同等效果的处理水质,氧气曝气法曝气时间可大为缩短,曝气池容积可减小,并能节省基建投资,但运转成本较高

注:本表摘自《给水排水设计手册(第二版)第 9 册:专用机械》。

7.9.2 生物反应池中好氧区的污水需氧量,根据去除的五日生化需氧量、氨氮的硝化和除氮等要求,宜按下式计算:

$$O_2 = 0.001aQ(S_o - S_e) - c\Delta X_V + b[0.001Q(N_k - N_{ke}) - 0.12\Delta X_V]$$
$$- 0.62b[0.001Q(N_t - N_{ke} - N_{oe}) - 0.12\Delta X_V] \tag{7.9.2}$$

式中:O_2——污水需氧量(kgO$_2$/d);

a——碳的氧当量,当含碳物质以BOD$_5$计时,应取 1.47;

Q——生物反应池的进水流量(m^3/d);

S_o——生物反应池进水五日生化需氧量浓度(mg/L);

S_e——生物反应池出水五日生化需氧量浓度(mg/L);

c——常数,细菌细胞的氧当量,应取 1.42;

ΔX_V——排出生物反应池系统的微生物量(kg/d);

b——常数,氧化每公斤氨氮所需氧量(kgO$_2$/kgN),应取 4.57;

N_k——生物反应池进水总凯氏氮浓度(mg/L);

N_{ke}——生物反应池出水总凯氏氮浓度(mg/L);

N_t——生物反应池进水总氮浓度(mg/L);

N_{oe}——生物反应池出水硝态氮浓度(mg/L);

$0.12\Delta X_V$——排出生物反应池系统的微生物中含氮量(kg/d)。

→本条了解以下内容:

1. 公式(7.9.2)等号右边各项的含义

第一项:$0.001aQ(S_o - S_e)$ 为去除碳源污染物 BOD 的总需氧量;

第二项:$c\Delta X_V$ 为剩余污泥需氧量;

第三项:$b[0.001Q(N_k - N_{ke}) - 0.12\Delta X_V]$ 为氨氮氧化需氧量;

第四项:$0.62b[0.001Q(N_t - N_{ke} - N_{oe}) - 0.12\Delta X_V]$ 为反硝化脱氮回收的氧量。

若处理系统仅为去除碳源污染物则 b 为零,则只计第一、二项。

若处理系统为去除碳源污染物和硝化反应时,则计第一、二、三项。

若处理系统为去除碳源污染物和反硝化脱氮时,则计第一、二、三、四项。

2. 公式(7.9.2)各项常数的含义

(1) 0.001：单位换算系数，把进出水的BOD_5浓度 mg/L 换算成 kg/m^3。

(2) a：碳的氧当量，当含碳物质以BOD_5计时取 1.47。

$$\frac{BOD_5}{UBOD}=1-e^{-k_1t}=1-e^{-0.23\times5}=1-0.32=0.68$$

上式说明BOD_5占 UBOD 的 68%，则生物可降解 BOD 的需氧量为 1/0.68＝1.47。

当含碳物质以 UBOD 计时，$a=1$。

含碳物质氧化的需氧量也可采用经验数据，参照国内外研究成果和国内污水厂生物反应池污水需氧量数据，综合分析为去除 1kg BOD_5 可采用 $0.7kgO_2\sim1.2kgO_2$。

(3) b：常数，氧化每千克氨氮所需氧量（kgO_2/kgN），取 4.57。

硝化过程的总反应为：

$$NH_4^+ + 2O_2 \longrightarrow NO_3^- + 2H^+ + H_2O$$

$$1gN \quad 4.57gO（溶解氧含量不能低于1mg/L）$$

(4) c：常数，细菌细胞的氧当量，取 1.42。

1.42 为细菌细胞的氧当量，若用 $C_5H_7NO_2$ 表示细菌细胞，则氧化 $C_5H_7NO_2$ 分子需 5 个氧分子，即：

$$C_5H_7NO_2 + 5O_2 \longrightarrow 5CO_2 + 2H_2O + NH_3$$

$$160/113=1.42 \quad (kgO_2/kgVSS)$$

(5) 0.12：指 1 个微生物中的氮含量。即 $C_5H_7NO_2$ 中 N 的含量$=\frac{14}{113}=0.12$。

(6) 0.62：表示反硝化氧的回收率。

反硝化反应可采用下式表示：

$$5C + 2H_2O + 4NO_3^- \longrightarrow 2N_2 + 4OH^- + 5CO_2$$

由此可知：4 个 NO_3^- 还原成 2 个 N_2，可使 5 个有机碳氧化成 CO_2，相当于耗去 5 个 O_2，而从反应式 $4NH_4^+ + 8O_2 \longrightarrow 4NO_3^- + 8H^+ + 4H_2O$ 可知，4 个氨氮氧化成 4 个 NO_3^- 需消耗 8 个 O_2，故反硝化时氧的回收率为 5/8＝0.62。

3. 曝气量的估算法

参见本标准第 7.6.6 条"生物反应池中的好氧区（池），采用鼓风曝气器时，处理每立方米污水的供气量不宜小于$3m^3$。当好氧区采用机械曝气器时，混合全池污水所需功率不宜小于$25W/m^3$；氧化沟所需功率不宜小于$15W/m^3$。缺氧区（池）、厌氧区（池）应采用机械搅拌，混合功率宜采用$2W/m^3\sim8W/m^3$。"

4. 需氧量与污泥负荷的经验关系

在曝气池内，活性污泥微生物对有机污染物的氧化分解及其本身在内源代谢期的自身氧化都是耗氧过程。这两部分氧化过程所需要的氧量，一般用下式求得：

$$O_2 = a'Q(S_o - S_e) + b'VX$$

式中：O_2——每日系统的需氧量（kgO_2/d）；

$\quad a'$——有机物代谢需氧系数（$kgO_2/kg\ BOD_5$）；

$\quad b'$——污泥自身氧化需氧系数［$kgO_2/(kgMLSS\cdot d)$］。

L_s 为有机物去除负荷，即单位重量活性污泥在单位时间所去除的有机物重量，$L_s = \frac{Q(S_o - S_e)}{VX}$。

在活性污泥法中，一般 $a'=0.25\sim0.76$；$b'=0.10\sim0.37$。

上式转化成：$\dfrac{O_2}{Q(S_o-S_e)}=a'+\dfrac{b'}{L_s}$。

由上式可知：去除每单位重量底物的需氧量随污泥负荷升高而减小。但是，系统供氧量无需随负荷按比例变化，因为曝气池和污泥有一定的调节能力，Vosloo 建议采用图 7.9.2-1 所示数据来设计曝气系统。

5. 废水中碳和氮生化需氧过程的解说图如图 7.9.2-2 所示。

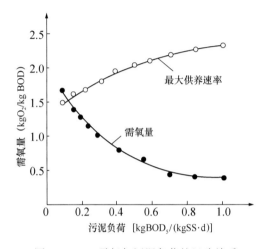

图 7.9.2-1　需氧与污泥负荷的经验关系

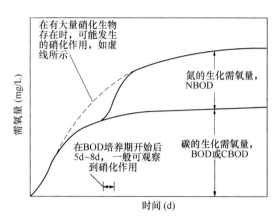

图 7.9.2-2　废水中碳和氮生化需氧
过程的解说图

注：本图摘自《废水工程处理及回用》（第四版）P61。

7.9.3　选用曝气装置和设备时，应根据设备的特性、位于水面下的深度、水温、污水的氧总转移特性、当地的海拔高度和预期生物反应池中溶解氧浓度等因素，将计算的污水需氧量换算为标准状态下清水需氧量。

→本条了解以下内容：

1. 氧总转移系数（K_{La}）：曝气池中氧从气相向液相传递的速率，即单位时间内向单位体积水中转移的氧量。其计量单位通常以 L/h 表示。

实际氧转移速率（AOR）：曝气器在实际应用的气压和水温条件下单位时间内向水中传递的氧量。

标准氧转移速率（SOR）：曝气器在标准状态（大气压 0.1MPa，水温 20℃）下单位时间内向溶解氧浓度为零的水中传递的氧量。又称标准传氧速率。

通气量：曝气器在标准状态下单位时间内充入水中的空气量。

2. 氧的转移效率取决于以下因素：气相中氧分压梯度、液相中氧的浓度梯度、气液之间接触面积和接触时间、水温、污水性质、水流的紊流程度。同一曝气器在不同压力、不同水温、不同水质时性能不同，曝气器的充氧性能数据是指单个曝气器在标准状态之值（即 0.1MPa，20℃ 清水）。为了计算曝气器的数量，必须将生物反应池污水实际需氧量换算成标准状态下（0.1MPa，20℃，脱氧清水）的需氧量值。

一般书中所查到的氧在水中的饱和浓度是指纯水在 0.1MPa 大气压下，与含 21% 氧的干空气平衡时的数值。溶解氧的饱和浓度与水的蒸气压力见表7.9.3。

溶解氧的饱和浓度与水的蒸气压力　　　　　　　　　　表7.9.3

温度（℃）	饱和浓度（mg/L）	蒸气压力（Pa）
0	14.62	612
2	13.84	705
4	13.13	811
6	12.48	931
8	11.87	1064
10	11.33	1224
12	10.83	1397
14	10.37	1596
16	9.95	1809
18	9.54	2062
20	9.17	2328
22	8.83	2633
24	8.53	2979
26	8.22	3352
28	7.92	3764
30	7.63	4230

注：本表摘自《当代给水与废水处理原理》（许保玖、龙腾锐）。

7.9.4　鼓风曝气时，可将标准状态下污水需氧量，换算为标准状态下的供气量，并应按下式计算：

$$G_s = \frac{O_s}{0.28E_A} \tag{7.9.4}$$

式中：G_s——标准状态（0.1MPa、20℃）下供气量（m³/h）；

　　　O_s——标准状态下生物反应池污水需氧量（kgO₂/h）；

　　　0.28——标准状态下的每立方米空气中含氧量（kgO₂/m³）；

　　　E_A——曝气器氧的利用率（%）。

→鼓风曝气指用扩散板或扩散管在水中引入空气来产生曝气作用。

鼓风装置在曝气池内无机械搅拌的称为非搅拌式鼓风系统，以区别于搅拌式鼓风系统。未经搅拌的气泡，氧气传质系数K_L较低，一般在0.05cm/s以下。图7.9.4直接给出了气泡的氧气传质系数K_L与气泡直径间的关系；经搅拌的气泡传质系数K_L可达0.073cm/s~0.34cm/s。

问：公式（7.9.4）中"0.28"的由来是什么？

答：根据理想气体状态方程：$P \cdot V = n \cdot R \cdot T$

1个大气压（1.013×10⁵Pa）下，0℃与20℃空气的体积比为：$\dfrac{V_{20℃}}{V_{0℃}} = \dfrac{22.4 \times (273+20)}{273}$；

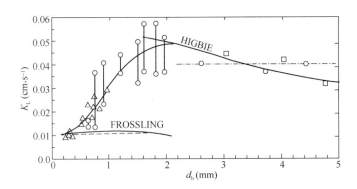

图 7.9.4　空气泡的氧气传质系数 K_L 与直径间的关系

标准状态（0.1MPa、20℃）下氧的密度：$\rho_{20℃}=\dfrac{32}{22.4}\times\dfrac{273}{273+20}=1.33\text{g/L}$；

标准状态（0.1MPa、20℃）下每立方米空气中含氧量：$1.33\times21\%=0.28$。

7.9.5　鼓风曝气系统中的曝气器应选用有较高充氧性能、布气均匀、阻力在小、不易堵塞、耐腐蚀、操作管理和维修方便的产品，并应明确不同服务面积、不同空气量、不同曝气水深，在标准状态下的充氧性能及底部流速等技术参数。

　　问：鼓风曝气系统如何按气泡大小分类？

　　答：鼓风曝气系统的空气扩散装置按气泡大小主要分为：微气泡（直径小于3mm）、中气泡（直径3mm～6mm）、大气泡（直径大于6mm）。

7.9.6　曝气器的数量应根据供气量和服务面积计算确定。

→本条了解以下内容：

　　1. 曝气器布置数量：按供氧量和服务面积中需要数量较多的一个来布置。

　　2. 供氧量包括生化反应需氧量和维持混合液2mg/L的溶解氧量，因为曝气池出口要保持2mg/L的溶解氧量。其目的是防止污泥在二次沉淀池中发生厌氧产气，引起污泥上浮。

　　问：曝气器如何分类？

　　答：《环境保护产品技术要求中、微孔曝气器》HJ/T 252—2006。

　　4.1.1　根据曝气器气孔的特性分为可张孔及固定孔。

　　4.1.2　根据曝气器的结构形式分为软管式、盘式、钟罩式及平板式。

　　4.1.3　根据曝气器的材质分为增强聚氯乙烯（PVC）软管型、橡胶膜型、陶瓷型、刚玉型、半刚玉型（硅质和刚玉的混合型）、硅质型、钛质型。

　　问：水处理用刚玉曝气器结构形式有哪些？

　　答：《水处理用刚玉微孔曝气器》CJ/T 263—2018。

　　刚玉微孔曝气器的结构形式分为圆板形、钟罩形、管形、球冠形和球形（组合式和分体式）。微孔曝气器与管路的连接有插板式、螺纹式等方式。

　　结构形式示意图见图 7.9.6-1～图 7.9.6-5。

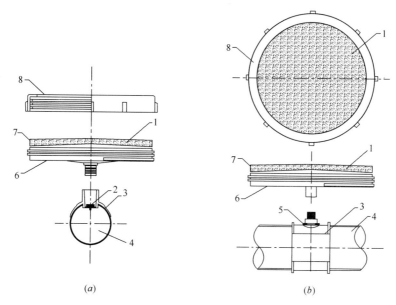

图 7.9.6-1 圆板形刚玉微孔曝气器结构形式示意图

（a）螺纹式；（b）插板式

1—刚玉微孔体；2—止回阀；3—连接件；4—布气管；5—O型密封圈；6—底盘；7—密封垫圈；8—压盖

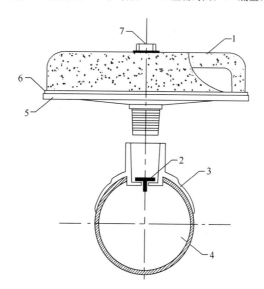

图 7.9.6-2 钟罩形刚玉微孔曝气器结构形式示意图

1—刚玉微孔体；2—止回阀；3—连接件；4—布气管；
5—支撑体；6—密封垫圈；7—通气螺栓

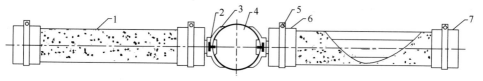

图 7.9.6-3 管形刚玉微孔曝气器结构形式示意图

1—刚玉微孔体；2—止回阀；3—连接件；4—布气管；5—卡箍；6—密封接头；7—密封堵头

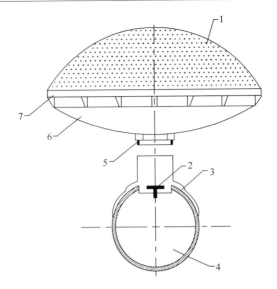

图 7.9.6-4　球冠形刚玉微孔曝气器结构形式示意图

1—刚玉微孔体；2—止回阀；3—连接件；4—布气管；

5—密封垫圈；6—支撑体；7—压盖

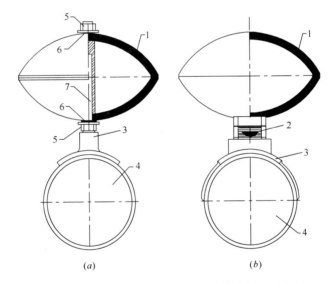

(*a*)　　　　　　　　　　(*b*)

图 7.9.6-5　球形刚玉微孔曝气器结构形式示意图

(*a*) 组合式；(*b*) 分体式

1—刚玉微孔体；2—止回阀；3—连接件；4—布气管；5—紧固螺母；6—密封圈；7—通气螺杆

问：水处理用橡胶膜微孔曝气器结构形式有哪些？

答：《水处理用橡胶膜微孔曝气器》CJ/T 264—2018。

橡胶膜微孔曝气器：由橡胶膜片和支撑体组成的气体（通常为空气）扩散器，在通气条件下，在水中可产生直径小于或等于3mm的气泡。空气通过橡胶膜片时，其上孔缝张开；停止供气时，孔缝闭合。

橡胶膜微孔曝气器的结构形式分为盘式（一体式和分体式）、管式及板式。结构形式示意图见图 7.9.6-6～图 7.9.6-9。

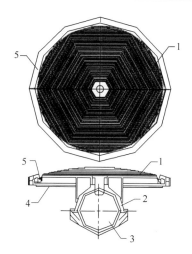

图 7.9.6-6　盘式（一体式）橡胶膜微孔曝气器结构形式示意图

1—橡胶膜；2—连接件；3—布气管；4—底盘；5—压盖

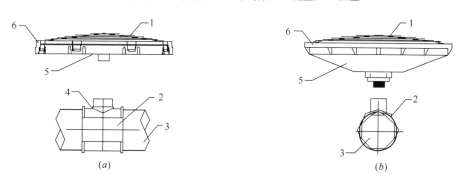

图 7.9.6-7　盘式（分体式）橡胶膜微孔曝气器结构形式示意图

（a）插板式；（b）螺纹式

1—橡胶膜；2—连接件；3—布气管；4—O型密封圈；5—底盘；6—压盖

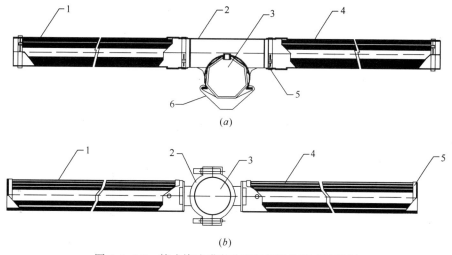

图 7.9.6-8　管式橡胶膜微孔曝气器结构形式示意图

（a）鞍插式；（b）螺栓式

1—橡胶膜；2—连接件；3—布气管；4—支撑管；5—卡箍；6—楔片

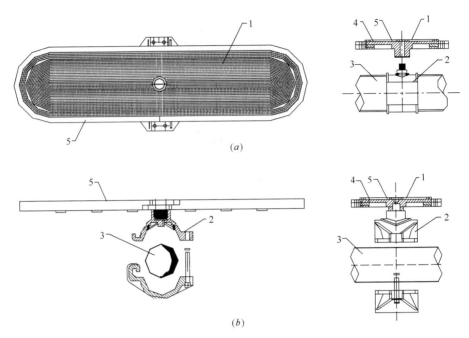

图 7.9.6-9　板式橡胶膜微孔曝气器结构形式示意图

(a) 插板式；(b) 螺栓式

1—橡胶膜；2—连接件；3—布气管；4—支撑管；5—框架

7.9.7　廊道式生物反应池中的曝气器，可满池布置或沿池侧布置，或沿池长分段渐减布置。

→多用满池布置或沿池侧布置，沿池长分段渐减布置效果更佳。平移推流式的曝气池底铺满扩散器，池中水流只沿池长方向流动。旋转推流式曝气扩散装置安装于横断面的一侧。由于气泡形成的密度差，池水产生旋流。池中的水除沿池长方向流动外，还有侧向旋流，形成了旋转推流，例如曝气沉砂池的曝气。如图 7.9.7 所示。

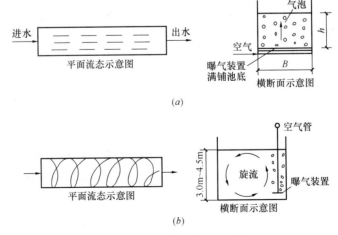

图 7.9.7　推流式曝气反应池

(a) 平移推流（曝气器满池布置）；(b) 旋转推流（曝气器沿池一侧布置）

7.9.8 采用表面曝气器供氧时，宜符合下列规定：

1 叶轮直径和生物反应池（区）直径（或正方形的一边）之比：倒伞或混流型可为 1∶3～1∶5，泵型可为 1∶3.5～1∶7；

2 叶轮线速度可为 3.5m/s～5.0m/s；

3 生物反应池宜有调节叶轮（转刷、转碟）速度或淹没水深的控制设施。

→叶轮使用应与池型相匹配，才可获得良好的效果。根据国内外运行经验作了相应的规定：

1. 叶轮直径与生物反应池直径之比，根据国内运行经验，较小直径的泵型叶轮的影响范围达不到叶轮直径的 4 倍，故适当调整为 1∶3.5～1∶7。

2. 根据国内实际使用情况，叶轮线速度在 3.5m/s～5.0m/s 范围内，效果较好。小于 3.5m/s 提升效果降低，故本条规定为 3.5m/s～5.0m/s。

3. 控制叶轮供氧量的措施，根据国内外的运行经验，一般有调节叶轮速度、控制生物反应池出口水位和升降叶轮改变淹没水深等。

4. 控制叶轮速度：采用减速箱控制叶轮速度。

5. 叶轮淹没水深的控制：通常采用调节出水堰门的高度来改变水位，以达到间接调整叶轮淹没深度的目的。可调式堰门参见《可调式堰门》CJ/T 536—2019。可调式堰门基本结构形式示意图见图 7.9.8-1、图 7.9.8-2。

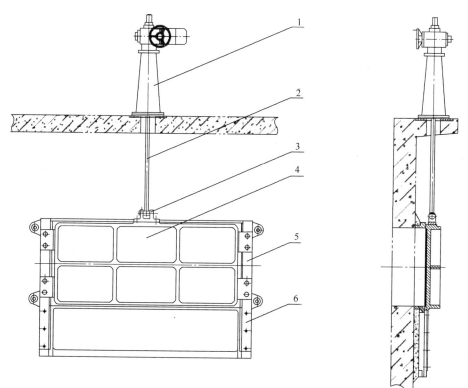

图 7.9.8-1　直升式可调式堰门基本结构形式示意图

1—驱动装置；2—丝杆；3—吊耳；4—门板；5—门框；6—导轨

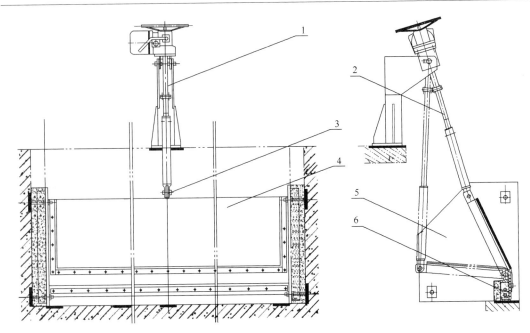

图 7.9.8-2　旋转式可调式堰门基本结构形式示意图
1—驱动装置；2—丝杆；3—吊耳；4—门板；5—侧板；6—底梁

7.9.9　各种类型的机械曝气设备的充氧能力应根据测定资料或相关技术资料采用。

7.9.10　选用供氧设施时，应考虑冬季溅水、结冰、风沙等气候因素及噪声、臭气等环境因素。

7.9.11　污水厂采用鼓风曝气时，宜设置单独的鼓风机房。鼓风机房可设有值班室、控制室、配电室和工具室，必要时还应设鼓风机冷却系统和隔声的维修场所。

→考虑鼓风机的噪声影响及操作管理的方便，规定污水厂一般宜设置独立鼓风机房，并设置辅助设施。离心式鼓风机需设冷却装置，应考虑设置的位置。

7.9.12　鼓风机的选型应根据使用的风压、单机风量、控制方式、噪声和维修管理等条件确定。选用离心鼓风机时，应详细核算各种工况条件下鼓风机的工作点，不得接近鼓风机的湍振区，并宜设有调节风量的装置。在同一供气系统中，宜选用同一类型的鼓风机。应根据当地海拔高度，最高、最低空气温度，相对湿度对鼓风机的风量、风压及配置的电动机功率进行校核。

→本条了解以下内容：

1. 风机按工作原理分类，见表 7.9.12-1。

风机按工作原理分类　　　　　　　表 7.9.12-1

叶片式风机		容积式风机			
离心风机	轴流风机	往复风机	回转风机		
			叶氏风机	罗茨风机	螺杆风机

2. 目前在污水厂中常用的鼓风机有单级高速离心式鼓风机、多级离心式鼓风机和容积式罗茨鼓风机。

离心式鼓风机噪声相对较低。调节风量的方法，目前大多采用在进口调节，操作简便。它的特性是压力条件及气体相对密度变化时对送风量及动力影响很大，所以应考虑风压和空气温度的变动带来的影响。离心式鼓风机宜用于水深不变的生物反应池。

罗茨鼓风机的噪声较大。为防止风压异常上升，应设置防止超负荷的装置。生物反应池的水深在运行中变化时，采用罗茨鼓风机较为适用。

轴流式风机适用于浅层曝气。浅层曝气指曝气设备设在水下 0.8m～0.9m 深度，风压 1.2m 以下。

三种风机的性能和经济性对比见表 7.9.12-2。

三种风机的性能和经济性对比　　　　表 7.9.12-2

对比项目	离心式鼓风机	多级离心式鼓风机	罗茨鼓风机
压力高效区	1000Pa～3000Pa	30000Pa 以上	20000Pa 以上
冷却形式	需专门冷却系统	水冷/油冷	水冷/油冷
噪声	低	高	最高
附属建筑物	无需	鼓风机房	鼓风机房
运行维护方法	与车间通风设备相同，无须特殊维护	风机、电机、冷却系统均须专门维护	风机、电机、冷却系统均须专门维护
设备价格	低	高	高
运行费用	低	高	高
应用条件			风量要求稳定而阻力变化幅度较大的工作场合

3.《城镇排水系统电气与自动化工程技术标准》CJJ/T 120—2018。

7.1.8　大功率水泵、鼓风机等设备宜结合工艺要求和运行工况采用变频调速。

7.1.8 条文说明：污水厂风机水泵类负载较多，工艺专业在选择设备时都是按最大需量来考虑选择设备的能力，而设备正常工作时的负载往往比设计值要小许多，在大多数时间里水泵和风机都不会满载运行，这就造成了整个污水处理过程的能源利用效率低，浪费现象严重的情况。同时，由于电机长期处于高速运转状态，机械磨损大，维护费用高，使用寿命相应缩短。由流体学相似定律可知，流量与转速成比例，而功率与转速的三次方成比例，水泵采用调速控制时，当流量减小时，所需功率近似按流量的三次方大幅度下降，可以最大限度地节约电能消耗。

风机及水泵作为最主要的用电设备，采用节能措施，能有效提升排水泵站和污水厂的节能指标，也符合国家节能政策；但需要特别注意的是，对于单级高速离心风机，根据设备性能要求，不能采用变频调速，需要采用进出风导叶片调节风量进行控制。

7.9.13　采用污泥气燃气发动机作为鼓风机的动力时，可和电动鼓风机共同布置，其间应有隔离措施，并应符合国家现行有关防火防爆标准的规定。

7.9.14 计算鼓风机的工作压力时，应考虑进出风管路系统压力损失和使用时阻力增加等因素。输气管道中空气流速宜采用：干支管为 10m/s～15m/s；竖管、小支管为4m/s～5m/s。

7.9.15 鼓风机的台数应根据供气量确定；供气量应根据污水量、污染物负荷变化、水温、气温、风压等确定。可采用不同风量的鼓风机，但不应超过两种。工作鼓风机台数，按平均风量供气量配置时，应设置备用鼓风机。工作鼓风机台数小于或等于4台时，应设置1台备用鼓风机；工作鼓风机台数大于或等于5台时，应设置2台备用鼓风机。备用鼓风机应按设计配置的最大机组考虑。

→本条了解以下内容：

1. 工作鼓风机台数按平均风量配置时，需加设备用鼓风机。根据污水厂管理部门的经验，一般认为如按最大风量配置工作鼓风机时，可不设备用机组。

2. 鼓风机的备用台数

工作鼓风机≤4台时，备用1台；工作鼓风机≥5台时，备用2台。备用鼓风机应按设计的最大机组设置。

7.9.16 鼓风机应根据产品本身和空气曝气器的要求，设不同的空气除尘设施。鼓风机进风管口的位置应根据环境条件而设，并宜高于地面。大型鼓风机房宜采用风道进风，风道转折点宜设整流板。风道应进行防尘处理。进风塔进口宜设耐腐蚀的百叶窗，并应根据气候条件加设防止雪、雾或水蒸气在过滤器上冻结冰霜的设施。

→本条了解以下内容：

1. 鼓风机对气体中固体微粒含量要求：罗茨鼓风机不应大于 $100mg/m^3$，离心式鼓风机不应大于 $10mg/m^3$。微粒最大尺寸不应大于气缸内各相对运动部件的最小工作间隙之半。

2. 空气曝气器对空气除尘要求：钟罩式、平板式微孔曝气器，固体微粒含量应小于 $15mg/m^3$；常用的微气泡空气扩散装置包括：扩散板、扩散管、固定式平板型微孔空气扩散器、固定钟罩型微孔空气扩散装置、膜片式微孔空气扩散器、提升式微孔空气扩散器、摇臂式微孔空气扩散器等。提示：并不是所有的微孔曝气器都要求除尘，膜片式微孔空气扩散器不会堵塞，也无需除尘设备。中大气泡曝气器可采用粗效除尘器。中气泡空气扩散装置最常用的是穿孔管，开孔直径 3mm～5mm，这种扩散装置构造简单、不易堵塞、阻力小，但氧利用率较低，只有 4%～5%，动力效率低，约 $1kgO_2/kWh$。网状膜空气扩散装置也属于中气泡空气扩散装置，不易堵塞、布气均匀、构造简单、便于维护管理、氧利用率较高。

3. 在进风口设置的防止在过滤器上冻结冰霜的措施，一般是加热处理。

4. 橡胶膜微孔曝气器：由橡胶膜片和支撑体组成的气体（通常为空气）扩散器，在通气条件下，在水中可产生直径小于或等于 3mm 的气泡。空气通过橡胶膜片时，其上孔缝张开；停止供气时，孔缝闭合。微孔曝气器可参见《水处理用橡胶膜微孔曝气器》CJ/T 264—2018 和《水处理用刚玉微孔曝气器》CJ/T 263—2018。

7.9.17 选择输气管道的管材时，应考虑强度、耐腐蚀性和膨胀系数。当采用钢管时，管道内外应有不同的耐热、耐腐蚀处理，敷设管道时应考虑温度补偿。当管道置于管廊或室内时，在管外应敷设隔热材料或加做隔热层。

7.9.18 鼓风机和输气管道连接处宜设柔性连接管。输气管道的低点应设排除水分（或油分）的放泄口和清扫管道的排出口；必要时可设排入大气的放泄口，并应采取消声措施。

7.9.19 生物反应池的输气干管宜采用环状布置。进入生物反应池的输气立管管顶宜高出水面0.5m。在生物反应池水面上的输气管，宜根据需要布置控制阀，在其最高点宜适当设置真空破坏阀。
→生物反应池输气干管环状布置可提高供气的安全性。为防止鼓风机突然停止运转，使池内水回灌进入输气管中，宜采取输气立管管顶高出水面0.5m的措施。

7.9.20 鼓风机房内的机组布置和起重设备设置宜符合本标准第6.4.7条和第6.4.9条的规定。

7.9.21 大中型鼓风机应设单独基础，机组基础间通道宽度不应小于1.5m。

7.9.22 鼓风机房内外的噪声应分别符合现行国家标准《工业企业噪声控制设计规范》GB/T 50087和《工业企业厂界环境噪声排放标准》GB 12348的规定。
　　问：各类工作场所噪声限值是多少？
　　答： 降低噪声应从噪声着手，选用低噪声鼓风机，配以消声措施。离心鼓风机噪声应达85dB以下。工业企业内各类工作场所噪声限值应符合表7.9.22的规定。

各类工作场所噪声限值　　　　　　　　　　　　表7.9.22

工作场所	噪声限值 [dB(A)]
生产车间	85
车间内值班室、观察室、休息室、办公室、实验室、设计室室内背景噪声级	70
正常工作状态下精密装配线、精密加工车间、计算机房	70
主控室、集中控制室、通信室、电话总机室、消防值班室、一般办公室、会议室、设计室、实验室室内背景噪声级	60
医务室、教室、值班宿舍室内背景噪声级	55

注：1. 生产车间噪声限值为每周工作5d，每天工作8h等效声级；对于每周工作5d，每天工作时间不是8h，需计算8h等效声级；对于每周工作日不是5d，需计算40h等效声级。
　　2. 室内背景噪声级指室外传入室内的噪声级。
　　3. 本表摘自《工业企业噪声控制设计规范》GB/T 50087—2013。

7.10 化 学 除 磷

7.10.1 污水经生物除磷工艺处理后，其出水总磷不能达到要求时，应采用化学除磷工艺处理；污泥处理过程中产生的污水含磷较高影响出厂水总磷不能达标时，也应采用化学除磷工艺。

→生物除磷是一种相对经济的除磷方法，由于现阶段生物除磷工艺还无法保证出水总磷稳定达标，所以常需要采用或辅以化学除磷措施。与生物除磷相比，化学除磷不会由于污泥处理过程中停留时间长而发生磷酸盐的二次释放，因此不会产生内部磷酸盐负荷。与完全通过化学沉淀除磷相比，生物除磷与化学除磷相结合能减少化学药剂的用量，缓解化学除磷方法的弊端。通常以生物除磷为主，化学除磷为辅，进行复合除磷。当出水磷浓度超过排放标准时再投加化学除磷药剂进行化学除磷，以达标排放。污水厂出厂水磷的浓度限值见表 7.10.1。

基本控制项目最高允许排放浓度（日均值，mg/L）   表 7.10.1

基本控制项目		一级标准		二级标准	三级标准
		A 标准	B 标准		
总磷 （以 P 计）	2005 年 12 月 31 日前建设的	1.0	1.5	3.0	5.0
	2006 年 1 月 1 日起建设的	0.5	1	3.0	5.0

注：本表摘自《城镇污水厂污染物排放标准》GB 18918—2002。

7.10.2 化学除磷药剂可采用生物反应池的前置投加、后置投加或同步投加，也可采用多点投加。在生物滤池中不宜采用同步投加方式除磷。

→本条了解以下内容：

    1. 化学除磷按投加位置的划分

    前置投加：以生物反应池为界，在生物反应池前投加为前置投加。

    后置投加：在生物反应池后投加为后置投加。

    同步投加：投加在生物反应池内为同步投加。

    多点投加：在生物反应池前、后都投加为多点投加。

    2. 各种投加方式的应用和特点

    前置投加点在原污水处，形成沉淀物与初沉污泥一起排除。前置投加的优点是还可去除相当数量的有机物，因此能减少生物处理的负荷。

    后置投加点在生物处理之后，形成的沉淀物通过另设的固液分离装置进行分离，这一方法的出水水质好，但需增建固液分离设施。

    同步投加点为初次沉淀池出水管道或生物反应池内，形成的沉淀物与剩余污泥一起排除。

    多点投加是在沉砂池、生物反应池和固液分离设施等位置投加药剂，可以降低投药总量，增加运行的灵活性。由于 pH 的影响，不可采用石灰作混凝剂。在需要硝化的场合，要注意铁、铝对硝化菌的影响。

    化学除磷药剂可投加的位置见图 7.10.2。

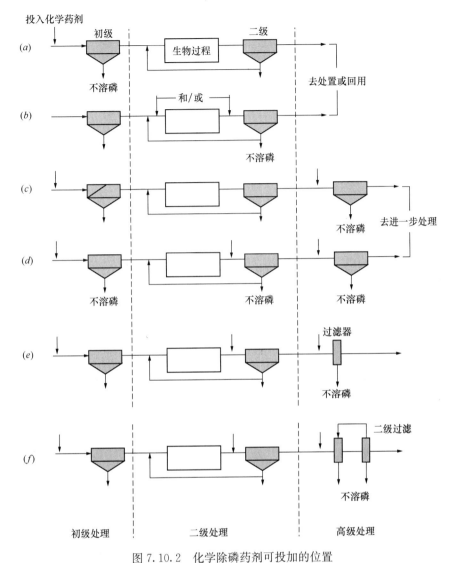

图 7.10.2 化学除磷药剂可投加的位置

(a) 初沉池前；(b) 生物处理前或生物处理后；(c) 二级处理后；

(d)、(e)、(f) 在过程中数个部位（称为"分散处理"）

注：图 7.10.2 摘自《废水工程处理及回用》（第四版）P365。

3. 影响化学除磷的因素

废水中的磷可在流程图中的若干个不同部位进行沉淀，按除磷的位置一般可分为：

（1）预沉淀：将化学药剂投加到初沉池之前，投药点可以设在沉砂池、初沉池进水处，使磷在初次沉淀设备中沉淀下来，叫作"预沉淀"。

（2）共沉淀：投加化学药剂形成的沉淀物与废生物污泥一起去除，定义为"共沉淀"。投加化学药剂的位置可在：1）初沉设备的出水；2）混合液（活性污泥过程）；3）二次沉淀前生物处理过程的出水。使磷在二沉池中沉淀下来。

（3）后沉淀：后沉淀是将化学药剂投加在二次沉淀设备的出水中，而后将化学沉淀物去除。该过程的化学沉淀物往往是在专用的沉淀设备中或是在出水过滤器中被去除。

（4）直接沉淀：直接进行混凝、沉淀反应，无生物反应，这种方法主要用于强化一级处理工艺。

影响化学除磷药剂选择的因素有：

（1）进水的含磷量；

（2）废水的悬浮固体；

（3）碱度；

（4）化学药剂的费用（包括运费）；

（5）化学药剂供应的可靠性；

（6）污泥处理设备；

（7）最终的处理方法；

（8）与其他处理过程的兼容性。

7.10.3 化学除磷设计中，药剂的种类、剂量和投加点宜根据试验资料确定。

→由于污水水质和环境条件各异，因而宜根据试验确定最佳药剂种类、剂量和投加点。

7.10.4 化学除磷药剂可采用铝盐、铁盐或其他有效的药剂。后置投加除磷药剂采用铝盐或铁盐作混凝剂时，宜投加离子型聚合电解质作为助凝剂。

→本条了解以下内容：

1. 化学除磷的常用药剂：可以采用铝盐、铁盐、石灰。

铝盐有硫酸铝、铝酸钠和聚合铝等，其中硫酸铝较常用。铁盐有三氯化铁、氯化亚铁、硫酸铁和硫酸亚铁等，其中三氯化铁最常用。

2. 各种药剂投加量及相应的投加位置

（1）采用铝盐或铁盐除磷时，主要生成难溶性的磷酸铝或磷酸铁，其投加量与污水中总磷量成正比。可用于生物反应池的前置、后置和同步投加。

（2）采用亚铁盐需先氧化成铁盐后才能取得最大的除磷效果，因此其一般不作为后置投加的混凝剂，在前置投加时，一般投加在曝气沉砂池中，以使亚铁盐迅速氧化成铁盐。

（3）采用石灰除磷生成 $Ca_5(OH)(PO_4)_3$ 沉淀，其溶解度与 pH 有关，因而所需石灰量取决于污水的碱度，而不是含磷量。石灰作混凝剂不能用于同步除磷，只能用于前置或后置除磷。石灰用于前置除磷后污水 pH 较高，进生物处理系统前需调节 pH；石灰用于后置除磷时，处理后的出水必须调节 pH 才能满足排放要求；石灰还可用于污泥厌氧释磷池或污泥处理过程中产生的富磷上清液的除磷。用石灰除磷，污泥量较铝盐或铁盐大很多，因而很少采用。

（4）铝盐或铁盐作混凝剂时，宜加入少量阴离子、阳离子或阴阳离子聚合电解质，如聚丙烯酰胺（PAM），作为助凝剂，有利于分散的游离金属磷酸盐絮体混凝和沉淀。

（5）如果生物反应池采用的是生物接触氧化池或曝气生物滤池，则不宜采用同步投加方式除磷，以防止填料堵塞。

问：为什么石灰除磷石灰量取决于污水碱度？

答：石灰除磷时，石灰中钙离子与正磷酸盐作用生成羟基磷灰石的反应式为：

$$5Ca^{2+} + 4OH^- + 3HPO_4^{2-} \longrightarrow Ca_5(OH)(PO_4)_3 \downarrow + 3H_2O$$

羟基磷灰石的溶解度随 pH 升高而迅速降低，pH 的升高将促进磷酸盐的去除。要保持较高的除磷率，需要将 pH 提高到 9.5 以上。要达到一个给定的磷酸盐去除率，所需的石灰投加量主要取决于污水的碱度，而与水中含磷浓度关系不大，其相关关系见图 7.10.4-1。将 pH 提高至 11 时的石灰需要量与未处理废水碱度的关系见图 7.10.4-2。

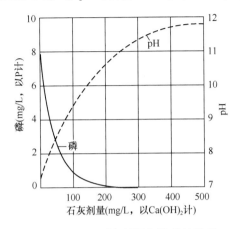

图 7.10.4-1 石灰剂量与除磷的关系

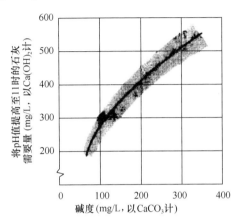

图 7.10.4-2 将 pH 值提高至 11 时石灰的需要量与未处理废水碱度的关系

钙通常是以熟石灰 $Ca(OH)_2$ 的形式投加的。熟石灰加入水中后将与水中原有的酸式碳酸盐碱度反应生成 $CaCO_3$ 沉淀。当废水的 pH 大致增加到 10 以上时，过量的钙离子将与磷酸盐反应生成羟基磷灰石沉淀 $Ca_{10}(PO_4)_6(OH)_2$，反应式如下：

$$10Ca^{2+} + 2OH^- + 6PO_4^{3-} \Longleftrightarrow Ca_{10}(PO_4)_6(OH)_2 (羟基磷灰石)$$

因为石灰与废水中的碱度发生反应，所以一般来说，石灰的需要量主要与废水的碱度有关，而与废水中存在的磷酸盐量无关。磷在废水中沉淀所需的石灰量一般是以 $CaCO_3$ 计的总碱度的 1.4 倍～1.5 倍，由于磷酸盐沉淀所需的 pH 较高，所以共沉淀往往是不可行的。将石灰加入原废水或二次出水中时，则在进行后续处理或处置时通常需要调节 pH。为降低 pH，需用 CO_2 进行再碳化。参见《废水工程处理及回用》（第四版）P362。

问：磷沉淀最优 pH 是多少？

答：磷沉淀最优 pH 见表 7.10.4。

磷沉淀最优 pH 表 7.10.4

药剂	pH	说明	沉淀物性质
$Ca(OH)_2$	10～12	需投加絮凝剂	羟磷灰石、磷酸三钙
Fe^{3+}	5.5	需投加过量氢氧化物	磷酸盐及金属氢氧化物
Al^{3+}	6.5		

注：羟磷灰石［$3Ca_3(PO_4)_2 \cdot Ca(OH)_2$］，或磷石灰［$3Ca_3(PO_4)_2 \cdot CaCO_3$］。

7.10.5 采用铝盐或铁盐作混凝剂时，其投加混凝剂和污水中总磷的摩尔比宜为1.5～3.0，当出水中总磷的浓度低于 0.5mg/L 时，可适当增加摩尔比。

→本条了解以下内容：

1. 铝盐除磷

(1) 铝离子与正磷酸盐反应，形成固体磷酸铝：

$$Al^{3+} + PO_4^{3-} \longrightarrow AlPO_4 \downarrow \qquad (7.10.5-1)$$

(2) 一般采用硫酸铝作为混凝剂，其反应为：

$$Al_2(SO_4)_3 + 2PO_4^{3-} \longrightarrow 2AlPO_4 \downarrow + 3SO_4^{2-} \qquad (7.10.5-2)$$

(3) 硫酸铝还与污水中的碱度发生反应：

$$Al_2(SO_4)_3 + 6HCO_3^- \longrightarrow 2Al(OH)_3 \downarrow + 6CO_2 + 3SO_4^{2-} \qquad (7.10.5-3)$$

由于硫酸铝对碱度的中和，pH 下降，形成氢氧化铝聚凝体，同时与正磷酸离子化合形成固体磷酸铝。若不是两种反应同时进行，则除磷与投铝的比例约为 1:0.87。根据一般经验，铝盐的实际用量约为磷酸盐沉淀所需量的一倍，最佳的 pH 约为 6。除硫酸铝外，聚合氯化铝（PAC）和铝酸钠也常用于化学除磷，其化学反应式同式（7.10.5-2），但 pH 不会降低。

(4) 铝离子与磷酸盐反应的总反应式：

$$Al^{3+} + H_n PO_4^{3-n} \longrightarrow AlPO_4 + nH^+ \qquad (7.10.5-4)$$

2. 铁盐降磷

铁离子与磷酸盐的反应和铝离子与磷酸盐的反应十分相似，生成物为 $FePO_4$ 与 $Fe(OH)_3$。国内常用的铁盐混凝剂有三氯化铁（$FeCl_3$）、硫酸亚铁（$FeSO_4$）等，因此硫酸亚铁适用于在曝气池投加混凝剂的 BC 法在工艺。经过曝气，氢氧化亚铁可氧化成为氢氧化铁：

$$FeSO_4 + Ca(HCO_3)_2 \longrightarrow Fe(OH)_2 + CaSO_4 + 2CO_2 \qquad (7.10.5-5)$$

$$2Fe(OH)_2 + \frac{1}{2}O_2 + H_2O \longrightarrow 2Fe(OH)_3 \downarrow \qquad (7.10.5-6)$$

铁离子与磷酸盐反应的总反应式：

$$Fe^{3+} + H_n PO_4^{3-n} \longrightarrow FePO_4 + nH^+ \qquad (7.10.5-7)$$

铁盐的投加条件也与铝盐相似。

3. 理论上，三价铝离子和三价铁离子与等摩尔磷酸反应生成磷酸铝和磷酸铁。由于实际反应并不是 100% 有效进行的，加之 OH^- 会与金属离子竞争反应，生成相应的氢氧化物，并且污水中成分极其复杂，含有大量阴离子，铝、铁离子会与它们反应，从而消耗混凝剂，所以实际化学沉淀药剂投加量一般需超量投加，以保证达到出水所需要的 P 浓度。根据经验投加时其摩尔比宜为 1.5~3。

投加系数受多种因素的影响，如投加点、混合条件等，实际投加时建议通过试验确定投加量。在无干扰因素时药剂投加系数和磷去除量的关系见图 7.10.5-1。

4. 投加量一般是根据实验室试验确定的，有时还可能要通过生产性试验确定，尤其是在使用聚合物时。例如，对于 Al^{3+}、Fe^{3+} 和磷酸盐具有等摩尔的初始浓度，与不溶的 $AlPO_4$ 和 $FePO_4$ 处于平衡状态下的溶解磷酸盐总浓度示于图 7.10.5-2，图中实线描绘

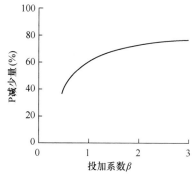

图 7.10.5-1　在无干扰因素时药剂投加系数和磷去除量的关系

了沉淀后溶解磷酸盐的残余浓度。纯金属磷酸盐在阴影区内沉淀，而混合的络合多核物在较高和较低pH的阴影区外形成。摘自《废水工程处理及回用》（第四版）P363。

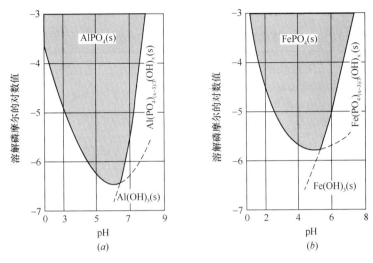

图 7.10.5-2 磷酸铝和磷酸铁与可溶性磷相平衡时的浓度
（a）磷酸铝；（b）磷酸铁

7.10.6 化学除磷时应考虑产生的污泥量。

→化学除磷产泥量见表 7.10.6-1；不同处理工艺的污泥产量见表 7.10.6-2。

化学除磷产泥量 表 7.10.6-1

投加位置	污泥增加量	
	铝盐、铁盐	石灰
前置投加	40%～75%	150%～500%
后置投加	20%～35%	130%～145%
同步投加	15%～50%	

不同处理工艺的污泥产量（g 干污泥/m³ 污水） 表 7.10.6-2

处理工艺		污泥产生量范围	典型值
初次污泥		110～170	150
活性污泥法		70～100	85
深度曝气		80～120	100
氧化塘		80～120	100
过滤		10～25	20
化学除磷	低剂量石灰（350mg/L～500mg/L）	240～400	300
	高剂量石灰（800mg/L～1600mg/L）	600～1350	800
	反硝化	10～30	20

7.10.7 化学除磷时，接触腐蚀性物质的设备和管道应采取防腐蚀措施。

→三氯化铁、氯化亚铁、硫酸铁和硫酸亚铁都具有很强的腐蚀性；硫酸铝固体在干燥条件下没有腐蚀性，但硫酸铝液体却有很强的腐蚀性。

不同处理阶段化学除磷的优缺点比较见表7.10.7。

不同处理阶段化学除磷的优缺点比较　　　　　表7.10.7

处理阶段	优点	缺点
初级处理	可用于大多数污水厂；提高了BOD和悬浮固体的去除率；金属泄漏的程度最小；可回收石灰	金属利用率最低；可能需要聚合物进行絮凝；该污泥比初次污泥更难脱水
二级处理	费用最低；所需化学药剂的投加量少于初级处理；改善了活性污泥的稳定性；不需要用聚合物	过量金属可能引起低pH的毒性；对碱度低的废水可能需要设置pH控制系统；由于pH过高，不能用石灰；有惰性固体加入到活性污泥混合液中，因而降低了挥发性固体的百分率
高级处理-沉淀	出水中磷最低；金属的利用率最高；可回收石灰	投资费用最高；金属损失最多
高级处理-单级和二级过滤	结合残余悬浮物的去除费用低	用单级过滤，过滤行程的长度可能减小，用二级过滤的费用较高

注：本表摘自《废水工程处理及回用》（第四版）。

7.11　深度和再生处理

Ⅰ　一般规定

7.11.1　污水深度和再生处理的工艺应根据水质目标选择，工艺单元的组合形式应进行多方案比较，满足实用、经济、运行稳定的要求。再生水的水质应符合国家现行水质标准的规定。

→本条了解以下内容：

1. 污水再生利用：以污水为再生水源，经净化处理达到规定的水质标准后，通过管渠输送或现场予以利用的过程。

2. 再生水水源选择

（1）再生水水源的水量、水质应满足再生水生产与供给的可靠性、稳定性和安全性要求，且不应对后续再生利用过程产生危害。

（2）以城镇污水作为再生水水源时，其设计水质应根据污水收集区域现状水质和预期水质变化情况确定，并应符合现行国家标准《污水排入城镇下水道水质标准》GB/T 31962的有关规定。

（3）以污水厂出水作为再生水水源时，其设计水质可按污水厂的实际运行出水水质及原设计出水水质综合分析确定。

（4）放射性废水、重金属及有毒有害物质超标的污水不但对生物处理系统有影响，且经常规的生物处理及深度处理达不到相关水质标准，因此严禁作为再生水水源。参见《城镇污水再生利用工程设计规范》GB 50335—2016，4.1 水源。

3. 水资源的优化配制顺序

水资源的优化配制顺序：本地天然水、再生水、雨水、境外引水、淡化海水。在解决城市缺水问题时，应优先考虑城市污水再生利用，污水再生利用方案未得到充分论证之前，不能舍近求远兴建远距离调水工程。参见《城镇污水再生利用工程设计规范》GB 50335—2016。

4. 城市污水再生处理工艺参见《城镇污水再生利用工程设计规范》GB 50335—2016。

5.2.2 依据不同的再生水水源及供水水质要求，污水再生处理可采用下列工艺流程：

1 二级处理出水→介质过滤→消毒；

2 二级处理出水→微絮凝→介质过滤→消毒；

3 二级处理出水→混凝→沉淀（澄清、气浮）→介质过滤→消毒；

4 二级处理出水→混凝→沉淀（澄清、气浮）→膜分离→消毒；

5 污水→二级处理（或预处理）→曝气生物滤池→消毒；

6 污水→预处理→膜生物反应器→消毒；

7 深度处理出水（或二级处理出水）→人工湿地→消毒

5.2.3 当上述工艺流程尚不能满足用户水质要求时，可再增加一种或几种其他深度处理单元，其他深度处理单元包括臭氧氧化、活性炭吸附、臭氧-活性炭、高级氧化等。各单元的处理效率、出水水质宜通过试验或按国内外已建成的工程实例确定。

5. 污水回用的再生水水质应根据回用目的，符合有关的水质标准。再生水的处理工艺流程应通过试验或者参考已经鉴定过并投入实际使用的工艺，经技术经济比较后合理确定。再生水的深度处理一般宜采用絮凝、沉淀（澄清）、过滤、消毒工艺流程，并按照简单可靠原则，进行单元优化组合，通常过滤是必需的。污水厂应设置再生水的水质检测设备，以保证用水的安全，必要时可设置水质自动检测设施。

过滤起保障再生水水质作用，多数情况下是必需的。微滤技术出水效果比砂滤更好。

二级处理出水的深度处理方法见表 7.11.1-1。

二级处理出水的深度处理方法　　　　　　　　表 7.11.1-1

污染物		处理方法
有机物	悬浮性	过滤（上向流、下向流、重力式、压力式、移动床、双层和多层滤料）、混凝沉淀（石灰、铝盐、铁盐、高分子）、微滤、气浮
	溶解性	活性炭吸附（粒状炭、粉状炭、上向流、下向流、流化床、移动床、压力式吸附塔、重力式吸附塔）、臭氧氧化、混凝沉淀、生物处理
无机盐	溶解性	反渗透、纳滤、电渗析、离子交换
营养盐	磷	生物除磷、混凝沉淀
	氮	生物脱氮、氨吹脱、离子交换、折点加氯

问： 城镇污水再生利用方式占比是多少？

答： 见表 7.11.1-2～表 7.11.1-4。

城镇污水再生利用的相关标准　　　　　　　　　表 7.11.1-2

标准	标准名称及编号
工程设计	《城镇污水再生利用工程设计规范》GB 50335—2016
再生利用	《城市污水再生利用分类》GB/T 18919—2002
	《城市污水再生利用城市杂用水水质》GB/T 18920—2020
	《城市污水再生利用景观环境用水水质》GB/T 18921—2019
	《城市污水再生利用农田灌溉用水水质》GB 20922—2007
	《城市污水再生利用工业用水水质》GB/T 19923—2005
	《城市污水再生利用地下水回灌水质》GB/T 19772—2005
	《城市污水再生利用绿地灌溉水质》GB/T 25499—2007
运行维护	《城镇再生水厂运行、维护及安全技术规程》CJJ 252—2016
规划编制	《城镇再生水利用规划编制指南》SL 760—2018
水回用导则	《水回用导则再生水厂水质管理》GB/T 41016—2021
	《水回用导则污水再生处理技术与工艺评价方法》GB/T 41017—2021
	《水回用导则再生水分级》GB/T 41018—2021

2019 年我国再生水生产能力　　　　　　　　　表 7.11.1-3

污水厂处理能力 （万 m³/d）			再生水生产能力 （万 m³/d）			排水设施建设固定投资 （亿元）		
城市	县城	合计	城市	县城	合计	城市	县城	合计
17863.17	3587.00	21450.17	4428.85	596.27	5025.12	1562.36	366.63	1928.99

注：本表数据引自《城镇水务统计年鉴（2020）》对 2019 年的统计数据。

我国城镇污水厂再生水利用方式占比　　　　　　表 7.11.1-4

城镇污水厂再生水利用方式	各类再生水利用方式占比（%）
市政杂用	12.82
景观及河道补水	58.19
建筑中水	1.41
工业回用	25.64
农业灌溉	1.94

注：本表是《城镇水务统计年鉴（2020）》2019 年对我国 725 座污水厂（含县城）的统计。

7.11.2 污水深度处理和再生水处理主要工艺宜采用混凝、沉淀（澄清、气浮）、过滤、消毒，必要时可采用活性炭吸附、膜过滤、臭氧氧化和自然处理等工艺。

→本条了解以下内容：

1. 术语

凝聚：为了削弱胶体颗粒间的排斥或破坏其亲水性，使颗粒易于相互接触而吸附的过程。

絮凝：水中细小颗粒在外力扰动下相互碰撞、聚结，形成较大絮状颗粒的过程。

混凝：凝聚和絮凝的总称。

沉淀：利用重力沉降作用去除水中悬浮物的过程。

澄清：通过与高浓度泥渣接触去除水中悬浮物的过程。

过滤：水流通过具有孔隙的物料层去除水中悬浮物的过程。

微滤（MF）：在压力作用下，使待处理水流过孔径为 $0.05\mu m \sim 5\mu m$ 的滤膜，截留水中杂物的过程。

超滤：在压力作用下，使待处理水流过孔径为 $5nm \sim 100nm$ 的滤膜，截留水中杂物的过程。

纳滤：在压力作用下，用于脱除多价离子、部分一价离子和分子量200～1000有机物的膜分离过程。

离子交换法：采用离子交换剂去除水中某盐类离子的过程。

电渗析法（ED）：在电场作用下，水中离子透过离子交换膜进行迁移的过程。

消毒：使病原体灭活的过程。

渗析：溶质、离子等依靠扩散透过半透膜的现象。

电渗析（ED）：以直流电为推动力，利用阴、阳离子交换膜对水溶液中阴、阳离子的选择透过性，使一个水体中的离子通过膜转移到另一水体中的物质分离过程。

渗透：浓度较低的溶液中的溶剂（如水）自动地透过半透膜流向浓度较高的溶液里，直到化学位平衡为止，这种现象叫渗透。如图 7.11.2-1(a)、(b) 所示。

反渗透（RO）：在高于渗透压差的压力作用下，溶剂（如水）通过半透膜进入膜的低压侧，而溶液中的其他组分（如盐）被阻挡在膜的高压侧并随浓溶液排出，从而达到有效分离的过程。如图 7.11.2-1(c) 所示。

超滤膜：由起分离作用的一层极薄表皮层和较厚的起支撑作用的海绵状或指状多孔层组成，切割分子量在几百至几百万的膜。

注：1. 表层厚度通常仅 $0.1\mu m \sim 1\mu m$，多孔层厚度通常 $125\mu m$。

2. 超滤膜多数为非对称膜。

微滤膜：膜平均孔径大于或等于 $0.01\mu m$ 的分离膜。

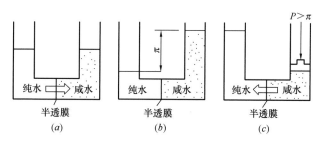

图 7.11.2-1　渗透与反渗透图示
(a) 渗透；(b) 平衡；(c) 反渗透

各种膜单元功能适宜性　　　　　　　　　　　　　　　表 7.11.2-1

膜单元种类	过滤精度（μm）	截留分子量（道尔顿）	功能	主要用途
微滤（MF）	0.1～10	>100000	去除悬浮颗粒、细菌、部分病毒及大尺度胶体	饮用水去浊、中水回用、纳滤或反渗透系统的预处理

膜单元种类	过滤精度（μm）	截留分子量（道尔顿）	功能	主要用途
超滤（UF）	0.002～0.1	10000～100000	去除胶体、蛋白质、微生物和大分子有机物	饮用水净化、中水回用、纳滤或反渗透系统的预处理
纳滤（NF）	0.001～0.003	200～1000	去除多价离子、部分一价离子和分子量200～1000道尔顿的有机物	脱除井水的硬度、色度及放射性镭，部分去除溶解性盐，工艺物料浓缩等
反渗透（RO）	0.0004～0.0006	>100	去除溶解性盐及分子量大于100道尔顿的有机物	海水及苦咸水淡化、锅炉给水、工业纯水制备，废水处理及特种分离等

注：本表摘自《膜分离法污水处理工程技术规范》HJ 579—2010。

压力推动型膜分离过程的水通量及压力范围

表 7.11.2-2

膜的类型	压力范围/(10^5 P_a)	通量范围[L/(m² · h)]
微滤	0.1～2.0	>50
超滤	1.0～10.0	10～50
纳滤	10～20	1.4～12
反渗透	20～100	0.05～1.4

2. 本条列出常规条件下城镇污水深度处理的主要工艺形式。膜过滤包括微滤、超滤、纳滤、反渗透、电渗析等，不同膜过滤工艺去除污染物分子量大小和对预处理要求不同。各种膜单元的功能适宜性见表7.11.2-1。

进行污水深度处理时，可采用其中的1个单元或几种单元的组合，也可采用其他的处理技术。

作为二级处理的后续处理，三级处理流程的设计将直接取决于二级处理系统的工艺设计条件。在二级处理流程中，生化处理系统的设计泥龄是选择三级处理流程的重要依据。国内外大量工程实践表明：一般长泥龄、较完善的生化系统后，采用常规的三级处理流程就能达到较好的处理效果；而在高负荷、短泥龄的生化处理流程后进行三级处理，则往往需要采用较复杂的处理流程才能达到较满意的处理效果。这主要是由于生化处理越完善，尾水中溶解性有机污染物质含量越低。在高负荷的生化处理系统尾水中则往往含有大量的溶解性有机物质，对于这类污染物质采用常规的三级处理手段是难以去除的。若采用膜处理等复杂的精细三级处理流程时，因其浓液流量较大，还会增加二级处理流程的水力负荷与污染负荷。

3. 深度处理中采用膜分离技术去除的主要污染物是难降解、难分离的高分子有机污染物以及重金属离子等。

4. 常见膜的分离推动力及颗粒粒径范围见图7.11.2-2；压力推动型膜分离过程的水通量及压力范围见表7.11.2-2。

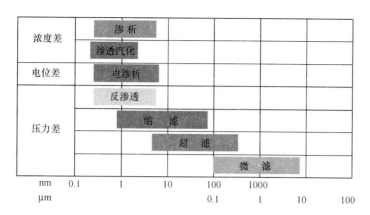

图 7.11.2-2 常见膜的分离推动力及颗粒粒径范围

7.11.3 再生水输配到用户的管道严禁和其他管网连接。

Ⅱ 处 理 工 艺

7.11.4 深度和再生水处理工艺的设计参数宜根据试验资料确定，也可参照类似运行经验确定。

问：污水深度处理方法有哪些？

答：城市污水深度处理指进一步去除二级处理出水中特定污染物的净化过程，包括以排放水体作为补充地面水源为目的的三级处理和回用为目的的深度处理，深度处理必须经过完整的二级处理。

1. 二级处理后污水回用的深度处理目标：

（1）去除水中残存的悬浮物（包括活性污泥颗粒）；脱色、除臭，使水进一步得到澄清。

（2）进一步降低水中的BOD_5、TOC 使水进一步稳定。

（3）进行脱氮、除磷，消除能够导致水体富营养化的因素。

（4）进行消毒杀菌，去除水中的有毒有害物质。

2. 城市污水经传统的二级处理以后，残留的悬浮物是从几毫米到 $10\mu m$ 的生物絮凝体和未被二沉池沉淀的胶体颗粒，这些悬浮物几乎全是有机性的，为提高出水水质和提高深度处理效果去除这些悬浮物是必要的。

根据悬浮物粒径不同采用不同的方法：

（1）胶体态的颗粒，采用混凝沉淀法去除；

（2）粒径 $1\mu m$ 以上的颗粒，一般采用砂滤法去除；

（3）粒径从几百埃到几十微米的颗粒，采用微滤法去除；

（4）粒径在 1000 埃到几埃的颗粒，采用膜技术去除。

表 7.11.4-1 中的颗粒尺寸系按球形计，且各类杂质的尺寸界限只是大体的概念，而不是绝对的。如悬浮物和胶体之间的尺寸界限，根据颗粒形状和密度不同而略有变化。一般来说，粒径在 $100nm\sim1\mu m$ 属于胶体和悬浮物的过渡阶段。小颗粒悬浮物往往也具有一定的胶体特性，只有当粒径大于 $10\mu m$ 时才与胶体有明显差别。

水中杂质的分类　　　　　　　　　　表 7.11.4-1

杂质	颗粒尺寸	分辨工具	水的外观
溶解物（低分子、离子）	0.1nm～1nm	电子显微镜可见	透明
胶体	10nm～100nm	超显微镜可见	浑浊
悬浮物	1μm～10μm	显微镜可见	浑浊
	100μm～1mm	肉眼可见	浑浊

混凝沉淀工艺主要去除污水中胶体和微小颗粒的有机和无机污染物，也能去除某些溶解性的物质，如砷、汞，还可去除部分氮磷，从感官上讲，混凝沉淀主要是去除浊度和色度。

城市污水二级处理出水中主要的悬浮物和胶体物是生物处理阶段出水中的微生物残留物及代谢产物，是亲水胶体，要进行混凝脱稳。

三级处理常用方法与处理目标见表 7.11.4-2。

三级处理常用方法与处理目标　　　　　　表 7.11.4-2

序号	处理方法	主要处理对象	处理目标	主要应用条件及特点
1	混凝沉淀	可沉降物、总磷等	SS≥8mg/L	二级处理出水 SS≤20mg/L 时，宜通过试验确定取舍
2	气浮	难沉降非溶解性固体	SS≥5mg/L	对胶体及大分子污染物处理效果优于混凝沉淀工艺，可单独使用
3	砂滤	不可沉降非溶解性固体	一般浊度≥5NTU，特殊浊度≥0.5NTU	使用广泛，常作为水质把关处理单元使用
4	活性炭吸附	难生物降解的溶解性有机物、色度等	COD≥10mg/L	PAC 可间歇投加使用，GAC 可再生重复使用，脱色效果较好，但成本较高，并应在砂滤后使用
5	臭氧氧化	有机物、色度、嗅味、病毒、细菌、铁锰等		除嗅效果好，可与消毒及氧曝工艺联合使用，设备投资较大，有一定危险性
6	氨吹脱	氨氮		不推荐采用
7	离子交换	铵及其他离子	$3 \times 10^4 \mu m$～0.1μm	单纯作为三级处理单元应用较少，多与软化处理联合使用
8	电渗析	大分子及离子	$3 \times 10^4 \mu m$～0.1μm	在三级处理中应用极少，并宜在进水浊度≤0.5NTU 的条件下运行
9	超滤	悬浮物及高分子有机物	$3 \times 10^4 \mu m$～10μm	极有发展前景，宜在进水浊度≤1NTU 的条件下运行
10	渗透、反渗透	大分子	$3 \times 10^4 \mu m$～0.2μm	有发展前景，宜在进水浊度≤0.5NTU 的条件下运行

注：本表摘自《给水排水设计手册 5》P449。

7.11.5 采用混合、絮凝、沉淀工艺时，投药混合设施中平均速度梯度值（G 值）宜为 $300 s^{-1}$，混合时间宜为 30s～120s。

7.11.6 絮凝、沉淀、澄清、气浮工艺的设计宜符合下列规定：

1 絮凝时间宜为 10mim～30min。

2 平流沉淀池的沉淀时间宜为 2.0h～4.0h，水平流速宜为 4.0mm/s～12.0mm/s。

3 上向流斜管沉淀池表面水力负荷宜为 4.0m³/(m²·h)～7.0m³/(m²·h)，侧向流斜板沉淀池表面水力负荷可采用 5.0m³/(m²·h)～9.0m³/(m²·h)。

4 澄清池表面水力负荷宜为 2.5m³/(m²·h)～3.0m³/(m²·h)。

5 溶气气浮池的接触室的上升流速可采用 10.0mm/s～20.0mm/s，分离室的向下流速可采用 1.5mm/s～2.0mm/s。溶气水回流比宜为 5%～10%。

6 高效浅层气浮池表面水力负荷宜为 5.0m³/(m²·h)～6.0m³/(m²·h)，溶气水回流比可采用 15%～30%。

→侧向流斜板沉淀池可参见《侧向流倒 V 型斜板沉淀池设计标准》T/CECS 587—2019。

问：如何绘制上向流斜管沉淀池和侧向流斜板沉淀池的结构图？

答：见图 7.11.6-1、图 7.11.6-2。

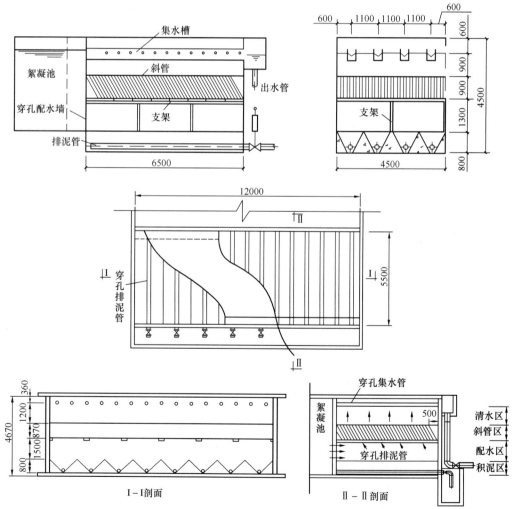

图 7.11.6-1 上向流斜管沉淀池结构

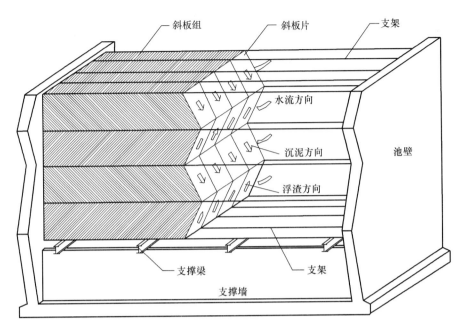

图 7.11.6-2　侧向流斜板沉淀池结构

问：不同溶气气浮池工艺流程是什么？

答： 气浮法按气泡产生方式不同分为散气气浮法、溶气气浮法、电解气浮法三种类型。

气浮法：指通过某种方法产生大量微气泡，粘附水中的悬浮和脱稳胶体颗粒，在水中上浮完成固液分离的一种过程。

散气气浮法：指用机械方法破碎空气产生大量微气泡完成气浮的工艺。包括扩散板曝气气浮法和叶轮曝气气浮法两种。

加压溶气气浮法：指使空气在一定压力作用下溶解于水中，达到饱和状态后再急速减压释放，空气以微气泡逸出，与水中杂质接触使其上浮的处理方法。

回流加压溶气气浮法：指将气浮池出水进行部分回流加压溶气并减压释放，与入流污水接触完成气浮的工艺。

全溶气：指将全部入流污水进行加压溶气，再经过减压释放进入气浮池进行固液分离的一种工艺。

部分溶气：指将部分入流污水进行加压溶气，再经过减压释放进入气浮池进行固液分离的一种工艺。

溶气饱和度：指在一定压力和温度条件下空气溶解于水中达到饱和的溶解度。

真空气浮法：指在常压下对水进行充分曝气，使水中溶气趋于饱和后，将其连续送入真空气浮室中，溶气水中的空气在真空下释放，粘附水中絮体上浮分离，处理水通过压力调节室连续排出的工艺方法。

电凝聚（电解）气浮法：指废水在外电压作用下，利用可溶性阳极，产生大量金属离子及其缩聚物，对废水中的悬浮和脱稳胶体颗粒进行凝聚，而阴极则产生氢气，与絮体发生粘附，从而上浮分离。

　　污水处理常见气浮工艺特点及适用条件见表 7.11.6-1；溶气气浮工艺流程见图 7.11.6-3；溶气气浮工艺溶气方式见图 7.11.6-4；气浮池结构形式示意图见图 7.11.6-5；溶气设备相关内容见表 7.11.6-2。

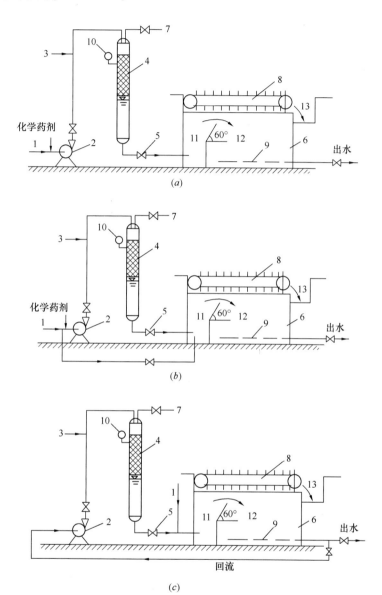

图 7.11.6-3　溶气气浮工艺流程图
（a）全溶气加压气浮工艺流程图；（b）部分溶气加压气浮工艺流程图；
（c）回流溶气加压气浮工艺流程图
1—原水进水；2—加压泵；3—空气进入；4—压力溶气罐；5—减压阀；
6—气浮池；7—放气阀；8—刮渣机；9—穿孔管集水系统；
10—压力表；11—接触区；12—分离区；13—集渣槽

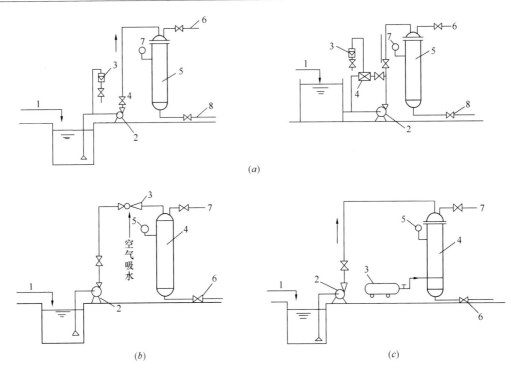

图 7.11.6-4　溶气气浮工艺溶气方式

(a)　水泵吸水管吸气溶气方式

1—进水；2—水泵；3—气量计；4—射流器；5—溶气罐；6—排气管；7—压力表；8—减压阀

(b)　水泵压水管射流溶气方式

1—进水；2—水泵；3—射流器；4—溶气罐；5—压力表；6—减压阀；7—放气阀

(c)　水泵-空压机溶气方式

1—进水；2—水泵；3—空压机；4—溶气罐；5—压力表；6—减压阀；7—放气阀

污水处理常见气浮工艺特点及适用条件　　　　　　表 7.11.6-1

气浮形式	特点	适用条件
电解气浮法	对工业废水具有氧化还原、混凝气浮等多种功能，对水质的适应性好，过程容易调整。装置设备化，结构紧凑，占地少，不产生噪声，耗电量大	适用于小水量工业废水（10m³/h～15m³/h）处理，对含盐量大、电导率高、含有毒有害污染物的污水处理具有独特的优点
叶轮气浮法	结构简单，分离速度快，对高浓度悬浮物分离效果好。供气量易于调整，对废水的适应性较好。装置设备化，结构紧凑，占地少。对混凝预处理要求较高	适用于处理中等水量（30m³/h～40m³/h）的工业废水，对含有较高浓度悬浮物及表面活性物质的工业废水的处理具有较好的优势
加压溶气气浮法	工艺成熟，工程经验丰富。负荷率高，处理效果好，处理能力大。可以做到全自动连续运行。泥渣含水率低，出水水质好。对不同悬浮物浓度的废水可分别采用全溶气、部分溶气、部分回流溶气等方式，适应性好。工艺稍复杂，管理要求较高	适用于不同水量，较高浓度悬浮性污染物、油类、微生物、纸浆、纤维的处理
浅层气浮法	表面负荷高，分离速度快，效率高。污水处理高程易于布置。占地小，池深浅。钢设备可多块组合或架空布置	适用于大中小各种水量，悬浮类、纤维类、活性污泥类、油类物质的分离

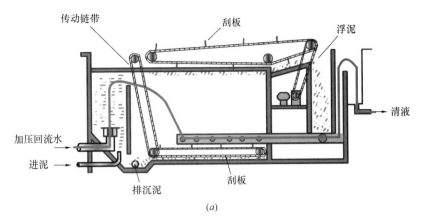

(*a*)

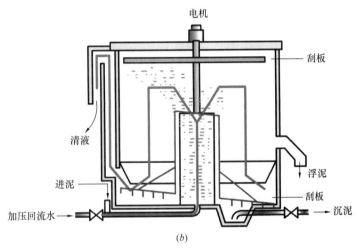

(*b*)

图 7.11.6-5 气浮池结构形式示意图

(*a*) 矩形气浮池；(*b*) 圆形气浮池

溶气设备 表 7.11.6-2

溶气设备		内容
溶气方式	水泵吸水管吸气溶气	
	水泵压水管射流溶气	溶气方式：在水泵压水管上装设射流器吸入空气至加压水中，然后送入饱和容器。 优点：此法设备及操作简单。 缺点：射流器能量损失较大，一般为30%左右
	水泵-空压机溶气	溶气方式：将压缩空气和加压水分别送入溶气罐，也可将压缩空气管接入水泵出水管。 优点：此法能耗较小，较常采用。 缺点：操作复杂，空压机有噪声污染
	加压泵	水泵选择依据的压力与流量应按照所需的空气量决定。如采用回流加压溶气流程，回流水量一般是进水量的25%~50%
	溶气罐	溶气罐的容积按加压水停留2min~3min计算。溶气罐的直径根据过水断面水力负荷100m³/(m²·h)~150m³/(m²·h)确定，罐高2.5m~3m

续表

溶气设备		内容
溶气释放器		溶气释放器应能将溶于水中的空气迅速均匀地以细微气泡形式释放于水中。其产生气泡的大小和数量，直接影响气浮效果。目前国内常用的溶气释放器特点是在较低压力下（如≥0.15MPa），即可释放溶气量99%，释放的气泡平均粒径只有$20\mu m \sim 40\mu m$，且粘附性好
气浮池	平流式（常用）	优点：池身较浅，造价低，管理方便

问：浅层气浮机工作原理是什么？

答：《浅层气浮机 技术条件》JB/T 12132—2015。

浅层气浮机：池深较浅（一般小于600mm），旋转布水与溶气释放同步进行的反应时间极短（停留时间3min~5min）的回转式加压溶气气浮分离装置。

浅层气浮机工作原理：原水由水泵泵入气浮装置的原水进水管，经分配布水，溶气水与原水一同分配入气浮池底部。混合溶气水在气浮池底部因减压而产生大量微小气泡，在絮凝剂作用下原水有机物团和悬浮颗粒被小气泡吸附上升至水面，形成浮渣，浮渣由螺旋集渣器清理排出。原水中密度大的沉淀污泥等由刮泥系统排出，处理后的清水由旋转集水管收集流出。原水的分配管和溶气水的分配管被固定在同一旋转装置上，其旋转方向与原水进入气浮池底部的水流方向相反，但速度相等。合成速度接近于"零速"，使进水对原水不产生扰动，固液分离在一种静态下进行。

7.11.7 滤池的设计宜符合下列规定：

1 滤池的进水SS宜小于20mg/L；

2 滤池宜设有冲洗滤池表面污垢和泡沫的冲洗水管；

3 滤池宜采取预加氯等措施。

→废水处理过滤的分类见表7.11.7；过滤工艺定义简图见图7.11.7。

废水处理过滤的分类　　　　　　　　　　　　　　　　表7.11.7

过滤	深床过滤	慢速砂滤
		快速可压缩多孔介质过滤（各种过滤技术）
		间歇式多孔介质过滤
		循环式多孔介质过滤
	表面过滤	用于去除悬浮固体试验的实验室
		硅藻土过滤
		滤布过滤或筛滤
	膜过滤	微滤
		超滤
		纳滤
		反渗透

注：本表摘自《废水工程处理及回用》（第四版）P754。

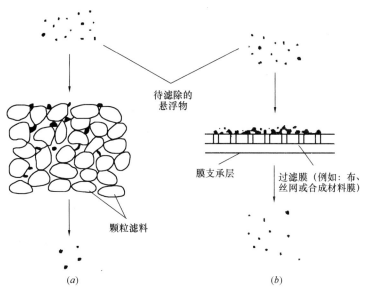

图 7.11.7 过滤工艺定义简图

(*a*) 深床过滤；(*b*) 表面过滤

问：污水回用处理过滤与给水工程过滤有什么不同之处？

答：污水回用处理中的过滤与给水中的过滤不同之处在于，污水回用处理有以下特点：

1. 一般情况下不需要投加药剂。

2. 反冲洗困难，二级处理出水的悬浮物多为生物絮凝体，在滤料表面较易形成一层滤膜，致使水头损失迅速上升，过滤周期大大缩短，絮凝体贴在滤料表面，不易脱离，因此需辅以表面冲洗，或采用气水联合反冲洗。

3. 所用滤料粒径应适当加大，以增大滤料的截泥量和减缓滤料的堵塞。

4. 滤池进水 SS 宜小于 20mg/L。

7.11.8 石英砂滤料滤池、无烟煤和石英砂双层滤料滤池的设计应符合下列规定：

1 采用均匀级配石英砂滤料的 V 型滤池，滤料厚度宜采用 1200mm～1500mm，滤速宜为 5m/h～8m/h，应设气水联合反冲洗和表面扫洗辅助系统，表面扫洗强度宜为 2L/(m²·s)～3L/(m²·s)。单独气冲强度宜为 13L/(m²·s) ～17L/(m²·s)，历时 2min～4min；气水联合冲洗时气冲强度宜为 13L/(m²·s) ～17L/(m²·s)，水冲强度宜为 3L/(m²·s)～4L/(m²·s)，历时 3min～4min，单独水冲强度宜为 4L/(m²·s) ～8L/(m²·s)，历时 5min～8min。滤池的过滤周期应为 12h～24h。

2 无烟煤和石英砂双层滤料滤池，滤速宜为 5m/h～10m/h，宜采用先气冲洗后水冲洗方式，气冲强度宜为 15L/(m²·s) ～20L/(m²·s)，历时 1min～3min；水冲强度宜为 6.5L/(m²·s) ～10L/(m²·s)，历时 5min～6min。

3 单层细砂滤料滤池，滤速宜为 4m/h～6m/h，宜采用先气冲洗后水冲洗方式，气冲强度宜为 15L/(m²·s) ～20L/(m²·s)，历时 1min～3min；水冲强度宜为 8L/(m²·s)～10L/(m²·s)，历时 5min～7min。

4 滤池的构造、滤料组成等宜符合现行国家标准《室外给水设计标准》GB 50013 的有关规定。

7.11.9 转盘滤池的设计宜符合下列规定：

1 滤速宜为 8m/h～10m/h。

2 当过滤介质采用不锈钢丝网时，反冲洗水压力宜为 60m～100m；当过滤介质采用滤布时，反冲洗水压力宜为 7m～15m。

3 冲洗前水头损失宜为 0.2m～0.4m。

4 滤池前宜设可靠的沉淀措施。

→转盘滤池是一种表面过滤方式，冲洗能耗低，过滤水头小，占地面积小，维护使用简便（见图 7.11.9-1～图 7.11.9-3）。

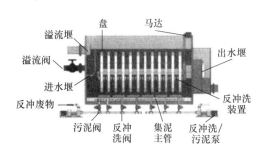

图 7.11.9-1　转盘滤布滤池

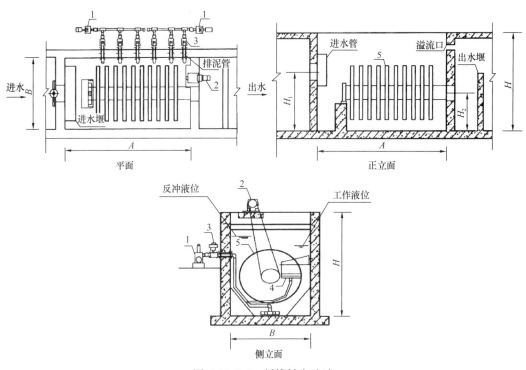

图 7.11.9-2　纤维转盘滤池

1—反抽吸水泵；2—驱动装置；3—电动球阀；4—抽吸装置；5—滤盘

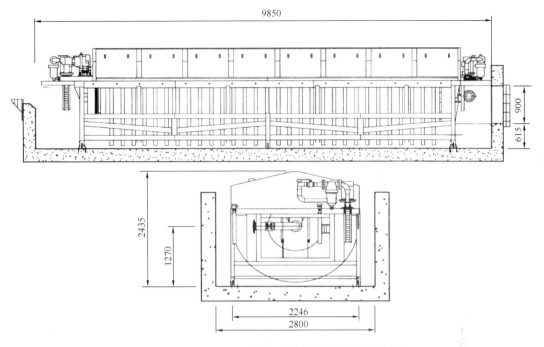

图 7.11.9-3　RoDisc 转盘过滤装置外形与安装尺寸

7.11.10 当污水厂二级处理出水经混凝、沉淀、过滤后，仍不能达到再生水水质要求时，可采用活性炭吸附处理。

→因活性炭吸附处理的投资和运行费用相对较高，在城镇污水再生利用中应慎重采用。当采用常规的深度处理工艺不能满足再生水水质要求或对水质有特殊要求时，为进一步提高水质，可采用活性炭吸附处理工艺。

问：粉末活性炭的吸附机理是什么？

答： 活性炭对吸附质的吸附主要包括物理吸附和化学吸附。

1. 物理吸附：由范德华力引起的多分子层吸附，具有吸附速度快、无选择性、低温吸附量大、吸附热小等特点。

2. 化学吸附：伴随着电荷移动或者生成化学键的吸附，化学吸附具有选择性、适合在较高温度下发生单分子层吸附、吸附速度慢、不可逆、吸附热大等特点。

实践证明：活性炭对吸附质的吸附不能简单地看成一个物理吸附过程，很多情况下化学吸附量高于物理吸附量。活性炭的表面化学性质决定了其化学吸附特性，而化学官能团作为活性中心支配了活性炭表面化学性质。面对性质各异的污染物，不能单靠改变活性炭投加量的办法来应对，而应根据不同污染物的性质控制吸附条件，将活性炭对该污染物的吸附调整到最佳状态。

活性炭是非极性物质，容易吸附水中极性差的污染物，特别是有机物，而对于极性较大的污染物和易溶于水的金属离子吸附性能相对较差，需对其改性。活性炭表面的官能团分为含氧官能团和含氮官能团，含氧官能团又分为酸性官能团（羧基、酚羟基等）和碱性官能团。酸性氧化物使活性炭具有极性，有利于吸附极性较强的化合物，碱性化合物易吸附极性较弱或非极性化合物，通常，可根据以上性质对活性炭进行改性。参见《饮用水水源水质污染控制》（黄延林、丛海兵、柴蓓蓓）。

问：活性炭吸附等温线型式有几种?

答： 根据吸附等温线的不同形式，可以分别用三种吸附等温线的数学公式表达，见图 7.11.10。

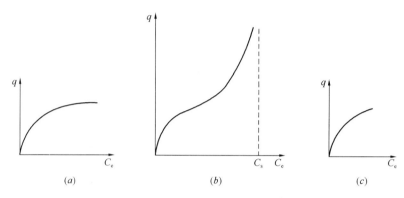

图 7.11.10　活性炭吸附等温线

(a) Ⅰ型；(b) Ⅱ型；(c) Ⅲ型

1. Ⅰ型：朗格谬尔吸附等温式。

其数学表达式为：

$$q = \frac{bq^0 C_e}{1 + bC_e}$$

式中：q^0——最大吸附容量；

b——系数。

朗格谬尔吸附等温式类型的吸附特性是：本公式是单层吸附理论公式，存在最大吸附容量（单层吸附位全部被吸附质占据）。等温线中参数回归的技巧是对公式两端取倒数，以 $\frac{1}{C_e}$ 为横坐标，以 $\frac{1}{q}$ 为纵坐标，用直线方程 $\frac{1}{q} = \frac{1}{q^0} + \frac{1}{bq^0} \frac{1}{C_e}$ 求参数。

2. Ⅱ型：BET 吸附等温式。

BET 吸附等温式是 Branauer、Emmett 和 Teller 三人提出的。

其数学表达式为：

$$q = \frac{B q^0 C_e}{(C_s - C_e)[1 + (B-1)\frac{C_e}{C_s}]}$$

式中：C_s——饱和浓度；

B——系数。

BET 吸附等温式类型的吸附特性是：本公式是多层吸附理论公式，曲线中间有拐点，当平衡浓度趋近饱和浓度时，q 趋近无穷大，此时已达到饱和浓度，吸附质发生结晶或析出，因此"吸附"的术语已失去原有含义。此类型的吸附在水处理这种稀溶液情况下不会遇到。

BET 吸附等温线中参数回归的技巧是：对公式两端取倒数，得到直线方程

$\dfrac{C_e}{(C_s-C_e)q}=\dfrac{1}{Bq^0}+\dfrac{B-1}{Bq^0}\dfrac{C_e}{C_s}$，以 $\dfrac{C_e}{C_s}$ 为横坐标，以 $\dfrac{C_e}{(C_s-C_e)q}$ 为纵坐标作图，作图时需先从图中目估 C_s，如 C_s 的估计值偏低，则试验数据为向上弯转的曲线；如 C_s 的估计值偏高，则试验数据为向下弯转的曲线；只有估计值正确时，才能得到一条直线，再从图中截距和斜率求得 B 和 q^0。

3. Ⅲ型：弗兰德里希吸附等温式。

弗兰德里希（Freundlich）吸附等温线的数学表达式为：

$$q=KC_e^{\frac{1}{n}}$$

式中：K、n——系数。

弗兰德里希吸附等温式是经验公式。水处理中常遇到的是低浓度下的吸附，很少出现单层或多层吸附饱和的情况，因此弗兰德里希吸附等温式在水处理中应用最广泛。

弗兰德里希吸附等温线中参数的回归技巧是：对本公式取对数，以 $\lg C_e$ 为横坐标，以 $\lg q$ 为纵坐标，用直线方程 $\lg q=\lg K+\dfrac{1}{n}\lg C_e$ 求参数。

吸附等温试验是判断活性炭吸附能力强弱、进行选炭的重要试验，在根据吸附容量试验求解吸附等温式时应先作吸附等温线原始形式图，由曲线形式确定所用表达式的形式，切忌直接采用某种表达式。对于实际水样，与原水浓度 C_0 相对应的吸附容量需用外推法求得（因为试验时，只要加炭，平衡浓度就会低于原始浓度，无法得到平衡浓度与原水浓度相同的点。当然，对于配水试验则无此问题）。

活性炭的吸附容量试验主要用于两种情况：一是设计中进行不同活性炭型号的性能比较与选择；二是用来计算粉末活性炭的投加量或颗粒活性炭床的穿透时间。

7.11.11 活性炭吸附处理的设计宜符合下列规定：

1 采用活性炭吸附工艺时，宜进行静态或动态试验，合理确定活性炭的用量、接触时间、表面水力负荷和再生周期。

2 采用活性炭吸附池的设计参数宜根据试验资料确定；当无试验资料时，宜按下列规定采用：

（1）空床接触时间宜为 20min～30min。

（2）炭层厚度宜为 3m～4m。

（3）下向流的空床滤速宜为 7m/h～12m/h。

（4）炭层最终水头损失宜为 0.4m～1.0m。

（5）常温下经常性冲洗时，水冲洗强度宜为 39.6m³/(m²·h)～46.8m³/(m²·h)，历时 10min～15min，膨胀率 15%～20%；定期大流量冲洗时，水冲洗强度宜为 54.0m³/(m²·h)～64.8m³/(m²·h)，历时 8min～12min，膨胀率宜为 25%～35%。活性炭再生周期由处理后出水水质是否超过水质目标值确定，经常性冲洗周期宜为 3d～5d。冲洗水可用砂滤水或炭滤水，冲洗水浊度宜小于 5NTU。

3 活性炭吸附罐的设计参数宜根据试验资料确定；当无试验资料时，宜按下列规定采用：

（1）接触时间宜为 20min～35min；

（2）吸附罐的最小高度和直径比可为 2：1，罐径为 1m～4m，最小炭层厚度宜为 3m，可为 4.5m～6m；

（3）升流式表面水力负荷宜为 $9.0 m^3/(m^2 \cdot h)$～$24.5 m^3/(m^2 \cdot h)$，降流式表面水力负荷宜为 $7.2 m^3/(m^2 \cdot h)$～$11.9 m^3/(m^2 \cdot h)$；

（4）操作压力宜每 0.3m 炭层 7kPa。

→本条了解以下内容：

1. 除水力负荷外，穿透曲线的形状也取决于使用液体中是否含有不可吸附的和可生物降解的组分。不可吸附的和可生物降解的组分存在对穿透曲线的影响，如图 7.11.11 所示（图 7.11.11 摘自《废水工程处理及回用》P829）。

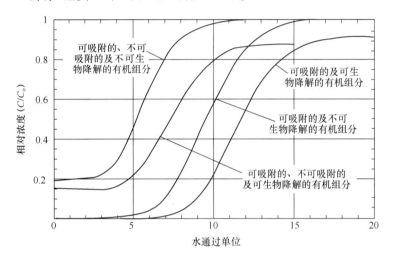

图 7.11.11　可吸附的、不可吸附的及可生物降解的有机组分
注：对活性炭穿透曲线的影响（摘自 Snoeyink 和 Summers，1999）。

2. 氯在国家标准允许的水源水质和水处理常用的消毒剂量条件下（投加量小于 4mg/L），消毒副产物不会超过国家标准，但是由于卤乙酸、三卤甲烷也是常用的化工产品及原料，所以也存在污染水源的风险，试验结果表明，粉末活性炭对三氯甲烷、二氯乙酸和三氯乙酸的吸附去除效果不佳，见表 7.11.11-1。

主要消毒副产物的粉末活性炭吸附去除可行性测试　　　　表 7.11.11-1

污染物种类	初始浓度（mg/L）	吸附后浓度（mg/L）	去除率（%）	技术评价
三氯甲烷	0.236	0.1363	42	
二氯乙酸	0.145	0.081	44	不可行
三氯乙酸	0.350	0.301	14	

对于挥发性强的三氯甲烷采用曝气吹脱的方法也能有效去除。世界卫生组织在 2006 年出版的《饮用水卫生指导手册》中也推荐采用吹脱法去除三氯甲烷。卤乙酸的活性炭吸附去除效果不好，主要是因为其极性较强，有文献研究表明生物处理对卤乙酸的降解效果较好。参见《城市供水系统应急指导技术手册》。

3. 活性炭使用一段时间后，其出水不能满足水质要求时，可从活性炭滤池的表层、中层、底层分层取炭样，测其碘吸附值和亚甲蓝吸附值，验证炭是否失效。失效炭指标见

表 7.11.11-2。

失效炭指标　　　　　　　　　　　表 7.11.11-2

测定项目	表层	中层	底层
碘吸附值（mg/L）	≤600	≤610	≤620
亚甲蓝吸附值（mg/L）	≤85	—	≤90

4. 活性炭的再生

活性炭吸附能力失效后，为了降低运行成本，一般需将失效的活性炭进行再生后继续使用。我国目前再生活性炭常用两种方法，一种是直接电加热，另一种是高温加热。活性炭再生处理可在现场进行，也可返回厂家集中再生处理。

5. 影响活性炭吸附的因素

（1）平衡浓度：活性炭吸附的机理主要是物理吸附，物理吸附是可逆吸附，存在吸附的动平衡，一般情况下，液相中平衡浓度越高，固相上的吸附容量也越高。对于单层吸附（通过化学键起吸附作用），当表面吸附位全部被占据时，存在最大吸附容量。如是多层吸附，随着液相吸附质浓度的增高，吸附容量还可以继续增加。

（2）温度：在吸附过程中，体系的总能量将下降，属于放热过程。因此温度升高，吸附容量下降。温度对气相吸附影响较大，因此通过气相吸附确定活性炭的吸附性能需在等温条件下测定（此为吸附等温线名称的由来）。温度对液相吸附影响较小，通常在室温下测定吸附过程中水温一般不会发生显著变化。

对于饮用水颗粒活性炭吸附处理，因活性炭对水中各组分的吸附容量不同，并且存在各种吸附质之间的竞争吸附、排代现象（排代现象是指炭上已被吸附的弱吸附质被水中强吸附质所取代，造成弱吸附质脱附的现象）、生物分解等作用，对于活性炭深度处理的长期正常使用，一般不用吸附容量来计算活性炭的使用周期，而是根据出水水质直接确定活性炭的使用周期。颗粒活性炭滤床的使用周期大约为 1 年～2 年，与原水被污染的程度和处理后水质的控制指标有关。

问： 活性炭吸附量与时间的关系是什么？

答： 粉末活性炭吸附需要一定的吸附时间，其吸附过程可分为快速吸附、基本平衡和完全平衡三个阶段。粉末活性炭对硝基苯吸附过程试验表明，快速吸附阶段大约需要30min，可以达到约 70%～80% 的吸附容量；1h～2h 可以基本达到吸附平衡，达到最大吸附容量的 90% 以上。再继续延长吸附时间，吸附容量的增加很少。

7.11.12 去除水中色度、嗅味和有毒有害和难降解有机物，可采用臭氧氧化技术，设计参数宜通过试验确定；当无试验资料时，应符合下列规定：

1 臭氧投加量宜大于 3mg/L，接触时间宜为 5min～60min，接触池应加盖密封，并应设呼吸阀和安全阀。

2 臭氧氧化系统中应设臭氧尾气消除装置。

3 所有和臭氧气体或溶解臭氧的水接触的材料应耐臭氧腐蚀。

4 可根据当地情况采用不同氧源的发生器。氧源、臭氧发生装置系统和臭氧接触池的设计应符合现行国家标准《室外给水设计标准》GB 50013 的规定。

5 臭氧氧化工艺中臭氧投加量较大或再生水规模较大时，臭氧尾气的利用应通过技术经济分析确定。

→不同处理过程对细菌的去除率见表 7.11.12-1；常用消毒剂的理想特性和实际特性的比较见表 7.11.12-2；氯、臭氧和 UV 消毒的机理见表 7.11.12-3；废水组分对废水氯消毒的影响见表 7.11.12-4；废水组分对废水臭氧消毒的影响见表 7.11.12-5。

不同处理过程对细菌的去除率　　　　　　　　表 7.11.12-1

过程	去除率（%）	过程	去除率（%）
粗筛网	0～5	化学沉淀	40～80
细筛网	10～20	生物滤池	90～95
沉砂池	10～25	活性污泥法	90～98
自然沉淀	25～75	处理出水加氯处理	98～99.999

常用消毒剂的理想特性和实际特性的比较　　　　　　表 7.11.12-2

特性	氯	次氯酸钠	次氯酸钙	二氧化氯	臭氧	UV 照射
可得性/价格	廉价	较廉	较廉	较廉	较贵	较贵
脱臭能力	强	中等	中等	强	强	不适用
均匀性	均匀	均匀	均匀	均匀	均匀	不适用
对异物的相互作用	氧化有机物	活性氧化剂	活性氧化剂	强氧化剂	氧化有机物	UV 照射的吸亮度
不腐蚀及不污渍	强腐蚀性	腐蚀性	腐蚀性	强腐蚀性	强腐蚀性	不适用
对高等生物有无毒性	强毒性	有毒	有毒	有毒	有毒	有毒
穿透性	强	强	强	强	强	中等
安全性	好	中等	中等	好	中等	低
溶解性	中等	高	高	高	高	不适用
稳定性	稳定	稍有不稳定	较稳定	不稳，必须用时发生	不稳，必须用时发生	不适用
对微生物的毒性	强	强	强	强	强	强
在环境温度下的毒性	强	强	强	强	强	强

氯、臭氧和 UV 消毒的机理　　　　　　　　　表 7.11.12-3

氯	臭氧	UV 照射
1. 氧化； 2. 与有效氯作用； 3. 蛋白质沉淀； 4. 水解和机械破裂； 5. 改变细胞壁的渗透能力	1. 直接氧化/破坏细胞壁使细胞组分泄出胞外； 2. 与臭氧分解的自由基副产物作用； 3. 破坏核酸组分（嘌呤和嘧啶）； 4. 破坏碳氮键导致解聚	1. 在生物体的细胞内，以光化学作用破坏 RNA 和 DNA（如形成双键）； 2. 在波长 240nm～280nm 范围内微生物的核酸是光能最重要的吸收剂； 3. 由于 DNA 和 RNA 带有再造的遗传信息，破坏这些物质能有效地灭活细胞

废水组分对废水氯消毒的影响　　　　　　　　表 7.11.12-4

组分	影响
BOD、COD、TOC 等	组成 BOD 及 COD 的有机化合物要求一定需氯量。干扰的程度取决于其功能团及化学结构
腐殖物质	形成以余氯计量的氯化有机物，但无消毒作用，从而降低了氯的有效性
油、脂	要求需氯量
TSS	屏蔽包埋的细菌
碱度	无影响或影响不大
硬度	无影响或影响不大
氨	与氯结合形成氯胺
亚硝酸盐	被氯氧化，开成 N-亚硝基二甲胺（NDMA）
硝酸盐	由于未形成氯胺，氯剂量被降低，由于存在游离氯，完全硝化可能导致 NDMA 的形成，部分硝化可能使得难于取得适宜的氯剂量
铁	被氯氧化
锰	被氯氧化
pH	影响次氯酸和次氯酸盐离子间的分配
工业废水	可能导致需氯量的昼夜及季节变化，视其组分而定

废水组分对废水臭氧消毒的影响　　　　　　　　表 7.11.12-5

组分	影响
BOD、COD、TOC 等	含 BOD 及 COD 的有机化合物消耗臭氧量。干扰的程度取决于其功能团及化学结构
腐殖物质	影响臭氧的分解速度及需臭氧量
油、脂	有需臭氧量
TSS	增加需臭氧量和对囊埋细菌的屏蔽
碱度	无影响或影响不大
硬度	无影响或影响不大
氨	无影响或影响不大，在高 pH 时能反应
亚硝酸盐	被臭氧氧化
硝酸盐	降低臭氧的有效性
铁	被臭氧氧化
锰	被臭氧氧化
pH	影响臭氧的分解速度
工业废水	根据其组分，可能导致需臭氧量的日夜及季节变化

问：臭氧气体适用的材料选择？

答：《水处理用臭氧发生器技术要求》GB/T 37894—2019。

5.2.1 臭氧发生单元介电体应采用绝缘强度高、耐臭氧氧化的玻璃、搪瓷、陶瓷等材料，或其他已经证明同样适用的材料。

5.2.2 裸露于放电环境中的臭氧发生单元电极应采用 022Cr17Ni12Mo2（S31603）等耐晶间腐蚀的奥氏体不锈钢、钛等耐臭氧氧化材料，或其他已经证明同样适用的材料。

5.2.3 臭氧发生室、管道、控制阀门、测量仪表等所有接触臭氧的零部件应采用耐臭氧氧化的材料。

5.2.4 臭氧发生室壳体应采用 022Cr17Ni12Mo2（S31603）、06Cr19Ni10（S30408）等奥氏体不锈钢材料。

5.2.5 臭氧发生器上连接用的密封圈、垫片等接触臭氧的部件应使用聚四氟乙烯（PTFE）、聚偏氟乙烯（PVDF）、全氟橡胶等耐臭氧氧化材料，或者其他已经证明同样适用的材料。

问：臭氧发生器

答：臭氧发生器的气源有空气、液态氧、气态氧。空气制备臭氧设备投资高，臭氧浓度一般为 3%～4%，耗电量为 23kWh/kgO$_3$～25kWh/kgO$_3$。液态氧制臭氧设备投资低，臭氧发生浓度可达到 18% 甚至更高，耗电量为 10kWh/kgO$_3$～13kWh/kgO$_3$。因为液态氧一般需外购，故臭氧发生总成本随着液态氧价格的变化而变化。试验表明，当氧气含量为 97.7% 时臭氧产率最高。气态氧制臭氧设备投资比空气制臭氧低，但比液态氧制臭氧要高，臭氧发生浓度可达 18% 甚至更高，耗电量为 11kWh/kgO$_3$～14kWh/kgO$_3$。气态氧一般是现场制取，氧气纯度为 90%～93%，能耗为 0.3kWh/kgO$_3$～0.4kWh/kgO$_3$。对于不同的地区，究竟采用何种气源应根据当地的电价和氧气价格经成本分析后再确定。

臭氧发生装置按臭氧产量分：小型（5g/h～100g/h）、中型（>100g/h～1000g/h）、大型（>1000g/h）。

问：臭氧发生装置为什么加冷却设备？

答：生产每千克臭氧的理论耗电量为 0.82kWh（或每千瓦时的理论臭氧得率为 1.22kg）；但实际生产实践中臭氧的耗电量一般为 10～12kWh/kgO$_3$ 以上，即 95% 以上输入的电能转变为其他形式的能量，主要为热量。因此，臭氧发生器需装设冷却水系统。

冷却方式分为水冷却式和空气冷却式。直接冷却臭氧发生器的冷却水应符合下列条件：pH 值不小于 6.5 且不大于 8.5；氯化物含量不高于 250mg/L；总硬度（CaCO$_3$ 计）不高于 450mg/L；浑浊度（散射浊度单位）不高于 1NTU。

问：臭氧尾气中剩余臭氧消除方式？

答：《室外给水设计标准》GB 50013—2018。9.10.30 臭氧尾气消除可采用电加热分解消除、催化剂接触分解消除或活性炭吸附分解消除等方式，以氧气为气源的臭氧处理设施中的尾气不应采用活性炭消除方式。

由于水质与扩散装置的影响，进入接触池的臭氧很难 100% 地被吸收，因此必须对接触池排出的尾气进行处理。常用的尾气处理方法有高温加热法和催化剂法。

高温加热法是将臭氧加热到 350℃ 后迅速完全分解（1.5s～2s 内便可使其 100% 分解）。该法安全可靠、维护简单，并可回收热能，但增加了设备投资和运行能耗。电加热分解消除是目前国际上应用较普遍的方式，其对尾气中剩余臭氧的消除能力极高。虽然其工作时需要消耗较多的电能，但随着热能回收型的电加热分解消除器的产生，其应用价值在进一步提高。

催化剂法是利用催化剂对臭氧尾气进行分解破坏。目前，使用的催化剂是以 MnO$_2$

为基质的填料。该法的设备投资和运行能耗均比高温加热法低，但处理效果受尾气的含水率、催化剂的使用年限等因素影响，安全及稳定性比高温加热法差，且催化剂需要定期更换。为保证安全生产，应使臭氧尾气破坏系统的设备备用率≥30%。

催化剂接触催化分解消除，与前者相比可节省较多的电能，设备投资也较低，但需要定期更换催化剂，生产管理相对较复杂。

活性炭吸附分解消除目前主要在日本等国家有应用，设备简单且投资也很省，但也需要定期更换活性炭和存在生产管理相对复杂等问题。此外，由于以氧气为气源时尾气中含有大量氧气，吸附到活性炭之后，在一定的浓度和温度条件下容易产生爆炸，因此，规定在这种条件下不应采用活性炭消除方式。

Ⅲ 输 配 水

7.11.13 再生水管道敷设及其附属设施的设计应符合现行国家标准《室外给水设计标准》GB 50013 的规定。

7.11.14 再生水输配水管道平面和竖向布置，应按城镇相关专项规划确定，并应符合现行国家标准《城市工程管线综合规划规范》GB 50289 的规定。

7.11.15 污水再生处理厂宜靠近污水厂或再生水用户。有条件时再生水处理设施应和污水厂集中建设。

→为减少污水厂出水的输送距离，便于深度处理设施的管理，一般宜与城市污水厂集中建设；同时，污水深度处理设施应尽量靠近再生水用户，以节省输配水管道的长度。

7.11.16 输配水干管应根据再生水用户的用水特点和安全性要求，合理确定其数量，不能断水用户的配水干管不宜少于 2 条。再生水管道应具有安全和监控水质的措施。

→再生水输配水管道的数量和布置与用户的用水特点及重要性有密切关系，一般比城市供水的保证率低，应具体分析实际情况合理确定。

7.11.17 输配水管道材料的选择应根据水压、外部荷载、土壤性质、施工维护和材料供应等条件，经技术经济比较确定。可采用塑料管、承插式预应力钢筋混凝土管和承插式自应力钢筋混凝土管等非金属管道或金属管道。采用金属管道时，应对管道进行防腐处理。

7.11.18 管道的埋设深度应根据竖向布置、管材性能、冻土深度、外部荷载、抗浮要求及和其他管道交叉等因素确定。露天管道应有调节伸缩的设施和保证管道整体稳定的措施，严寒和寒冷地区应采取防冻措施。

7.12 自 然 处 理

Ⅰ 一 般 规 定

7.12.1 污水量较小的城镇，在环境影响评价和技术经济比较合理时，可采用污水自然处理。

→污水自然处理主要依靠自然的净化能力，因此必须严格进行环境影响评价，通过技术经济比较后确定。污水自然处理对环境的依赖性强，所以从建设规模上考虑，一般仅应用在污水量较小的城镇。污水自然处理参见《污水自然处理工程技术规程》CJJ/T 54—2017。

7.12.2 污水的自然处理可包括人工湿地和稳定塘。

→随着国家对土壤环境污染的重视，土地处理已不再推荐使用。冬季会出现冰冻的地区应谨慎考虑人工湿地处理。

7.12.3 污水自然处理必须考虑对周围环境及水体的影响，不得降低周围环境的质量，应根据地区特点选择适宜的污水自然处理方式。

　　问：污水自然处理工程与居民区的最小安全距离是多少？

　　答：《污水自然处理工程技术规程》CJJ/T 54—2017。

　　3.0.4　污水自然处理工程应设在建设区域主导风的下风向，城镇及农村饮用水水源的下游，与居民区的距离不应小于100m；当处理城镇或农村污水且处理量大于等于300m³/d时，与居民区的距离应大于300m。

　　具体结合当地实际情况，根据环评结果确定。

7.12.4 采用自然处理时，应采取防渗措施，严禁污染地下水。

　　问：水污染防治法防止地下水污染有哪些规定？

　　答：《中华人民共和国水污染防治法》对防止地下水污染做出了如下规定：禁止利用渗井、渗坑、裂隙和溶洞排放、倾倒含有毒污染物的废水、含病原体的污水和其他废弃物；禁止利用无防渗漏措施的沟渠、坑塘等输送或者贮存含有毒污染物的废水、含病原体的污水和其他废弃物；多层地下水的含水层水质差异大的，应当分层开采；对已受污染的潜水和承压水，不得混合开采；兴建地下工程设施或者进行地下勘探、采矿等活动，应当采取防护性措施，防止地下水污染；人工回灌补给地下水，不得恶化地下水质。

7.12.5 有条件的地区可将自然处理净化城镇污水厂尾水用作河道基流补水。

→自然处理的工程投资和运行费用较低。城镇污水厂的尾水一般污染物浓度较低，所以有条件的地区可考虑采用自然处理进一步改善水质，也可以作为河道基流补水前的生态缓冲。

　　1.《关于推进污水资源化利用的指导意见》发改环资〔2021〕13号。

　　（八）实施区域再生水循环利用工程。推动建设污染治理、生态保护、循环利用有机结合的综合治理体系，在重点排污口下游、河流入湖（海）口、支流入干流处等关键节点因地制宜建设人工湿地水质净化等工程设施，对处理达标后的排水和微污染河水进一步净化改善后，纳入区域水资源调配管理体系，可用于区域内生态补水、工业生产和市政杂用。选择缺水地区积极开展区域再生水循环利用试点示范。

　　2.《区域再生水循环利用试点实施方案》环办水体〔2021〕28号。

（三）因地制宜建设人工湿地水质净化工程。人工湿地水质净化是通过物理、化学和生物协同作用使低污染水得以进一步改善的生态工程措施。人工湿地水质净化工程只承担水质改善任务，不应作为直接处理生产生活污水的治污设施。各地可从当地实际出发，在重要排污口下游、支流入干流处、河流入湖（海）口等流域关键节点，因地制宜建设人工湿地水质净化工程。

Ⅱ 人 工 湿 地

7.12.6 采用人工湿地处理污水时，应进行预处理。预处理设施出水 SS 不宜超过 80mg/L。

→人工湿地作为深度处理工艺的出水水质可优于城镇污水厂一级 A 排放标准，且景观效果较好。因此特别适合景观用水区域附近的生活污水处理或直接对受污染水体的水进行处理，此外，人工湿地可以为这些水体提供清洁的水源补充。

7.12.7 人工湿地面积应按五日生化需氧量表面有机负荷确定，同时应满足表面水力负荷和停留时间的要求。人工湿地的主要设计参数宜根据试验资料确定；当无试验资料时，可采用经验数据或按表 7.12.7 的规定取值。

人工湿地的主要设计参数　　　　　　　　　　　　　　　表 7.12.7

人工湿地类型	表面有机负荷 〔g/(m² · d)〕	表面水力负荷 〔m³/(m² · d)〕	水力停留时间 (d)
表面流人工湿地	1.5～5	≤0.1	4～8
水平潜流人工湿地	4～8	≤0.3	1～3
垂直潜流人工湿地	5～8	<0.5	1～3

注：1. 人工湿地表面积设计可按有机负荷和水力负荷进行计算，取两者计算结果中的较大值。

2. 人工湿地用作二级生物处理时，可取较高的有机负荷和较低的水力负荷。

3. 人工湿地用作深度处理时，可取较低的有机负荷和较高的水力负荷。

4. 年平均温度较低的地区可适当增加水力停留时间。

→人工湿地工艺比选见表 7.12.7-1。

人工湿地工艺比选表　　　　　　　　　　　　　　　表 7.12.7-1

指标	人工湿地类型			
	表面流人工湿地	水平潜流人工湿地	上行垂直流人工湿地	下行垂直流人工湿地
水流方式	表面漫流	水平潜流	上行垂直流	下行垂直流
水力与污染物削减负荷	低	较高	高	高
占地面积	大	一般	较小	较小
有机物去除能力	一般	强	强	强
硝化能力	较强	较强	一般	强
反硝化能力	弱	强	较强	一般

续表

指标	人工湿地类型			
	表面流人工湿地	水平潜流人工湿地	上行垂直流人工湿地	下行垂直流人工湿地
除磷能力	一般	较强	较强	较强
堵塞情况	不易堵塞	有轻微堵塞	易堵塞	易堵塞
季节气候影响	大	一般	一般	一般
工程建设费用	低	较高	高	高
构造与管理	简单	一般	复杂	复杂

注：本表摘自《人工湿地水质净化技术指南》环办水体函〔2021〕173 号。

7.12.8 表面流人工湿地的设计宜符合下列规定：

1 单池长度宜为 20m～50m，单池长宽比宜为 3∶1～5∶1；

2 表面流人工湿地的水深宜为 0.3m～0.6m；

3 表面流人工湿地的底坡宜为 0.1％～0.5％。

7.12.9 潜流人工湿地的设计应符合下列规定：

1 水平潜流人工湿地单元的长宽比宜为 3∶1～4∶1；垂直潜流人工湿地单元的长宽比宜控制在 3∶1 以下。

2 规则的潜流人工湿地单元的长度宜为 20m～50m；不规则潜流人工湿地单元，应考虑均匀布水和集水的问题。

3 潜流人工湿地水深宜为 0.4m～1.6m。

4 潜流人工湿地的水力坡度宜为 0.5％～1.0％。

7.12.10 人工湿地的集配水应均匀，宜采用穿孔管、配（集）水管、配（集）水堰等方式。

→人工湿地的集配水系统应保证集配水的均匀性，以减少短流现象和堵塞现象的发生，从而充分发挥湿地的净化功能。

7.12.11 人工湿地宜选用比表面积大、机械强度高、稳定性好、取材方便的填料。

→人工湿地填料不仅具有吸附、过滤、沉淀等水处理功能，而且为微生物生长提供载体，因此需要填料具有尽可能大的比表面积。填料的总表面积与其粒径成反比，但如果填料的粒径过小，将会容易造成人工湿地床体的堵塞。人工湿地填料作为床体的支持骨架，应具备一定的机械强度，从而有效避免床体压实堵塞。人工湿地填料需具有较好的化学稳定性，应避免缓释有毒有害物质。为降低运输成本，人工湿地填料应尽可能就地取材。

人工湿地填料可采用石灰石、火山岩、沸石、页岩、陶粒、炉渣和无烟煤等材料加工制作，宜就近取材。

7.12.12 人工湿地应以本土植物为首选，宜选用耐污能力强、根系发达、去污效果好、具有抗冻及抗病虫害能力、有一定经济价值和美化景观效果、容易管理的植物。

→人工湿地选择的植物应该对当地的气候条件、土壤条件和周围的动植物环境有很好的适应能力，否则难以达到理想的处理效果，一般优先选用当地或本地区存在的植物。

湿地系统应根据湿地类型、污水性质选择耐污能力强、去污效果好、具有抗冻及抗病虫害能力、容易管理的湿地植物。建造人工湿地时要考虑一定的经济价值和景观效果。

不同气候分区可选择的植物种类见表7.12.12。

各气候分区人工湿地水质净化工程推荐种植的植物种类　　　　表7.12.12

气候分区代号	挺水植物	浮水植物		沉水植物
		浮叶植物	漂浮植物	
全国大部分区域	芦苇、香蒲、菖蒲等	睡莲等	槐叶萍等	狐尾藻等
I	水葱、千屈菜、莲、蒿草、苔草等	菱等	—	眼子菜、菹草、杉叶藻、水毛茛、龙须眼子菜、轮叶黑藻等
II	黄菖蒲、水葱、千屈菜、蘸草、马蹄莲、梭鱼草、荻、水蓼、芋、水仙等	菱、芡实等	水鳖等	菹草、苦草、黑藻、金鱼藻等
III	美人蕉、水葱、灯芯草、风车草、再力花、水芹、千屈菜、黄菖蒲、麦冬、芦竹、水莎草等	菱、芡实、荇菜、莼菜、萍蓬草等	水鳖等	菹草、苦草、黑藻、金鱼藻、水车前、竹叶眼子菜等
IV	水芹、风车草、美人蕉、马蹄莲、慈菇、芨草、莲等	荇菜、萍蓬草等	—	眼子菜、黑藻、菹草、狐尾藻等
V	美人蕉、风车草、再力花、香根草、花叶芦荻等	荇菜、睡莲等	—	竹叶眼子菜、苦草、穗花、狐尾藻、黑藻、龙舌草等

注：1. 湿地岸边带依据水位波动、初期雨水径流污染控制需求等选择适宜的本土植物。

2. 本表摘自《人工湿地水质净化技术指南》环办水体函〔2021〕173号。

7.12.13　人工湿地应在池体底部和侧面进行防渗处理，防渗层的渗透系数不应大于10^{-8} m/s。

→为防止人工湿地渗漏的污水对土壤、地下水等产生污染，必须设防渗层做好防渗措施。防渗层可采用黏土层、高密度聚乙烯土工膜及其他建筑工程防水材料，并要求其渗透系数应不大于10^{-8}m/s。

黏土碾压法：厚度应大于0.5m，有机质含量应小于5%，压实度应控制在90%～94%。三合土碾压法：石灰粉、黏土、砂子或粉煤灰的体积比应为1：2：3，厚度可根据地下水位和湿地水位确定，但不得小于0.2m。

土工膜法：采用两布一膜形式的复合土工膜，膜质量应为 $400\text{g/m}^2 \sim 550\text{g/m}^2$，铺膜基层应平整，不得有尖硬物，膜的接头应进行粘结，膜与隔墙和外墙边的接口可设锚固沟，沟深应大于等于 0.6m，并应采用黏土或素混凝土锚固。膜与填料接触面可视填料状况确定是否设黏土或砂保护层。

塑料薄膜法：薄膜厚度应大于 1.0mm，宜采用 PE、PVC 等材料的薄膜。薄膜需现场粘结和锚定时，连接处厚应大于 1.0mm。铺膜基层应平整，不得有尖硬物，可采用设覆土韧劲方式避免紫外线照射。薄膜与填料接触面之间也应视情况设置黏土或砂保护层。

混凝土法：混凝土强度等级应大于 C15，厚度宜大于 0.15m。防渗层面积较大时应分块浇筑，缝间应填充柔性防水材料。

《污水自然处理工程技术规程》CJJ/T 54—2017。

5.6.2 条文说明：根据土壤地质学数据及设计经验，当土壤渗透系数小于 10^{-8}m/s 且厚度大于 0.5m 时，污水的渗透微乎其微，长期运行不会对下层土壤及地下水产生影响，因此可不采取专项的防渗措施。由于城镇污水厂出水和受有机物污染的地表水水质相对污染较轻，以及与地表水相通的实际情况，采用人工湿地处理该两类水时，在保证人工湿地能正常运行的条件下，可不采用专项的防渗措施。

7.12.14 在寒冷地区，集配水及进出水管的设计应考虑防冻措施。

7.12.15 人工湿地系统应定期清淤排泥。

7.12.16 人工湿地应综合考虑污水的悬浮物浓度、有机负荷、投配方式、填料粒径、植物、微生物和运行周期等因素进行防堵塞设计。

→人工湿地防堵塞设计对于保证人工湿地的净化效果、提高人工湿地的使用寿命、减少维护管理工作量极为重要。必须控制进水有机物、悬浮物含量，控制合适的滤料级配。另外，通过多个单元的轮灌和加强预曝气，均可以降低堵塞风险。

Ⅲ　稳　定　塘

7.12.17 在有可利用的荒地或闲地等条件下，技术经济比较合理时，可采用稳定塘处理污水。用作二级处理的稳定塘系统，处理规模不宜大于 $5000\text{m}^3/\text{d}$。

→在进行污水处理规划设计时，对地理环境合适的城市，以及中、小城镇和干旱、半干旱地区，可考虑采用荒地、废地、劣质地，以及坑塘、洼地，建设稳定塘污水处理系统。

稳定塘是人工的接近自然的生态系统，它具有管理方便、能耗少等优点，但有占地面积大等缺点。选用稳定塘时，必须考虑当地是否有足够的土地可供利用，并应对工程投资和运行费用作全面的经济比较。国外稳定塘一般用于处理小水量的污水。我国地少价高，稳定塘占地约为活性污泥法二级处理厂用地面积的 13.3 倍～66.7 倍，因此，稳定塘的建设规模不宜大于 $5000\text{m}^3/\text{d}$。

7.12.18 处理污水时，稳定塘的设计数据应根据试验资料确定；当无试验资料时，根据污水水质、处理程度、当地气候和日照等条件，稳定塘的五日生化需氧量总平均表面有机

负荷可采用 $1.5gBOD_5/(m^2 \cdot d) \sim 10.0gBOD_5/(m^2 \cdot d)$，总停留时间可采用20d～120d。

7.12.19 稳定塘的设计应符合下列规定：

1 稳定塘前宜设格栅；当污水含砂量高时，宜设沉砂池。

2 稳定塘串联的级数不宜少于3级，第一级塘有效深度不宜小于3m。

3 推流式稳定塘的进水宜采用多点进水。

4 稳定塘污泥的蓄积量宜为40L/(人·年)～100L/(人·年)，一级塘应分格并联运行，轮换清除污泥。

→本条了解以下内容：

1. 污水进入稳定塘前，宜进行预处理。预处理一般为物理处理，其目的在于尽量去除水中杂质或不利于后续处理的物质，减少塘中的积泥。

污水流量小于 $1000m^3/d$ 的小型稳定塘前一般可不设沉淀池，否则，增加了塘外处理污泥的困难。处理大水量的稳定塘前可设沉淀池，防止稳定塘塘底沉积大量污泥，减小塘的容积。

2. 有关资料表明：对几个稳定塘进行串联模型实验，单塘处理效率76.8%，两塘处理效率80.9%，三塘处理效率83.4%，四塘处理效率84.6%，因此，本条规定稳定塘串联的级数一般不少于3级。

第一级塘的底泥增长较快，约占全塘系统的30%～50%，一级塘下部需用于贮泥。深塘暴露于空气的面积小，保温效果好。因此，本条规定第一级塘的有效水深不宜小于3m。

3. 当只设一个进水口和一个出水口并把进水口和出水口设在长度方向中心线上时，则短流严重，容积利用系数可低至0.36。进水口与出水口离得太近，也会使塘内存在很大死水区。为取得较好的水力条件和运转效果，推流式稳定塘宜采用多个进水口装置，出水口尽可能布置在距进水口远一点的位置上。风能使塘产生环流，为减小这种环流，进出水口轴线布置在与当地主导风向相垂直的方向上，也可以利用导流墙，减小风产生环流的影响。

4. 稳定塘的卫生要求：没有防渗层的稳定塘很可能影响和污染地下水。稳定塘必须采取防渗措施，包括自然防渗和人工防渗。

稳定塘在春初秋末容易散发臭气，对人体健康不利。所以，塘址应在居民区主导风向的下风侧，并与住宅区之间设置卫生防护带，以降低影响。

5. 稳定塘底泥的规定：根据资料，不同地区的稳定塘的底泥量分别为：中国武汉68L/(人·年)～78L/(人·年)、印度74L/(人·年)～156L/(人·年)、美国30L/(人·年)～91L/(人·年)、加拿大91L/(人·年)～146L/(人·年)，一般可按100L/(人·年)取值，五年后大约稳定在40L/(人·年)的水平。

第一级塘的底泥增长较快，污泥最多，应考虑排泥或清淤措施。为清除污泥时不影响运行，一级塘可分格并联运行。

问：为什么水解池可以作稳定塘的前处理？

答： 水解池可以作稳定塘的前处理。水解池类似一个上流式厌氧污泥床反应器，它对悬浮物、生化需氧量等的去除率高于初沉池，尤其是经过厌氧水解之后，污水中难以降解的有机物被分解为容易生化的有机酸，从而使后续的氧化塘停留时间大大缩短，因此水解池可以用作稳定塘系统前处理。摘自《城市污水稳定塘设计手册》（李献文）。

7.12.20 在多级稳定塘系统的后面可设养鱼塘，进入养鱼塘的水质应符合国家现行有关渔业水质标准的规定。

→多级稳定塘处理的最后出水中，一般含有藻类、浮游生物，可作鱼饵，在其后可设置养鱼塘，但水质必须符合现行国家标准《渔业水质标准》GB 11607 的规定。

7.13 消 毒

Ⅰ 一 般 规 定

7.13.1 污水厂出水的消毒程度应根据污水性质、排放标准或再生利用要求确定。

→《城乡排水工程项目规范》GB 55027—2022。4.3.11 污水和再生水处理系统应设置消毒设施，并应符合国家现行相关标准的规定。应对疫情等重大突发事件时，污水厂应加强出水消毒工作。城镇污水再生利用消毒总结见表 7.13.1。

城镇污水再生利用消毒总结 表 7.13.1

消毒剂	运行参数
氯系（液氯、次氯酸钠或次氯酸钙等）	常规消毒投加量宜为 6mg/L～15mg/L（以有效氯计），氯与再生水的接触时间应不小于 30min，再生水余氯含量及管网末端余氯含量应符合国家有关标准要求
二氧化氯	二氧化氯与水应充分混合，投加量宜为 4mg/L～10mg/L（以有效氯计），与再生水的有效接触时间应不少于 30min
紫外线	紫外线有效剂量参照《城镇给排水紫外线消毒设备》GB/T 19837—2019，接触时间宜为 5s～30s。不具有持续消毒效果，输配时宜采取投加次氯酸钠等措施
臭氧	臭氧投加量宜为 8mg/L～15mg/L，接触时间宜为 10min～20min。不具有持续消毒效果，输配时宜采取投加次氯酸钠等措施

注：本表摘自《城镇污水再生利用技术指南（试行）》。

7.13.2 污水厂出水可采用紫外线、二氧化氯、次氯酸钠和液氯消毒，也可采用上述方法的联合消毒方式。

→常用的污水消毒方法包括二氧化氯、次氯酸钠、液氯、紫外线或上述方法的组合技术（见表 7.13.2）。其中二氧化氯、次氯酸钠和液氯是化学消毒方法，维持一定的余氯量时，具有持续消毒作用，但会和水中的有机物反应生成消毒副产物；紫外线消毒是物理消毒方法，可避免或减少消毒副产物产生的二次污染物，但没有持续消毒作用，消毒效果受水中悬浮物浓度及色度影响较大。因此，应根据工程实际情况选择合适的消毒方式。

次氯酸钠是近年来污水厂使用较多的一种消毒剂，因其系统简单、副作用小、使用方便而受欢迎；尤其是在污水厂提标改造工程中，所耗投资较低，增加的设备设施简单，安全隐患小。

消毒技术　　　　　　　　　　　　　　　　表 7.13.2

消毒方法	消毒技术	实例
物理法	加热、冷冻、辐照、紫外线、微波等	紫外线
化学法	化学消毒药剂、各种卤素、重金属离子等	氯及其化合物（氯气、次氯酸、次氯酸钠、次氯酸钙、二氧化氯、氯胺）、金属离子（铜、银）、pH（酸、碱）、表面活性剂、臭氧、卤素（Br_2、I_2）

7.13.3 污水厂消毒后的出水不应影响生态安全。

7.13.4 消毒设施和有关建筑物的设计，应符合现行国家标准《室外给水设计标准》GB 50013 的规定。

Ⅱ　紫　外　线

7.13.5 污水厂出水采用紫外线消毒时，宜采用明渠式紫外线消毒系统，清洗方式宜采用在线机械加化学清洗的方式。

问：紫外线消毒的适用条件是什么？

答：1.《水与废水物化处理原理与工艺》（张晓健）。对于污水处理，紫外线消毒是目前污水厂设计的首选消毒技术。纽约自来水厂 820 万 m^3/d，是目前全球最大的紫外线消毒自来水处理厂。

2.《给水排水设计手册 5》P373。紫外线消毒适用于各种规模的污水厂及再生水厂。

7.13.6 紫外线消毒有效剂量宜根据试验资料或类似运行经验，并宜按下列规定确定：

1 二级处理的出水宜为 $15mJ/cm^2 \sim 25mJ/cm^2$；

2 再生水宜为 $24mJ/cm^2 \sim 30mJ/cm^2$。

问：各类水质紫外线消毒有效剂量限值是多少？

答：见表 7.13.6。

各类水质紫外线消毒有效剂量限值　　　　　　　表 7.13.6

水质	紫外线消毒有效剂量限值
污水	消毒后的污水符合《城镇污水厂污染物排放标准》GB 18918 规定的二级标准和一级标准的 B 标准的紫外线消毒设备，在峰值流量和紫外灯运行寿命终点前，其紫外线有效剂量不应低于 $15mJ/cm^2$。消毒后的污水符合《城镇污水厂污染物排放标准》GB 18918 规定的一级标准的 A 标准的紫外线消毒设备，在峰值流量和紫外灯运行寿命终点前，其紫外线有效剂量不应低于 $2mJ/cm^2$
饮用水	当紫外线消毒用于生活饮用水或饮用净水消毒时，且紫外线消毒设备在峰值流量和紫外灯运行寿命终点时，紫外线有效剂量不应低于 $40mJ/cm^2$
再生水	紫外线消毒用于城市污水再生利用时，且紫外线消毒设备在峰值流量和紫外灯运行寿命终点时，紫外线有效剂量不应低于 $80mJ/cm^2$

注：1. 紫外线剂量测试方法见《紫外线水消毒设备　紫外线剂量测试方法》GB/T 32091—2015。

2. 本表摘自《城镇给排水紫外线消毒设备》GB/T 19837—2019。

问：紫外灯能量和强度如何换算？

答： $\mu W/cm^2$ 和 mJ/cm^2 的换算关系：$1mJ/cm^2 = 10^3 \mu J/cm^2$，W 是功率的单位，J 是能量的单位；

$1J = 1W \times 1s$，即：$1mJ/cm^2 = 1mW \times 1s/cm^2 = 1000 \mu W \cdot s/cm^2$

7.13.7 紫外线照射渠的设计，应符合下列规定：

1 照射渠水流均匀，灯管前后的渠长度不宜小于1m。

2 渠道设水位探测和水位控制装置，设计水深应满足全部灯管的淹没要求；当同时应满足最大流量要求时，最上层紫外灯管顶以上水深在灯管有效杀菌范围内。

问：紫外灯管的间距不能过大的原因是什么？

答： 光在水中的衰减可以用透过1cm水的透光率表示。紫外光在水中的透光率与水质有关，实际透光率需要进行测量。在不同水中波长为253.7nm的紫外光透过1cm水的透光率大致为：给水厂滤后水90%～95%；城市污水厂出水65%～80%。不同厚度的水体的光强度计算为透光率的乘积关系，例如：对于在1cm处紫外透光率为80%的水，在2cm处的光强度只有原光强度的80%×80%＝64%，在3cm处的光强度只有原光强度的80%×80%×80%＝51.2%。因此，对于紫外透光性能较差的污水，紫外光在水中的衰减很快，这就是紫外灯管的间距不能过大的原因。摘自《水与废水物化处理的原理与工艺》（张晓健、黄霞）。

问：不同波段紫外线如何应用？

答： 1. 紫外线的波段划分

紫外线是波长范围在100nm～400nm的不可见光，在光谱中的位置介于X射线与可见光之间，其最长波长邻接可见光中的最短波长紫光，而最短波长邻接X射线的最长波长。

紫外线又可分为几个波段：

A 波段——长波紫外段，简称 UV-A 波段，波长 320nm～400nm；

B 波段——中波紫外段，简称 UV-B 波段，波长 275nm～320nm；

C 波段——短波紫外段，简称 UV-C 波段，波长 200nm～275nm；

D 波段——真空紫外段，简称 UV-D 波段，波长 100nm～200nm。

具有消毒效果的主要是C波段紫外线。D波段紫外线可以在空气中生成臭氧。A波段和B波段可使皮肤产生黑斑（色素沉着）或红斑（晒伤效应），但杀菌消毒效果不强。紫外线（UV）照射消毒的定义简图见图7.13.7。

2. 根据生物效应不同，不同波段紫外线的应用

（1）A 波段，波长 320nm～400nm，又称为长波黑斑效应紫外线。它具有很强的穿透力，可以穿透大部分透明的玻璃以及塑料。日光中含有的长波紫外线超过98%能穿透臭氧层和云层到达地球表面，UV-A 可以直达肌肤的真皮层，破坏弹性纤维和胶原蛋白纤维，将我们的皮肤晒黑。360nm波长的 UV-A 紫外线符合昆虫类的趋旋光性反应曲线，可制作诱虫灯。300nm～420nm波长的 UV-A 紫外线可透过完全截止可见光的特殊着色玻璃灯管，仅辐射出以365nm为中心的近紫外光，可用于矿石鉴定、舞台装饰、验钞等场所。

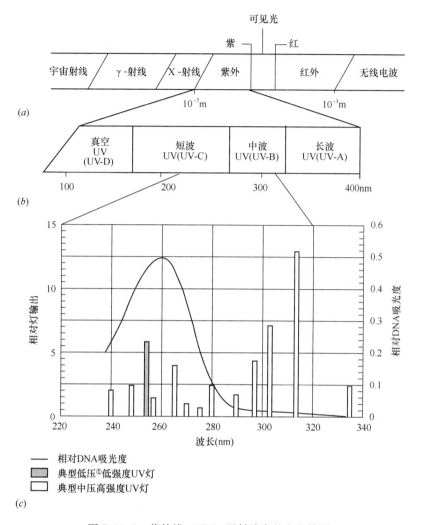

图 7.13.7　紫外线（UV）照射消毒的定义简图

（a）电磁光谱的紫外线照射部分图示；（b）UV 照射光谱杀菌性能部分图示；
（c）低压低强度及中压高强度 UV 灯的 UV 照射光谱以及 DNA 相对吸附量，与 UV 灯光谱相叠加

（2）B 波段，波长 275nm～320nm，又称为中波红斑效应紫外线。它具有中等穿透力，它的波长较短的部分会被透明玻璃吸收，日光中含有的中波紫外线大部分被臭氧层所吸收，只有不足 2％能到达地球表面，在夏天和午后会特别强烈。UV-B 紫外线对人体具有红斑作用，能促进体内矿物质代谢和维生素 D 的形成，但长期或过量照射会令皮肤晒黑，并引起红肿脱皮。紫外线保健灯、植物生长灯就是使用特殊透紫玻璃（不透过 254nm 以下的光）和峰值在 300nm 附近的荧光粉制成的。

（3）C 波段，波长 200nm～275nm，又称为短波灭菌紫外线。它的穿透能力最弱，无法穿透大部分的透明玻璃及塑料。日光中含有的短波紫外线几乎被臭氧层完全吸收。短波紫外线对人体的伤害很大，短时间照射即可灼伤皮肤，长期或高强度照射还会造成皮肤癌。紫外线杀菌灯发出的就是 UV-C 短波紫外线。

（4）D 波段，波长 100nm～200nm，又称为真空紫外线。

3. 紫外线消毒影响因素

（1）紫外透光率：紫外透光率是废水透过紫外光能力的量度，它是设计紫外线消毒系统的依据，一般随消毒器深度的增加紫外透光率降低。此外，当溶液中存在能吸收或散射紫外光的化合物或粒子时，紫外透光率也会降低，这就使得用于消毒的紫外光能量降低，此时只能通过延长接触时间或增加紫外灯数来补偿。

（2）悬浮固体：悬浮固体会通过吸收和散射降低废水中的紫外光强度。由于悬浮固体浓度的增加同时伴随着悬浮粒子数的增加，某些细菌可以吸附在悬浮粒子上，这种细菌最难被杀灭，所以用紫外线消毒时，悬浮固体要严格控制，不宜超过20mg/L。

（3）悬浮固体颗粒分布：溶液中悬浮固体颗粒分布不同，杀菌所需的紫外光剂量也不同，因为颗粒尺寸影响紫外光的穿透能力。小于$10\mu m$的粒子容易被紫外光穿透，$10\mu m$～$40\mu m$之间的粒子可以被紫外光穿透，但紫外光量需增加，大于$40\mu m$的粒子很难被紫外光穿透，所以为提高紫外光的利用率，宜对二级处理出水进行过滤去除大颗粒悬浮固体后再进行紫外线消毒处理。

（4）无机化合物：溶解性铝盐一般不影响紫外透光率，且含有铝盐的悬浮固体对紫外光杀菌也没有阻碍作用。但水中的铁盐可直接吸收紫外光使消毒套管发生壅塞现象，且铁盐还会被吸附在悬浮固体或细菌凝块上形成保护膜，这都不利于细菌的杀灭。

水的色度、浊度和总含铁量对紫外光均有不同程度的吸收，使杀菌效果降低，色度对紫外线透过率影响最大，浊度次之，铁离子也有一定影响。紫外线杀菌器对水质的要求为：色度＜15度，浊度＜5NTU，总含铁量＜0.3mg/L。

4. 紫外线消毒的特点

（1）优点

1）消毒速度快，效率高，占地面积小，停留时间短；

2）不影响水的物理化学成分，不增加 AOC、BDOC 等损害管网水质生物稳定性的副产物，不增加水的臭和味；

3）设备操作简单，便于运行管理和实现自动化；

4）消毒效果不受 pH 影响；

5）对致病微生物有广谱消毒效果，对隐孢子虫卵囊和贾第鞭毛虫包囊消毒效率高。

（2）不足

1）不具备后续消毒能力，易产生二次污染；

2）只有吸收紫外线的微生物才会被灭活，污水 SS 较大时，消毒效果很难保证；

3）细菌细胞在紫外线消毒器中并没有被去除，被杀死的微生物和其他污染物一同成为生存下来的细菌的食物。

问：污水中常见物质对紫外线的吸收特性是什么？

答：《城镇污水再生利用设施运行、维护及安全技术规程》CJJ 252—2016。

4.7.8 采用紫外线消毒时除应符合本规程第4.7.1条的规定外，尚应符合下列规定：

1 紫外线消毒进水透射率应大于30%，悬浮固体（SS）浓度不应大于10mg/L，浊度不应大于5NTU。进水水质不符合要求时，宜优化或增设预处理工艺。

2 不应使用铁盐作为混凝沉淀药剂。

4.7.8条文说明：1影响紫外线消毒的主要因素有透射率、SS浓度和浊度。紫外线消毒进水透射率应大于30％，SS不大于10mg/L，浊度不大于5NTU。当进水水质不符合以上要求时，宜优化或增设预处理工艺。2 水中带色金属离子等均会影响紫外线在水中的穿透率，其中三价铁离子对紫外线摩尔吸收系数最大，因此不宜使用铁盐作为混凝沉淀药剂。不同物质对紫外线的吸收性质见表2（即表7.13.7）。

污水中常见物质对紫外线的吸收特性　　　　表7.13.7

物质	摩尔吸收系数［L/(mol·cm)］	最小影响浓度（mg/L）
O_3	3250	0.071
Fe^{3+}	4716	0.057
MnO_4^-	657	0.91
$S_2O_3^{2-}$	201	2.7
ClO^-	29.5	8.4
H_2O_2	18.7	8.7
Fe^{2+}	28	9.6
SO_3^{2-}	16.5	23
Zn^{2+}	1.7	187

问：紫外灯石英套管的更换条件是什么？

答：《城镇给排水紫外线消毒设备》GB/T 19837—2019。

5.2.3　新的紫外灯石英套管透光率应高于90％，当石英套管使用时间超过3年或通过人工化学清洗后透光率低于80％时，应对石英套管进行更换。

7.13.8　紫外线消毒模块组应具备不停机维护检修的条件，应能维持消毒系统的持续运行。

Ⅲ　二氧化氯、次氯酸钠和氯

7.13.9　污水厂出水的加氯量应根据试验资料或类似运行经验确定；当无试验资料时，可采用5mg/L～15mg/L，再生的加氯量应按卫生学指标和余氯量确定。

→本条了解以下内容：

1. 余氯：投氯后，水中余留的游离性氯和结合性氯的总称。

游离性余氯：水中以次氯酸和次氯酸盐形态存在的余氯。

结合性余氯：水中以二氯胺和一氯胺形态存在的余氯。

2. 加氯量均按有效氯计。

问：含氯化合物中实际氯及有效氯百分数是多少？

答：见表7.13.9-1。

含氯化合物中实际氯及有效氯百分数　　　　表7.13.9-1

含氯的化合物	相对分子质量	氯当量	实际氯（％）	有效氯（％）
Cl_2	71	1	100	100
Cl_2O	87	2	81.7	163.4

含氯的化合物	相对分子质量	氯当量	实际氯（%）	有效氯（%）
ClO_2	67.5	5	52.6	263
CaClOCl	127	1	56	56
$Ca(ClO)_2$	143	2	49.6	99.2
HClO	52.2	2	67.7	135.4
$NaClO_2$	90.5	4	39.2	156.9
NaClO	74.5	2	47.7	95.4
$NHCl_2$	86	2	82.5	165
NH_2Cl	51.5	2	69	138

注：CaClOCl（漂白粉）是一种混盐（一种金属离子与多种阴离子构成的盐），读作：氯化次氯酸钙。$Ca(ClO)_2$（漂白精）。

"实际氯"和"有效氯"百分数可以用来比较含氯化合物的消毒有效性。

"实际氯"百分数计算：$(Cl_2)_{实际}\% = \dfrac{化合物中氯质量}{化合物相对分子质量} \times 100\%$

例如，HClO 中氯的实际百分数为：

$(Cl_2)_{实际}\% = \dfrac{化合物中氯质量}{化合物相对分子质量} \times 100\% = \dfrac{35.5}{1+35.5+16} \times 100\% = 67.7\%$。

"有效氯"用于比较氯化物的"氧化能力"。氯的氧化能力即氯化物的化合价被还原为 -1 价的能力（含氯化合物中氯的化合价为 $+1$）。

例如：$HClO + H^+ + 2e \rightarrow Cl^- + H_2O$

$H\overset{+1}{Cl}O$ 中 Cl 得电子数为 2。

有效氯百分数为：

$(Cl_2)_{有效}\% = 化合物中 Cl 得电子数 \times [(Cl_2)_{实际}\%] = 2 \times 67.7\% = 135.4\%$。

问：常用氧化剂的氧化还原电位是多少？
答：见表 7.13.9-2。

常用氧化剂的氧化还原电位　　　　　　表 7.13.9-2

氧化剂	氧化还原电位（V）	与氯的比值	氧化剂	氧化还原电位（V）	与氯的比值
臭氧	2.07	1.52	氯	1.36	1.00
过氧化氢	1.78	1.30	二氧化氯	1.27	0.93
次氯酸	1.49	1.10	氧分子	1.23	0.90

7.13.10　二氧化氯、次氯酸钠或氯消毒后应进行混合和接触，接触时间不应小于30min。
→本条了解以下内容：

1. 紊流条件下二氧化氯、次氯酸钠或氯能在较短的接触时间内对污水达到最大的杀菌率。但考虑到接触池中水流可能发生死角和短流，为了提高和保证消毒效果，二氧化氯、次氯酸钠或氯消毒的接触时间不应小于30min。

2. 氯胺消毒一般需要与水接触2h以上才能大于或等于与氯消毒相同的效果。由于氯胺消毒作用缓慢，因此氯胺不能作为基本杀菌剂，常作为城镇供水厂出厂水在管网系统中长时间维持水质卫生的消毒剂。

3. 几种常用消毒剂的性能比较见表7.13.10-1。

几种常用消毒剂的性能比较　　　　表 7.13.10-1

比较项目	液氯	次氯酸钠	二氧化氯	臭氧	紫外线
杀菌有效性	较强	中	强	最强	强
效能：对细菌 对病毒 对芽孢	有效 部分有效 无效	有效 部分有效 无效	有效 部分有效 无效	有效 有效 有效	有效 有效 无效
一般投加量 （mg/L）	5～10	5～10	5～10	10	
接触时间	1min～ 30min	10min～ 30min	10min～ 30min	5min～ 10min	10s～ 100s
一次投资	低	较高	较高	高	高
运转成本	便宜	贵	贵	最贵	较便宜
优点	技术成熟，投配设备简单，有后续消毒作用	可用海水或浓盐水作原料，也可购买商品次氯酸钠，使用方便	使用安全可靠，有定型产品	能有效去除污水中残留的有机物、色、臭味，受pH、温度影响	杀菌迅速，无化学药剂
缺点	有臭味，残毒，使用时安全措施要求高	现场制备设备复杂，维护管理要求高	须现场制备，维修管理要求高	须现场制备，设备管理复杂，剩余臭氧需作消除处理	消毒效果受出水水质影响较大，无定型产品，货源不足
适用条件	大、中型污水厂，最常的方法	中、小型污水厂	中、小型污水厂	要求出水水质较好，排入水体的卫生条件高的污水厂	小型污水厂，随着设备逐渐成熟，正日益广泛采用，并有大型污水厂在使用

臭氧消毒的典型流程见图7.13.10，臭氧投加量按公式（7.13.10）计算。

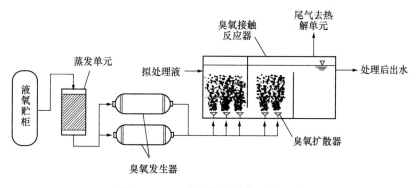

图 7.13.10　臭氧消毒的典型流程图

$$D = 1.06aQ$$

（7.13.10）

式中：D——臭氧投加量（g/h）；

α——臭氧投加量（g/m³）；

1.06——安全系数；

Q——所需消毒的污水流量（m³/h）。

注意：处理液中可能含有其他干扰杂质，为保证消毒效果而取的安全系数 1.06 必须要乘，有的书上叫"间歇利用系数"。

国外公认的臭氧消毒实验数据见表 7.13.10-2。

国外公认的臭氧消毒实验数据 表 7.13.10-2

投放浓度	投放时间	病毒、病原体种类	杀灭效率（%）
10mg/m³	20min	乙型肝炎表面抗原（HbsAg）	99.99
0.5mL/m³	5min	甲型流感病毒	99
0.13mg/L	30s	骨髓灰质炎病毒 I 型（PVI）	100
40μg/L	20s	大肠杆菌唾菌体 MS2	98
0.25mg/L	1min	猿软状病毒 SA-H 和人软状病毒 2 型	99.60
4mg/L	3min	艾滋病毒（HIV）	100
10mg/m³	10min	支原体、衣原体等病原体	99.85

臭氧既是一种强氧化剂，也是一种有效的消毒剂。通过臭氧氧化可以去除水中的嗅、味，提高和改善水的感官性状；降低高锰酸盐指数，使难降解的高分子有机物得到氧化、降解，通过诱导微粒脱稳作用，诱导水中的胶体脱稳；杀灭水中的病毒、细菌与致病微生物。

臭氧与活性炭去除有机污染物的机理不同，两者去除的有机污染物组分也有所差异。活性炭主要侧重于吸附溶解性有机物，而臭氧主要偏重于氧化难降解的高分子有机物。臭氧是一种强氧化剂，且具有亲电性质，因而能与碳—碳双键分子反应。不过臭氧与有机物的反应并不完全，臭氧氧化前后的 COD 总量变化不大。但经过臭氧氧化后有机物的性质发生了变化，更易于被吸附去除，所以通过臭氧氧化与活性炭吸附联合处理能达到满意的处理效果。由于臭氧对水中溶解性铁和高分子有机物的氧化会使悬浮固体增加，因此宜将活性炭吸附单元设置在臭氧氧化单元之后。

臭氧的消耗量不仅取决于 COD 的降解幅度，而且还与 COD 的组分有着密切的关系。所以对不同的原水，臭氧消耗量也不同。此外，三级处理中即使单纯采用臭氧进行消毒，臭氧的消耗量也比给水消毒处理的消耗量大得多，这是由于三级处理原水中的有机污染物要大量消耗臭氧所造成的。臭氧产量与电耗的关系见表 7.13.10-3。

臭氧产量与电耗的关系 表 7.13.10-3

臭氧发生器种类	臭氧产量（g/h）	电耗（kWh/kg 臭氧）
大型	＞1000	≤18
中型	100～1000	≤20
小型	1.0～100	≤22
微型	＜1.0	实测

注：表中电耗指标限值不包括净化气源的电耗。

7.13.11 次氯酸钠溶液宜低温、避光储存，储存时间不宜大于 7d。

→次氯酸钠溶液的稳定性较差，温度和紫外光对次氯酸钠的稳定性影响很大，升高温度或光照（特别是紫外光），次氯酸钠溶液的分解速度将明显加快，所以次氯酸钠溶液要低温、避光储存。储存区域室温不宜超过 30℃，储存时间不宜大于 7d。

问：次氯酸钠如何制备？

答：采用食盐或工业盐溶液电解法产生次氯酸钠消毒液，应使用未加碘盐，应采用钛、铂、钌等金属及其涂层的电极制备次氯酸钠消毒液，不应采用石墨电极和二氧化铅电极。专用于污水处理的应符合《工业盐》GB/T 5462—2015 的规定，其他用途应符合《食品安全国家标准 食用盐》GB 2721—2015 的规定。参见《次氯酸钠发生器卫生要求》GB 28233—2020。

问：需现场制备的消毒剂有哪些？

答：二氧化氯不能储存，只能用二氧化氯发生器现制现用。臭氧不能贮存，需现场边发生边使用。紫外线光源采用高压石英水银灯现场制备。

其余的既有成品药剂又可现场制备。

问：常用消毒剂消毒效率、持久性和成本费用如何排序？

答：液氯、二氧化氯、氯胺及臭氧的消毒效率、持久性和成本费用排序见表 7.3.11。

常用消毒剂消毒效率、持久性和成本费用排序   表 7.3.11

比较项目	排序
消毒效率	$O_3 > ClO_2 > Cl_2 > NH_2Cl$
消毒持久性	$NH_2Cl > ClO_2 > Cl_2 > O_3$
成本费用	$O_3 > ClO_2 > NH_2Cl > Cl_2$

8 污泥处理和处置

8.1 一般规定

8.1.1 污泥处理工艺应根据污泥性质、处理后的泥质标准、当地经济条件、污泥处置出路、占地面积等因素合理选择，包括浓缩、厌氧消化、好氧消化、好氧发酵、脱水、石灰稳定、干化和焚烧等。

→本条了解以下内容：

1. 污泥处理：对污泥进行减量化、稳定化和无害化处理的过程，一般包括调理、浓缩、脱水、厌氧或好氧消化、石灰稳定、堆肥、干化和焚烧等。

2. 污泥的四化

污泥减量化：使污泥体积减小或污泥质量减少的过程。

污泥稳定化：使污泥得到稳定不易腐败，以利于污泥进一步处理和利用的过程。

污泥无害化：使污泥中病原菌和寄生虫卵数量减少的过程。

污泥资源化：污泥经适当处理，作为制造肥料、燃料和建材的原料，是污泥处理可持续发展的过程。

典型的污泥处理工艺流程包括四个处理或处置阶段。第一阶段为污泥浓缩，主要目的是使污泥初步减容，缩小后续处理构筑物的容积或设备容量；第二阶段为污泥消化，使泥中的有机物分解；第三阶段为污泥脱水，使污泥进一步减容；第四阶段为污泥处置，采用某种途径将最终的污泥予以消纳。以上各阶段产生的清液或滤液中仍含有大量的污染物质，因而应送回到污水处理系统中加以处理。以上典型污泥处理工艺流程可使污泥经处理后实现"四化"。

3. 污泥稳定化的目的：避免发生不希望的生物反应或使生物反应朝着希望的方向进行；改善污泥的脱水性质、减少污泥量；为农业、林业、城市绿化或垃圾填埋场最终处置创造有利条件。稳定化方法主要包括生物稳定法和化学稳定法。

问： 污泥稳定化和无害化的主要方法是什么？

答： 污泥稳定化和无害化的主要方法见表8.1.1-1；污泥分类见表8.1.1-2。

污泥稳定化和无害化的主要方法   表 8.1.1-1

处理方法		目的和作用	说明
厌氧消化		稳定、减少质量	厌氧消化是在无氧和一定温度条件下，污泥通过厌氧微生物的作用使部分有机物分解成为沼气等产物，达到稳定的目的
好氧消化		稳定、减少质量	好氧消化在有氧的条件下，污泥通过好氧微生物的作用使有机物进一步分解，达到稳定的目的
化学稳定	加氯稳定	稳定、灭菌	用高剂量的氯气与污泥接触以对其进行化学氧化，达到稳定和灭菌的目的
	石灰稳定	稳定、灭菌	将足够量的石灰加入污泥中使污泥 pH>12 并保持一段时间，利用强碱性和石灰放出的大量热能杀灭病原体、降低恶臭和钝化重金属
	堆肥	稳定、杀菌	常温下堆肥处理，使污泥达到稳定和杀菌的目的，堆肥期长

污泥分类　　　　　　　　　　　　　表 8.1.1-2

污水分类		是否需要稳定处理	污水分类		是否需要稳定处理
生污泥 (或新鲜污泥)	初沉污泥	是	熟污泥	消化污泥 (厌氧消化、好氧消化、好氧发酵)	否
	剩余污泥	是			
	腐殖污泥	是		化学污泥	否

问：不同黏度的污泥分别选用什么类型的泵输送？

答：污泥按黏度分为四类，不同黏度的污泥输送泵的选用不同，具体如下：

1. 低黏度污泥：在任何浓度已知的情况下，悬浮固体的密度越小，泥浆就越黏。

低黏度污泥通常用离心污水泵（如 PW 和 PWL 型）和潜水污泵输送，也常用螺旋泵输送。低黏度污泥包括：未经浓缩的初沉原污泥、未经浓缩的二沉原污泥、未经浓缩的初沉和二沉原污泥、消化污泥、三级处理的化学污泥。低黏度污泥的总固体浓度见表8.1.1-3。

2. 高黏度污泥：初沉和初沉加二沉污泥，经重力、浮选或离心法浓缩的污泥、消化污泥及经过调理的污泥，都属于高黏度污泥。高黏度污泥的总固体浓度见表8.1.1-4。高黏度污泥输送用泵的特点是要求提吸能力高，因为污泥不易流入。一般选用单螺杆泵，它适用于输送腐蚀性液体、磨损性液体、含有气体的液体、高黏度或低黏度液体，包括含有纤维物和固体物质的液体。

3. 浮渣和栅渣：所用泵与初沉污泥泵以及兼抽浮渣的泵都一样。在消化池中，可选用大型离心泵。

4. 泥饼：含25％以上二沉生物污泥的泥饼有触变性，在搅动时流动性提高，可用连续式螺旋泵抽送，这种泵也可用于抽送含铁和明矾沉淀物的混合污泥。初沉和二沉混合污泥，如果含二沉污泥少，泥饼是触变性的，就难以抽送。通常真空过滤和离心脱水的泥饼能够抽送，但加压过滤或加热处理的泥饼则应慎重。

低黏度污泥的总固体浓度　　　　　　　表 8.1.1-3

污泥来源	总固体浓度（％）	污泥来源		总固体浓度（％）
未经浓缩的初沉原污泥	<4	三级处理 的化学 污泥	石灰污泥	<10
未经浓缩的二沉原污泥	<2		明矾和三价铁污泥	<2
未经浓缩的初沉和二沉原污泥	<3		焚烧炉的灰浆	<15
消化污泥	<4			

高黏度污泥的总固体浓度　　　　　　　表 8.1.1-4

污泥来源	总固体浓度（％）	污泥来源		总固体浓度（％）
浓缩的初沉原污泥	4~12	三级处理的 化学污泥	石灰污泥	10~30
浓缩的二沉原污泥	2~6			
浓缩的初沉和二沉原污泥	3~8		明矾和三价铁污泥	2~6
消化污泥	4~10			

8.1.2 污泥的处置方式应根据污泥特性、当地自然环境条件、最终出路等因素综合考虑，

包括土地利用、建筑材料利用和填埋等。

→《"十四五"城镇污水处理及资源化利用发展规划》发改环资〔2021〕827号。

（四）破解污泥处置难点，实现无害化推进资源化。

1. 建设任务。污泥处置设施应纳入本地污水处理设施建设规划。现有污泥处置能力不能满足需求的城市和县城，要加快补齐缺口，建制镇与县城污泥处置应统筹考虑。东部地区城市、中西部地区大中型城市以及其他地区有条件的城市，加快压减污泥填埋规模，积极推进污泥资源化利用。"十四五"期间，新增污泥（含水率80%的湿污泥）无害化处置设施规模不少于2万吨/日。

2. 技术要求。

（1）关于污泥无害化处置。新建污水厂必须有明确的污泥处置途径。鼓励采用热水解、厌氧消化、好氧发酵、干化等方式进行无害化处理。鼓励采用污泥和餐厨、厨余废弃物共建处理设施方式，提升城市有机废弃物综合处置水平。开展协同处置污泥设施建设时，应充分考虑当地现有污泥处置设施运行情况及工艺使用情况。

（2）关于污泥卫生填埋处置。限制未经脱水处理达标的污泥在垃圾填埋场填埋。采用协同处置方式的，卫生填埋可作为协同处置设施故障或检修等情况时的应急处置措施。

（3）关于污泥资源化利用。在实现污泥稳定化、无害化处置前提下，稳步推进资源化利用。污泥无害化处理满足相关标准后，可用于土地改良、荒地造林、苗木抚育、园林绿化和农业利用。鼓励污泥能量资源回收利用，土地资源紧缺的大中型城市推广采用"生物质利用＋焚烧""干化＋土地利用"等模式。推广将污泥焚烧灰渣建材化利用。

8.1.3 污泥处理处置应从工艺全流程角度确定各工艺段的处理工艺。

→《城乡排水工程项目规范》GB 55027—2022。4.4.3 城镇污水厂的污泥处理工艺应遵循"处置决定处理、处理满足处置"的原则，综合考虑污泥性质、处置出路、当地经济条件和占地面积等因素确定，应选择高效低碳的污泥处理工艺。

8.1.4 污水厂污泥产量可按下式计算：

$$Q_{sl} = Q_{ps} + Q_{es} + Q_{cs} \tag{8.1.4}$$

式中：Q_{sl}——污泥产生量（kg/d）；

Q_{ps}——初沉污泥量（kg/d）；

Q_{es}——剩余污泥量（kg/d）；

Q_{cs}——化学污泥量（kg/d）。

问：污泥量如何估算？

答：污水厂产生的污泥量，可结合当地已建成污水厂实际产泥率进行预测；无资料时可结合污水水质、泥龄、工艺等因素，按处理1万 m^3 污水产含水率80%的污泥6t～9t估算。产泥率不仅与进水有机物浓度有关，还与进水中的悬浮物以及污水处理过程中投加的药剂量有关。因此，对污水处理中的污泥量应进行具体分析。规划阶段污泥量的预测可适当放宽，以便留有余地。参见《城市排水工程规划规范》GB 50318—2017 第4.6.2条。

8.1.5 污泥处理处置设施的规模应以污泥产量为依据，并应综合考虑排水体制、污水处理水量、水质和工艺、季节变化对污泥产量的影响后合理确定。处理截流雨水的污水系统，其污泥处理处置设施的规模应统筹考虑相应的污泥增量，可在旱流污水量对应的污泥量上增加20%。

问：影响污泥产生量的主要因素是什么？

答：影响污泥产生量的主要因素：

1. 不同的排水体制和管网运行维护程度造成污水厂进水水量、水质的差异；

2. 不同的污水处理工艺产泥量差异；

3. 季节交替等因素造成的水温波动从而影响污泥产生量；

4. 雨季时污水污泥增量。

处理截流雨水的污水系统，其污泥处理处置设施的规模应考虑截流雨水的水量、水质，可在旱流污水量对应的污泥量上增加20%。

8.1.6 污泥处理处置设施的设计能力应满足设施检修维护时的污泥处理处置要求，当设施检修时，应仍能全量处理处置产生的污泥。

→污水处理是全年无休的，所以每天都产生污泥，而不同的污泥处理处置设施有不同的运行和维护保养周期，如一套污泥焚烧系统的设计年运行时间一般为7200h，因此需通过放大设计能力来保证设施检修维护时的污泥处理处置要求。此外，在特殊工况条件下污泥产量会超出原有规模，而设备不可能永远满负荷运行，因此污泥处理处置设施的设计能力还应留有富余，使污水处理产生的污泥得到全量处理处置。

8.1.7 污泥处理宜根据污水处理除砂和除渣情况设置相应的预处理工艺。

8.1.8 污泥处理构筑物和主要设备的数量不应少于2个。

→考虑到构筑物检修的需要和运转中会出现故障等因素，各种污泥处理构筑物和设备均不应只设1个。

问：排水工程哪些设备需要备用？

答：见表8.1.8。

排水工程中备用总结　　　　　　　　　　　　　表 8.1.8

备用类型	《室外排水设计标准》GB 50014—2021 相应条款
泵的备用	6.4.1　2 污水泵房和合流污水泵房应设备用泵，当工作泵台数小于或等于4台时，应设1台备用泵。工作泵台数大于或等于5台时，应设2台备用泵；潜水泵房备用泵为2台时，可现场备用1台，库存备用1台。雨水泵房可不设备用泵。下穿立交道路的雨水泵房可视泵房重要性设置备用泵 6.4.5　非自灌式水泵应设置引水设备，并均宜设置备用。小型水泵可设置底阀或真空引水设备
鼓风机的备用	7.9.15　鼓风机的台数应根据供气量确定；供气量根据污水量、污染物负荷变化、水温、气温、风压等确定。可采用不同风量的鼓风机，但不应超过两种。工作鼓风机台数，按平均风量供气量配置时，应设置备用鼓风机。工作鼓风机台数小于或等于4台时，应设置1台备用鼓风机；工作鼓风机台数大于或等于5台时，应设置2台备用鼓风机。备用鼓风机应按设计配置的最大机组考虑

续表

备用类型	《室外排水设计标准》GB 50014—2021 相应条款
回流污泥设备的备用	7.7.2 回流污泥设施宜分别按生物处理系统中的最大污泥回流比和最大混合液回流比计算确定。回流污泥设备台数不应少于2台，并应有备用设备，空气提升器可不设备用。回流污泥设备，宜有调节流量的措施
带式压滤机的空压机的备用	8.5.4 带式压滤机的设计应符合下列要求： 2 应按带式压滤机的要求配置空气压缩机，并至少应有1台备用； 3 应配置冲洗泵，其压力宜采用 0.4MPa～0.6MPa，其流量可按 5.5m³/[m（带宽）·h]～11.0m³/[m（带宽）·h] 计算，至少应有1台备用

8.1.9 污泥处理处置过程中产生的臭气应收集后进行处理。

8.1.10 污泥处理处置过程中产生的污泥水应单独处理或返回污水处理构筑物进行处理。
→本条了解以下内容：

1. 污泥脱水上清液及滤液水质特征，见表 8.1.10。

污泥脱水上清液及滤液水质特征   表 8.1.10

水样	检测项目（mg/L）		
	COD	氨氮	TP
污泥重力浓缩上清液	300～1000	0～300	10～20
污泥脱水滤液	100～450		30～40

注：上清液指污泥经重力浓缩和消化沉淀后的上部液体。

2. 污泥水含有较多污染物，其浓度一般比污水高，若不经处理直接排放，势必污染水体，造成二次污染。因此，污泥处理过程中产生的污泥水均应进行处理，不得直接排放。

污泥水中富含许多可利用物质，如磷资源可以单独处理回收，也可返回污水处理构筑物进行处理。污泥水返回污水厂进口和进水混合后一并处理。若条件允许也可送入初次沉淀池或生物处理构筑物进行处理。

不在污水厂内的污泥处理设施产生的污泥水可通过管道输送至污水厂或污泥水处理设施进行处理。

8.1.11 污泥产物资源利用时应符合国家现行有关标准的规定。
问：污泥产物资源利用的标准有哪些？
答：见表 8.1.11。

污泥产物资源利用相关标准汇总   表 8.1.11

不同用途的污泥	相应标准
农用泥质	《城镇污水厂污泥处置 农用泥质》CJ/T 309—2009

续表

不同用途的污泥	相应标准
林地用泥质	《城镇污水厂污泥处置 林地用泥质》CJ/T 362—2011
混合填埋用泥质	《城镇污水厂污泥处置 混合填埋用泥质》GB/T 23485—2009
土地改良用泥质	《城镇污水厂污泥处置 土地改良用泥质》GB/T 24600—2009
园林绿化用泥质	《城镇污水厂污泥处置 园林绿化用泥质》GB/T 23486—2009 《城镇污水厂污泥处理产物园林利用指南》T/CECS 20009—2021
污泥焚烧处理	《城镇污水厂污泥处置 单独焚烧用泥质》GB/T 24602—2009 《城镇污水厂污泥焚烧处理工程技术规范》JB/T 11826—2014 《城镇污水厂污泥干化焚烧工程设计规程》DG/TJ 08-2230—2017 《城镇污水厂污泥干化焚烧工艺设计与运行管理指南》T/CECS 20008—2021 《城镇污水厂污泥焚烧炉》JB/T 11825—2014（单独焚烧）
水泥窑协同处置	《水泥窑协同处置污泥工程设计规范》GB 50757—2012
污泥处理技术	《城镇污水厂污泥处理技术规程》CJJ 131—2009 《城镇污水厂污泥厌氧消化技术规程》T/CECS 496—2017 《城镇污水厂污泥厌氧消化技术规程》DG/TJ 08-2216—2016 《城镇污水厂污泥厌氧消化工艺设计与运行管理指南》T/CECS 20007—2021 《城镇污水厂污泥好氧发酵技术规程》T/CECS 536—2018 《城镇污水厂污泥好氧发酵工艺设计与运行管理指南》T/CECS 20006—2021
污泥稳定	《城镇污水厂污泥处理 稳定标准》CJ/T 510—2017

注：农用泥质还应满足《农用污泥污染物控制标准》GB 4284—2018。

8.1.12 污泥产生、运输、贮存、处理处置的全过程应符合国家现行有关污染控制标准的规定。

8.2 污 泥 浓 缩

问：污泥中的水分和污泥浓缩工艺的选择？

答：1. 浓缩方式

浓缩：采用重力、气浮或机械方法降低污泥或排泥水含水率的过程。

重力浓缩池：利用污泥中固体颗粒与水之间的相对密度差，采用重力方法使污泥稠化的构筑物。

气浮浓缩池：利用大量微小气泡附着在污泥颗粒表面，污泥颗粒相对密度降低而上浮使污泥稠化的构筑物。

机械浓缩：采用专用机械设备对污泥进行泥水分离使污泥稠化的过程。

离心浓缩：利用污泥中悬浮物和水的密度差，在离心力场中所受的离心力不同使污泥稠化的过程。

2. 污泥中水分包括四类（见图8.2）

（1）空隙水：指存在于污泥颗粒之间的一部分游离水。污泥浓缩可将绝大部分空隙水从污泥中分离出来。

（2）毛细水：指污泥颗粒之间的毛细管水。浓缩不能将毛细水分离，必须采用自然干化或机械脱水进行分离。

（3）吸附水：指吸附在污泥颗粒上的一部分水分。由于污泥颗粒小，具有较强的表面吸附能力，因而浓缩或脱水方法均难以使吸附水与污泥颗粒分离。

（4）结合水：指颗粒内部的化学结合水。只有改变颗粒内部结构，才可能将结合水分离。通常通过高温加热或焚烧方法去除吸附水和结合水。

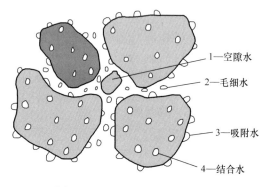

图 8.2　污泥中水分组成示意图

根据污泥中所含水分与污泥结合的情况，可将污泥中所含的水分分为自由水和结合水两大类。对于自由水和结合水的分类界限，不同的研究者提出了不同的定义，但广为接受的是 1956 年 Heukrlekian 和 Weinberg 提出的在某一特定温度下（一般指－20℃）不冻结的水称为结合水，通常采用膨胀计进行测定，污泥中只有少部分水以结合水的形式存在。自由水指的是不与污泥结合也不受污泥颗粒影响的那部分水，这部分水可通过浓缩或机械脱水与污泥颗粒分离，污泥中大部分水是以这种形式存在的。结合水可分为空隙水、毛细水、水合水。空隙水存在于絮体或有机体的空隙之间，条件变化时（如有絮体破坏时），可变成自由水；毛细水指的是结合力大、结合紧的多层水分子，机械脱水时不能脱除这部分水；水合水存在于细胞内，机械脱水时也不能脱除，通过热能才能脱除这部分水分。参见《污泥处理处置技术及装置》（徐强）。

8.2.1　浓缩剩余污泥时，重力式污泥浓缩池的设计宜符合下列规定：

1　污泥固体负荷宜采用 30kg/（m² · d）～60kg/（m² · d）；

2　浓缩时间不宜小于 12h；

3　由生物反应池后二次沉淀池进入污泥浓缩池的污泥含水率为 99.2%～99.6%时，浓缩后污泥含水率可为 97.0%～98.0%；

4　有效水深宜为 4m；

5　采用栅条浓缩机时，其外缘线速度宜为 1m/min～2m/min，池底坡向泥斗的坡度不宜小于 0.05。

→重力浓缩池的设计校核：按固体负荷设计，校核浓缩时间。

问：重力式污泥浓缩机有哪些标准及形式？

答：1.《重力式污泥浓缩池周边传动浓缩机》CJ/T 507—2016。重力式污泥浓缩池周边传动浓缩机结构形式示意图见图 8.2.1-1。

2.《重力式污泥浓缩池悬挂式中心传动浓缩机》CJ/T 540—2019。重力式污泥浓缩池悬挂式中心传动浓缩机结构形式示意图见图 8.2.1-2。

3.《中心传动式浓缩机》GB/T 10605—2015。中心传动式浓缩机结构形式示意图见图 8.2.1-3。

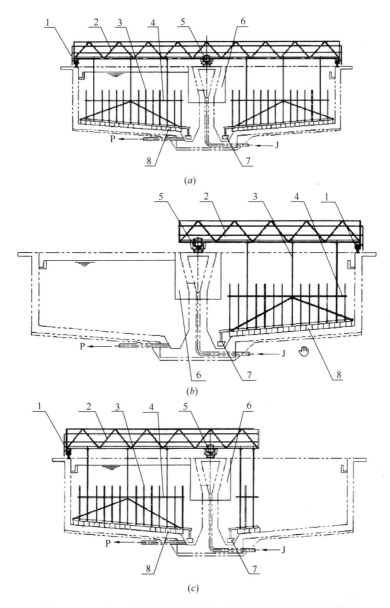

图 8.2.1-1 重力式污泥浓缩池周边传动浓缩机结构形式示意图

(a) 全桥式浓缩机结构形式示意图；(b) 半桥式浓缩机结构形式示意图；

(c) 3/4 桥式浓缩机结构形式示意图

1—驱动装置；2—桥架；3—浓缩栅条；4—桁架；5—中心旋转支座；

6—导流筒；7—泥斗刮板；8—刮板；J—进泥；P—排泥

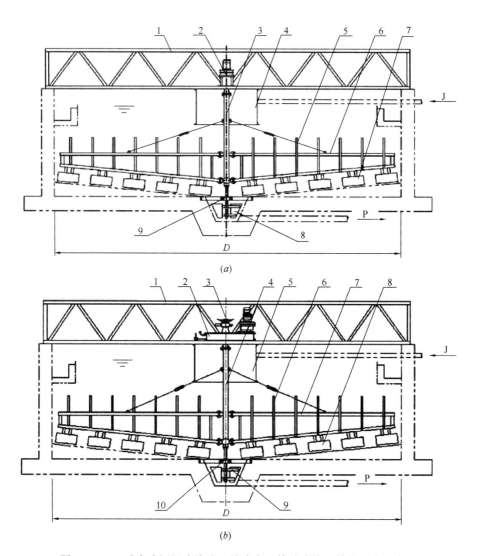

图 8.2.1-2　重力式污泥浓缩池悬挂式中心传动浓缩机结构形式示意图

（a）直联驱动式浓缩机结构形式示意图；

1—桥架；2—直联驱动装置；3—主轴；4—导流筒；5—浓缩栅条；

6—刮臂；7—刮板；8—泥斗刮板；9—水下轴承；

J—进泥；P—排泥；D—浓缩池直径

（b）组合驱动式浓缩机结构形式示意图

1—桥架；2—组合驱动装置；3—提升机构；

4—主轴；5—导流筒；6—浓缩栅条；

7—刮臂；8—刮板；9—泥斗刮板；10—水下轴承；

J—进泥；P—排泥；D—浓缩池直径

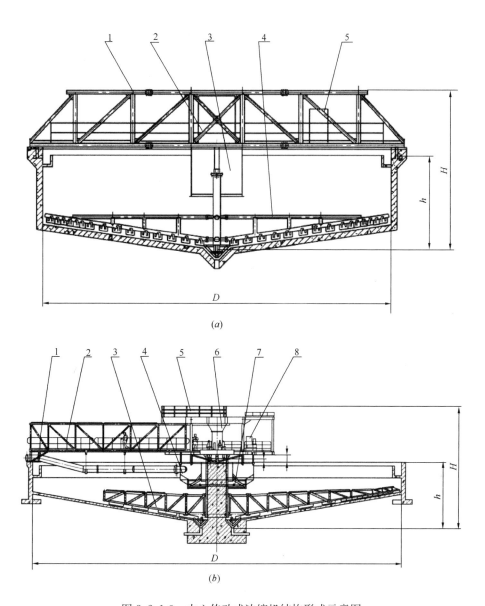

(a)

(b)

图 8.2.1-3　中心传动式浓缩机结构形式示意图

(a) 直径不大于 20m 浓缩机结构形式示意图；

1—桥架；2—传动装置；3—稳流桶；4—耙架；5—液压站或电控系统；

D—浓缩池内径；h—浓缩池深度；H—浓缩机总高

(b) 直径大于 20m 浓缩机结构形式示意图

1—给料管；2—桥架；3—耙架；4—布料装置；5—平台；

6—传动装置；7—卸料装置；8—液压站或电控系统；

D—浓缩池内径；h—浓缩池深度；H—浓缩机总高

8.2.2 污泥浓缩池宜设置去除浮渣的装置。

→由于污泥在浓缩池内停留时间较长，有可能会因厌氧分解而产生气体，污泥附着该气体上浮到水面，形成浮渣。浮渣是水处理过程中，污水中较水轻的油、脂和其他杂物漂浮到表面形成的固态物，如不及时排除浮渣会产生污泥出流。

8.2.3 当采用生物除磷工艺进行污水处理时，不宜采用重力浓缩。当采用重力浓缩池时，宜对污泥水进行除磷处理。

问： 为什么富磷污泥不宜采用重力浓缩？

答： 污水生物除磷工艺是靠聚磷菌在好氧条件下超量吸磷形成富磷污泥，将富磷污泥从系统中排出，达到生物除磷的目的。富磷污泥中含磷量很高，可达 $4\%\sim6\%$，但污泥中的磷处于不稳定状态，一旦遇到厌氧环境，并存在易降解有机物时，便可大量释放出来。在污泥处理系统中浓缩池、消化池以及脱水机或贮泥池中，皆存在厌氧环境。另外，由于水解酸化作用，这些构筑物也存在大量易降解有机物，因而污泥中的磷会大量释放。一些污水厂在实际运行中发现，当初沉污泥和富磷污泥在浓缩池合并后，其浓缩池上清液中 TP 可高达 $60mg/L\sim80mg/L$，消化池分离液中 TP 可高达 $200mg/L$。因此要使污水处理系统得到较好的除磷效果，必须控制污泥处理分区分离液中 TP 浓度，否则，这些磷将重新回到污泥处理系统，导致除磷效果下降。

重力浓缩池因水力停留时间长，污泥在池内会发生厌氧放磷，如果将污泥水直接回流至污水处理系统，将增加污水处理的磷负荷，降低生物除磷的效果。因此，应将重力浓缩过程中产生的污泥水进行除磷后再返回水处理构筑物进行处理。

所以生物除磷工艺污泥浓缩不宜采用重力浓缩，可采用机械浓缩、浓缩脱水一体机。当采用重力浓缩池时，宜对污泥水进行除磷处理。

问： 富磷污泥的处理有哪些措施？

答： 富磷污泥常用的处理措施：

1. 控制污泥中磷的释放：如无特殊需要，富磷污泥最好不采用消化处理工艺（包括好氧消化），应经浓缩后直接脱水。浓缩工艺最好采用离心浓缩、絮凝机械浓缩或好氧的气浮浓缩；污泥脱水的调质，最好采用无机混凝剂或有机高分子絮凝剂与无机混凝剂同时使用。

当必须采用消化工艺时，可向消化池投加适量石灰或无机混凝剂，控制磷释放到消化池上清液中，称为磷的消化封闭。

2. 去除分离液中的磷：也可采用常规的污泥处理工艺，不控制磷的释放，而是将含有高浓度 TP 的浓缩池上清液、消化池上清液以及脱水滤液收集起来，进行集中除磷。常用的方法是加石灰或铝盐化学沉淀工艺。

8.2.4 当采用机械浓缩设备进行污泥浓缩时，宜根据试验资料或类似运行经验确定设计参数。

问： 鼓式螺压污泥浓缩机结构是什么？

答： 《污水厂鼓式螺压污泥浓缩设备》JB/T 11832—2014。

鼓式螺压污泥浓缩设备结构形式如图 8.2.4-1 所示。

5.4.1 污泥浓缩设备进口端污泥含固率在 0.5%～0.8% 时，浓缩后的污泥固含量应达到 6%～12%。

5.4.2 污泥浓缩设备运转过程中不应发生堵塞现象。

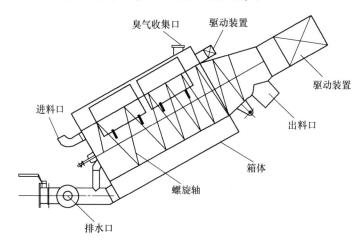

图 8.2.4-1 鼓式螺压污泥浓缩设备结构形式

问：气浮浓缩池运行维护方法是什么？

答：《城镇污水厂运行、维护及安全技术规程》CJJ 60—2011。

5.2.2 气浮浓缩池运行管理、安全操作、维护保养等应符合下列规定：

1 气浮浓缩池及溶气水系统应 24h 连续运行；

2 气浮浓缩池宜采用连续排泥；当采用间歇排泥时，其间歇时间可为 2h～4h；

3 应保持压缩空气的压力稳定，宜通过恒压阀控制溶气水饱和罐进气压力，压力设定宜为 0.3MPa～0.5MPa；

4 刮泥机停运时间不得超过 1 周，超过规定时间，应将污泥排空，同时不得超负荷运行；

5 应及时清捞出水堰的浮渣，并清除刮吸泥机走道上的杂物；

6 应保证气浮池池面污泥密实；

7 应保证上清液清澈；

8 气浮浓缩池应无底泥沉积；

9 气浮浓缩池宜用于剩余活性污泥的浓缩，不宜投加混凝剂；

10 当刮泥机在长时间停机后再开启时，应先点动、后启动；当冬季有结冰时，应先破坏冰层、再启动；

11 排泥时，应观察稳定均质池液位，不得漫溢；

12 加压溶气罐的压力表应每 6 个月检查、校验 1 次；

13 机械、电气设备的维护保养应符合本规程第 2 章的有关规定；

14 应经常清理池体堰口、刮泥机搅拌栅及溶气水饱和罐内的杂物；

15 应每班检查压缩空气系统畅通情况，并及时排放压缩空气系统内的冷凝水。

5.2.2 条文说明：1 气浮浓缩池及溶气水系统连续运行时，浓缩效果较好且稳定。

2 污泥处理量大于 100m³/h，多采用辐流式池型；污泥处理量小于 100m³/h，多采用矩形池，通常辐流式气浮池采用连续排泥，矩形池采用间歇排泥，为保证出泥含水率，避免刮泥机频繁启动过大静负荷对设备的影响，所以气浮池间歇排泥时间为 2h～4h 为好。

3 气浮浓缩通常采用加压溶气气浮（见本书第 7.11.6 条），气源压力应稳定。结合《给水排水设计手册》（中国建筑工业出版社）和部分城镇污水厂运行经验数据，溶气水饱和罐进气压力确定为 0.3MPa～0.5MPa。

6 气浮浓缩池工作时，表面应有一定厚度的压实层。

8 当气浮浓缩池出现底泥沉积时，宜每 24h 排放底泥一次。

9 剩余活性污泥较轻，易于上浮，且自身具有絮凝性能，所以一般采用气浮浓缩。

10 由于长期停机，池面污泥含固率增高，气浮浓缩池刮泥机再启动时，静负荷过大，故开机时先点动，可降低静负荷，保护设备。

15 及时排放冷凝水，避免产生水阻。

5.2.3 浓缩池的运行参数除应符合设计要求外，还可按表 8.2.4 中的规定确定。

浓缩池运行参数   表 8.2.4

污泥类型		污泥固体负荷 $[kg/(m^2 \cdot d)]$	污泥含水率（%）		停留时间 (h)	气固比 (kg 气/kg 固体)
			浓缩前	浓缩后		
重力型	剩余活性污泥	20～30	98.5～99.6	95.0～97.0	6～8	—
气浮型		1.8～5.0	99.2～99.8	95.5～97.5	—	0.005～0.040
重力型	初沉污泥与剩余活性污泥的混合污泥	50～75	—	95.0～98.0	10～12	—

问： 涡凹气浮浓缩的适用条件是什么？

答：《涡凹气浮机 技术条件》JB/T 12134—2015。

本标准适用于水量中等、悬浮物浓度较高的废水处理用涡凹气浮机。

涡凹气浮机的主要工艺有充气段、气浮段、刮泥系统、固体排放系统、部分水回流系统，形式如图 8.2.4-2 所示。徐强的研究表明：涡凹气浮适合于低浓度剩余污泥的浓缩。

涡凹气浮系统的显著特点是通过独特的涡凹曝气机将"微气泡"直接注入水中，不需要事先进行溶气，散气叶轮把微气泡均匀地分布在水中，通过涡凹曝气机的抽真空作用实现污水回流。

问： 污泥离心浓缩和离心脱水的区别是什么？

答： 离心浓缩和离心脱水工艺的动力都是离心力。与离心脱水的区别在于离心浓缩用于浓缩活性污泥时，一般不需加入絮凝剂调质，只有当需要浓缩污泥含固率大于 6% 时，才加入少量絮凝剂，切忌加药过量，造成输送困难。而离心脱水机要求必须加入絮凝剂进行调质。摘自《污泥处理处置技术与装置》（徐强）。

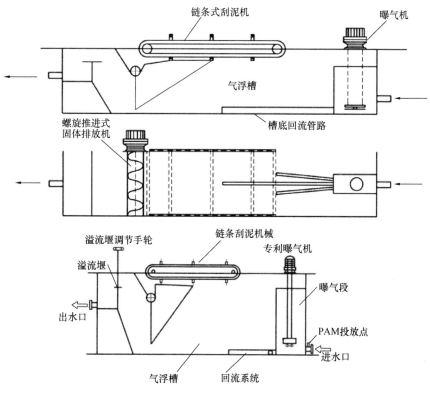

图 8.2.4-2 涡凹气浮机

8.2.5 污泥浓缩脱水可采用一体化机械。

→污泥浓缩脱水一体机：《环境保护产品技术要求 污泥浓缩带式脱水一体机》HJ/T 335—2006；《环境保护产品认定技术要求 污泥浓缩带式脱水一体机》HBC 27—2004。污泥浓缩脱水一体机脱水效果和干泥产量见表 8.2.5。

污泥浓缩脱水一体机脱水效果和干泥产量 表 8.2.5

污泥类型	进泥含水率（%）	出泥含水率（%）	干泥产量［kg/(m·h)］
初沉污泥	95.0～98.5		300～360
活性污泥	98.5～99.3	≤80	120～180
混合污泥	96.0～98.5		250～300

浓缩压滤机根据浓缩过滤机的结构形式分为带式浓缩压滤机（见图 8.2.5-1）和转筒浓缩压滤机（见图 8.2.5-2），参见《浓缩带式压榨过滤机》JB/T 10502—2015。

8.2.6 间歇式污泥浓缩池应设置可排出深度不同的污泥水的设施。

→污泥在间歇式污泥浓缩池中为静止沉淀，一般情况下污泥水在上层，浓缩污泥在下层。但经日晒或贮存时间较长后，部分污泥可能腐化上浮，形成浮渣，变为中间是污泥水，

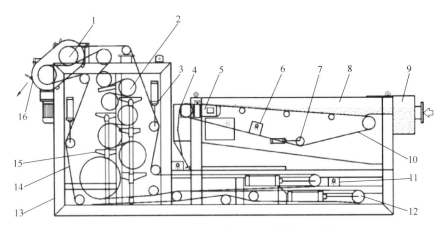

图 8.2.5-1　带式浓缩压滤机结构原理示意图

1—驱动装置；2—压榨辊系；3—纠偏装置；4—带式浓缩过滤机卸料装置；
5—带式浓缩过滤机驱动装置；6—带式浓缩过滤机冲洗装置；7—带式浓缩过滤机纠偏装置；
8—带式浓缩过滤机机架；9—带式浓缩过滤机进料装置；10—带式浓缩过滤机滤带；
11—冲洗装置；12—张紧装置；13—机架；14—滤带；15—集液槽；16—卸料装置

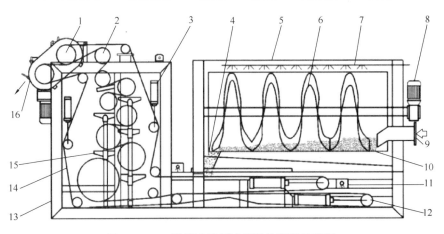

图 8.2.5-2　转筒浓缩压滤机结构原理示意图

1—驱动装置；2—压榨辊系；3—纠偏装置；4—转筒浓缩过滤机卸料装置；
5—转筒浓缩过滤机机架；6—转筒浓缩过滤机转筒；7—转筒浓缩过滤机冲洗装置；
8—转筒浓缩过滤机驱动装置；9—转筒浓缩过滤机进料装置；10—转筒浓缩过滤机滤带；
11—冲洗装置；12—张紧装置；13—机架；14—滤带；15—集液槽；16—卸料装置

上、下层是浓缩污泥。此外，污泥贮存深度也不同。所以应设置可排出不同深度污泥水的设施。如图 8.2.6 所示。

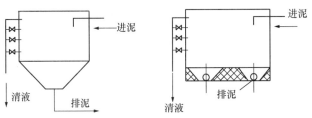

图 8.2.6　间歇式污泥浓缩池

间歇式浓缩多用于小型污水厂（池型可建成矩形或圆形）。连续式浓缩多用于大中型污水厂（一般采用竖流式和辐流式沉淀池形式）。

8.3 污 泥 消 化

→本节了解以下内容：

污泥消化：使污泥中有机物生物降解和稳定的过程。

厌氧消化：无氧条件下污泥消化的过程，该过程可产生可燃的污泥气。

中温厌氧消化：污泥温度为33℃～35℃时的厌氧消化。

高温厌氧消化：污泥温度为53℃～55℃时的厌氧消化。

好氧消化：有氧条件下污泥消化的过程。

污泥堆肥：污泥脱水后，在微生物的作用下产生较高温度使有机物生物降解，最终生成性质稳定熟化污泥的过程。

条垛堆肥：将污泥和调理剂混合料堆成长垛，通过空气自然对流通风或鼓风机强制通风，并定期翻堆或强制通风达到条垛稳定和降低污泥含水率的堆肥过程。

仓内堆肥：在反应仓内进行的堆肥过程。

快速堆肥：在定期翻堆和/或强制通风条件下，污泥中有机物经过高温发酵，达到污泥稳定的堆肥过程。

污泥气：污泥厌氧消化时有机物分解产生的气体，主要成分为甲烷和二氧化碳，并有少量的氢、氮和硫化氢等，又称沼气。

贮气罐：贮存消化池产生的污泥气，调节污泥气产量与用气量的设备。

污泥气燃烧器：污泥气燃烧消耗的装置，又称沼气燃烧器。

回火防止器：防止并阻断回火的装置。在发生事故或系统不稳定的状况下，当管内污泥气压力降低时，燃烧点的火会通过管道向气源方向蔓延，称作回火。

注：污泥厌氧消化可参见《城镇污水厂污泥处理 稳定标准》CJ/T 510—2017、《城镇污水厂污泥厌氧消化技术规程》T/CECS 496—2017。

Ⅰ 一 般 规 定

8.3.1 应根据污泥性质、环境要求、工程条件和污泥处置方式，选择经济适用、管理方便的污泥消化工艺。

→本条了解以下内容：

1. 应根据污泥性质、环境要求、工程条件和污泥处置方式，选择经济适用、管理便利的污泥消化工艺。

2. 污泥厌氧消化和好氧消化的特点及应用

（1）污泥厌氧消化系统由于投资和运行费用相对较省、工艺条件（污泥温度）稳定、可回收能源（污泥气综合利用）、占地较小等原因，采用比较广泛；但工艺过程的危险性较大。

（2）污泥好氧消化系统由于投资和运行费用相对较高、占地面积较大、工艺条件（污泥温度）随气温变化波动较大、冬季运行效果较差、能耗高等原因，采用较少；但好氧消化工艺具有有机物去除率较高、处理后污泥品质好、处理场地环境状况较好、工艺过程没有危险性等优点。污泥好氧消化后，氮的去除率可达 60%，磷的去除率可达 90%，上清液回流到污水处理系统后，不会增加污水脱氮除磷的负荷。

（3）一般在污泥量较少的小型污水厂（国外资料报道当污水厂规模小于 1.8 万 m^3/d 时，好氧消化的投资可能低于厌氧消化）或由于受工业废水的影响，污泥进行厌氧消化有困难时，可考虑采用好氧消化工艺。

问：污水厂污泥稳定化的选择原则是什么？

答：1.《城市污水处理及污染防治技术政策》建成〔2000〕124 号。

5.2 日处理能力在 10 万立方米以上的污水二级处理设施产生的污泥，宜采取厌氧消化工艺进行处理，产生的沼气应综合利用。日处理能力在 10 万立方米以下的污水处理设施产生的污泥，可进行堆肥处理和综合利用。

2.《城镇污水处理工程项目建设标准》。

第三十五条 污水厂宜根据污泥产量、污泥质量、环境要求设置污泥消化设施。消化方式应经技术经济分析后确定，可采用厌氧消化或好氧消化。<u>Ⅲ类及以上规模的污水厂宜采用中温厌氧消化。</u>

8.3.2 污泥经消化处理后，其挥发性固体去除率宜大于 40%。

问：污泥稳定化控制指标是多少？

答：污泥稳定化控制指标见表 8.3.2-1～表 8.3.2-12。

污泥稳定化控制指标 　　　　　　　　　　　　　　　表 8.3.2-1

稳定化方法	控制项目	控制指标
厌氧消化	有机物降解率	>40%
好氧消化	有机物降解率	>40%
好氧堆肥	含水率	<65%
	有机物降解率	>50%
	蠕虫卵死亡率	>95%
	粪大肠菌群菌值	>0.01

注：本表摘自《城镇污水厂污染物排放标准》GB 18918—2002。

《城镇污水厂污泥处理 稳定标准》CJ/T 510—2017。

4 污泥稳定工艺

4.1 污泥稳定处理工艺

污泥稳定处理工艺包括生物、化学或物化方法。<u>污泥稳定生物处理工艺包括厌氧消化、好氧发酵和好氧消化等；污泥稳定化学或物化处理工艺包括热碱分解、石灰稳定、热干化和焚烧等。</u>本标准的污泥稳定处理工艺包括厌氧消化、好氧发酵、好氧消化、热碱分解和石灰稳定。

4.2 污水处理工艺的污泥稳定

当污水处理工艺采用长泥龄时，产生污泥的比耗氧速率低于 2.5mg O_2/(gVSS·h)，可判定该污水处理系统产生的污泥达到稳定要求。

5 污泥稳定指标

5.1 厌氧消化控制指标

5.1.1 常规污泥厌氧消化工艺，可采用处理后污泥控制指标或过程控制指标。处理后污泥控制指标及限值应符合表 8.3.2-2 的规定，过程控制指标及限值应符合表 8.3.2-3 的规定。

污泥厌氧消化处理后污泥控制指标及限值 表 8.3.2-2

控制指标	限值
有机物去除率（%）	>40
粪大肠菌群菌值	> 0.5×10⁻⁶

常规污泥中温厌氧消化过程控制指标及限值 表 8.3.2-3

控制指标	限值
温度（℃）	35±2
固体停留时间（d）	>20
脂肪酸（VFA）（mg/L）	<300
总碱度（ALK）（mg/L）	2000~5000
VFA/ALK	0.1~0.2

5.1.2 高温热水解的污泥厌氧消化工艺，可采用处理后污泥控制指标或过程控制指标。处理后污泥控制指标及限值应符合表 8.3.2-2 的规定，过程控制指标及限值应符合表 8.3.2-4的规定。

高温热水解的污泥厌氧消化过程控制指标及限值 表 8.3.2-4

控制指标	限值
温度（℃）	35~55
固体停留时间（d）	>15
VFA/ALK	0.1~0.2

5.1.3 其他等效污泥厌氧消化工艺，处理后污泥控制指标及限值应符合表 8.3.2-2 的规定。

5.2 好氧发酵控制指标

5.2.1 污泥好氧发酵工艺，可采用处理后污泥控制指标或过程控制指标。处理后污泥控制指标及限值应符合表 8.3.2-5 的规定，过程控制指标及限值应符合表 8.3.2-6 的规定。

污泥好氧发酵处理后污泥控制指标及限值 表 8.3.2-5

控制指标	限值
耗氧速率（O₂%/min）	<0.1
粪大肠菌群菌值	>1.0×10⁻²
种子发芽指数（%）	用于农用地：>70 用于园林绿化和林地：>60

污泥好氧发酵过程控制指标及限值　　　　　表 8.3.2-6

控制指标	限值
温度达到 55℃～65℃ 持续时间 (d)	>3
发酵时间 (d)	>20

5.2.2　其他等效污泥好氧发酵工艺，处理后污泥控制指标及限值应符合表 8.3.2-5 的规定。

5.3　好氧消化控制指标

5.3.1　污泥高温好氧消化工艺，可采用处理后污泥控制指标或过程控制指标。处理后污泥控制指标及限值应符合表 8.3.2-7 的规定，过程控制指标及限值应符合表 8.3.2-8 的规定。

污泥高温好氧消化处理后污泥控制指标及限值　　　　　表 8.3.2-7

控制指标	限值
有机物去除率 (%)	>40
粪大肠菌群菌值	$>1.0 \times 10^{-3}$

污泥高温好氧消化过程控制指标及限值　　　　　表 8.3.2-8

控制指标	限值
温度 (℃)	55～60
固体停留时间 (d)	>10

5.3.2　其他等效污泥好氧消化工艺，处理后污泥控制指标及限值应符合表 8.3.2-7 的规定。

5.4　热碱分解控制指标

5.4.1　污泥热碱分解工艺，可采用处理后污泥控制指标或过程控制指标。污泥热碱分解处理后，脱水后污泥控制指标及限值应符合表 8.3.2-9 的规定，过程控制指标及限值应符合表 8.3.2-10 的规定；脱水滤液应处理并达到相应的排放标准。

污泥热碱分解处理后污泥控制指标及限值　　　　　表 8.3.2-9

控制指标	限值
有机物去除率 (%)	>40
粪大肠菌群菌值	$>1.0 \times 10^{-3}$

污泥热碱分解过程控制指标及限值　　　　　表 8.3.2-10

控制指标	限值
温度 (℃)	110～140
压力 (MPa)	0.15～0.40
pH 达到 10～12 的持续时间 (h)	>1

5.5　石灰稳定控制指标

5.5.1　当污泥用于生产水泥熟料、路基建材或填埋时，可采用石灰稳定处理防止污泥腐败发臭。

5.5.2　污泥石灰稳定工艺，可采用处理后污泥控制指标或过程控制指标。处理后污泥控制指标及限值应符合表 8.3.2-11 的规定，过程控制指标及限值应符合表 8.3.2-12 的规定。

污泥石灰稳定处理后污泥控制指标及限值　　　　表 8.3.2-11

控制指标	限值
粪大肠菌群菌值	$>0.5\times10^{-6}$

污泥石灰稳定过程控制指标及限值　　　　表 8.3.2-12

控制指标	限值
pH 达到 12 以上的持续时间（h）	>2
pH 达到 11.5 以上的持续时间（h）	>24

Ⅱ　污 泥 厌 氧 消 化

8.3.3 有初次沉淀池系统的污水厂，剩余污泥宜和初沉污泥合并进行厌氧消化处理。当有条件时，污泥可和餐厨垃圾等进行协同处理。

→本条了解以下内容：

厌氧消化反应的理想碳氮比为（10～20）：1，我国污水厂初沉污泥的碳氮比为（9.40～10.35）：1，剩余污泥的碳氮比为（4.60～5.04）：1，混合污泥的碳氮比为（6.80～7.50）：1。初沉污泥比较适合厌氧消化，混合污泥次之，故规定剩余污泥宜和初沉污泥合并进行厌氧消化处理。为改善厌氧发酵基质的碳氮比，提高污泥厌氧消化系统的效率，还可通过将污泥和餐厨垃圾等有机物按照一定比例混合后进行协同厌氧消化。协同厌氧消化的优势主要表现在：提高了系统的碳氮比，有利于厌氧消化系统的高效运行，同时降低了厌氧消化运行成本；餐厨垃圾和污泥协同互补，降低了氨氮和重金属离子等抑制物的浓度，缓冲能力得到提升，提高了厌氧消化系统的运行稳定性。

污泥和餐厨垃圾混合协同厌氧消化在丹麦、瑞典等国家有广泛的应用且效果良好，在我国也有所应用。镇江市餐厨废弃物和生活污泥协同处理一期工程的设计规模为 260t/d，包括 140t/d 含水率为 85% 的餐厨垃圾和 120t/d 含水率为 80% 的污泥。该工程采用高温热水解作为污泥的预处理，再和餐厨垃圾混合进行协同厌氧消化，消化池总容积为 12800m³，厌氧消化温度为 38℃，停留时间为 25d～30d，进料含固率为 8%，运行产生的污泥气中甲烷含量达到 63% 左右，产气率平均为 0.77m³/kgVSS（去除），有机物降解率平均为 51.8%。

问：为什么剩余活性污泥宜和初沉污泥合并处理？

答：初沉污泥与活性污泥的浓缩性能、可消化性以及脱水性能之间都存在很大差别。一般最好设两套不同的污泥处理系统，对初沉污泥和活性污泥进行分别处理，但实际中往往难以办到。几乎所有污水厂都面临着初沉污泥与活性污泥合并处理的问题。一般有以下三种合并方式。

1. 在初沉池中合并。这种合并方式是指将剩余活性污泥排入初沉池的进水渠道，与污水混合，然后与污水中的 SS 在初沉池一起沉淀下来，形成混合污泥。该流程利用活性污泥的絮凝性能提高初沉池对 SS 的去除率。但很多污水厂发现，该流程夏季易导致初沉污泥上浮。又发现，当二级处理采用生物除磷工艺（ApO 或 A²O）时，该流程明显不合理。因为剩余活性污泥中的磷将全部在初沉池中释放到污水中，使磷的去除率降低。当采用 A-B 工艺时，不允许采用该流程。因此此工艺流程有局限性。

2. 在浓缩池中合并。将初沉污泥和剩余活性污泥一起，送入同一座浓缩池进行浓缩；也有的在浓缩池前设混合池，将初沉污泥和剩余活性污泥充分混合后，再送入浓缩池进行浓缩。这种合并方式的效果取决于剩余活性污泥与初沉污泥之比。由于剩余活性污泥的浓缩性能很差，重力浓缩困难，所以当剩余活性污泥的比例较高时，浓缩效果较差。

3. 在消化池中合并。此方式指剩余活性污泥和初沉污泥分别进行浓缩，然后送入同一座消化池中进行消化。考虑到剩余活性污泥不易浓缩，因而常采用气浮浓缩、离心机浓缩或加药絮凝机械浓缩。初沉污泥浓缩性能较好，可采用重力浓缩。

剩余活性污泥的碳氮比只有 5 左右或更低，单独进行厌氧消化比较困难，不利于消化稳定进行，当流程中不设消化工艺时，可考虑将两种污泥分别进行浓缩脱水，即设置两套完全独立的污泥处理流程。

问：传统污泥厌氧消化系统组成有哪些？

答：传统污泥厌氧消化系统主要包括：污泥进出料系统、污泥加热系统、消化池搅拌系统及沼气收集、净化利用系统。传统污泥厌氧消化工艺流程见图 8.3.3。

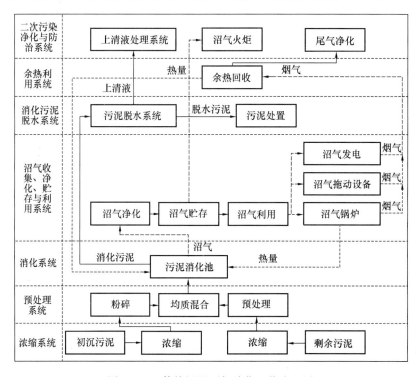

图 8.3.3　传统污泥厌氧消化工艺流程图

8.3.4 污泥厌氧消化工艺，按消化级数可分为单级和多级消化；按消化温度可分为中温和高温消化；按消化相数可分为单相和两相消化；按消化固体浓度可分为常规浓度和高含固浓度消化。

→本条了解以下内容：

1. 产酸阶段：无氧条件下污泥消化的过程，该过程可产生可燃的污泥气。

产气阶段：厌氧消化过程的第三阶段（产气阶段），在这个阶段产甲烷菌代谢挥发性有机酸产生污泥气。

二级厌氧消化：将整个消化过程分为两级，第一级消化池加热、搅拌和收集污泥气，第二级消化池不加热、不搅拌，利用第一级消化池的余热继续消化，其主要功能是浓缩和排除上清液。

两相厌氧消化：根据厌氧分解的理论，将产酸阶段和产气阶段分开，使之分别在两个反应器内完成消化工艺。

2. 分级的意义：在不延长总消化时间的前提下，两级中温厌氧消化对有机固体的分解率并无提高。一般由于第二级的静置沉降和不加热，一方面提高了出池污泥的浓度，减少了污泥脱水的规模和投资；另一方面提高了产气量，减少了运行费用。但近年来随着污泥浓缩脱水技术的发展，污泥的中温厌氧消化多采用一级。因此规定可采用单级或多级消化。设计时应通过技术经济比较确定。污泥厌氧消化划分见表 8.3.4。

污泥厌氧消化划分　　　　　　　　　表 8.3.4

厌氧消化工艺划分	厌氧消化方式
按消化级数	单级、两级
按消化温度	中温、高温
按消化相数	单相、两相
按消化固体浓度	常规浓度、高含固浓度消化

问：消化按温度如何分类？

答： 消化按温度分三类：1. 常温消化（15℃～25℃），一般不加热、不控制消化温度，但停留时间较长；2. 中温消化（30℃～35℃左右）；3. 高温消化（50℃～55℃左右）。高温消化有机物分解率和沼气产量会高于中温消化，但所需热能较大，总体比较，得不偿失，因而较少采用。当污泥的卫生指标要求较高时，高温消化仍有优势。高温厌氧消化耗能较高，一般情况下不经济。国外采用较少，国内尚无实例。目前，采用较多的是中温厌氧消化。

相对于中温消化，高温消化固体负荷率更高，挥发性固体降解率更高，消化后污泥具有更好的脱水特性，可产生包含较少病原体的生物固体。上述优点加上目前采用热水解（水热）等厌氧消化预处理技术，使得高温消化的技术经济优势较为明显，可根据具体项目进行技术经济比较确定。

厌氧微生物的最适温度指在此温度附近参与厌氧消化的微生物具有最高的产气速率。由于产气速率与生化速率大致成正相关性，因此最适温度就是生化速率最高时的温度。

问：消化时间与消化温度的关系是什么？

答： 按产甲烷菌对温度的适应性，可将产甲烷菌分为中温产甲烷菌和高温产甲烷菌两类，温度在两区之间时，随着温度的上升，反应速度反而降低。

从图 8.3.4-1 可以看出，产甲烷菌的活性总体随温度的升高而增大，在保证有机物分解率在40%以上的前提下，将消化控制在不同温度下进行，可得到所需消化时间与消化温度之间的变化关系。55℃左右消化效率最高，消化时间仅10d；35℃左右消化效率也较高，消化时间仅15d。随温度降低，需要延长消化时间。

问：消化时间与产气率的关系是什么？

答： 见图 8.3.4-2。

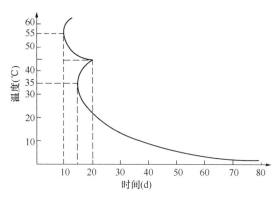

图 8.3.4-1　厌氧消化温度与消化时间的关系

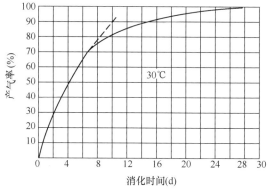

图 8.3.4-2　消化时间与产气率的关系

8.3.5　单级厌氧消化池（或多级厌氧消化池中的第一级）污泥应加热并搅拌，宜有防止浮渣结壳和排出上清液的措施。采用多级厌氧消化时，各级厌氧消化池的容积比应根据其运行操作方式，通过技术经济比较确定；二级及以上厌氧消化池可不加热、不搅拌，但应有防止浮渣结壳和排出上清液的措施。

→第一级厌氧消化池与第二级厌氧消化池的容积比与第二级厌氧消化池的运行控制方式和后续的污泥浓缩设施有关，应通过技术经济比较确定。第一级厌氧消化池与第二级厌氧消化池的容积比多采用 2∶1，当连续或自控排出第二级厌氧消化池中的上清液或设有后续污泥浓缩池时，容积比可以适当加大，但不宜大于 4∶1；当非连续或非自控排出第二级厌氧消化池中的上清液或不设后续污泥浓缩池时，容积比可适当减小，但不宜小于 2∶1。

第二级厌氧消化池由于可以不搅拌，运行时常有污泥浮渣在表面结壳，影响上清液的排出，所以增加了有关防止浮渣结壳的要求。

问：二级消化目的有哪几点？

答：二级消化设计运行中一般只考虑第一级消化池的消化效果，第二级消化池常用于以下目的：

1. 作为消化污泥的贮存池，缓冲污泥量与脱水污泥量之间的失衡；

2. 作为第一级消化池的备用池，当第一级消化池容积不足时，第二级消化池作第一级消化池用；

3. 作为消化污泥浓缩池，进行浓缩分离，提高消化污泥浓度，减少污泥调质的加药量；

4. 作为消化接种污泥贮存池。当第一级消化池检修重新启动时，可直接将第二级消化池中的污泥注入，为其接种。第二级消化池内不加热、不搅拌，基本不产生沼气。一些污水厂采用后浓缩池代替第二级消化池，原因是第二级消化池浓缩分离效果差，上清液水质极差。

问：如何比较消化池容量的经济性？

答：一般池容越小，越容易建造，但单位有效池容所需建造费用越高。例如：以 3000m³ 池子的单位池容建造费用为 1，则 6000m³ 和 9000m³ 池子的单位池容建造费用分别为 0.86 和 0.80。若建造总容量为 12000m³ 的卵形消化池，可以建成 1 个 12000m³、2 个

6000m³、3 个 4000m³、4 个 3000m³ 的池子，其单位池容建造费用依次是 0.68、0.70、0.72、0.78（以建造一个 3000m³ 池子的单位池容建造费用为 1 计）。但池子越大，加热搅拌越难均匀，容积利用系数越小。

8.3.6 厌氧消化池的总有效容积应根据厌氧消化时间或挥发性固体容积负荷计算互相校核，并应按下列公式计算：

$$V = Q_o \cdot t_d \qquad (8.3.6\text{-}1)$$

$$V = \frac{W_S}{L_V} \qquad (8.3.6\text{-}2)$$

式中：V——消化池总有效容积（m³）；

$\quad Q_o$——每日投入消化池的原污泥量（m³/d）；

$\quad t_d$——消化时间（d）；

$\quad W_S$——每日投入消化池的原污泥中挥发性干固体质量（kgVSS/d）；

$\quad L_V$——消化池挥发性固体容积负荷 [kgVSS/(m³·d)]。

8.3.7 常规浓度中温厌氧消化池的设计应符合下列规定：

1 多级消化池的第一级或单级消化池的消化温度宜为 33℃～38℃；

2 消化时间宜为 20d～30d；

3 挥发性固体容积负荷取值：重力浓缩后的污泥宜为 0.6kgVSS/(m³·d) ～1.5kgVSS/(m³·d)；机械浓缩后的污泥不应大于 2.3kgVSS/(m³·d)。

8.3.8 高含固浓度厌氧消化池的设计宜符合下列规定：

1 消化池温度宜为 33℃～38℃；

2 污泥含水率宜为 90%～92%；

3 消化时间宜为 20d～30d；

4 挥发性固体容积负荷取值宜为 1.6kgVSS/(m³·d) ～3.5kgVSS/(m³·d)。

→相比于传统厌氧消化，高含固浓度厌氧消化的显著特点是进泥的含固率较高，一般为 8%～10%，其主要优势是反应器容积小，保温能量需求降低。

8.3.9 以热水解（水热）作为消化预处理时，宜符合下列规定：

1 热水解反应罐反应时间宜为 20min～30min；

2 厌氧消化池温度宜为 37℃～42℃；

3 污泥含水率宜为 88%～92%；

4 消化时间宜为 15d～20d；

5 挥发性固体容积负荷宜为 2.8kgVSS/(m³·d) ～5.0kgVSS/(m³·d)。

问：**厌氧消化预处理技术有哪些？**

答：1. 高温高压热水解预处理技术。高温高压热水解预处理（THP）技术是以高含固的脱水污泥（含固率15%～20%）为对象的厌氧消化技术。该技术采用高温（155℃～170℃）、高压（0.6MPa）对污泥进行热水解与闪蒸处理，使污泥中的胞外聚合物和大分子有机物发生水解并破解污泥中微生物的细胞壁，强化物料的可生化性能，改善物料的流动性，提高污泥厌氧消化池的容积利用率、厌氧消化的有机物降解率和产气量，同时能通过高温高压预处理改善污泥的卫生性能及沼渣的脱水性能，进一步降低沼渣的含水率，有利于厌氧消化后沼渣的资源化利用。具体流程如图8.3.9所示。

2. 生物强化预处理技术。该技术主要利用高效厌氧水解菌在较高温度下对污泥进行强化水解，或利用好氧或微氧嗜热溶胞菌在较高温下对污泥进行强化溶胞和水解。

3. 超声波预处理技术。该技术利用超声波"空穴"产生的水力和声化作用破坏细胞，导致细胞内物质释放，提高污泥厌氧消化的有机物降解率和产气率。

4. 碱预处理技术。该技术主要是通过调节pH，强化污泥水解过程，从而提高有机物去除效率和产气量。

5. 化学氧化预处理技术。该技术通过氧化剂（如臭氧等）直接或间接的反应方式破坏污泥中微生物的细胞壁，使细胞质进入到溶液中，增加污泥中溶解性有机物浓度，提高污泥的厌氧消化性能。

6. 高压喷射预处理技术。该技术是利用高压泵产生机械力来破坏污泥内微生物细胞的结构，使得胞内物质被释放，从而提高污泥中有机物的含量，强化水解效果。

7. 微波预处理技术。该技术是一种快速的细胞水解方法，在微波加热过程中污泥表面会产生许多"热点"，破坏污泥微生物细胞壁，使胞内物质溶出，从而达到分解污泥的目的。

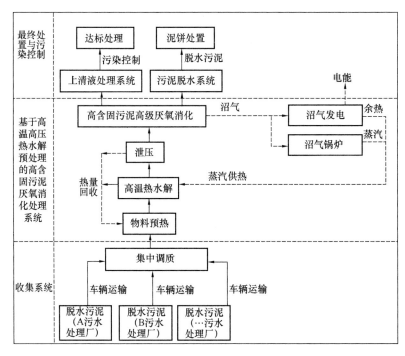

图8.3.9 基于高温高压热水解预处理的高含固城市污泥厌氧消化流程图

8.3.10 厌氧消化池污泥温度应保持稳定，并宜保持在设计温度±2℃。

→温度是影响污泥厌氧消化的关键参数。温度波动超过2℃就会影响消化效果和产气率。因此，操作过程中需要控制稳定的运行温度，变化范围应控制在±1℃内。研究表明，高温消化比中温消化对温度波动更为敏感。温度与有机物负荷对产气量的影响见图8.3.10。

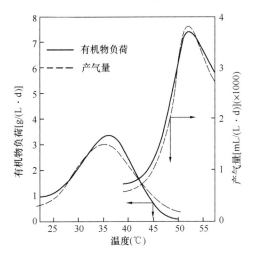

图8.3.10 温度与有机物负荷对产气量的影响

8.3.11 污泥厌氧消化池池形可根据工艺条件、投资成本和景观要求等因素进行选择。
常见消化池池形如图8.3.11所示;卵形消化池和传统圆柱形消化池的比较见表8.3.11。

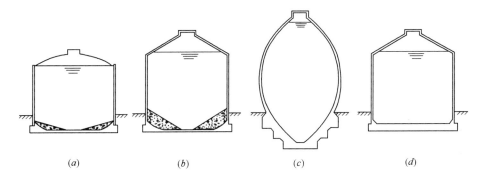

(a)　　　　　　(b)　　　　　　(c)　　　　　　(d)

图8.3.11 消化池池形
(a)龟甲形;(b)传统圆柱形;(c)卵形;(d)平底圆柱形

卵形消化池和传统圆柱形消化池比较 表8.3.11

比较项目	卵形消化池	传统圆柱形消化池
混合性能	高效的混合性,需要能量较少(约节省40%~50%的能量)	低效的混合性,需要能量较多
粗砂和污泥聚集	底部面积小,可有效消除粗砂和污泥的沉淀,使微小颗粒与污泥充分混合	底部面积大,易沉淀粗砂和污泥,需要定期清理。浪费空间,导致消化物的消化效果较差
浮渣堆积	污泥液面较小,能有效控制浮渣的形成和排出	污泥液面较大,浮渣的堆积层不能有效解决
运行	稳定地减少易挥发性有机物,且稳定连续地产生沼气,形成有效的运行处理过程	底部死角易堆积粗砂和其他沉淀物,顶部的无效空间又极易堆积浮渣,使消化处理效果相对较差

续表

比较项目	卵形消化池	传统圆柱形消化池
容积	工艺条件较好，单池处理能力大，占地面积小	受工艺条件的限制，单池容积不宜很大，占地面积大
运行温度	表面积与污泥处理量的比例较小，耗能少；优异的混合性能有助于系统温度的稳定	表面积与污泥处理量的比例较大，耗能较大

注：1. 卵形消化池参见《污水处理卵形消化池工程技术规程》CJJ 161—2011。

2. 本表摘自《城镇污水厂污泥厌氧消化技术规程》T/CECS 496—2017。

问：消化池容积如何划分？

答： 1. 一般每座消化池的容积：小型消化池为 2500m³ 以下；中型消化池为 5000m³ 左右；大型消化池为 10000m³ 以上。圆柱形消化池的直径一般为 6m～35m，池底坡度一般采用 8%。

2.《城镇污水厂污泥厌氧消化技术规程》T/CECS 496—2017。

3.3.2 污泥厌氧消化池主体由集气罩、池顶、池体及下锥体等四部分组成。卵形消化池池体上、下锥体母线与水平面夹角宜取 45°，高度与最大内径之比宜为 1.50～1.75，最大内径不宜大于 25m。

问：为什么厌氧法适用的范围比好氧法更广？

答： Cille（1969）曾认为，仅仅当污水 COD 浓度大于 4000mg/L 时，厌氧处理才比好氧处理更加经济，在能源价格不断上涨的同时，污水厌氧处理浓度的低限也在不断下降，到 1982 年已经认为，当污水 COD 浓度为 2000mg/L 时，厌氧处理比好氧处理经济。但采用厌氧技术处理低浓度生活污水就不太经济，这主要是因为厌氧技术用于低浓度污水时厌氧菌生长缓慢、世代周期长、对环境要求高。北京市生态环境保护科学研究院在传统活性污泥法的基础上，用水解池代替传统的初沉池，开发出水解酸化-好氧活性污泥工艺，成功地用于城市污泥处理。参见《污水生物处理新技术》（吕炳南、陈志强）。

8.3.12 厌氧消化池污泥的加热可采用池外热交换，并应符合下列规定：

1 厌氧消化池总耗热量应按全年最冷月平均日气温通过热工计算确定；

2 加热设备应考虑 10%～20% 的富余能力；

3 厌氧消化池及污泥投配和循环管道应进行保温。

→新设计的污泥厌氧消化池大多采用污泥池外热交换方式加热（见图 8.3.12），蒸汽直接加热污泥的方式已逐渐被淘汰。

1. 总耗热量应按全年最冷月平均日气温计算，包括原污泥加热量、厌氧消化池散热量（包括地上和地下部分）、投配和循环管道散热量等。

2. 加热设备应考虑备用或留有富余能力。

3. 为控制散热，污泥投配和循环管道的所有户内、户外管道均应采取保温措施。

问：污泥加热设备类型有哪些？

答： 污泥加热设备有管壳式、套管式、螺旋板式。参见《热交换器》GB/T 151—2014、《螺旋板式热交换器》NB/T 47048—2015、《热交换器型式与基本参数 第 5 部分：螺旋板式热交换器》GB/T 28712.5—2012。消化池热交换器长期停止使用时，应关闭通

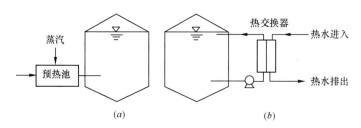

图 8.3.12　池外加热法

（a）生污泥预热法；（b）循环加热法

往消化池的相关闸门阀，并将热交换器中的污泥放空、清洗。螺旋板式热交换器宜每 6 个月清洗 1 次，套管式热交换器宜每年清洗 1 次。

问：厌氧处理什么情况下能量产耗可平衡？

答：厌氧处理常在中温和高温下进行，最常用的是中温厌氧处理。根据 Lawrence1971 年的研究资料，废水的 COD 值至少在 5000mg/L 以上才能做到加热废水的能源自给。参见《当代给水与废水处理原理》（许保玖、龙腾锐）。

问：如何比较好氧法与厌氧法的产能量？

答：厌氧消化所产能量大部分用于细菌自身生活活动，只有少量用于合成新细胞，因此，厌氧生物处理产泥量远少于好氧法。以乙酸钠分别进行好氧氧化与厌氧消化作比较，见下式：

好氧氧化：$C_2H_3O_2Na + 2O_2 \rightarrow NaHCO_3 + H_2O + CO_2 + 848.8kJ/mol$

厌氧消化：$C_2H_3O_2Na + H_2O \rightarrow NaHCO_3 + CH_4 + 29.3kJ/mol$

可见，相同底物条件下，厌氧消化的产能量仅为好氧氧化的 $\frac{1}{30} \sim \frac{1}{20}$。

问：污水厌氧消化池的运行参数包括哪些？

答：各类消化池的运行参数除应符合设计要求外，还可按表 8.3.12 确定。

污水厌氧消化池的运行参数　　　　　　表 8.3.12

项目		中温消化	高温消化
温度（℃）		33～35	52～55
日温度变化范围小于（℃）		±1	
投配率（%）		5～8	5～12
一级消化污泥含水率（%）	进泥	96～97	
	出泥	97～98	
二级消化污泥含水率（%）	出泥	95～96	
pH		6.4～7.8	
碱度（mg/L）（以 CaCO₃ 计）		1000～5000	
沼气中主要气体成分（%）		$CH_4 > 50$	
		$CO_2 < 40$	
		$CO < 10$	
		$H_2S < 1$	
		$O_2 < 2$	

续表

项目	中温消化	高温消化
产气率（m³ 气/m³ 泥）	>5	
有机物分解率（%）	>40	
酸碱比（挥发酸与碱度之比，即 VFA/ALK）	0.1~0.5	

注：本表摘自《城镇污水厂运行、维护及安全技术规程》CJJ 60—2011。

8.3.13 厌氧消化池内壁应采取防腐措施。

→腐蚀性分为强腐蚀、中腐蚀、弱腐蚀、微腐蚀四个等级。厌氧消化池内壁应采取防腐措施，参见《工业建筑防腐蚀设计标准》GB/T 50046—2018 第 6 章构筑物。

8.3.14 厌氧消化池的污泥搅拌宜采用池内机械搅拌、污泥气搅拌或池外泵循环搅拌等。每日将全池污泥完全搅拌（循环）的次数不宜少于 3 次。间歇搅拌时，每次搅拌的时间不宜大于循环周期的一半。

问：消化搅拌的作用是什么？

答： 传统消化向高速消化转变过程中，搅拌技术的开发起了极重要的作用。现代消化池均采用搅拌技术，搅拌的作用有以下几点：

1. 使投加的新料与池内消化污泥充分接触，或者说使基质与微生物充分接触。
2. 使池内温度均匀化，并保持要求的消化温度不变。
3. 使附着于固体颗粒上的气泡及时脱离，防止浮渣的形成，微生物充分接触。
4. 打碎浮渣层，防止板结。
5. 防止泥沙在池底沉积结块，占去有效容积。
6. 排泥时进行搅拌，有利于保持池内污泥的浓度不发生过大变化。

一级消化池必须进行全池性的完全搅拌，二级消化池有时也进行搅拌，不过其作用仅限在液面破碎浮渣层。

问：如何选择连续搅拌和间歇搅拌？

答： 厌氧消化池的搅拌是厌氧消化系统成败的重要环节，搅拌方式的选择与污泥浓度、黏滞系数、池容和池形等因素有关。如搅拌方式选择不当，会导致污泥沉积、温度不均和消化效率降低等问题。机械搅拌和污泥气搅拌是目前厌氧消化池的主要搅拌方式，池外泵循环搅拌适用于小型厌氧消化池。

间歇搅拌时，规定每次搅拌的时间不宜大于循环周期的一半（按每日搅拌 3 次考虑，相当于每次搅拌的时间在 4h 以下），主要是考虑设备配置和操作的合理性。如果规定时间太短，设备投资增加太多；如果规定时间太长，接近循环周期时，间歇搅拌就失去了意义。每日搅拌（循环）次数不宜少于 3 次，相当于至少每 8h（每班）完全搅拌一次。

现在普遍认为间歇搅拌有利，理由是产甲烷菌的生长需要相对宁静的环境。有研究表明：消化池每天的搅拌时间不应超过 1h，消化器内的基质速度不宜超过 0.5m/s。

问：如何选择不同池型的搅拌方式？

答： 1.《城镇污水厂污泥厌氧消化技术规程》T/CECS 496—2017。

3.5.1 污泥厌氧消化池内的污泥搅拌可采用机械搅拌、沼气搅拌或泵循环搅拌。卵形消化池宜采用机械搅拌。

3.5.1条文说明：机械搅拌应用最为普遍；沼气搅拌具有无机械磨损、搅拌力大、不受液面变化影响的特点，但其运行管理复杂，能耗高，安全性较差；泵循环搅拌只适合于较小的带漏斗形底和锥形顶盖的常规消化池，对于较大的消化池搅拌效果较差，常与其他搅拌方式结合使用。卵形消化池独特的形状使其易于选择简单的机械搅拌方式，国内外大部分卵形消化池都采用机械搅拌。

2.《给水排水设计手册5》P508。

一般来说，细高形消化池适合用机械搅拌，粗矮形消化池适合用沼气搅拌。

常用搅拌方式的比较见表8.3.14-1。

常用搅拌方式的比较　　　　　　　　　　　　　表8.3.14-1

搅拌方式	优点	缺点	适用消化池
机械搅拌	效率高、能耗较低	设备易附着浮渣及纤维；机械传动部分易磨损，轴承气密性难解决	各种
沼气搅拌	无搅拌装置，能耗低，搅拌效果好；促进厌氧分解，缩短消化周期	需特制压缩机，保证绝不吸入空气	各种
泵循环搅拌	设备简单、能耗省，搅拌效果好	需专门设计射流器	小型

问：消化池各种搅拌方式能耗是多少？

答：见表8.3.14-2。

卵形消化池的搅拌动力消耗比较　　　　　　　　表8.3.14-2

搅拌方式	泵循环搅拌	螺旋桨搅拌	沼气搅拌		
			周边吹入式	底部吹入式	升液式
动力消耗 [Wh/(m³·d)]	170	25	100	130	40

注：消化池容积为6000m³。

问：消化池多长时间清泥一次？

答：《城镇污水厂运行、维护及安全技术规程》CJJ 60—2011。

5.3.1-18　连续运行的消化池，宜3年～5年彻底清池、检修1次。

8.3.15　厌氧消化池和污泥气贮罐应密封，并应能承受污泥气的工作压力，其气密性试验压力不应小于污泥气工作压力的1.5倍。厌氧消化池和污泥气贮罐应采取防止池（罐）内产生超压和负压的措施。

问：如何进行消化池的满水试验和气密性试验？

答：水处理构筑物施工完毕必须进行满水试验。消化池满水试验合格后，还应进行气密性试验。试验要求见表8.3.15-1和表8.3.15-2。

消化池的满水试验   表 8.3.15-1

试验项目	满水试验
满水试验	指水池结构施工完毕后，以水为介质对其进行的严密性试验
试验准备	满水试验的准备应符合下列规定： 1. 选定洁净、充足的水源；注水和放水系统设施及安全措施准备完毕； 2. 有盖池体顶部的通气孔、人孔盖已安装完毕，必要的防护设施和照明等标志已配备齐全； 3. 安装水位观测标尺，标定水位测针； 4. 现场测定蒸发量的设备应采用不透水材料制成，试验时固定在水池中； 5. 对池体有观测沉降要求时，应选定观测点，并测量记录池体各观测点的初始高程
池内注水	池内注水应符合下列规定： 1. 向池内注水应分三次进行，每次注水为设计水深的1/3；对于大、中型池体，可先注水至池壁底部施工缝以上，检查底板抗渗质量，无明显渗漏时，再继续注水至第一次注水深度； 2. 注水时水位上升速度不宜超过2m/d；相邻两次注水的间隔时间不应小于24h； 3. 每次注水应读24h的水位下降值，计算渗水量，在注水过程中和注水以后，应对池体作外观和沉降量检测；发现渗水量或沉降量过大时，应停止注水，待作出妥善处理后方可继续注水； 4. 设计有特殊要求时，应按设计要求执行
水位观测	水位观测应符合下列规定： 1. 利用水位标尺测针观测、记录注水时的水位值； 2. 注水至设计水深进行水量测定时，应采用水位测针测定水位，水位测针的读数精确度应达到1/10mm； 3. 注水至设计水深24h后，开始测读水位测针的初读数； 4. 测读水位的初读数与末读数之间的间隔时间应不少于24h； 5. 测定时间必须连续。测定的渗水量符合标准时，须连续测定两次以上；测定的渗水量超过允许标准，而以后的渗水量逐渐减少时，可继续延长观测；延长观测的时间应在渗水量符合标准时止
蒸发量测定	蒸发量测定应符合下列规定： 1. 池体有盖时蒸发量忽略不计； 2. 池体无盖时，必须进行蒸发量测定； 3. 每次测定水池中的水位时，同时测定水箱中的水位
渗水量计算	渗水量计算式： $$q = \frac{A_1}{A_2}\left[(E_1 - E_2) - (e_1 - e_2)\right]$$ 式中：q——渗水量 $[L/(m^2 \cdot d)]$； A_1——水池的水面面积（m^2）； A_2——水池的浸湿总面积（m^2）； E_1——水池中水位测针的初读数（mm）； E_2——测读E_1后24h水池中水位测针的末读数（mm）； e_1——测读E_1时水箱中水位测针的读数（mm）； e_2——测读E_2时水箱中水位测针的读数（mm）
合格标准	满水试验合格标准应符合下列规定： 1. 水池渗水量计算应按池壁（不含内隔墙）和池底的浸湿面积计算； 2. 钢筋混凝土结构水池渗水量不得超过2L/($m^2 \cdot d$)；砌体结构水池渗水量不得超过3L/($m^2 \cdot d$)

消化池的气密性试验 表 8.3.15-2

试验项目	气密性试验
气密性试验	指消化池满水试验合格后，在设计水位条件下以空气为介质对其进行的气密性试验
试验要求	气密性试验应符合下列要求： 1. 需进行满水试验和气密性试验的池体，应在满水试验合格后，再进行气密性试验； 2. 工艺测温孔的加堵封闭、池顶盖板的封闭、安装测温仪、测压仪及充气截门等均已完成； 3. 所需空气压缩机等设备已准备就绪
试验精确度	试验精确度应符合下列规定： 1. 测气压的U形管刻度精确至毫米水柱； 2. 测气温的温度计刻度精确至1℃； 3. 测量池外大气压力的大气压力计刻度精确至10Pa
测读气压	测读气压应符合下列规定： 1. 测读池内气压的初读数与末读数之间的间隔时间应不少于24h； 2. 每次测读池内气压的同时，测读池内气温和池外大气压力，并换算成同于池内气压的单位
池内气压降计算	池内气压降应按下式计算： $$P = (P_{d1} + P_{a1}) - (P_{d2} + P_{a2}) \times \frac{273 + t_1}{273 + t_2}$$ 式中：P——池内气压降（Pa）； $\quad\quad P_{d1}$——池内气压初读数（Pa）； $\quad\quad P_{d2}$——池内气压末读数（Pa）； $\quad\quad P_{a1}$——测量 P_{d1} 时的相应大气压力（Pa）； $\quad\quad P_{a2}$——测量 P_{d2} 时的相应大气压力（Pa）； $\quad\quad t_1$——测量 P_{d1} 时的相应池内气温（℃）； $\quad\quad t_2$——测量 P_{d2} 时的相应池内气温（℃）
合格标准	气密性试验达到下列要求时，应判定为合格： 1. 试验压力宜为池体工作压力的1.5倍； 2. 24h的气压降不超过试验压力的20%

注：本表摘自《给水排水构筑物工程施工及验收规范》GB 50141—2008。

8.3.16 厌氧消化池溢流和表面排渣管出口不得放在室内，且必须设水封装置。厌氧消化池的出气管上必须设置回火防止器。

→沼气水封罐的作用：调整和稳定压力；与消化池起隔绝作用；排除冷凝水。

8.3.17 用于污泥投配、循环、加热、切换控制的设备和阀门设施宜集中布置，室内应设通风设施。厌氧消化系统的电气集中控制室不应和存在污泥气泄漏可能的设施合建。

8.3.18 污泥气贮罐、污泥气压缩机房、污泥气阀门控制间、污泥气管道层等可能泄漏污泥气的场所，电机、仪表和照明等电器设备均应符合防爆要求，室内应设置通风设施和污泥气泄漏报警装置。

→需设置通风设施的情况见表8.3.18。

需设置通风设施的条款汇总

表 8.3.18

项目	《室外排水设计标准》GB 50014—2021 对应条款内容
管道	5.3.10 污水管道和合流管道应根据需要设置通风设施
地下水泵间	6.1.14 自然通风条件差的地下式水泵间应设置机械送排风系统
格栅间	7.3.8 格栅间应设置通风设施和硫化氢等有毒有害气体的检测与报警装置
污泥控制设备间	8.3.17 用于污泥投配、循环、加热、切换控制的设备和阀门设施宜集中布置,室内应设通风设施。厌氧消化系统的电气集中控制室不应和存在污泥气泄漏可能的设施合建
污泥气设备间	8.3.18 污泥气贮罐、污泥气压缩机房、污泥气阀门控制间、污泥气管道层等可能泄漏污泥气的场所,电机、仪表和照明等电器设备均应符合防爆要求,室内应设置通风设施和污泥气泄漏报警装置
污泥机械脱水间	8.5.1 4 污泥机械脱水间应设通风设施。换气次数可为 8 次/h~12 次/h

8.3.19 污泥气贮罐的容积宜根据产气量和用气量计算确定。当无相关资料时,可按 6h~10h 的平均产气量设计。污泥气贮罐应采取防腐措施。

问:不同规模的贮气柜贮气容积占比多少?

答:见表 8.3.19。

规模与贮气容积的关系

表 8.3.19

规模(日产气量)(m³)	贮气容积(占日用气量的百分比)
$Q > 5000$	10%
$1000 < Q \leqslant 5000$	20%
$500 < Q \leqslant 100$	30%

注:本表摘自《大中型沼气工程技术规范》GB/T 51063—2014。

8.3.20 污泥气贮罐超压时,不得直接向大气排放污泥气,应采用污泥气燃烧器燃烧消耗,燃烧器应采用内燃式。污泥气贮罐的出气管上必须设置回火防止器。

→为防止大气污染和火灾,多余的污泥气必须燃烧消耗。由于外燃式燃烧器明火外露,在遇大风时易形成火苗或火星飞落,可能导致火灾,因此燃烧器应采用内燃式。为防止用气设备回火或输气管道着火而引起污泥气贮罐爆炸,污泥气贮罐的出气管上应设回火防止器。

8.3.21 污泥气净化应进行除湿、过滤和脱硫等处理。污泥气纯化应进行除湿,去除二氧化碳、氨和氮氧化物等处理。

→本条了解以下内容:

1. 污泥气脱硫的理由

污泥气中甲烷约占 70%~80%、二氧化碳约占 20%~30%,污泥气中还含有硫化物还原反应生成的硫化氢。如果硫化氢浓度超过 2%,沼气的利用将会受到影响。

(1)防止与水汽形成硫酸腐蚀管道及设备。

（2）防止沼气中的硫在发动机或锅炉内燃烧后转化成 SO_2 污染大气环境。经调查，有些污水厂由于没有设置污泥气脱硫装置，导致污泥气内燃机（用于发电和驱动鼓风机）不能正常运行或影响设备的使用寿命。当污泥气的含硫量高于用气设备的要求时，应当设置污泥气脱硫装置。

2. 为减少污泥气中的硫化氢等对污泥气贮罐的腐蚀，脱硫装置应设在污泥气进入污泥气贮罐之前，尽量靠近厌氧消化池。

3. 沼气纯化

厌氧消化产生的沼气含有 60%～70% 的甲烷，经过提纯处理后，可制成甲烷浓度在 90%～95% 以上的天然气，成为清洁的可再生能源。

沼气纯化过程：一般沼气经初步除水后，进入脱硫系统，脱硫除尘后的气体在特定反应条件下，全部或部分除去二氧化碳、氨、氮氧化物、硅氧烷等多种杂质，使气体中甲烷浓度达到 90%～95% 以上。提纯方法：吸收法、变压吸附法和膜分离法。

问：沼气如何净化？

答：1.《大中型沼气工程技术规范》GB/T 51063—2014。

4.4.1 厌氧消化器产生的沼气应进行脱硫、脱水净化处理。净化工艺的选择应根据沼气的不同用途、处理量、沼气质量指标，并结合当地环境温度等因素，经技术经济比较后确定。

4.4.2 沼气脱硫宜采用生物脱硫、干法脱硫或湿法脱硫。

4.4.3 当一级脱硫后的沼气质量不能满足要求时，应采用两级脱硫，第二级宜采用干法脱硫。

4.4.4 脱硫工艺的设计应符合下列规定：

1 生物脱硫应设置在脱水装置前端；

2 干法脱硫应设置在脱水装置后端；

3 脱硫装置应设置备用设备；

4 脱硫装置前后应设置阀门；

5 脱硫装置前后应预留检测口；

6 废脱硫剂、硫泥的处置应符合环境保护的要求。

4.4.5 生物脱硫的工艺设计应符合下列规定：

1 生物脱硫系统宜设置生物脱硫塔、循环水箱、循环泵、鼓风机、排渣泵和加药泵等；

2 脱硫塔应易于清理、维护、检修并应设置观察窗及人孔；

3 循环水箱内应设置温度传感器及加热装置；

4 生物脱硫后沼气管路宜设置氧含量在线监测系统，并应与风机联动，沼气中余氧含量应小于 1%；

5 生物脱硫所需的营养液应满足脱硫菌群生存的要求；

6 生物脱硫装置的脱硫效果应满足工艺要求。

4.4.6 干法脱硫的工艺设计应符合下列规定：

1 脱硫剂宜采用氧化铁，脱硫剂空速宜为 $200\,h^{-1}$～$400\,h^{-1}$；

2 沼气首次通过脱硫剂每米床层时的压力降应小于 100Pa；

   3　每层颗粒状脱硫剂装填高度宜为1.0m～1.4m；

   4　沼气通过颗粒状脱硫剂的线速度宜为0.020m/s～0.025m/s；

   5　脱硫塔的操作温度应为25℃～35℃，寒冷地区的脱硫设施应有保温或采暖措施；

   6　脱硫塔底部最低处应设置排污阀；

   7　每台脱硫装置应有独立的放散管；

   8　脱硫剂在塔内再生时应设置进空气管，在线再生时，宜配备在线氧监控系统。

   4.4.7　沼气脱水宜采用冷干法脱水装置，也可采用重力法（气水分离器）或固体吸附法等，并应符合下列规定：

   1　冷干法或固体吸附法脱水装置前宜设置气水分离器或凝水器；

   2　脱水前的沼气管道的最低处宜设置凝水器；

   3　脱水装置的沼气出口管道上应设置水露点检测口。

   2.《城镇污水厂运行、维护及安全技术规程》CJJ 60—2011。5.3.2-10 <u>脱硫后沼气中硫化氢的含量应小于0.01%</u>。

   3.用于民用集中供气、发电和提纯压缩的沼气质量见表8.3.21-1；脱硫工艺比较见表8.3.21-2。

用于民用集中供气、发电和提纯压缩的沼气质量　　　　　表8.3.21-1

项目	民用集中供气	发电	提纯压缩
热值（MJ/m³）	≥17		
硫化氢（mg/m³）	≤20	≤200	可与提纯压缩终端用户协商确定
水露点	脱水装置出口处压力下，水露点比输送条件下最低环境温度低5℃		

脱硫工艺比较　　　　　表8.3.21-2

比较项目	生物脱硫	干法脱硫	湿法脱硫
脱硫效果	可根据需要调控，最高95%	不可调节，主要受脱硫剂质量影响	可根据需要调控，最高97%
运行费用（元/d）	250	950	460
占地面积（m²）	210	240	210
建筑面积（m²）	20	60	20
设备防腐	玻璃钢材质，耐腐	需防腐涂层和一定的腐蚀余量	碳钢材质，防腐
脱硫剂更换（台/季度）	42	20	2
人员	专职1人，兼职2人	专职4人	专职1人，兼职1人
安全	塔外曝气，安全	脱硫剂再生、更换对操作人员要求高，应注意安全	塔外曝气，安全
废弃物	含硫污泥，可排入沼液池	失活脱硫剂，经过钝化处理送垃圾填埋场	含硫污泥，可随污水排放
综合利用	营养液为厌氧液，可循环利用	综合利用成本较高，出水可以再利用	脱硫液自吸空气再生循环使用；硫泡沫制硫磺出售

8.3.22 污泥气应综合利用，可用于锅炉、发电或驱动鼓风机等。

问：沼气如何利用？

答： 消化产生的沼气一般可以用于沼气锅炉、沼气发电机和沼气拖动。

沼气锅炉利用沼气制热，热效率可达 90％～95％。沼气发电机利用沼气发电，同时回收发电过程中产生的余热。通常 $1m^3$ 的沼气可发电 1.5kWh～2.2kWh，补充污水厂的电耗；内燃机热回收系统可以回收 40％～50％ 的能量，用于消化池加温。沼气拖动利用沼气直接驱动鼓风机，用于曝气池的供氧。

将沼气进行提纯后，达到相当于天然气品质要求，可作为汽车燃料、民用燃气和工业燃气。

8.3.23 污泥气系统的设计应符合现行国家标准《大中型沼气工程技术规范》GB/T 51063 的规定。

Ⅲ　污　泥　好　氧　消　化

8.3.24 好氧消化池的总有效容积可按本标准式（8.3.6-1）或式（8.3.6-2）计算。设计参数宜根据试验资料确定。当无试验资料时，好氧消化时间宜为 10d～20d；重力浓缩后的原污泥，其挥发性固体容积负荷宜为 0.7kgVSS/（m^3·d）～2.8kgVSS/（m^3·d）；机械浓缩后的高浓度原污泥，其挥发性固体容积负荷不宜大于 4.2kgVSS/（m^3·d）。

8.3.25 好氧消化池宜根据气候条件采取保温、加热措施或适当延长消化时间。

→本条了解以下内容：

1. 好氧消化过程为放热反应，随着固体容积负荷的提高，池内温度也随之上升，但如果外部气温较低，则会降低反应温度，达不到处理效果，因此宜采取保温、加热措施和适当延长消化时间。

2. 好氧消化的优缺点（不包括高温好氧消化）：

（1）优点

1）污泥在敞开式的消化池中，不需加温和投加任何物质的条件下，对污泥进行曝气，达到自身氧化，消化程度高，产泥量少。

2）好氧消化污泥的生物稳定性比厌氧消化污泥好，稳定后的最终产物没有臭味，不易被破坏，易于脱水利于处理。

3）消化时间短、反应速度快、构造简单、运行方便、易于管理，基建费用比厌氧消化低。

4）上清液 BOD 浓度低，一般为 50mg/L～500mg/L。

5）消化污泥肥分高，易被植物吸收。

6）对有毒物质不敏感，控制比较容易，很适合处理工业废水的污泥。

7）好氧消化适应性强，易于操作，经得住负荷、pH、温度变化，适合中小型污水厂使用。

（2）缺点

1）不能回收沼气。

2）好氧消化需要长时间曝气，运行能耗高、运行费用高。

3）好氧消化不加热，所以污泥有机物分解程度随温度波动大。

4）对致病微生物与寄生虫的去除差。

5）消化后的污泥进行重力浓缩时，其上清液 SS 浓度高。

8.3.26 好氧消化池中溶解氧浓度不应小于 2mg/L。

→本条了解以下内容：

1. 好氧消化的机理

好氧消化是将初沉污泥与二沉污泥的混合污泥持续曝气一段时间，其好氧微生物的生长阶段超过细胞合成期，达到自身氧化期即内源呼吸期。在进行内源呼吸的过程中，污泥中的细菌由于缺乏食物而逐渐死亡。这时死亡细菌体内含有的物质最大限度地被用于活细菌的氧分。这一过程一直持续到污泥中细菌的养分全部用完。即污泥中只存在原有机非分解物质和细菌体内的非活性物质，如生物难于分解的细胞壁，这时认为污泥的氧化分解作用停止，污泥也趋于稳定状态。

2. 好氧消化的目的

污泥好氧消化的目的是污泥减容稳定化。在此过程中需要长时间曝气，细胞物质可生物降解的组分被逐渐氧化成 CO_2、H_2O、NH_3，NH_3 再进一步被氧化成 NO_3^-。充氧方式可采用表面曝气机，也可采用鼓风曝气的任何形式（微孔曝气除外），充氧的作用是为微生物提供氧量，还起搅拌作用，以免发生污泥沉淀，形成死区而产生厌氧消化。

3. 好氧消化控制溶解氧浓度不小于 2mg/L 的理由

污泥好氧消化处于内源呼吸阶段，细胞质反应方程如下：

$$C_5H_7NO_2 + 5O_2 \longrightarrow 5CO_2 + 2H_2O + NH_3$$

NH_3 经生物氧化生成 NO_3^-，最终反应可表示为下列方程式：

$$\underset{113}{C_5H_7NO_2} + \underset{224}{7O_2} \longrightarrow 5CO_2 + NO_3^- + 3H_2O + H^+$$

可见，氧化 1kg 细胞质需氧 224/113≈2kg。溶解氧浓度为 2mg/L 是维持活性污泥中细菌内源呼吸反应的最低需求，也是衡量活性污泥处于好氧/缺氧状态的界限参数。好氧消化应保持污泥始终处于好氧状态下，即应保持好氧消化池中溶解氧浓度不小于 2mg/L。

4. 溶解氧浓度可采用在线仪表测定并通过控制曝气量进行调节。

5. 好氧消化中氨氮被氧化为 NO_3^- 使 pH 降低，好氧消化过程中还产生大量 CO_2，也会使 pH 降低，故需要碱度调节，以使好氧消化池 pH 保持在 7 左右。

8.3.27 好氧消化池采用鼓风曝气时，宜采用中气泡空气扩散装置，鼓风曝气应同时满足细胞自身氧化和搅拌混合的需气量，宜根据试验资料或类似运行经验确定。

→根据工程经验和文献记载，一般情况下，剩余污泥的细胞自身氧化需气量为 0.015m³ 空气/（m³ 池容·min）～0.02m³ 空气/（m³ 池容·min），搅拌混合需气量为 0.02m³ 空气/（m³ 池容·min）～0.04m³ 空气/（m³ 池容·min）；初沉污泥或混合污泥的细胞自身氧化需气量为 0.025m³ 空气/（m³ 池容·min）～0.03m³ 空气/（m³ 池容·min），搅拌混合需气量为 0.04m³ 空气/（m³ 池容·min）～0.06m³ 空气/（m³ 池容·min）。

可见，污泥好氧消化采用鼓风曝气时，搅拌混合需气量大于细胞自身氧化需气量，因此以混合搅拌需气量作为好氧消化池供气量设计控制参数。

微孔曝气器对空气洁净度要求高、易堵塞、气压损失较大、维护管理工作量较大、混合搅拌作用较弱，因此好氧消化池宜采用中气泡空气扩散装置，如穿孔管、中气泡曝气盘等。

8.3.28 当好氧消化池采用鼓风曝气时，其有效深度应根据鼓风机的输出风压、管路及曝气器的阻力损失确定，宜为 5.0m～6.0m。好氧消化池的超高不宜小于 1.0m。

→好氧消化池的有效深度应根据曝气方式确定。

当采用鼓风曝气时应根据鼓风机的输出风压、管路及曝气器的阻力损失来确定，一般鼓风机的出口风压约为 55kPa～65kPa，有效深度宜采用 5.0m～6.0m。

采用鼓风曝气时易形成较厚的泡沫层，所以好氧消化池的超高不宜小于 1.0m。

8.3.29 间歇运行的好氧消化池应设有排出上清液的装置，连续运行的好氧消化池宜设有排出上清液的装置。

→上清液指污泥经重力浓缩和消化沉淀后的上部液体。好氧消化易产生大量气泡和浮渣。间歇运行的好氧消化池一般不设泥水分离装置。在停止曝气期间利用静置沉淀实现泥水分离，因此消化池本身应设有排出上清液的措施，如各种可调或浮动堰式的排水装置。连续运行的好氧消化池其后一般设有泥水分离装置。正常运行时，消化池本身不具备泥水分离功能，可不使用上清液排出装置。但考虑检修等其他因素，宜设排出上清液的措施，如各种分层放水装置。

8.4 污泥好氧发酵

Ⅰ 一般规定

8.4.1 采用好氧发酵的污泥应符合下列规定：

1 含水率不宜高于 80%；

2 有机物含量不宜低于 40%；

3 有害物质含量应符合现行国家标准《城镇污水厂污泥泥质》GB 24188 的规定。

→污泥好氧发酵规模等级划分见表 8.4.1-1。

污泥好氧发酵规模等级划分 表 8.4.1-1

规模等级	污泥处理能力（t/d，以80%含水率计）
Ⅰ类	≥500
Ⅱ类	200～500
Ⅲ类	50～200
Ⅳ类	<50

注：Ⅱ类、Ⅲ类范围含下限值，不含上限值。

污泥好氧发酵可参见《城镇污水厂污泥好氧发酵工艺设计与运行管理指南》T/CECS

20006—2021、《城镇污水厂污泥好氧发酵技术规程》T/CECS 536—2018。具体见表 8.4.1-2~表 8.4.1-5。

污泥有害物质含量限值（mg/kg） 表 8.4.1-2

序号	控制指标	限值	序号	控制指标	限值
1	总镉	<20	6	总锌	<4000
2	总汞	<25	7	总镍	<200
3	总铅	<1000	8	总矿物油	<3000
4	总砷	<75	9	挥发物	<40
5	总铜	<1500	10	总氰化物	<10

主体工程设施控制占地面积〔m²（t/d）〕 表 8.4.1-3

规模等级划分	项目与污水厂合建 （含新建与改、扩建项目）	项目单独建设 （含多个污水厂污泥集中处理建设项目）
Ⅰ类	60~80	90~110
Ⅱ类	65~90	110~140
Ⅲ类	70~100	150~180
Ⅳ类	100~120	180~210

注：主体工程设施包括称重计量、混料、一次发酵、二次发酵、储存、供氧、除臭，由于好氧发酵产物加工和储存工序占地面积受发酵产物性质和资源化利用方式影响。主体工程占地面积指标仅包含简单发酵产物加工和储存用地。

附属工程设施用房控制建筑面积（m²） 表 8.4.1-4

规模等级划分	项目与污水厂合建 （含新建与改、扩建项目）		项目单独建设 （含多个污水厂污泥集中处理建设项目）		
	辅助工程设施	办公管理设施	辅助工程设施	生活服务设施	办公管理设施
Ⅰ类	70~80	25~30	650~750	250~300	400~500
Ⅱ类	60~70	25~30	550~650	200~250	350~450
Ⅲ类	50~60	15~20	500~600	170~200	300~400
Ⅳ类	40~50	15~20	440~500	120~170	200~300

注：1 辅助工程设施包括供配电、给水排水、消防、通信、通风、监测控制、维修等；
　　2 办公管理设施包括生产管理用房、行政办公用房、传达室；
　　3 生活服务设施包括食堂、浴室、锅炉房、值班宿舍。

条垛式和槽式污泥好氧发酵工程建设总用地面积（hm²） 表 8.4.1-5

规模等级划分	项目与污水厂合建 （含新建与改、扩建项目）	项目单独建设 （含多个污水厂污泥集中处理建设项目）
Ⅰ类	3.0~4.0	4.6~5.6
Ⅱ类	1.3~3.0	2.3~4.6
Ⅲ类	0.6~1.3	1.0~2.3
Ⅳ类	0.5~0.6	0.97~1.0

8.4.2 污泥好氧发酵系统应包括混料、发酵、供氧、除臭等设施。

问：污泥好氧发酵工艺组成是什么？

答： 污泥好氧发酵工艺过程主要由预处理、进料、一次发酵、二次发酵、发酵产物加工及贮存等工序组成，图 8.4.2 所示好氧发酵反应系统是整个工艺的核心。

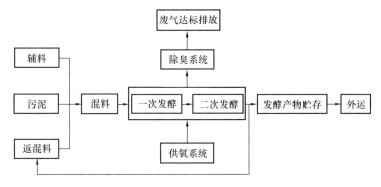

图 8.4.2 污泥好氧发酵工艺流程图

8.4.3 污泥好氧发酵工艺可根据物料发酵分段、翻堆方式、供氧方式和反应器类型进行分类，工艺分类和类型宜符合表 8.4.3 的规定。

污泥好氧发酵工艺分类和类型　　　　　　　　　　表 8.4.3

分类方式	工艺类型
发酵分段	一次发酵、二次发酵
翻堆方式	静态、间歇动态（半动态）、动态
供氧方式	自然通风、强制通风

问：污泥好氧发酵过程是什么？

答： 1. 发酵阶段

发酵阶段分一次发酵和二次发酵。

一次发酵：好氧发酵的第一阶段微生物在好氧条件下迅速分解物料中易降解的有机组分的过程，通常包括升温、高温、降温和温度稳定四个阶段。

二次发酵：一次发酵产物进一步陈化或腐熟的过程，微生物在好氧条件下以较低的速度分解物料中难降解的有机组分及发酵中间产物。

根据物料发酵分段、翻堆方式、供氧方式和反应器类型进行分类。一次发酵和二次发酵所采用的工艺类型要根据实际的稳定化和无害化要求进行选择。

一次发酵是污泥好氧发酵工程的核心工序，其他工序可根据不同的工艺要求进行优化组合。组合的原则是配合一次发酵运行，提高综合处理效率和发酵产物质量，满足发酵产物处置要求，降低建设和运行成本。单元组合需要考虑一定的灵活性，在必要情况下，可增减部分工序。例如，为了促进发酵，可在发酵过程中投加菌剂；当进泥泥质满足好氧发酵要求时，可去掉返混料工序；当污泥进料含水率过高时，为降低辅料成本，可在混料前增加干化工序。

2. 翻堆方式

好氧发酵根据发酵反应器内物料的翻堆方式作出的分类。翻堆方式分静态（完全不翻堆）、间歇动态（间歇性的翻堆）、动态（持续性的翻堆）。间歇动态翻堆方式更适合污泥好氧发酵。

3. 翻堆机械

翻堆机械包括滚筒式堆肥翻堆机、链板式堆肥翻堆机（见图 8.4.3-1、图 8.4.3-2）。可参见《堆肥翻堆机》CJ/T 506—2016。

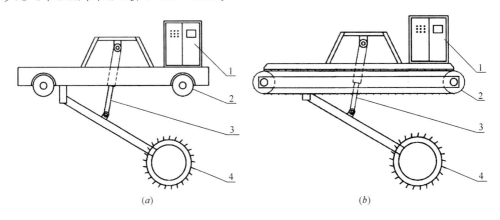

图 8.4.3-1　滚筒式堆肥翻堆机结构示意图

（a）轮轨式；（b）履带式

1—控制系统；2—行走机构；3—升降机构；4—翻堆机构

槽式反应器又称仓式反应器，参见《仓式滚筒翻堆机》JB/T 11246—2012。仓式滚筒翻堆机是以滚筒为旋转部件，以可调速电动机、减速机为驱动装置，利用滚筒的高速旋转带动物料向后翻抛，使物料与空气充分接触，以达到加速物料好氧发酵目的的一种设备，适用于在发酵仓内处理生活垃圾、畜禽粪便和城镇、工业污泥的一种"仓式"堆肥装置（见图 8.4.3-3）。

链条式翻堆机是以电动机作为动力，通过链条带动翻板以循环往复方式进行物料翻移的机械装置（见图 8.4.3-4）。参见《链条式翻堆机》JB/T 11247—2012。

4. 污泥堆肥翻堆曝气发酵仓

参见《污泥堆肥翻堆曝气发酵仓》JB/T 11245—2012。污泥堆肥翻堆曝气发酵仓：专用于污泥好氧发酵工艺，由仓体、供气系统、离心通风机、布气系统及温度、氧浓度在线监测仪表组成的好氧发酵系统。本标准适用于污泥堆肥翻堆曝气发酵仓，不适用于污泥堆肥翻堆曝气发酵仓系统中的翻堆机。

5. 堆体形式

发酵堆体结构形式主要分为条垛式和发酵池式（仓式）。

（1）条垛式堆体高度一般为 1m～2m，宽度一般为 3m～5m。条垛式设备简单，操作方便，建设和运行费用低，但堆体高度较低，占地面积较大。由于供氧受到一定的限制，发酵周期较长，堆体表面温度较低，不易达到无害化要求，卫生条件较差。当用地条件宽松、外界环境要求较低时可选用条垛式，此方式也适用于二次发酵。

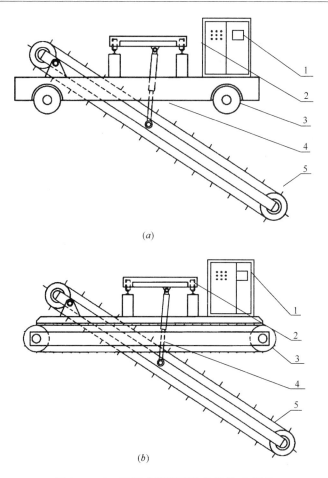

(a)

(b)

图 8.4.3-2 链板式堆肥翻堆机结构示意图
(a) 轮轨式; (b) 履带式
1—控制系统; 2—横向行走机构; 3—升降机构; 4—纵向行走机构; 5—翻堆机构

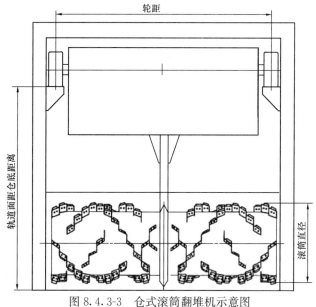

图 8.4.3-3 仓式滚筒翻堆机示意图

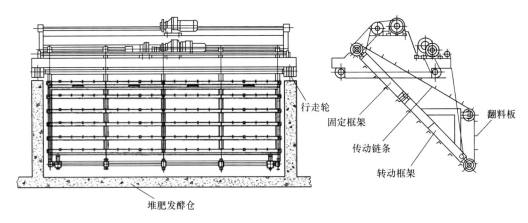

图 8.4.3-4　链条式翻堆机

（2）发酵池式发酵仓为长槽形，发酵池上小下大，侧壁有5°倾角，堆体高度一般控制在2m～3m，设施价格便宜，制作简单，堆料在发酵池槽中，卫生条件好，无害化程度高，二次污染易控制，但占地面积较大。

8.4.4　污泥接收区、混料区、发酵处理区、发酵产物贮存区的地面和周边车行道应进行防渗处理。

→为防止污泥好氧发酵中产生的污泥水对土壤、地下水等产生污染，必须设置防渗层做好防渗措施。

8.4.5　北方寒冷地区的污泥好氧发酵工程应采取措施保证好氧发酵车间环境温度不低于5℃，并应采取措施防止冷凝水回滴至发酵堆体。

→环境温度较低不利于污泥好氧发酵堆体升温和高温期的持续，因此应采取措施保证污泥好氧发酵车间环境温度不低于5℃，并应通过设气体导流系统、冷凝器、冷凝水收集管路等措施，预防和解决冷凝水回滴问题。

Ⅱ　混　料　系　统

8.4.6　污泥、辅料和返混料的配比应根据三者的含水率、有机物含量和碳氮比等经计算确定，冬季可适当提高辅料投加比例。

问：什么是辅料、返混料？

答：辅料：污泥混料阶段添加的低含水率、高孔隙率的物料。

辅料应符合下列规定：

1. 辅料的选择应根据来源稳定性、孔隙率、堆积密度、成本等因素确定；

2. 不应含有玻璃、金属、石块等不可生物降解的杂物；

3. 颗粒直径不宜大于2.0cm。

如进一步细分，辅料还可分为膨松剂和改良剂。当好氧发酵工艺需要足够的孔隙率以便于低压鼓风机供氧时，需要添加膨松剂。膨松剂的主要作用是提供结构性支撑，增加物料孔隙率以适合充氧，有助于降低对鼓风机风压的要求，降低能耗。膨松剂宜采用木屑、花生壳、树枝等。

条垛式发酵及一些装备式发酵工艺不需要很大的孔隙率，但同样需要调节进料特性及补充碳源，加入的辅料可称为改良剂。改良剂的主要作用是增加可生物降解的有机物质，并提供附加碳源，以调节物料的碳氮比。改良剂可采用作物秸秆、蘑菇渣、木屑、草炭、稻壳、棉籽饼、厩肥、草坪修剪物等。

《城乡排水工程项目规范》GB 55027—2022。4.4.12 污泥好氧发酵采用的辅料应具备稳定来源，并应因地制宜利用当地园林废弃物或农业废弃物。

返混料：污泥好氧发酵后的发酵产物，部分进入混料阶段进行再循环，用以补充好氧发酵微生物菌群，并调节污泥的含水率等。

污泥好氧发酵返混料可减少辅料用量，对于投加菌剂的工艺，如超高温好氧发酵工艺等，将发酵后的物料进行返混，还有助于微生物接种。

返混料：污泥好氧发酵后的发酵产物，部分进入混料阶段进行再循环，用以补充好氧发酵微生物菌群，并调节污泥的含水率等。

返混料含水率应低于40%；颗粒直径不宜大于2.0cm。

作用：污泥好氧发酵可添加辅料和返混料以调节物料的含水率、孔隙率和营养物质比例，污泥、返混料和辅料的质量配比应根据三者的含水率、有机物含量、碳氮比等经计算确定，无参数时可按照污泥、辅料、返混料的质量比为100：(10~20)：(50~60)进行配比。冬季宜适当提高辅料投加比例，从而提高物料的孔隙率，以利于发酵堆体升温。

8.4.7 进入发酵系统的混合物料应符合下列规定：

1 含水率应为55%~65%，有机物含量不应低于40%，碳氮比应为20~30，pH值应为6~9；

2 混合物料应结构松散、颗粒均匀、无大团块，颗粒直径不应大于2cm。

8.4.8 给料设备应能按比例配备进入混料设备的污泥、辅料和返混料。当采用料斗方式给料时，应采取防止污泥架桥的措施。

→滑架料仓、推架料仓是料仓给料的两种优化形式，采用液压油缸驱动的滑架或推架在料仓底部前后滑动，把物料推拉到卸料口，并破坏架桥作用。滑架料仓的物料进入可计量的卸料螺旋输送机后，可被卸至其他的接料螺旋/皮带输送机、卡车或泵送系统，推架料仓通常采用卡车接料。

8.4.9 混料设备的额定处理能力可按每天8h~16h工作时间计算，设备选择时应根据物料堆积密度进行处理能力校核。

→混料生产线的额定处理能力可按每天8h~16h工作时间计算，便于合理安排工作班次，并保证必要的维护时间，同时还预留有通过延长生产线工作时间临时提高日处理能力的空间。混料机的选型应根据物料量、混合要求等确定，如物料量较小、混合要求较低时，可采用立式螺旋混料机；混合要求较高时，可采用双轴桨叶混料机；各组分能连续喂料时，可采用两段螺旋混料机。混料机的规格应根据混合物料量和混料机工作时间确定。

8.4.10 辅料贮存量应根据辅料来源并结合实际情况确定，并应满足消防的相关要求。

→污泥好氧发酵工程通常采用碎秸秆、木屑、锯末、花生壳粉、蘑菇土、园林修剪物等作为辅料，辅料贮存量应根据辅料来源并结合实际情况确定，贮存量不宜过多，以5d～7d的投加量为宜。辅料的贮存应充分考虑防火要求，且应配备灭火器等消防器材。

Ⅲ 发 酵 系 统

8.4.11 一次发酵仓的数量和容积应根据进料量和发酵时间确定，堆体高度的确定应综合考虑供氧方式、物料含水率、有机物含量等因素，并宜符合下列规定：

1 当采用自然通风供氧时，堆体高度宜为 1.2m～1.5m；

2 当采用机械强制通风供氧时，堆体高度不宜超过 2.0m。

8.4.12 一次发酵阶段堆体氧气浓度不应低于 5％（按体积计），温度达到 55℃～65℃时持续时间应大于 3d，总发酵时间不应小于 7d。

8.4.13 二次发酵宜采用静态或间歇动态发酵，堆体供氧方式应根据场地条件和经济成本等因素确定。

问：堆肥处理工艺如何分类？

答：一步发酵：主发酵和次发酵一步完成，中间没有明显的时间或空间分隔。

二步发酵：主发酵和次发酵分两步顺序进行，通过时间分隔或空间分段对主发酵和次发酵过程分别进行控制。

城镇粪便、城市污水厂污泥和农业废物等可降解物料，宜适量进入生活垃圾堆肥处理系统。

堆肥处理工艺分类类型见表8.4.13。

堆肥处理工艺分类类型　　　　　　　　　　　　　表 8.4.13

分类方式	发酵分段	物料运动	通风方式	反应器类型
工艺类型	一步	静态	自然	条垛式
	二步	间歇动态（半动态）	强制	槽式（仓式）
		动态		塔式
				回转筒式

注：本表摘自《生活垃圾堆肥处理技术规范》CJJ 52—2014。

问：污泥好氧发酵（污泥堆肥）的影响因素有哪些？

答：污泥好氧发酵影响因素包括以下几点：

1. 含水率：一般而言，污泥脱水泥饼含水率为80％左右，必须调节到55％～60％方可进入好氧发酵工序。含水率的调节方法有添加干物料、成品回流、热干化、晾晒等。

堆肥原料的含水率对发酵过程影响很大，水的作用一是溶解有机物，参与微生物的新陈代谢，二是调节堆肥温度。当温度过高时可通过水分的蒸发带走一部分热量。水分太低会妨碍微生物繁殖，使分解速度缓慢，甚至导致分解反应停止。水分过高会导致原料内部空隙被水充满，使空气量减少，造成有机物供氧不足，形成厌氧状态。城镇污水厂污泥脱水后含水率在70%～85%，黏性大，无结构强度，不掺入分散剂改变其性能，氧气难以进入，不易进行好氧发酵，因此用污泥堆肥要使用适当的分散剂，增加其结构强度，提高空隙率。

2. C/N比：污泥好氧发酵最适宜的C/N为（25～35）∶1，而污泥厌氧消化的C/N比为（10～20）∶1。C/N比不在适宜范围内，应通过向脱水污泥中加入含碳较高的物料，如木屑、秸秆、落叶等进行调节。C/P比控制在（70～150）∶1。

污泥堆肥一般应添加膨胀剂，可采用堆熟的污泥、稻草、木屑及城市垃圾，作用是增加污泥堆肥的孔隙率、改善通风和调节污泥含水率、碳氮比。

3. pH：可以用pH作为发酵熟化与否的控制指标。常用的调整剂有石灰等。

4. 温度：温度是反映发酵效果的综合指标，根据卫生学要求，发酵至少要达到55℃，才能杀灭病原菌和寄生虫卵，温度过高会抑制微生物活性，甚至难以存活，降低发酵产品的质量；温度过低也不利于发酵过程，温度低于20℃，堆肥很慢甚至停止；发酵温度范围在55℃～65℃时，发酵综合效果最佳。

5. 发酵时间：一般为10d～15d。

问：污泥厌氧消化、污泥好氧消化和污泥好氧发酵需要控制碱度吗？

答：污泥厌氧消化和污泥好氧消化需要控制碱度，污泥好氧发酵不需要控制碱度。

1. 污泥厌氧消化首先产生有机酸，使污泥pH下降，随着产甲烷菌分解有机酸时产生的重碳酸盐不断增加，使消化液的pH得以保持在一个较稳定的范围内。由于产酸菌对pH的适应范围较宽，而产甲烷菌对pH非常敏感，pH的微小变化都会使其受到抑制，甚至停止生长。消化系统应在pH为6～8之间运行，最佳pH范围是6.8～7.2。当pH低于6.0时，非离子化的挥发酸会对产甲烷菌产生毒性。当pH高于8时，非离子化的氨也会对产甲烷菌产生毒性，消化系统的pH取决于挥发酸和碱度的浓度。为了保证厌氧消化的稳定运行，提高系统的缓冲能力和pH的稳定性，要求消化液的碱度保持在2000mg/L以上。

2. 污泥好氧消化也需要控制碱度。

3. 污泥的堆肥发酵不用控制碱度。在中性或微碱性条件下，细菌和放线菌生长最适宜，所以污泥发酵的pH应控制在6～8，且最佳pH在8.0左右，当pH≤5时，发酵就会停止进行。污泥一般情况下呈中性，发酵时一般不必特别调节，即使发酵过程中pH发生了变化，到发酵结束后，污泥的pH几乎都在7～8之间。因此可用pH作为发酵熟化与否的控制指标。

8.4.14 二次发酵阶段堆体氧气浓度不宜低于3%，堆体温度不宜高于45℃，发酵时间宜为30d～50d。

8.4.15 翻堆机选型应根据翻堆物料量、翻堆频次、堆体宽度和堆体高度等因素确定。
→污泥好氧发酵间歇动态翻堆规定见表8.4.15。

污泥好氧发酵间歇动态翻堆规定　　表8.4.15

不同的发酵阶段	间歇动态翻堆规定
发酵升温期	堆体温度首次上升至65℃时，宜翻堆1次
发酵高温期	堆体温度保持在55℃～65℃，宜每2d～5d翻堆1次，当堆体温度超过65℃时应及时翻堆

续表

不同的发酵阶段	间歇动态翻堆规定
发酵降温期	堆体温度低于 55℃以后，宜每 7d～12d 翻堆 1 次；当堆体温度下降至 35℃以下，且连续 2d 温度差不超过±2℃时，宜停止翻堆

注：本表摘自《城镇污水厂污泥好氧发酵技术规程》T/CECS 536—2018。

8.4.16 发酵系统中和物料、水汽直接接触的设备、仪表和金属构件应采取防腐蚀措施。

→污泥发酵过程中会产生大量水汽，并且可能会由于局部厌氧而产生NH_3、H_2S 等腐蚀性气体，因此与物料、水汽直接接触的设备、仪表和金属构件应采取防腐蚀措施。

Ⅳ 供 氧 系 统

8.4.17 污泥好氧发酵的供氧可采用自然通风、强制通风和翻堆等方式。

→污泥好氧发酵供氧方式及其特点见表 8.4.17。

污泥好氧发酵供氧方式及其特点　　　　　　表 8.4.17

供氧方式	特点
自然通风	自然通风能耗低，操作简单。供氧靠空气由堆体表面向堆体内扩散，但供氧速度慢，供气量小，供气不均匀，易造成堆体内部缺氧或无氧，发生厌氧发酵；另外，堆体内部产生的热量难以到达堆体表面，表层温度较低，无害化程度较低，发酵周期较长，表层易滋生蚊蝇类。需氧量较低时（如二次发酵）可采用
强制通风	强制通风风量可准确控制，分为正压送风和负压抽风两种方式。正压送风空气由堆体底部进入，由堆体表面散出，表层升温速度快，无害化程度高，发酵产品腐熟度高，但发酵仓尾气不易收集。负压抽风堆体表层温度低，无害化程度差，表层易滋生蝇类；堆体抽出气体易冷凝成腐蚀性液体，对抽风机侵蚀较严重
翻堆	翻堆有利于供氧与物料破碎，但能耗高，次数过多，增加热量散发，堆体温度达不到无害化要求；次数过少，不能保证完全好氧发酵，一次发酵的翻堆供氧宜与强制供氧联合使用，二次发酵可采用翻堆供氧
强制通风加翻堆	通风量易控制，有利于供氧、颗粒破碎和水分的蒸发及堆体发酵均匀。但投资、运行费用较高，能耗大

注：好氧堆肥氧气自动监测设备可参见《好氧堆肥自动监测设备》CJ/T 408—2012。

8.4.18 强制通风的风量和风压宜符合下列规定：

　　1 风量宜按下式计算：

$$Q = R \cdot V \tag{8.4.18-1}$$

式中：Q——强制通风量（m^3/min）；

　　　　R——单位时间内每立方米物料通风量 [$m^3/(min \cdot m^3)$]，宜取 0.05～0.20；

　　　　V——污泥好氧发酵容积（m^3）。

　　2 风压宜按下式计算：

$$P = (P_1 + P_2 + P_3) \cdot \lambda \tag{8.4.18-2}$$

式中：P——鼓风风压（kPa）；

P_1——鼓风机出口阀门压力损失（kPa）；

P_2——管道及气室压力损失（kPa）；

P_3——气流穿透物料层的压力损失（kPa），取值不宜低于3kPa/m堆体高度；

λ——供氧系统风压余量系数，宜取1.05～1.10。

8.4.19 鼓风机或抽风机和堆体之间的空气通道可采用管道或气室的形式，应尽量减少管道或气室的弯曲、变径和分叉。

→减少管道或气室的弯曲、变径和分叉的目的是减少压力损失。在污泥好氧发酵工艺中，应用最多的供氧设备有罗茨风机、高压离心风机、中低压风机等。强制供风方式中，根据风压和风量要求，宜采用罗茨风机，一台风机可为多个发酵仓供风。

8.5 污泥机械脱水

Ⅰ 一 般 规 定

8.5.1 污泥机械脱水的设计应符合下列规定：

1 污泥脱水机械的类型应按污泥的脱水性质和脱水泥饼含水率要求，经技术经济比较后选用。

2 机械脱水间的布置应按本标准第6章的有关规定执行，并应考虑泥饼运输设施和通道。

3 脱水后的污泥应卸入污泥外运设备，或设污泥料仓贮存；当污泥输送至外运设备时，应避免污泥洒落地面，污泥料仓的容量应根据污泥出路和运输条件等确定。

4 污泥机械脱水间应设通风设施，换气次数可为8次/h～12次/h。

→本条了解以下内容：

1. 污泥脱水机械，国内较成熟的有压滤机和离心脱水机等，应根据污泥的脱水性质和脱水要求，以及当前产品供应情况经技术经济比较后选用。污泥脱水性质的指标有：比阻、黏滞度、粒度等。脱水要求，指对泥饼含水率的要求。

2. 进入脱水机的污泥含水率大小，对泥饼产率影响较大。在一定条件下，泥饼产率与污泥含水率成反比关系。规定污泥进入脱水机的含水率一般不大于98%。当含水率大于98%时，应对污泥进行预处理，以降低其含水率。

3. 消化污泥碱度过高，采用经处理后的废水淘洗，可降低污泥碱度，从而节省某些药剂的投药量，提高脱水效率。苏联规范规定，消化后的生活污水污泥，真空过滤之前应进行淘洗。《日本下水道设计指南》规定，污水污泥在真空过滤和加压过滤之前要进行淘洗，淘洗后的碱度低于600mg/L。我国四川某纤维尼纶厂污水处理站利用二次沉淀池出水进行剩余活性污泥淘洗试验，结果表明：当淘洗水倍数为1～2时，比阻降低约15%～30%，提高了过滤效率。但淘洗并不能降低所有药剂的使用量。同时，淘洗后的水需要处理（如返回污水处理构筑物）。为此规定：经消化后的污泥，可根据污泥性质和经济效益考虑在脱水前淘洗。具体参见《城市污泥处理处置与资源化》。

4. 根据脱水间机组与泵房机组布置相似的特点，脱水间的布置可按本规范第5章泵房的有关规定执行。有关规定指机组的布置与通道宽度、起重设备和机房高度等。除此之外，还应考虑污泥运输的设施和通道。

5. 据调查，我国污水厂一般设有污泥堆场或污泥料仓，也有用车立即运走的，由于目前国内污泥的出路尚未妥善解决，贮存时间等亦无规律性，故堆放容量仅作原则规定。

6. 脱水间内一般臭气较大，为改善工作环境，脱水间应有通风设施。脱水间的臭气因污泥性质、混凝剂种类和脱水机的构造不同而异，每小时换气次数不应小于6次。对于采用离心脱水机或封闭式压滤机或在压滤机上设有抽气罩的脱水机房可适当减少换气次数。

为改善工作环境，脱水间应有通风设施。每小时换气次数按现行国家标准《民用建筑供暖通风与空气调节设计规范》GB 50736 中的相关规定执行。

不同污泥脱水方法比较见表 8.5.1。

不同污泥脱水方法比较 表 8.5.1

脱水方法		脱水装置	脱水动力	脱水后含水率	脱水后状态
自然干化法		自然干化场	污泥静压力	95%～97%	泥饼状
机械脱水	真空吸滤法	真空转鼓、真空转盘	负压	70%～80%	泥饼状
	压滤法	板框压滤机、厢式压滤机	正压	40%～80%	泥饼状
	滚压带法	带式压滤机	正压	78%～86%	泥饼状
	离心法	离心机	离心力	80%～85%	泥饼状
干燥法		干燥设备		10%～40%	粉状、粒状
焚烧法		焚烧设备		0～10%	灰状

8.5.2 污泥在脱水前应加药调理，并应符合下列规定：

1 药剂种类应根据污泥的性质和出路等选用，投加量宜根据试验资料或类似运行经验确定；

2 污泥加药后，应立即混合反应，并进入脱水机。

→本条了解以下内容：

1. 污泥调理：改善污泥脱水性能的一种方法。目的是破坏污泥的胶态结构、减少泥水间的亲和力、提高污泥的脱水效率。

污泥化学调理：根据污泥性质投加不同混凝剂和助凝剂的污泥调理。

污泥淘洗：改善消化污泥脱水性能的一种方法。用清水或污水淘洗消化污泥，降低污泥碱度、减少投药量、提高污泥的脱水效率。

2. 污泥脱水前加药调理的目的：改善污泥脱水性能，提高机械脱水设备生产能力与脱水效果。

3. 无机混凝剂不宜单独用于脱水机脱水前的污泥调理，原因是其形成的絮体细小，重力脱水难于形成泥饼，压榨脱水时污泥颗粒漏网严重，固体回收率很低。有机高分子混凝剂（如阳离子型聚丙烯酰胺）形成的絮体粗大，适用于污水厂污泥机械脱水。阳离子型聚丙烯酰胺适用于带电荷、胶体粒径小于 $0.1\mu m$ 的污水污泥。其混凝原理一般认为是电荷中和与吸附架桥双重作用的结果。阳离子型聚丙烯酰胺还能与带负电的溶解物进行反应生成不溶性盐，因此它还有除浊脱色作用。经它调理后的污泥滤液均为无色透明液体，泥水分离效果良好。聚丙烯酰胺与铝盐、铁盐联合使用，可以减少其用于中和电荷的量，从而降低药剂费用。但联合使用却增加了管道、泵、阀门、贮药罐等设备，使一次性投资增加并使管理复杂化。聚丙烯酰胺是否与铝盐、铁盐联合使用应通过试验并经技术经济比较后确定。

4. 污泥加药后应立即混合反应，并进入脱水机，这不仅有利于污泥的凝聚，而且能减小构筑物的容积。

问：典型污泥调质方法有哪些？

答：见表8.5.2-1。

典型污泥调质方法   表8.5.2-1

调质方法	浓缩池	浓缩（栅式、转鼓式、带板、离心式）	带式压滤机	离心机	板框压滤机
无		√（离心机）			
投加消石灰	√（抑制发酵）				√
投加聚合物		√√	√√	√√	√
投加FeCl₃＋石灰					√√
投加FeCl₃＋聚合物			√		√√
投加聚合物＋纤维性结构物料				√	
热处理					√

注：1. √√为最常用的方法；√为可用的方法。

  2. 国外的实践证明，只有采用无机药剂的化学调理（在污泥内形成骨架）和采用板框压滤机脱水才能够满足填埋场的要求。

问：污泥脱水的影响因素是什么？

答：污泥的比阻单位为 m/kg，用来衡量污泥脱水的难易。比阻单位还可用：s^2/g（1m/kg＝$9.81×10^3×s^2/g$）。通常用压缩系数来评价污泥压滤脱水的性能。压缩系数大的污泥，其比阻随过滤压力的升高而上升较快，这种污泥宜采用真空过滤或离心脱水；压缩系数小的污泥宜采用板框或带式压缩脱水。参见《给水排水设计手册5》P552。

不同种类污水污泥的比阻和压缩系数见表8.5.2-2。

污水污泥的比阻和压缩系数   表8.5.2-2

污泥种类	比阻（×10¹²m/kg）	比阻（×10¹²s²/g）	压缩系数
初沉污泥	46.1～60.8	4.7～6.2	0.54
消化污泥	123.6～139.3	12.6～14.2	0.64～0.74
活性污泥	164.8～282.5	16.8～28.8	0.81
腐殖污泥	59.8～81.4	6.1～8.3	1.00

污泥在机械脱水前，一般应进行预处理，也称为污泥的调理或调质。这主要是因为城市污水处理系统产生的污泥，尤其是活性污泥脱水性能一般都较差，直接脱水将需要大量的脱水设备，因而不经济。所谓污泥调质，就是通过对污泥进行预处理，改善其脱水性

能，提高脱水设备的生产能力，获得综合的技术经济效果。污泥调质的方法有物理法和化学法两大类。物理调质有淘洗法、冷冻法、热调质等方法；而化学调质则主要指向污泥中投加化学药剂，改善其脱水性能。以上调质方法在实际中都有采用，但以化学调质为主，原因在于化学调质流程简单，操作不复杂，且调质效果很稳定。

污泥的比阻 R 和毛细吸水时间 CST 越大，污泥的脱水性能越差。一般认为，只有当污泥的比阻 R 小于 4×10^{13} m/kg 或毛细吸水时间 CST 小于20s时，才适合进行机械脱水。除少量污水厂的初沉污泥以外，绝大部分污水厂的初沉污泥和所有污水处理工艺系统产生的剩余污泥，其比阻均在 4×10^{13} m/kg 之上，CST 均在20s之上。因此，初沉污泥、活性污泥或二者组成的混合污泥，经浓缩或消化之后，均应进行调质，降低其 R 值或 CST，再进行机械脱水。

1. 混凝剂与絮凝剂的种类及其作用机理

污泥调质所用的药剂可分为两类，一类是无机混凝剂，另一类是有机絮凝剂。无机混凝剂包括铁盐和铝盐两类金属盐类混凝剂以及聚合氯化铝等无机高分子混凝剂。有机絮凝剂主要是聚丙烯酰胺等有机高分子物质。絮凝剂一词只是习惯叫法，严格来说也是混凝剂。另外，污泥调质中还使用一类不起混凝作用的药剂，称为助凝剂。常用的助凝剂有石灰、硅藻土、木屑、粉煤灰、细炉渣等惰性物质。助凝剂的作用是调节污泥的 pH 值（如投加石灰），或提供形成较大絮体的骨料，并改善污泥颗粒的结构，从而增强混凝剂的混凝作用。

常用的铁盐混凝剂是三氯化铁。该种混凝剂适合的 pH 在 6.8～8.4 之间，因其水解过程中会产生 H^+，降低 pH 值，因而一般需投加石灰作为助凝剂。三氯化铁在对污泥的调质中能生成大而重的絮体，使之易于脱水，因而使用较多。对于混合生污泥来说，三氯化铁的投加量一般为 20%～60%，要求相应的石灰投加量一般为 200%～400%，消化污泥的石灰投加量一般为 100%～200%。使用三氯化铁的一个较大缺点是其对金属管道或设备有较强烈的腐蚀，从而降低金属管道或设备的使用寿命。铝盐混凝剂一般采用硫酸铝。这种混凝剂调质效果不如三氯化铁好，且用量也较大，但由于无腐蚀性，且贮运方便，使用也较多。聚合氯化铝作为一种高分子无机混凝剂，调质效果好，投药量少，虽然价格偏高，但也有相当程度的使用。

目前，人工合成有机高分子絮凝剂在污泥调质中得到普遍使用，基本上已取代了无机混凝剂。常用的有机高分子絮凝剂是聚丙烯酰胺（俗称三号絮凝剂，PAM），其聚合度 n 高达 20000～90000，相应的分子量高达 50 万～800 万，通常为非离子型聚丙烯酰胺，但通过水解可产生阴离子型聚丙烯酰胺，也可通过引入基团制成阳离子型聚丙烯酰胺。污泥调质常采用阳离子型聚丙烯酰胺，其作用机理包括两个方面：一是其分子上带电的部位中和污泥胶体颗粒所带的负电荷，使之脱稳；二是利用其高分子的长链条作用把许多细小污泥颗粒吸附并缠结在一起，结成较大的颗粒。前一作用称为压缩双电层，后一作用称为吸附架桥。

按照离子密度的高低，阳离子型聚丙烯酰胺又分为弱阳离子 PAM、中阳离子 PAM、强阳离子 PAM 三种，实际中都采用较多。离子密度越高，中和负电荷使污泥胶体颗粒脱稳的作用越强，但高离子密度的 PAM 的分子量往往较小，吸附架桥能力较弱。因此以上三种 PAM 的污泥调质效果一般相差不大。表 8.5.2-3 给出了三种阳离子 PAM 的离子密度、分子量以及对消化污泥进行调质的加药量范围。

阳离子 PAM 的离子密度、分子量以及调质的加药量　　　　表 8.5.2-3

分类	相对离子密度（%）	分子量	调质加药量（kg/mg）
弱阳离子 PAM	<10	4000000~8000000	0.25~5.0
中阳离子 PAM	10~25	1000000~4000000	1.0~5.0
强阳离子 PAM	>25	500000~1000000	1.0~5.0

2. 调质药剂的选择

目前调质效果最好的药剂是阳离子型聚丙烯酰胺，虽然其价格昂贵，但使用却越来越普遍。具体到某一污水厂来说，应根据处理厂的情况，在满足要求的前提下，选择综合费用最低的药剂种类。

采用铁盐或铝盐等无机混凝剂，一般能使污泥量增加 15%~30%，同时其肥效和热值都大大降低。因此当污泥消纳场离污水厂较远，且污泥的最终处置方式为农用或焚烧时，一般不适合采用无机混凝剂进行污泥调质。但当污泥消纳场离污水厂很近，且污泥的最终处置方式为卫生填埋时，采用该类类药剂有可能使综合费用降低。另外，使用该类药剂还能在一定程度上降低脱水过程中产生的恶臭。富磷污泥脱水时，还能降低磷向滤液中的释放量；当采用石灰作助凝剂时，石灰还能起到一定的消毒效果。

采用聚丙烯酰胺进行污泥调质，污泥量基本不变，其肥效和热值都不降低，因此当污泥脱水后用作农肥或焚烧时，最好采用该类药剂。另外，阳离子型聚丙烯酰胺在污泥调质过程中，能与一些溶解性折光物质生成沉淀，因而脱水滤液中污染物相对较少，呈透明状。

调质药剂的选择还与脱水机的种类有关。一般来说，带式压滤脱水机可采用任何一种药剂进行污泥调质，而离心脱水机则必须采用高分子絮凝剂，其原因是离心脱水机内空间较小，对泥量要求很严格，如果采用无机药剂，使污量增加很多，将大大降低离心脱水机的脱水能力。

Ⅱ　压　滤　机

8.5.3　压滤机宜采用带式压滤机、板框压滤机、厢式压滤机或微孔挤压脱水机，其泥饼产率和泥饼含水率，应根据试验资料或类似运行经验确定。

8.5.4　带式压滤机的设计应符合下列规定：

1　污泥脱水负荷应根据试验资料或类似运行经验确定，并可按表 8.5.4 的规定取值；

污泥脱水负荷　　　　表 8.5.4

污泥类别	初沉原污泥	初沉消化污泥	混合原污泥	混合消化污泥
污泥脱水负荷 [kg/(m·h)]	250	300	150	200

2　应按带式压滤机的要求配置空气压缩机，并至少应有 1 台备用；

3　应配置冲洗泵，其压力宜采用 0.4MPa~0.6MPa，其流量可按 5.5m³/[m(带宽)·h]~

11.0m³/[m(带宽)·h]计算，至少应有 1 台备用。

→本条了解以下内容：

1. 表 8.5.4 中的混合原污泥为初沉污泥与二沉污泥的混合污泥，混合消化污泥为初沉污泥与二沉污泥混合消化后的污泥。

2. 若压滤机滤布的张紧和调正由压缩空气与其控制系统实现，则当空气压力低于某一值时，压滤机将停止工作。应按压滤机的要求，配置空气压缩机。为保证在检查和故障维修时脱水机间能正常运行，至少应有一台备用压滤机。

3. 为降低成本带式压滤机可用再生水作冲洗水，效果良好。

4. 带式压滤机参见《污泥脱水用带式压滤机》CJ/T 508—2016。

带式压滤机是基于接触过滤和机械挤压原理，用滤带将污泥脱水的固液分离设备。

带式压滤机要求进泥含水率≤98%，滤饼含水率≤80%，滤带速率为 1.5m/min～7.5m/min。

带式压滤机工作原理见图 8.5.4-1；带式压滤机结构示意图见图 8.5.4-2。

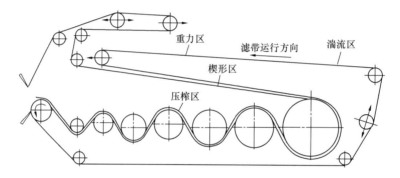

图 8.5.4-1　带式压滤机工作原理图

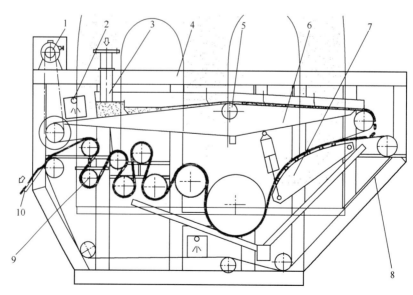

图 8.5.4-2　带式压滤机结构示意图

1—驱动装置；2—清洗装置；3—进料装置；4—机架；5—纠偏装置；

6—集液盘；7—张紧装置；8—滤带；9—压榨辊；10—卸料装置

问：带式压滤机形式有哪些?

答：压滤机由电动机通过传动系统驱动辊旋转，使上下滤带运行。根据压力区加压辊布置的不同分为 7 种形式，见图 8.5.4-3。参见《带式压滤机》JB/T 9040—2010。

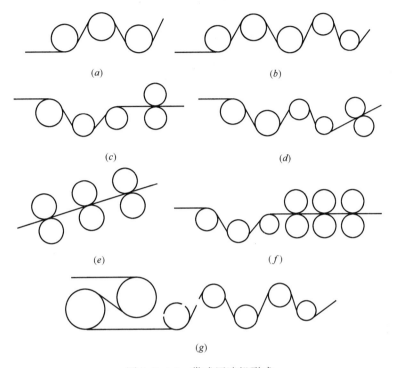

图 8.5.4-3　带式压滤机形式

(a) S₃型（三个 S 辊）；(b) S₅型（五个 S 辊）；(c) S₃P 型（三个 S 辊和一对压力辊）；

(d) S₄P 型（四个 S 辊和一对压力辊）；(e) P₃型（三对压力辊）；

(f) S₃P₃型（三个 S 辊和三对压力辊）；(g) S₇型（七个 S 辊）

8.5.5 板框压滤机和厢式压滤机的设计应符合下列规定：

1 过滤压力不应小于 0.4MPa；

2 过滤周期不应大于 4h；

3 每台压滤机可设 1 台污泥压入泵；

4 压缩空气量为每立方米滤室不应小于 2m³/min（按标准工况计）。

→板框压滤机示意图见图 8.5.5-1；厢式压滤机示意图见图 8.5.5-2。

问：**污泥脱水方法有哪些?**

答：污泥脱水包括自然干化和机械脱水。自然干化仅适用于小型污水厂的污泥处理。常用的机械脱水方式有压滤脱水、离心脱水和真空脱水等。与自然干化相比，机械脱水具有占地少、环境比较卫生、恶臭影响较小、易于实现自动化等优点，但基建费用较高。目前国内新建的城镇污水厂绝大部分都采用带式压滤脱水机，因为该种脱水机具有出泥含水率较低且稳定、能耗少、管理控制不复杂等优点。

问：**板框压滤脱水与带式压滤脱水的区别是什么?**

答：板框压滤机间歇运行，效率低、操作麻烦、维护量大，现在使用少，仅要求出泥含水率很低时使用。现在多用带式压滤机，出泥含水率较低，能耗少、管理控制容易。

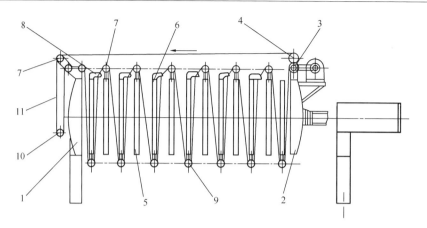

图 8.5.5-1 板框压滤机示意图

1—固定压板；2—活动压板；3—传动辊；4—压紧辊；5—滤框；
6—滤板；7、9—托辊；8—刮板；10—张紧辊；11—滤布

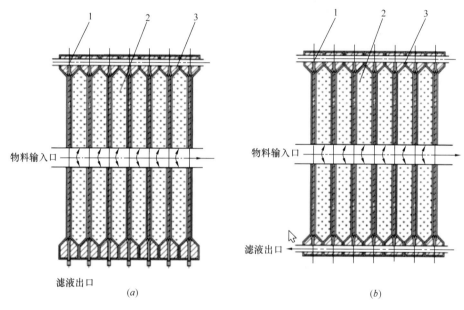

图 8.5.5-2 厢式压滤机示意图

(a) 明流式；(b) 暗流式

1—滤板；2—滤室；3—滤布

1. 板框压滤机脱水原理：板框压滤机由压滤机滤板、液压系统、压滤机框、滤板传输系统和电气系统五大部分组成。板框压滤机工作原理比较简单，先由液压施力压紧板框组，沉淀的淤泥由中间进入，分布到各滤布之间，通过过滤介质而实现固液分离。

2. 带式压滤机脱水原理：由上下两条张紧的滤带夹带着污泥层，从一连串按规律排列的辊压筒中呈 S 形弯曲经过，依靠滤带本身的张力形成对污泥层的压榨力和剪切力，把污泥层中的毛细水挤压出来，获得含固量较高的泥饼，实现污泥脱水。依靠不同辊轴压紧滤布来挤压脱水。

S 型带式压滤机：辊轴有大有小，滤带呈 S 形，辊轴与滤带接触面积大，压榨时间

长，污泥所受压力较小而缓和。适用于污水厂污泥和亲水的有机污泥脱水。如图 8.5.5-3（a）所示。

P 型带式压滤机：布置两对直径相同的辊轴，滤带平直。污泥与滤带接触面积小，压榨时间短，污泥所受到的压力大而强，适用于疏水的无机污泥脱水。如图 8.5.5-3（b）所示。

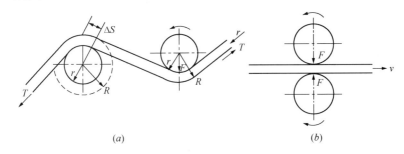

图 8.5.5-3　带式压滤机工作原理图
（a）S 型；（b）P 型

8.5.6 深度脱水压滤机的设计应符合下列规定：

1 进料压力宜为 0.6MPa～1.6MPa；

2 压榨压力宜为 2.0MPa～3.0MPa，压榨泵至隔膜腔室之间的连接管路配件和控制阀，其承压能力应满足相关安全标准和使用要求；

3 压缩空气系统应包括空压机、储气罐、过滤器、干燥器和配套仪表阀门等部件，控制用压缩空气、压榨用压缩空气和工艺用压缩空气三部分不应相互干扰。

→本条了解以下内容：

1. 污泥通过进料泵进入隔膜压滤机滤室，当滤室内压力达到预设进料压力时，通过变频器调整进料泵转速，将压力稳定在预设值。进料泵预设进料压力的大小影响进入滤室的污泥量，当进料压力小于 0.6MPa 时，污泥在滤室内难以形成滤饼。目前，污泥隔膜压滤机常用的进料压力一般在 1.0MPa 以上。

2. 进料完成后，压榨泵启动，向隔膜滤板腔室内通入外部介质（水或者压缩空气），使隔膜滤板膜片鼓起进而对滤室内的污泥进行压榨。当隔膜滤板腔室内的压力达到预设压榨压力时，通过变频器调整压榨泵转速，将压力稳定在预设值。预设压榨压力的大小影响脱水效率和泥饼的含水率，一般宜为 2.0MPa～3.0MPa。

3. 根据功能不同压缩空气分为下列 3 种类型：

（1）控制用压缩空气：为相关的仪表和阀门供气；

（2）压榨用压缩空气：为挤压隔膜提供压榨压力；

（3）工艺用压缩空气：通入压滤机的中心管道内，将粘附在滤布上的污泥反吹回贮泥池。

控制用压缩空气和压榨用压缩空气对空气的粉尘含量和湿度要求较高，应设置过滤器和干燥器；工艺用压缩空气对空气质量的要求相对较低。三种压缩空气应在气压站分开，工作时不应相互干扰，以免导致设备失控。

4. 污泥隔膜压滤深度脱水：通过隔膜压滤机挤压，实现污泥深度脱水的过程，是机械脱水的方式之一。其工艺流程如图 8.5.6-1 所示。污泥深度脱水可参见《城镇污水厂污泥深度脱水工艺设计与运行管理指南》T/CECS 20005—2021；隔膜压滤机参见《城镇污水厂污泥隔膜压滤深度脱水技术规程》T/CECS 537—2018、《污泥隔膜压滤机》T/CECS 10006—2018。

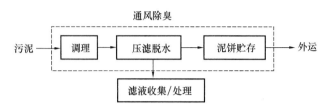

图 8.5.6-1 污泥隔膜压滤深度脱水工艺流程图

立式全自动压滤机基本结构示意图见图 8.5.6-2。

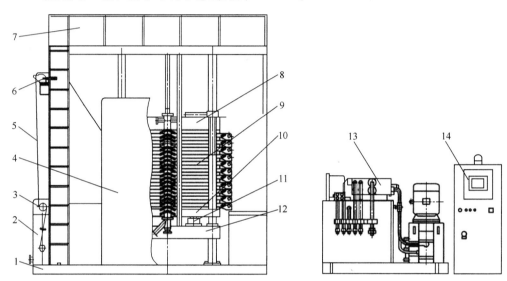

图 8.5.6-2 立式全自动压滤机基本结构示意图

1—机架部分；2—滤带洗涤装置；3—滤带驱动装置；4—防护罩；5—滤带；

6—滤带纠偏装置；7—维修平台；8—上压紧板；9—滤板部分；10—下压紧板；

11—液压缸；12—止推板；13—液压系统；14—电控系统

注：本图摘自《立式全自动隔膜压滤机》JB/T 11097—2011。

5. 深度脱水：对物料进行脱水，使其含水率降到 60% 以下的脱水过程。参见《污泥深度脱水设备》JB/T 11824—2014。

污泥脱水性能见表 8.5.6。

污泥脱水性能   表 8.5.6

污泥类型	性质和来源	滤饼含水率（%）
城镇污水厂污泥	浓缩的生活污水污泥	50~60
自来水厂排泥	浓缩的自来水厂排泥	30~50
工业污泥	有机、亲水的工业污泥	50~60
	无机、亲水的工业污泥	45~55
	无机、疏水的工业污泥	30~50
	含油的工业污泥	45~55
疏浚淤泥	江河、湖泊、城市景观	40~55

Ⅲ 离 心 机

8.5.7 采用卧螺离心脱水机脱水时，其分离因数宜小于 3000g（g 为重力加速度）。

→本条了解以下内容：

1. 分离因数：分离因数是颗粒在离心机内受到的离心力与其本身重力的比值。

$$\alpha = \frac{n^2 D}{1800}$$

式中：α——分离因数；

n——转鼓的转速（r/min）；

D——转鼓的直径（m）。

不同离心机分离因数调节范围不同。α 在 1500 以下称为低速离心机或低重力离心机；α 在 1500 以上称为高速离心机或高重力离心机。高速离心机虽然可获得 98% 以上的高固体回收率，但能耗很高，并需要较多维护管理；而低速离心机的固体回收率一般也在 90% 以上，但能耗低很多。

2. 离心脱水机主要由转鼓和带空心转轴的螺旋输送器组成。污泥由空心转轴送入转筒后，在高速旋转产生的离心力作用下，立即被甩入转鼓腔内。转鼓是离心机的关键部件，转鼓的直径越大，离心机处理能力也越大。转鼓长度一般为直径的 2.5 倍～3.5 倍，转鼓越长，污泥在离心机内停留时间也越长，分离效果也越好。转速高低取决于转鼓直径，要保证一定的离心分离效果，直径越小，要求的转速越高；反之，直径越大，要求的转速越低。目前国内用于污水污泥脱水的离心机多为卧螺离心机。离心脱水是以离心力强化脱水效率，虽然分离因数大脱水效果好，但并不成比例，达到临界值后分离因数再增大脱水效果也无多大提高，而动力消耗几乎成比例增加，运行费用大幅度提高，机械磨损、噪声也随之增大。而且随着转速的增加，对污泥絮体的剪切力也增大，大的絮体易被剪碎而破坏，影响污泥干物质的回收率。参见《给水排水设计手册 5》P561。

污泥性质、离心机大小不同，其分离因数的取值也有一定的差别。为此，规定污水污泥的卧螺离心机脱水时的分离因数宜小于 3000g。对于初沉和一级强化处理等有机质含量相对较低的污泥，可适当提高其分离因数。

卧螺离心机工作原理：污泥由空心转轴输入转鼓内。在高速旋转产生的离心力作用下，污泥中相对密度大的固相颗粒，离心力也大，迅速沉降在转鼓的内壁上，形成固相层（因呈环状称为固环层）；而相对密度小的水分，离心力也小，只能在固环层内圈形成液体层，称为液环层。固环层的污泥在螺旋输送器的推移下，被输送到转鼓的锥端，经出口连续排出；液环层的分离液，由圆柱端堰口溢流，推至转鼓外，达到分离的目的。

LW 型卧式螺旋卸料沉降离心机结构如图 8.5.7-1 所示；高效离心脱水机工作原理如图 8.5.7-2 所示；叠螺式污泥脱水机如图 8.5.7-3 所示。

问：离心脱水机如何选型？

答：1. 离心脱水机有离心过滤、离心沉降和离心分离三种类型。净水厂及污水厂的污泥浓缩和脱水，其介质是一种固相和液相重度相差较大、含固量较低、固相粒度较小的悬浮液，适用于离心沉降脱水机。离心沉降脱水机又分为立式和卧式两种，净水厂污泥脱水通常采用卧式离心沉降脱水机，也称转筒式离心脱水机。

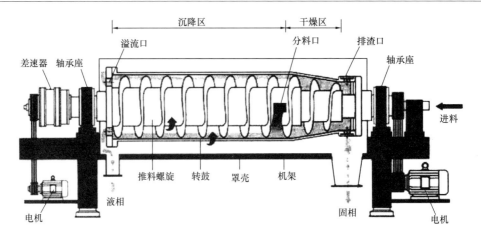

图 8.5.7-1　LW 型卧式螺旋卸料沉降离心机结构

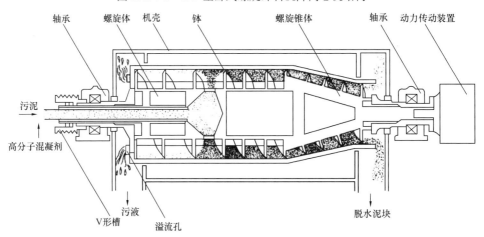

图 8.5.7-2　高效离心脱水机工作原理图

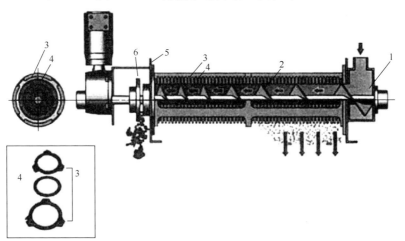

图 8.5.7-3　叠螺式污泥脱水机
　1—投入部；2—挤压轴；3—固定板；4—可动板；5—挤压板；6—排出部
注：叠螺式污泥脱水机是多片螺旋压力脱水机的通称。由脱水主机、污泥供给系统、絮凝混合系统、控制系统等组成。其中脱水主机由多片盘片和螺旋挤压轴等组成。叠螺包括两重内容，一是盘片叠加，二是螺旋挤压轴驱动。

2.《螺旋卸料沉降离心机》JB/T 502—2015。

本标准适用于螺旋卸料沉降离心机和螺旋卸料沉降过滤离心机。

高速螺旋卸料沉降离心机：转鼓公称直径≤400mm，分离因数≥4000，且长径比≥3；或转鼓公称直径为400mm～600mm，分离因数≥3500，且长径比≥3；或转鼓公称直径≥600mm，分离因数≥3000，且长径比≥3的螺旋卸料沉降离心机、螺旋卸料沉降过滤离心机。如图8.5.7-4和图8.5.7-5所示。

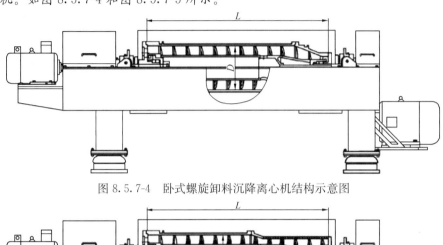

图8.5.7-4 卧式螺旋卸料沉降离心机结构示意图

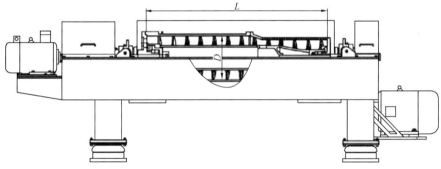

图8.5.7-5 卧式螺旋卸料沉降过滤离心机结构示意图

8.5.8 离心脱水机前应设污泥切割机，切割后的污泥粒径不宜大于8mm。

8.5.9 离心脱水机房应采取降噪措施，离心脱水机房内外的噪声应符合现行国家标准《工业企业噪声控制设计规范》GB/T 50087的规定。

8.6 污泥石灰稳定

8.6.1 石灰稳定工艺由脱水污泥给料单元、石灰计量投加单元、混合反应单元、污泥出料输送单元和气体净化单元等组成。进入石灰稳定系统的污泥含水率宜为60%～80%，且不应含有粒径大于50mm的杂质。

问：石灰稳定原理与作用是什么？

答： 污泥石灰稳定：向泥饼中投加干燥的生石灰（CaO），进一步降低泥饼含水率，同时使其pH和温度升高，杀死和抑制病原菌及其他微生物生长，达到污泥稳定的过程。通过向脱水污泥中投加一定比例的生石灰（CaO）并均匀掺混，生石灰与脱水污泥中的水分发生反应，生成氢氧化钙 $[Ca(OH)_2]$ 和碳酸钙（$CaCO_3$）并释放热量。

石灰干化稳定原理基于以下反应：

$$1kgCaO+0.32kgH_2O \longrightarrow 1.32kgCa(OH)_2+177kJ$$

$$1.32kgCa(OH)_2+0.78kgCO_2 \longrightarrow 1.78kgCaCO_3+0.32kgH_2O+2212kJ$$

石灰稳定可产生以下作用：

1. 灭菌和抑制污泥腐化。温度的提高和pH的升高可以起到灭菌和抑制污泥腐化的作用，尤其在pH≥12的情况下效果更为明显，从而可以保证在污泥利用或处置过程中的卫生安全性。

2. 脱水。根据石灰投加比例（占湿污泥的比例）的不同（5%～30%），可使含水率80%的污泥在设备出口的含水率达到74.0%～48.2%。通过后续反应和一定时间的堆置，污泥含水率可进一步降低。

3. 钝化重金属离子。投加一定量的氧化钙使污泥呈碱性，可以结合污泥中的部分金属离子，钝化重金属。

4. 改性、颗粒化。可改善污泥贮存和运输条件，避免二次飞灰、渗滤液泄漏。

问：石灰稳定系统组成是什么？

答：石灰稳定工艺流程见图8.6.1。

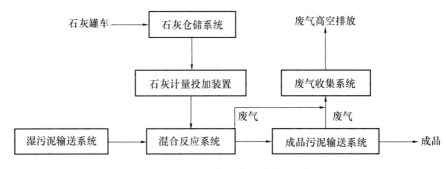

图8.6.1　石灰稳定工艺流程图

1. 污泥输送系统（包括湿泥及成品污泥输送）

一般可选择螺旋输送机或带式输送机，应采用全封闭结构，以防止污泥散发的臭气排放到大气中，影响操作环境，危害操作人员的健康。

2. 石灰仓储与计量给料系统

石灰料仓用来暂时贮存罐车运送来的石灰粉料。设有破拱装置、仓顶布袋除尘器、料位器等。

计量给料系统应确保在混合反应器开启后，石灰能持续、定量输送至混合反应器内。主要由进料斗、进料料位监测和出料装置、计量投加装置等组成。

3. 干化混合反应系统

作为石灰稳定工艺的核心设备，其运行表现直接影响整个项目效果。目前一般选择传统卧式混合搅拌反应器，其主要由混合圆筒、工作轴、搅拌组件、在线监测装置等组成。

4. 废气收集及处理系统

污泥石灰稳定工艺中，废气的主要特点是高温、高湿、高粉尘浓度、低有毒气体浓度。它的主要成分为水蒸气、石灰粉尘、氨气，温度约为30℃～50℃。针对该类废气，一般选择湿式喷淋塔或增加净化单元可满足处理需求。

8.6.2 石灰稳定工艺的设计应符合下列规定：

1 石灰稳定设施应密闭，配套除尘、除臭设施设备；

2 石灰储料筒仓顶端应设有粉尘收集过滤装置和物位测量装置，且应安装过压保护；

3 石灰混合装置应设在收集泥饼的传送装置末端，并宜采用适用于污泥和石灰混合反应的专用混合器设备；

4 石灰进料装置应位于储料筒仓的锥斗部分，宜采用定容螺旋式进料装置；

5 石灰的投加量应由最终的含固率和石灰稳定控制指标计算确定。

8.7 污 泥 干 化

8.7.1 污泥干化宜采用热干化，在特定的地区，污泥干化可采用干化场。

问：污泥干化如何划分？

答：干化：污泥和排泥水通过渗滤和蒸发等措施去除大部分水分的过程。

污泥热干化：污泥脱水后，在外部加热条件下，通过传热和传质过程，使污泥中水分随着相变化分离的过程。污泥热干化工艺流程见图8.7.1。

污泥自然干化：通过撇水、渗透和蒸发降低污泥含水率的过程。

污泥全干化：脱水污泥的含水率降低至15%或以下的污泥干化。

污泥半干化：脱水污泥的含水率降低至55%以下、15%以上的污泥干化。

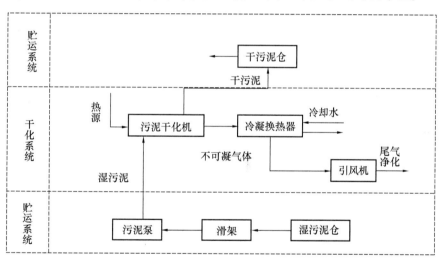

图 8.7.1 污泥热干化工艺流程图

8.7.2 污泥热干化的设计应符合下列规定：

1 应充分考虑热源和进泥性质波动等因素；

2 应充分利用污泥处理过程中产生的热源；

3 热干化出泥应避开污泥的黏滞区；

4 热干化系统内的氧含量小于3%时，必须采用纯度较高的惰性气体。

→当干化机采用的热源为外供热源时，热源特性可能存在一定程度的波动，城镇污水厂的进泥量和特性也会发生波动，需要干化设备对这些不稳定因素具有一定的耐受性。

污泥处理工艺流程中会产生许多热源，污泥厌氧消化产生的污泥气经净化后是优质热源，污泥焚烧过程中产生的热也可以通过各种方式回收利用。

8.7.3 污泥热干化设备的选型应根据热干化的实际需要确定。污泥热干化可采用直接干化和间接干化、宜采用间接干化。

→热干化设备种类很多，应根据热干化的实际需要和经验确定。污泥间接干化的温度一般低于120℃，污泥中的有机物不易于分解，且废气处理量小。目前，国内外污泥热干化主要采用间接干化。常用的污泥间接干化设备有流化床式干化、圆盘式干化、桨叶式干化和薄层干化等。可参见《城镇污水厂污泥干化焚烧工艺设计与运行管理指南》T/CECS 20008—2021。

8.7.4 污泥干化设备可采用流化床式、圆盘式、桨叶式和薄层式等，设计年运行时间不宜小于8000h。

→一般污泥干化设备每年都要进行检维修。根据污泥干化设备的具体类型、规模、配套设备的种类及其质量状况、检维修力量等多种因素，污泥干化设备的年检维修时间长短不一，但一般至少需要2周～5周。

　　问：污泥干化设备有哪些？

　　答：目前应用较多的污泥干化设备包括流化床干化、带式干化、桨叶式干化、卧式转盘式干化、立式圆盘式干化和喷雾干化六种工艺设备。干化工艺和设备应综合考虑技术成熟性和投资运行成本，并结合不同污泥处理处置项目的要求进行选择。各种污泥干化设备的应用特点见表8.7.4。

污泥干化设备 表 8.7.4

污泥干化设备	应用特点
流化床	**干化形式**：流化床干化工艺既可对污泥进行全干化处理，也可对污泥进行半干化处理，最终产品的污泥颗粒分布较均匀，直径为1mm～5mm。 **加热方式**：推荐采用间接加热方式，热媒常采用导热油，可利用天然气、燃油、蒸汽等各种热源。流化床干化系统中污泥颗粒温度一般为40℃～85℃，系统氧含量＜3%，热媒温度为180℃～220℃。 **应用**：可用于各种规模的污水厂，尤其适用于大型和特大型污水厂。干化效果好，处理量大；流化床干化工艺设备单机蒸发水量1000kg/h～20000kg/h，单机污泥处理能力30t/d～600t/d（含水率以80%计）。国内有成功工程经验可以借鉴。但投资和维修成本较高；当污泥含砂量高时应注意采用防磨措施
带式	**干化形式**：带式干化的工作温度从环境温度到65℃，系统氧含量＜10%；直接加料，无需干泥返混。带式干化工艺设备既适用于污泥全干化，也适用于污泥半干化。出泥含水率可以自由设置，使用灵活。当部分干化时，出泥颗粒的含水率一般可在15%～40%，出泥颗粒中灰尘含量很少；当全干化时，含水率小于15%，粉碎后颗粒粒径范围在3mm～5mm。 **加热方式**：带式干化工艺设备可采用直接或间接加热方式，可利用各种热源，如天然气、燃油、蒸汽、热水、导热油、来自于气体发动机的冷却水及排放气体等。 **应用**：带式干化有低温和中温两种方式。低温干化装置单机蒸发水量一般小于1000kg/h，单机污泥处理能力一般小于30t/d（含水率以80%计），只适用于小型污水厂；中温干化装置单机蒸发水量可达5000kg/h，全干化时，单机污泥处理能力最高可达约150t/d（含水率以80%计），可用于大中型污水厂。由于主体设备为低速运行，磨损部件少，因此设备维护成本很低；运行过程中不产生高温和高浓度粉尘，安全性好；使用比较灵活，可利用多种热源。但单位蒸发量下设备体积比较大；采用循环风量大，热能消耗较大

污泥干化设备	应用特点
桨叶式	**干化形式**：既可全干化，也可半干化。全干化污泥的颗粒粒径小于 10mm，半干化污泥为疏松团状。 **加热方式**：一般采用间接加热，热媒首选蒸汽，也可采用导热油（通过燃烧沼气、天然气或煤等加热）。干污泥不需返混，出口污泥的含水率可以通过轴的转动速度进行调节。桨叶式干化通过采用中空桨叶和带中空夹层的外壳，具有较高的热传递面积和物料体积比。污泥颗粒温度<80℃，系统氧含量<10%，热媒温度为 150℃～220℃。 **应用**：桨叶式干化工艺设备单机蒸发水量最高可达 8000kg/h，单机污泥处理能力可达约 240t/d（含水率以 80% 计），适用于各种规模的污水厂。结构简单、紧凑；运行过程中不产生高温和高浓度粉尘，安全性高；国内有成功的工程经验可以借鉴。但污泥易黏结在桨叶上影响传热，导致热效率下降，需对桨叶进行针对性设计
卧式转盘式	**干化形式**：卧式转盘式干化既可全干化，也可半干化。全干化工艺颗粒温度为 105℃，半干化工艺颗粒温度为 100℃；系统氧含量<10%；热媒温度为 200℃～300℃。 **加热方式**：采用间接加热，热媒首选饱和蒸汽，其次为导热油（通过燃烧沼气、天然气或煤等加热），也可采用高压热水。污泥需返混，返混污泥含水率一般需低于 30%。全干化污泥为粒径分布不均匀的颗粒，半干化污泥为疏松团状。 **应用**：卧式转盘式干化工艺设备单机蒸发水量为 1000kg/h～7500kg/h，单机污泥处理能力为 30t/d～225t/d（含水率以 80% 计），适用于各种规模的污水厂。结构紧凑，传热面积大，设备占地面积较省。但可能存在污泥附着现象，干化后呈疏松团状，需造粒后方可作肥料销售；在国内暂没有工程应用
立式圆盘式	**干化形式**：仅适用于全干化。 **加热方式**：采用间接加热，热媒一般只采用导热油（通过燃烧沼气、天然气或煤等加热）。返混的干污泥颗粒与机械脱水污泥混合，并将干污泥颗粒涂覆上一层薄的湿污泥，使湿污泥含水率降至 30%～40%。污泥干化颗粒粒径分布均匀，平均直径在 1mm～5mm 之间，无须特殊的粒度分配设备。 **应用**：适用于大中型污水厂。结构紧凑，传热面积大，设备占地面积较省；污泥干化颗粒均匀，可适应的消纳途径较多。对导热油的要求较高；在国内暂没有应用。立式圆盘式干化又被称为珍珠造粒工艺，颗粒温度为 100℃～400℃，系统氧含量<5%，热媒温度为 250℃～300℃。立式圆盘式干化工艺设备的单机蒸发水量一般为 3000kg/h～10000kg/h，单机污泥处理能力为 90t/d～300t/d（含水率以 80% 计）
喷雾式	**干化形式**：既可用于污泥半干化，也可用于污泥全干化，且无须污泥返混。 **加热方式**：喷雾干化采用并流式直接加热。脱水污泥经雾化器雾化后，雾化液滴粒径在 30μm～150μm 之间。热媒首选污泥焚烧高温烟气，其次为热空气（通过燃烧沼气、天然气或煤等产生），也可采用高压过热蒸汽。采用污泥焚烧高温烟气时，进塔温度为 400℃～500℃，排气温度为 70℃～90℃，污泥颗粒温度小于 70℃，干化污泥颗粒粒径分布均匀，平均粒径在 20μm～120μm 之间。 **应用**：喷雾干化系统是利用雾化器将原料液分散为雾滴，并用热气体（空气、氮气、过热蒸汽或烟气）干燥雾滴。原料液可以是溶液、乳浊液、悬浮液或膏糊液。干燥产品根据需要可制成粉状、颗粒状、空心球或团粒状。喷雾干化工艺设备的单机蒸发能力一般为 5kg/h～12000kg/h，单机处理能力最高可达 360t/d（含水率以 80% 计），适用于各种规模的污水厂。干燥时间短（以 s 计），传热效率高，干燥强度大。采用污泥焚烧高温烟气时，干燥强度可达 12kg/(m³·h)～15kg/(m³·h)。干化污泥颗粒温度低，结构简单，操作灵活，安全性高，易实现机械化和自动化，占地面积小。但干燥系统排出的尾气中粉尘含量高，有恶臭，需经两级除尘和脱臭处理。国内已有工程实例可借鉴

注：本表根据《城镇污水厂污泥处理处置技术指南（试行）》整理。

8.7.5 流化床式干化的设计应符合下列规定：

1 床内氧含量应小于5%；

2 加热介质温度宜控制在180℃～250℃；

3 床内干化气体温度应为85℃±3℃。

8.7.6 圆盘式、桨叶式和薄层式干化的设计应符合下列规定：

1 热交换介质可为导热油或饱和蒸汽；

2 饱和蒸汽的压力应在0.2MPa～1.3MPa（表压）。

8.7.7 当污泥干化热交换介质为导热油时，导热油的闪点温度必须大于运行温度。

8.7.8 污泥热干化蒸发单位水量所需的热能应小于3300kJ/kg H_2O。

→污泥热干化蒸发单位水量所需的热能与进口处物料的温度、进口处加热介质的温度、出口处产物的温度、出口处加热介质的温度、干燥器的生产能力及干燥器的设计等因素相关。干化系统的单位耗热量一般为2600kJ/kg H_2O～3300kJ/kg H_2O。

问：污泥干化运行控制要点有哪些？

答：1. 与干化设备爆炸有关的三个主要因素是氧气、粉尘和颗粒的温度。不同的工艺会有些差异，但总的来说必须控制的安全要素是：流化床式和立式圆盘式的氧气含量小于5%，带式、桨叶式和卧式转盘式的氧气含量小于10%；粉尘浓度小于60g/m³；颗粒温度小于110℃。

2. 湿污泥仓中甲烷浓度控制在1%以下；干污泥仓中干污泥颗粒的温度控制在50℃以下。

3. 为避免湿污泥敞开式输送对环境造成影响，应采用污泥泵和管道将湿污泥密封输送入干化机。干化机出料口须设置事故贮存仓或紧急排放口，供污泥干化机停运或非正常运行时，暂存或外排。

4. 砂石混入污泥对干化设备的安全性存在负面影响。对于含砂量较大的污泥，可通过增加耐磨裕量、降低转动部件转速等措施降低换热面的磨损。特别是采用导热油作为热媒介质时，须十分注意。

8.7.9 污泥干化设备应设有安全保护措施。

→污泥干化设备应设有安全保护措施，如污泥干化系统的气体回路中的氧含量若在高位运行，将会使系统的安全性下降，因此必须采取相应的安全保护措施，如设置惰性气体保护等。

8.7.10 热干化系统必须设置尾气净化处理设施，并应达标排放。

8.7.11 干化装置必须全封闭，污泥干化设备内部和污泥干化车间应保持微负压，干化后污泥应密封贮存。

8.7.12 污泥热干化工艺应和余热利用相结合，可考虑利用垃圾焚烧余热、发电厂余热或其他余热作为污泥干化处理的热源，不宜采用优质一次能源作为主要干化热源。

问：污泥干化热源如何按成本排序？

答： 污泥干化热源的成本从低到高排序为：烟气＜燃煤＜蒸汽＜燃油＜沼气＜天然气。一般间接加热方式可以使用所有能源，其利用的差别仅在温度、压力和效率。直接加热方式因能源种类不同，受到一定限制。其中燃煤炉、焚烧炉的烟气量大，又存在腐蚀性污染物，较难使用。各种干化设备的能耗见表8.7.12。

各种干化设备的能耗 表8.7.12

干化设备	热量消耗（kcal/kg 蒸发水量）	电耗（kWh/t 蒸发水量）
流化床	720	100～200
带式	760	50～55
桨叶式	688	50～80
卧式转盘式	688	50～60
立式圆盘式	690	50～60
喷雾	850	80～100

8.7.13 干化尾气载气冷凝处理后冷凝水中的热量宜进行回收利用。

8.7.14 污泥自然干化场的设计宜符合下列规定：

1 污泥固体负荷宜根据污泥性质、年平均气温、降雨量和蒸发量等因素，参照相似地区经验确定。

2 污泥自然干化场划分块数不宜少于3块；围堤高度宜为0.5m～1.0m，顶宽宜为0.5m～0.7m。

3 污泥自然干化场宜设人工排水层。除特殊情况外，人工排水层下应设不透水层，不透水层应坡向排水设施，坡度宜为0.01～0.02。

4 污泥自然干化场宜设排除上层污泥水的设施。

→污泥干化场的污泥主要靠渗滤、撇除上层污泥水和蒸发达到干化。

1. 渗滤和撇除上层污泥水主要受污泥的含水率、黏滞度等性质影响，而蒸发则主要视当地自然气候条件，如平均气温、降雨量和蒸发量等因素而定。由于各地污泥性质和自然条件不同，所以建议固体负荷量宜充分考虑当地污泥性质和自然条件，参照相似地区的经验确定。在北方地区，应考虑结冰期间干化场贮存污泥的能力。

2. 干化场划分块数不宜少于3块，是考虑进泥、干化和出泥能够轮换进行，从而提高干化场的使用效率。围堤高度是考虑贮泥量和超高的需要，顶宽是考虑人行的需要。

3. 对于脱水性能好的污泥而言，设置人工排水层有利于污泥水的渗滤，从而加速污泥干化。为了防止污泥水渗入土壤深层和地下水，造成二次污染，故规定在干化场的排水层下面应设置不透水层。

4. 污泥在干化场干化是一个污泥沉降浓缩、析出污泥水的过程，及时将这部分污泥水排除，有利于提高干化场的效率。

8.7.15 污泥自然干化场及其附近应设长期监测地下水质量的设施。

8.7.16 污泥焚烧应和热干化设施同步建设。

问：污泥干化过程中的性状是什么？

答：有机污泥对热干化的影响主要取决于干固体含量，见表8.7.16-1。区域2中干固体含量范围主要取决于是否为生化污泥，同时也受其他性质影响，例如：纤维含量。一般来说，该区域内污泥的平均干固体含量为45％～50％。这一区域，污泥黏度显著增大，并具有自聚成团的特性，使得污泥不适合用泵输送。总体来说区域2的污泥难于处理。区域3，污泥呈分散颗粒状，其粒径大小取决于污泥性质与所采用的干化技术。

污泥干化过程中的性状　　　　　　　　　　　　　　表8.7.16-1

区域划分	污泥含水率	污泥的处理特点		
		性状	输送	热传导系数
区域1	20％～35％	低黏度和触变性区	糊状污泥适合泵送	高
区域2	35％～60％	高黏度区（塑性阶段）	聚结成团状	低
区域3	60％～100％	残余结合水对流动性无影响的区	分散颗粒状	适中

问：干化技术如何分类？

答：污泥干化过程中热通过传导、对流、辐射三种不同方式进行传递。干化技术分类见表8.7.16-2。

干化技术分类　　　　　　　　　　　　　　　　表8.7.16-2

热传导	无强化循环	有强化循环
直接式	热空气干化机（包括带式干化机）	转鼓式干化机 流化床 热空气干化机（带式干化机）
间接式	桨式干化机	立式干化机 管式干化机 盘式干化机
间接-直接联合式	薄层干化机＋带式干化机 薄层干化系统＋气动输送机	
辐射式（太阳能）	部分干化、太阳能干化	

8.8 污 泥 焚 烧

8.8.1 污泥焚烧系统的设计应对污泥进行特性分析。

→在污泥焚烧工程中，污泥热值和元素成分等污泥特性分析数据是极其重要的设计参数，如果缺少此类数据，会造成实际运行和设计工况产生偏离，甚至导致污泥焚烧设施无法达到设计处理量。污泥特性分析的内容应包括物化性质分析、工业分析和元素分析。其中，物化性质分析包括含水率、含砂率和黏度等；工业分析包括水、固定碳、灰分、挥发分、高位发热值和低位发热值等；元素分析包括全硫（S）、碳（C）、氢（H）、氧（O）、氮（N）、氯（Cl）和氟（F）等。

8.8.2 污泥焚烧宜采用流化床工艺。

问：污泥如何焚烧及建材利用？

答：污泥焚烧指利用焚烧炉将污泥完全矿化为少量灰烬的过程。

污泥不具备土地利用条件时，可考虑采用焚烧及建材利用的处置方式。

可以考虑污泥焚烧的条件：

1. 污泥中重金属及有毒物质含量高，不能作为农业利用时；

2. 大城市卫生要求高，用地紧缺时；

3. 污泥自身的燃烧热值高，且有条件与城市垃圾混合焚烧，或与城市热电厂燃煤混合焚烧时，可考虑污泥焚烧处理。

当污泥采用焚烧方式时，应首先全面调查当地的垃圾焚烧、水泥及热电等行业的窑炉状况，优先利用上述窑炉资源对污泥进行协同焚烧，从而降低污泥处理处置设施的建设投资。当污泥单独进行焚烧时，干化和焚烧应联用，以提高污泥的热能利用效率。污泥焚烧后的灰渣，应首先考虑建材综合利用；若没有利用途径时，可直接填埋；经鉴别属于危险废物的灰渣和飞灰，应纳入危险固体废弃物管理。

污泥也可直接作为原料制造建筑材料，经烧结的最终产物可以用于建筑工程的材料或制品。建材利用的主要方式有：制作水泥添加料、制陶粒、制路基材料等。污泥用于制作水泥添加料也属于污泥的协同焚烧过程。污泥建材利用应符合国家、行业和地方相关标准和规范的要求，并严格防止在生产和使用过程中造成二次污染。

问：污泥焚烧工艺流程是什么？

答：污泥焚烧系统通常包括贮运系统、干化系统、焚烧系统、余热利用系统、烟气净化系统、电气自控仪表系统及其辅助系统等，如图 8.8.2 所示。

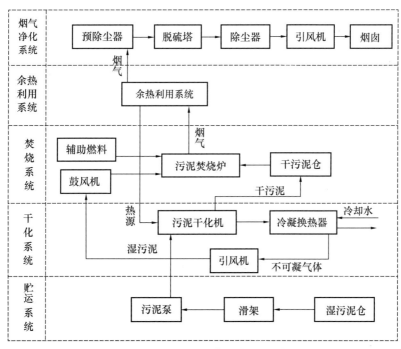

图 8.8.2 污泥焚烧工艺流程图

污泥干化系统和焚烧系统是整个系统的核心；贮运系统主要包括料仓、污泥泵、污泥输送机等；烟气净化系统主要包括脱硫塔、自动喷雾系统、活性炭仓、除尘器、碱液系统等；电气自控仪表系统包括能满足系统测量控制要求的电气和控制设备；辅助系统包括压缩空气系统、给水排水系统、供暖通风、消防系统等。对于较小规模的污泥处理处置设施，可采用污泥干化焚烧一体化设备。

8.8.3 污泥焚烧区域空间应满足污泥焚烧产生烟气在850℃以上高温区域停留时间不小于2s。

8.8.4 污泥焚烧设施的设计年运行时间不应小于7200h。

8.8.5 污泥焚烧必须设置烟气净化处理设施，且烟气处理后的排放值应符合现行国家标准的规定。烟气净化系统必须设置袋式除尘器。

→污泥焚烧产生的烟气中含有烟尘、臭气成分、酸性成分和氮氧化物，直接排放会对环境造成严重的污染，必须进行处理达标排放。烟气净化可采用旋风除尘、静电除尘、袋式除尘、脱硫和脱硝等控制技术。

烟气中的颗粒物控制，常用的净化设备有旋风除尘器、静电除尘器和袋式除尘器等。由于飞灰粒径很小（$d<10\mu m$ 的颗粒物含量较高），必须采用高效除尘器才能有效控制颗粒物的排放。袋式除尘器可捕集粒径大于 $0.1\mu m$ 的粒子。烟气中汞等重金属的气溶胶等极易吸附在亚微米粒子上，这样，在捕集亚微米粒子的同时，可将重金属气溶胶等一同除去。由于袋式除尘器在净化污泥焚烧烟气方面有其独特的优越性，因此本标准规定污泥焚烧的除尘设备必须采用袋式除尘器。

8.8.6 污泥焚烧的炉渣和除尘设备收集的飞灰应分别收集、贮存和运输。符合要求的炉渣应进行综合利用，飞灰应经鉴别后妥善处置。

→相对垃圾焚烧而言，污泥的性质较为单一，从目前国内已运行的市政污水厂污泥焚烧工程来看，污泥焚烧产生的炉渣和飞灰基本上均不属于危险废物，袋式除尘器产生的飞灰需经鉴别确定。

8.8.7 采用垃圾焚烧等设施协同焚烧污水厂污泥时，在焚烧前应对污泥进行干化预处理，并应控制掺烧比。

→根据理论研究和运行经验，垃圾焚烧设施协同处置污泥必须在保证原焚烧炉焚烧性能和污染物排放控制等原则的要求下进行。由于污泥和垃圾的性质存在较大差异，污泥的掺烧容易对已有焚烧炉的运行造成影响。当垃圾焚烧炉采用炉排炉时，污泥掺烧比一般控制在5%以下。与垃圾协同焚烧参见《生活垃圾焚烧污染控制标准》GB 18485—2014。干化焚烧参见《城镇污水厂污泥干化焚烧工艺设计与运行管理指南》T/CECS 20008—2021。

8.9 污泥处置和综合利用

8.9.1 污泥的最终处置应考虑综合利用。

→《城镇生活污水处理设施补短板强弱项实施方案》发改环资〔2020〕1234号。

（三）加快推进污泥无害化处置和资源化利用。在污泥浓缩、调理和脱水等减量化处理基础上，根据污泥产生量和泥质，结合本地经济社会发展水平，选择适宜的处置技术路线。污泥处理处置设施要纳入本地污水处理设施建设规划，县级及以上城市要全面推进设施能力建设，县城和建制镇可统筹考虑集中处置。限制未经脱水处理达标的污泥在垃圾填埋场填埋，东部地区地级及以上城市、中西部地区大中型城市加快压减污泥填埋规模。在土地资源紧缺的大中型城市鼓励采用"生物质利用＋焚烧"处置模式。将垃圾焚烧发电厂、燃煤电厂、水泥窑等协同处置方式作为污泥处置的补充。推广将生活污泥焚烧灰渣作为建材原料加以利用。鼓励采用厌氧消化、好氧发酵等方式处理污泥，经无害化处理满足相关标准后，用于土地改良、荒地造林、苗木抚育、园林绿化和农业利用。

问：典型污泥处理处置方案有哪些？

答：见表8.9.1-1。

典型污泥处理处置方案　　　　　　　　　　　　表8.9.1-1

处理方法	处置方案
厌氧消化	厌氧消化→脱水→自然干化（或好氧发酵）→土地利用（用于改良土壤、园林绿化、限制性农用）； 脱水→厌氧消化→脱水→自然干化（或好氧发酵）→土地利用（用于改良土壤、园林绿化、限制性农用）； 厌氧消化（或脱水后厌氧消化）→罐车运输→直接注入土壤（改良土壤、限制性农用）。 对于城镇生活污水为主产生的污泥，该类方案能实现污泥中有机质及营养元素的高效利用，实现能量的有效回收，不需要大量物料及土地资源消耗。厌氧消化后的污泥泥质能够达到限制性农用、园林绿化或土壤改良的标准，可优先考虑采用
好氧发酵	脱水→高温好氧发酵→土地利用（用于土壤改良、园林绿化、限制性农用）； 脱水→高温好氧发酵→园林绿化等分散施用。 对于城镇生活污水为主产生的污泥，该类方案能实现污泥中有机质及营养元素的高效利用。好氧发酵后的污泥泥质能够达到限制性农用、园林绿化或土壤改良的标准，是较好的选择
工业窑炉协同焚烧	脱水或深度脱水→在水泥窑、热电厂或垃圾焚烧炉协同焚烧； 脱水→石灰稳定→在水泥窑协同焚烧利用。 利用工业窑炉协同焚烧污泥其本身仍属于焚烧，但利用现有窑炉，可降低建设投资，缩短建设周期。 当污泥中的有毒有害物质含量很高，且有可供利用的工业窑炉情况下，可优先将工业窑炉协同焚烧作为污泥的阶段性处理处置方案。如污泥中的有毒有害物质在较长时期内不可能降低时，应规划独立的干化焚烧系统作为永久性处置方案
机械热干化	脱水或深度脱水→热干化→焚烧→灰渣建材利用； 脱水或深度脱水→热干化→焚烧→灰渣填埋。 干化焚烧减量化和稳定化程度较高，占地面积较小。当污泥中的有毒有害物质含量很高且短期内不可能降低时，该方案可作为污泥处理处置可行的选择
石灰稳定	脱水→石灰稳定→堆置→填埋； 脱水→石灰稳定→填埋。 石灰稳定可实现污泥的稳定化和无害化。 用石灰稳定后的污泥可实现消毒稳定并提高污泥的含固率，处理后的污泥进行填埋可阻止污染物质进入环境，但需要大量的石灰物料消耗和土地资源的消耗，且不能实现资源的回收利用。 当污泥中的有毒有害污染物质含量较高，污水厂内建设用地紧张，而当地又有可供填埋的场地时，该方案可作为阶段性、应急或备用的处置方案

续表

处理方法	处置方案
脱水污泥	深度脱水→填埋； 脱水→添加粉煤灰或陈化垃圾对污泥进行改性处理→填埋。 该方案占用土地量大，且导致大量碳排放。当污泥中的有毒有害污染物质含量较高，污水厂内建设用地紧张，而当地又有可供填埋的场地时，该方案可作为阶段性、应急或备用的处置方案

问：城镇污水厂污泥处置如何分类？

答： 见表 8.9.1-2。

城镇污水厂污泥处置分类

表 8.9.1-2

利用分类	范围	备注
污泥土地利用	园林绿化	城镇绿地系统或郊区林地建造和养护等的基质材料或肥料原料
	土地改良	盐碱地、沙化地和废弃矿场的土壤改良材料
	农用	农用肥料或农田土壤改良材料
污泥填埋	单独填埋	在专门填埋污泥的填埋场进行填埋处置
	混合填埋	在城市生活垃圾填埋场进行混合填埋（含填埋场覆盖材料利用）
污泥建筑材料利用	制水泥	制水泥的部分原料或添加料
	制砖	制砖的部分原料
	制轻质骨料	制轻质骨实（如陶粒等）的部分原料
污泥焚烧	单独焚烧	在专门污泥焚烧炉焚烧
	与垃圾混合焚烧	与生活垃圾一同焚烧
	污泥燃料利用	在工业焚烧炉或火力发电厂焚烧炉中作燃料利用

注：1. 农用包括进食物链利用和不进食物链利用两种。

　　2.《有机肥料》NY/T 525—2021 禁止选用污泥作有机肥原料。

　　3. 本表摘自《城镇污水厂污泥处置 分类》GB/T 23484—2009。

问：典型污泥处理处置方案如何进行碳排放分析？

答： 在进行碳排放综合评价时，可参照联合国政府间气候变化专门委员会（IPCC）于 2006 年出版的《国家温室气体调查指南（卷 5，废弃物）》中提出的计算方法，来计算不同处理处置过程的碳排放量。未经稳定处理的污泥进行填埋处置是一个高水平碳排放过程。通常，每吨湿污泥可产生 400kg～600kg 二氧化碳当量的直接碳排放。其他典型处理处置方案的碳排放水平均低于污泥直接填埋。

在这些典型处理处置过程中，消耗化石能源产生的间接排放是主要的碳排放源，不同过程存在较大的差别。污泥处理处置过程的碳汇来源主要有两部分：一是对厌氧消化以及热转化过程产生的能源进行利用形成的直接碳汇；二是稳定化的污泥进行土地利用时，由于营养质增加降低化肥施用量，以及持水性增强降低灌溉需求形成的间接碳汇。按照 IPCC 的计算方法，污泥厌氧消化后进行土地利用的方案碳汇可大于碳源，实现负排放。典型污泥处理处置方案的碳排放分析见表 8.9.1-3；典型污泥处理处置过程见图 8.9.1。

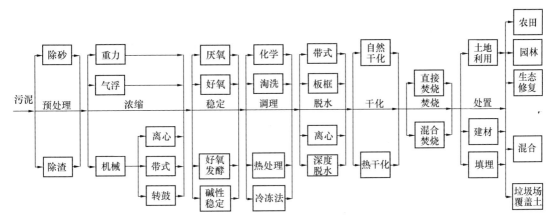

图 8.9.1 典型污泥处理处置过程

典型污泥处理处置方案的碳排放分析　　　　　　表 8.9.1-3

处理处置方案	碳排放分析		总体碳评价
厌氧消化＋土地利用	碳源	电耗间接碳排放； 絮凝剂消耗间接碳排放； 燃料消耗直接或间接碳排放； 甲烷直接排放； 一氧化二氮直接排放	负碳排放
	碳汇	沼气替代化石燃料的碳汇； 土壤的直接碳捕获； 替代氮肥与磷肥的碳汇	
好氧发酵＋土地利用	碳源	电耗间接碳排放； 絮凝剂消耗间接碳排放； 燃料消耗直接或间接碳排放； 甲烷直接排放； 一氧化二氮直接排放	低水平碳排放
	碳汇	土壤的直接碳捕获； 替代氮肥与磷肥的碳汇	
机械热干化＋焚烧 工业窑炉协同焚烧	碳源	电耗间接碳排放； 絮凝剂消耗间接碳排放； 燃料消耗直接或间接碳排放； 甲烷直接排放； 一氧化二氮直接排放	中等水平碳排放
	碳汇	焚灰替代石灰等建材原料的碳汇； 焚灰替代磷肥的碳汇	
石灰稳定＋填埋	碳源	电耗间接碳排放； 石灰消耗间接碳排放	中等水平碳排放
	碳汇	无	
深度脱水＋直接填埋	碳源	电耗间接碳排放； 絮凝剂消耗间接碳排放； 甲烷直接排放； 一氧化二氮直接排放	高水平碳排放
	碳汇	填埋气替代化石燃料的碳汇	

注：碳汇（carbon sink）是指通过植树造林、植被恢复等措施，吸收大气中的二氧化碳，从而减少温室气体在大气中浓度的过程、活动或机制。

8.9.2 污泥的处置和综合利用应因地制宜。污泥的土地利用应严格控制污泥中和土壤中积累的重金属和其他有毒有害物质含量，园林绿化利用和农用污泥应符合国家现行标准的规定，处理不达标的污泥不得进入耕地。

→《城乡排水工程项目规范》GB 55027—2022。4.4.21 污泥处理产物农用时，泥质应符合现行国家标准《农用污泥污染物控制标准》GB 4284 的规定。4.4.22 严禁未经稳定化和无害化处理的污泥直接填埋。

问：不同污泥利用方式占比多少？

答：根据《城镇水务统计年鉴（2020）》对我国 1228 座污水厂（含县城）污泥处理处置情况进行的统计，我国城镇污水厂污泥处理处置后含水率≥80%的城镇污水厂占比29.32%，含水率≤60%的城镇污水厂占比23.94%。

2019 年城镇污水厂污泥利用方式中，土地利用占比 19.30%、建材利用占比14.32%、焚烧利用占比23.47%、填埋利用占比32.09%、其他利用方式占比10.82%。

问：污泥农用指标及限值是多少？

答：当污泥以农用、园林绿化为土地利用方式时，可采用厌氧消化或高温好氧发酵等工艺对污泥进行处理。有条件的污水厂，应首先考虑采用厌氧消化对污泥进行稳定化及无害化处理的可行性，污泥厌氧消化产生的沼气应收集利用。为提高能量回收率，可采用超声波、高温高压热水解等污泥破解技术，对剩余活性污泥在厌氧消化前进行预处理。当污水厂污泥厌氧消化所需场地条件不具备，或污水厂规模较小时，可将脱水污泥集中运输至统一场地，采用厌氧消化或高温好氧发酵等工艺对其进行稳定化及无害化处理。高温好氧发酵工艺应维持较高的温度与足够的发酵时间，以确保污泥泥质满足土地利用要求。

如污泥经处理后暂不能达到土地利用标准，则应制定降低污泥中有毒有害物质的对策，研究土地利用作为永久性处置方案的可行性。污泥农用指标限值见表 8.9.2。

污泥农用指标限值　　　　　　　　　　　　表 8.9.2

指标	控制项目	限值（mg/kg）	
		A 级污泥（耕地、园地、牧草地）	B 级污泥（园地、牧草地、不种植食用作物的耕地）
污染物浓度限值（11 项）	总砷	<30	<75
	总镉	<3	<15
	总铬	<500	<1000
	总铜	<500	<1500
	总汞	<3	<15
	总镍	<100	<200
	总铅	<300	<1000
	总锌	<1500①	<3000
	苯并（a）芘	<2	<3
	矿物油	<500	<3000
	多环芳烃（PAHs）	<5	<6

续表

指标	控制项目	限值（mg/kg）	
		A级污泥 （耕地、园地、牧草地）	B级污泥（园地、牧草地、 不种植食用作物的耕地）
物理指标 （3项）	含水率（%）	≤60	
	粒径（mm）	≤10	
	杂物	无粒度>5mm的金属、玻璃、陶瓷、塑料、 瓦片等有害物质，杂物质量≤3%	
卫生学指标	蛔虫卵死亡率	≥95%	
	粪大肠菌群值	≥0.01	
营养学指标	有机质含量（g/kg干基）	≥200	
	氮磷钾（N+P₂O₅+K₂O） 含量（g/kg干基）	≥30	
	酸碱度（pH）	5.5~9	
种子发芽指数		>60%	
年施用量及 施用年限	农田年施用污泥量累计不应超过7.5t/hm²，农田连续施用不应超过10年② 湖泊周围1000m范围内和洪水泛滥区禁止施用污泥		

① 《农用污泥污染物控制标准》GB 4284—2018中规定总锌（以干基计）（mg/kg）<1200；

② 《农用污泥污染物控制标准》GB 4284—2018中规定农田连续使用不应超过5年。

注：1. 本表摘自《城镇污水厂污泥处置 农用泥质》CJ/T 309—2009。

　　2. 行业标准要求低于国家标准的必须执行国家标准。

8.9.3 用于建材的污泥应根据实际产品要求、工艺情况和污泥掺入量，对污泥中的硫、氯、磷和重金属等的含量设置最高限值。

8.9.4 污泥和生活垃圾混合填埋，污泥应进行稳定化、无害化处理，并应满足垃圾填埋场填埋土力学要求。

问：污泥填埋的应用条件是什么？

答：当污泥泥质不适合土地利用，且当地不具备焚烧和建材利用条件时，可采用填埋处置。

污泥填埋前需进行稳定化处理，处理后泥质应符合现行国家标准《城镇污水厂污泥处置 混合填埋用泥质》GB/T 23485的要求。污泥以填埋为处置方式时，可采用石灰稳定等工艺对其进行处理，也可通过添加粉煤灰或陈化垃圾对其进行改性处理。污泥填埋处置应考虑填埋气体收集和利用，减少温室气体排放。严格限制并逐步禁止未经深度脱水的污泥直接填埋。

8.10 污泥输送和贮存

8.10.1 污泥输送方式应根据污泥特性选择，应能满足耐用、防尘和防臭气外逸的要求，并应根据输送位置、距离、输送量和输送污泥含水率等合理选择输送设备。

8.10.2 脱水污泥的输送宜采用螺旋输送机、管道输送和皮带输送机三种形式。干化污泥输送宜采用螺旋输送机、刮板输送机、斗式提升机和皮带输送机等形式。

→1.《单螺杆泵》JB/T 8644—2017。适用于输送水状、糊状直至高黏度介质的单螺杆泵。

2.《双螺杆泵》JB/T 12798—2016。适用于输送牛顿流体与非牛顿流体的双螺杆泵。

3.《三螺杆泵》GB/T 10886—2019。适用于输送不含固体颗粒、具有润滑性液体的泵。

螺旋泵参见《供水排水用螺旋提升泵》CJ/T 3007—1992。

问：不同含水率的污泥的物理状态和流动性是什么？

答：见表 8.10.2。

不同含水率污泥的物理状态和流动性　　　　表 8.10.2

含水率（%）	物理状态	流动性
>99	近似液态	基本与污水一致
94~99	近似液态	接近污水
90~94	近似液态	流动性较差
80~90	粥状	流动性差
70~80	柔软状	无流动性
60~70	近似固态	无流动性
50~60	黏土状	无流动性

注：本表摘自《给水排水设计手册 5》P476。

问：管道输送污泥的含水率是多少？

答：管道输送污泥的含水率不宜小于 90%。

依据：1. 本标准表 5.2.8 压力输泥管最小流速。

2.《排水工程》（第五版）下册 P449。污泥管道输送适用于含水率≥90%的液态污泥，流动性好。

3.《化学工业给水排水管道设计规范》GB 50873—2013。

5.0.12 采用管道输送污泥时，污泥含水率不宜小于 90%。

问：污泥泵的数量取决于哪些因素？

答：污泥泵的数量取决于以下因素：所用泵的作用、污水厂的规模、检修所需时间。一般不应少于 2 台，一台工作，一台备用，因为初沉污泥和二沉污泥的抽升不能间断。有时也可用一台两用泵来作备用。浮渣的抽送一般用初沉污泥泵作备用泵，但消化池的浮渣控制一般不需要备用泵。活性污泥的回流必须设备用泵，因为一旦中断就会使出水水质变坏。参见《给水排水设计手册 5》P232。

8.10.3 螺旋输送机输送脱水污泥，其倾角宜小于 30°，且宜采用无轴螺旋输送机。黏稠度高的脱水污泥宜采用双螺旋输送机。

问：螺旋输送机的适用条件是什么？

答：螺旋输送系统适用于以下场合：

1. 输送含水率为 $60\%\sim85\%$、结构较松散、黏性中等的污泥。输送含水率为 80% 的污泥，单位能耗为 $0.1\mathrm{kW/(m \cdot t)}\sim0.2\mathrm{kW/(m \cdot t)}$；

2. 短距离（小于 25m）、低扬程（小于 8m）污泥的输送。常用于中、小城镇污水厂污泥脱水机房中，将脱水后的污泥输送到污泥储仓或汽车槽车。

螺旋泵是一种低扬程、低转速、大流量、效率稳定的提水设备。适用于农业排灌、城市排涝以及污水厂提升污泥。

脱水机进泥多采用无轴螺旋输送机。参见《无轴螺旋输送机》JB/T 12636—2016。

无轴螺旋输送机：通过头部驱动装置带动一端悬臂自由的整体钢制无轴螺旋体旋转，在槽体内输送物料的输送机。

无轴螺旋体：采用无中心轴的螺旋叶片制成的整体螺旋体。

无轴螺旋输送机按安装形式分为水平型和倾斜型两种形式，如图 8.10.3（a）、（b）

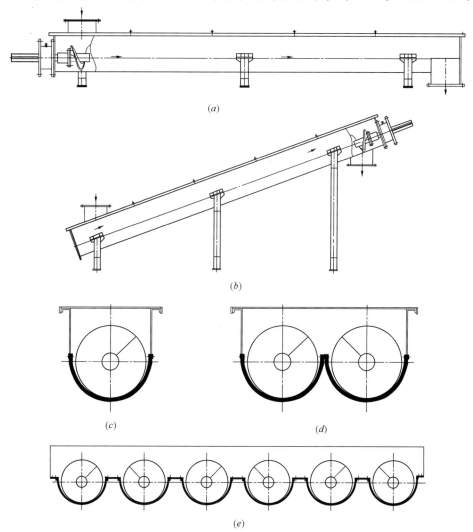

图 8.10.3　无轴螺旋输送机示意图

（a）水平型无轴螺旋输送机；（b）倾斜型无轴螺旋输送机；（c）单螺旋体无轴螺旋输送机；
（d）双螺旋体无轴螺旋输送机；（e）多螺旋体无轴螺旋输送机

所示。

水平型无轴螺旋输送机安装倾斜角度为 0°～15°。倾斜型无轴螺旋输送机安装倾斜角度为 ＞15°～45°。

无轴螺旋输送机按螺旋体根数分为单螺旋体、双螺旋体和多螺旋体三种形式，如图 8.10.3（c）～（e）所示。

8.10.4 管道输送脱水污泥，弯头的转弯半径不应小于 5 倍管径，并应选择适用于输送大颗粒、高黏稠度的污泥输送泵，污泥泵应具有较强的抗腐蚀性和耐磨性。

→本条了解以下内容：

1. 长距离输送：指超过 10km 运距的浆体浓度不变的输送方式。

2. 污泥输送沿程水头损失计算公式

（1）重力输泥管道公式：$h_f = 2.49 \left(\dfrac{L}{D^{1.17}} \right) \left(\dfrac{V}{C_H} \right)^{1.85}$（哈森紊流公式）

（2）压力输泥管道公式：$h_f = 6.82 \left(\dfrac{L}{D^{1.17}} \right) \left(\dfrac{V}{C_H} \right)^{1.85}$（哈森修正公式）

不同污泥浓度对应的 C_H 值见表 8.10.4。

污泥浓度与C_H值表   表 8.10.4

污泥浓度（%）	C_H 值	污泥浓度（%）	C_H 值
0.0	100	6.0	45
2.0	81	8.5	32
4.0	61	10.1	25

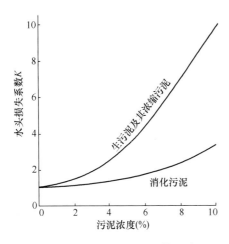

图 8.10.4-1 水头损失系数 K 与污泥类型及浓度的关系

长距离管道输送时，由于污泥，特别是生污泥、浓缩污泥，可能含有油脂且固体浓度较高，长时间使用后，管壁被油脂粘附以及管底沉积，水头损失增大。为安全考虑，哈森公式应乘以水头损失系数 K。K 值与污泥类型及浓度的关系见图 8.10.4-1。

3. 水头损失的计算原则：长距离输泥管道水头损失，主要是沿程水头损失。局部水头损失所占比重很小，可忽略不计。但污水厂内部的输泥管道，因输送距离短，局部水头损失必须计算。

4. 规定污泥输送管道弯头的转弯半径不应小于 5 倍管径，是考虑弯头转弯半径太小，污泥管道输送的局部阻力系数大，为降低污泥输送泵的扬程，同时为避免污泥在管道中发生堵死现象，同时考虑到污水厂污泥的管道输送距离较短，而脱水机房场地有限，不利于管道进行大幅度转角布置，作此规定。

问：**污泥输送的影响因素是什么？**

答：污泥采用管道输送，是最经济的方法，而且安全卫生。其输送系统有压力管道和自流管道两种形式。为防止管道堵塞，减少磨损，防止块状、条状及较大颗粒物质（特别是金属颗粒）进入污泥，在污泥泵前应设置管式破碎机。

污泥管道的水力特性：由于污泥性质变化很大，污泥的水力特性也很不同，影响污泥水力特性的因素很多，但综合起来考虑，主要是黏度。污泥的黏度很难测定，而标定污泥的含水率比较方便，因此一般可用污泥的含水率来确定污泥管道的水力特性。在任何已知的含水率情况下，悬浮固体的密度越小，污泥就越黏。污泥黏度会因污泥浓度增高、挥发物含量增高、温度下降、流速过高或过低等因素而增高。由此污泥管道的水头损失也会增大，即水力坡降增大。

污泥在管道内，当低流速时，是层流状态，污泥黏度大，流动阻力比水大；流速加大，则为紊流状态，流动阻力比水小，污泥含水率越低，这种状况越明显。紊流开始时，是污泥在管道内最佳水力状态，其水头损失最小。当污泥含水率在 99％～99.5％时，污泥在管道内的水力特性就与污水的水力特性相似。初沉污泥通过重力浓缩其含水率可降到 90％～92％。由于污泥浓度增高，当其通过 100mm 和 150mm 管道时，其水头损失一般是污水的 6 倍～8 倍。

<u>消化污泥与初沉污泥相比，具有较大的流动性，颗粒细碎均匀，因此黏度较小，在低流速时，其水头损失比初沉污泥小</u>；高流速时，水头损失加大。由于一般都采用最大水头损失，这些差异在设计时可以不计。如图 8.10.4-2 所示。参见《给水排水设计手册 5》P475。

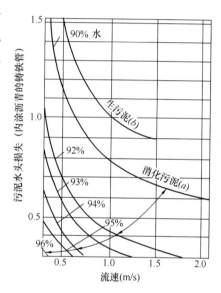

图 8.10.4-2 污泥管道水头损失
(a) 150mm、200mm、250mm
管中消化污泥的水头损失；
(b) 150mm 管中生污泥的水头损失

问：**污泥管道输送的特点是什么？**

答：1. 输送过程全封闭、无污染、完全消除了以往敞开式输送方式对环境的污染；

2. 输送污泥浓度高（可直接输送含水率80％左右的脱水污泥），适用的输送距离范围大（0km～10km）、压力大（0MPa～24MPa）、流量大（5m³/h～70m³/h）；

3. 全自动控制，无级调控输送量，无人值守；

4. 系统结构紧凑，管道可架空或埋地、垂直上升及任意转弯，布置灵活，占地面积小；

5. 污泥在管道中的分配、分流自动可调。

8.10.5 皮带输送机输送污泥的倾角应小于 20°。

问：**污泥皮带输送的适用条件是什么？**

答：污泥输送多采用直行皮带输送机和爬坡皮带输送机。皮带输送设备结构简单、工作可靠，装料、卸料简单方便。当平面上输送方向发生转向时，一般需增设一级输送设备；当输送含水率为 80% 左右的污泥时，皮带的输送倾角应小于 20°，否则泥饼会在皮带上发生滑动；输送含水率为 80% 的污泥，单位能耗为 0.0015kW/(m·t)～0.0025kW/(m·t)。

皮带输送的适用场合：输送含水率不小于 85% 的污泥；短距离（小于 50m）、低扬程（小于 20m）污泥的输送。常用于中、小城镇污水厂污泥脱水机房中，将脱水后的污泥输送到污泥储仓或汽车槽车。

带式污泥输送机参见《给水排水设计手册 第 11 册：常用设备》DS 型移动带式输送机和 Y 型移动带式输送机。

8.10.6 干化污泥输送应密闭，干化污泥的输送设施应处于负压状态，防止气体外逸污染环境。干化污泥输送设备应具有耐磨、耐腐蚀、检修方便的特点。

8.10.7 污水厂应设置污泥贮存设施，便于污泥处理、外运处置，避免造成环境污染。

8.10.8 污泥料仓的设计应符合下列规定：
1 污泥料仓的容积应根据污泥出路、运输条件和后续处理工艺等因素综合确定；
2 脱水污泥料仓应设有防止污泥架桥装置；
3 污泥料仓应具有密闭性、耐腐蚀、防渗漏等性能；
4 应设除臭系统；
5 干化污泥料仓应设有温度检测和一氧化碳气体检测装置，并应设有温度过高和气体浓度过高的应急措施。

8.11 除 臭

Ⅰ 一 般 规 定

8.11.1 排水工程设计时，宜采用臭气散发量少的污水、污泥处理工艺和设备，并应通过臭气源隔断、防止腐败和设备清洗等措施，对臭气源头进行控制。

8.11.2 污水厂除臭系统宜由臭气源封闭加罩或加盖、臭气收集、臭气处理和处理后排放等部分组成。

8.11.3 污水除臭系统应进行源强和组分分析，根据臭气发散量、浓度和臭气成分选用合适的处理工艺。周边环境要求高的场合宜采用多种处理工艺组合。

8.11.4 污水除臭系统应根据当地的气温和气候条件采取防冻和保温措施。

8.11.5 臭气风量设计应采取量少、质浓的原则。在满足密闭空间内抽吸气均匀和浓度控制的条件下，应尽量采取小空间密闭、负压抽吸的收集方式。污水、污泥处理构筑物的臭气风量宜根据构筑物的种类、散发臭气的水面面积和臭气空间体积等因素确定；设备臭气风量宜根据设备的种类、封闭程度和封闭空间体积等因素确定;臭气风量应根据监测和试验确定,当无数据和试验资料时,可按下列规定计算:

    1 进水泵房集水井或沉砂池臭气风量可按单位水面积臭气风量指标 $10m^3/(m^2 \cdot h)$ 计算,并可增加 1 次/h~2 次/h 的空间换气量;

    2 初次沉淀池、浓缩池等构筑物臭气风量可按单位水面积臭气风量指标 $3m^3/(m^2 \cdot h)$ 计算,并可增加 1 次/h~2 次/h 的空间换气量;

    3 曝气处理构筑物臭气风量可按曝气量的 110% 计算;

    4 半封口设备臭气风量可按机盖内换气次数 8 次/h 或机盖开口处抽气流速为 0.6m/s 计算,按两种计算结果的较大者取值。

8.11.6 臭气处理装置应靠近臭气风量大的臭气源。当臭气源分散布置时,可采用分区处理。

Ⅱ 臭 气 源 加 盖

8.11.7 臭气源加盖时,应符合下列规定:

    1 正常运行时,加盖不应影响构筑物内部和相关设备的观察和采光要求;

    2 应设检修通道,加盖不应妨碍设备的操作和维护检修;

    3 盖和支撑的材质应具有良好的物理性能,耐腐蚀、抗紫外老化,并在不同温度条件下有足够的抗拉、抗剪和抗压强度,承受台风和雪荷载,定期进行检测,且不应有和臭气源直接接触的金属构件;

    4 盖上宜设置透明观察窗、观察孔、取样孔和人孔,并应设置防起雾措施,窗和孔应开启方便且密封性良好;

    5 禁止踩踏的盖应设置栏杆或醒目的警示标识;

    6 臭气源加盖设施应和构筑物(设备)匹配,提高密封性,减少臭气逸出。

Ⅲ 臭 气 收 集

8.11.8 收集风管宜采用玻璃钢、PVC-U 和不锈钢等耐腐蚀材料。风管管径和截面尺寸应根据风量和风速确定,风管内的风速可按表 8.11.8 的规定确定。

风管内的风速(m/s)   表 8.11.8

风管类别	钢板和非金属风管内	砖和混凝土风道内
干管	6~14	4~12
支管	2~8	2~6

8.11.9 各并联收集风管的阻力宜保持平衡,各吸风口宜设置带开闭指示的阀门。

8.11.10 臭气收集通风机的风压计算时,应考虑除臭空间负压、臭气收集风管沿程和局部损失、除臭设备自身阻力、臭气排放管风压损失,并应预留安全余量。

8.11.11 臭气收集通风机壳体和叶轮材质应选用玻璃钢等耐腐蚀材料。风机宜配备隔声罩，且面板应采用防腐材质，隔声罩内应设散热装置。

Ⅳ 臭 气 处 理

8.11.12 采用洗涤处理时，可符合下列规定：

1 洗涤塔（器）的空塔流速可取 0.6m/s～1.5m/s；

2 臭气在填料层停留时间可取 1s～3s。

8.11.13 采用生物处理时，宜符合下列规定：

1 填料区停留时间不宜小于 15s，寒冷地区宜根据进气温度情况延长空塔停留时间；

2 空塔气速不宜大于 300m/h；

3 单位填料负荷宜根据臭气浓度和去除要求确定，硫化氢负荷不宜高于 $5g/(m^3 \cdot h)$。

8.11.14 采用活性炭处理时，活性炭吸附单元的空塔停留时间应根据臭气浓度、处理要求和吸附容量确定，且宜为 2s～5s。

→《城镇污水厂臭气处理技术规程》CJJ/T 243—2016。

4.4.18 条文说明：为防止活性炭快速饱和，使用活性炭吸附工艺臭气处理时，致臭物质浓度不宜过高，一般设置在其他处理设施后面，作为深度处理措施。

生物除臭滤池参见《生物除臭滤池》JB/T 12581—2015。

Ⅴ 臭 气 排 放

8.11.15 臭气排放应进行环境影响评估。当厂区周边存在环境敏感区域时，应进行臭气防护距离计算。

→臭味对环境的影响及缓解措施：一般来说污泥散发的臭味在下风向 100m 内，对人的感觉影响明显。300m 以外臭味已嗅闻不到。因此，必须满足 300m 的隔距，才能有居住区。另外，为改善厂区工人的操作条件，污泥接收仓在车辆卸泥完成后应及时封闭，防止臭气逸出。

8.11.16 采用高空排放时，应设避雷设施，室外采用金属外壳的排放装置还应有可靠的接地措施。

→供排水系统防雷参见《供排水系统防雷技术规范》GB/T 39437—2020。

9 检 测 和 控 制

9.1 一 般 规 定

9.1.1 排水工程运行应设置检测系统、自动化系统，宜设置信息化系统和智能化系统。城镇或地区排水网络宜建立智慧排水系统。

9.1.2 排水工程设计应根据工程规模、工艺流程、运行管理、安全保障和环保监督要求确定检测和控制的内容。

9.1.3 检测和控制系统应保证排水工程的安全可靠、便于运行和改善劳动条件，提高科学管理和智慧化水平。

9.1.4 检测和控制系统宜兼顾现有、新建和规划的要求。

9.2 检 测

9.2.1 污水厂进出水应按国家现行排放标准和环境保护部门的要求设置相关检测仪表。
→《城乡排水工程项目规范》GB 55027—2022，2.2.15 排水工程应设置检测仪表和自动化控制系统，并应采用信息化手段提供信息服务。城镇污水厂水、泥、气等监测项目和检测方法应符合国家现行标准《城镇污水厂污染物排放标准》GB 18918、《污水综合排放标准》GB 8978、《城镇污水水质标准检验方法》CJ/T 51 和《城市污水厂污泥检验方法》CJ/T 221 的规定。

　　问：城镇排水水质水量在线监测项目包括哪几项？
　　答：《城镇排水水质水量在线监测系统技术要求》CJ/T 252—2011。

　　4.4　水质水量检测单元由在监测基站的各种水质自动分析仪和流量计组成，对被监测对象的有关参数进行测量，并能将测量数据输出。包括化学需氧量（COD_{Cr}）水质自动分析仪、紫外（UV）吸收水质自动分析仪、总有机碳（TOC）水质自动分析仪、氨氮（NH_3-N）水质自动分析仪、总氮（TN）水质自动分析仪、总磷（TP）水质自动分析仪、pH 水质自动分析仪、水质自动采样器和各类流量计等。

9.2.2 下列位置应设相关监测仪表和报警装置：
　　1 排水泵站：硫化氢（H_2S）浓度；
　　2 厌氧消化区域：甲烷（CH_4）、硫化氢（H_2S）浓度；
　　3 加氯间：氯气（Cl_2）浓度；
　　4 地下式泵房、地下式雨水调蓄池和地下式污水厂箱体：硫化氢（H_2S）、甲烷（CH_4）浓度；

5 其他易产生有毒有害气体的密闭房间或空间：硫化氢（H_2S）浓度。

→本条了解以下内容：

1. 排水泵站内应配置H_2S监测仪，监测可能产生的有害气体，并采取防范措施。在人员进出且H_2S易聚集的密闭场所应设在线式H_2S气体监测仪。

2. 泵站的格栅井下部、水泵间底部等易聚集H_2S但安装维护不方便、无人员活动的地方，可采用便携式H_2S监测仪监测，也可安装在线式H_2S监测仪和报警装置。

3. 厌氧消化池、厌氧消化池控制室、脱硫塔、沼气柜、沼气锅炉房和沼气发电机房等应设CH_4泄漏浓度监测和报警装置，并采取相应防范措施。

4. 厌氧消化池控制室应设H_2S泄漏浓度监测和报警装置，并采取相应防范措施。

5. 加氯间应设氯气泄漏浓度监测和报警装置，并采取相应防范措施。

6. 地下式泵房、地下式雨水调蓄池和地下式污水厂预处理段、生物处理段、污泥处理段的箱体内应设H_2S、CH_4监测仪，其出入口应设H_2S、CH_4报警显示装置，并和通风设施联动。

7. 其他易产生有毒有害气体的密闭房间和空间包括：粗细格栅间（房间内）、进水泵房、初沉污泥泵房、污泥处理处置车间（浓缩机房、脱水机房、干化机房）等。

常见有害气体容许浓度见表 9.2.2-1。

常见有害气体容许浓度 表 9.2.2-1

气体名称	相对密度（取空气相对密度为1）	最高容许浓度（mg/m³）	时间加权平均容许浓度（mg/m³）	短时间接触容许浓度（mg/m³）	说明
硫化氢	1.19	10			
一氧化碳	0.97	20	20	30	非高原
					海拔2000m~3000m
		15			海拔>3000m
氰化氢	0.94	1			
汽油	3~4		300	450	
一氧化氮	2.49		15	30	
硝基甲烷	0.55		50	100	
苯	2.71		6	10	

注：1. 时间加权平均容许浓度：以时间为权数的8h平均容许接触水平。

最高容许浓度：指工作地点、在一个工作日内、任何时间均不应超过的有毒化学物质的浓度。

短时间接触容许浓度：指一个工作日内，任何一次接触不得超过15min时间加权平均的容许接触水平。

(1) 氧的最低含量应符合现行国家标准《缺氧危险作业安全规程》GB 8958 的规定；

(2) 氨随井盖开启外溢，可免测；

(3) 当氧的含量符合要求时，氮和二氧化碳可免测。

2. 经常接触最高容许值符合现行国家标准《工业企业设计卫生标准》GBZ 1 的有关规定。

3. 短时间接触阈限值：指15min内有害气体浓度的加权平均值在工作日的任何时间，有害气体浓度不应大于此值。操作人员在此浓度下操作时间不应超过15min，同时每工作日最多重复出现4次，时间间隔不少于60min。

4. 本表摘自《城镇污水厂防毒技术规范》WS 702—2010。

问：城镇污水厂废气取样与监测点设置要求是什么？

答：《城镇污水厂污染物排放标准》GB 18918—2002，4.2.3 取样与监测。

1. 氨、硫化氢、臭气浓度监测点设于城镇污水厂厂界或防护带边缘的浓度最高点；甲烷监测点设于厂区内浓度最高点。厂界（防护带边缘）废气排放最高允许浓度见表 9.2.2-2。

2. 监测点的布置方法与采样方法按《大气污染物综合排放标准》GB 16297 中附录 C 和《大气污染物无组织排放监测技术导则》HJ/T 55 的有关规定执行。

3. 采样频率，每 2h 采样一次，共采集 4 次，取其最大测定值。

厂界（防护带边缘）废气排放最高允许浓度　　表 9.2.2-2

控制项目	一级标准	二级标准	三级标准
氨（mg/m^3）	1.0	1.5	4.0
硫化氢（mg/m^3）	0.03	0.06	0.32
臭气浓度（无量纲）	10	20	60
甲烷（厂区最高体积浓度，%）	0.5	1	1

注：本表摘自《城镇污水厂污染物排放标准》GB 18918—2002。

9.2.3 排水泵站和污水厂各处理单元应设生产控制和运行管理所需的检测仪表。

问：污水、污泥分析化验项目的检测周期是多少？

答：见表 9.2.3-1～表 9.2.3-4。

污水分析化验项目及检测周期　　表 9.2.3-1

检测周期	序号	分析项目
每日	1	pH 值
	2	BOD$_5$
	3	COD
	4	SS
	5	氨氮
	6	亚硝酸盐氮
	7	硝酸盐氮
	8	凯氏氮
	9	总氮
	10	总磷
	11	粪大肠菌群数
	12	SV%
	13	SVI

续表

检测周期	序号	分析项目
每日	14	MLSS
	15	DO
	16	镜检
每周	1	氯化物
	2	MLSS
	3	总固体
	4	溶解性固体
每月	1	阴离子表面活性剂
	2	硫化物
	3	色度
	4	动植物油
	5	石油类
	6	氟化物
	7	挥发酚
每半年	1	总汞
	2	烷基汞
	3	总镉
	4	总铬
	5	六价铬
	6	总砷
	7	总铅
	8	总镍
	9	总铜
	10	总锌
	11	总锰

注：其他项目可按现行国家标准《城镇污水厂污染物排放标准》GB 18919的有关规定选择控制项目执行。

污泥分析化验项目及检测周期   表 9.2.3-2

检测周期	序号	分析项目
每日	1	含水率
每周	1	pH
	2	有机分
	3	脂肪酸
	4	总碱度
	5	沼气成分

续表

检测周期	序号	分析项目	
每周	6	上清液	总磷
	7		总氮
	8		悬浮物
	9	回流污泥	SV%
	10		SVI
	11		MLSS
	12		MLVSS

注：1. 沼气成分分析包括甲烷、二氧化碳、硫化氢、氮等。
2. 采用好氧堆肥处理方法，每月检测一次粪大肠菌群和蛔虫卵死亡率。

常用污水处理工艺检测项目 表9.2.3-3

处理级别	处理方法		检测项目	备注
一级处理	沉淀法		粗、细格栅前后水位（差）；初沉池污泥界面或污泥浓度及排泥量	为改善格栅间的操作条件，一般均采用格栅前后水位差来自动控制格栅的运行
二级处理	活性污泥法	传统活性污泥法	生物反应池：MLSS、溶解氧（DO）、NH_3-N、硝氮（NO_3-N）、供气量、污泥回流量、剩余污泥量；二沉池：泥水界面	只对各个工艺提出检测内容，而不作具体数量及位置要求，便于设计的灵活应用
		厌氧/缺氧/好氧法（生物脱氮除磷）	生物反应池：MLSS、溶解氧（DO）、NH_3-N、硝氮（NO_3-N）、供气量、氧化还原电位（ORP）、混合液回流量、污泥回流量、剩余污泥量；二沉池：泥水界面	
		氧化沟法	氧化沟：活性污泥浓度（MLSS）、溶解氧（DO）、氧化还原电位（ORP）、污泥回流量、剩余污泥量；二沉池：泥水界面	
		序批式活性污泥法（SBR）	液位、活性污泥浓度（MLSS）、溶解氧（DO）、氧化还原电位（ORP）、污泥排放量	
	生物膜法	曝气生物滤池	单格溶解氧、过滤水头损失	只提出了一个常规参数溶解氧的检测，实际工程设计可根据具体要求配置
		生物接触氧化池、生物转盘、生物滤池	溶解氧（DO）	
深度处理和再生利用	高效沉淀池		泥水界面、污泥回流量、剩余污泥量、污泥浓度	只提出了典型工艺的检测，实际工程设计中可根据具体要求配置
	滤池		液位、过滤水头损失、进出水浊度	
	再生水泵房		液位、流量、出水压力、pH、余氯（视消毒形式）、悬浮固体量（SS）、浊度和其他相关水质参数	

457

续表

处理级别	处理方法	检测项目	备注
消毒	紫外线消毒、加氯消毒、臭氧消毒	液位或流量	只提出了常规参数，应视所采用的消毒方法确定安全生产运行和控制操作所需要的检测项目

常用污泥处理工艺检测项目 表 9.2.3-4

污泥处理方法	检测项目
重力浓缩	进出泥含水率、上清液悬浮固体浓度、上清液总磷，处理量、浓缩池泥位
机械浓缩	进出泥含水率、滤液悬浮固体浓度，处理量、药剂消耗量
脱水	进出泥含水率、滤液悬浮固体浓度，处理量、药剂消耗量
热水解	进出泥含水率、出泥pH，处理量、蒸汽消耗量
厌氧消化	消化池进出泥含水率、有机物含量、总碱度、氨氮，污泥气的压力、流量；污泥处理量、消化池温度、压力、pH
好氧发酵	发酵前后污泥含水率、pH，处理量、调理剂添加量、污泥返混量、发酵温度、鼓风气量、氧含量
热干化	干化前后含水率，处理量、能源消耗量、氧含量、温度
焚烧	进泥含水率、有机物含量、进泥低位热值，处理量、能源消耗量、燃烧温度，排放烟气监测

问：各生物池氧化还原电位是多少？

答：污染物质溶解于溶液中时，会释放或吸收电子。得（还原）失（氧化）电子过程中产生的电流强度即氧化还原电位（ORP）。处理系统ORP可以反映系统的操作运行状态，通过测定ORP可以判断目前的运行状态是否有利于系统运行。ORP可为临界控制提供即时响应。

氧化还原电位可以用氧化还原电位计测定，包括数字记录仪和淹没式ORP探头。污水厂进水、初沉池出水、活性污泥池内、生物膜反应池内以及好氧消化过程中，都应监测ORP。生物系统中的氧化还原电位见表9.2.3-5。

生物系统中的氧化还原电位 表 9.2.3-5

生物系统	氧化还原电位（ORP）（mV）
好氧：碳氧化过程	+50～+100
硝化过程	+225～+325
缺氧：反硝化过程	-50～+50
厌氧：发酵过程	-200～-50

原污水的ORP平均为-200mV，最低可达-400mV，当有雨水、渗流等混入时，会

升高至—50mV。理想状态下，污水厂原水与初级处理水 ORP 相近，系统 ORP 降低时，应增加排泥量或消除旁流系统的干扰，如上清液回流的影响。

在活性污泥法中，微生物的新陈代谢易受到负荷冲击的影响，而 ORP 反映了生化系统的耐冲击性，因此对曝气池中的 ORP 应给予密切关注。

在生物膜法中，例如滴滤池，载体上的生物膜会越积越厚，并在内部形成厌氧环境，当滤池中的 ORP 降低时，说明系统需要冲洗。

通过调节 ORP，可以控制好氧消化过程，降低污泥产率，减少能耗。通过控制 ORP，可使好氧条件下生成的硝酸盐在缺氧环境中替代氧气作为氧化剂，氧化有机物及微生物细胞，从而减少曝气量并减少污泥量；控制 ORP 也可以防止缺氧环境转换成厌氧环境而产生异味。

9.2.4 排水管网关键节点宜设液位、流速和流量监测装置，并应根据需要增加水质监测装置。

→排水管网关键节点指排水泵站、主要污水和雨水排放口、管网中流量可能发生剧烈变化的位置等。水质监测参数一般为 pH、COD，可根据运行需要增加 NH_3-N、TP、SS 等参数。排水管网在线监测可参见《城镇排水管网在线监测技术规程》T/CECS 869—2021。

9.3 自 动 化

9.3.1 自动化系统应能监视和控制全部工艺流程和设备的运行，并应具有信息收集、处理、控制、管理和安全保护功能。

9.3.2 排水泵站和排水管网宜采用"少人（无人）值守，远程监控"的控制模式，建立自动化系统，设置区域监控中心进行远程的运行监视、控制和管理。

→排水泵站控制模式应根据各地区的经济发展程度、人力成本情况、运行管理要求经经济技术比较后确定，有条件的地区建议按照"无人值守"全自动控制的方式考虑，所有工艺设备均可实现泵站就地无人自动化控制；实现"远程监控"的目的，在区域监控中心远程监控，达到正常运行时现场少人（无人）值守，管理人员定时巡检。

排水泵站的运行管理应在保证运行安全的条件下实现自动化控制。为便于生产调度管理，须实现遥测、遥信和遥控等功能。

排水管网关键节点的自动化控制系统宜根据当地经济条件和工程需要建立。

9.3.3 污水厂应采用"集中管理、分散控制"的控制模式设立自动化控制系统，应设中央控制室进行集中运行监视、控制和管理。

→污水厂生产管理和控制的自动化宜为：自动化控制系统应能够监视主要设备的运行工况和工艺参数，提供实时数据传输、图形显示、控制设定调节、趋势显示、超限报警和制作报表等功能，对主要生产过程实现自动控制。排水仪表自动化控制参见《给水排水仪表自动化控制工程施工及验收规程》CECS 162：2004。

9.3.4 自动化系统的设计应符合下列规定：

1 系统宜采用信息层、控制层和设备层三层结构形式；

2 设备应设基本、就地和远控三种控制方式；

3 应根据工程具体情况，经技术经济比较后选择网络结构和通信速率；

4 操作系统和开发工具应运行稳定、易于开发，操作界面方便；

5 电源应做到安全可靠，留有扩展裕量，采用在线式不间断电源（UPS）作为备用电源，并应采取过电压保护等措施。

9.3.5 排水工程宜设置能耗管理系统。

→设置能耗管理系统的目的是实现排水泵站或污水厂在各种不同工况下的最优化运行，能耗最低，效率最高。污水厂的主要水泵、鼓风机、脱水机、除臭装置、空调站等均属于大功率设备，分别设置电力能耗监控装置，便于能耗分析和节能管理。排水泵站和污水厂的能耗管理范围除了电能消耗外，还可以包括投加药剂消耗、给水消耗、燃料消耗等。

问：排水泵站和污水厂的自动化、智能化系统配置要求是什么？

答：见表9.3.5。

排水泵站和污水厂的自动化、智能化系统配置　　　　　　　表9.3.5

系统内容	排水泵站				污水厂			
	特大型	大型	中型	小型	特大型	大型	中型	小型
自动化运行控制系统	√	√	√	√	√	√	√	√
电力监控系统	√	√	√	△	√	√	√	√
能耗管理系统	√	√	△	△	√	√	△	△
安防系统	√	√	√	√	√	√	√	√
建筑智能化系统	√	√	△	—	√	√	△	△
应急响应与管理	√	√	√	√	√	√	√	√

注：1. √为应配置，△为宜配置，—为不做要求。

　　2. 本表摘自《城镇排水系统电气与自动化工程技术标准》CJJ/T 120—2018。

9.4 信 息 化

9.4.1 信息化系统应根据生产管理、运营维护等要求确定，分为信息设施系统和生产管理信息平台。

→1.《城镇生活污水处理设施补短板强弱项实施方案》发改环资〔2020〕1234号。

开展生活污水收集管网摸底排查，地级及以上城市依法有序建立管网地理信息系统并定期更新。直辖市、计划单列市、省会城市率先构建城市污水收集处理设施智能化管理平台，利用大数据、物联网、云计算等技术手段，逐步实现远程监控、信息采集、系统智能调度、事故智慧预警等功能，为设施运行维护管理、污染防治提供辅助决策。

2.《"十四五"城镇污水处理及资源化利用发展规划》发改环资〔2021〕827号。

（三）推进信息系统建设。以地方人民政府为实施主体，依法建立城镇污水处理设施地理信息系统并定期更新，或依托现有平台完善相关功能，实现城镇污水设施信息化、账册化管理。推行排水户、干支管网、泵站、污水厂、河湖水体数据智能化联动和动态更新，开展常态化监测评估，保障设施稳定运行。

《城乡排水工程项目规范》GB 55027—2022。2.3.2 城市和有条件的建制镇，雨水管渠和污水管道应建立地理信息系统，并应进行动态更新。

9.4.2 排水工程应进行信息设施系统建设，并应符合下列规定：

1 应设置固定电话系统和网络布线系统；

2 宜结合智能化需求设置无线网络通信系统；

3 可根据运行管理需求设置无线对讲系统、广播系统；

4 地下式排水工程可设置移动通信室内信号覆盖系统。

9.4.3 排水工程宜设置生产管理信息平台，并应具有移动终端访问功能。

→建立生产管理信息平台可以实现排水工程运行管理的集中化、数字化、网络化。生产管理信息平台具有移动终端应用系统（APP 软件），可设访问权限，授权移动终端进行排水工程地理信息查询、基础信息查询、实时数据监测查询、历史运行信息查询、实时告警信息查询、实时数据巡查查询、在线填报、填报审核、日报统计、日报查询和安全认证等移动办公的功能。

9.4.4 信息化系统应采取工业控制网络信息安全防护措施。

→近年来工业领域信息安全事件频发，因此信息化系统应考虑适当的软硬件防护措施。信息系统安全防护要求可参照现行国家标准《信息安全技术 信息系统安全等级保护基本要求》GB/T 22239 的有关规定执行。

9.5 智 能 化

9.5.1 智能化系统应根据工程规模、运营保护和管理要求等确定。

9.5.2 智能化系统宜分为安全防范系统、智能化应用系统和智能化集成平台。

9.5.3 排水工程应设安全防范系统，并应符合下列规定：

1 应设视频监控系统，包含安防视频监控和生产管理视频监控；

2 厂区周界、主要出入口应设入侵报警系统；

3 重要区域宜设门禁系统；

4 根据运行管理需要可设电子巡更系统和人员定位系统；

5 地下式排水工程应设火灾报警系统，并应根据消防控制要求设计消防联动控制。

→本条了解以下内容：

1. 视频监控系统应采用数字式网络技术，视频图像信息应记录并保存 30d 以上。安防视频监视点应设在厂区周界、大门、主要通道处；生产管理视频监视点应设在主要工艺设施、主要工艺处理厂房、变配电间、控制室和值班间等区域，监视主要工艺、电气控制设施状况。

2. 入侵报警系统应采用电子围栏形式，大门采用红外对射形式。

3. 门禁系统主要设在封闭式（含地下式）工艺处理厂房、变配电间、控制室、值班室等人员进出门处，保障泵站运行安全，设备进出门可不设门禁装置。

4. 大型污水厂、地下式污水厂和地下式泵站宜设在线式电子巡更系统、人员定位系统。

5. 地下式排水工程应设火灾报警系统，有水消防系统时，应设计消防联动控制。

9.5.4 排水工程应设智能化应用系统，并宜符合下列规定：

1 鼓风曝气宜设智能曝气控制系统；

2 加药工艺宜设智能加药控制系统；

3 地下式排水工程宜设智能照明系统；

4 可根据运行管理需求设置智能检测、巡检设备。

→本条了解以下内容：

1. 生物曝气池宜采用智能曝气控制系统，根据曝气池的实时运行参数和水质状况在线计算溶解氧的实际需求，按需分配各曝气控制区域的供气量，达到溶解氧控制稳定、生物池各反应段高效稳定运行，同时控制鼓风机运行，实现节能降耗的目的。

2. 加药混凝沉淀等工艺处理过程宜采用基于水质和水量监测通过算法策略进行控制的智能化系统，以降低药剂消耗。

3. 地下式污水厂、地下式泵站宜采用智能照明系统，平时可维持在设备监控最低照度水平，当人员进入地下厂房进行巡检、维修等时，可恢复正常照明，从而降低照明电耗。

4. 可根据运行管理需求，在排水工程中运用智能化检测、巡检手段，降低人员劳动强度，保障人身安全。例如地下式污水厂生物反应池、采用加盖形式的地面生物反应池可根据需要采用智能巡检机器人系统，机器人设在生物反应池盖板下方，用于巡视污水厂生物反应池曝气状况，为曝气设备的维护提供依据。

9.5.5 排水工程宜设置智能化集成平台，对智能化各组成系统进行集成，并具有信息采集、数据通信、综合分析处理和可视化展现等功能。

9.6 智慧排水系统

9.6.1 智慧排水系统应与城镇排水管理机制和管理体系相匹配，并应建成从生产到运行管理和决策的完整系统。

→城镇或区域排水系统由于排水工程区域分布不同、建设时间不一致、管理模式不同、管理人员水平高低不同等情况，导致各排水工程之间信息传递脱节、技术资源难以共享、集中管理难度大等问题。因此，城镇或区域排水系统、公司或集团型水务企业需要建设从生产到运行管理和决策完整的智慧排水系统，进一步提高整体管理水平。智慧排水系统可以通过智慧化的管理手段实现对基层生产单位的远程监控、技术指导、生产调度、数据挖掘、信息发布等，使城镇或区域排水系统、公司或集团型水务企业管理由分散转向集中、由粗放转向精细化和智能化，从而提高管理水平、降低运营管理成本、提高核心竞争力。智慧排水系统可参考浙江省地方标准《智慧供排水信息系统安全技术规范》DB33/T

2051—2017。

9.6.2 智慧排水系统应能实现整个城镇或区域排水工程大数据管理、互联网应用、移动终端应用、地理信息查询、决策咨询、设备监控、应急预警和信息发布等功能。

9.6.3 智慧排水系统应设置智慧排水信息中心，建立信息综合管理平台，并应具有对接智慧水务的技术条件；并与其他管理部门信息互通。

→智慧排水信息中心是城镇或区域排水系统、公司或集团公司级的全局性信息化集成平台。应能对城镇区域内排水管渠、排水泵站、污水厂等排水工程进行生产信息管理、经营管理决策。

　　智慧排水系统是智慧水务的一个子系统，因此智慧排水系统应能兼容智慧水务信息构架体系，应能无缝接入智慧水务信息平台，应与环保、气象、安全、水利等其他部门信息互通。

9.6.4 智慧排水信息中心应设置显示系统，可展示整个城镇或区域排水系统的总体布局、主要节点的监测数据和设施设备的运行情况。

→随着科学技术的发展，智慧排水系统展示方式可采用基于BIM、AR、MR等的新技术手段。

9.6.5 智慧排水信息中心和下属排水工程之间的数据通信网络应安全可靠。

附录 A 年径流总量控制率对应的
设计降雨量计算方法

A.0.1 年径流总量控制率对应的设计降雨量值应按下列步骤计算：

1 选取至少 30 年的日降水资料，剔除小于或等于 2mm 的降雨事件数据和全部降雪数据。

2 将剩余的日降雨量由小到大进行排序。

3 根据下式依次计算日降雨量对应的年径流总量控制率：

$$P_i = \frac{(X_1 + X_2 + \cdots + X_i) + X_i \times (N - i)}{X_1 + X_2 + \cdots + X_N} \tag{A.0.1}$$

式中：　　　　P_i——第 i 个日降雨量数值对应的年径流总量控制率；

X_1, X_2, X_i, X_N——第 1 个、第 2 个、第 i 个、第 N 个日降雨量数值；

N——日降雨量序列的累计数。

4 某年径流总量控制率对应的日降雨量即为设计降雨量。

→年径流总量控制率对应的设计降雨量参见《海绵城市建设技术指南——低影响开发雨水系统构建（试行）》表 F 国内部分城市年径流总量控制率对应的设计降雨量值一览表。

附录 B 暴雨强度公式的编制方法

I 年最大值法取样

B.0.1 本方法适用于具有 20 年以上自记雨量记录的地区，有条件的地区可用 30 年以上的雨量系列，暴雨样本选样方法可采用年最大值法。若在时段内任一时段超过历史最大值，宜进行复核修正。

B.0.2 计算降雨历时宜采用 5min、10min、15min、20min、30min、45min、60min、90min、120min、150min、180min 共 11 个历时。计算降雨重现期宜按 2 年、3 年、5 年、10 年、20 年、30 年、50 年、100 年统计。

B.0.3 选取的各历时降雨资料，应采用经验频率曲线或理论频率曲线进行趋势性拟合调整，可采用理论频率曲线，包括皮尔逊Ⅲ型分布曲线、耿贝尔分布曲线和指数分布曲线。根据确定的频率曲线，得出重现期、降雨强度和降雨历时三者的关系，即 P、i、t 关系值。

B.0.4 根据 P、i、t 关系值求得 A_1、b、C、n 各个参数。可采用图解法、解析法、图解与计算结合法等方法进行。为提高暴雨强度公式的精度，可采用高斯－牛顿法。将求得的各个参数按本标准公式（4.1.9）计算暴雨强度。

B.0.5 计算抽样误差和暴雨公式均方差，宜按绝对均方差计算，也可辅以相对均方差计算。计算重现期在 2 年~20 年时，在一般强度的地方，平均绝对方差不宜大于 0.05mm/min；在强度较大的地方，平均相对方差不宜大于 5%。

Ⅱ 年多个样法取样

B.0.6 本方法适用于具有 10 年以上自记雨量记录的地区。

B.0.7 计算降雨历时宜采用 5min、10min、15min、20min、30min、45min、60min、90min、120min 共 9 个历时。计算降雨重现期宜按 0.25 年、0.33 年、0.5 年、1 年、2 年、3 年、5 年、10 年统计。资料条件较好时（资料年数≥20 年、子样点的排列比较规律），也可统计高于 10 年的重现期。

B.0.8 取样方法宜采用年多个样法，每年每个历时选择 6 个~8 个最大值，然后不论年次，将每个历时子样按大小次序排列，再从中选择资料年数的 3 倍~4 倍的最大值，作为统计的基础资料。

B. 0. 9 选取的各历时降雨资料，可采用频率曲线加以调整。当精度要求不太高时，可采用经验频率曲线；当精度要求较高时，可采用皮尔逊Ⅲ型分布曲线或指数分布曲线等理论频率曲线。根据确定的频率曲线，得出重现期、降雨强度和降雨历时三者的关系，即 P、i、t 关系值。

B. 0. 10 根据 P、i、t 关系值求得 b、n、A_1、C 各个参数，可用解析法、图解与计算结合法或图解法等方法进行。将求得的各参数代入本标准公式（4.1.9）计算暴雨强度。

B. 0. 11 计算抽样误差和暴雨公式均方差，可按绝对均方差计算，也可辅以相对均方差计算。计算重现期在 0.25 年～10 年时，在一般强度的地方，平均绝对方差不宜大于 0.05mm/min；在强度较大的地方，平均相对方差不宜大于 5%。

附录 C 排水管道和其他地下管线（构筑物）的最小净距

排水管道和其他地下管线（构筑物）的最小净距（m）　　　　表 C

名称			水平净距	垂直净距
建筑物		管道埋深浅于建筑物基础	2.50	—
		管道埋深深于建筑物基础	3.00	—
给水管		$d{\leqslant}200mm$	1.00	0.40
		$d{>}200mm$	1.50	
排水管			—	0.15
再生水管			0.50	0.40
燃气管	低压	$P{\leqslant}0.05MPa$	1.00	0.15
	中压	$0.05MPa{<}P{\leqslant}0.4MPa$	1.20	0.15
	高压	$0.4MPa{<}P{\leqslant}0.8MPa$	1.50	0.15
		$0.8MPa{<}P{\leqslant}1.6MPa$	2.00	0.15
热力管线			1.50	0.15
电力管线			0.50	0.50
电信管线			1.00	直埋 0.50
				管块 0.15
乔木			1.50	—
地上柱杆		通信照明及<10kV	0.50	—
		高压铁塔基础边	1.50	—
道路侧石边缘			1.50	—
铁路钢轨（或坡脚）			5.00	轨底 1.20
电车（轨底）			2.00	1.00
架空管架基础			2.00	—
油管			1.50	0.25
压缩空气管			1.50	0.15
氧气管			1.50	0.25
乙炔管			1.50	0.25
电车电缆			—	0.50
明渠渠底			—	0.50
涵洞基础底			—	0.15

注：1. 表中数字除注明者外，水平净距均指外壁净距，垂直净距系指下面管道的外顶和上面管道基础底间的净距。

2. 采取充分措施（如结构措施）后，表中数字可减小。

附录 D 城镇水务 2035 年行业发展规划主要指标

城镇水务 2035 年行业发展规划主要指标 表 D

序号	内容	指标	2035 年规划目标
1	饮用水安全	原水保证率	≥95%（特殊情况下，≥90%）
2		水源水质检测频率 （地表水：《地表水环境质量标准》GB 3838—2002 中规定的水质检验基本项目、补充项目及特定项目每月不少于 1 次；地下水：《地下水质量标准》GB/T 14848—2017 中规定的所有水质检验项目每月不少于 1 次）	≥1 次/月
3		出厂水高锰酸盐指数	<3mg/L（有条件的地区，可控制在<2mg/L）
4		出厂水浊度	<0.5NTU（鼓励供水服务人口超过 100 万的城市，出厂水浊度控制在 0.3NTU 以下，甚至更低）
5		龙头水水质	达到《生活饮用水卫生标准》GB 5749 的要求
6		龙头水压力	0.08MPa～0.10MPa
7		应急供水能力	≥7d
8		供水管网更新改造率	>2%/年
9		供水管网漏损率	<10%
10		供水管网事故率	<0.2 件/(km·年)
11	城镇水环境	旱天污水厂进水 BOD_5 浓度	>150mg/L
12		城镇新建项目雨水年径流污染物总量（以 SS 计）削减率	>70%
13		城镇改建项目雨水年径流污染物总量（以 SS 计）削减率	>40%
14		溢流排放口年均溢流频次（年溢流体积控制率）	4 次～6 次（>80%）
15		合流制溢流污染控制设施 SS 排放浓度的月平均值	<50mg/L
16		人体可直接接触类或休闲娱乐类城镇水体比例	>80%
17		旱天管道内污水平均流速	>0.6m/s
18		污水管网淤泥厚度	淤泥厚度不得高于管道直径的 1/8
19		污泥有机质含量	>60%
20		污泥稳定化和无害化处理率	达到 100%

续表

序号	内容	指标	2035 年规划目标
21	城镇水环境	城镇建成区雨水排水设施系统覆盖率	2025 年达到 100%
22		满足国家标准规定的内涝防治设施系统的覆盖率	达到 100%
23		城镇新开发建设项目实现年径流总量控制率	70%，且不高于开发前的要求
24		城镇排水基础设施地理信息系统（GIS）建设	地级以上城市应在 2025 年前全面完成
25		雨水管渠积泥	雨水口井底的积泥深度不得高于水管管底以下 50mm；雨水管渠积泥深度不得大于管径的 1/8
26	资源节约与循环利用	国家节水型城市达成率	极度缺水城市：2025 年以前应全部达到国家节水型城市要求； 缺水型城市：应在 2035 年前达到国家节水型城市要求
27		万元 GDP 用水量	极度缺水城市：2025 年用水强度 <25m³/万元； 水资源紧缺城市：应在 2035 年用水强度 <25m³/万元
28		再生水利用率（包括间接再生利用）	极度缺水城市：2025 年再生水利用率 >80%； 水资源紧缺城市：应在 2035 年再生水利用率 >60%
29		药剂有效使用率（理论投加量/实际投加量）	>85%
30		输配水千吨水能耗 [kW·h/(km³·0.1MPa)]	在 2020 年能耗的基础上下降 10% 以上
31		供水厂自用水率	<3%
32		城镇污水厂污染物削减单位电耗	在 2020 年的基础上降低 30% 以上
33		城镇污水厂药耗削减率	在 2020 年基础上：单位总氮的碳源药耗降低 30% 以上；单位总磷的药耗降低 20% 以上
34		城镇污水厂能源自给率	>60%（有条件地区）
35		污泥处置土地利用率	>60%（有条件地区）
36		污泥营养物质回收率	磷 >90%；氮 >90%（有条件地区）
37		好氧发酵产物的资源化利用率	>95%
38	智慧水务	地理信息系统覆盖程度	100%
39		BIM 应用普及率	超大城市和特大城市：100%；大城市：100%
40		在线监测	超大城市和特大城市：100%； 大城市：95%； 中等城市和小城市：80%； 县城关镇：60%

续表

序号	内容	指标	2035 年规划目标
41	智慧水务	自动/智能控制	超大城市和特大城市：95%； 大城市：95%； 中等城市和小城市：饮用水 95%；污水及雨水 90%
42		数字化管理与服务	超大城市和特大城市：95%； 大城市：90%； 中等城市和小城市：80%
43		服务与信息公开	
44		智慧化决策	超大城市和特大城市：95%； 大城市：90%
45		网络安全	超大城市和特大城市：80%； 大城市：70%； 中等城市和小城市：60%

注：本表摘自《城镇水务 2035 年行业发展规划纲要》。

附录 E　标准用词说明

标准用词说明　　　　　　　　　　　　　　　　　　　　　　　　　表 E

严格程度	用词	解读
表示很严格， 非这样做不可	正面词采用"必须" 反面词采用"严禁"	强制做法
表示严格， 在正常情况下均应这样做	正面词采用"应" 反面词采用"不应"或"不得"	要求做法
表示允许稍有选择， 在条件许可时首先应这样做	正面词采用"宜" 反面词采用"不宜"	推荐做法
表示有选择， 在一定条件下可以这样做	采用"可"	允许做法

注：条文中指明应按其他有关标准执行的写法为"应符合……的规定"或"应按……执行"。